21世纪高等学校计算机规划教材

21st Century University Planned Textbooks of Computer Science

计算机视觉教程

微课版 | 第3版

A Course of Computer Vision (3rd Edition)

章毓晋 编著

人民邮电出版社

北京

图书在版编目（CIP）数据

计算机视觉教程 ：微课版 / 章毓晋编著. -- 3版
. -- 北京 ：人民邮电出版社，2021.1（2023.2重印）
21世纪高等学校计算机规划教材. 名家系列
ISBN 978-7-115-54619-7

Ⅰ. ①计… Ⅱ. ①章… Ⅲ. ①计算机视觉－高等学校
－教材 Ⅳ. ①TP302.7

中国版本图书馆CIP数据核字(2020)第144873号

内 容 提 要

本书系统地介绍了计算机视觉的基本原理、典型方法和实用技术，内容包括绪论、图像采集、基元检测、显著性检测、目标分割、目标表达和描述、纹理分析、形状分析、立体视觉、三维景物恢复、运动分析、景物识别、广义匹配、时空行为理解、场景解释等。读者可从中了解计算机视觉的基本原理和典型技术，并能据此解决计算机视觉应用中的一些具体问题。本书例题丰富多样，每章均有小结和参考、思考题和练习题（本书为部分思考题和练习题提供了解答）。

本书可作为信息科学、计算机科学、计算机应用、信号与信息处理、通信与信息系统、电子与通信工程、模式识别与智能系统等学科大学本科或研究生的专业基础课教材，也可作为远程教育或继续教育中计算机应用、电子技术等专业的研究生相关课程教材，还可供涉及计算机视觉技术应用行业（如工业自动化、人机交互、办公自动化、视觉导航和机器人、安全监控、生物医学、遥感测绘、智能交通和军事公安等）的科技工作者自学及科研参考。

◆ 编　　著　章毓晋
　责任编辑　武恩玉
　责任印制　王　郁　陈　犇

◆ 人民邮电出版社出版发行　　北京市丰台区成寿寺路 11 号
　邮编　100164　　电子邮件　315@ptpress.com.cn
　网址　https://www.ptpress.com.cn
　固安县铭成印刷有限公司印刷

◆ 开本：787×1092　1/16
　印张：23.75　　2021 年 1 月第 3 版
　字数：665 千字　　2023 年 2 月河北第 8 次印刷

定价：79.80 元

读者服务热线：(010)81055256　印装质量热线：(010)81055316
反盗版热线：(010)81055315
广告经营许可证：京东市监广登字 20170147 号

前言

本书为《计算机视觉教程》的第 3 版，是一本介绍计算机视觉的基本原理、典型方法和实用技术的专业教材，希望为普通高等工科院校的计算机及相近专业开设第一门计算机视觉课程服务。

本次再版仍然保持了原版的基本特点和风格，选材比较精练，但基本覆盖了计算机视觉的主要内容，同时兼顾了不同专业背景的学生和其他自学者学习的需要。本书没有过多地强调理论性，尽量减少了公式推导，对先修知识也没有特别要求。本书中的各章内容相对独立，对每个概念或方法尽量一次讲解清楚，使读者基本上不再需要去参考本书中其他章的内容。本书每章后仍都配有总结和复习，一方面，总结每章各节的要点，帮助读者复习；另一方面，有针对性地介绍一些相关的参考文献，帮助学有余力的读者进一步深入探讨。本书仍在书后给出了术语索引（文中标为黑体），其中对每个术语给出了对应的英文，既方便读者对本书进行查阅，也方便读者上网搜索相关资料。

本书也可用于开设使用《图像处理和分析教程》为教材的后续课程。从这个角度出发，本次再版取消了原第 3 章（相关内容可参见《图像处理和分析教程》），增加了新的第 4 章，介绍近期得到广泛关注的显著性检测内容。本书更关注图像技术中较高层次的内容。对其他章节，本次再版也结合近几年研究的推进和技术的发展变化，补充了一些新的概念、方法，增加了一些例题和图表，主要涉及邻接、连接、通路、连通之间的关系，距离变换定义，用模板计算距离图的方法，常见光源亮度和实际景物照度，梯度幅度模计算公式，常用显著性检测数据库，地标点和金字塔表达，纹理基元滤波器组，基于目标围盒的描述符，对拓扑结构的描述，立体图像匹配中的本质矩阵和基本矩阵，利用纹理元形状变化计算外观比例，模式分类中的自适应自举方法，豪斯道夫距离计算，形状矩阵匹配，基于内容检索中的图像归档和图像检索的原理，以及检索系统的功能模块等。另外，本书还更新了参考资料，并对思考题和练习题进行了一些调整。

本书如果用于课堂教学，教师可考虑一次课讲一章，用于约一个学期的教学。对专业基础较好或较高年级的学生，可考虑每章用 2 个学时；对其他一些相近专业或较低年级的学生，可考虑每章用 3 个学时（或将例题留到课外让学生自己学习）。

本书共有 15 章，以及部分思考题和练习题解答、参考文献和索引。在 18 个一级标题下共有 80 个二级标题（节），再之下还有 139 个三级标题（小节）。全书（包括图片、绘图、表格、公式等）折合文字 60 多万字，有编号的图 352 个、表格 42 个、公式 738 个。为便于教学和理解，本书共给出各类例题 141 个，思考题和练习题 180 个，对其中的 30 个思考题和练习题提供了参考解答（它们有些补充了正文内容，有些给出了更多的示例）。另外，本书最后列出了所介绍的 240 多篇参考文献的目录和用于索引的近 700 个术语。

在此，感谢人民邮电出版社编辑们的精心组稿、认真审阅和细心修改。

最后，感谢妻子何芸、女儿章荷铭等家人在各方面的理解和支持。

章毓晋

2019 年国庆节于书房

通信：北京清华大学电子工程系，100084

电话：(010) 62798540

传真：(010) 62770317

邮箱：zhang-yj@tsinghua.edu.cn

主页：oa.ee.tsinghua.edu.cn/~zhangyujin/

微课视频列表说明

下表为《计算机视觉教程（微课版 第 3 版）》（ISBN 978-7-115 -54619-7）的配套微课视频，详细说明如下。

章	时长	内容简介
第 1 章　绪论	46 分 22 秒	本章内容如下。 1.1 节对计算机视觉给予概括介绍，包括密切联系的人类视觉知识、计算机视觉的研究方法和研究目标、几个主要的相关学科，以及应用领域等。 1.2 节介绍有关图像的基本概念和基础知识，除列举了多种常见的图像类别以外，还对图像的表达和显示设备、方式，以及图像的存储设备和文件格式进行了讨论。 1.3 节详细描述了图像中像素之间的各种联系，包括与像素邻域相关的几个概念、像素之间距离的计算，以及距离和邻域尺寸之间的关系。 1.4 节结合对计算机视觉系统框架的描述，列出了本书的主要内容、结构和安排，对各章的重要技术给予了概括介绍，并在此基础上对如何选取书中内容用于教学提出了一些建议
第 2 章　图像采集	44 分 48 秒	本章内容如下。 2.1 节介绍典型的图像采集装置的基本构造和工作原理，以及基本的性能指标。 2.2 节介绍图像采集的基本模型，包括有关图像坐标和空间坐标之间相对关系的几何模型，以及有关景物亮度和图像灰度的相对关系的辐射模型。在此基础上，对图像的空间分辨率和幅度分辨率与数据量的关系进行了定量描述。 2.3 节列举多种根据光源、采集器和景物三者不同的相互位置和运动情况所构成的成像方式，还对一种特殊的成像方式——结构光成像，进行具体介绍。 2.4 节讨论摄像机的标定问题。除描述摄像机标定的一般程序和步骤以外，还详细介绍一种得到广泛应用的摄像机标定方法——两级标定法

续表

章	时长	内容简介
第3章　基元检测	51分56秒	本章内容如下。 3.1 节介绍常见边缘检测的微分原理，并分别给出一些典型的一阶导数算子和二阶导数算子。利用检测出的边缘，还可以进行边界闭合以获得其他一些基元。 3.2 节讨论一种有特色的角点检测算子——SUSAN 算子。它的特点在于虽然被用于检测角点（也可用于检测边缘），但它是基于积分原理工作的。 3.3 节讨论另一种有特色的检测算子——哈里斯（Harris）算子。它不仅可用于检测角点，还可用于检测各种兴趣点，包括交叉点和 T 型交点。 3.4 节介绍重要的哈夫变换。基本的哈夫变换主要用于检测直线段或具有简单几何形状的基元，还可以通过推广成为广义哈夫变换，进而检测各种已知形状的复杂基元。 3.5 节专门介绍了直接对椭圆进行定位和检测的基本技术。 3.6 节讨论的位置直方图技术是一种特殊的检测技术，它借助对直方图的投影来进行检测，比较适合检测尺寸不大不小的基元（这里以孔为例进行介绍）
第4章　显著性检测	39分35秒	本章内容如下。 4.1 节先对显著性进行较正式的定义，再讨论显著性的内涵，显著区域的特点，以及对显著图质量的评价问题，并分析显著性与视觉注意力机制和模型的关系，最后介绍了显著性检测方法的分类和基本的检测流程。 4.2 节介绍几种基于对比度检测图像中显著区域的具体方法，包括基于对比度幅值、基于对比度分布和基于最小方向对比度的算法。 4.3 节介绍一种基于目标层级图像特征——最稳定区域检测图像中显著区域的方法。 4.4 节介绍在显著性检测的基础上进一步进行目标分割，以及对检测方法进行评价的几个实例
第5章　目标分割	58分40秒	本章内容如下。 5.1 节介绍基于对轮廓进行搜索的两种目标分割方法。图搜索方法把轮廓搜索转化为在图中搜索代价最小的路径，而动态规划则借助启发性知识来减少搜索计算量。 5.2 节讨论主动轮廓模型，其特点是通过定义特定的内部和外部能量函数，并进行优化，来调整初始的估计轮廓，以获得最终精确的目标轮廓。 5.3 节介绍一类广泛使用的基于区域的目标分割方法，即取阈值分割方法，分别定义和讨论了选取全局阈值、局部阈值和动态阈值 3 类典型方法。 5.4 节继续介绍取阈值分割方法，但这里考虑了两种有特色的阈值选取方法：基于小波变换的多分辨率阈值选取和基于过渡区的结合轮廓信息和区域信息的阈值选取。 5.5 节把灰度空间的阈值化思想推广到特征空间，介绍了通过寻找和聚类具有相似特性的像素来进行目标分割的方法

续表

章	时长	内容简介
第 6 章　目标表达和描述	55 分 57 秒	本章内容如下。 6.1 节介绍基于边界的表达方法的原理，并从常见的众多表达方法中选取链码（及中点缝隙码）、边界段、边界标记和地标点 4 种典型方法进行了详细的介绍。 6.2 节讨论基于区域的表达方法。这里具体介绍了 4 种常用的方法，即四叉树表达、金字塔表达、围绕区域表达（包括外接盒、最小包围长方形、凸包）和骨架表达。 6.3 节介绍基于边界的描述方法。除给出了简单的边界长度和边界直径描述符外，还讨论了基于链码的边界形状数描述符以及形状矩阵方法。 6.4 节给出了多种基于区域的目标描述特征，不仅详细地介绍了区域面积和密度描述符，以及区域形状数和不变矩，还讨论了基本的拓扑描述符
第 7 章　纹理分析	42 分 42 秒	本章内容如下。 7.1 节讨论纹理描述的统计方法，除了常用的灰度共生矩阵和基于共生矩阵的纹理描述符外，还对基于能量的纹理描述符进行了介绍。 7.2 节讨论纹理描述的结构方法。基本的结构法包括 2 个关键：确定纹理基元和建立排列规则。纹理镶嵌就是一种典型的方法，近年用局部二值模式来描述纹理也得到了广泛关注。 7.3 节讨论利用频谱描述纹理的方法，分别讨论了基于傅里叶频谱、贝塞尔-傅里叶频谱和盖伯频谱的技术。 7.4 节介绍纹理分割的思路和方法。纹理是区分物体表面不同区域的重要线索，和灰度一样在分割中可起到重要的作用。本节借助典型方法对有监督纹理分割和无监督纹理分割进行了介绍
第 8 章　形状分析	38 分 50 秒	本章内容如下。 8.1 节介绍了 5 种常用的描述形状紧凑性的描述符，包括外观比、形状因子、偏心率、球状性和圆形性；还介绍了 4 个基于目标围盒的描述符；最后对 3-D 形状相似性进行了讨论。 8.2 节除对多个描述形状复杂性的简单描述符进行介绍外，还对利用对模糊图的直方图分析来描述形状复杂度的方法和同时反映目标紧凑性和复杂性的饱和度描述进行了讨论。 8.3 节先介绍了对复杂的目标轮廓用多边形来近似逼近的表达方法，然后讨论了基于多边形表达进行形状分析的原理和方法。 8.4 节先介绍了离散曲率的计算方法，然后在此基础上，讨论了基于 2-D 轮廓曲率对平面形状的分析方法，并将其推广到 3-D 曲面曲率以分析 3-D 曲面的形状。 8.5 节在 6.4.4 节对基本拓扑描述符介绍的基础上，结合对形状结构的描述补充了一些关于拓扑结构的内容
第 9 章　立体视觉	38 分 28 秒	本章内容如下。 9.1 节概括介绍立体视觉系统的基本模块和功能，包括摄像机标定、图像获取、特征提取、立体匹配、3-D 信息恢复和后处理等。 9.2 节详细分析了双目成像和视差计算之间的关系，分别讨论了双目横向模式、双目横向会聚模式和双目纵向模式 3 种典型的双目成像模式。 9.3 节介绍基于区域性质进行立体图像匹配的方法。这里的基本技术就是模板匹配，在此基础上，可借助各种约束进行改进并建立本质矩阵和基本矩阵来实现双目立体匹配和三目立体匹配。 9.4 节介绍基于图像特征（基元）进行立体图像匹配的方法，既包括直接利用各个特征点的信息的点对点方法，也包括同时使用多对特征点的信息的动态规划匹配方法

续表

章	时长	内容简介
第10章 三维景物恢复	50分22秒	本章内容如下。 10.1 节介绍借助光源移动变化来恢复景物表面朝向的原理，其中对表面反射特性、目标表面朝向、反射图等概念进行了详细说明，并讨论光度立体学求解的方法。 10.2 节介绍根据景物表面受光源照射后所呈现的影调（明暗变化）来获取其形状信息的方法。在对影调与形状的联系进行分析后，给出对表达这种联系的亮度方程的求解步骤。 10.3 节讨论景物表面朝向与表面纹理模式变化之间的联系。与表面朝向密切相关的纹理变化有3种典型的形式，分别举例给予详细的说明。 10.4 节分析一种根据摄像机镜头聚焦的焦距来确定被摄景物深度的方法，这里借助了焦距与景深的联系来确定摄像机与景物之间的距离
第11章 运动分析	52分44秒	本章内容如下。 11.1 节介绍对运动的分类和表达方法。基本的分类方法将运动分为全局运动和局部运动。对运动的表达有多种方法，这里介绍运动矢量场表达、运动直方图表达和运动轨迹表达。 11.2 节讨论对全局运动，即摄像机运动检测的问题，分别介绍了利用图像差的运动检测和基于模型的运动检测两种方法。 11.3 节讨论对（局部）运动目标的检测、跟踪和分割的问题。检测仅讨论了基于背景建模的方法。跟踪介绍了卡尔曼滤波器和粒子滤波器。分割则分别对常用的 3 种策略，即先分割再计算运动信息、先计算运动信息再分割、同时计算运动信息和进行分割进行了分析。 11.4 节介绍借助运动光流来确定目标表面取向的方法，先给出光流约束方程，再进行光流计算，最后借助光流计算结果来确定目标表面方向
第12章 景物识别	33分46秒	本章内容如下。 12.1 节介绍统计模式识别技术，着重讨论统计模式分类的原理，并具体介绍了最小距离分类器和最优统计分类器的设计思路和决策函数。另外，介绍了将分类器结合起来的自适应自举方式。 12.2 节介绍利用神经网络方法进行学习的感知机，它可直接通过训练得到模式分类所需的决策函数，还分别讨论了线性可分模式类和线性不可分模式类两种情况。 12.3 节介绍一种对线性分类器的最优设计方法，即支持向量机的工作原理，还分别讨论了线性可分模式类和线性不可分模式类两种情况。 12.4 节介绍结构模式识别技术的基本原理和工作流程，还具体讨论了字符串结构识别和树结构识别的文法及其对应的识别器（自动机）
第13章 广义匹配	46分42秒	本章内容如下。 13.1 节介绍一般目标匹配的原理。首先对匹配的度量进行了讨论，然后对 3 种基本的目标匹配方法，即字符串匹配、惯量等效椭圆匹配和形状矩阵匹配进行描述。 13.2 节介绍一种特殊的目标匹配方法——动态模式匹配，其特点是，需匹配的表达是在匹配过程中动态建立的。具体介绍了绝对模式和相对模式，还给出一个具体应用示例。 13.3 节对比较抽象的关系匹配进行了讨论。结合一个示例介绍了关系表达的方法和关系之间距离的测量，还总结了关系匹配的模型和步骤。 13.4 节介绍借助图论原理，根据图的同构来进行匹配的方法。先介绍了图论中关于图的一些基本定义和几何表达，然后借助对图同构的判定来对目标及关系进行匹配

续表

章	时长	内容简介
第 14 章　时空行为理解	47 分 12 秒	本章内容如下。 14.1 节概括介绍时空技术的定义、发展现状和分层研究的情况。 14.2 节介绍对时空兴趣点的检测，它们是反映时空中运动信息集中和变化的关键点。 14.3 节讨论连接兴趣点而形成的动态轨迹和活动路径，对它们的学习和分析可帮助把握场景的状态以进一步刻画场景的特性。 14.4 节概括介绍一些动作分类和识别的技术类别，它们都还在不断研究和发展中。 14.5 节介绍对动作和活动进行建模和识别的技术分类情况，以及各类中一些典型的方法
第 15 章　场景解释	55 分 09 秒	本章内容如下。 15.1 节对景物线条图的构成及其标记方法进行了介绍。借助线条图实现对场景进行解释的过程包括轮廓标记、结构推理和回溯标记 3 个步骤。 15.2 节介绍了对视频信息进行检索的概念，先讨论了基于内容视觉信息检索的基本思路和功能模块，然后结合对体育比赛视频的检索描述了对视频节目精彩度判定和排序的实现方法。 15.3 节对计算机视觉的系统模型进行了讨论，并具体分析了 4 种模型结构：多层次串行结构、以知识库为中心的辐射结构、以知识库为根的树结构和多模块交叉配合结构。 15.4 节考虑了计算机视觉理论框架方面的问题。先详细介绍了马尔视觉计算理论框架，并对马尔理论框架的改进给予了分析，最后展望了新理论框架的研究前景

目录

第 1 章 绪论

视觉是人类观察世界、认知世界的重要手段。计算机技术的发展，使得**计算机视觉**——使用计算机实现人类视觉功能——得到进一步的广泛关注和研究，理论和实践都越来越成熟。本书是一本专门用于计算机视觉课程教学的教材，主要介绍一些基本和典型的计算机视觉技术，此次再版根据技术发展对原有内容进行了补充和更新。

计算机视觉作为一门学科，与数学、物理学、生理学、感知心理学、神经科学，以及计算机科学等都有密切的联系。虽然具有相关学科的基础对学习计算机视觉很重要、很有利，但本书作为一本基础教材，读者无相关基础也可以学习。本书主要介绍计算机视觉的内容，在需要时会对相关预备知识进行概括介绍。

本章作为本书的绪论，将对计算机视觉的总体内容和范围进行概括描述。计算机视觉以对图像[注]进行各种加工为技术基础，所以本章首先对密切相关的基本图像概念和相关知识给予具体介绍，并详细阐述图像中像素之间的联系，以便为读者学习后续各章奠定基础。

根据上面所述，本章各节安排如下。

1.1 节对计算机视觉给予概括介绍，包括密切联系的人类视觉知识、计算机视觉的研究方法和研究目标、几个主要的相关学科，以及应用领域等。

1.2 节介绍有关图像的基本概念和基础知识，除列举了多种常见的图像类别以外，还对图像的表达和显示设备、方式，以及图像的存储设备和文件格式进行了讨论。

1.3 节详细描述了图像中像素之间的各种联系，包括与像素邻域相关的几个概念、像素之间距离的计算，以及距离和邻域尺寸之间的关系。

1.4 节结合对计算机视觉系统框架的描述，列出了本书的主要内容、结构和安排，对各章的重要技术给予了概括介绍，并在此基础上对如何选取书中内容用于教学提出了一些建议。

1.1 计算机视觉

下面对计算机视觉的起源、目标、相关学科、应用领域等进行概括介绍。

1.1.1 视觉概述

计算机视觉源自人类视觉。视觉在人类对客观世界的观察和认知中起重要的作用，人类从外界获得的信息约有 75%来自视觉系统，这既说明视觉信息量巨大，也说明人类对视觉信息有较高

注：20 世纪出版的中文书籍很多写为“图象”。“象”有象征、抽象、形象等含义，所以“图象”一词比“图像”一词的含义更广泛，覆盖面更大，不单指人像，而 2016 年出版的《现代汉语词典》（第 7 版）以“图像”作为推荐词形。

的利用率。人类视觉过程可看作一个复杂的从感觉（感受到的是对3-D世界进行2-D投影得到的图像）到知觉（由2-D图像认知3-D世界的内容和含义）的过程。

视觉是人们非常熟悉的一种功能，它不仅帮助人们获得信息，还帮助人们加工信息。视觉进一步可分为视感觉和视知觉。这里，感觉处于较低层次，它主要接收外部刺激；而知觉处于较高层次，它要将外部刺激转化为有意义的内容。一般来说，感觉对外部刺激会基本不加区别地完全接收，而知觉要确定由外界刺激的哪些部分组合成所关心的“目标”。

视感觉主要从分子的层次和观点来解释人们对光（即可见辐射）反应的基本性质（如亮度、颜色），它主要涉及物理、化学等学科。对视感觉研究的主要内容有：①光的物理特性，如光量子、光波、光谱等；②光刺激视觉感受器官的程度，如光度学、眼睛构造、视觉适应、视觉的强度和灵敏度、视觉的时空特性等；③光作用于视网膜后经视觉系统加工而产生的感觉，如明亮程度、色调等。

视知觉主要论述人们从客观世界接收到视觉刺激后如何反应以及反应所采用的方式。它研究如何通过视觉让人们形成关于外在世界空间表象的认知，所以兼有心理因素。视知觉作为对当前客观事物反映的一种形式，只依靠光投射到视网膜上形成视网膜像的原理和人们已知的眼或神经系统的机制是难以把全部（知觉）过程解释清楚的。视知觉是在神经中枢进行的一组活动，它把视野中一些分散的刺激加以组织，构成具有一定形状的整体以认识世界。早在两千多年前，亚里士多德就定义视知觉的任务是确定“什么东西在什么地方”（What is where）[Finkel 1994]。

从狭义上讲，视觉的最终目的是要能对客观场景做出对观察者有意义的解释和描述。从广义上讲，它还包括基于这些解释和描述，并根据周围环境和观察者的意愿来制定出行为规划，从而作用于周围的世界，这实际上也就是计算机视觉的目标。

1.1.2 计算机视觉的目标

计算机视觉是用计算机来实现人类的视觉功能，即对客观世界中三维场景的感知、加工和解释。视觉研究的原始目的是把握和理解有关场景的图像，辨识和定位其中的目标，确定它们的结构、空间排列和分布，以及解释目标之间的相互关系等。计算机视觉的研究目标是根据感知到的图像对客观世界中实际的目标和场景做出有意义的判断[Shapiro 2001]。

计算机视觉的研究方法目前主要有两种：一种是仿生学的方法，即参照人类视觉系统的结构原理，建立相应的处理模块，完成类似的功能和工作；另一种是工程学的方法，即从分析人类视觉过程的功能着手，并不刻意模拟人类视觉系统的内部结构，而仅考虑系统的输入和输出，并采用任何现有的、可行的手段来实现视觉系统的功能。本书主要从工程技术的角度出发讨论第2种方法。

计算机视觉的主要研究目标可归纳成两个，它们互相联系和补充。第1个研究目标是建立计算机视觉系统来完成各种视觉任务。换句话说，使计算机能借助各种视觉传感器（如CCD、CMOS摄像器件等）获取场景的图像，从中感知和恢复3-D环境中物体的几何性质、姿态结构、运动情况、相互位置等，并对客观场景进行识别、描述、解释，进而做出判定和决断。这个目标主要研究完成这些工作的技术机理。目前这方面的工作集中在构建各种专用的系统，完成在各种实际场合中出现的专门视觉任务；而从长远来说，就是要建成更为通用的系统（更接近人类视觉系统），完成一般性的视觉任务。第2个研究目标是把该研究作为探索人脑视觉工作的机理，掌握和理解人脑视觉工作的机理（如计算神经科学computational neuroscience）。这个目标主要研究的是生物学机理。长期以来，人们已从生理、心理、神经、认知等方面对人脑视觉系统进行了大量的研究，但还远没有揭开视觉过程的全部奥秘，特别是对视觉机理的研究和了解，还远落后于对视觉信息处理的研究和掌握。需要指出的是，对人脑视觉的充分理解也将促进计算机视觉的深入研究[Finkel 1994]。本书主要考虑第1个研究目标。

由上可见，计算机视觉是利用计算机实现人的视觉功能，其研究从人类视觉得到了许多启发。计算机视觉方面的许多重要研究都是通过理解人类视觉系统而完成的，典型的例子如用金字塔作为一种有效的数据结构，利用局部朝向的概念，使用滤波技术来检测运动，以及近期的人工神经网络等。另外，借助对人类视觉系统功能的理解、研究，也可帮助人们开发新的计算机视觉算法。

1.1.3 相关学科

作为一门学科，计算机视觉与许多学科都有着千丝万缕的联系，特别是与一些相关和相近的学科交融交叉。下面结合图 1.1.1 简单介绍几个最接近的学科。

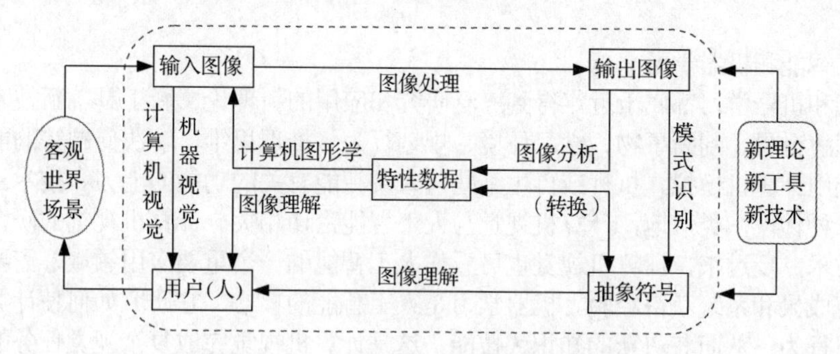

图 1.1.1 相关学科和领域的联系和区别

（1）图像工程

图像工程是一门内容非常丰富的学科，包括既有联系又有区别的 3 个层次（3 个子学科）——图像处理、图像分析及图像理解，还包括对它们的工程应用。

图像处理着重强调在图像之间进行的转换（图像入图像出）。虽然人们常用图像处理泛指各种图像技术，但比较狭义的图像处理主要关注的是输出图像的视觉观察效果。这包括对图像进行各种加工调整以改善图像的视觉效果，以利于后续高层加工的进行；或对图像进行压缩编码，在保证所需视觉感受的基础上减少所需存储空间或传输时间，满足给定传输通路的要求；或给图像增加一些附加信息但不影响原始图像的外貌等。

图像分析主要是对图像中感兴趣的目标进行检测和测量，以获得它们的客观信息，从而建立对图像中目标的描述（图像入数据出）。如果说图像处理是一个从图像到图像的过程，则图像分析是一个从图像到数据的过程。这里数据可以是对目标特征测量的结果，或是基于测量的符号表示，或是对目标类别的辨识结论等。它们描述了图像中目标的特点和性质。

图像理解的重点是在图像分析的基础上，进一步研究图像中各个目标的性质和它们之间的联系，并得出对整幅图像内容含义的理解以及对原来成像客观场景的解释，从而可以让人们做出判断（认识世界），并指导和规划行动（改造世界）。如果说图像分析主要以观察者为中心研究客观世界（主要研究可观察到的事物），那么图像理解在一定程度上则以客观世界为中心，并借助知识、经验等来把握和解释整个客观世界（包括没有直接观察到的事物）。（基于图像处理和分析的）图像理解与计算机视觉有相同的目标，都是借助工程技术的手段，通过从客观场景所获得的图像来实现对场景的认识和解释。它们可以被看作是专业和背景不同的人习惯使用的不同术语。

（2）机器视觉或机器人视觉

机器视觉或机器人视觉与计算机视觉有着千丝万缕的联系，很多情况下都作为同义词使用。具体地说，一般认为计算机视觉更侧重于场景分析和图像解释的理论和方法，而机器视觉更关注通过视觉传感器获取环境的图像，构建具有视觉感知功能的系统，以及实现检测和辨识物体的算法。另外，机器人视觉更强调机器人的机器视觉，要让机器人具有视觉感知功能。

（3）模式识别

模式是指有相似性但不完全相同的客观事物或现象所构成的类别。模式包含的范围很广，图像就是模式的一种。(图像）模式识别与图像分析比较相似，它们有相同的输入，而不同的输出结果可以比较方便地进行转换。识别是指从客观事实中自动建立符号描述或进行逻辑推理的数学和技术，因而人们定义模式识别为对客观世界中的物体和过程进行分类、描述的学科。目前，对图像模式的识别主要集中在对图像中感兴趣内容（目标）的分类、分析和描述，在此基础上还可以进一步实现计算机视觉的目标。同时，计算机视觉的研究中使用了很多模式识别的概念和方法，但视觉信息有其特殊性和复杂性，传统的模式识别（竞争学习模型）并不能把计算机视觉全部包括进去。

（4）人工智能和机器学习

人工智能和机器学习都属于近年得到广泛研究和应用的新理论、新工具、新技术。人类智能主要指人类理解世界、判断事物、学习环境、规划行为、推理思维、解决问题等的能力；人工智能则指由人类用计算机模拟、执行或再生某些与人类智能有关的功能的能力和技术。视觉功能是人类智能的一种体现，类似地，计算机视觉与人工智能密切相关。计算机视觉的研究中使用了许多人工智能技术，反过来，计算机视觉也可看作人工智能的一个重要应用领域，需要借助人工智能的理论研究成果和系统获得经验。机器学习是人工智能的核心，它研究如何使计算机模拟或实现人类的学习行为，从而获取新的知识或技能。这是计算机视觉完成复杂视觉任务的基础。近期得到广泛关注的**深度学习**对基本的机器学习方式进行了改进和提高。它试图模仿人脑的工作机制，建立可进行学习的神经网络来分析、识别和解释图像等数据。

（5）计算机图形学

图形学原本指用图形、图表、绘图等形式表达数据信息的科学，而计算机图形学研究的就是如何利用计算机技术来产生这些形式，它与计算机视觉也有密切的关系。一般，人们将计算机图形学称为计算机视觉的反/逆（inverse）问题，因为视觉从2-D图像提取3-D信息，而图形学里使用3-D模型来生成2-D场景图像（更一般的根据从非图像形式的数据描述来生成逼真的图像）。需要注意的是，与计算机视觉中存在许多不确定性相比，计算机图形学处理的多是确定性问题，是通过数学途径可以解决的问题。在许多实际应用中，人们更多关心的是图形生成的速度和精度，即在实时性和逼真度之间取得某种妥协。

除以上相近学科外，从更广泛的领域看，计算机视觉要借助各种工程方法解决一些生物的问题，完成生物固有的功能，所以它与生物学、生理学、心理学、神经学等学科也有着互相学习、互为依赖的关系。近年计算机视觉研究者与视觉心理、生理研究者紧密结合，已获得了一系列研究成果。计算机视觉属于工程应用科学，与工业自动化、人机交互、办公自动化、视觉导航和机器人、安全监控、生物医学、遥感测绘、智能交通和军事公安等学科密不可分。一方面，计算机视觉的研究充分结合并利用了这些学科的成果；另一方面，计算机视觉的应用极大地推动了这些学科的深入研究和发展。

1.1.4 应用领域

近年来计算机视觉已在许多领域得到广泛应用，下面是一些典型的例子。

（1）工业视觉：如工业检测、工业探伤、自动生产流水线、办公自动化、邮政自动化、邮件分捡、金相分析、无损探测、印刷电路板质量检验、精细印刷品缺陷检测，以及在各种危险场合工作的机器人等。将视觉技术用于工业生产自动化，可以加快生产速度，保证质量的一致性，还可以避免由于人的疲劳、注意力不集中等产生的误判。

（2）人机交互：让计算机借助人的手势动作（手语）、嘴唇动作（唇读）、躯干运动（步态）、人脸表情测定等了解人的愿望、要求而执行指令。这既符合人类的交互习惯，又可增加交互的方便性和临场感等。

（3）安全监控：如人脸识别，犯罪嫌疑人脸型的合成、识别和查询，指纹、印章的鉴定和识别，支票、签名辨伪等，可有效地监测和防止许多类型的犯罪。

（4）军事公安：如军事侦察、合成孔径雷达图像分析、战场环境/场景建模表示等。

（5）遥感测绘：如矿藏勘探、资源探测、气象预报、自然灾害监测监控等。

（6）视觉导航：如太空探测、航天飞行、巡航导弹制导、无人驾驶飞机飞行、自动行驶车辆的安全操纵、移动机器人、精确制导、公路交通管理，以及智能交通的各个方面等，既可避免人的参与及由此带来的危险，也可提高精度和速度。

（7）生物医学：红、白细胞计数，染色体分析，各类X光、CT、MRI、PET图像的自动分析，显微医学操作，远程医疗，计算机辅助外科手术等。

（8）虚拟现实：如飞机驾驶员训练、医学手术模拟、战场环境建模表示等，可帮助人们超越人的生理极限，产生身临其境的感觉，提高工作效率。

（9）图像自动解释：包括对放射图像、显微图像、遥感多波段图像、合成孔径雷达图像、航天航测图像等的自动判读和理解。由于近年来科学技术的发展，使图像的种类和数量飞速增长，图像的自动理解已成为解决信息膨胀问题的重要手段。

（10）对人类视觉系统和机理，以及人脑心理和生理的研究（如脑电路分析，功能核磁共振）等。这对人们理解人类视觉系统，并推动相关的发展起到了积极作用。

1.2 图像基础

计算机视觉是利用计算机对从客观世界采集的图像进行加工来实现视觉功能的，所以图像技术在其中起着重要的作用。本节先概括一些有关图像的基本概念，然后简单介绍用计算机加工图像的系统都具有的两个模块，即显示和存储。另一个重要的模块是图像采集，将在第2章专门介绍。其他各种加工模块将在本书后续的章节分别进行具体介绍。

1.2.1 图像及类别

图像是用各种观测系统以不同形式和手段观测客观世界而获得的，可以直接或间接作用于人眼，进而产生视知觉的实体[章 1996a]。人的视觉系统就是一个观测系统，通过它得到的图像就是客观事物在人心目中形成的影像。下面给出各种图像的简单定义。

1. 图像种类

图像可看作对辐射（光是典型的示例）强度模式的空间分布的一种表示，是将空间辐射强度模式进行投影得到的。将3-D空间投影得到的2-D成像平面称为**图像平面**，简称像平面。

表示图像所反映的辐射能量在空间分布情况的函数称为**图像表达函数**。这种函数在广义上可以是有5个变量的函数，即 $T(x, y, z, t, \lambda)$，其中 x、y 和 z 是空间变量，t 是时间变量，λ 是辐射的波长（对应频谱变量）。这种情况下它也称为**通用图像表达函数**。由于实际图像在时空上都是有限的，所以 $T(x, y, z, t, \lambda)$ 是一个5-D有限函数。需要注意的是，这个函数中的 T 可以是标量，也可以是矢量。

如果考虑上述5个变量的不同取值范围和变化情况，图像的种类和形式是很多的。例如考虑辐射波长的不同，有**γ射线图像**（利用波长约在0.001～1 nm的伽马光所获得的图像）、**X射线图像**（利用波长约在1～10 nm的X光所获得的图像）、**紫外线图像**（利用波长约在10～380 nm的紫外光所获得的图像）、**可见光图像**（利用波长约在380～780 nm，人类视觉可感知到的光辐射作为辐射能源所产生的光所获得的图像）、**红外线图像**（利用波长约在780～1500 nm的红外光所获得的图像）、**微波图像**（利用波长约在1 mm～10 m的微波所获得的图像）、**无线电波图像**（利用波长约在 10 m～50 km 的无线电波所获得的图像）、**交流电波图像**（利用波长约在 100 km 以上的交流电波所获得的图像）等。

再如考虑图像的类型，也有许多变型。相对于普通的 **2-D 图像**（分布在一个平面上的图像），还有 **3-D 图像**（一系列 2-D 图像的集合或利用一些特殊设备得到的 3 个变量的图像）、**彩色图像**（给人以彩色感受的矢量图像）、**多光谱图像**（包含多个频谱区间的一组图像，每幅图像对应一个频谱区间，如多数遥感图像）、**立体图像**和**多视图像**（包含由不同位置和朝向的多个摄像机获得的同一场景的一组图像）等；相对于**静止图像**或单幅图像，还有**序列图像**或**图像序列**（时间上有一定顺序和间隔，内容上相关的一组图像）、**视频图像**（简称视频，是一种特殊的序列图像或图像序列）等；相对于常见的反映辐射量强度的**灰度图像**，还有反映场景中景物与摄像机间距离信息的（深度值）**深度图像**、反映景物表面纹理特性和纹理变化的**纹理图像**、反映景物物质对辐射吸收值的**投影重建图像**（利用投影重建原理获得的图像）等。投影重建图像实际上是一个大类，最常见的是**计算机断层扫描图像**，其中又可分为**发射断层图像**（CT 或 XCT）、**正电子发射图像**（PET）和**单光子发射图像**（SPECT）。另外，**磁共振图像**（MRI）和**雷达图像**（**合成孔径图像**就是一种常用的雷达图像）都是利用投影重建原理获得的。

2. 模拟图像

人从连续的客观场景直接观察到的图像是空间连续和幅度连续的**模拟图像**，也称连续图像。

客观世界在空间上是三维（3-D）的，但一般从客观景物得到的图像是二维（2-D）的。一幅图像可以用一个 2-D 数组 $f(x, y)$ 来表示，这里的 x 和 y 表示 2-D 空间 XY 中一个坐标点的位置（实际图像的尺寸是有限的，所以 x 和 y 的取值也是有限的），而 f 代表图像在点 (x, y) 的某种性质空间 F 的数值（实际图像中各个位置上所具有的性质的取值也是有限的，所以 f 的取值也是有限的）。例如常用的图像一般是灰度图像，这时 f 表示**灰度值**，它常对应客观景物被观察到的亮度。图像在点 (x, y) 也可有多种性质，此时可用矢量 $\boldsymbol{f}$ 来表示。例如一幅彩色图像在每一个图像点同时具有红、绿、蓝 3 个值（它们可组合出各种颜色），可记为 $[f_r(x, y), f_g(x, y), f_b(x, y)]$。需要指出的是，人们总是根据图像内不同位置的不同性质来利用图像的。

以上讨论中认为图像在空间或性质上都可以是连续的。事实上，日常所见的自然界图像有许多是连续的，即 f、x 和 y 的值可以是任意实数。

3. 数字图像

为了能用计算机对图像进行加工，需要把连续的模拟图像分别在其坐标空间 XY 和性质空间 F 都离散化。这种空间和幅度都离散化了的图像是**数字图像**，是客观事物的可视数字化表达。数字图像可以用 $I(r, c)$ 来表示，其中 I、c 和 r 的值都是整数。这里 I 代表离散化后的 f，(r, c) 代表离散化后的 (x, y)，其中 r 代表图像的行（row），c 代表图像的列（column）。本书后面主要讨论计算机视觉，在不至于混淆的情况下仍用 $f(x, y)$ 代表数字图像，这里如不作特别说明，f、x 和 y 都在整数集合中取值。例如文本图像常表示为**二值图像**，即此时 f 的取值只有两个：0 和 1。另外，计算机中的图像都是数字化了的图像，所以如不作特别说明，本书以后就用图像代表数字图像。

早期英文书籍里一般用 picture 来指图像，随着数字技术的发展，现在都用 image 代表离散化了的数字图像，因为“计算机存储人像或场景的数字图象（computers store numerical images of a picture or scene）”[Zhang 1996]。这样看来，应该使用“数字图象”而不是“数字图像”。事实上，“图象”一词比“图像”一词的含义更广，覆盖面更宽。

1.2.2 图像表达和显示

根据应用领域的不同，可以有多种不同的方法来表达和表示图像，或将图像以一定的形式显示出来。**图像表达**是图像显示的基础，而**图像显示**是计算机视觉系统的重要模块之一。

要对图像进行表达和显示，需要对图像的各个单元进行表达和显示。图像中的每个基本单元称为图像元素，在早期用 picture 表示图像时称为**像素**（picture element）。对 2-D 图像，英文里常用 pixel 代表像素；对 3-D 图像，英文里常用 voxel 代表其基本单元，简称**体素**（volume element）。近年来由于都用 image 代表图像，所以也有人建议用 imel 统一代表像素和体素。

1. 图像表达

前面提到，一幅 2-D 图像可以用一个 2-D 数组 $f(x, y)$来表示。实际中还常将一幅 2-D 图像写成一个 2-D 的 $M \times N$ 矩阵（其中 M 和 N 分别为图像的总行数和总列数）：

$$\boldsymbol{F} = \begin{bmatrix} f_{11} & f_{12} & \cdots & f_{1N} \\ f_{21} & f_{22} & \cdots & f_{2N} \\ \vdots & \vdots & & \vdots \\ f_{M1} & f_{M2} & \cdots & f_{MN} \end{bmatrix} \tag{1.2.1}$$

式（1.2.1）就是**图像的矩阵表达**形式，矩阵中的每个元素对应一个像素。

一幅 2-D 图像也可以用矢量来表示，一般写成如下的形式：

$$\boldsymbol{F} = \begin{bmatrix} \boldsymbol{f}_1 & \boldsymbol{f}_2 & \cdots & \boldsymbol{f}_N \end{bmatrix} \tag{1.2.2}$$

其中

$$\boldsymbol{f}_i = \begin{bmatrix} f_{1i} & f_{2i} & \cdots & f_{Mi} \end{bmatrix}^{\mathrm{T}} \quad i = 1, 2, \cdots, N \tag{1.2.3}$$

式（1.2.3）就是**图像的矢量表达**形式，各个矢量中的每个元素也对应一个像素。

图像的矢量表达和矩阵表达是图像的两种常用表示形式，它们可以方便地互相转换。

2. 图像显示设备

计算机视觉系统中使用计算机对图像进行加工，加工后的结果通常仍是图像，且主要用于输出显示给人看，所以图像显示对计算机视觉来说是非常重要的。将图像显示出来是计算机视觉系统与用户交流中的重要步骤。

常用的计算机视觉系统的显示设备主要包括可以随机存取的**阴极射线管**（CRT）、**电视显示器**和**液晶显示屏**（LCD）。在 CRT 中，电子枪束的水平、垂直位置可由计算机控制。在每个偏转位置，电子枪束的强度是用电压来调制的。每个点的电压都与该点所对应的灰度值成正比，这样灰度图就转化为光亮度变化的模式，这个模式被记录在阴极射线管显示屏上。输入显示屏的图像也可以通过硬拷贝转换到幻灯片、照片或透明胶片上。

除了显示屏，各种打印设备（如各种打印机）也可看作图像显示设备。打印设备一般用于输出较低分辨率的图像。早年在纸上打印灰度图像的一种简便方法是利用标准行打印机的重复打印能力。输出图像上任一点的灰度值可由该点打印的字符数量和密度来控制。近年来，各种热敏、热升华、喷墨和激光等打印机具有更强的能力，可打印具有较高分辨率的图像。

3. 表达和显示方式

图像的表达和显示是密切相关的。**图像显示**是对图像的可视化表达方式。可以采取多种形式显示 2-D 图像，其基本思路是将 2-D 图像看作在 2-D 空间中的一种幅度分布。根据图像的不同，采取的显示方式也不同，如对二值图像，在每个空间位置的取值只有两个，可用黑白来区别，也可用 0 和 1 来区别。

例 1.2.1　二值图像显示方式

对同一幅 2-D 的二值图像的 3 种不同的显示方式如图 1.2.1 所示。在图像表达的数学模型中，一个像素区域常用其中心来表示，基于这些中心的表达形式就是将图像显示成平面上的离散点集，对应图 1.2.1（a）；如果将像素区域用其所覆盖的区域来表示，就得到图 1.2.1（b）；把幅度值标在图像中相应的位置，就得到图 1.2.1（c）所示的类似矩阵表达的结果。用图 1.2.1（b）所示的形式也可表示有多个灰度的图像，此时需要用不同深浅的色调表示不同的灰度；用图 1.2.1（c）所示的形式也可表示有多个灰度的图像，此时不同灰度可用不同的数值表示。

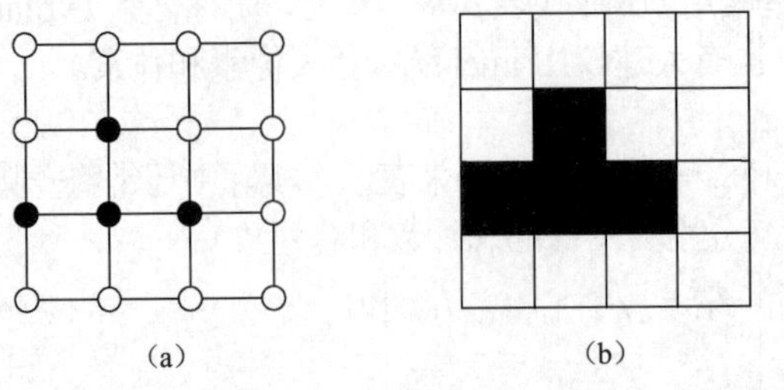

图 1.2.1　表达同一幅 2-D 的二值图像的 3 种不同的显示方式　□

例 1.2.2　灰度图像显示示例

图 1.2.2 所示为两幅典型的灰度图像，它们都是常用的公开图像，或称**标准图像**。图 1.2.2（a）所用的坐标系统常在屏幕显示中采用（屏幕扫描是从左向右，从上向下进行的），它的原点（origin）O 在图像的左上角，纵轴标记图像的行，横轴标记图像的列。$f(x,y)$既可以代表这幅图像，也可以表示在(x,y)行列交点处的图像值。图 1.2.2（b）所用的坐标系统常在图像计算中采用，它的原点在图像的左下角，横轴为 x-轴，纵轴为 y-轴（与常用的笛卡儿坐标系相同）。同样，$f(x,y)$既可代表这幅图像，也可表示在(x,y)坐标处像素的值。

图 1.2.2　典型的灰度图像　□

1.2.3　图像存储

要将采集的图像输入计算机系统，需要有相应的图像存储器。在对图像的加工中，也常需要存储其中间结果和最终结果（很多为图像形式）。所以图像存储也是计算机视觉系统的重要模块之一。

1. 图像存储器

图像包含有大量的信息，因而存储图像也需要大量的空间。在图像处理和分析系统中，大容量和快速的图像存储器是必不可少的。在计算机中，图像数据最小的量度单位是比特（bit）。存储器的存储量常用字节（1 byte = 8 bit）、千字节（k byte）、兆（10^6）字节（M byte）、吉（10^9）字节（G byte）、太（10^{12}）字节（T byte）等表示。例如存储一幅 1024 像素×1024 像素的 8 比特图像需要 1 兆字节的存储空间。

图像存储器包括磁带（magnetic tape）、磁盘（magnetic disk）、固态硬盘（solid state disk，SSD）、闪速存储器（flash memory）、光盘（optical disk）、磁光盘（magneto-optical disk）等。用于图像处理的存储器可分为如下 3 类。

（1）处理过程中使用的快速存储器。

（2）可以比较快地重新调用的在线或联机存储器。

（3）不经常使用的数据库（档案库）存储器。

计算机内存就是一种提供快速存储功能的存储器。目前一般微型计算机的内存常为几到几十吉字节。另一种提供快速存储功能的存储器是特制的硬件卡，也叫帧缓存。它可存储多幅图像，并可以视频速度（每秒25幅或30幅图像）读取，也可允许对图像进行放大和缩小，以及垂直翻转和水平翻转。目前常用的帧缓存容量可达几十吉字节。

磁盘（也称硬盘）是比较通用的在线存储器，常用的Winchester磁盘可存储上太字节的数据。近年固态硬盘得到较多应用，它多采用闪存作为存储介质，具有快速读写、质量轻、能耗低、体积小以及数据保护不受电源控制等特点，但其价格仍较为昂贵，容量较低。另外还有磁光（MO）存储器，它可在5¼英寸的光片上存储上吉字节的数据。在线存储器的一个特点是需要经常读取数据，所以一般不采用磁带一类的顺序介质。如果人们有更大的存储要求，可以使用光盘塔和光盘阵列，一个光盘塔可放几十张到几百张光盘（利用机械装置从光盘驱动器中插入或抽取光盘）。

固态硬盘是用固态电子存储芯片阵列而制成的硬盘，在接口的规范和定义、功能及使用方法、产品外形和尺寸上都完全与普通硬盘一致。

数据库存储器的特点是要求非常大的容量，但对数据的读取不太频繁，常用的有磁带和光盘。长13英尺的磁带可存储达到吉字节的数据，但磁带的储藏寿命较短，在控制很好的环境中寿命也只有7年。一般常用的一次写多次读（write-once-read-many，WORM）光盘可在12英寸的光盘上存储6 GB的数据，在14英寸的光盘上存储10 GB的数据。另外，WORM光盘在一般环境下寿命可达30年以上。在主要是读取的应用中，也可将WORM光盘放在光盘塔中。一个存储量达到太字节级的WORM光盘塔可存储上百万幅百万像素的灰度和彩色图像。

2. 图像文件格式

在计算机系统中，图像常以文件形式存储。图像文件指包含图像数据的文件，文件内除图像数据本身以外，一般还有对图像的描述信息等，以方便读取、显示图像。

表示图像常使用两种不同的形式，一种是矢量表示形式，另一种是光栅（也称位图或像素图）表示形式。图像文件可以采用任一种形式，也可以结合使用两种形式。

在**图像的矢量表达**中，图像是用一系列线段或线段的组合体来表示的，线段的灰度（色度）可以是均匀的或变化的，在线段的组合体中各部分也可用不同灰度填充。矢量文件就像程序文件，里面有一系列命令和数据，执行这些命令就可根据数据画出图案。矢量文件主要用于图形数据文件。

图像数据文件主要使用**光栅表示形式**，该种形式与人对图像的理解一致（一幅图像是规则排列的图像单元的集合），比较适合色彩、阴影或形状变化复杂的图像。它的主要缺点是缺少对像素间相互关系的直接表示，且限定了图像的空间分辨率。后者带来两个问题，一个是将图像放大到一定程度就会出现方块效应，另一个是如果将图像缩小再恢复到原尺寸，则图像会变得比较模糊。

图像数据文件的格式有很多种，不同的系统平台和软件常使用不同的**图像文件格式**。例如Macintosh机上普遍使用MacPaint格式（固定大小，宽为576像素，高为720像素），PC Paintbrush支持PCX格式（包括单色、16色、256色），Digital Research（现Novell）支持GEM IMG格式，Sun Microsystems支持Sun光栅格式等。

下面简单介绍4种应用比较广泛的图像文件格式。

（1）BMP格式

BMP格式是Windows环境中的一种标准（但很多Macintosh应用程序不支持它），它的全称是Microsoft **设备独立位图**（DIB）。BMP图像文件也称位图文件，其中包括3部分内容：①位图文件头（也称表头）；②位图信息（常称调色板）；③位图阵列（即图像数据）。一个位图文件只能存放一幅图像。

位图文件头长度固定为54个字节，它给出图像文件的类型、大小和位图阵列的起始位置等信息。位图信息给出图像的长和宽、每个像素的位数（可以是1位、4位、8位和24位，分别对应单色、16色、256色和真彩色图像）、压缩方法、目标设备的水平和垂直分辨率等信息。位图阵列给出原始图像里每个像素的值（每3个字节表示一个像素，分别是蓝、绿、红的值），它的存储格式有压缩（仅用于16色和256色图像）和非压缩两种。

（2）GIF格式

GIF格式是一种公用的图像文件格式标准，它是8位文件格式（一个像素一个字节），所以最多只能存储256色图像。GIF文件中的图像数据均为压缩过的。

GIF文件结构较复杂，一般包括7个数据单元：文件头、通用调色板、图像数据区，以及4个补充区。其中，文件头和图像数据区是不可缺少的单元。

一个GIF文件中可以存放多幅图像（这个特点对实现网页上的动画非常有利），所以文件头中包含适用于所有图像的全局数据和仅属于其后那幅图像的局部数据[戴2002]。当文件中只有一幅图像时，全局数据和局部数据一致。存放多幅图像时，每幅图像集中成一个图像数据块，每块的第一个字节是标识符，指示数据块的类型（可以是图像块、扩展块或文件结束符）。

（3）TIFF格式

TIFF格式是一种独立于操作系统和文件系统的格式（在Windows环境和Macintosh机上都可使用），便于在软件之间进行图像数据交换。TIFF图像文件包括文件头（表头）、文件目录（标识信息区）和文件目录项（图像数据区）。文件头只有一个，且在文件前端。它给出数据存放顺序、文件目录的字节偏移信息。文件目录给出文件目录项的个数信息，并有一组标识信息，给出图像数据区的地址。文件目录项是存放信息的基本单位，也称为域。从类别上讲，域的种类主要包括基本域、信息描述域、传真域、文献存储和检索域5类。

TIFF格式的描述能力很强，可制定私人用的标识信息。TIFF支持任意大小的图像。TIFF文件存放的图像可分为4类：二值图像、灰度图像、调色板彩色图像和全彩色图像。一个TIFF文件中可以存放多幅图像，也可存放多份调色板数据。

（4）JPEG格式

JPEG格式源自对静止灰度或彩色图像的一种压缩标准JPEG[章2012b]，在使用有损压缩方式时可节省的空间是相当大的，目前数码相机中均使用这种格式。

JPEG标准只是定义了一个规范的编码数据流，并没有规定图像数据文件的格式。Cube Microsystems公司定义了一种**JPEG文件交换格式**（JFIF）。JFIF图像是一种使用灰度表示或使用Y、C_b、C_r分量彩色表示的图像，它包含一个与JPEG兼容的文件头。一个JFIF文件通常包含单个图像，图像可以是灰度的（其中的数据为单个分量），也可以是彩色的（其中的数据是Y、C_b、C_r分量）。Y、C_b、C_r分量与常见的R、G、B三原色的关系如下：

$$Y = 0.299R + 0.587G + 0.114B \tag{1.2.4}$$

$$C_b = 0.1687R - 0.3313G + 0.5B \tag{1.2.5}$$

$$C_r = 0.5R - 0.4187G - 0.0813B \tag{1.2.6}$$

TIFF 6.0也支持用JPEG压缩的图像，TIFF文件可以包含直接DCT的图像，也可以包含无损JPEG图像，还可以包含用JPEG编码的条或块的系列（这样允许只恢复图像的局部而不用读取全部内容）。

1.3 像素间联系

图像是一个整体概念，它本身可以分解为更小的单元。如果把一幅图像看作一个集合，那么其中的每个子集就可看作一个子图像。**子图像**可大可小，一般包含一组**像素**（极端情况下也可以是单个像素），它们常组合成空间上互相接近的一团（称为**团点或团块**）。一般情况下，像素常被看作图像中的基本单元，但在有些应用中还需要考虑**子像素**。

一幅图像包含大量的像素，这些像素在图像空间是按某种规律排列的（最常见的是排列成正方形网格），相互之间有一定的关系。事实上，一个具有 1000 × 1000 单元的图像传感器矩阵只有 10^{-3} 的相对分辨率。这个数值与其他测量值（如长度、电压、频率等）相比都较小，那些测量值的相对分辨率可以远高于 10^{-6}。但是，这些测量值（如长度、电压、频率等）所提供的仅是对一个点的测量结果，而一幅 1000 像素 × 1000 像素的图像包含 100 万个单元，即它是对 100 万个点的测量结果。因此，图像不仅给出了特定空间点的信息，同时还给出了空间中变化的信息。如果采集图像序列，那么时间变化信息（即客观世界的动态信息）也可以获得。另外，当空间变化是 3-D 时，与此对应的图像已经是 3-D 的，如再加上时间变化就成为 4-D 的了。由此可见，图像的灰度（或其他属性值）同时表达了许多时空位置及其分布的信息，而其他物理量仅反映了某一个时空维度的信息。图像的这种能力与像素之间的联系密切相关，所以要对图像进行有效的加工，必须考虑像素之间的联系。

1.3.1 像素邻域

要讨论像素之间的关系，首先要讨论每个像素由近邻像素组成的**像素邻域**，简称**邻域**。邻域中的像素具有很紧密的联系，互相之间有较大的影响。

1. 邻域

对一个坐标为(x, y)的像素 p，它可以有 4 个水平和垂直的近邻像素，它们的坐标分别是$(x+1, y)$、$(x-1, y)$、$(x, y+1)$和$(x, y-1)$。这些像素（均用 r 表示）组成 p 的**4-邻域**，记为 $N_4(p)$，如图 1.3.1（a）所示。像素 p 的 4 个对角近邻像素（用 s 表示）的坐标分别是$(x+1, y+1)$、$(x+1, y-1)$、$(x-1, y+1)$和$(x-1, y-1)$。它们记为**对角邻域** $N_D(p)$，如图 1.3.1（b）所示。像素 p 的 4 个 4-邻域近邻像素加上 4 个对角邻域近邻像素合起来构成 p 的 **8-邻域**，记为 $N_8(p)$，如图 1.3.1（c）中的 r 和 s 所示。

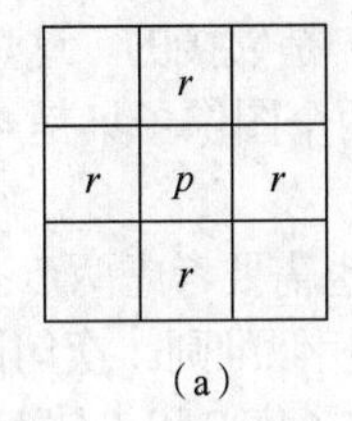

(a)

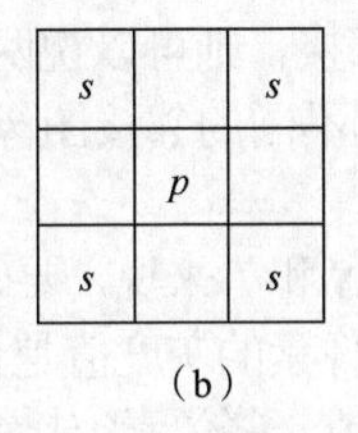

(b)

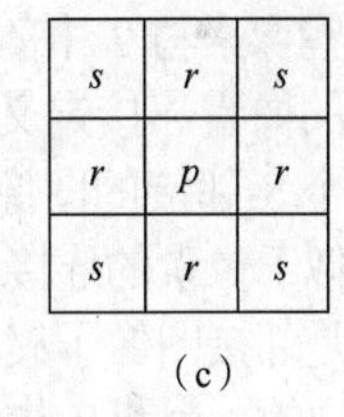

(c)

图 1.3.1 像素的邻域

2. 邻接和连接

对两个像素 p 和 q 来说，如果 q 处在 p 的邻域中（可以是 4-邻域、8-邻域或对角邻域），则称 p 和 q 满足**邻接**关系（且可分别对应 4-邻接、8-邻接或对角邻接）。如果 p 和 q 是邻接的，且它们的灰度值均满足某个特定的相似准则（例如它们的灰度值相等或在同一个灰度值集合中取值），则称 p 和 q 满足**连接**关系。举例来说，在一幅只有 0 和 1 灰度的二值图中，对一个像素和在它邻域中的像素来说，只有当它们具有相同的灰度值时才可以说是连接的。可见连接比邻接要求更高，不仅要考虑空间关系，还要考虑灰度关系。

3. 连通和通路

如果像素 p 和 q 不（直接）邻接，但它们均在另一个像素的相同邻域中（可以是 4-邻域、8-邻域或对角邻域），且这 3 个像素的灰度值均满足某个特定的相似准则（如它们的灰度值相等或同在一个灰度值集合中取值），则称 p 和 q 是**连通**的（可以是 4-连通、8-连通或对角连通，与邻域形式对应）。由于两个像素都与另一个像素连接而连通，所以从这个意义上讲，连通是连接的推广。

进一步，只要两个像素 p 和 q 间有一系列依次连接的像素使得 p 和 q 是连通的，则这一系列连接的像素构成像素 p 和 q 间的**通路**。从具有坐标(x, y)的像素 p 到具有坐标(s, t)的像素 q 的一条通路由一系列具有坐标$(x_0, y_0),(x_1, y_1),\cdots,(x_n, y_n)$的独立像素组成。这里$(x_0, y_0) = (x, y)$，$(x_n, y_n) = (s, t)$，且$(x_i, y_i)$与$(x_{i-1}, y_{i-1})$邻接，其中 $1\leqslant i\leqslant n$，n 为**通路长度**。

例 1.3.1　邻接、连接、通路、连通之间的关系

邻接、连接、通路、连通之间的关系可借助图 1.3.2 来直观地理解。首先从邻接出发，如果将两个像素的邻接推广到一系列两两邻接的像素就得到通路；如果将两个像素的空间相近扩展到属性也相似则得到连接关系。进一步，如果将两个像素的连接推广到一系列像素的两两连接就实现了连通；而如果将仅考虑空间相连的通路扩展到属性相似则也可实现连通。反过来，连接是仅两个像素之间的连通；而通路是连通不考虑属性的简化。最后，连接不考虑属性的简化就是邻接；而邻接是仅两个像素的通路。

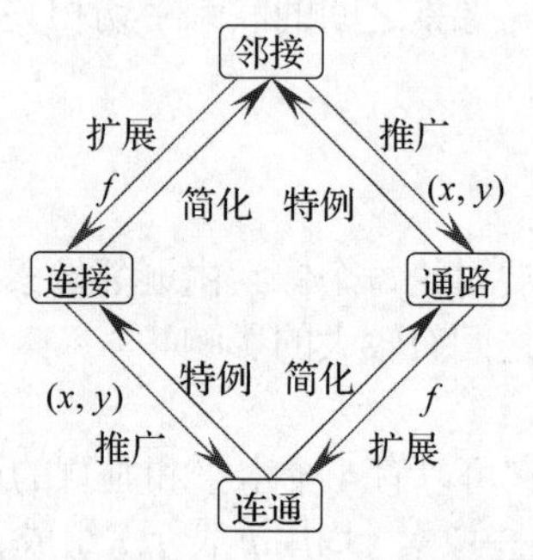

图 1.3.2　邻接、连接、通路、连通之间的关系　□

4. 图像子集的联系

一幅图像中的某些像素结合组成图像的子集合。对两个图像子集 S 和 T 来说，如果 S 中的一个或一些像素与 T 中的一个或一些像素邻接，则可以说两个图像子集 S 和 T 是邻接的。这里根据所采用的像素邻接定义，可以定义或得到不同的邻接图像子集，如可以说两个图像子集是 4-邻接的，两个 8-邻接的图像子集等。

类似于像素的连接，对两个图像子集 S 和 T 来说，要确定它们是否连接也需要考虑两点：①它们是否是邻接图像子集；②它们之中邻接像素的灰度值是否满足某个特定的相似准则。换句话说，如果 S 中的一个或一些像素与 T 中的一个或一些像素连接，则可以说两个图像子集 S 和 T 是连接的。

设 p 和 q 是一个图像子集 S 中的两个像素，如果存在一条完全由 S 中的像素组成的从 p 到 q 的通路，就称 p 在 S 中与 q 相连通。对 S 中的任何一个像素 p，所有与 p 相连通且又在 S 中的像素的集合（包括 p）合起来称为 S 中的一个**连通组元**（组元中任意两点可通过完全在组元内的像素相连接）。如果 S 中只有一个连通组元，即 S 中所有像素都互相连通，则称 S 是一个连通集。如果一幅图像中所有的像素分别属于几个连通集，则可以说这几个连通集分别是该幅图像的连通组元。两个互不（直接）连接但都与同一个图像子集连接的图像子集是互相连通的。图像里同一个连通集中的任意两个像素互相连通，而不同连通集中的像素互不连通。在极端的情况下，一幅图像中所有的像素都互相连通，则该幅图像本身就是一个连通集。

1.3.2　像素间距离

像素之间关系的一个重要概念是像素之间的**距离**。

1. 距离量度函数

给定 3 个像素 p、q 和 r，坐标分别为(x, y)、(s, t)和(u, v)，如果满足下列条件，则称函数 D 是

距离量度函数。

（1）$D(p,q) \geqslant 0$，其中$D(p,q)=0$，当且仅当$p=q$。

（2）$D(p,q)=D(q,p)$。

（3）$D(p,r) \leqslant D(p,q)+D(q,r)$。

上述3个条件中，第1个条件表明两个像素之间的距离总是正的（两个像素的空间位置相同时，它们之间的距离为零）；第2个条件表明两个像素之间的距离与起、终点的选择无关；第3个条件表明两个像素之间的最短距离是沿直线的，这个最短距离就是欧氏距离。

在离散化的数字图像中，常使用不同的距离量度方法。点p和q之间的**欧氏距离**（也是范数为2的距离）定义为：

$$D_E(p,q)=[(x-s)^2+(y-t)^2]^{1/2} \tag{1.3.1}$$

点p和q之间的D_4距离（也是范数为1的距离），也称为**城区距离**，定义为：

$$D_4(p,q)=|x-s|+|y-t| \tag{1.3.2}$$

点p和q之间的D_8距离（也是范数为∞的距离），也称为**棋盘距离**，定义为：

$$D_8(p,q)=\max(|x-s|,|y-t|) \tag{1.3.3}$$

例1.3.2 距离计算示例

根据上述3种距离定义来计算图像中任意两个像素间的距离时会得到不同的数值，如在图1.3.3中，像素p和q之间的D_E距离为5，参见图1.3.3（a）；D_4距离为7，参见图1.3.3（b）；D_8距离为4，参见图1.3.3（c）。图中像素p和q之间的线段形象地给出了距离计算的路径。需要指出的是，除欧氏距离外，用其他距离定义计算得到的路径都可能有多条。

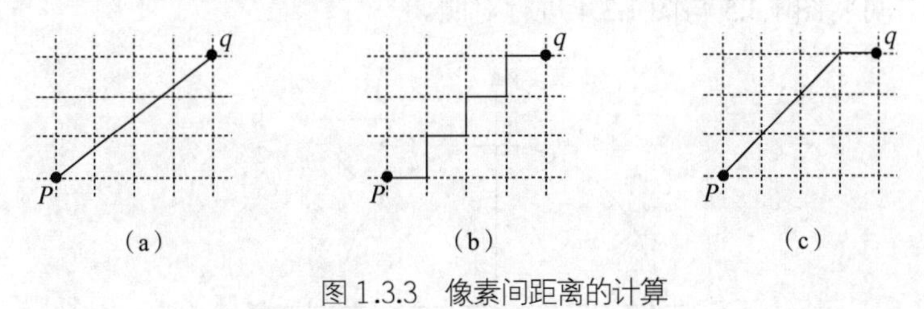

图1.3.3 像素间距离的计算 ❑

欧氏距离给出的结果最准确，但由于计算时需要进行平方和开方运算，计算量比较大。城区距离和棋盘距离均为非欧氏距离，不需要进行平方和开方运算，计算量相对较小，但结果有一定的误差。注意距离的计算中只考虑图像中两个像素的位置，而不考虑这两个像素的灰度值。

2. 距离和邻域

距离反映了像素之间的接近程度，而像素的邻域也可以看作根据像素之间的接近程度来定义的，所以距离远近和邻域大小是密切相关的。

根据欧氏距离量度，与(x, y)的距离小于或等于某个值d的像素都包括在以(x, y)为中心，以d为半径的圆中。

例1.3.3 数字图像中的圆

在数字图像中，对一个圆区域只能近似地表示。根据不同距离定义计算出的几个等距离轮廓如图1.3.4所示。如与(x, y)的D_E距离小于或等于3的像素组成图1.3.4（a）所示的类似正八边形的区域（图中的距离值已四舍五入）。

根据城区距离量度，与(x, y)的D_4距离小于或等于某个值d的像素组成以(x, y)为中心的菱形，例如与(x, y)的D_4距离小于或等于3的像素组成图1.3.4（b）所示的菱形区域。

根据棋盘距离量度，与(x, y)的D_8距离小于或等于某个值d的像素组成以(x, y)为中心的正方形，例如与(x, y)的D_8距离小于或等于3的像素组成图1.3.4（c）所示的正方形区域。

			3			
	2.8	2.2	2	2.2	2.8	
	2.2	1.4	1	1.4	2.2	
3	2	1	0	1	2	3
	2.2	1.4	1	1.4	2.2	
	2.8	2.2	2	2.2	2.8	
			3			

（a）

			3			
		3	2	3		
	3	2	1	2	3	
3	2	1	0	1	2	3
	3	2	1	2	3	
		3	2	3		
			3			

（b）

3	3	3	3	3	3	3
3	2	2	2	2	2	3
3	2	1	1	1	2	3
3	2	1	0	1	2	3
3	2	1	1	1	2	3
3	2	2	2	2	2	3
3	3	3	3	3	3	3

（c）

图 1.3.4　等距离轮廓示例 □

例 1.3.4　范数和距离

不同的距离量度方法采用不同的范数来计算。**范数**是测度空间的一个基本概念。一个函数 $f(x)$ 的范数可表示如下（其中 w 称为指数或指标）：

$$\| f \|_w = \left[\int \left| f(x) \right|^w \mathrm{d}x \right]^{1/w} \tag{1.3.4}$$

在距离计算中，可定义两点之间的闵可夫斯基（Minkowski）距离度量为：

$$D_w(p,q) = \left[\left| x-s \right|^w + \left| y-t \right|^w \right]^{1/w} \tag{1.3.5}$$

上式中，w 取 1、2 和 ∞ 是几种常用的特殊情况。如图 1.3.5 所示，考虑与原点为单位距离的点组成的集合的形状。当 w 取 1 时，得到一个菱形；当 w 取 2 时，得到一个圆形；当 w 取∞时，得到一个正方形。可将图 1.3.5 与图 1.3.4 进行对照。

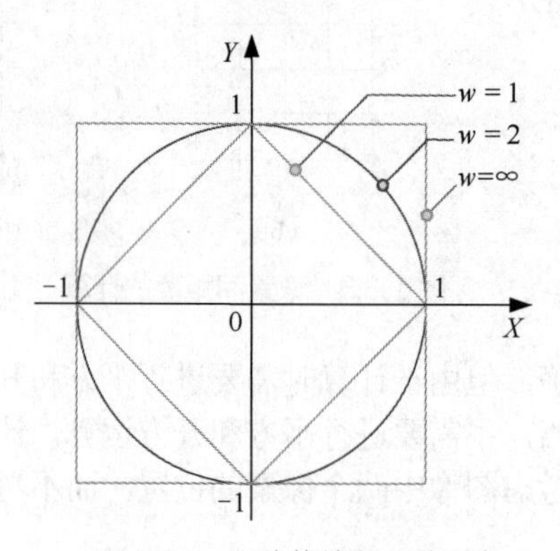

图 1.3.5　3 种范数和 3 种距离 □

利用像素间的距离也可定义像素的邻域，例如 $D_4 = 1$ 的像素就是(x, y)的 4-邻域像素。换句话说，像素 p 的 4-邻域也可定义为：

$$N_4(p) = \left\{ r \mid D_4(p,r) = 1 \right\} \tag{1.3.6}$$

$D_8 = 1$ 的像素就是(x, y)的 8-邻域像素，这样像素 p 的 8-邻域也可定义为：

$$N_8(p) = \left\{ r \mid D_8(p,r) = 1 \right\} \tag{1.3.7}$$

等距离轮廓图案中的像素个数也与距离有关。设用$\Delta_i(r)$, i = 4, 8 表示与中心像素的 d_i 距离小于或等于 r 的等距离轮廓图案，用#$[\Delta_i(r)]$表示除中心像素外$\Delta_i(r)$中所包含的像素个数，则对城区距离圆盘，由于像素个数随距离成比例增加，所以有：

$$\#[\Delta_4(r)] = 4\sum_{j=1}^{r} j = 4(1+2+3+\cdots+r) = 2r(r+1) \tag{1.3.8}$$

类似地，对棋盘距离圆盘有：

$$\#[\Delta_8(r)]=8\sum_{j=1}^{r} j=8(1+2+3+\cdots+r)=4r(r+1) \tag{1.3.9}$$

另外，棋盘距离圆盘实际上是一个正方形，所以也可用下式计算棋盘距离圆盘中除中心像素外所包含的像素个数：

$$\#[\Delta_8(r)]=(2r+1)^2-1 \tag{1.3.10}$$

例如$\#[\Delta_4(5)]=60$，$\#[\Delta_4(6)]=84$，$\#[\Delta_8(3)]=48$，$\#[\Delta_8(4)]=80$。

3. 距离变换

等距离轮廓给出了与中心像素的某种距离小于或等于某个值的像素组成的图案。如果考虑图案区域中的每个点与最接近的区域外的点之间的距离，并用与距离成正比的灰度表示该点的灰度，那么这样得到的结果称为**距离变换图**，简称距离图。换句话说，对区域中的一个点，距离变换的结果正比于该点与区域边界的最近距离。**距离变换**（DT）是一种特殊的变换，它把二值图像变换为灰度图像（一个应用示例可参见6.4.2小节）。

给定图像中一个目标，距离变换执行的操作是计算目标区域中的每个点与其最接近的区域外点之间的距离，并将该距离值赋给该点。换句话说，对目标中的一个点，距离变换定义为该点与目标边界的最近距离。更严格地，距离变换可如下定义：给定一个点集（合）P、P的一个子集B以及满足测度条件的距离函数$d(.,.)$，对P的距离变换中赋予点$p \in P$的值为：

$$\mathrm{DT}(p)=\min_{q \in B}\{d(p,q)\} \tag{1.3.11}$$

在图像中，常用的距离测度多为使用整数算术运算的距离函数。例如式（1.3.2）的D_4距离和式（1.3.3）的D_8距离都是这样。当然，也可以使用欧氏距离等。与原始图像有相同的尺寸、并且其中在每个点$p \in P$处的值为$\mathrm{DT}(p)$的图称为点集P的**距离图**，可用矩阵$[\mathrm{DT}(p)]$来表示。

给定一个集合P和它的边界B，上述对P的距离变换满足下列性质[Marchand 2000]。

（1）根据定义，$\mathrm{DT}(p)$是以p为中心且完全包含在P中的最大圆盘的半径。

（2）如果正好有一个点$q \in B$使得$\mathrm{DT}(p)=d(p,q)$，那么存在一个点$r \in P$，使得中心在r、半径为$\mathrm{DT}(r)$的圆盘完全包含中心在p、以$\mathrm{DT}(p)$为半径的圆盘。

（3）反过来，如果在B中至少有两个点q和q'使得$\mathrm{DT}(p)=d(p,q)=d(p,q')$，那么不存在完全包含在$P$中且能完全包含中心在$p$、以$\mathrm{DT}(p)$为半径的圆盘的圆盘。此时称$p$为最大圆盘的中心。

例1.3.5　离散距离图示例

离散距离图一般可用灰度图来表示，其中图里任一个位置的灰度值正比于该处的距离变换值。例如图1.3.6（a）所示为一幅二值图，距离变换后为一幅灰度图，参见图1.3.6（b），其中心数值比较大，四周数值比较小。比较两图还可看出，虽然图1.3.6（a）中所示的长方形区域里各像素的原始值一样，但变换后的值分为图1.3.6（b）所示的3种。这反过来表明，距离计算和距离变换只与图像中两个像素的相对位置有关，而与这两个像素的灰度值无关。

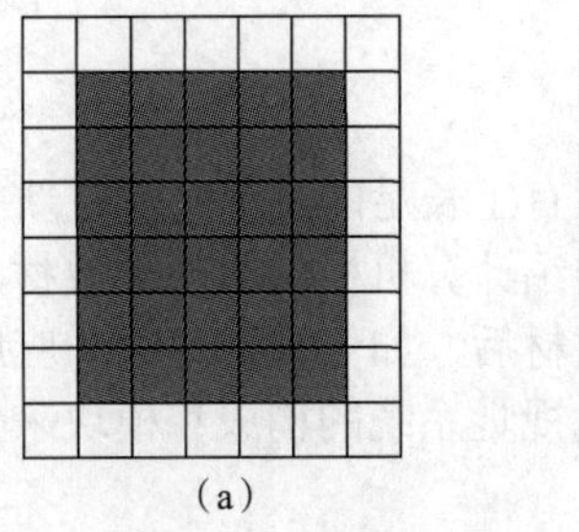
(a)

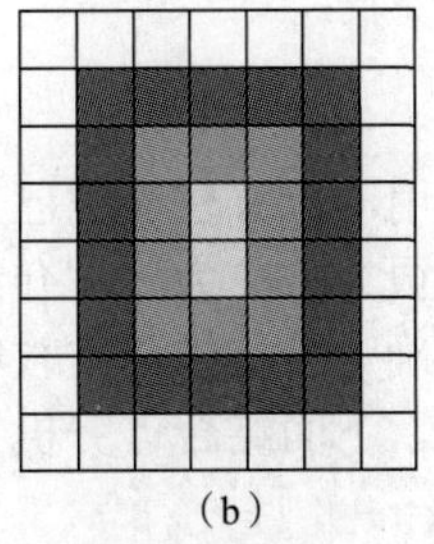
(b)

图1.3.6　一幅二值图和它的距离变换图

□

上述关于距离的计算是一个全局的操作，所以计算量会很大。为解决这个问题可以仅使用局部邻域信息。考虑下面的性质：给定一个集合 P 和它的一个子集 B，用 d 表示计算距离图的距离函数。那么，对任何点 $p \in P^{\circ}$（即 $p \in P–B$），存在 p 的一个邻域点 q，即 $q \in N(p)$，使得在 p 的距离变换值 $\mathrm{DT}(p)$满足 $\mathrm{DT}(p) = \mathrm{DT}(q) + d(p, q)$。进一步，因为 p 和 q 互为邻接点，从 p 移动到 q 的长度为 $l(p, q) = d(p, q)$。这样，对任意点 $p \notin B$，q 可由 $\mathrm{DT}(q) = \min\{\mathrm{DT}(p) + l(p, q), q \in N(p)\}$ 来刻画。

根据上述性质，在实际计算距离变换时可以定义包含局部距离的模板，并通过将局部距离进行扩展来计算距离图。

一个尺寸为 $n \times n$ 的用于计算距离变换的模板可用一个 $n \times n$ 的矩阵 $\boldsymbol{M}(k, l)$表达，其中每个元素的值表示像素 $p = (x_p, y_p)$和它的邻接像素 $q = (x_p + k, y_p + l)$之间的局部距离。一般模板以像素 p 为中心，所以尺寸 n 为奇数，下标 k 和 l 包含在$\{-\lfloor n/2 \rfloor, \cdots, \lfloor n/2 \rfloor\}$中。

图 1.3.7 给出两个用于局部距离扩展的模板。图 1.3.7（a）的模板基于 4-邻域定义且被用来扩展 D_4 距离，因为是 4-邻域，所以 a 为有限值（可取 1）。对角像素不属于 4-邻域，所以用∞指示。图 1.3.7（b）的模板基于 8-邻域且被用来扩展 D_8 距离。因为是 8-邻域，周围 8 个像素都在邻域内，所以 a 和 b 都为有限值（可都取 1）。中心的像素 p 用阴影区域表示并代表模板的中心($k = 0, l = 0$)，模板的尺寸由所考虑的邻域种类确定。在 p 的邻域中的像素具有对应的从 p 移动过来的长度值。中心像素的值为 0，而无穷大符号表示一个很大的数。

图 1.3.7　用于局部距离扩展的模板

用模板计算距离图的方法可总结如下。给定一幅 $W \times H$ 的二值图像，设其边界集合 B 已知。距离图是一个尺寸为 $W \times H$、值为$[\mathrm{DT}(p)]$的矩阵。该矩阵可用迭代的方法更新到一个稳定状态。首先，初始化距离图（迭代指数 $t = 0$）如下：

$$\mathrm{DT}^{(0)}(p) = \begin{cases} 0 & \text{当} \quad p \in B \\ \infty & \text{当} \quad p \notin B \end{cases} \tag{1.3.12}$$

然后，在 $t > 0$ 时，将模板 $M(k, l)$的中心放在像素 $p = (x_p, y_p)$处，并用下面的规则将距离值从像素 $q = (x_p + k, y_p + l)$传播到 p：

$$\mathrm{DT}^{(t)}(p) = \min_{k,l}\{\mathrm{DT}^{(t-1)}(q) + M(k,l);\ q = (x_p + k,\ y_p + l)\} \tag{1.3.13}$$

这个更新过程将持续进行，直到距离图不再发生变化。

1.4　本书内容简介

经过多年的研究和应用，计算机视觉已有了长足的进展，而且新的理论和技术还在不断地涌现。计算机视觉的领域很大，作为一本介绍计算机视觉的基础教材，如何选取恰当的内容是首先考虑的问题。另外，确定了这样一本教材后，如何根据专业和应用来选择和使用其中的内容，也是需要考虑的问题。下面结合计算机视觉系统的构成和模块来介绍一下本书的内容和教学建议。

1.4.1　计算机视觉系统及模块

学习研究计算机视觉的主要目标是能建立计算机视觉系统来完成各种视觉任务。**计算机视觉系统**是由多个功能模块按照一定的结构组成的完成视觉任务的系统。每个模块要通过采用特定的技术和方法来完成特定的功能，各个模块之间要互相联系以保证根据一定的流程实现系统功能。

计算机视觉系统是被观察的客观场景与为感知世界而进行观察的用户之间的桥梁。为搭建这个桥梁，首先需要采集客观场景的图像，对其进行初步处理，提取有意义的基元或目标，对目标进行表达描述，分析目标的特性；然后要进一步对2-D图像采取各种方法获取其中所含的3-D信息，从而辨识场景中的物体和恢复景物间的联系，并与先验知识或理想模型进行匹配；最后达到解释场景含义、知觉客观世界的目的。根据上述分析和讨论，设计了图1.4.1所示的计算机视觉系统框架，也是本书的整体框架（各方框里括号内的数字代表章号，具体讨论参见1.4.2小节）。

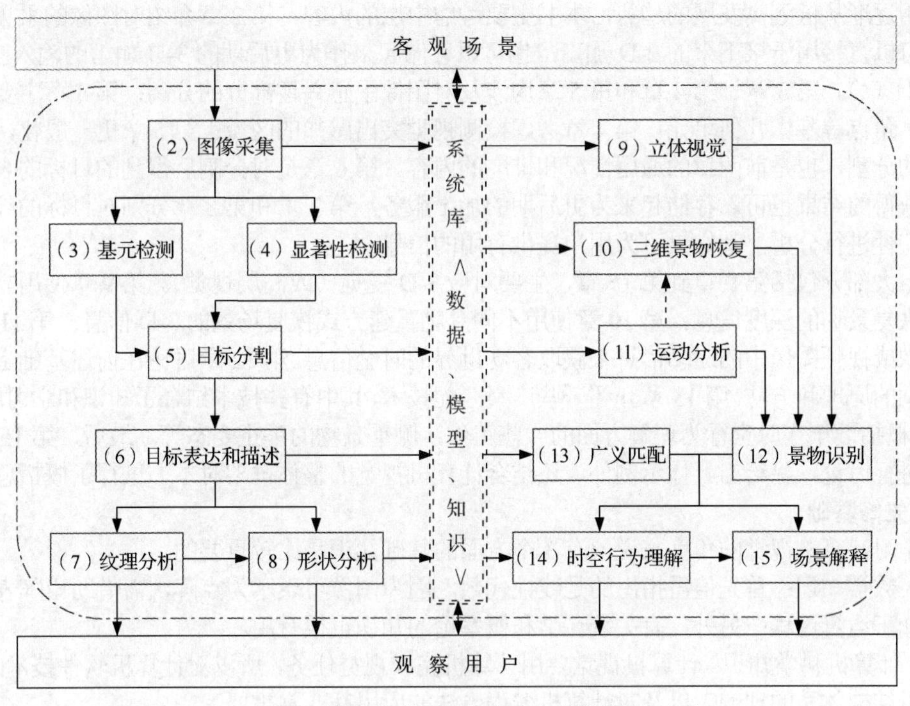

图1.4.1　计算机视觉系统框架（本书的整体框架）

这里先从**计算机视觉系统框架**的角度来进行分析。首先要对客观场景采集图像，这是计算机视觉的出发点。为使图像满足进一步加工的需要，要对图像进行一定的预处理。然后，从图像中检测基元和分割目标（基元检测和显著性检测常是目标分割的基础，但有些情况下也实现了目标提取的目的），以便将图像中感兴趣的部分分离出来。对感兴趣的部分进行有效的表达和充分的描述，在此基础上还可进行目标的纹理和形状等特性分析。上述各步骤有一定的顺序，许多步骤的结果都可给用户提供一些有用的信息，或保存下来用于更高层的加工。图1.4.1中的虚线框所表示的系统库（数据库、模型库、知识库）提供了数据缓冲、模型存放等可能性。对以一些特定方式采集的图像，还可以通过计算获得有关场景的3-D信息，包括采用立体视觉的方式、三维景物恢复重建的方式、从序列图像中分析运动情况的方式。借助获得的3-D信息，可以对景物进行分类识别，再与已有的模型进行匹配，就可以理解景物的运动变化含义，并最终获得对场景感知解释的结果，实现用计算机完成视觉工作和任务的目标。

1.4.2　如何学习使用本书

针对这本教材，为了有效地进行学习，需要根据教材的整体框架和包含的内容来确定所需的先修基础，了解教材中各章的概况，以及根据基础和课时选取需要的章节。

1. 整体框架

计算机视觉涉及的领域很广泛，但作为教材，本书主要包括计算机视觉的基本内容和为进一步开展科研工作所需的基础知识。本书主要介绍计算机视觉的基本原理、基础内容、技术方法和已有成果。图1.4.1参照一般的计算机视觉系统框架并对其进行了调整，同时也是本书的整体框架。图1.4.1中每个小方框对应本书的一章（第2章到第15章），其中括号内的数字即章的序号。

本书的主要内容除了本章绪论外可分为两大部分（分别对应图1.4.1的左右两部分）。

第一大部分包括第2章到第8章，主要对应2-D视觉（或低层与中层视觉）。考虑到近年研究和应用逐渐从低到高发展的趋势，本书主要考虑中层的内容。第2章介绍对图像的采集，采集结果既可以直接用于接下来的2-D加工，也可以存储起来作为更后期的3-D加工的输入（如第9章到第11章）。第3章、第4章和第5章均涉及对图像中感兴趣部分的分离：第3章主要考虑提取边缘、角点等基本几何单元；第4章考虑检测视觉突出感知的区域；第5章更一般化，考虑一般目标的分割，也是前两章的通用情况和推广的内容。第6章是对分割后得到的目标的表达和描述，所获得的结果也可以存储起来为更后期的加工服务。第7章和第8章分别对目标的纹理特性和形状特性进行分析，其结果可为用户提供有用的信息。

第二大部分包括第9章到第15章，主要对应3-D视觉（或高层视觉）。第9章使用立体视觉方式来恢复景物的深度信息；第10章使用不同景物重建方式恢复场景的3-D信息；第11章使用序列图像或视频图像中的运动信息来获取客观世界的时空信息。第12章讨论在前述基础上对景物进行识别的原理和方法。第13章介绍一些广义匹配技术，其中有些技术结合了知识和学习的内容。第14章概括近年在时空行为理解方面的一些工作，侧重景物的举止姿态等。最后，第15章对场景解释进行讨论，除给出具体示例外，还结合计算机视觉的整体框架对本书进行了概括总结。

2. 先修基础

从学习计算机视觉的角度来说，有3个方面的基础知识是比较重要的。

（1）数学知识：首先值得指出的是线性代数，因为图像可表示为点阵，需借助矩阵表达或解释各种加工运算过程；另外，有关统计学和概率论的知识也很有用。

（2）计算机科学知识：计算机视觉要用计算机完成视觉任务，所以对计算机软件技术的掌握，对计算机结构体系的理解，以及对计算机编程方法的应用都非常重要。

（3）电子学知识：采集图像的照相机和采集视频的摄像机都是电子器件，要想快速对图像进行加工，也需要使用一定的电子设备。

以上先修基础知识对信息科学相关专业的学生都是比较基本的，对一般的工程专业的学生来说也应该是有一定基础的。

3. 各章概况

在编写时尽量使本书中各章内容自成体系。在结构上，每章开始除整体内容介绍外，均有对各节的概述，在每章结束处均有“总结和复习”，其中给出该章各节的小结和相应的参考文献介绍，并附有一些思考题和练习题（对部分题给出了解答）。

本书共分为15章。下面对各章的内容进行简单概述。

第1章为绪论，除对计算机视觉进行概括介绍外，还介绍了有关图像的基本概念和基础知识，以及相关的输入输出设备和方法，描述了图像中像素之间的基本联系，给出了计算机视觉系统框架和本书的整体框架，概述了框架中的各个模块，并对本书的使用提出了建议。

第2章介绍图像采集方面的内容，分别介绍了采集装置及其性能指标；采集模型（包括几何成像模型和亮度成像模型），以及空间和幅度分辨率；各种获得高维图像的成像方式以及对摄像机进行标定（以定量地将摄像机所拍摄的内容和 3-D 场景中的物体联系起来）的方法。

第 3 章介绍一些基本和典型的基元检测技术。这也是从初级视觉到中级视觉的过渡。依次介绍了对边缘、角点、直线、圆、孔等基元检测的原理、方案和具体步骤，这些技术对由上述基元进行组合而得到的结合体也是有效的。

第 4 章介绍显著性概念和内涵，以及对图像中像素进行显著性的检测。分别介绍了一种像素级的检测方法和一种目标级的检测方法。在此基础上，还对显著目标区域的提取和提取效果的评价进行了讨论。

第 5 章介绍一些基本的目标分割技术。区分目标既可以从边界着手，也可以从区域着手。从边界出发，介绍了轮廓搜索技术和给定初始轮廓进行调整的主动轮廓模型；从区域出发，介绍了基本的取阈值分割技术，还介绍了两种有特色的取阈值方法。

第 6 章介绍对分割目标的表达和描述方法。因为区分目标可采取基于边界或基于区域的方法，所以分别讨论了基于边界的表达和基于区域的表达，以及基于边界的描述和基于区域的描述方法。这些表达和描述方法是互补的。

第 7 章介绍对目标纹理特性的分析技术。根据对纹理概念的不同理解以及实际纹理分析中的不同需求，对纹理分析的方法可分为统计法、结构法和频谱法。对各类方法的原理、基本技术和特点分别给予了说明。另外，还对有监督纹理分割和无监督纹理分割的思路和方法进行了介绍。

第 8 章介绍对目标形状特性的分析技术。对形状的分析应该基于形状的性质、可用的理论和技术。这里一方面用基于不同的理论技术的描述符来描述一个形状性质，另一方面考虑了借助同一种理论技术所获得的不同的描述符来刻画目标形状的不同性质。

第 9 章介绍利用多目成像技术获取场景中物体的距离（深度）信息的立体视觉技术。首先概述了立体视觉系统的各个模块，然后具体分析了各种双目成像的模式，最后分别讨论了为获得视差而进行立体匹配的两类方法，即基于区域的方法和基于特征的方法。

第 10 章介绍一些利用单目（多幅或单幅）2-D 图像恢复 3-D 目标形状信息的技术，包括借助光源移动获得多幅图像再利用光度立体学方法恢复表面朝向的方法，借助图像上的明暗分布来恢复景物形状的方法，借助表面纹理变化来确定表面指向的方法，以及根据焦距确定深度的方法。

第 11 章介绍对图像序列中各种运动信息的分析技术。既考虑了摄像机运动所导致的帧图像内所有的点的整体移动（也称为全局运动），也考虑了感兴趣的目标在场景中的自身运动（也称为局部运动），最后介绍了借助摄像机的运动求取 3-D 结构和恢复景物深度的方法。

第 12 章介绍图像模式识别技术。这里一方面介绍统计模式识别和结构（句法）模式识别的基本原理和典型方法，包括最小距离分类器、最优统计分类器、字符串结构识别和树结构识别方法；另一方面介绍基于人工神经网络的感知机模型和基于统计学习理论的支持向量机。

第 13 章介绍匹配技术。匹配可理解为结合不同的、已经存在的表达，建立它们的解释之间联系的技术与过程。匹配可在不同（抽象）层次上进行。这里介绍比较抽象的，主要与图像目标或目标的性质有关的广义匹配方式和技术。

第 14 章介绍时空理解技术。先讨论了目前时空技术的发展和层次，然后从时空兴趣点的检测入手，分析了动态轨迹和活动路径方法，动作检测和识别方法，以及动作分类和识别技术，进而上升到对动作和活动进行高抽象层次（与语义和智能相关）建模和描述的技术。

第 15 章对计算机视觉的高层目标即场景解释进行讨论。先给出两个针对特定应用并采用特殊方法对场景和景物内容进行解释和理解的示例，然后对一般的计算机视觉系统模型以及计算机视觉理论框架方面的问题进行了分析和展望。

4. 使用建议

本书是按照学习计算机视觉基础的入门教材来编写的，主要目标是介绍计算机视觉的基本概念、典型方法和实用技术，一方面使读者能据此解决计算机视觉应用中的具体问题，另一方面帮助读者进一步深入学习和研究。所以虽然本书的覆盖面比较大，但主要还是基础的内容。

本书的内容量比较大，教师可以根据教学要求、学生基础、学时数量等酌情选择讲授内容。

（1）对计算机科学与技术专业，如果按本书的各章依次进行讲授，则可将本书用于一门48～64学时的课程。

（2）对计算机应用专业，可考虑依次选取第1章、第2章、第3章、第4章、第5章、第6章、第7章、第8章、第11章，如此将本书用于一门36～42学时的课程。

（3）对工业自动化、机器人等专业，可考虑依次选取第1章、第2章、第3章、第4章、第5章、第6章、第7章、第8章、第9章、第10章、第11章、第12章，如此将本书用于一门42～54学时的课程。

（4）对信息科学相关专业，可考虑依次选取第1章、第3章、第4章、第5章、第6章、第7章、第8章、第11章、第12章、第15章，如此将本书用于一门42～48学时的课程。

以上建议是针对高年级本科生提出的，如果是低年级硕士研究生，则可考虑减少5～10学时，或考虑增加一些动手实践环节。不过，如果是其他专业（非以上所列专业）的研究生，则可按以上所列专业的高年级本科生的情况对内容进行选取。本书对先修课程的要求不高，可参见前面“先修基础”中介绍的内容。

另外，对已经学习过《图像处理和分析教程》的研究生，可选取第1章、第2章、第9章、第10章、第11章、第12章、第13章、第14章、第15章，如此将本书用于一门32学时的提高课程。

总结和复习

下面对本章各节进行简单小结，并有针对性地介绍一些可供深入学习的参考文献。读者还可通过思考题和练习题进行进一步的复习，标有星号的思考题或练习题在书末提供了解答。

【小结和参考】

1.1节对计算机视觉的起源、目标、相关学科、应用领域等方面进行了概括介绍。计算机视觉的书籍很多，本世纪出版的如[Ritter 2001]、[Shapiro 2001]、[Forsyth 2012]、[Hartley 2004]、[Sonka 2008]、[Zhang 2009]、[Szeliski 2010]、[Davies 2012]、[Prince 2012]、[彼 2019]等。相关学科中，图像分析和图像理解可参见文献[章 2018c]和[章 2018d]等；机器视觉可参见文献[Snyder 2004]、[张 2005a]等；模式识别可参见文献[Duda 2001]、[Theodoridis 2003]、[Bishop 2006]等；人工智能可参见文献[史 2016]等；计算机图形学可参见文献[黄 2015]等。

1.2节介绍了一些图像的基础知识和基本概念。更多的定义可参见专门的辞典[章 2015b]、[章 2021b]。有关图像领域的全面情况和发展趋势可参见综述文献[章 1996a]、[章 1996b]、[章 1997a]、[章 1998]、[章 1999]、[章 2000a]、[章 2001a]、[章 2002a]、[章 2003a]、[章 2004a]、[章 2005]、[章 2006]、[章 2007]、[章 2008]、[章 2009]、[章 2010]、[章 2011]、[章 2012a]、[章 2013a]、[章 2014]、[章 2015a]、[章 2016a]、[章 2017]、[章 2018a]、[章 2019]、[章 2020a]、[章 2021a]、[章 2022]。各类图像的示例可参见本书的姊妹篇——《图像处理和分析教程》（微课版 第3版）。如果要借助MATLAB对图像进行处理可参见文献[马 2013]。

1.3节围绕图像中的基本单元——像素，介绍了它们之间的联系，各种距离测度，以及距离变换。这是许多图像技术的基础。关于图像技术的全面介绍可参见系列教材[章 2012b]、[章 2012c]、[章 2012d]或[章 2013b]，以及[章 2018b]、[章 2018c]、[章 2018d]或[章 2018e]。

1.4节介绍了计算机视觉系统框架和本书的整体框架。有关计算机视觉系统框架的进一步讨论可参见15.3节。对其中一些内容从基础到技术，从技术到研究的纵向介绍可参见文献[章 2016b]

和[章 2020b]。作为教材，对先修基础所涉及的内容可查阅对应学科的资料。对一些问题和习题的分析和解答可参见文献[章 2018f]。

【思考题和练习题】

*1.1 人类视觉系统与计算机视觉系统有哪些关系？

1.2 图像工程的 3 个层次之间的关系如图题 1.2 所示。

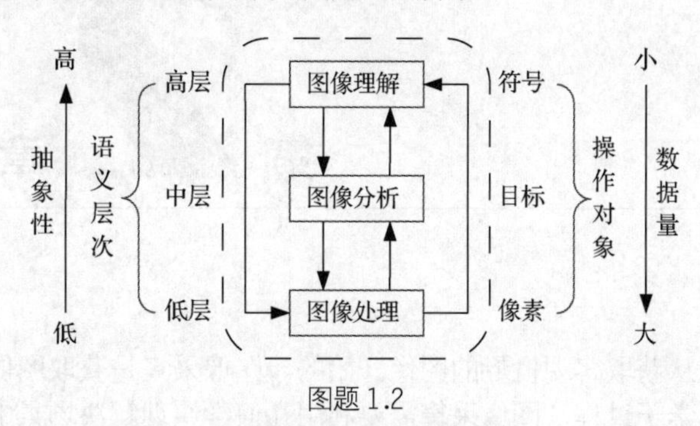

图题 1.2

结合 1.1.3 小节中对图像处理、图像分析和图像理解的介绍，从操作对象、数据量、语义层次和抽象程度 4 个方面对它们的不同之处进行讨论。

1.3 利用网上的数据库，调查计算机视觉近年来的发展趋势和特点，统计比较重要的事件有哪些。

1.4 连续图像 $f(x, y)$与数字图像 $I(r, c)$中各量的含义分别是什么？它们有什么联系和区别？它们的取值各在什么范围？

1.5 视频序列包括一组 2-D 图像，如何用矩阵形式表示视频序列，请具体描述。

1.6 试列表比较不同图像显示方法的优点和缺点。

1.7 试读出一个位图文件的文件头和位图信息部分，分析其中的哪些内容可以通过直接观察位图本身而得到。

1.8 找一个对应二值图像的 TIFF 文件，再找一个对应灰度图像的 TIFF 文件，分析它们的文件头有什么区别。

1.9 8-邻域中的近邻像素个数是 4-邻域中的近邻像素个数的两倍，那么与某个像素的 D_8 距离小于或等于 1 的像素个数是否等于与该像素的 D_4 距离小于或等于 2 的像素个数？

*1.10 试计算如图题 1.10 中两个像素 p 和 q 之间的 D_E 距离、D_4 距离和 D_8 距离。

图题 1.10

1.11 试分别计算#[$\Delta_8(4)$]和#[$\Delta_4(8)$]。

1.12 试给出如图题 1.12 所示的两幅图像的距离变换的结果。

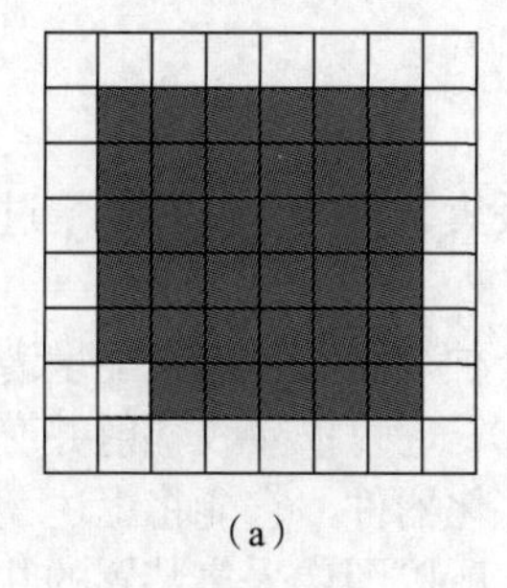

（a）

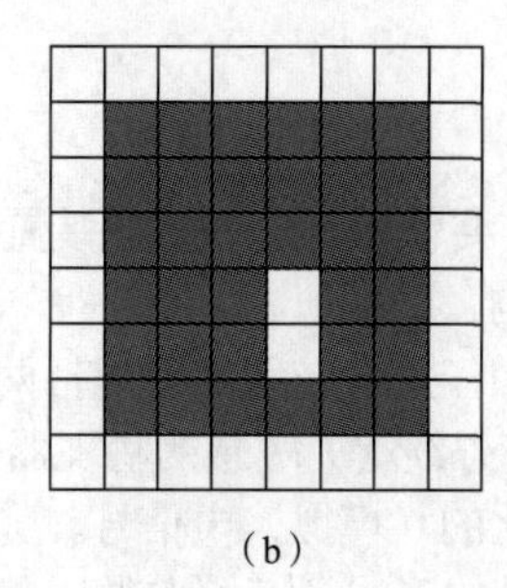

（b）

图题 1.12

第2章 图像采集

计算机视觉过程是从获取客观世界的图像开始的。图像采集是获取图像的技术或过程。对应视觉过程中的光学和化学子过程，**图像采集**需要利用几何学原理解决场景中目标投影在图像中什么位置的问题，利用辐射度学或者光度学原理建立场景中目标亮度与图像中对应位置的灰度之间的联系。

为采集图像，需要使用一定的采集装置或设备（如照相机和摄像机）。采集装置或设备的性能指标中，与上述两个问题直接联系的是图像的空间分辨率和幅度分辨率。客观世界中的景物要受到光源的照射才能被采集装置或设备采集到，采集装置、照射光源和景物这三者经过不同结合或不同的联系可构成许多类型的图像采集方式。

在计算机视觉中，采集图像的最终目的是用计算机从图像中获取客观世界的信息。要建立图像坐标和空间坐标之间的联系需要获取采集装置或设备本身的参数和其在空间放置的姿态参数；要建立图像灰度和空间景物的亮度之间的联系需要获取采集装置或设备本身的特性参数。所以，要获得准确的景物信息，还需要对采集装置或设备进行标定。

根据上面所述，本章各节将如下安排。

2.1 节介绍典型的图像采集装置的基本构造和工作原理，以及基本的性能指标。

2.2 节介绍图像采集的基本模型，包括有关图像坐标和空间坐标之间相对关系的几何模型，以及有关景物亮度和图像灰度的相对关系的辐射模型。在此基础上，对图像的空间分辨率和幅度分辨率与数据量的关系进行了定量描述。

2.3 节列举多种根据光源、采集器和景物三者不同的相互位置和运动情况所构成的成像方式，还对一种特殊的成像方式——结构光成像，进行具体介绍。

2.4 节讨论摄像机的标定问题。除描述摄像机标定的一般程序和步骤以外，还详细介绍一种得到广泛应用的摄像机标定方法——两级标定法。

2.1 采集装置

要采集图像，需要使用一定的采集装置（设备）。采集装置的性能对采集过程及所采集图像的质量都有很大的影响。

为采集数字图像，采集装置需要包括两种器件。一种是对某个电磁能量谱波段（如 X 射线、紫外线、可见光、红外线等）敏感的物理器件（传感器），它可以接收辐射并产生与其所接收到的电磁辐射能量成正比的（模拟）电信号。另一种是数字化器件，它能将上述（模拟）电信号转化为数字（离散）信号的形式（模/数转换）输入计算机。所以图像采集装置的共同之处是接收外界的激励并产生响应，然后把模拟的响应转化为数字化的信号，从而被计算机利用。

以常见的 X 光透视成像仪为例，由 X 光源发出的射线从一端穿越物体到达另一端对 X 光敏感的媒体，这个媒体能获得物体材料对 X 光有不同吸收的图像信号。但如果将这个信号直接记录在胶片上，那么这个信号的数据并不能直接输入计算机，需要把这个信号转换为离散的信号，才能被计算机所接受。

1. 常用采集装置

早年用于可见光和红外线成像的采集装置主要有显微密度计、析像管、视像管等。近年得到广泛应用的主要是基于对光子敏感的**固态阵**的器件。

固态阵中一种典型的元件是**电荷耦合器件**（CCD）。以此为基础构成的 **CCD 摄像机**从 20 世纪 70 年代开始得到应用，目前仍是应用最多的一类摄像机。其中的固态阵是由称为感光基元（photosite）的离散硅成像元素构成的。这样的感光基元能产生与所接收的输入光强成正比的输出电压。固态阵可以按照几何组织形式分为两种：线扫描传感器和平面扫描传感器。线扫描传感器包括一行感光基元，它靠场景和检测器之间的相对运动来获得 2-D 图像。平面扫描传感器由排成方阵的感光基元组成，可直接得到 2-D 图像。固态平面传感器阵的一个显著特点是它具有非常快的快门速度（可达 10^{-4} s），所以能将许多运动定格下来。

从 20 世纪 90 年代开始，**CMOS 摄像机**逐渐得到广泛应用。它基于**互补金属氧化物半导体**（CMOS）工艺，其传感器主要包括传感器核心、模/数转换器、输出寄存器、控制寄存器、增益放大器等。传感器核心中的感光像元电路分为 3 种。

（1）光敏二极管型无源像素结构：无源像素结构由一个反向偏置的光敏二极管和一个开关管构成。当开关管开启时，光敏二极管与垂直的列线连通，位于列线末端的放大器读出列线电压。当光敏二极管存储的信号被读取时，电压被复位，此时放大器将与输入的光信号成正比的电荷转换为电压输出。

（2）光敏二极管型有源像素结构：有源像素结构相比无源像素结构，它在像素单元上加入了有源放大器。

（3）光栅型有源像素结构：信号电荷在光栅下积分，输出前先将扩散点复位，然后改变光栅脉冲，收集光栅下的信号电荷转移到扩散点，复位电压水平与信号电压水平之差就是输出信号。

与传统的 CCD 摄像器件相比，CMOS 摄像器件把整个系统集成在一块芯片上，降低了功耗，缩小了尺寸，总体成本也更低，而且使将图像采集和基本的图像处理放在同一个芯片上的“智能相机”成为可能。不过 CMOS 摄像器件的噪声水平比 CCD 摄像器件约高一个数量级。

另一种近年来得到迅速发展的固体摄像器件是**电荷注射器件**（CID）。在 **CID 摄像机**的传感器芯片中，有一个和图像矩阵对应的电极矩阵，在每一个像素位置有两个隔离/绝缘的能产生电位阱的电极。其中一个电极与同一行的所有像素的对应电极连通，而另一个电极与同一列的所有像素的对应电极连通。换句话说，要想访问一个像素，可以通过选择它的行和列来实现。

这两个电极的电压可分别为正和负（包括零），而它们的组合有 3 种情况，分别对应 CID 工作的 3 种模式。

（1）积分模式：此时两个电极的电压均为正，光电子将会累加。如果所有行和列均保持为正电压，则整个芯片将给出一幅完整的图像。

（2）非消除性模式：此时两个电极的电压一个为正，一个为负。电压为负的电极累加的光电子将会迁移到电压为正的电极下。这个迁移将会在与第 2 个电极连通的电路中激发出一个脉冲，脉冲的幅度反映了累加的光电子数。迁移来的光电子会留在电位阱中，这样就可以通过使电荷往返迁移来对像素进行反复读出而不消除。

（3）消除性模式：此时两个电极的电压均为负，累加的光电子将会流溢，或注射进电极之间的芯片硅层中，并在电路中激发出脉冲。同样，脉冲的幅度反映了累加的光电子数。但这个过程将迁移来的光电子排除出电位阱，所以可用来“清零”，以使芯片准备采集另一幅图像。

芯片中的电路控制行和列的电极电压以采集一幅图像，并消除性地读出或非消除性地读出。这允许CID以任意次序访问每一个像素，以任意速度读出任意尺寸的子图像。

与一般的CCD摄像器件相比，CID摄像器件对光的敏感度要低很多，但具有随机访问、不会产生图像浮散问题等优点。

2. 基本性能指标

对图像采集装置来说，常需要考虑下面的几个性能指标（还有两个性能指标，即空间分辨率和幅度分辨率，将在2.2.3小节详细讨论）。

（1）线性响应：指输入物理信号的强度与输出响应信号的强度之间的关系是否呈线性关系。

（2）灵敏度：绝对灵敏度可用所能检测到的最少光子个数表示，相对灵敏度可用能使输出发生一个级别的变化所需的光子个数表示。

（3）信噪比：指所采集的图像中有用信号与无用干扰信号的（能量或强度）比值。

（4）阴影（不均匀度）：指输入物理信号为常数而输出的数字形式不为常数的现象。

（5）快门速度：对应每次采集拍摄所需的时间。

（6）读取速率：指从敏感单元读取信号数据的（传输）速率。

2.2 采集模型

图像采集中的主要模型包括两类：几何成像模型和亮度成像模型。在图像表达$f(x, y)$中，(x, y)表示像素的空间位置，是由成像时的**几何成像模型**所确定的；f表示像素的幅度数值（灰度），是由成像时的**亮度成像模型**所确定的。

2.2.1 几何成像模型

从几何角度上讲，图像采集的过程可看作一个将客观世界的场景通过投影进行空间转化的过程，例如用照相机或摄像机进行图像采集时要将3-D客观场景投影到2-D图像平面，这个投影过程可用**投影变换**（也称为成像变换或几何透视变换）来描述。一般情况下，客观场景、摄像机和图像平面三者各有自己不同的坐标系统，所以投影成像涉及在不同坐标系统之间的转换。这里考虑以下3个坐标系统。

（1）**世界坐标系统**：也称真实或现实世界坐标系统XYZ，它是客观世界的绝对坐标系统（所以也称客观坐标系统）。一般的3-D场景都用这个坐标系统来表示。

（2）**摄像机坐标系统**：以摄像机为中心制定的3-D坐标系统xyz，一般取摄像机的光学轴为z轴，它垂直穿过成像平面xy。

（3）**图像平面坐标系统**：在摄像机内形成的对应图像平面的2-D坐标系统$x'y'$。一般取图像平面与摄像机坐标系统的xy平面平行，且x轴与x'轴、y轴与y'轴分别重合，这样图像平面的原点就在摄像机的光学轴上。

根据前面3个坐标系统之间不同的相互关系，可以得到不同的摄像机模型。下面介绍两个最为典型的模型（考虑x轴与x'轴、y轴与y'轴分别重合，图像平面坐标系统可用xy表示）。

1. 重合模型

下面先考虑摄像机坐标系统xyz与世界坐标系统XYZ重合的简单情况。图2.2.1所示为此时的重合模型示意，其中图像平面的中心处于原点，镜头中心的坐标是$(0, 0, \lambda)$，λ是镜头的焦距。

下面讨论投影变换成像中，空间点坐标和图像点坐标之间的几何关系。设(X, Y, Z)是3-D空间中任意点W的世界坐标。在以下的讨论中假设$Z > \lambda$，即所有客观场景中感兴趣的点都在镜头的前面（沿光轴正向）。先考虑点$W(X, Y, Z)$与其投影到图像平面的坐标之间的联系，这可以借助相似三角形方便地得到。参见图 2.2.1，有以下两式成立：

$$\frac{x}{\lambda}=\frac{-X}{Z-\lambda}=\frac{X}{\lambda-Z} \tag{2.2.1}$$

$$\frac{y}{\lambda}=\frac{-Y}{Z-\lambda}=\frac{Y}{\lambda-Z} \tag{2.2.2}$$

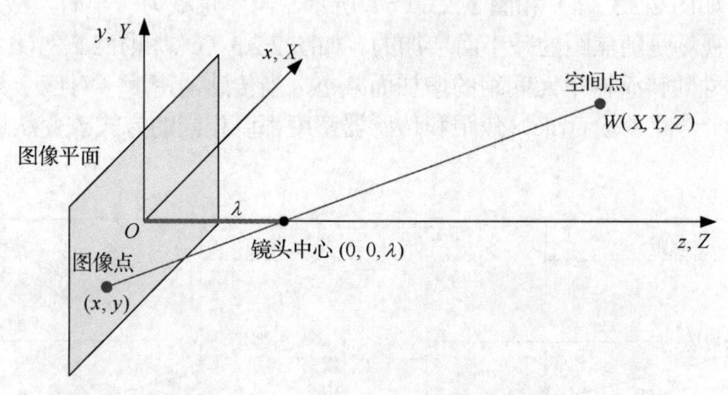

图 2.2.1　投影变换中的重合模型示意

式中 X 和 Y 前的负号代表图像点反转了。由以上两式可得到 3-D 点投影后的图像平面坐标：

$$x=\frac{\lambda X}{\lambda-Z} \tag{2.2.3}$$

$$y=\frac{\lambda Y}{\lambda-Z} \tag{2.2.4}$$

上述投影变换将 3-D 空间中（除了沿投影方向以外）的线段投影为图像平面上的线段。如果在 3-D 空间互相平行的线段也平行于投影平面，则这些线段在投影后仍然互相平行。3-D 空间的矩形投影到图像平面后可能为任意四边形，由 4 个顶点所确定，因此，常有人将投影变换称为 **4-点映射**。

例 2.2.1　归一化摄像机

归一化摄像机指焦距为 1 个单位的特定摄像机，也指一种简化的重合模型。图 2.2.2 所示为该模型中的一个剖面（X 为常数的 YZ 平面），其中，x-轴和 X-轴都由纸内向外，y-轴和 Y-轴都由上向下，Z-轴都由左向右。图像中对应世界坐标系中一点 $\boldsymbol{W}=[X, Y, Z]^{\mathrm{T}}$ 的 y 坐标是 Y/Z（x 坐标是 X/Z）。可见，对距摄像机较远的目标，其投影更靠近图像中心。

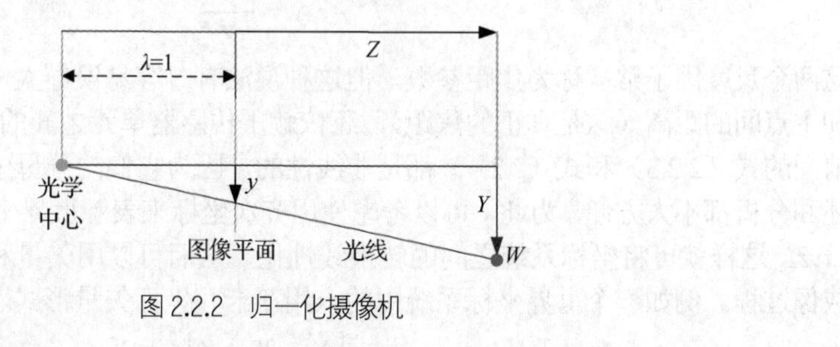

图 2.2.2　归一化摄像机　❑

例 2.2.2　摄像机焦距参数

实际中使用的摄像机焦距并不总是 1 个单位，且在图像平面上是使用像素而不是物理距离来表示位置的。将焦距和像素两个因素考虑上，参照图 2.2.2，图像平面坐标与世界坐标的联系是（s 是尺度因子）：

$$x = \frac{sX}{Z} \tag{2.2.5}$$

$$y = \frac{sY}{Z} \tag{2.2.6}$$

这里需要注意，焦距的改变以及传感器中光子接收单元的间距变化都会影响图像平面坐标与世界坐标的联系。如图2.2.3（a）和图2.2.3（b）所示，当焦距减为一半时，成像尺寸（如y）也减为一半。不过，视场是随焦距的减小而增加的。如图2.2.3（c）和图2.2.3（d）所示，用像素为单位确定的成像尺寸随传感器单元间距的增加而减小，当传感器密度（对应个数）减为一半时，成像像素数也减为一半。综合起来，焦距和传感器密度都以相同的方式改变从场景到像素的映射关系。

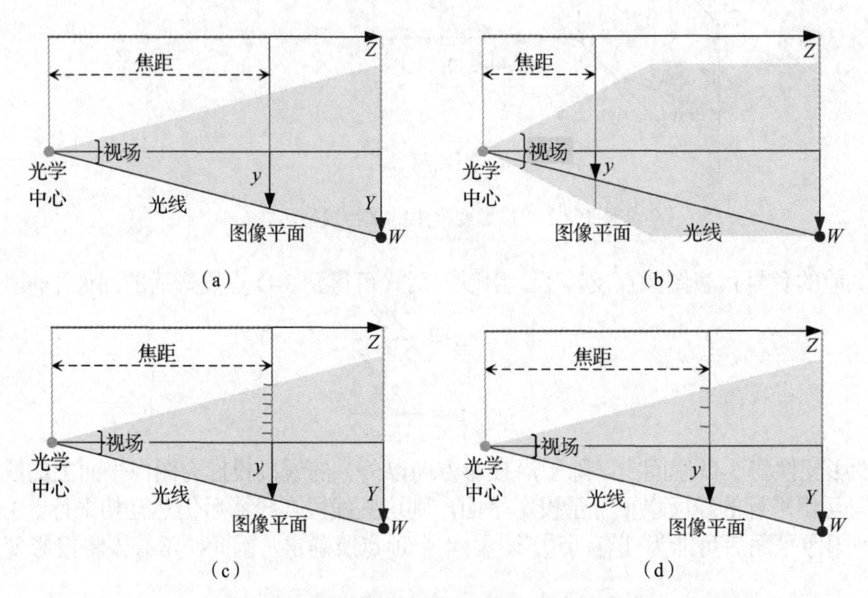

图2.2.3　焦距和传感器单元间距变化的效果

如果考虑图像平面上的传感器单元的间距在X和Y方向上可以不同，则需要两个尺度因子：

$$x = \frac{s_x X}{Z} \tag{2.2.7}$$

$$y = \frac{s_y Y}{Z} \tag{2.2.8}$$

这两个尺度因子常被称为焦距参数，但这种说法有时容易误导人，因为它们不仅依赖于光学中心和主点间的距离（这是真正的焦距），还依赖于传感器单元之间的距离。 ❑

前面的式（2.2.3）和式（2.2.4）都是非线性的，因为它们的分母中有变量Z。非线性的形式对描述和分析都不太方便，为此，可以考虑使用**齐次坐标**来表示世界坐标系统XYZ和摄像机坐标系统xyz。这样就可将坐标系统之间的转换线性化，从而可以用矢量和矩阵的形式来简洁地表示投影成像过程。例如一个世界坐标系统中的点用笛卡儿坐标矢量形式表示为：

$$\boldsymbol{w} = \begin{bmatrix} X & Y & Z \end{bmatrix}^{\mathrm{T}} \tag{2.2.9}$$

则该点对应的齐次坐标矢量形式（加下标h）为：

$$\boldsymbol{w}_{\mathrm{h}} = \begin{bmatrix} kX & kY & kZ & k \end{bmatrix}^{\mathrm{T}} \tag{2.2.10}$$

其中k是一个任意的、非零值的常数。很明显，要将齐次坐标形式转换为笛卡儿坐标形式可以用前 3 个坐标量除以第 4 个坐标量实现。

类似地，一个摄像机坐标系统中的点用矢量形式表示为：

$$\boldsymbol{c}=\begin{bmatrix}x & y & z\end{bmatrix}^{\mathrm{T}} \tag{2.2.11}$$

则该点对应的齐次坐标矢量形式为：

$$\boldsymbol{c}_{\mathrm{h}}=\begin{bmatrix}kx & ky & kz & k\end{bmatrix}^{\mathrm{T}} \tag{2.2.12}$$

例 2.2.3　齐次坐标

考虑两条用齐次坐标矢量形式表示的 2-D 直线：$\boldsymbol{L}_1=[1,0,1]$，$\boldsymbol{L}_2=[3,0,1]$。现要确定使它们相交的点。事实上，一个 3×1 的齐次点矢量 $\boldsymbol{x}$ 必定同时满足 $\boldsymbol{L}_1^{\mathrm{T}}\boldsymbol{x}=0$ 和 $\boldsymbol{L}_2^{\mathrm{T}}\boldsymbol{x}=0$。换句话说，它与 $\boldsymbol{L}_1$ 和 $\boldsymbol{L}_2$ 都正交。所以，为确定这个与 $\boldsymbol{L}_1$ 和 $\boldsymbol{L}_2$ 都正交的矢量，可计算 $\boldsymbol{L}_1$ 和 $\boldsymbol{L}_2$ 的矢量积：

$$\boldsymbol{x}=\boldsymbol{L}_1\times\boldsymbol{L}_2=\begin{bmatrix}\boldsymbol{i} & \boldsymbol{j} & \boldsymbol{k}\\ 1 & 0 & 1\\ 3 & 0 & 1\end{bmatrix}=\begin{bmatrix}0\\2\\0\end{bmatrix}$$

注意所给两条直线是平行的，所以它们的相交点在无穷远处（齐次表达的最后一项为 0）。□

利用齐次坐标矢量形式，如果定义**投影变换矩阵**为：

$$\boldsymbol{P}=\begin{bmatrix}1 & 0 & 0 & 0\\ 0 & 1 & 0 & 0\\ 0 & 0 & 1 & 0\\ 0 & 0 & -1/\lambda & 1\end{bmatrix} \tag{2.2.13}$$

则从世界坐标点 W 向图像平面的投影可用其齐次坐标矢量 $\boldsymbol{w}_{\mathrm{h}}$ 和 $\boldsymbol{P}$ 的乘积 $\boldsymbol{P}\boldsymbol{w}_{\mathrm{h}}$ 给出，即：

$$\boldsymbol{c}_{\mathrm{h}}=\boldsymbol{P}\boldsymbol{w}_{\mathrm{h}}=\begin{bmatrix}1 & 0 & 0 & 0\\ 0 & 1 & 0 & 0\\ 0 & 0 & 1 & 0\\ 0 & 0 & -1/\lambda & 1\end{bmatrix}\begin{bmatrix}kX\\kY\\kZ\\k\end{bmatrix}=\begin{bmatrix}kX\\kY\\kZ\\-kZ/\lambda+k\end{bmatrix} \tag{2.2.14}$$

这里，矢量 $\boldsymbol{c}_{\mathrm{h}}$ 的各个元素分别给出齐次形式的摄像机坐标，这些坐标可用 $\boldsymbol{c}_{\mathrm{h}}$ 的第 4 项分别去除前 3 项转换成笛卡儿形式。很容易验证，转换为笛卡儿坐标后的图像平面坐标仍满足式（2.2.3）和式（2.2.4）。

根据前面的讨论，将 3-D 客观世界的每一个点投影到 2-D 图像平面上都有唯一对应的一个点。反过来，如果给定一个图像点，它都对应 3-D 客观世界中唯一的一个点吗？从数学角度，利用矩阵运算规则可由式（2.2.14）得：

$$\boldsymbol{w}_{\mathrm{h}}=\boldsymbol{P}^{-1}\boldsymbol{c}_{\mathrm{h}} \tag{2.2.15}$$

其中**逆投影变换矩阵** $\boldsymbol{P}^{-1}$ 是：

$$\boldsymbol{P}^{-1}=\begin{bmatrix}1 & 0 & 0 & 0\\ 0 & 1 & 0 & 0\\ 0 & 0 & 1 & 0\\ 0 & 0 & 1/\lambda & 1\end{bmatrix} \tag{2.2.16}$$

但由图 2.2.1 可知，2-D 图像平面上的每个点都可能是 3-D 客观世界中处于一条直线上的所有点的投影结果。事实上，这条直线的方程在世界坐标系统中仍可由式（2.2.3）和式（2.2.4）得到，如果从中反解出 X 和 Y，则有：

$$X=\frac{x}{\lambda}(\lambda-Z) \tag{2.2.17}$$

$$Y=\frac{y}{\lambda}(\lambda-Z) \tag{2.2.18}$$

由以上两式可知，要确定投影到图像点的一个3-D空间点的X和Y坐标，还需要知道它的Z坐标，否则不可能将一个3-D点的坐标从它的图像中完全恢复过来。换句话说，仅根据一个像素在图像平面的位置，不能唯一地确定是世界坐标系统中哪个位置的景物所成的像。

从本质上讲，空间场景经过投影变换到图像平面上后损失了一部分信息（距离信息），所以需要先将这部分信息恢复过来，才能将图像点返回到空间场景中。

2. 分离模型

下面考虑摄像机坐标系统xyz与世界坐标系统XYZ不重合的情况，图2.2.4所示为此时成像过程的投影成像示意。图像平面的中心（也是摄像机坐标系统xyz的原点）与世界坐标系统的位置偏差用矢量$\boldsymbol{D}$表示，其分量分别为D_x、D_y和D_z。这里假设摄像机的扫视角（x轴和X轴间的夹角）为γ，而倾斜角（z轴和Z轴间的夹角）为α。如果将XY平面考虑为地球的赤道面，让Z轴指向地球北极，则扫视角对应经度，而倾斜角对应纬度。

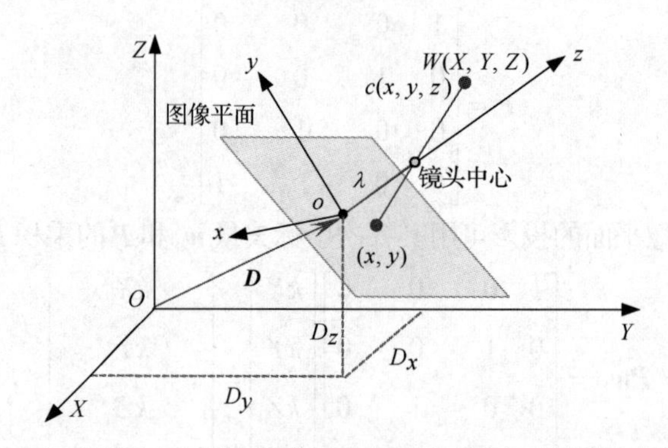

图2.2.4 世界坐标系统与摄像机坐标系统不重合时的投影成像示意

这个世界坐标系统与摄像机坐标系统不重合的摄像机模型可通过以下一系列步骤转换为前面的重合模型：①将图像平面原点按矢量$\boldsymbol{D}$移出世界坐标系统的原点；②以某个γ角（绕z轴）扫视x轴；③以某个α角将z轴倾斜（绕x轴旋转）。

将摄像机相对世界坐标系统运动等价于将世界坐标系统相对摄像机逆运动。具体来说，可对每个世界坐标系统中的点分别进行上述所采取的3个步骤实现几何关系转换。平移世界坐标系统的原点到图像平面原点可用下列**平移矩阵**完成：

$$\boldsymbol{T}=\begin{bmatrix}1 & 0 & 0 & -D_x\\ 0 & 1 & 0 & -D_y\\ 0 & 0 & 1 & -D_z\\ 0 & 0 & 0 & 1\end{bmatrix} \tag{2.2.19}$$

换句话说，坐标为(D_x, D_y, D_z)的齐次坐标点$\boldsymbol{D}_\mathrm{h}$经过变换$\boldsymbol{TD}_\mathrm{h}$后位于变换后新坐标系统的原点。

进一步考虑如何将坐标轴重合的问题。扫视角γ是x和X轴间的夹角。为了以需要的γ角扫视x轴，只需将摄像机逆时针（以从旋转轴正向看原点来定义）绕z轴旋转γ角，该旋转矩阵：

$$R_\gamma = \begin{bmatrix} \cos\gamma & \sin\gamma & 0 & 0 \\ -\sin\gamma & \cos\gamma & 0 & 0 \\ 0 & 0 & 1 & 0 \\ 0 & 0 & 0 & 1 \end{bmatrix} \tag{2.2.20}$$

没有旋转（$\gamma = 0°$）的位置对应 x 轴和 X 轴平行。类似地，倾斜角 α 是 z 轴和 Z 轴间的夹角，可以将摄像机逆时针绕 x 轴旋转 α 角以达到倾斜摄像机 α 角的效果，该旋转矩阵：

$$R_\alpha = \begin{bmatrix} 1 & 0 & 0 & 0 \\ 0 & \cos\alpha & \sin\alpha & 0 \\ 0 & -\sin\alpha & \cos\alpha & 0 \\ 0 & 0 & 0 & 1 \end{bmatrix} \tag{2.2.21}$$

没有倾斜（$\alpha = 0°$）的位置对应 z 轴和 Z 轴平行。

分别完成以上两个旋转的变换矩阵可以被级连成为一个统一的**旋转矩阵**：

$$\boldsymbol{R} = \boldsymbol{R}_\alpha \boldsymbol{R}_\gamma = \begin{bmatrix} \cos\gamma & \sin\gamma & 0 & 0 \\ -\sin\gamma\cos\alpha & \cos\alpha\cos\gamma & \sin\alpha & 0 \\ \sin\alpha\sin\gamma & -\sin\alpha\cos\gamma & \cos\alpha & 0 \\ 0 & 0 & 0 & 1 \end{bmatrix} \tag{2.2.22}$$

这里 $\boldsymbol{R}$ 代表了摄像机在空间旋转带来的影响。

如果对空间点的齐次坐标 $\boldsymbol{W}_\mathrm{h}$ 进行上述一系列变换 $\boldsymbol{RTW}_\mathrm{h}$，就可把世界坐标系统与摄像机坐标系统重合起来。一个满足图 2.2.4 所示的几何关系的摄像机所观察到的齐次世界坐标点在摄像机坐标系统中具有如下的齐次表达：

$$\mathbf{C}_\mathrm{h} = \boldsymbol{PRTW}_\mathrm{h} \tag{2.2.23}$$

其中 $\boldsymbol{P}$ 为式（2.2.13）的投影变换矩阵。

用 $\boldsymbol{C}_\mathrm{h}$ 的第 4 项去除它的第 1 项和第 2 项可以得到世界坐标点成像后的笛卡儿坐标位置(x, y)。展开式（2.2.23）并将它转换为笛卡儿坐标可得到：

$$x = \lambda \frac{(X - D_x)\cos\gamma + (Y - D_y)\sin\gamma}{-(X - D_x)\sin\alpha\sin\gamma + (Y - D_y)\sin\alpha\cos\gamma - (Z - D_z)\cos\alpha + \lambda} \tag{2.2.24}$$

$$y = \lambda \frac{-(X - D_x)\sin\gamma\cos\alpha + (Y - D_y)\cos\alpha\cos\gamma + (Z - D_z)\sin\alpha}{-(X - D_x)\sin\alpha\sin\gamma + (Y - D_y)\sin\alpha\cos\gamma - (Z - D_z)\cos\alpha + \lambda} \tag{2.2.25}$$

它们给出了世界坐标系统中点 $W(X, Y, Z)$在图像平面中的坐标。

例 2.2.4　分离模型中的图像平面坐标计算

设将一个摄像机按图 2.2.5 所示的位置安放以观察场景。设摄像机中心位置为(0, 0, 1)，摄像机的焦距为 50 mm，扫视角为 135°，倾斜角为 135°，现需要确定此时空间点 W(1, 1, 0)所对应的图像平面坐标。

下面借助图 2.2.6 来介绍将摄像机由图 2.2.1 所示的正常（重合）位置转换到图 2.2.5 所示的特定（不重合）位置所需的步骤。图 2.2.6（a）所示为摄像机处在图 2.2.1 所示的正常位置时其与世界坐标系的关系。转换的第 1 步是将摄像机平移出原点，结果如图 2.2.6（b）所示。注意此步骤后世界坐标系统只是用来作为衡量角度的参考，即所有旋转都是绕新（即摄像机）坐标轴进行的。第 2 步是绕 z 轴旋转扫视，表示沿摄像机 z 轴扫视的观察面如图 2.2.6（c）所示，其中 z 轴的指向为从纸中出来。注意，这里摄像机绕 z 轴的旋转是逆时针的，所以 γ 为正。第 3 步是绕 x 轴旋转倾斜，表示摄像机绕x轴旋转并相对z轴倾斜的观察面如图2.2.6（d）所示，其中x轴的指向为从纸中出来。摄像机绕x轴的旋转也是逆时针的，所以α为正。在图2.2.6（c）和图2.2.6（d）中，都使用虚线来表示世界坐标轴，以强调它们只用来建立角α和角γ的原始参考。

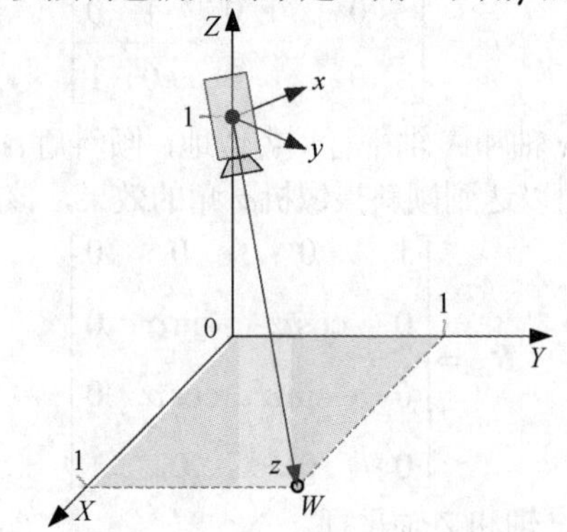

图2.2.5 摄像机观察三维场景示意

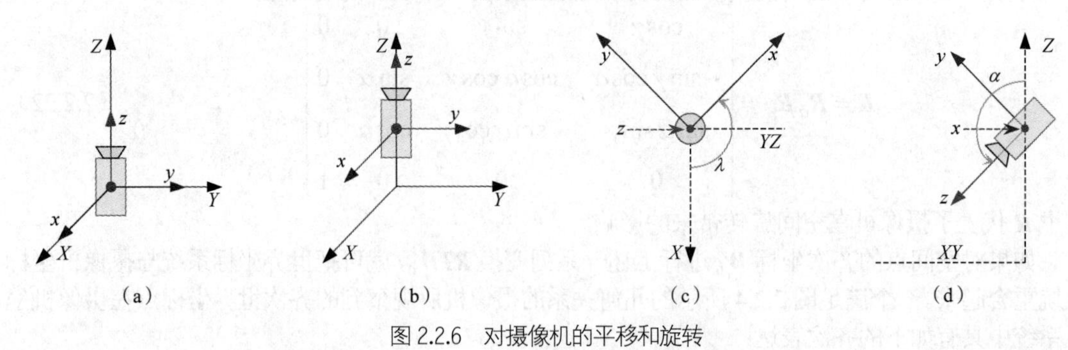

图2.2.6 对摄像机的平移和旋转

将前面给出的各参数值代入式（2.2.24）和式（2.2.25），可得到世界坐标系中空间点$W(1, 1, 0)$对应的图像平面坐标为$x = 0$ m和$y = -0.008837488$m。 ❑

2.2.2 亮度成像模型

图像采集的过程从光度学的角度可看作一个将客观景物的光辐射强度转化为图像灰度的过程。基于这样的**亮度成像模型**，从场景中采集到的图像的灰度值由两个因素确定：一个是场景中景物本身的亮度，另一个是成像时将景物亮度转化为图像灰度的方式。

1. 景物亮度和照度

场景中景物本身的**亮度**与光辐射的强度是有关的。对发光的景物（光源），它的亮度与其辐射的功率或它的光辐射量是成比例的。在光度学中，使用**光通量**表示光辐射的功率或光辐射量，其单位是流明（lm）。一个光源沿某个方向的亮度用其在该方向上的单位投影面积和单位立体角（其单位是球面度，sr）内发出的光通量来衡量，单位是坎[德拉]每平方米（$\mathrm{cd/m^2}$），其中cd是发光强度的单位，1 cd = 1 lm/sr。对不发光的景物，要考虑其他光源对它的**照度**。景物获得的照度，需要用被光线照射的表面上的照度，即照射在单位面积上的光通量来衡量，单位是lx（勒[克斯]，也有用lux的），1 lx = 1 $\mathrm{lm/m^2}$。不发光的景物受到光源照射后，将入射光反射出来，对“成像”来说就相当于是发光的景物了。

例2.2.5 常见光源亮度和实际景物照度示例

为建立一些数值概念，表2.2.1给出一些常见光源和景物的亮度和它们所处的视觉分区及部分示例[Aumont 1994]。这里危险视觉区指其中的亮度值对人眼会有伤害；在**适亮视觉区**对应的亮度下，人眼中的锥细胞会对光辐射产生响应，使人感知到各种颜色；在**适暗视觉区**对应的亮度下，人眼中只有柱细胞会对光辐射产生响应，人不会产生颜色感受。

表 2.2.1　　一些常见光源和景物的亮度和它们所处的视觉分区及部分示例

亮度/(cd/m^2)	分区	示例	亮度/(cd/m^2)	分区	示例
10^{10}	危险视觉区	通过大气看到的太阳	10		
10^{9}		电弧光	1		
10^{8}			10^{-1}		
10^{7}			10^{-2}		月光下的白纸
10^{6}	适亮视觉区	钨丝白炽灯的灯丝	10^{-3}	适暗视觉区	
10^{5}		影院屏幕	10^{-4}		没有月亮的夜空
10^{4}		阳光下的白纸	10^{-5}		
10^{3}		月光/蜡烛的火焰	10^{-6}		绝对感知阈值
10^{2}		可阅读的打印纸			

表 2.2.2 给出一些实际情况下景物的照度。

表 2.2.2　　一些实际情况下景物的照度

实际情况	照度/ lx
无月夜的天光照在地面上	约 3×10^{-4}
接近天顶的满月的月光照在地面上	约 0.2
在办公室工作所需的照度	20～100
晴朗夏日，在采光良好的室内	100～500
夏天，太阳光不直接照到的露天地面上	10^3～10^4

❑

实际中的景物都是有一定尺寸的，当使用不同的光源时，景物上不同位置的照度有可能不同。

考虑如图 2.2.7 那样使用单个点光源的情况。图 2.2.7 中，景物被放在了坐标原点 O 处，光源 S 在物体上高度 h 处，水平偏移为 a，与物体实际距离是 d，入射角为 i（表面法线方向 $\boldsymbol{n}$ 与光源入射线 SO 之间的夹角）。

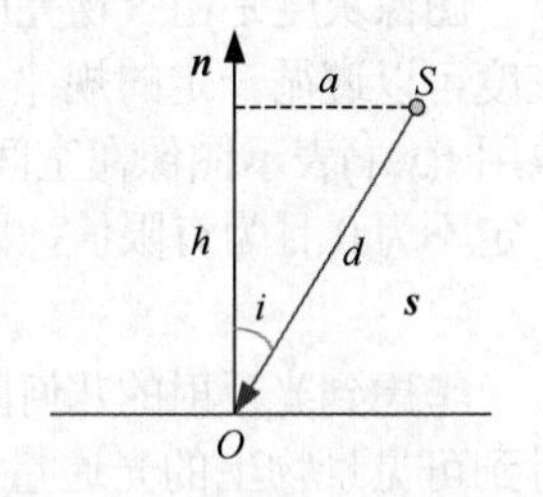

图 2.2.7　单个点光源照明的几何

考虑到辐射随距离平方衰减，则景物上一点的照度为（k 为常数因子）：

$$E = k\frac{\cos i}{d^2} = \frac{kh}{d^3} \tag{2.2.26}$$

例 2.2.6　均匀照度

根据式（2.2.26），单个点光源的照明将导致景物表面不同位置产生非均匀的照度区域。如果对称地安置两个点光源，就有可能在连线上获得比较均匀的照度。参见图 2.2.8，其中图 2.2.8（a）表示对称地安置两个点光源；图 2.2.8（b）中实曲线表示两个光源各自产生的强度曲线，虚线表示联合的强度值；图 2.2.8（c）表示将两个光源稍微拉远一些而得到的强度曲线。这里图 2.2.8（b）对应消除二阶项，只剩下四阶或更高阶项的情况。图 2.2.8（c）代表在强度波动的允许范围中，把两个光源间距离适当加大，使可用（比较均匀）的照度范围尽可能大的情况。

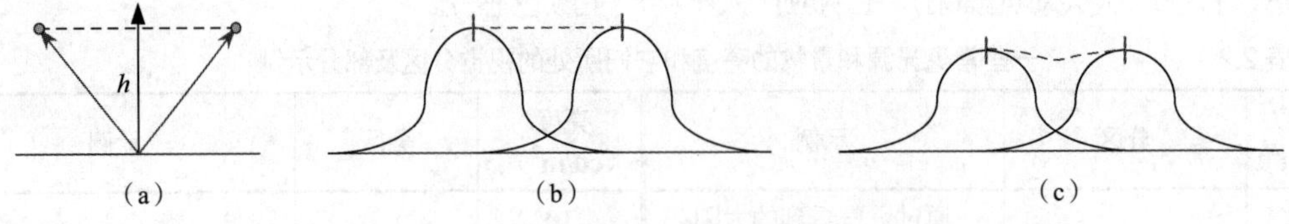

图 2.2.8 对称安置两个点光源照明的几何

如果将图 2.2.8 中的点光源换成条状光源（条与纸面垂直），则所获得的均匀照度的区域为细长矩形，如图 2.2.9（a）所示。如果实际中需要长宽比为 1 的照度区域，而不是细长的照度区域，则可采用图 2.2.9（b）所示的由 4 个条状光源两两平行且互相正交的布置，所得到的均匀照度区域为正方形。图 2.2.9（c）所示为用圆环形光源所得到的圆形均匀照度区域。

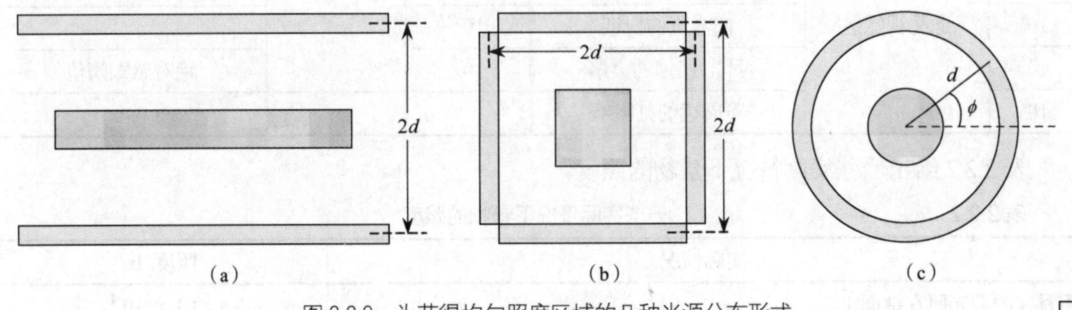

图 2.2.9 为获得均匀照度区域的几种光源分布形式 □

在成像时，要考虑景物被照射后又辐射出的亮度。对不发光的景物，其亮度不仅取决于照射到景物表面的光通量（与景物表面法线方向以及入射光源强度和方向有关），还取决于景物表面入射光被反射后观察者接收到的光通量（与观察者相对景物的方位和距离以及景物表面的反射特性都有关）。更详细的讨论可参见 10.2.1 小节。

2. 图像灰度

图像灰度是由景物亮度转化而来的，一般只有相对的意义。成像时，将景物亮度转化为图像灰度可以遵循一定的规律。下面介绍一个简单的图像**亮度成像模型**。给定一幅图像 $f(x,y)$，这里也用 $f(x, y)$表示图像在空间特定坐标点(x, y)位置的亮度。因为亮度实际是能量的量度，所以 $f(x, y)$ 一定不为 0 且为有限值，即：

$$0 < f(x,y) < \infty \tag{2.2.27}$$

考虑到光反射的几何因素可借助投影来归一化，所以 $f(x, y)$基本上可由两个因素来确定：①入射到可见景物上的光通量；②景物对入射光反射的比率。它们可分别用照度函数 $i(x,y)$和反射函数 $r(x, y)$表示，也分别称为**照度分量**和**反射分量**。反射函数与景物的反射率有关。一些典型的 $r(x, y)$值为：黑天鹅绒 0.01，不锈钢 0.65，粉刷的白墙平面 0.80，镀银的器皿 0.90，白雪 0.93。因为 $f(x, y)$与 $i(x, y)$和 $r(x, y)$都成正比，所以可以认为 $f(x, y)$是由 $i(x, y)$和 $r(x, y)$相乘得到的，即：

$$f(x,y) = i(x,y)r(x,y) \tag{2.2.28}$$

其中

$$0 < i(x,y) < \infty \tag{2.2.29}$$

$$0 < r(x,y) < 1 \tag{2.2.30}$$

式（2.2.29）表明入射量总是大于零（只考虑有入射的情况），但也不是无穷大（因为物理上应可以实现）。式（2.2.30）表明反射率在 0（全吸收）和 1（全反射）之间。以上两式给出的数值都是理论界限。需要注意 $i(x, y)$的值是由光源决定的，而 $r(x, y)$的值是由场景中的物体表面特性决定的。

一般将单色图像 $f(x, y)$在其坐标(x, y)处的亮度值称为图像在该点的**灰度值**（可用 g 表示）。根据式（2.2.28）～式（2.2.30），g 可在下列范围取值：

$$G_{\min} \leqslant g \leqslant G_{\max} \tag{2.2.31}$$

理论上对 $G_{\min}$ 的唯一限制是它应当为正值（即对应有入射，但一般取为 0），而对 $G_{\max}$ 的唯一限制是它应有限，参见式（2.2.27）。实际中，间隔$[G_{\min}, G_{\max}]$称为**灰度值范围**。一般常把这个间隔数字化地移到间隔$[0, G)$中（G 为正整数，一般为 2 的整数次幂）。当 $g = 0$ 时代表黑色，$g = G-1$ 时代表白色，而所有中间值代表从黑到白的灰度值。

2.2.3　空间和幅度分辨率

前面讨论的几何成像模型确定了图像所对应的空间视场，而亮度成像模型确定了图像的幅度范围。如果从所采集的图像来说，空间视场中的精度对应其**空间分辨率**，幅度范围中的精度对应其**幅度分辨率**。前者对应数字化的空间采样点数，后者对应采样点值的量化级数（对灰度图像指灰度级数，对深度图像指深度级数）。它们都是重要的图像采集装置的性能指标（参见 2.1 节）。以 CCD 摄像机为例，采集图像的空间分辨率主要由摄像机里图像采集矩阵中光电感受单元的尺寸和排列决定；灰度图像的幅度分辨率主要由对电信号强度进行量化所使用的级数决定。如图 2.2.10 所示，辐射到图像采集矩阵中光电感受单元的信号在空间上被**采样**，而在强度上被**量化**。

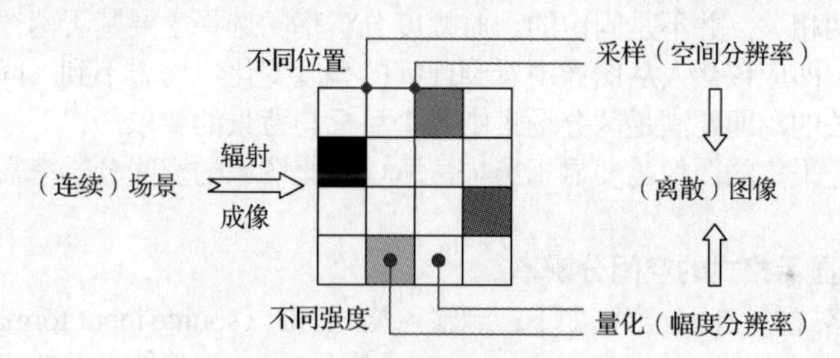

图 2.2.10　空间分辨率和幅度分辨率

采样过程可看作将图像平面划分成规则网格，每个网格的位置由一对笛卡儿坐标(x, y)决定，其中 x 和 y 均为整数。令 $f(\cdot, \cdot)$为给网格点(x, y)赋予灰度值（f 是 G 中的整数）的函数，那么 $f(x, y)$ 就是一幅数字图像，而这个赋值过程就是量化过程。

如果一幅图像的尺寸为 $M \times N$，表明在成像时采集了 MN 个样本，或者说图像包含 MN 个像素。如果对每个像素都用 G 个灰度值中的一个来赋值，表明在成像时图像被量化成了 G 个灰度级。一般将这些量均取为 2 的整数次幂，如下（m、n 和 k 均为正整数）：

$$M = 2^m \tag{2.2.32}$$

$$N = 2^n \tag{2.2.33}$$

$$G = 2^k \tag{2.2.34}$$

现在常用的 CCD 已可获得 512 像素× 512 像素到 4096 像素 × 4096 像素的图像。利用图像处理和分析的手段，可以通过对图像的拼接用较小分辨率的 CCD 获得较大视场的图像[章 1997b]。

存储一幅图像所需的数据量由图像的空间分辨率和幅度分辨率共同决定。根据式（2.2.32）～式（2.2.34），存储一幅图像所需的位数 b（单位是比特）为：

$$b = M \times N \times k \tag{2.2.35}$$

如果 $N = M$（以下一般都设 $N = M$），则有：

$$b = N^2 k \tag{2.2.36}$$

例 2.2.7 图像分辨率与存储和处理

存储一幅图像所需的比特数通常很大。假设有1幅512像素×512像素，256个灰度级的图像，它需要用2 097 152比特来存储。1个字节是8比特，为表示256个灰度级需用1个字节（即用1个字节表示1个像素的灰度），这样前面的图像需要262 144个字节来存储。如果1幅彩色图像的空间分辨率为1024像素×1024像素，因为每个彩色分量需要256个幅度级，整个图像需要3.15兆字节来存储，这相当于存储1本750页的书。视频是由连续的帧图像组成的（PAL制为每秒25帧）。假设彩色视频的每帧图像为512像素×512像素，则1 s的数据量为512×512×8×3×25比特或19.66兆字节。

为实时处理每帧图像为1024像素×1024像素的彩色视频，需要每秒处理1024×1024×8×3×25比特的数据，对应的处理速度要达到每秒约78.64兆字节。如果假设对1个像素的处理需要10个浮点运算（floating-point operations），那对1s视频的处理就需要近8亿个浮点运算。并行运算策略通过利用多个处理器同时工作来加快处理速度。最乐观的估计认为并行运算与为串行运算的时间比为 $\ln J/J$，其中 J 为并行处理器的个数。按照这种估计，如果使用100万个并行处理器来处理1s的视频，每个处理器需要具有约每秒78万次运算的能力。 □

回到式（2.2.35）或式（2.2.36），对图像存储和处理的需求将随 M、N 和 k 的增加而迅速增加。但是，M、N 和 G 越大，图像对连续场景的近似表达就越好。所以，在实际应用中，需要恰当地选择 M、N 和 G 以便既能获取足够多的信息，又能尽量减少对图像存储和处理的需求。

实际中选择图像空间分辨率的一个重要因素是看需要观察到图像中哪个尺度的细节。这个数值常与图像内容密切相关，并不是固定的。对幅度分辨率的选择主要基于两个因素：一个是人类视觉系统的分辨率，即应该让人从图像中看到连续的亮度变化，而看不到（间断的）量化级数；另一个是与应用有关的，即要满足区分场景中各个目标与背景的要求。

在很多情况下，采集的图像需要显示出来，所以采集图像的空间分辨率需要与显式格式的空间分辨率相适应。

例 2.2.8 一些显示格式的空间分辨率

一些常见显示格式的空间分辨率如下：源输入格式SIF（source input format）的分辨率为352像素×240像素，这也是NTSC制SIF（standard interface format）格式的分辨率；PAL制SIF格式的分辨率为352像素×288像素，这也是CIF（common intermediate format）的分辨率；QCIF（quarter common intermediate format）的分辨率为176像素×144像素；VGA的分辨率为640像素×480像素；CCIR/ITU-R 601的分辨率为720像素×480像素（NTSC）或720像素×576像素（PAL）；而HDTV的分辨率可达1440像素×1152像素甚至1920像素×1152像素。 □

2.3 采集方式

图像采集是将由光源照射到的景物所发出的光用采集器收集的过程，所以**图像采集方式**主要由光源、采集器和景物三者的相对关系所决定。

2.3.1 成像方式一览

根据光源、采集器和景物三者不同的相互位置和运动情况，可构成多种**成像方式**。在最简单的情况下，可用1个采集器在1个固定位置对场景获取1幅像就是**单目成像**。如果用两个采集器各在1个位置对同一场景取像（也可用1个采集器在两个位置先后对同一场景取像，或用1个采集器借助光学成像系统同时获得两幅像）就是**双目成像**。此时两幅图像间所产生的视差可用来帮助求取采集器与景物的距离（具体计算可参见第9章）。如果用多于两个的采集器在不同位置对同一场景取像（也可用1个采集器在多个位置先后对同一场景取像）就是**多目成像**（双目成像是其中的 1 种特例）。

在以上讨论中，均考虑光源为固定的。如果让采集器相对景物固定而将光源绕景物运动，就能构成**光移成像**（也称**光度立体成像**）。由于同一景物表面在不同光照情况下亮度不同，所以由光移成像的结果出发可求得物体的表面朝向（但并不能得到绝对的深度信息，具体可参见 10.1 节）。如果保持光源固定而让采集器进行运动以跟踪场景或让采集器和景物同时运动，就构成**主动视觉成像**（这是根据人类视觉的主动性来命名的，即人会根据视觉的需要移动身体或头部以改变视角并有选择地特别关注部分景物），其中后一种又称为**主动视觉自运动成像**（自运动指景物自身也处于运动状态）。另外，在视频或序列图像的采集中，可借助固定的光源和采集器获取运动景物的图像（参见 11.4 节），也可用运动的光源和采集器获取固定景物的图像。在这两种情况下，利用三者之间的相互运动都可帮助获得场景中的运动信息和 3-D 信息。最后，如果用可控的光源照射景物，借助采集到的投影模式来解释景物的表面形状就是结构光成像方式（参见 2.3.2 小节）。在这种方式中可以将光源和采集器固定而将景物转动，也可以将景物固定而让光源和采集器都围绕景物转动。

以上几种成像方式中，一些关于光源、采集器和景物的特点如表 2.3.1 所示。

表 2.3.1　常用成像方式的特点概述

成像方式	光源	采集器	景物
单目成像	固定	固定	固定
双目（立体）成像	固定	两个位置	固定
多目（立体）成像	固定	多个位置	固定
光移（光度立体）成像	移动	固定	固定
主动视觉成像	固定	运动	固定
主动视觉自运动成像	固定	运动	运动
视频/序列成像	固定/运动	固定/运动	运动/固定
结构光成像	固定/转动	固定/转动	转动/固定

2.3.2　结构光法

结构光法是一类常用的在采集图像时直接获取深度信息的方法，其基本思想是利用照明中的几何信息来帮助提取景物自身的几何信息。结构光测距成像系统主要由摄像机和光源两部分构成，它们与被观察物体三者构成一个三角形。光源产生一系列的点或线激光并照射到物体表面，再由对光敏感的摄像机将景物被照亮的部分记录下来，最后通过三角计算来获得深度信息，所以也称为主动三角测距法。主动结构光法的测距精度可达微米级，而可测量的深度场的范围（从最近距离到最远距离）可以达到测距精度的几百到几万倍。

利用**结构光成像**有很多具体的方式，包括采用光条法、栅格法、圆形光条法、交叉线法、厚光条法、空间编码模板法、彩色编码条法、密度比例法等。由于它们所用投射光束的结构不同，所以摄像机的拍摄方式和深度距离的计算方法也不同，但它们的共同点都是利用了摄像机和光源之间的几何结构关系。

在基本的光条法中，使用单个的光平面依次（移动或旋转）照射景物各部分，每次使景物上仅出现一个光条，且仅让该光条部分可以被摄像机检测到。这样每次照射得到一个二维实体的（光平面）图，再通过计算摄像机视线与光平面的交点，就可以得到光条上可见图像点所对应空间点的第三维（距离）信息。

1. 结构光成像高度

结构光成像时要事先标定好摄像机和光源。图2.3.1所示为一个结构光系统的几何关系示意，这里给出镜头所在的与光源垂直的*XZ*平面（*Y*轴由纸内向外，光源是沿*Y*轴的光条）。通过窄缝发射的激光从世界坐标系统原点*O*照射到空间点*W*（在物体表面）产生线状投影，摄像机光轴与激光束相交，这样摄像机可采集线状投影，从而获取物体表面上点*W*处的距离信息。

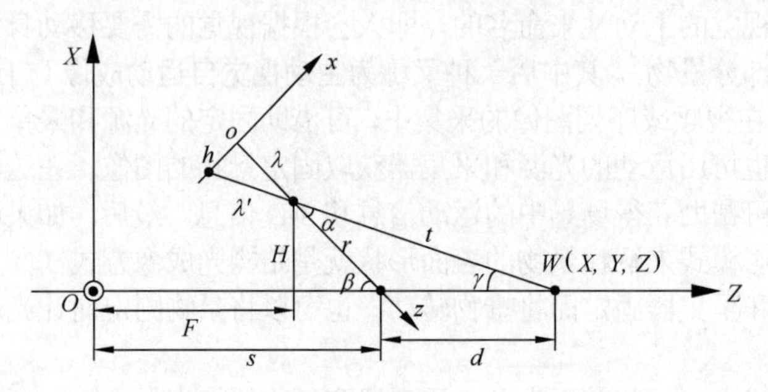

图2.3.1　结构光系统的几何关系示意

在图2.3.1中，距离*F*和高度*H*确定了镜头中心在世界坐标系中的位置，α是光轴与投影线的夹角，β是*z*轴和*Z*轴间的夹角，γ是投影线与*Z*轴间的夹角，λ为摄像机焦距，*h*为成像高度（像偏离摄像机光轴的距离），*r*为镜头中心到*z*轴和*Z*轴交点的距离。由图2.3.1可见，光源与物体的距离*Z*为*s*与*d*之和，其中*s*由系统决定，*d*可由下式根据几何关系求得：

$$d = r\frac{\sin\alpha}{\sin\gamma} = \frac{r\times\sin\alpha}{\cos\alpha\sin\beta - \sin\alpha\cos\beta} = \frac{r\times\tan\alpha}{\sin\beta(1-\tan\alpha\cot\beta)} \tag{2.3.1}$$

将$\tan\alpha = h/\lambda$代入，可将*Z*表示为：

$$Z = s + d = s + \frac{r\times\csc\beta\times h/\lambda}{1-\cot\beta\times h/\lambda} \tag{2.3.2}$$

上式把*Z*与*h*联系起来（其余全为系统参数），提供了根据成像高度求取物体距离的途径。由此可见，成像高度中包含了3-D的深度信息，或者说深度是成像高度的函数。

2. 结构光成像宽度

结构光成像不仅能给出空间点的距离*Z*，同时也能给出沿*Y*方向的物体厚度，这时可借助从摄像机顶部向下所观察到的*YZ*平面上的成像宽度。图2.3.2所示为由*Y*轴和镜头中心所确定的顶视平面示意，其中*w*为成像宽度：

$$w = \lambda'\frac{Y}{t} \tag{2.3.3}$$

式（2.3.3）中，*t*为镜头中心到*W*点在*Z*轴垂直投影的距离：

$$t = \sqrt{(Z-F)^2 + H^2} \tag{2.3.4}$$

而λ'为沿*Z*轴从镜头中心到成像平面的距离：

$$\lambda' = \sqrt{h^2 + f^2} \tag{2.3.5}$$

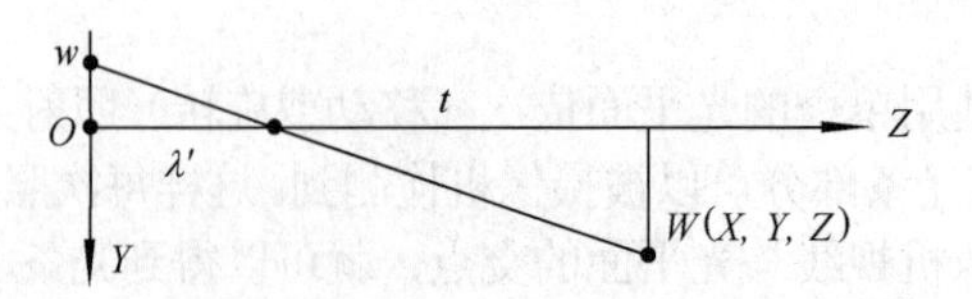

图2.3.2　由Y轴和镜头中心所确定的顶视平面示意

如果将式（2.3.4）和式（2.3.5）代入式（2.3.3），就可得到

$$Y = \frac{wt}{\lambda'} = w\sqrt{\frac{(Z-F)^2 + H^2}{h^2 + \lambda^2}} \tag{2.3.6}$$

这样就将物体厚度坐标 Y 与成像高度、系统参数和物距都联系了起来。

2.4　摄像机标定

成像模型建立了根据给定的世界坐标点 $W(X, Y, Z)$ 计算它的图像平面坐标 (x, y) 的表达式。实际中，摄像机采集到的图像存储在计算机中，并以像素为单位表示。这中间，不同摄像机的自身特点和摆放情况都对世界坐标点与计算机图像像素间的联系有决定作用。这些自身特点和摆放情况都可用一系列参数来描述。这些参数可以通过对摄像机的直接测量得到，但用摄像机作为测量装置来确定它们通常更为方便。为此需要先知道一组基准点（它们在对应坐标系中的坐标都已知），借助这些已知点获取摄像机参数的计算过程常称为**摄像机标定**（也称为摄像机定标、校准或校正）。

2.4.1　标定程序和步骤

下面先介绍摄像机标定的一般程序和步骤。

1. 标定程序

在 2.2.1 小节里讨论的几何成像模型中，重合模型可以看作分离模型的一种特例。对分离模型的摄像机标定可讨论如下。参考式（2.2.23），令 $\boldsymbol{A} = \boldsymbol{PRT}$，$\boldsymbol{A}$ 中的元素包括摄像机平移、旋转和投影参数，则有 $\boldsymbol{C}_\mathrm{h} = \boldsymbol{AW}_\mathrm{h}$。如果在齐次表达中令 $k = 1$，可得到：

$$\begin{bmatrix} C_{\mathrm{h}1} \\ C_{\mathrm{h}2} \\ C_{\mathrm{h}3} \\ C_{\mathrm{h}4} \end{bmatrix} = \begin{bmatrix} a_{11} & a_{12} & a_{13} & a_{14} \\ a_{21} & a_{22} & a_{23} & a_{24} \\ a_{31} & a_{32} & a_{33} & a_{34} \\ a_{41} & a_{42} & a_{43} & a_{44} \end{bmatrix} \begin{bmatrix} X \\ Y \\ Z \\ 1 \end{bmatrix} \tag{2.4.1}$$

基于对齐次坐标的讨论，笛卡儿形式的摄像机坐标（图像平面坐标）为：

$$x = C_{\mathrm{h}1} / C_{\mathrm{h}4} \tag{2.4.2}$$

$$y = C_{\mathrm{h}2} / C_{\mathrm{h}4} \tag{2.4.3}$$

将以上两式代入式（2.4.1）并展开矩阵积得到：

$$\begin{aligned} xC_{\mathrm{h}4} &= a_{11}X + a_{12}Y + a_{13}Z + a_{14} \\ yC_{\mathrm{h}4} &= a_{21}X + a_{22}Y + a_{23}Z + a_{24} \\ C_{\mathrm{h}4} &= a_{41}X + a_{42}Y + a_{43}Z + a_{44} \end{aligned} \tag{2.4.4}$$

其中 $C_{\mathrm{h}3}$ 的展开式因其与 z 相关而略去。

将 $C_{\mathrm{h}4}$ 代入式（2.4.4）中的前两个方程，可得到共有 12 个未知量的两个方程：

$$(a_{11} - a_{41}x)X + (a_{12} - a_{42}x)Y + (a_{13} - a_{43}x)Z + (a_{14} - a_{44}x) = 0 \tag{2.4.5}$$

$$(a_{21} - a_{41}y)X + (a_{22} - a_{42}y)Y + (a_{23} - a_{43}y)Z + (a_{24} - a_{44}y) = 0 \tag{2.4.6}$$

由此可见，一个标定程序应该包括：①获得 $M \geqslant 6$ 个具有已知世界坐标 (X_i, Y_i, Z_i)，$i = 1, 2, \cdots, M$ 的空间点（实际应用中常取 25 个以上的点，再借助最小二乘法拟合来减小误差）；②用摄像机在给定位置拍摄这些点以得到它们对应的图像平面坐标 (x_i, y_i)，$i = 1, 2, \cdots, M$；③把这些坐标代入式（2.4.5）和式（2.4.6）以解出未知系数。

2. 标定步骤

为实现上述的标定程序，需要获得具有对应关系的空间点和像点。为精确地标定这些点，需要利用标定靶，其上有固定的标记点（参考点）图案。最常用的标定靶上有一系列规则排列的正方形图案（类似国际象棋的棋盘），这些正方形的顶点（十字线交点）可作为标定的参考点。如果采用共平面参考点标定的算法，则标定靶对应一个平面；如果采用非共平面参考点标定的算法，则标定靶一般对应两个正交的平面。

前面讨论成像模型时，考虑的是从世界坐标系统到图像平面坐标系统的变换。实际进行摄像机标定时，需要建立的是从世界坐标系统到计算机图像坐标系统的联系。这时，除了要考虑世界坐标系统、摄像机坐标系统，以及图像平面坐标系统的不重合外，还有两个因素要考虑：一是摄像机镜头会有失真，所以在像平面上的成像位置会与用前述理想公式算出的透射投影结果有偏移；二是计算机中使用的图像坐标单位是存储器中离散像素的个数，所以对像平面上的坐标还需取整转换，且计算机图像坐标系统与像平面坐标系统也是不重合的。

从理论上讲，摄像机镜头会有两类失真，即径向失真和切向失真。实际计算机视觉应用中只需考虑径向失真，且径向失真常与图像中一点与该点到镜头光轴点的距离成正比，所以需要引入一个镜头径向失真系数 k。它可帮助建立（无失真）图像平面坐标系统 $x'y'$与失真图像平面坐标系统 x^*y^*之间的联系。

计算机图像坐标系统 MN 也是一个笛卡儿坐标系统，其中 M 和 N 对应计算机存储器中像素的行数和列数。该坐标系统的原点为(O_m, O_n)，它们分别为计算机存储器中心像素的行数和列数。根据传感器的工作原理，逐行扫描时由于图像获取硬件和摄像机扫描硬件间的时间差，或摄像机扫描本身时间上的不精确性会引入某些不确定性因素。这些不确定性因素可通过引入一个不确定性图像尺度因子μ来描述。它帮助建立了失真图像平面坐标系统 x^*y^*与计算机图像坐标系统 MN 之间的联系。

如果考虑到这些参数，从世界坐标系统到计算机图像坐标系统的成像变换共有4步，如图2.4.1所示。其中，每步都有需标定的参数。

第1步：需标定的参数是旋转矩阵 $\boldsymbol{R}$ 和平移矢量 $\boldsymbol{T}$。

第2步：需标定的参数是焦距λ。

第3步：需标定的参数是镜头径向失真系数 k。

第4步：需标定的参数是不确定性图像尺度因子μ。

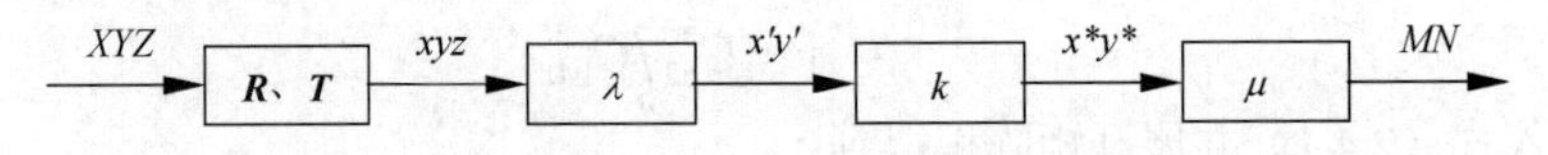

图2.4.1 从3-D世界坐标到计算机图像坐标的4步变换和需标定的参数

图2.4.1所示的变换中需标定的参数可分成外部参数和内部参数两类。

（1）外部参数（在摄像机外部）

图2.4.1中的第1步是从3-D世界坐标系统变换到其中心在摄像机光学中心的3-D坐标系统，其变换参数称为**外部参数**，即**摄像机姿态参数**。旋转矩阵 $\boldsymbol{R}$ 一共有9个元素，但实际上只有3个自由度，可借助刚体转动的3个欧拉角来表示。如图2.4.2所示（这里视线逆 X 轴），其中 XY 平面和 xy 平面的交线 AB 称为节线，AB 和 x 轴间的夹角 θ 是第1个欧拉角，称为自转角（也称偏转角yaw），这是绕 z 轴旋转的角；AB 和 X 轴间的夹角 ψ 是第2个欧拉角，称为进动角（也称倾斜角tilt），这是绕 Z 轴旋转的角；Z 和 z 轴间的夹角 ϕ 是第3个欧拉角，称为章动角（也称俯仰角pitch/slant），这是绕节线旋转的角。

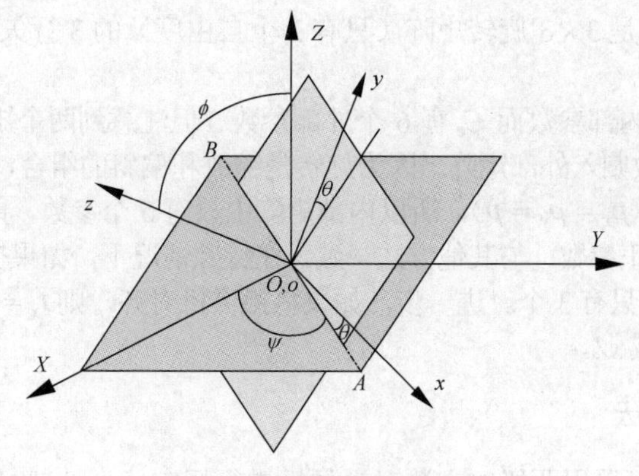

图 2.4.2　欧拉角示意图

利用欧拉角可将旋转矩阵表示成θ、ϕ和ψ的函数：

$$\boldsymbol{R}=\begin{bmatrix}\cos\psi\cos\theta & \sin\psi\cos\theta & -\sin\theta \\ -\sin\psi\cos\phi+\cos\psi\sin\theta\sin\phi & \cos\psi\cos\phi+\sin\psi\sin\theta\sin\phi & \cos\theta\sin\phi \\ \sin\psi\sin\phi+\cos\psi\sin\theta\cos\phi & -\cos\psi\sin\phi+\sin\psi\sin\theta\cos\phi & \cos\theta\cos\phi\end{bmatrix} \tag{2.4.7}$$

这样共有 6 个独立的外部参数，即$\boldsymbol{R}$中的 3 个欧拉角θ、ϕ和ψ和$\boldsymbol{T}$中的 3 个元素T_x、T_y和T_z。

（2）内部参数（在摄像机内部）

图 2.4.1 中的后 3 步是从摄像机坐标系统中的 3-D 坐标变换到计算机图像坐标系统中的 2-D 坐标，其变换参数称为**内部参数**，即**摄像机自身参数**。这里一共有 5 个内部参数：焦距λ、镜头失真系数k、不确定性图像尺度因子μ、图像平面原点的计算机图像坐标O_m和O_n。

区分外部参数和内部参数的主要意义是：当用一个摄像机在不同位置和方向获取多幅图像时，各幅图像所对应的摄像机外部参数可能是不同的，但内部参数不会变化，所以移动摄像机后只需重新标定外部参数而不必再标定内部参数。

例 2.4.1　摄像机标定中的内外参数

摄像机标定就是要将摄像机的坐标系统与世界坐标系统对齐。从这个观点出发，另一种描述摄像机标定中内外参数的方式如下。将一个完整的摄像机标定变换矩阵 $\boldsymbol{C}$ 分解为内部参数矩阵$\boldsymbol{C}_\mathrm{i}$和外部参数矩阵$\boldsymbol{C}_\mathrm{e}$的乘积：

$$\boldsymbol{C}=\boldsymbol{C}_\mathrm{i}\boldsymbol{C}_\mathrm{e} \tag{2.4.8}$$

$\boldsymbol{C}_\mathrm{i}$在通用情况下是一个$4\times4$的矩阵，但一般可简化成一个$3\times3$的矩阵：

$$\boldsymbol{C}_\mathrm{i}=\begin{bmatrix}s_x & p_x & t_x \\ p_y & s_y & t_y \\ 0 & 0 & 1/\lambda\end{bmatrix} \tag{2.4.9}$$

其中s_x和s_y分别是沿X轴和Y轴的缩放系数，p_x和p_y分别是沿X轴和Y轴的偏斜系数（源自实际摄像机光轴的非严格正交性，反映在图像上就是像素的行和列之间没有形成严格的 90°），t_x和t_y分别是沿X轴和Y轴的平移系数（帮助将摄像机的投影中心移到合适的位置），λ是镜头的焦距。

$\boldsymbol{C}_\mathrm{e}$的通用形式也是一个$4\times4$的矩阵，可写成：

$$\boldsymbol{C}_\mathrm{e}=\begin{bmatrix}\boldsymbol{R}_1 & \boldsymbol{R}_1\cdot\boldsymbol{T} \\ \boldsymbol{R}_2 & \boldsymbol{R}_2\cdot\boldsymbol{T} \\ \boldsymbol{R}_3 & \boldsymbol{R}_3\cdot\boldsymbol{T} \\ \boldsymbol{0} & 1\end{bmatrix} \tag{2.4.10}$$

其中，$\boldsymbol{R}_1$、$\boldsymbol{R}_2$和$\boldsymbol{R}_3$分别是3×3旋转矩阵（只有3个自由度）的3行矢量，而$\boldsymbol{T}$是3-D的平移矢量。

由上可见$\boldsymbol{C}_\text{i}$有6个内部参数而$\boldsymbol{C}_\text{e}$有6个外部参数。但注意到两个矩阵都有旋转参数，所以可将内部矩阵的旋转参数归入外部矩阵。因为旋转是缩放和偏斜的组合，将旋转从内部矩阵中除去后，p_x和p_y就相同了（$p_x = p_y = p$），所以内部矩阵中只有5个参数，即s_x、s_y、p、t_x和t_y。这样一来，一共有11个校正参数，与其他方法一致。在特殊情况下，如果摄像机很精确，则$p=0$，且$s_x = s_y$，此时内部参数只有3个。进一步，如果将摄像机对齐，则$t_x = t_y = 0$。这样就剩1个内部参数，即$s = s_x = s_y$，或$s\lambda$。 ❑

2.4.2　两级标定法

根据前面的讨论，可采用两级的方法对摄像机进行标定（先外部参数，后内部参数）[Tsai 1987]。该方法已广泛应用于工业视觉系统，对3-D测量的精度最高可达1/4000。标定可分为两种情况。如果μ已知，标定时只需用1幅含有1组共面基准点的图像。此时第1步计算$\boldsymbol{R}$、T_x和T_y，第2步计算λ、k和T_z。这里因为k是镜头的径向失真系数，所以对$\boldsymbol{R}$的计算可不考虑k。同样，对T_x和T_y的计算也可不考虑k，但对T_z的计算需考虑k（T_z变化带来的对图像的影响与k的影响类似），所以放在第2步。另外如果μ未知，标定时需用1幅含有1组不共面基准点的图像。此时第1步计算$\boldsymbol{R}$、T_x、T_y和μ，第2步仍计算λ、k和T_z。

下面讨论具体的标定方法。先计算1组参数$s_i\ (i = 1, 2, 3, 4, 5)$，或$\boldsymbol{s} = [s_1\quad s_2\quad s_3\quad s_4\quad s_5]^\text{T}$，借助这组参数可进一步算出摄像机的外部参数。设给定M个（$M \geqslant 5$）已知其世界坐标(X_i, Y_i, Z_i)和它们对应的图像平面坐标(x_i, y_i)的点，$i = 1, 2, \cdots, M$，可构建1个矩阵$\boldsymbol{A}$，其中的行$\boldsymbol{a}_i$可表示如下：

$$\boldsymbol{a}_i = \begin{bmatrix} y_i X_i & y_i Y_i & -x_i X_i & -x_i Y_i & y_i \end{bmatrix} \tag{2.4.11}$$

再设s_i与旋转参数r_1、r_2、r_4和r_5与平移参数T_x、T_y有如下的联系：

$$s_1 = r_1/T_y\,,\quad s_2 = r_2/T_y\,,\quad s_3 = r_4/T_y\,,\quad s_4 = r_5/T_y\,,\quad s_5 = T_x/T_y \tag{2.4.12}$$

设矢量$\boldsymbol{u} = [x_1\quad x_2\quad \cdots\quad x_M]^\text{T}$，则由线性方程组

$$\boldsymbol{As} = \boldsymbol{u} \tag{2.4.13}$$

可解出$\boldsymbol{s}$。然后可根据下列步骤计算各个旋转和平移的参数。

（1）设$S = s_1^2 + s_2^2 + s_3^2 + s_4^2$，计算：

$$T_y^2 = \begin{cases} \dfrac{S - \left[S^2 - 4(s_1 s_4 - s_2 s_3)^2\right]^{1/2}}{2(s_1 s_4 - s_2 s_3)^2} & (s_1 s_4 - s_2 s_3) \neq 0 \\[2ex] \dfrac{1}{s_1^2 + s_2^2} & s_1^2 + s_2^2 \neq 0 \\[2ex] \dfrac{1}{s_3^2 + s_4^2} & s_3^2 + s_4^2 \neq 0 \end{cases} \tag{2.4.14}$$

（2）设$T_y = (T_y^2)^{1/2}$，即取正的平方根，计算：

$$r_1 = s_1 T_y\,,\quad r_2 = s_2 T_y\,,\quad r_4 = s_3 T_y\,,\quad r_5 = s_4 T_y\,,\quad T_x = s_5 T_y \tag{2.4.15}$$

（3）选一个世界坐标为(X, Y, Z)的点，要求其图像平面坐标(x, y)离图像中心较远，计算：

$$p_X = r_1 X + r_2 Y + T_x \tag{2.4.16}$$

$$p_Y = r_4 X + r_5 Y + T_y \tag{2.4.17}$$

这相当于将算出的旋转参数应用于点(X, Y, Z)的X和Y。如果p_X和x的符号一致，且p_Y和y的符号一致，则说明T_y已有正确的符号，否则对T_y取负。

（4）如下计算其他旋转参数：

$$r_3 = \left(1 - r_1^2 - r_2^2\right)^{1/2},\quad r_6 = \left(1 - r_4^2 - r_5^2\right)^{1/2},\quad r_7 = \frac{1 - r_1^2 - r_2 r_4}{r_3}$$

$$r_8 = \frac{1 - r_2 r_4 - r_5^2}{r_6},\quad r_9 = \left(1 - r_3 r_7 - r_6 r_8\right)^{1/2} \tag{2.4.18}$$

注意：如果 $r_1 r_4 + r_2 r_5$ 的符号为正，则 r_6 取负，而 r_7 和 r_8 的符号要在计算完焦距 λ 后进行调整。

（5）建立另一组线性方程来计算焦距 λ 和 z 方向的平移参数 T_z。可先构建一个矩阵 $\boldsymbol{B}$，其中的行 $\boldsymbol{b}_i$ 可表示如下：

$$\boldsymbol{b}_i = \left\lfloor r_4 X_i + r_5 Y_i + T_y \quad y_i \right\rfloor \tag{2.4.19}$$

式中，$\lfloor\cdot\rfloor$ 表示向下取整。

设矢量 $\boldsymbol{v}$ 的行 v_i 可表示为：

$$v_i = \left(r_7 X_i + r_8 Y_i\right) y_i \tag{2.4.20}$$

则由线性方程组

$$\boldsymbol{B t} = \boldsymbol{v} \tag{2.4.21}$$

可解出 $\boldsymbol{t} = [\lambda \quad T_z]^{\mathrm{T}}$。注意这里得到的仅是对 $\boldsymbol{t}$ 的估计。

（6）如果 $\lambda < 0$，要使用右手坐标系统，需将 r_3、r_6、r_7、r_8、λ 和 T_z 取负。

（7）利用对 $\boldsymbol{t}$ 的估计来计算镜头的径向失真 k，并改进对 λ 和 T_z 的取值。这里使用参考文献[Tsai 1987]给出的失真模型。利用包含失真的透视投影方程，可得到如下非线性方程：

$$\left\{ y_i (1 + k r^2) = \lambda \frac{r_4 X_i + r_5 Y_i + r_6 Z_i + T_y}{r_7 X_i + r_8 Y_i + r_9 Z_i + T_z} \right\} \quad i = 1, 2, \cdots, M \tag{2.4.22}$$

用非线性回归方法解出上述方程即可得到 k、λ 和 T_z 的值。

例 2.4.2　摄像机外部参数的标定示例

表 2.4.1 所示为 5 个已知其世界坐标和它们对应的图像平面坐标的基准点。

表 2.4.1　　5 个基准点的坐标

i	X_i	Y_i	Z_i	x_i	y_i
1	0.00	5.00	0.00	−0.58	0.00
2	10.00	7.50	0.00	1.73	1.00
3	10.00	5.00	0.00	1.73	0.00
4	5.00	10.00	0.00	0.00	1.00
5	5.00	0.00	0.00	0.00	−1.00

图 2.4.3（a）所示为上述 5 个基准点在世界坐标系里的位置，它们在图像平面坐标系里的位置如图 2.4.3（b）所示。

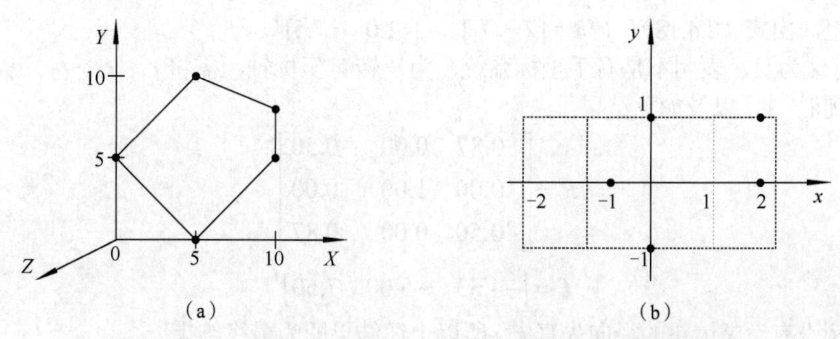

图 2.4.3　5 个基准点在世界坐标系和图像平面坐标系里的位置

由表 2.4.1 所示的数据和式（2.4.11），可得到矩阵 $\boldsymbol{A}$ 和矢量 $\boldsymbol{u}$ 如下：

$$\boldsymbol{A}=\begin{bmatrix} 0.00 & 0.00 & 0.00 & 2.89 & 0.00 \\ 10.00 & 7.50 & -17.32 & -12.99 & 1.00 \\ 0.00 & 0.00 & -17.32 & -8.66 & 0.00 \\ 5.00 & 10.00 & 0.00 & 0.00 & 1.00 \\ -5.00 & 0.00 & 0.00 & 0.00 & -1.00 \end{bmatrix}$$

$$\boldsymbol{u}=\begin{bmatrix}-0.58 & 1.73 & 1.73 & 0.00 & 0.00\end{bmatrix}^{\mathrm{T}}$$

由式（2.4.13）可得：

$$\boldsymbol{s}=\begin{bmatrix}-0.17 & 0.00 & 0.00 & -0.20 & 0.87\end{bmatrix}^{\mathrm{T}}$$

其他计算步骤分别如下。

（1）因为 $S=s_1^2+s_2^2+s_3^2+s_4^2=0.07$，所以由式（2.4.11）得 $T_y^2=\dfrac{S-\left[S^2-4(s_1s_4-s_2s_3)^2\right]^{1/2}}{2(s_1s_4-s_2s_3)^2}=25$。

（2）取 $T_y=5$，分别得到 $r_1=s_1T_y=-0.87$，$r_2=s_2T_y=0$，$r_4=s_3T_y=0$，$r_5=s_4T_y=-1.0$，$T_x=s_5T_y=4.33$。

（3）选取与图像中心距离最远的、世界坐标为(10.0, 7.5, 0.0)的点，其图像平面坐标为(1.73, 1.0)，计算得到 $p_X=r_1X+r_2Y+T_x=-4.33$，$p_Y=r_4X+r_5Y+T_y=-2.5$。

由于 p_X 和 p_Y 的符号与 x 和 y 的符号不一致，因此对 T_y 取负，再回到步骤（2），得到 $r_1=s_1T_y=0.87$，$r_2=s_2T_y=0$，$r_4=s_3T_y=0$，$r_5=s_4T_y=1.0$，$r_2=s_2T_y=0$，$T_x=s_5T_y=-4.33$。

（4）继续计算其他参数，可得到 $r_3=\left(1-r_1^2-r_2^2\right)^{1/2}=0.5$，$r_6=\left(1-r_4^2-r_5^2\right)^{1/2}=0.0$，$r_7=\dfrac{1-r_1^2-r_2r_4}{r_3}=0.5$，$r_8=\dfrac{1-r_2r_4-r_5^2}{r_6}=0.0$，$r_9=\left(1-r_3r_7-r_6r_8\right)^{1/2}=0.87$。因为 $r_1r_4+r_2r_5=0$，不为正，所以 r_6 不需取负。

（5）建立第 2 组线性方程，由式（2.4.16）和式（2.4.17）得到以下矩阵和矢量：

$$\boldsymbol{B}=\begin{bmatrix} 0.00 & 0.00 \\ 2.50 & -1.00 \\ 0.00 & 0.00 \\ 5.00 & -1.00 \\ -5.00 & 1.00 \end{bmatrix}$$

$$\boldsymbol{v}=\begin{bmatrix}0.00 & 5.00 & 0.00 & 2.50 & -2.50\end{bmatrix}^{\mathrm{T}}$$

解线性方程组，由式（2.4.18），得 $\boldsymbol{t}=[\lambda \quad T_z]^{\mathrm{T}}=[-1.0 \quad -7.5]^{\mathrm{T}}$。

（6）由于 λ 为负，表明不是右手坐标系统，为反转 Z 坐标轴，需将 r_3、r_6、r_7、r_8、λ 和 T_Z 取负，最后得到 $\lambda=1$，以及如下结果：

$$\boldsymbol{R}=\begin{bmatrix} 0.87 & 0.00 & -0.50 \\ 0.00 & 1.00 & 0.00 \\ -0.50 & 0.00 & 0.87 \end{bmatrix}$$

$$\boldsymbol{T}=\begin{bmatrix}-4.33 & -5.00 & 7.50\end{bmatrix}^{\mathrm{T}}$$

（7）本例没有考虑镜头的径向失真 k，所以上述结果即为最终结果。 ❑

总结和复习

下面对本章各节进行简单小结，并有针对性地介绍一些可供深入学习的参考文献。读者还可通过思考题和练习题进行进一步的复习，标有星号的思考题或练习题在书末提供了解答。

【小结和参考】

2.1 节介绍了一些采集装置及其性能指标。对常用性能指标的介绍可参见文献[Young 1995]。对 CCD 传感器和 CMOS 传感器的进一步介绍可参见文献[米 2006]。

2.2 节首先介绍了图像采集时的几何模型。这里仅考虑了基本的几何透视投影变换，有关正交投影变换的方法以及对几何透视投影变换的深入讨论可参见文献[Hartley 2004]。关于摄像机模型和摄像机几何的详细讨论也可参见文献[Hartley 2004]。本节还介绍了图像采集时的一个基本的亮度成像模型。对影响景物亮度的因素的讨论还可参见文献[Gonzalez 2008]。借助几何模型和亮度模型得到的图像可表示为 $f(x, y)$，其中 (x, y) 对应空间分辨率，f 对应幅度分辨率。关于空间分辨率和幅度分辨率与图像质量的关系的讨论可参见文献[章 2018b]。

2.3 节介绍了多种不同的成像方式，可采集各具特点的图像以满足不同应用的需求。进一步的介绍可参见文献[Forsyth 2012]等。对结构光法的详细介绍可参见文献[韩 2015]。直接获取深度图像的方法还有多种，可参见文献[张 2005a]等。

2.4 节讨论摄像机标定问题。除一般的标定程序和步骤外，本节还对两级标定法给予了详细介绍。摄像机标定的精度对计算机视觉系统的性能有很大的影响[Zhao 1996]。对不确定性图像尺度因子 μ 的标定可参见文献[Lenz 1988]。对摄像机自标定方法的一个综述可参见文献[孟 2003]。对摄像机镜头非线性畸变校正方法的一个综述可参见文献[杨 2005]。对运动摄像机的一种标定方法可参见文献[谭 2013]。

【思考题和练习题】

*2.1　试列表比较 CCD、CMOS、CID 的优点和缺点。

2.2　使用一个 28 mm 焦距的镜头拍摄距离 10 m 外、高 3 m 的物体，该物体的成像尺寸为多少？如果换一个焦距为 200 mm 的镜头，成像尺寸又为多少？

2.3　给出对空间点（−5 m，−5 m，50 m）经焦距为 50 mm 的镜头投影成像后的摄像机坐标和图像平面坐标。

2.4　设一摄像机按图 2.2.5 所示的位置安放，如果摄像机中心位置为（0 m，0 m，1 m），摄像机镜头的焦距为 50 mm，扫视角为 120°，倾斜角为 150°，那么空间点 W（2 m，2 m，0 m）的图像平面坐标是什么？

2.5　参考图 2.2.5，设摄像机的焦距为 120 mm，扫视角为 135°，倾斜角为 135°。由该摄像机的特性可知它在图像平面上的分辨率是 0.001 m，如在世界坐标系中的点（2 m，4 m，0 m）处放置一个矩形物体，该物体的高度（沿 Z 轴）和宽度要至少多大才能被检测到？

2.6　如果办公室工作所需的照度为 100～1000 lx，设白墙的反射率为 0.8，白纸的反射率为 0.9，那么在这样的办公室里，对它们拍照得到的图像亮度（l）范围各是多少（只考虑数值）？如何将其线性地移到灰度值（g）范围[0,255]之中？

2.7　设图像的长宽比为 16 : 9，并进行如下计算。

（1）1800 万像素的手机上摄像机的空间分辨率约是多少？

（2）4000 万像素的照相机的空间分辨率约是多少？它拍的一幅彩色图像需多少个字节来存储？

2.8　试将一幅普通图像的空间分辨率通过亚采样逐次减半，观察图像的视觉质量是如何变化的。再将该图像的幅度分辨率通过合并灰度逐次减半，观察图像的视觉质量是如何变化的。为尽可能地保证视觉质量，应该如何依次进行亚采样或合并灰度？

2.9 在图2.3.1中，设$\lambda = 0.06$ m，$d = 2$ m，$\beta = 30°$，如果成像的水平尺寸为0.05 m，垂直尺寸为0.05 m，求成像物体的尺寸。

*2.10 设有一个等边立方体，其6个顶点的坐标和成像位置如表题2.10所示，求摄像机位置。

表题2.10

点	空间坐标/m	图像坐标/m
A	(1.1 m, 1.0 m, 0.0 m)	(0.0021 m, −0.031 m)
B	(1.0 m, 1.0 m, 0.0 m)	(0.0 m, 0.0 m)
C	(1.0 m, 1.1 m, 0.0 m)	(0.0021 m, 0.031 m)
D	(1.1 m, 1.0 m, 0.1 m)	(0.0022 m, −0.034 m)
E	(1.0 m, 1.0 m, 0.1 m)	(0.0 m, −0.034 m)
F	(1.0 m, 1.1 m, 0.1 m)	(−0.0022 m, −0.034 m)

2.11 验证例2.4.2中得到的旋转矩阵$\boldsymbol{R}$是一个归一化正交矩阵。

2.12 利用例2.4.2中得到的旋转矩阵$\boldsymbol{R}$和平移矩阵$\boldsymbol{T}$，计算图2.4.3所示的世界坐标系里的5个基准点在图像平面坐标系里的坐标。

第3章 基元检测

图像中的**基元**泛指图像中有比较明显特点的基本单元，是一个比较有概括性，却较为模糊的概念。一般常说的基元主要有：边缘、角点、直线段、圆、孔、椭圆以及其他兴趣点等（也包括它们的一些结合体）。对这些基元进行检测是常见的工作。一方面，它们本身就有相应的含义，是一些应用关注的内容；另一方面，它们是更大和更完整目标的重要组成部分，是后续图像加工的基础。这些基本单元也常被称为特征，所以**基元检测**也被称为特征检测。

相对来说，**边缘**是图像中比较低层的基元，是组成许多其他基元（例如多边形）的基础，所以一直得到较多的关注。**角点**可被看作由两个边缘以接近直角的形式相结合而构成的基元。**直线段**可看作两个邻近又互相平行的边缘相结合而构成的基元。**圆**是一种常见的几何图形，圆周可看作将直线段弯曲、头尾相接而得到。椭圆可看作圆的扩展，圆是椭圆的特例。另外，**孔**的形状与圆相同，但孔一般表示比较小的圆（相对于周围的区域）。由于它们密切相关，所以有许多比较典型的检测技术将它们结合考虑。

根据上面所述，本章各节将如下安排。

3.1 节介绍常见边缘检测的微分原理，并分别给出一些典型的一阶导数算子和二阶导数算子。利用检测出的边缘，还可以进行边界闭合以获得其他一些基元。

3.2 节讨论一种有特色的角点检测算子——SUSAN 算子。它的特点在于虽然被用于检测角点（也可用于检测边缘），但它是基于积分原理工作的。

3.3 节讨论另一种有特色的检测算子——哈里斯（Harris）算子。它不仅可用于检测角点，还可用于检测各种兴趣点，包括交叉点和 T 型交点。

3.4 节介绍重要的哈夫变换。基本的哈夫变换主要用于检测直线段或具有简单几何形状的基元，还可以通过推广成为广义哈夫变换，进而检测各种已知形状的复杂基元。

3.5 节专门介绍了直接对椭圆进行定位和检测的基本技术。

3.6 节讨论的位置直方图技术是一种特殊的检测技术，它借助对直方图的投影来进行检测，比较适合检测尺寸不大不小的基元（这里以孔为例进行介绍）。

3.1 边缘检测

图像中的边缘是像素灰度值发生加速变化而不连续的结果。**边缘检测**是常见的图像基元检测的基础，也是所有基于边界的图像分割方法（参见第 5 章）的第一步。

3.1.1 检测原理

可利用计算导数的方法来检测像素灰度值的变化，一般常使用一阶导数和二阶导数。下面借助图 3.1.1 来介绍不同类型边缘的一些特点以及对它们进行检测的原理。

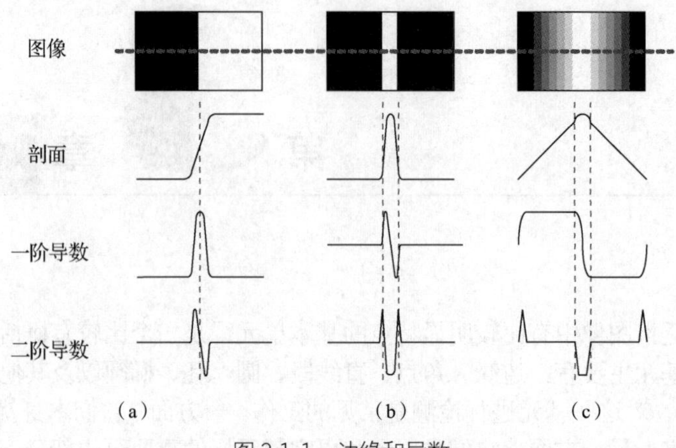

图 3.1.1 边缘和导数

在图 3.1.1 中，第 1 排是图像中典型边缘的示例；第 2 排是沿第 1 排中水平虚线位置得到的图像水平方向的对应剖面图；第 3 排和第 4 排分别为剖面的一阶和二阶导数。这里考虑了 3 种常见的边缘剖面：①**阶梯状边缘**：参见图 3.1.1（a），处于图像中两个具有不同灰度值的相邻区域之间；②**脉冲状边缘**：参见图 3.1.1（b），它主要对应细条状的灰度值突变区域，可以看作由两个背靠背的阶梯状边缘构成；③**屋顶状边缘**：参见图 3.1.1（c），它的上升沿和下降沿都比较平缓，可以看作将脉冲状边缘拉伸而得到的。由于采样的关系，数字图像中的边缘总有一定的宽度（看起来些模糊），所以这里垂直上下的边缘剖面的表示都有一定坡度。

在图 3.1.1（a）中，对灰度值剖面的一阶导数在图像由暗变明的位置处有一个向上的阶跃，而在其他位置都为 0。这表明可用一阶导数的幅度值来检测边缘的存在，幅度峰值一般对应边缘位置。对灰度值剖面的二阶导数在一阶导数的阶跃上升区间有一个向上的脉冲，而在一阶导数的阶跃下降区间有一个向下的脉冲。在这两个阶跃区间之间会有一个**过零点**（二阶导数值为 0），它的位置正对应原图像中边缘的位置。所以可用二阶导数的过零点检测边缘位置，而用二阶导数在过零点附近的符号确定边缘像素在图像边缘的暗区或明区。

在图 3.1.1（b）中，脉冲状的剖面边缘与图 3.1.1（a）所示的一阶导数形状相同，所以图 3.1.1（b）所示的一阶导数形状与图 3.1.1（a）所示的二阶导数形状相同，它的两个二阶导数过零点正好分别对应脉冲的上升沿和下降沿。通过检测脉冲剖面的两个二阶导数过零点就可确定脉冲的范围。对比前一种情况，可以看出直线段和边缘是不同的，需要采用不同的检测方法。

在图 3.1.1（c）中，屋顶状边缘的剖面可看作将脉冲边缘底部拉开而得到的，所以它的一阶导数是将图 3.1.1（b）所示的脉冲剖面的一阶导数的上升沿和下降沿分别拉伸开而得到的，而它的二阶导数是将脉冲剖面二阶导数的上升沿和下降沿分离开而得到的。通过检测屋顶状边缘剖面的一阶导数过零点可以确定屋顶的中心位置。

基于以上的讨论和检测原理，可采用许多不同的方式来检测边缘。在空域对边缘的检测常采用局部导数算子进行。下面分别对一阶导数算子和二阶导数算子进行介绍，然后讨论将检测出的边缘点连接成曲线或封闭轮廓并细化的技术。

3.1.2　一阶导数算子

由前面的讨论可知，对边缘的检测可借助空域微分算子通过卷积来完成。一阶微分算子能给出梯度信息，所以也称**梯度算子**，它分别计算沿 X 和 Y 方向的两个偏导分量。

对偏导分量的计算需对每个像素位置进行，在实际中常用小区域**模板卷积**来近似计算。对水平方向和垂直方向各用一个**模板**，所以需要将两个模板组合起来以构成一个梯度算子。根据模板的大小以及其中元素（系数）值的不同可以区分不同的算子。

例 3.1.1　几种常用梯度算子的模板

图 3.1.2 给出几种常用梯度算子的模板。最简单的梯度算子是**罗伯特**（Roberts）**交叉算子**，它的两个 2×2 模板如图 3.1.2（a）所示。比较常用的还有**蒲瑞维特**（Prewitt）**算子**和**索贝尔**（Sobel）**算子**，它们都使用两个 3 × 3 的模板，分别如图 3.1.2（b）和图 3.1.2（c）所示，其中索贝尔算子是效果比较好的一种，得到了广泛应用。算子运算时采取模板卷积的方式，即将模板在图像上移动，并在每个位置将模板上的各个系数与模板下各对应像素的灰度值相乘求和，来计算对应中心像素的梯度值。所以，对一幅灰度图求梯度所得的结果是一幅梯度图。在边缘灰度值过渡比较尖锐且图像中噪声比较小时，梯度算子的工作效果较好。

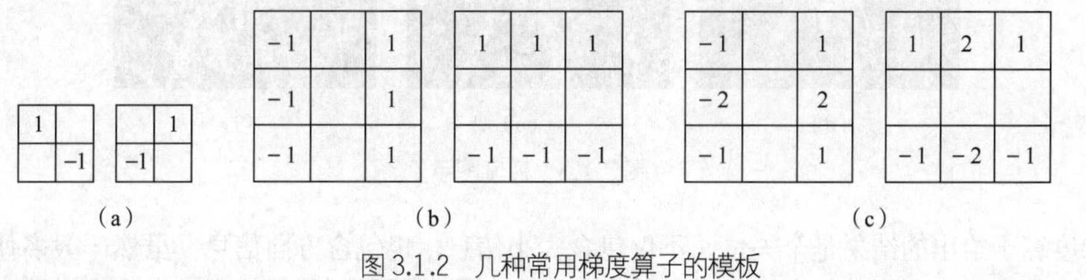

图 3.1.2　几种常用梯度算子的模板　□

获得两个方向的偏导分量后，将它们结合起来构成一个梯度矢量。设沿 X 方向和沿 Y 方向的偏导分量分别为 G_x 和 G_y，则梯度矢量为：

$$\nabla f = \begin{bmatrix} G_X & G_Y \end{bmatrix}^{\mathrm{T}} \tag{3.1.1}$$

实际应用中，常仅使用这个梯度算子输出矢量的幅度（即矢量的模），即**梯度幅度**。矢量的模可分别以 2 为**范数**来计算（对应欧氏距离），以 1 为范数来计算（对应城区距离）或以∞为范数来计算（对应棋盘距离）：

$$\left|\nabla f_{(2)}\right| = \mathrm{mag}(\nabla f) = \left[G_X^2 + G_Y^2\right]^{1/2} \tag{3.1.2}$$

$$\left|\nabla f_{(1)}\right| = |G_X| + |G_Y| \tag{3.1.3}$$

$$\left|\nabla f_{(\infty)}\right| = \max\{|G_X|, |G_Y|\} \tag{3.1.4}$$

例 3.1.2　梯度图实例

图 3.1.3 所示为一组计算梯度图的实例。图 3.1.3（a）所示为一幅原始图像，它包含各种朝向的边缘。图 3.1.3（b）为用图 3.1.2（c）所示的水平模板得到的水平梯度图，它对垂直边缘有较强的响应。图 3.1.3（c）为用图 3.1.2（c）所示的垂直模板得到的垂直梯度图，它对水平边缘有较强的响应。在图 3.1.3（b）与（c）中，灰色部分对应梯度较小的区域，深色或黑色对应负梯度较大的区域，浅色或白色对应正梯度较大的区域。对比两图中的三角架，因为三角架主要偏向竖直线条，所以图 3.1.3（b）中的正负梯度值都比图 3.1.3（c）中的大。图 3.1.3（d）为根据式（3.1.2）得到的索贝尔算子梯度图。图 3.1.3（e）和图 3.1.3（f）分别为根据式（3.1.3）和式（3.1.4）得到的索贝尔算子近似梯度图。在这三幅图中已对梯度进行了二值化，白色表示大梯度，黑色表示小

梯度。比较这三幅图可见，虽然它们从总体上看相当类似，但以2为范数的梯度比以1和∞为范数的梯度更为灵敏一些，例如在图3.1.3（e）中塔形建筑物的左轮廓和图3.1.3（f）中塔形建筑物旁的穹顶都未检测出来。

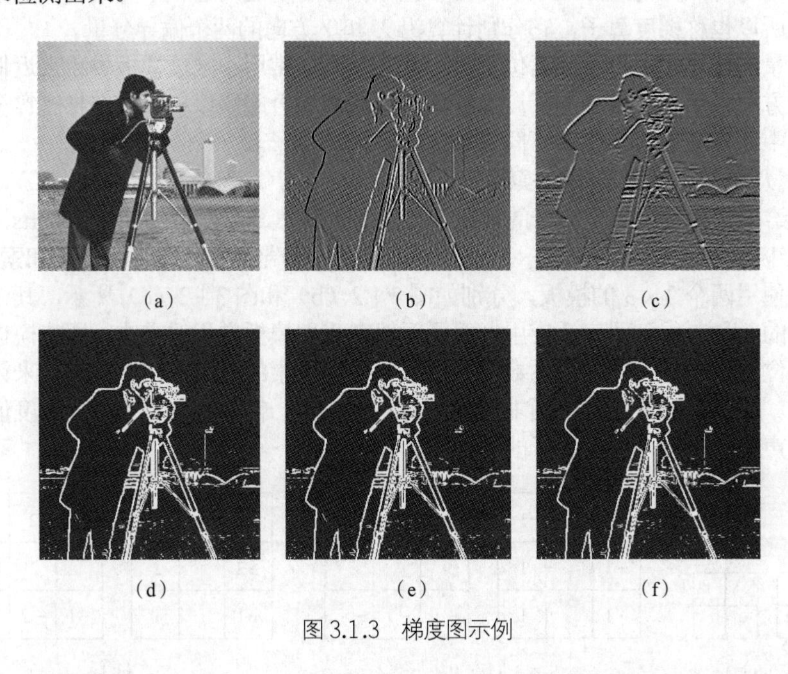

图3.1.3　梯度图示例 □

梯度算子给出的结果是个矢量，不仅包含大小信息，也包含方向信息。虽然一般多使用其幅度信息，但有时也利用其朝向信息。与其相关的**方向微分算子**则基于特定方向上的微分来检测边缘。它先辨认像素为可能的边缘元素，再赋予它预先定义的若干个方向之一。在空域中，方向微分算子对一组模板与图像进行卷积来分别计算不同方向上的差分值，取其中最大的值作为边缘强度，而将与之对应的（模板）方向作为边缘方向。实际上每个模板会对应两个相反的方向，所以最后还需要根据卷积值的符号来确定其中之一。

例3.1.3　基尔希模板

常用的八方向3×3基尔希（Kirsch）模板如图3.1.4所示，各方向间的夹角为45°。它们可看作依次按逆时针移位而得到的。

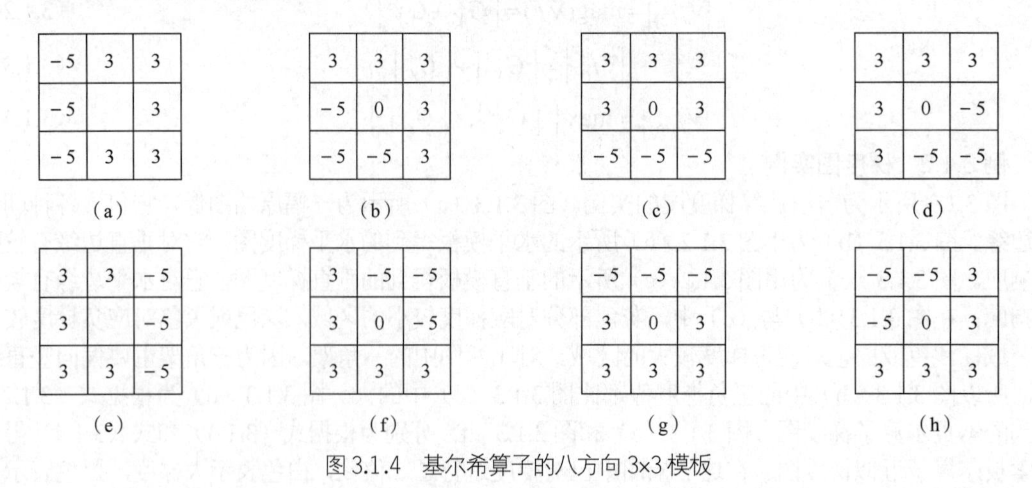

(a)

−5	3	3
−5		3
−5	3	3

(b)

3	3	3
−5	0	3
−5	−5	3

(c)

3	3	3
3	0	3
−5	−5	−5

(d)

3	3	3
3	0	−5
3	−5	−5

(e)

3	3	−5
3		−5
3	3	−5

(f)

3	−5	−5
3	0	−5
3	3	3

(g)

−5	−5	−5
3	0	3
3	3	3

(h)

−5	−5	3
−5	0	3
3	3	3

图3.1.4　基尔希算子的八方向3×3模板

如果取最大的卷积值的绝对值为边缘强度，并用考虑最大值符号的方法来确定相应的边缘方向，则由于各模板的对称性，只需要用前 4 个模板就可以了。

基尔希算子的方向模板也可以有不同尺寸，如八方向 5 × 5 模板中的前 4 个见图 3.1.5。

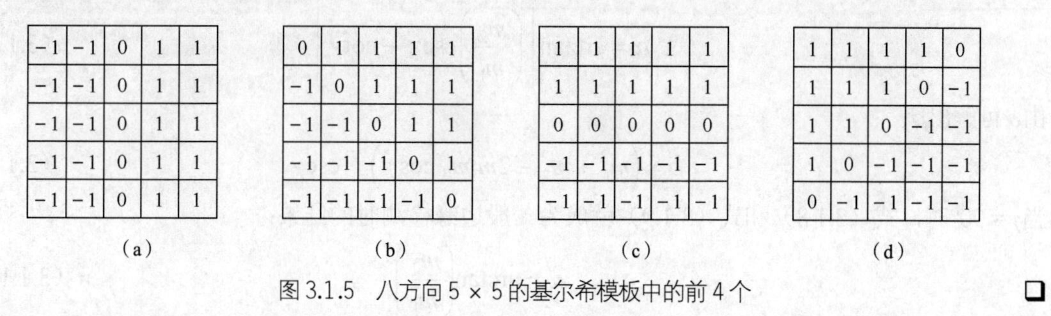

图 3.1.5　八方向 5 × 5 的基尔希模板中的前 4 个 □

方向微分算子的方向也不仅限于 8 个。例如图 3.1.6 中的 6 个模板可用来确定边缘方向到 12 个方向（间隔 30°）之一，其中图 3.1.6（a）的模板对应 0°/180°，图 3.1.6（b）的模板对应 30°/210°，图 3.1.6（c）的模板对应 60°/240°，图 3.1.6（d）的模板对应 90°/270°，图 3.1.6（e）的模板对应 120°/300°，图 3.1.6（f）的模板对应 150°/330°。为使计算简便，可将各系数值线性变换到整数值，其中绝对值最小的系数变换为单位值。

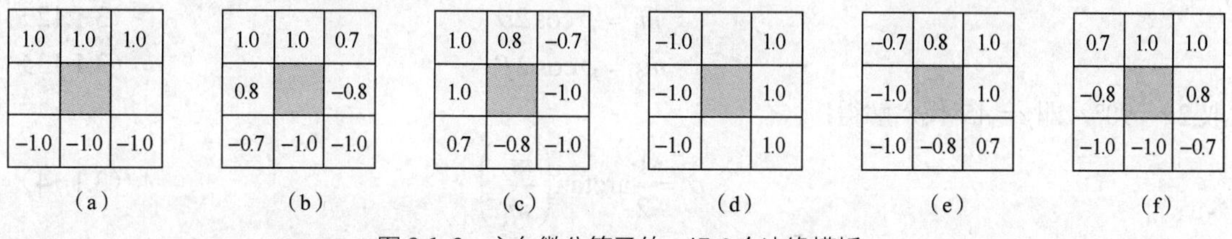

图 3.1.6　方向微分算子的一组 6 个边缘模板

例 3.1.4　优化方向模板的输出

当使用一组模板检测边缘点或者角点时，标准的方法是仅取最大响应模板的朝向值和幅度值，但这样的结果是比较粗糙的（使用 8 个模板时，朝向值的量化间隔夹角为 45°；使用 12 个模板时，朝向值的量化间隔夹角为 30°）。下面借助图 3.1.7 来介绍精确朝向和精确幅度值的计算。这里，假设精确响应矢量是由两个分量 m_1 和 m_2 组成的，其朝向由与 X 轴的夹角 α 决定。

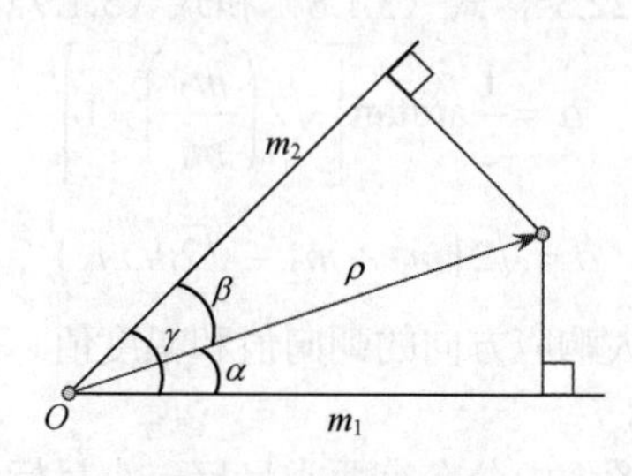

图 3.1.7　矢量计算几何

首先，由图可见：

$$m_1 = \rho\cos\alpha \tag{3.1.5}$$

$$m_2 = \rho\cos\beta \tag{3.1.6}$$

两个分量的比值为：

$$\frac{m_2}{m_1}=\frac{\cos\beta}{\cos\alpha}=\cos(\gamma-\alpha)\sec\alpha=\cos\gamma+\sin\gamma\tan\alpha \tag{3.1.7}$$

解出α：

$$\alpha=\arctan\left[\left(\frac{m_2}{m_1}\right)\text{cse}\gamma-\cot\gamma\right] \tag{3.1.8}$$

由α可解出ρ：

$$\rho=\left(m_1^2+m_2^2-2m_1m_2\cos\gamma\right)^{1/2}\ \text{cse}\gamma \tag{3.1.9}$$

当$\gamma=90°$时，式（3.1.8）和式（3.1.9）就成为一般边缘检测时的结果：

$$\alpha=\arctan\left(\frac{m_2}{m_1}\right) \tag{3.1.10}$$

$$\rho=\left(m_1^2+m_2^2\right)^{1/2} \tag{3.1.11}$$

现在，定义具有$2\pi/n$旋转不变性的特征为n-矢量，则边缘（以及角点等）为1-矢量，线段（以及对称的S形状曲线）为2-矢量。在实际中不常用$n>2$的n-矢量。前面给出对边缘使用1-矢量的结果。要对线段使用2-矢量，需要考虑1 : 2的联系。即要将α、β和γ分别用2α、2β和2γ替换，式（3.1.5）和式（3.1.6）变为：

$$m_1=\rho\cos2\alpha \tag{3.1.12}$$

$$m_2=\rho\cos2\beta \tag{3.1.13}$$

取$2\gamma=90°$，即$\gamma=45°$代入解得：

$$\alpha=\frac{1}{2}\arctan\left(\frac{m_2}{m_1}\right) \tag{3.1.14}$$

最后，用上面的方法来获得对1-矢量和2-矢量8个模板组的插值公式。对1-矢量，8个模板组的$\gamma=45°$，式（3.1.8）和式（3.1.9）成为：

$$\alpha=\arctan\left[\sqrt{2}\left(\frac{m_2}{m_1}\right)-1\right] \tag{3.1.15}$$

$$\rho=\sqrt{2}\left(m_1^2+m_2^2-\sqrt{2}m_1m_2\right)^{1/2} \tag{3.1.16}$$

对2-矢量，8个模板组的$\gamma=22.5°$，式（3.1.8）和式（3.1.9）成为：

$$\alpha=\frac{1}{2}\arctan\left[\sqrt{2}\left(\frac{m_2}{m_1}\right)-1\right] \tag{3.1.17}$$

$$\rho=\sqrt{2}\left(m_1^2+m_2^2-\sqrt{2}m_1m_2\right)^{1/2} \tag{3.1.18}$$

根据上述公式，就可得到最大响应方向的朝向值和幅度值。 □

例3.1.5　利用边缘检测目标

考虑一种特殊的情况。假设图像中分布有两类目标，小目标为较暗的矩形，大目标为较亮的椭圆形。一种定位小目标的设计策略如下。

（1）检测图像中的所有边缘点，让其在背景为1的图像中取值为0。

（2）对背景区域进行距离变换。

（3）确定距离变换结果的局部极大值。

（4）分析局部极大值位置的数值。

（5）执行进一步的处理以确定小目标的近似平行的边线。

在这个问题中，利用距离变换结果来定位小目标的关键是忽略所有大于小目标半宽度的局部极大值。任何明显小于这个值的局部极大值也可忽略。这意味着图像中大部分的局部极大值会被除去，只有某些在大目标之内和大目标之间的孤立点以及沿小目标中心线的局部极大值有可能保留。进一步使用一个孤立点消除算法可仅保留小目标的极大值，然后对极大值位置扩展以恢复小目标的边界。检测到的边缘有可能被分裂成多个片段，不过边缘中的任何间断一般不会导致局部极大值轨迹的断裂，因为距离变换将会把它们比较连续地填充起来。尽管这会给出稍微小一些的距离变换值，但这并不会影响算法的其他部分。所以，该方法对边缘检测的影响有一定的鲁棒性。 ❑

3.1.3 二阶导数算子

由图 3.1.1 可见，利用二阶导数的过零点可以确定边缘的位置，所以二阶导数算子也可用于检测边缘。用二阶导数算子检测阶梯状边缘需将算子模板与图像卷积，并确定算子输出值的**过零点**。

1. 拉普拉斯算子

拉普拉斯算子是一种常用的**二阶导数算子**，对一个连续函数 $f(x, y)$，它在位置(x, y)的拉普拉斯值定义为：

$$\nabla^2 f = \frac{\partial^2 f}{\partial x^2} + \frac{\partial^2 f}{\partial y^2} \tag{3.1.19}$$

在图像中，计算函数的拉普拉斯值也可借助各种模板实现。这里对模板的基本要求是对应中心像素的系数应是正的，而对应中心像素之邻近像素的系数应是负的，且所有系数的总和应该是0。常用的两种简单模板分别如图 3.1.8（a）和图 3.1.8（b）所示，它们均满足以上的条件。因为拉普拉斯算子计算的是二阶导数，所以对图像中的噪声相当敏感。另外它常产生双像素宽的边缘，也不能提供边缘方向的信息。由于以上原因，拉普拉斯算子很少直接用于边缘检测，而主要用于已知边缘像素后确定该像素是在图像的暗区还是明区。

0	−1	0
−1	4	−1
0	−1	0

（a）

−1	−1	−1
−1	8	−1
−1	−1	−1

（b）

图 3.1.8 拉普拉斯算子的模板

例 3.1.6 二阶导数算子检测边缘示例

图 3.1.9 所示为一个用二阶导数算子检测边缘的简单示例。

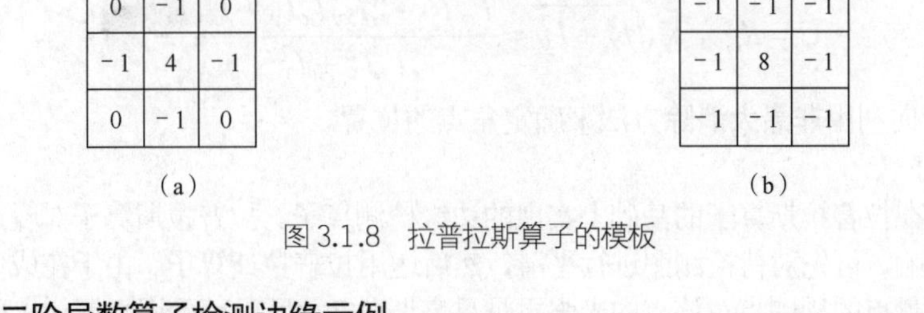

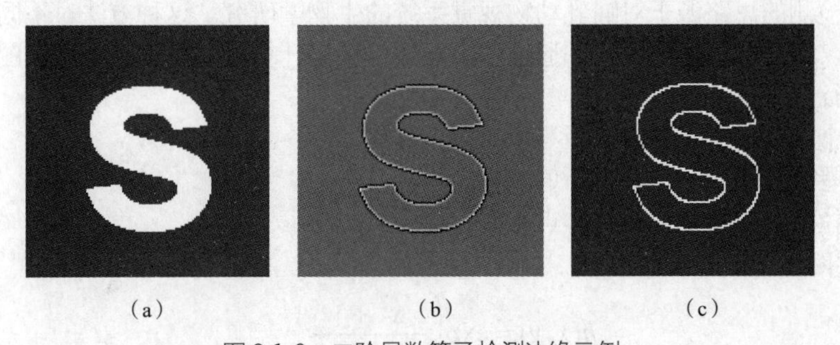

（a） （b） （c）

图 3.1.9 二阶导数算子检测边缘示例

图3.1.9（a）所示为一幅含有字母S的二值图。图3.1.9（b）为用图3.1.8（a）所示的模板与图3.1.9（a）卷积得到的结果。图3.1.9（b）中，黑色对应最大负值，白色对应最大正值，灰色对应零值。注意对应字母边缘内侧有一条白色边界，而对应字母外侧有一条黑色边界（如果把它们看成边缘则得到双像素宽的边缘）。若将图3.1.9（b）中所有负值都置为黑，将所有正值都置为白，然后将检测出来的过零点作为边缘，就得到图 3.1.9（c）所示的结果，其中白色表示真正的边缘。 ❑

例 3.1.7　用二阶导数检测角点

利用二阶导数也可检测角点。对一个连续函数 $f(x, y)$，它在位置 (x, y) 的二阶导数包括：$I_{xx} = \partial^2 f/\partial x^2$，$I_{xy} = (\partial f/\partial x)(\partial f/\partial y) = I_{yx}$，$I_{yy} = \partial^2 f/\partial y^2$，可将它们写进对称矩阵里：

$$\boldsymbol{I}_{(2)} = \begin{bmatrix} I_{xx} & I_{xy} \\ I_{yx} & I_{yy} \end{bmatrix} \tag{3.1.20}$$

这个矩阵给出 $f(x, y)$ 在原点的局部曲率信息。如果旋转坐标系统可将 $\boldsymbol{I}_{(2)}$ 变换成对角形式：

$$\tilde{\boldsymbol{I}}_{(2)} = \begin{bmatrix} I_{\tilde{x}\tilde{x}} & 0 \\ 0 & I_{\tilde{y}\tilde{y}} \end{bmatrix} = \begin{bmatrix} K_1 & 0 \\ 0 & K_2 \end{bmatrix} \tag{3.1.21}$$

则可将二阶导数矩阵解释成 $f(x, y)$ 在原点的主曲率。

对如 $\boldsymbol{I}_{(2)}$ 的矩阵，其秩和行列式都是旋转不变的。它们就是拉普拉斯值（Laplacian）和海森值（Hessian）：

$$\text{Laplacian} = I_{xx} + I_{yy} = K_1 + K_2 \tag{3.1.22}$$

$$\text{Hessian} = \det\left(\boldsymbol{I}_{(2)}\right) = I_{xx} I_{yy} - I_{xy}^2 = K_1 K_2 \tag{3.1.23}$$

拉普拉斯算子对边缘和直线都给出强的响应，所以不太适合检测角点。**海森算子**对边缘和直线没有响应，但在角点的邻域里有强的响应，所以比较适合检测角点。不过海森算子在角点的位置处响应为0而在角点两边的符号是不一样的，所以需要较复杂的分析过程以确定角点的存在性并准确地对角点定位。为避免这个复杂的分析过程，可先计算曲率 (K) 与局部灰度梯度 (g) 的乘积：

$$C = Kg = K\sqrt{I_x^2 + I_y^2} = \frac{I_{xx} I_y^2 - 2 I_{xy} I_x I_y + I_{yy} I_x^2}{I_x^2 + I_y^2} \tag{3.1.24}$$

再沿边缘法线方向利用**非最大消除**方法来确定角点的位置。 ❑

2. 马尔算子

马尔算子是在拉普拉斯算子的基础上实现的边缘检测算子。拉普拉斯算子对噪声比较敏感，为了减少噪声的影响，可先对待检测图进行平滑，然后运用拉普拉斯算子。由于在成像时，一个给定像素点所对应场景点的周围点对该点的光强贡献呈高斯分布，所以可采用高斯加权平滑函数对待检测图进行平滑。将高斯加权平滑运算与拉普拉斯运算结合起来就得到马尔边缘检测方法。

马尔边缘检测的思路源于对哺乳动物视觉系统的生物学研究。这种方法对不同分辨率的图像分别进行处理，在每个分辨率上，都通过二阶导数算子来计算过零点以获得边缘图。这样在每个分辨率上都进行如下计算：

（1）用一个2-D的高斯平滑模板与原始图像卷积。

（2）计算卷积后图像的拉普拉斯值。

（3）检测拉普拉斯图像中的过零点并作为边缘点。

高斯加权平滑函数可定义为：

$$h(x, y) = \exp\left(-\frac{x^2 + y^2}{2\sigma^2}\right) \tag{3.1.25}$$

式中，σ是高斯分布的均方差，与平滑程度成正比。这样原始图像$f(x, y)$的平滑结果为：

$$g(x,y)=h(x,y)\otimes f(x,y) \tag{3.1.26}$$

式（3.1.26）中，$\otimes$代表卷积。对平滑后的图像运用拉普拉斯算子，如果令 r 为离原点的径向距离，$r^2=x^2+y^2$，以对 r 求二阶导数来计算拉普拉斯值可得：

$$\nabla^2 g=\nabla^2[h(x,y)\otimes f(x,y)]=\nabla^2 h(x,y)\otimes f(x,y)=\left(\frac{r^2-\sigma^2}{\sigma^4}\right)\exp\left(-\frac{r^2}{2\sigma^2}\right)\otimes f(x,y) \tag{3.1.27}$$

其中

$$\nabla^2 h(x,y)=h''(r)=\left(\frac{r^2-\sigma^2}{\sigma^4}\right)\exp\left(-\frac{r^2}{2\sigma^2}\right) \tag{3.1.28}$$

也称为**高斯-拉普拉斯（LOG）滤波函数**。它是一个轴对称函数，其剖面示意如图 3.1.10（a）所示，这个函数的转移函数（傅里叶变换）的剖面示意如图 3.1.10（b）所示。

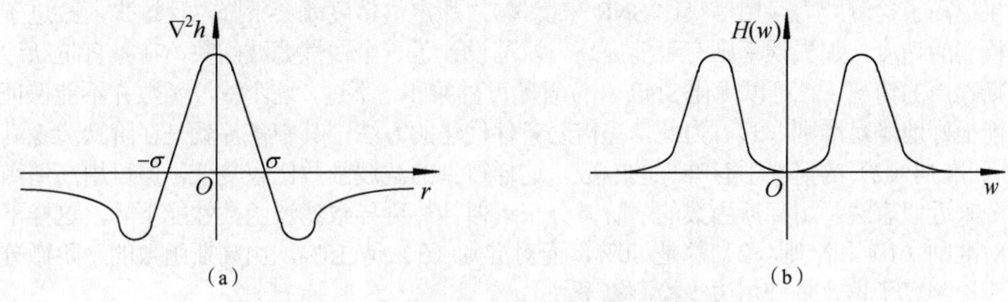

图 3.1.10 $\nabla^2 h$的剖面和对应的转移函数的剖面示意

根据图 3.1.10（a）所示的$\nabla^2 h$ 的形状，人们称其为“墨西哥草帽”，它是各向同性的（根据旋转对称性）。因为可以证明这个算子的平均值是 0，所以如果将它与图像卷积并不会改变图像的整体动态范围。因为$\nabla^2 h$ 的平滑性质能减少噪声的影响，所以当边缘比较模糊或图像中噪声较大时，利用$\nabla^2 h$ 检测过零点能提供较可靠的边缘位置。

3. 坎尼算子

坎尼（Canny）把边缘检测问题转换为检测单位函数极大值的问题来考虑。他利用高斯模型，借助图像滤波的概念指出一个好的边缘检测算子应具有的 3 个指标为：①低失误概率，既要少将真正的边缘丢失，也要少将非边缘判为边缘；②高位置精度，检测出的边缘应在真正的边界上；③单像素边缘，即对每个边缘有唯一的响应，得到的边界为单像素宽。考虑到上述 3 个指标，坎尼提出了判定边缘检测算子的 3 个准则：**信噪比准则**、**定位精度准则**和**单边缘响应准则**。

（1）信噪比准则

信噪比 SNR 定义为：

$$\mathrm{SNR}=\left|\int_{-W}^{+W} G(-x)h(x)\mathrm{d}x\right| \bigg/ \sigma\sqrt{\int_{-W}^{+W} h^2(x)\mathrm{d}x} \tag{3.1.29}$$

式中，$G(x)$代表边缘函数；$h(x)$代表带宽为 W 的滤波函数的脉冲响应；σ代表高斯噪声的均方差。信噪比越大，提取边缘时的失误概率越低。

（2）定位精度准则

边缘定位精度 L 定义为：

$$L=\left|\int_{-W}^{+W} G'(-x)h'(x)\mathrm{d}x\right| \bigg/ \sigma\sqrt{\int_{-W}^{+W} h'^2(x)\mathrm{d}x} \tag{3.1.30}$$

式中，$G'(x)$和$h'(x)$分别代表$G(x)$和$h(x)$的导数。L越大表明定位精度越高（检测出的边缘在其真正位置上）。

（3）单边缘响应准则

单边缘响应与算子脉冲响应的导数的零交叉点平均距离$D_{zca}(f')$有关，可表示为：

$$D_{zca}(f')=\pi\left\{\int_{-\infty}^{+\infty}h'^2(x)\mathrm{d}x\Bigg/\int_{-W}^{+W}h''(x)\mathrm{d}x\right\}^{1/2} \tag{3.1.31}$$

式中，$h''(x)$代表$h(x)$的二阶导数。如果上式满足，则响应对每个边缘是唯一的，这样得到的边界为单像素宽。

满足上面3个准则的算子称为**坎尼算子**。

例3.1.8　坎尼算子3个准则的之间的联系

坎尼算子的3个准则之间有一定的联系。例如准则（1）和准则（2）之间由非确定性准则相连。如果提高了检测能力（用信噪比SNR来衡量），那定位精度就会下降。反过来，改进了对边缘位置检测的精度，那失误率则有可能提高。坎尼设计了一个线性滤波函数，在具有阶跃边缘和加性高斯噪声的情况下，可以优化SNR和位置精度的乘积。不过，这个滤波函数并不能保证在有噪声时能很好地满足准则（3）。为此，需借助条件优化的方法，其中条件就是在阶跃边缘满足准则（1）和准则（2）的情况下有唯一的响应。这样得到的滤波函数比较复杂，但可用高斯函数的一阶微分来近似表达。用高斯函数的一阶微分来近似计算会导致滤波函数性能下降，这样下降的程度，对准则（1）和准则（2）都是20%，而对准则（3）是10%。由高斯函数的一阶微分所得到的边缘检测算子也就是马尔边缘检测算子。 ❑

例3.1.9　坎尼算子的工作步骤

坎尼算子工作有4个步骤。

（1）在空间进行低通滤波：使用高斯滤波器平滑图像以减轻噪声影响。滤波器模板的尺寸（对应高斯函数的方差）可随尺度不同而改变。大的模板会较多地模糊图像，不过可以检测出数量较少但更为突出的边缘。

（2）使用一阶微分检测滤波图像中灰度梯度的大小和方向：可使用类似于索贝尔算子的边缘检测算子。注意此时索贝尔算子的模板可看作将基本的[−1　1]模板与平滑模板[1　1]卷积的结果。以水平模板为例：

$$\begin{bmatrix}-1 & 0 & 1\\ -2 & 0 & 2\\ -1 & 0 & 1\end{bmatrix}=\begin{bmatrix}1\\2\\1\end{bmatrix}\begin{bmatrix}-1 & 0 & 1\end{bmatrix}$$

其中

$$\begin{bmatrix}1 & 2 & 1\end{bmatrix}=\begin{bmatrix}1 & 1\end{bmatrix}\otimes\begin{bmatrix}1 & 1\end{bmatrix}$$
$$\begin{bmatrix}-1 & 0 & 1\end{bmatrix}=\begin{bmatrix}-1 & 1\end{bmatrix}\otimes\begin{bmatrix}1 & 1\end{bmatrix}$$

由上可见，索贝尔算子自身已包含了一定量的低通滤波，所以（1）中的滤波可减少一些。换句话说，不需要使用大尺寸的高斯模板，例如可用3×3模板。

（3）**非最大消除**：细化借助梯度检测得到的边缘像素所构成的边界。常见的方法是考虑梯度幅度图中的小邻域（如使用3×3模板），并用其比较中心像素与其梯度方向上的相邻像素。如果中心像素的值不大于沿梯度方向的相邻像素的值，就将其置为0。否则，将该值作

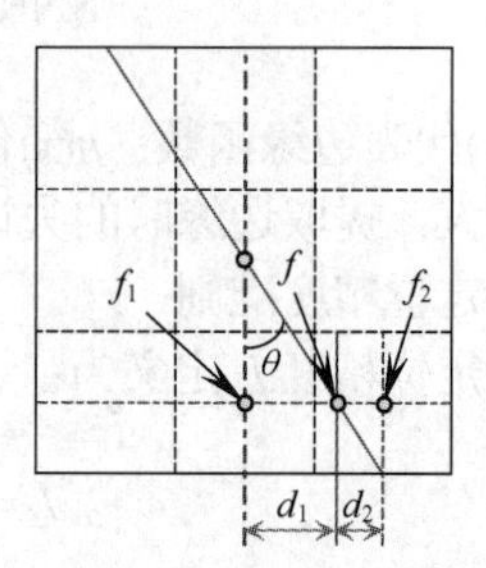

图3.1.11　3×3模板中的局部边缘法线方向

为局部最大值保留下来。在上述计算中，常需要确定局部边缘的法线方向。对 3×3 的模板，任意卦限中的边缘法线都在给定的一对像素之间，如图 3.1.11 所示。

在图 3.1.11 中，沿边缘法线像素的灰度 f 是对应像素灰度（f_1 和 f_2）用反比距离加权的结果：

$$f = \frac{f_1 d_1 + f_2 d_2}{d_1 + d_2} = (1 - d_1) f_1 + f_2 d_2 \tag{3.1.32}$$

其中

$$d_1 = \tan\theta \tag{3.1.33}$$

指示了边缘法线的方向。

（4）**滞后阈值化**：选取两个阈值并借助滞后阈值化方法最后确定边缘点。这里两个阈值分别为高阈值和低阈值。首先标记梯度值大于高阈值的边缘像素（认为它们都肯定是边缘像素），然后对与这些像素相连的像素使用低阈值（认为其梯度值大于低的阈值、且与大于高的阈值像素邻接的像素也是边缘像素）。该方法可减弱噪声在最终边缘图像中的影响，并可避免产生由于阈值过低导致的虚假边缘或由于阈值过高导致的边缘丢失。该过程可递归或迭代进行。□

3.1.4　边界闭合

在有噪声时，用各种算子得到的边缘像素常是孤立的或仅分小段连续的。为组成区域的封闭边界，以便将不同区域分开，需要将边缘像素连接起来。下面介绍一种利用像素梯度的幅度和方向进行**边界闭合**的方法。

边缘像素连接的基础是它们之间有一定的相似性。用梯度算子对图像处理可得到像素两个方面的信息：①**梯度幅度**，参见式（3.1.2）、式（3.1.3）或式（3.1.4）；②**梯度方向**，可由$\varphi(x, y) = \arctan(G_y/G_x)$计算。根据边缘像素梯度在这两方面的相似性可把它们连接起来。具体来说，如果像素(s, t)在像素(x, y)的邻域，且它们的梯度幅度和梯度方向分别满足以下两个条件（其中 T 是幅度阈值，A 是角度阈值）：

$$\left|\nabla f(x, y) - \nabla f(s, t)\right| \leqslant T \tag{3.1.34}$$

$$\left|\varphi(x, y) - \varphi(s, t)\right| \leqslant A \tag{3.1.35}$$

那么可将在(s, t)处的像素与在(x, y)处的像素连接起来。如对所有边缘像素都进行这样的判断和连接就有希望得到闭合的边界。

例 3.1.10　根据梯度信息实现边界闭合

图 3.1.12（a）和图 3.1.12（b）分别为对图 3.1.3（a）求梯度得到的幅度图和方向角图，图 3.1.12（c）为根据式（3.1.25）和式（3.1.26）进行边界闭合得到的边界图。

（a）

（b）

（c）

图 3.1.12　利用梯度图的边界闭合　□

3.1.5　边界细化

在有些情况下，检测到的边缘像素比较多，构成的目标边界比较粗，此时需要对边界进行细化。一种细化的基本思路是考虑沿梯度方向通过一个像素的直线。如果这个像素处在一个边缘上，那么该像素处的梯度值一定是沿该线的局部极值。如果该梯度值不是最大值，则可将对应的像素除去；如果该梯度值是最大值，则保留该像素。

这里的困难是如何确定像素处在沿梯度方向的直线上。在多数情况下，梯度方向并不是准确地指向某个相邻的像素中心，而是指向几个像素之间的地方。

下面分别讨论两种消除非最大梯度像素的方法。

1. 用模板进行非最大消除

要将不是最大梯度值的像素除去需要检查该像素的两个沿梯度方向的相邻像素。例如当梯度方向基本沿水平方向时，需要检查水平方向上两个相邻的像素的梯度值是否小于所考虑的像素的梯度值。如果小于，那么不改变所考虑像素，否则将其灰度值设为0（消除）。在2-D时，一般考虑4种梯度方向，即水平、垂直、左对角和右对角。图3.1.13给出4个模板，它们所覆盖的角度分别如下。

（1）水平：$337.5° \leqslant \theta \leqslant 22.5°$和$157.5° \leqslant \theta \leqslant 202.5°$。

（2）垂直：$67.5° \leqslant \theta \leqslant 112.5°$和$247.5° \leqslant \theta \leqslant 337.5°$。

（3）左对角：$22.5° \leqslant \theta \leqslant 67.5°$和$202.5° \leqslant \theta \leqslant 247.5°$。

（4）右对角：$112.5° \leqslant \theta \leqslant 157.5°$和$292.5° \leqslant \theta \leqslant 337.5°$。

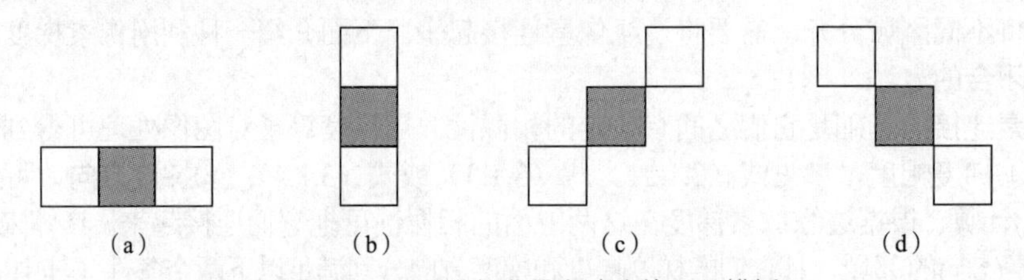

图3.1.13　用于进行非最大消除的2-D模板

用模板进行非最大消除的步骤可总结如下（对每个像素）。

（1）计算当前像素的梯度方向α。

（2）从模板列表中选一个模板，使模板的覆盖角度包含α。

（3）观察所选模板覆盖的两个像素的梯度方向，如果这两个方向与α差太多（例如大于90°），则它们可能不在同一个边缘上。此时不能用它们来细化当前像素所在的边缘。

（4）在其他情况下，这两个相邻的像素与当前像素在同一个边缘上。如果当前像素的梯度值大于其两个相邻像素的梯度值，则不改变当前像素，否则将其值设为0。

2. 用插值进行非最大消除

用插值进行**非最大消除**得到的结果比用模板检测进行非最大消除得到的结果要更精确些，但所需要的计算量也要大些。这种方法的基本思路是，通过对相邻单元的梯度幅度的插值来在当前位置的周围估计梯度的幅度。

图3.1.14给出解释插值情况的示意，当前像素用P表示。在P处计算得到的梯度方向通过P的实线与当前像素的8-邻域像素交于两个点，设为S_1和S_2。

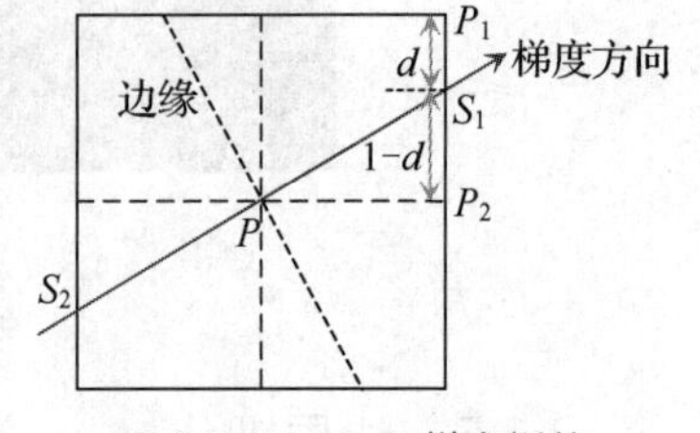

图3.1.14　2-D梯度插值

现在要估计在S_1点和S_2点的梯度幅度。考虑与S_1相近的两个像素，设为P_1和P_2，并用d代表P_1和S_1之间的距离。通过对在P_1和P_2的梯度幅度值进行下面的平均来估计在S_1的梯度幅度值：

$$Gs_1 \approx (1-d)G_1 + dG_2 \tag{3.1.36}$$

其中，G_i代表在P_i的梯度幅度值，这里$i = 1, 2$。如果在P点的梯度幅度值比在S_1点和S_2点的梯度幅度值都小，就去除P点，否则保留它的值。

3.2　SUSAN 算子

SUSAN 算子是一种很有特色的基元检测算子，它只使用一个圆形模板来得到各向同性的响应。它不仅可以检测出图像中目标的边缘点，而且可以较鲁棒性地检测出图像中目标上的**角点**（局部曲率较大的点）。

3.2.1　USAN 原理

下面先借助图 3.2.1 来解释 USAN 检测的原理。在图 3.2.1 中图像的上部为亮区域，下部为暗区域，分别代表目标和背景。现在考虑有一个圆形的模板，其中心称为“核”（用“+”标记），其大小由模板边界限定。图 3.2.1 中所示为该模板放在 6 个典型位置的示意情况，从左边数过去，第 1 个模板全部在亮区域，第 2 个模板大部分在亮区域，第 3 个模板约有一半在亮区域，第 4 个模板大部分在暗区域，第 5 个模板全部在暗区域，第 6 个模板约 1/4 在暗区域。

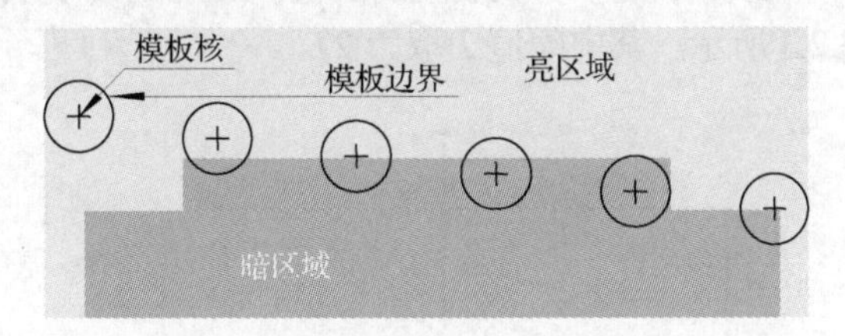

图 3.2.1　圆形模板在图像中的不同位置

如果将模板中各个像素的灰度都与模板中心的核像素的灰度进行比较，就会发现总有一部分模板区域像素的灰度与核像素的灰度相同或相似。这部分区域可称为**核同值区**（USAN 区），即与核有相同值的区域。USAN 区包含了很多与图像结构有关的信息。利用这种区域的尺寸、重心等统计量可以帮助检测图像中的边缘和角点。从图 3.2.1 可见，当核像素处在图像中的灰度一致区域时，USAN 区的面积会超过一半，第 1 个模板和第 5 个模板，以及第 2 个模板和第 4 个模板都属于这种情况。当核像素处在直边缘处时，USAN 区的面积约为最大值的一半，第 3 个模板就属于这种情况。当核像素位于角点处时，USAN 区的面积更小，约为最大值的 1/4，第 6 个模板就属于这种情况。

利用上述 USAN 区面积的变化可检测边缘或角点。具体来说，USAN 区面积较大（超过一半）时表明核像素处在图像中的灰度一致区域，在模板核像素接近边缘时该面积减少，而在接近角点时减少得更多，即 USAN 区面积在角点处取得最小值。如果将 USAN 区面积的倒数作为检测的输出，可以通过计算极大值方便地确定出角点的位置。使用 USAN 区面积作为特征可起到增强边缘和角点的效果。基于 USAN 区面积的检测方式与其他常用的检测方式有许多不同之处，最明显的就是不需要计算微分，因而对噪声不是很敏感。

3.2.2　角点和边缘检测

在 USAN 区的基础上讨论 **SUSAN 算子**（即**最小核同值算子**），并进行角点和边缘检测。

1. 角点检测

在数字图像中，圆形模板可用图 3.2.2 所示的 37 个像素来近似表示。这 37 个像素排成 7 行，每行分别有 3、5、7、7、7、5、3 个像素。这相当于一个半径约为 3.4 个像素的圆。若考虑到计算量，也可用普通的 3×3 模板来粗略地近似表示。

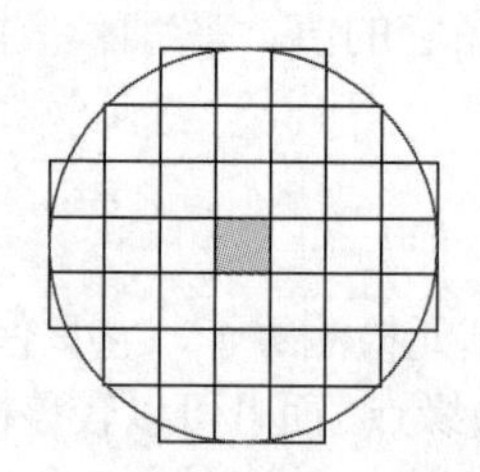

图 3.2.2　37 个像素的圆形模板

设模板函数为 $M(x, y)$，将其依次放在图像中每个点的位置，在每个位置，将模板内每个像素的灰度值与核的灰度值进行比较：

$$C(x_0, y_0; x, y) = \begin{cases} 1 & \text{当} \quad |f(x_0, y_0) - f(x, y)| \leqslant T \\ 0 & \text{当} \quad |f(x_0, y_0) - f(x, y)| > T \end{cases} \tag{3.2.1}$$

式中，(x_0, y_0)是核在图像中的位置坐标；(x, y)是模板 $M(x, y)$中的其他位置；$f(x_0, y_0)$和 $f(x, y)$分别是在(x_0, y_0)和(x, y)处像素的灰度；T 是一个灰度差的阈值；函数 $C(.\,;.)$代表输出的比较结果。该输出函数的一个示例如图 3.2.3 所示，其中阈值 T 取为 27。

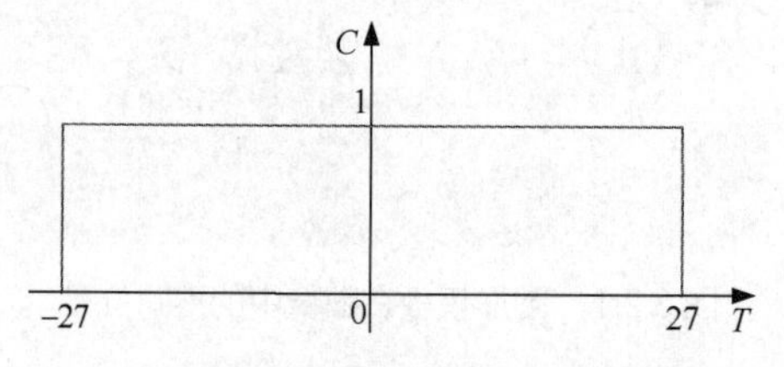

图 3.2.3　函数 $C(.;.)$示例

对模板中的每个像素进行上述比较，由此可得到一个输出的**游程和**：

$$S(x_0, y_0) = \sum_{(x,y)\in M(x,y)} C(x_0, y_0; x, y) \tag{3.2.2}$$

这个总和其实就是 USAN 区中的像素个数，或者说它给出了 USAN 区的面积。如前面所讨论的，这个面积在角点处会达到最小。结合式（3.2.1）和式（3.2.2）可知，阈值 T 既可用来帮助检测 USAN 区面积的最小值，也可以确定所能消除的噪声的最大值。

当图像中没有噪声时，仅用一个**灰度差阈值** T 就可以了。但当图像中有噪声时，需要将游程和 S 与一个固定的**几何阈值** G 进行比较以做出判断。该阈值设为 $3S_{\max}/4$ 以给出最优的噪声消除性能，其中 $S_{\max}$ 是 S 所能取得的最大值（对 37 个像素的模板，最大值为 36）。初始的边缘响应 $R(x_0, y_0)$根据下式得到：

$$R(x_0, y_0) = \begin{cases} G - S(x_0, y_0) & \text{如果} \quad S(x_0, y_0) < G \\ 0 & \text{其他} \end{cases} \tag{3.2.3}$$

上式是根据 USAN 原理获得的，即 USAN 区的面积越小，边缘的响应就越大。考虑一个阶跃的边缘，S 的值总会在某一边小于 $S_{\max}/2$。如果边缘是弯曲的，小于 $S_{\max}/2$ 的 S 值会出现在凹的一边。如果边缘不是理想的阶跃边缘（有坡度），S 的值会更小，这样边缘检测不到的可能性更小。

以上介绍的方法一般已可以给出相当好的结果，但还有一个更稳定的计算 $C(.\,;.)$的公式为：

$$C(x_0, y_0; x, y) = \exp\left\{-\left[\frac{f(x_0, y_0) - f(x, y)}{T}\right]^2\right\} \tag{3.2.4}$$

这个公式对应的曲线如图 3.2.4 中的曲线 b 所示。图 3.2.4 中的曲线 a 对应式（3.2.1），为门函数。可见，式（3.2.4）给出了式（3.2.1）的一个平滑的版本。它允许像素灰度有一定的变化，而不会对 $C(.;.)$造成太大的影响。

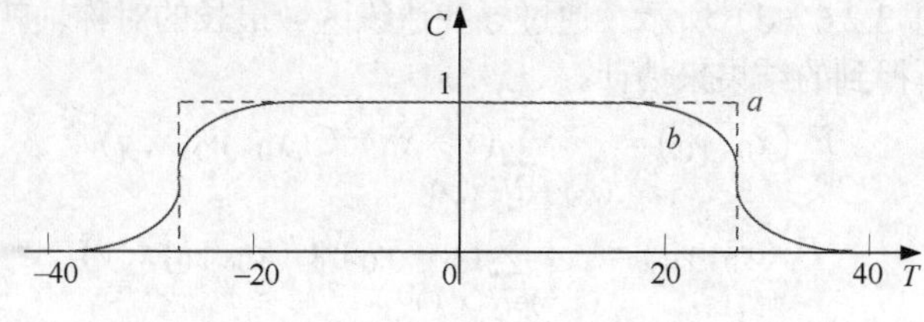

图 3.2.4 不同的函数 $C(.;.)$示例

例 3.2.1 SUSAN 算子角点检测示例

图 3.2.5 所示为两个用 SUSAN 算子检测图像中的角点而得到的结果。

图 3.2.5 用 SUSAN 算子检测图像中的角点而得到的结果 ❑

2. 边缘方向检测

在很多情况下，不仅需要考虑边缘的强度，也需要考虑边缘的方向。首先，如果要除去非最大的边缘值，就必须要借助边缘的方向。另外，如果需要确定边缘的位置到亚像素精度，也常需要利用边缘方向的信息。最后，许多应用中常把边缘的位置、强度和方向结合使用。对大多数现有的边缘检测算子，边缘方向是借助边缘强度来确定的。而根据 USAN 区的原理确定边缘方向需根据边缘点的不同种类采用不同的方法。

考虑 USAN 区的特点，可将边缘分成两类来讨论。如图 3.2.6（a）所示，其中描述了图像中有一个典型的直线型边缘的情况。图中方格里的阴影用来近似地区分具有不同灰度的像素。对 3 个感兴趣点的局部 USAN 区分别显示在右边的 3 个 3×3 模板中。其中“O”代表 USAN 区的重心，“+”代表模板核。区域 A 和区域 B 都对应同一类边缘点的情况，即边缘都通过 USAN 区的重心，只是模板核将分别落在边缘的两边。区域 C 对应另一类边缘点的情况，这里模板核与 USAN 区的重心位置相重合。

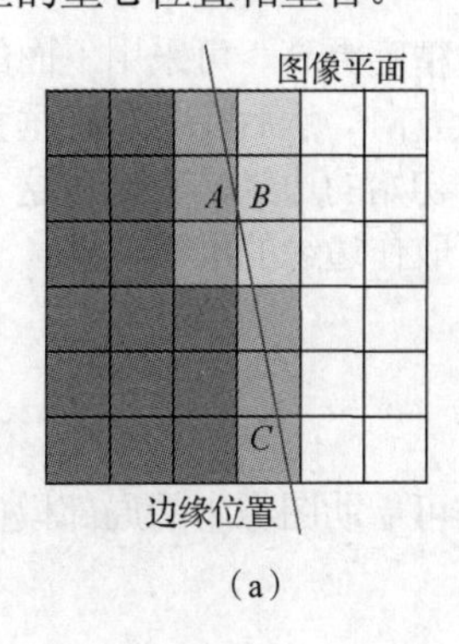

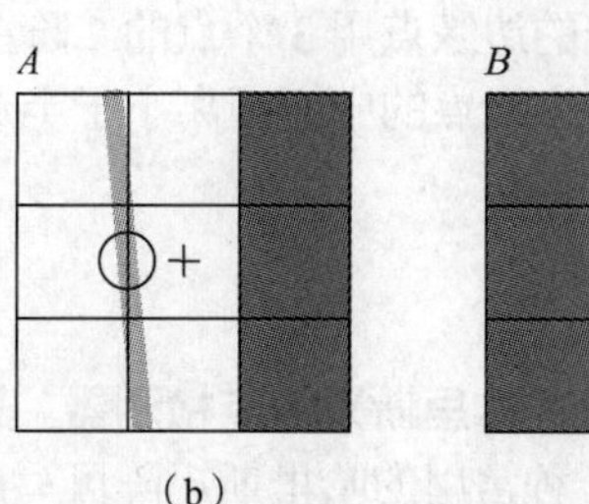

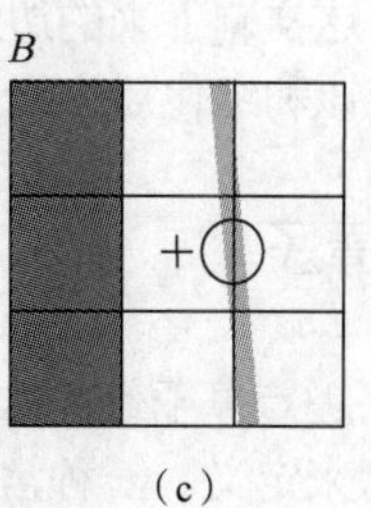

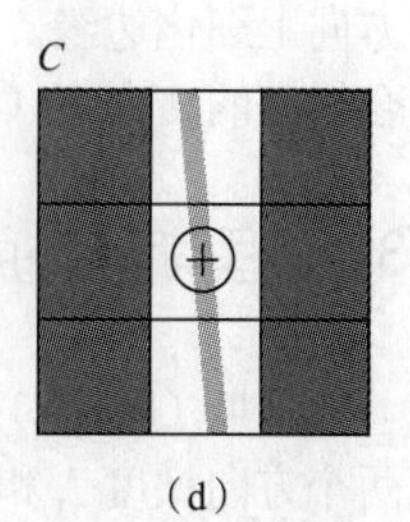

图 3.2.6 两种主要的边缘种类

在区域A和区域B中，边缘落在两个像素之间，从USAN区的重心到模板核的矢量与边缘的局部方向（几乎）垂直。在区域C中，边缘通过一个像素的中心而不是两个像素之间，而且边缘两边有较高的反差，这种情况可称为像素内部边缘情况。在这种情况下，所获得的USAN区是沿边缘方向的细条，如图 3.2.6（d）所示。通过寻找边缘区域最长的对称轴就可以发现边缘方向。具体可通过以下求和所得到的结果来估计：

$$F_x(x_0,y_0)=\sum_{(x,y)\in N(x,y)}(x-x_0)^2C(x_0,y_0;x,y) \tag{3.2.5}$$

$$F_y(x_0,y_0)=\sum_{(x,y)\in N(x,y)}(y-y_0)^2C(x_0,y_0;x,y) \tag{3.2.6}$$

$$F_{xy}(x_0,y_0)=\sum_{(x,y)\in N(x,y)}(x-x_0)(y-y_0)\,C(x_0,y_0;x,y) \tag{3.2.7}$$

为确定边缘的朝向，可以使用$F_y(x_0, y_0)$和$F_x(x_0, y_0)$的比值，而使用$F_{xy}(x_0, y_0)$的符号可帮助区别对角方向的边缘具有正的或负的梯度。

接下来的问题就是如何自动地确定哪个图像点属于哪种情况。首先，如果USAN区的面积比模板的直径小，就应该是像素内部边缘的情况；如果USAN区的面积比模板的直径大，就可以确定出USAN区的重心，并可根据像素之间边缘的情况来计算边缘的方向。当然，如果重心处在离核不到一个像素的位置，那么这更有可能属于像素内部边缘的情况。当使用较大的模板使得处于中间灰度的带比一个像素还宽时，这种情况就会发生。

3. SUSAN算子的特点

与其他的边缘和角点检测算子相比，SUSAN算子有一些独特的地方。

首先，在用SUSAN算子对边缘和角点进行检测时不需要计算微分，这可帮助解释为什么在有噪声时SUSAN算子的性能会较好。这个特点以及SUSAN算子的非线性响应特点都有利于减少噪声的影响。为理解这一点，可考虑一个混有独立分布的高斯噪声的输入信号。只要噪声相对USAN区的面积比较小，就不会影响基于USAN区的面积所做的判断，换句话说，噪声被忽略了。这里在面积计算中对各个像素的值求和的操作进一步减少了噪声的影响。

SUSAN算子的另一个特点可以从图3.2.1中的USAN区看出。当边缘变得模糊时，在边缘中心的USAN区的面积将减少。所以，这说明对边缘的响应将随着边缘的平滑或模糊而增强。这个有趣的现象对一般的边缘检测算子是不常见的。

另外，大多数的边缘检测算子会随所用模板尺寸的变化而改变其所检测出的边缘的位置，但SUSAN检测算子能提供不依赖于模板尺寸的边缘精度。换句话说，最小USAN区面积的计算是个相对的概念，与模板尺寸无关，所以SUSAN边缘算子的性能不受模板尺寸影响。这是一个很有用的期望特性。SUSAN 算子的另一个优点是控制参数的选择很简单，且任意性较小，所以比较容易实现自动化的选取。

如果对边缘位置的精度要求比用整个像素作为计算单元所能获得的精度更高，可采用下面的方法来改进以获得亚像素的精度。对每个边缘点，先确定在该点的边缘方向，然后在与该点垂直的方向上细化边缘。对这样剩下来的边缘点用3个点的二阶曲线来拟合初始的边缘响应，在这条拟合线上的转向点（应该和细化后边缘点的中心距离小于半个像素）可取作边缘的准确位置。

3.3 哈里斯兴趣点算子

哈里斯（Harris）兴趣点算子也称**哈里斯兴趣点检测器**。其表达矩阵可借助图像中的局部模板里两个方向梯度I_x和I_y来定义。一种常用的哈里斯矩阵可写成：

$$\boldsymbol{H}=\begin{bmatrix}\sum I_x^2 & \sum I_xI_y\\ \sum I_xI_y & \sum I_y^2\end{bmatrix} \tag{3.3.1}$$

1. 角点检测

在检测角点时，可用下式计算角点强度（注意行列式 det 和迹 trace 都不受坐标轴旋转的影响）：

$$C=\frac{\det(\boldsymbol{H})}{\mathrm{trace}(\boldsymbol{H})} \tag{3.3.2}$$

理想情况下考虑圆形的局部模板。对模板中只有直线的情况，$\det(\boldsymbol{H})=0$，所以 $C=0$。如果模板中有一个锐角（两条边之间的夹角小于 90°）的角点，如图 3.3.1（a）所示，则哈里斯矩阵可写成：

$$\boldsymbol{H}=\begin{bmatrix}l_2g^2\sin^2\theta & l_2g^2\sin\theta\cos\theta\\ l_2g^2\sin\theta\cos\theta & l_2g^2\cos^2\theta+l_1g^2\end{bmatrix} \tag{3.3.3}$$

其中 l_1 和 l_2 分别为两条边的长度，g 表示边的对比度，在整个模板中为常数。

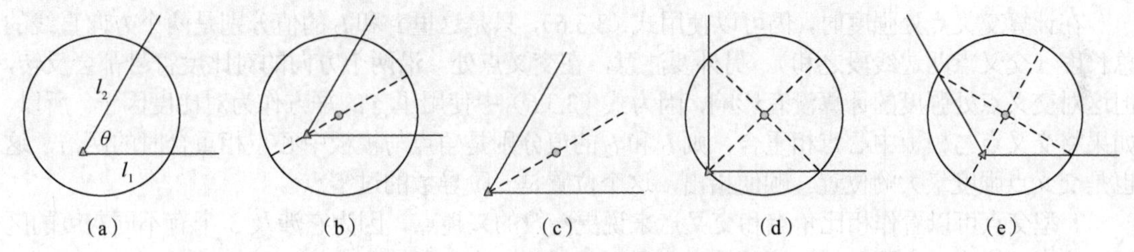

图 3.3.1　角点与模板的各种位置关系

根据式（3.3.3）可得：

$$\det(\boldsymbol{H})=l_1l_2g^4\sin^2\theta \tag{3.3.4}$$

$$\mathrm{trace}(\boldsymbol{H})=(l_1+l_2)g^4 \tag{3.3.5}$$

代入式（3.3.3）得到角点强度：

$$C=\frac{l_1l_2}{l_1+l_2}g^4\sin^2\theta \tag{3.3.6}$$

其中包括 3 项：依赖于模板中边长度的强度因子 $\lambda = l_1l_2/(l_1+l_2)$，对比度因子 g^2，依赖于锐角度数的形状因子 $\sin^2\theta$。

前面已指出，对比度因子是个常数。形状因子依赖于夹角 θ。在 $\theta = \pi/2$ 时，形状因子取得最大值 1；而在 $\theta= 0$ 和 $\theta= \pi$ 时，形状因子都取得最小值 0。由式（3.3.6）可知，对直线，角点强度为零。

强度因子与模板中两条边的长度都有关。如果设 l_1 与 l_2 之和为一个常数 L，则强度因子 $\lambda = (Ll_2 - l_2^2)/L$，并在 $l_1 = l_2 = L/2$ 时取得极大值。这表明要获得大的角点强度，需要把角点的两条边对称地放入模板区域，如图 3.3.1（b）所示，即角点落在圆的直径上。而为了获得最大的角点强度，要让角点的两条边在模板区域中都最长，这种情况如图 3.3.1（c）所示，即将角点沿着直径线移动，直到角点落在圆形模板的边界上。

根据类似上面的分析可知，如果角点是直角的角点，则强度最大的角点位置在圆形模板的边界上，如图 3.3.1（d）所示。此时，角点的两条边与圆形模板边界的交点间的直径是与角平分线垂直的。进一步，对钝角角点也可进行类似的分析，而结论也是角点两条边与圆形模板边界的交点间的直径是与角平分线垂直的，如图 3.3.1（e）所示。

2. 交叉点和T型交点检测

哈里斯兴趣点算子除了可帮助检测各种类型的角点外，还可帮助检测其他兴趣点，如交叉点和T型交点。这里交叉点可以是两条互相垂直的直线的交点，参见图3.3.2（a）；也可以是两条互相不垂直的直线的交点，参见图3.3.2（b）。类似地，构成T型交点的两条直线可以互相垂直，参见图3.3.2（c）；也可以不互相垂直，参见图3.3.2（d）。在图3.3.2中，相同的数字表示所指示的区域具有相同的灰度，不同的数字表示所指示的区域具有不同的灰度。

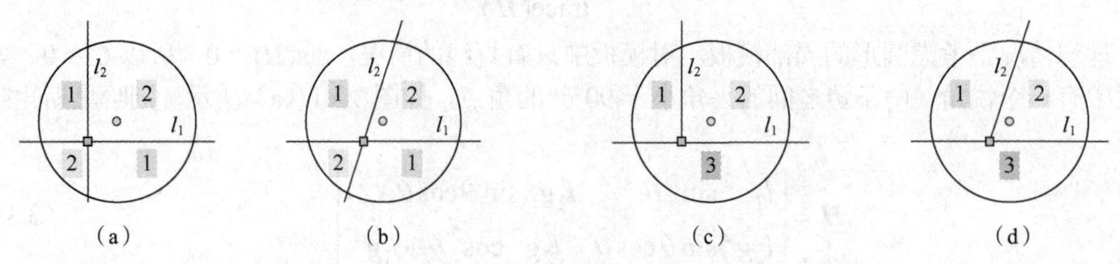

图3.3.2　交叉点和T型交点

在计算交叉点处强度时，仍可以使用式（3.3.6），只是这里 l_1 和 l_2 的值分别是两个方向直线的总长度（交叉点两边线段之和）。另外要注意，在交叉点处，沿两个方向的对比度符号都会反转，但这对交叉点处强度的计算没有影响，因为式（3.3.6）中使用了 g 的平方作为对比度因子。所以，如果将交叉点与模板中心点相重合，则 l_1 和 l_2 的值分别是角点与模板中心点相重合时的两倍，这也是交叉点强度最大的位置。顺便指出，这个位置是二阶导数的过零点。

T型交点可以看作相比角点和交叉点来说更一般的兴趣点，因为它涉及3个有不同灰度的区域。为考虑交点处有两种对比度的情况，需要将式（3.3.6）推广为：

$$C = \frac{l_1 l_2 g_1^2 g_2^2}{l_1 g_1^2 + l_2 g_2^2} \sin^2 \theta \tag{3.3.7}$$

T型交点可以有许多不同的构型，这里仅考虑一种有一个弱边缘接触到一个强边缘但没有穿过该强边缘的情况，如图3.3.3所示。

图3.3.3　T型交点示例和检测强度最大的点

在图3.3.3中，T型交点是不对称的。由式（3.3.7）可知，其最大值在 $l_1|g_1| = l_2|g_2|$ 时取得。这表明检测强度值最大的点在弱边缘上而不在强边缘上，如图3.3.3中的圆点所示。换句话说，检测强度值最大的点并不处在T型交点的几何位置上，因为该点受到灰度的影响而产生了偏置。

3.4 哈夫变换

哈夫变换是利用图像全局特性对各种（特定）基元进行检测的一种方法。推广的哈夫变换还可对任意形状的目标进行检测。

3.4.1　基本哈夫变换

基本哈夫变换的基本思路是利用点-线对偶性，将在图像空间的直线检测问题转换为参数空间的点检测问题。

1. 点-线对偶性

在图像空间 XY 里，所有过点(x, y)的直线都满足如下的方程：

$$y = px + q \tag{3.4.1}$$

其中参数 p 代表斜率，q 代表截距。如果对 p 和 q 建立一个参数空间，则(p, q)表示参数空间 PQ 中的一个点。这个点和式（3.4.1）表示的直线是一一对应的，即 XY 空间中的一条直线对应 PQ 空间中的一个点。另一方面，式（3.4.1）也可写成如下的形式：

$$q = -px + y \tag{3.4.2}$$

式（3.4.2）代表参数空间 PQ 中的一条直线，此时它对应 XY 中的一个点(x, y)。

式（3.4.1）和式（3.4.2）所给出的图像空间和参数空间中点和线的对应性就是**点-线对偶性**。根据点-线对偶性可将在 XY 空间中对直线的检测转化为在 PQ 空间中对点的检测。

例 3.4.1　点-线对偶性示意

现在来看图 3.4.1，图（a）为图像空间 XY，图（b）为参数空间 PQ。在图像空间 XY 中过点 (x_i, y_i)的通用直线方程按式（3.4.1）可写为 $y_i = px_i + q$，也可按式（3.4.2）写成 $q = -px_i + y_i$，后者表示在参数空间 PQ 里的一条直线。同理过点 (x_j, y_j)有 $y_j = px_j + q$，也可写成 $q = -px_j + y_j$，后者表示在参数空间 PQ 里的另一条直线。设这两条直线在参数空间 PQ 里于点(p', q')相交，这里点(p', q')对应图像空间 XY 中一条过(x_i, y_i)和(x_j, y_j)的直线，因为它们满足 $y_i = p'x_i + q'$和 $y_j = p'x_j + q'$。由此可见，图像空间 XY 中过点(x_i, y_i)和(x_j, y_j)的直线上的每个点都对应在参数空间 PQ 里的一条直线，这些直线相交于点(p', q')。

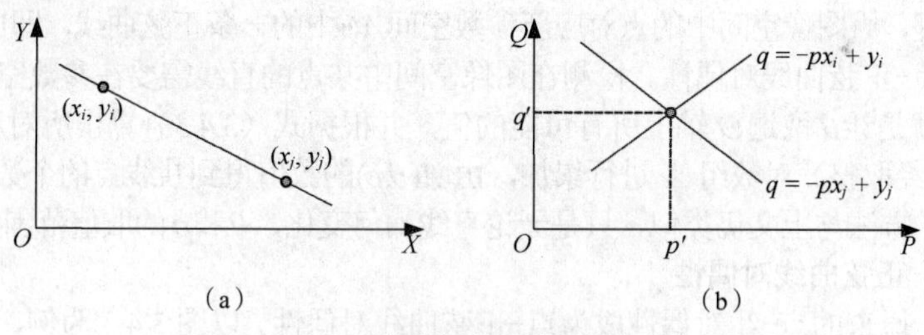

图 3.4.1　图像空间和参数空间中的点-线对偶性　□

2. 检测步骤

由点-线对偶性可知，在图像空间中共线的点对应在参数空间里相交的线。反过来，在参数空间中相交于同一个点的所有直线在图像空间里都有共线的点与之对应。哈夫变换根据这些对偶关系把在图像空间中的检测问题转换到参数空间里，通过在参数空间里进行简单的累加统计完成检测任务。例如设已知空间 XY 的一些点，利用哈夫变换检测它们是否共线的具体步骤如下。

（1）对参数空间中参数 p 和 q 的可能取值范围进行量化，根据量化结果构造一个累加数组 $A(p_{\min}: p_{\max}, q_{\min}: q_{\max})$，并初始化为 0。

（2）对每个空间 XY 中的给定点让 p 取遍所有的可能值，用式（3.4.2）计算出 q，根据 p 和 q 的值累加 A，即 $A(p, q) = A(p, q) + 1$。

（3）根据累加后 A 中最大值所对应的 p 和 q，由式（3.4.1）确定出空间 XY 中的一条直线，A 中的最大值代表在此直线上给定点的数目，满足直线方程的点就是共线的。

由此可见，哈夫变换技术的基本策略是根据点-线对偶性由图像空间里的点计算参数空间里的线，再由参数空间里的线的交点确定图像空间里的线。

例 3.4.2　参数空间里的累加数组

为确定参数空间里的线的交点，需要在参数空间 PQ 里建立一个 2-D 的累加数组。设这个累加数组为 $A((p_{\min}: p_{\max}, q_{\min}: q_{\max})$，如图 3.4.2 所示，其中 $[p_{\min}, p_{\max}]$ 和 $[q_{\min}, q_{\max}]$ 分别为预期的斜率 p 和截距 q 的取值范围。开始时置数组 A 为 0，然后对每一个图像空间中的给定点，让 p 取遍 P 轴上所有可能的值，并根据式（3.4.2）算出对应的 q。再根据 p 和 q 的值（设都已经取整）对 A 进行累加：$A(p, q) = A(p, q) + 1$。累加结束后，根据 $A(p, q)$的值就可知道有多少点是共线的，即 $A(p, q)$的值就是在(p, q)处共线的点的个数。同时(p, q)值也给出了直线方程的参数，并进一步给出了点所在的线方程。

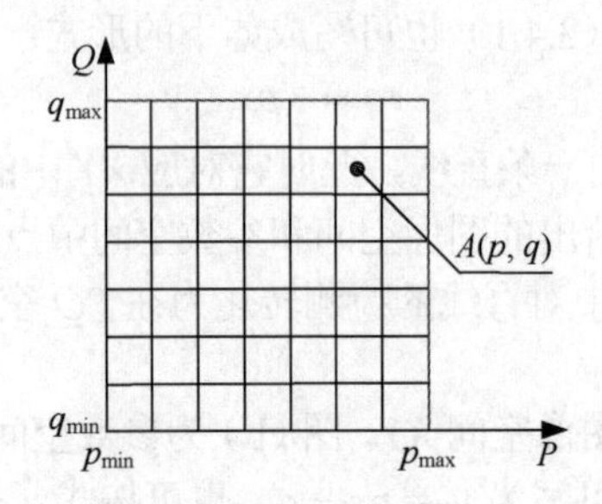

图 3.4.2　参数空间里的累加数组　❑

3. 使用极坐标方程

运用式（3.4.1）的方程描述直线时，如果直线接近竖直方向，则会由于 p 和 q 的值都可能接近无穷大而使计算量大增（因为累加器尺寸将会很大）。此时可使用直线的极坐标方程：

$$\lambda = x\cos\theta + y\sin\theta \tag{3.4.3}$$

根据这个方程，原图像空间中的点对应新参数空间$\Lambda\Theta$中的一条正弦曲线，即原来的点-线对偶性变成了现在的点-正弦曲线对偶性。检测在图像空间中共点的直线需要在参数空间里检测正弦曲线的交点。具体就是让θ 取遍Θ 轴上所有可能的值，并根据式（3.4.3）算出所对应的ρ。再根据θ和ρ的值（设都已经取整）对数组 A 进行累加，由 $A(\theta,\rho)$的数值得到共线点的个数。这里在参数空间建立累加数组的方法与上文仍类似，只是无论直线如何变化，θ和ρ 的取值范围都是有限区间。

例 3.4.3　点-正弦曲线对偶性

在极坐标下，原来的点-线对偶性成为点-正弦曲线对偶性。以图 3.4.3 为例，其中图 3.4.3（a）给出图像空间 XY 中的 5 个点（可看作一幅图像的 4 个顶点和 1 个中心点），图 3.4.3（b）给出它们在参数空间$\Lambda\Theta$里所对应的 5 条曲线。这里 θ的取值范围为$[-90°, +90°]$，而ρ的取值范围为$[-2^{1/2}N, 2^{1/2}N]$（N 为图像边长）。

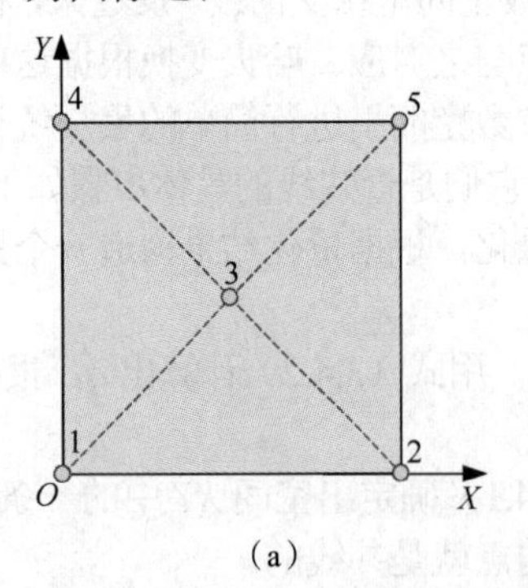

（a）

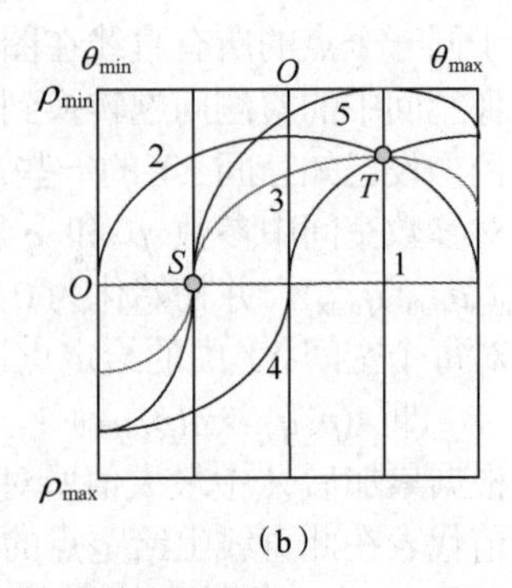

（b）

图 3.4.3　图像空间中的点和其在参数空间里对应的的正弦曲线

由图 3.4.3 可见，对图像中的各个端点都可作出它们在参数空间里的对应曲线，图像中其他任意点的哈夫变换都应在这些曲线之间。前面指出参数空间里相交的正弦曲线所对应的图像空间中的点是连在同一条直线上的。在图 3.4.3（b）中，曲线 1、3、5 都过 S 点，这表明在图 3.4.3（a）中图像空间中的点 1、3、5 处于同一条直线上。同理，图 3.4.3（a）中图像空间中的点 2、3、4 处于同一条直线上，这是因为在图 3.4.3（b）中，曲线 2、3、4 都过 T 点。又由于ρ在θ为 ±90°时变换符号，可根据式（3.4.3）算出，所以哈夫变换在参数空间的左右两边线具有反射相连的关系，如曲线 4 和 5 在$\theta = \theta_{\min}$和$\theta = \theta_{\max}$处各有一个交点，这些交点关于$\rho = 0$ 的直线是对称的。□

例 3.4.4　法线足哈夫变换

在基于极坐标的哈夫变换对直线进行检测时，可以利用法线足的方法来加快运算速度。参考图 3.4.4，在极坐标方程中，使用(ρ, θ)来表示参数空间。设(ρ, θ)表示的直线与需检测直线的交点坐标为(x_f, y_f)，该交点可称为**法线足**。(ρ, θ)与(x_f, y_f)是一一对应的，所以也可使用(x_f, y_f)来表示参数空间。这样就可得到法线足哈夫变换。

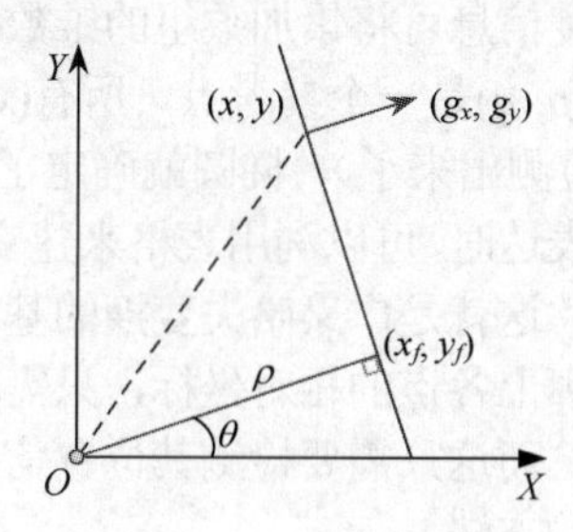

图 3.4.4　法线足哈夫变换

考虑需检测直线上的一点(x, y)，该处的灰度梯度为(g_x, g_y)。根据图 3.4.4，可以得到：

$$g_y / g_x = y_f / x_f \tag{3.4.4}$$

$$(x - x_f)x_f + (y - y_f)y_f = 0 \tag{3.4.5}$$

联立解得：

$$x_f = g_x \times (xg_x + yg_y)/(g_x^2 + g_y^2) \tag{3.4.6}$$

$$y_f = g_y \times (xg_x + yg_y)/(g_x^2 + g_y^2) \tag{3.4.7}$$

在同一条直线上的每个点都会在参数空间给(x_f, y_f)“投一票”。这种基于法线足的哈夫变换与基本的哈夫变换具有相同的鲁棒性，但它在实际中计算更快些，因为既不需要计算反正切函数来获得θ，也不需要计算平方根来获得ρ。□

4. 椭圆检测

哈夫变换可用来检测各种能以解析式 $f(\boldsymbol{x}, \boldsymbol{c}) = 0$ 表示的曲线或目标轮廓，这里 $\boldsymbol{x}$ 为图像点坐标矢量，$\boldsymbol{c}$ 为参数矢量。哈夫变换检测的计算量随 $\boldsymbol{c}$ 维数的增加而指数地增加，为减少计算量可利用图像点的梯度信息。下面以检测椭圆为例来说明。

如果直接利用哈夫变换进行检测，设椭圆方程为：

$$\frac{(x-p)^2}{a^2} + \frac{(y-q)^2}{b^2} = 1 \tag{3.4.8}$$

则参数共有 4 个——椭圆中心坐标(p, q)，椭圆长短半轴的长度 a 和 b。由于有 4 个参数，所以要建立一个 4-D 累加数组 $A(p, q, a, b)$，对每个 p 都要遍历 q、a 和 b 的所有取值。

如果利用梯度信息，将式（3.4.8）对 x 求导数，并利用 $\mathrm{d}y/\mathrm{d}x = \tan\theta$，可得：

$$\frac{(x-p)}{a^2} + \frac{(y-q)}{b^2}\tan\theta = 0 \tag{3.4.9}$$

将式（3.4.8）和式（3.4.9）联立可解得：

$$p = x \pm \frac{a^2 \tan\theta}{\sqrt{a^2 \tan^2\theta + b^2}} \tag{3.4.10}$$

$$q = y \pm \frac{b^2}{\sqrt{a^2 \tan^2\theta + b^2}} \tag{3.4.11}$$

在式（3.4.10）和式（3.4.11）中，每个方程只有 3 个参数，所以可建立 2 个 3-D 累加数组 $A_x(p, a, b)$和 $A_y(q, a, b)$，对每个(x, y)让 a 和 b 依次变化并分别算出对应的 p 和 q，再对 A_x 和 A_y 进行累加：$A_x(p, a, b) = A_x(p, a, b) + 1$，$A_y(q, a, b) = A_y(q, a, b) + 1$。这样，所需的计算量约只有直接法的 $2/M$，M 为 q 所有取值的个数。

3.4.2 广义哈夫变换

从对椭圆的检测可知，利用梯度信息可将累加数组的维数减少一个。另外还可知，相对椭圆上的点(x, y)来说，椭圆的中心坐标(p, q)是一个参考点，所有(x, y)点都是以 a 和 b 为参数与(p, q)联系起来的。如果将参数确定了（检测出来了），椭圆就确定了。根据这个道理，在所需检测的曲线或目标轮廓没有或不易用解析式表达时，可以利用表格来建立曲线或轮廓点与参考点间的关系，从而可继续利用哈夫变换进行检测。这就是**广义哈夫变换**的基本原理。

这里先考虑已知曲线或目标轮廓上各点的相对坐标，只需确定其绝对坐标的情况，即已知曲线或目标轮廓的形状、朝向和尺度，而这只需要检测其位置信息的情况，可利用轮廓点的梯度信息来帮助建立表格。下面介绍具体的方法。

首先要对已知曲线或目标轮廓进行“编码”，即建立参考点与轮廓点的联系，从而不用解析式而用表格来离散地表达曲线或目标轮廓。参见图 3.4.5，先在所给轮廓内部取一个参考点(p, q)，对任意一个轮廓点(x, y)，将从(x, y)到(p, q)的矢量记为 $\boldsymbol{r}$，$\boldsymbol{r}$ 与 X 轴正向的夹角记为 ϕ。现在作出过轮廓点(x, y)的切线和法线，令法线与 X 轴正向的夹角（也称梯度角）为θ。这里 $\boldsymbol{r}$ 和 ϕ 都是 θ 的函数。注意这样每个轮廓点都对应一个梯度角θ，但反过来一个 θ 可能对应多个轮廓点，对应点的数量与轮廓形状和 θ 的量化间隔$\Delta\theta$有关。进行以上定义后，参考点的坐标可由轮廓点的坐标算出来：

$$p = x + r(\theta)\cos[\phi(\theta)] \tag{3.4.12}$$

$$q = y + r(\theta)\sin[\phi(\theta)] \tag{3.4.13}$$

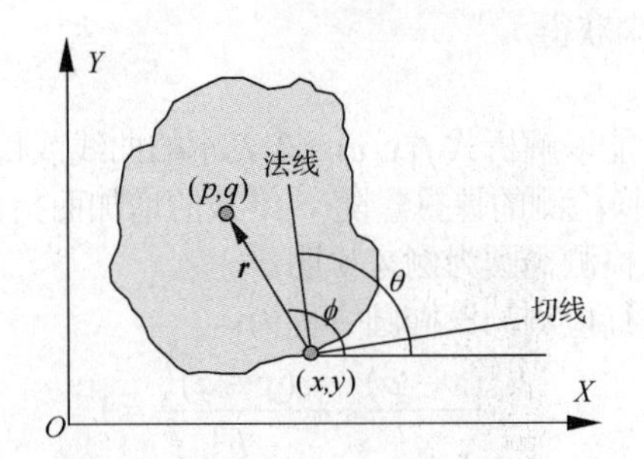

图 3.4.5　建立参考点和轮廓点的对应关系

由此可见，以轮廓上各点的θ为自变量，根据 $\boldsymbol{r}$、ϕ与θ的函数关系可以做出一个参考表——***R* 表**，其中 $\boldsymbol{r}$ 在大小和方向上都会随轮廓点的不同而变化。R 表本身与轮廓的绝对坐标无关，只是帮助描述轮廓，但由式（3.4.12）和式（3.4.13）求出的参考点是具有绝对坐标的（因为 x 和 y 具有绝对坐标）。如设轮廓上共有 N 个点，梯度角共有 M 个，则应有 $N \geqslant M$，所建 R 表的格式如

表 3.4.1 所示，表中 $N = N_1 + N_2 + \cdots + N_M$。

表 3.4.1　　R 表示例

梯度角 θ	矢径 $r(\theta)$	矢角 $\phi(\theta)$
θ_1	$r_1^1, r_1^2, \cdots, r_1^{N_1}$	$\phi_1^1, \phi_1^2, \cdots, \phi_1^{N_1}$
θ_2	$r_2^1, r_2^2, \cdots, r_2^{N_2}$	$\phi_2^1, \phi_2^2, \cdots, \phi_2^{N_2}$
…	…	…
θ_M	$r_M^1, r_M^2, \cdots, r_M^{N_M}$	$\phi_M^1, \phi_M^2, \cdots, \phi_M^{N_M}$

由表 3.4.1 可见，给定一个θ，就可以确定一个可能的参考点位置（相当于建立了一个方程），将轮廓如此进行编码表示后就可以利用哈夫变换来检测了。接下来的步骤与基本哈夫变换中的步骤相对应。

（1）在参数空间建立累加数组 $A(p_{\min}:p_{\max}, q_{\min}:q_{\max})$。

（2）对轮廓上的每个点(x, y)先算出其梯度角θ，再由式（3.4.12）和式（3.4.13）算出 p 和 q，据此对 A 进行累加：$A(p, q) = A(p, q) + 1$。

（3）根据 A 中的最大值得到所求轮廓的参考点，整个轮廓的位置就可以确定了。

例 3.4.5　广义哈夫变换计算示例

参见图 3.4.6，设需检测的是一个单位边长的正方形，记顶点分别为 a、b、c、d，可认为它们分属正方形的 4 条边，a'、b'、c'、d'分别为各边的中点。以上 8 个点均为正方形的轮廓点。每条边上的各点具有相同的梯度角，分别为θ_a、θ_b、θ_c、θ_d。如果设正方形的中点为参考点，则从各轮廓点向参考点所引矢量的矢径和矢角如表 3.4.2 所示。根据表 3.4.2 可建立对应正方形的 R 表，如表 3.4.3 所示，每个梯度角对应两个轮廓点。

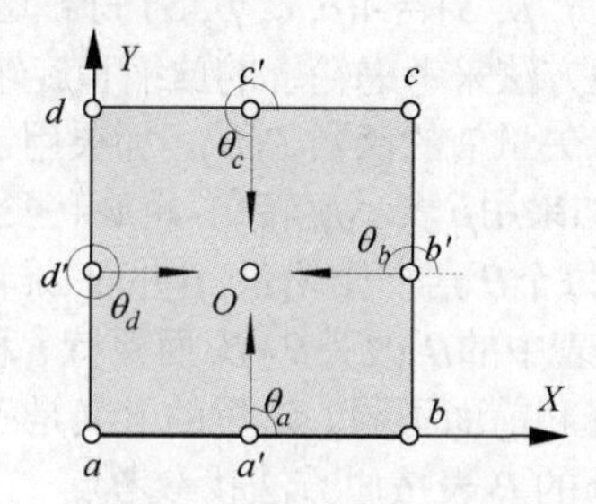

图 3.4.6　正方形检测示例

表 3.4.2　　轮廓点向参考点所引矢量的矢径和矢角

轮廓点	a	a'	b	b'	c	c'	d	d'
矢径 $r(\theta)$	$\sqrt{2}/2$	1/2	$\sqrt{2}/2$	1/2	$\sqrt{2}/2$	1/2	$\sqrt{2}/2$	1/2
矢角 $\phi(\theta)$	1π/4	2π/4	3π/4	4π/4	5π/4	6π/4	7π/4	8π/4

表 3.4.3　　与图 3.4.6 所示的正方形对应的 R 表

梯度角 θ	矢径 $r(\theta)$		矢角 $\phi(\theta)$	
$\theta_a = \pi/2$	$\sqrt{2}/2$	1/2	π/4	2π/4
$\theta_b = 2\pi/2$	$\sqrt{2}/2$	1/2	3π/4	4π/4
$\theta_c = 3\pi/2$	$\sqrt{2}/2$	1/2	5π/4	6π/4
$\theta_d = 4\pi/2$	$\sqrt{2}/2$	1/2	7π/4	8π/4

对图3.4.6所示的正方形上的8个轮廓点分别判断它们所对应的可能参考点，每个轮廓点分别有两个可能的参考点，结果见表3.4.4。

表3.4.4　可能参考点

梯度角	轮廓点	可能参考点		轮廓点	可能参考点	
θ_a	a	O	d'	a'	b'	O
θ_b	b	O	a'	b'	c'	O
θ_c	c	O	b'	c'	d'	O
θ_d	d	O	c'	d'	a'	O

因为每条边上两个点的θ相同，所以对每个θ有两个 r 和两个ϕ与之对应。由表3.4.4可见，从参考点出现的频率来看，点 O 出现得最多（它是每个轮廓点的可能参考点），所以如对它进行累加将得到最大值，即检测到的参考点为点 O。 □

3.4.3　完整广义哈夫变换

实际中，不仅要考虑轮廓的平移，而且要考虑轮廓的放缩、旋转，此时参数空间会从2-D增加到4-D，即需要增加轮廓的取向角参数 β（轮廓主方向与 X 轴的夹角）和尺度变换系数 S，但广义哈夫变换的基本方法不变。这时只需把累加数组扩大为 $A(p_{\min}:p_{\max}, q_{\min}:q_{\max}, \beta_{\min}:\beta_{\max}, S_{\min}:S_{\max})$，并把式（3.4.12）和式（3.4.13）分别改为如下的形式（注意这里新增加的取向角参数β和尺度变换系数 S 都不是θ的函数）：

$$p = x + S \times r(\theta) \times \cos[\phi(\theta) + \beta] \tag{3.4.14}$$

$$q = y + S \times r(\theta) \times \sin[\phi(\theta) + \beta] \tag{3.4.15}$$

最后对累加数组的累加变为：$A(p, q, \beta, S) = A(p, q, \beta, S) + 1$。这就是**完整广义哈夫变换**。

参数维数增加后也可采用其他方法来考虑轮廓的放缩和旋转。一种办法是通过对 R 表进行变换来解决。首先把 R 表看成一个多矢量值的函数 $R(\theta)$。如果用 S 来表示尺度变换系数，将尺度变换记为 T_s，则有 $T_s[R(\theta)] = SR(\theta)$。如果用$\beta$表示旋转角，将旋转变换记为 T_β，则有 $T_\beta[R(\theta)] = R[(\theta-\beta) \bmod 2\pi]$。换句话说，对 R 中的每个θ 给一个增量$-\beta$并取 2π 的模，在轮廓上相当于将对应的 $\boldsymbol{r}$ 旋转 β 角。为达到这个目的可将 R 表中的θ 改为$\theta+\beta$，而保持 r 和ϕ不变。这时仍可使用式（3.4.14）和式（3.4.15）计算 p 和 q，但解释和前面不同。这里的含义是：①计算旋转后的梯度角；②计算新的矢角，得到新的 R 表；③用新的 R 表按原方法找参考点。

例3.4.6　完整广义哈夫变换计算示例

现在考虑将例3.4.5中的正方形绕点 a（原点）逆时针旋转$\beta = \pi/4$，得到的图形如图3.4.7所示，求此时的参考点位置。

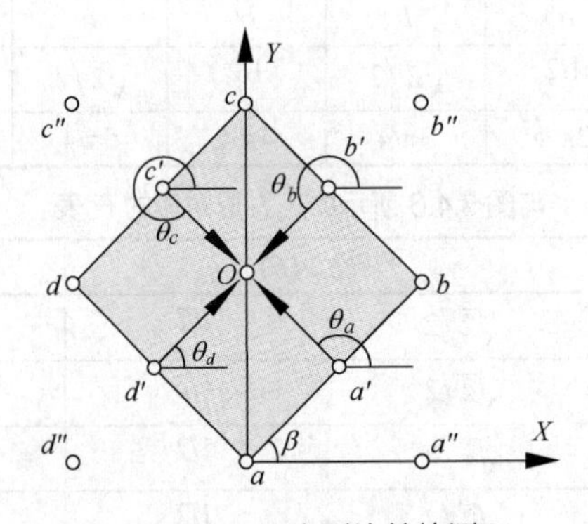

图3.4.7　正方形旋转检测

根据前面的方法所得到的与旋转后的正方形相对应的 R 表见表 3.4.5。对正方形上的 8 个轮廓点，分别判断它们可能的参考点（参见图 3.4.7），结果见表 3.4.6（注意将它与表 3.4.4 比较）。根据参考点出现的频率可知，点 O 为可能的参考点。

表 3.4.5　与图 3.4.7 所示的正方形对应的 R 表

原梯度角 θ	新梯度角 θ'	矢径 $r(\theta)$		新矢角 $\phi(\theta)$	
$\theta_a = \pi/2$	$\theta'_a = 3\pi/4$	$\sqrt{2}/2$	1/2	$2\pi/4$	$3\pi/4$
$\theta_b = 2\pi/2$	$\theta'_b = 5\pi/4$	$\sqrt{2}/2$	1/2	$4\pi/4$	$5\pi/4$
$\theta_c = 3\pi/2$	$\theta'_c = 7\pi/4$	$\sqrt{2}/2$	1/2	$6\pi/4$	$7\pi/4$
$\theta_d = 4\pi/2$	$\theta'_d = \pi/4$	$\sqrt{2}/2$	1/2	$8\pi/4$	$1\pi/4$

表 3.4.6　可能参考点

梯度角	轮廓点	可能参考点		轮廓点	可能参考点	
θ'_a	a	O	d'	a'	b'	O
θ'_b	b	O	a'	b'	c'	O
θ'_c	c	O	b'	c'	d'	O
θ'_d	d	O	c'	d'	a'	O

作为特例，考虑 β 是 $\Delta\theta$ 的整数倍，即 $\beta = k\Delta\theta$，$k = 0, 1, \cdots$ 的情况。此时，也可以采取保持 R 表本身不变，但对每个梯度角 θ 都改用 R 表中对应 $\theta + \beta$ 的行数据进行替换的方法。这里本质上可看作改变了表的入口。□

另外还有一种推广到完整广义哈夫变换的方法是不对 R 表进行变换（仍使用原来 R 表中的元素），但可考虑先将旋转角 β 的影响略去，利用原 R 表算出参考点的坐标，再将参考点坐标旋转 β 角。具体就是先求出：

$$r_x = r(\theta - \beta)\cos[\phi(\theta - \beta)] \tag{3.4.16}$$

$$r_y = r(\theta - \beta)\sin[\phi(\theta - \beta)] \tag{3.4.17}$$

对它旋转 β 角，可得：

$$p = r_x \cos\beta - r_y \sin\beta = r(\theta - \beta)\cos[\phi(\theta - \beta) + \beta] \tag{3.4.18}$$

$$q = r_x \cos\beta + r_y \sin\beta = r(\theta - \beta)\sin[\phi(\theta - \beta) + \beta] \tag{3.4.19}$$

3.5　椭圆定位和检测

椭圆是一种常见的目标形状（圆是椭圆的特例）。对椭圆的检测有许多方法，包括直接使用前一节介绍的哈夫变换。下面先介绍两种对椭圆定位（确定椭圆中心坐标）的方法，再在定位基础上确定其他椭圆参数，将椭圆目标完全检测出来。

1．直径二分法

这是一种概念上很简单的确定椭圆中心的方法。首先，对图像中的所有边缘点，根据其边缘方向建立一个列表。然后，排列这些点以获得反方向平行的点对，它们有可能处在椭圆直径的两边。最后，对这些椭圆直径线的中点位置在参数空间进行投票，峰值位置对应的图像空间点就是椭圆中心的候选位置，如图 3.5.1 所示，两个边缘方向反向平行的边缘点的中点应是椭圆中心的候选点。这种方法通过将直径一分为二来搜索椭圆中心，所以称为**直径二分法**。

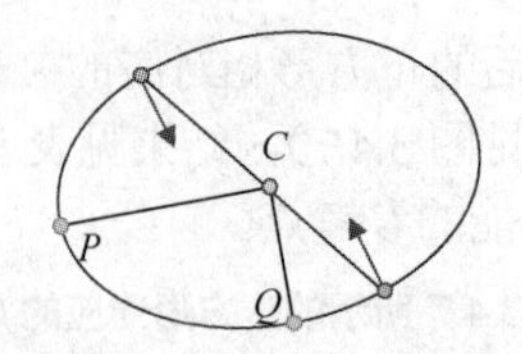

图 3.5.1 直径二分法的基本思路

上述基本方法对定位很多对称的形状（如圆、正方形、矩形等）都有用，所以当图像中有多种这样的目标时，会有许多虚警，也会浪费很多计算量。为仅检测出椭圆来，还可考虑椭圆的一个特性，即椭圆的两个垂直的半长轴 CP 和 CQ（参见图 3.5.1）满足下式：

$$\frac{1}{(\mathrm{CP})^2}+\frac{1}{(\mathrm{CQ})^2}=\frac{1}{R^2}=\text{常数} \tag{3.5.1}$$

所以，可用对参数空间中同一个峰有贡献的边缘点集合构建一个有 R 个直方条的直方图。如果在直方图中找到一个明显的峰，则在图像中的特定位置很有可能存在一个椭圆。如果发现两个或多个峰，那可能有对应数量的椭圆重叠。如果没有发现峰，则图像中只有其他对称形状的目标。

2. 弦-切线法

弦-切线法也是一种椭圆定位法，如图 3.5.2 所示，在图像中检测成对的边缘点 p_1 和 p_2，过它们的切线相交于 T 点，这两个点的连线的中点是 B 点，椭圆中心 C 点和 T 点在 B 点的两边。通过计算直线 TB 的方程，并将直线上 BD 区间的点以类似哈夫变换中那样的方式在参数空间累加，最后用峰值检测就可确定 C 点的坐标。

因为在参数空间有很多点需要累加，所以计算量可能很大。减少计算量可从 3 个方面考虑：①估计椭圆的尺寸和朝向，从而限制线段 BD 的长度；②如果两个边缘点过于接近或过于疏远，就不把它们组成对；③一旦一个边缘点已被确认为属于一个特定的椭圆，就不让它参与其后的计算。

例 3.5.1 圆定位方法

结合前面两种定位椭圆中心的思路，可实现一种简单定位已知半径圆的中心的直接方法，如图 3.5.3 所示。假设圆的半径是 R，先对图像进行水平扫描，找到圆的一条弦，设弦的两个端点为 (x_1, y)和(x_2, y)，弦的总长度为 d。

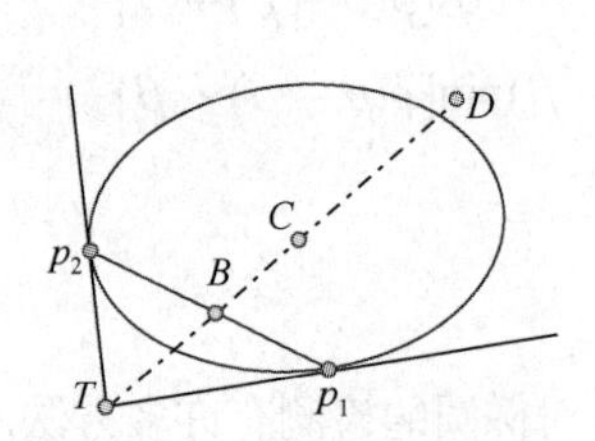

图 3.5.2 弦–切线法示意

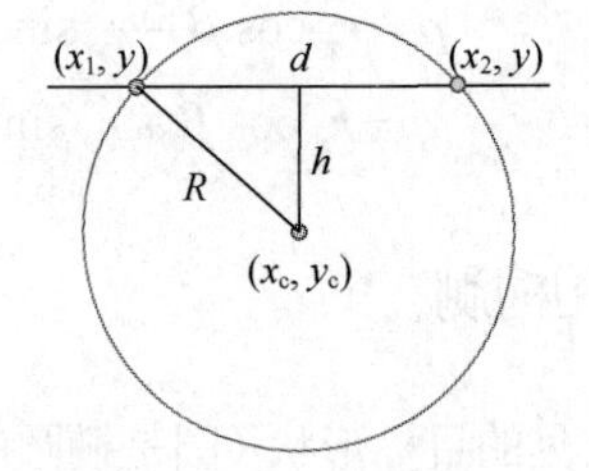

图 3.5.3 圆定位方法示意

由图中几何关系可推出圆的中心坐标(x_c, y_c)：

$$x_c = (x_1 + x_2)/2 \tag{3.5.2}$$

$$y_c = y \pm h = y \pm [R^2 - (x_2 - x_1)^2]^{1/2} \tag{3.5.3}$$

这种方法计算起来相当快，但对弦端点的定位很容易受到图像中纹理和噪声的影响，从而使圆中心坐标的计算产生一定的误差。 ❑

3. 其他参数

为得到椭圆的其他参数，写出椭圆方程如下：

$$Ax^2 + 2Hxy + By^2 + 2Gx + 2Fy + C = 0 \tag{3.5.4}$$

要将椭圆与双曲线区分开，需要满足 $AB > H^2$。这表明 A 永远不会是零，不失一般性，可取 $A = 1$。这样就只剩下 5 个参数，分别对应椭圆位置（2）、朝向（1）、尺寸（2）。

前面已确定了椭圆中心位置(x_c, y_c)，可将其移到坐标系原点，这样式（3.5.4）可写为：

$$x'^2 + 2Hx'y' + By'^2 + C' = 0 \tag{3.5.5}$$

其中：

$$x' = x - x_c \quad y' = y - y_c \tag{3.5.6}$$

确定椭圆中心后，可借助边缘点来拟合式（3.5.3）。这可借助哈夫变换来进行。对式（3.5.5）进行微分：

$$x' + \frac{By'}{\mathrm{d}x'} + H\left(y' + \frac{x'\mathrm{d}y'}{\mathrm{d}x'}\right) = 0 \tag{3.5.7}$$

其中 $\mathrm{d}y'/\mathrm{d}x'$可根据在$(x', y')$的局部边缘朝向来确定。同时，在新的参数空间 BH 里进行累加。如果找到了一个峰，就可进一步利用边缘点获得 C 值的直方图，并从中确定最终的椭圆参数。

要确定椭圆朝向θ及两个半轴 a 和 b，需要利用 B、H 和 C 进行如下计算：

$$\theta = \frac{1}{2}\arctan\left(\frac{2H}{1-B}\right) \tag{3.5.8}$$

$$a^2 = \frac{-2C}{(B+1) - [(B-1)^2 + 4H^2]^{1/2}} \tag{3.5.9}$$

$$b^2 = \frac{-2C}{(B+1) + [(B-1)^2 + 4H^2]^{1/2}} \tag{3.5.10}$$

其中，θ是对角化式（3.5.5）中二次项的旋转角。而经过旋转后，椭圆就变成标准形式，两个半轴 a 和 b 就可确定了。

总结一下，椭圆的 5 个参数是分三步确定的：首先是两个位置坐标，接着是一个朝向角，最后是两个尺寸（在此基础上可得到偏心率来描述形状）。

3.6 位置直方图技术

对很小的孔（3 像素 × 3 像素或 5 像素 × 5 像素），可用模板匹配来检测；对大的圆形目标，可用哈夫变换来检测（如果目标直径小于 10 个像素，对其边缘的方向和位置检测的准确性都会很低，这样参数空间的峰不明显，目标中心的位置也不准确）；对不大不小的目标（例如在一幅 128 像素 × 128 像素的图像中有不到 20 个目标，或单个目标直径小于 16 个像素），可考虑使用下面的位置直方图技术。

1. 检测原理

位置直方图是将图像向多个轴投影，并对像素灰度求和而得到的直方图，也称**横向直方图**。一个示例如图 3.6.1 所示，假设图像中有多个分开的目标，将每个目标分别向水平方向和垂直方向进行投影叠加，就可分别获得一个水平直方图和一个垂直直方图。如果从这两个直方图向目标区域进行反投影，就可方便地确定出各个目标的位置。实际中，根据这两个直方图中的分布情况就可检测出图像中的目标。

位置直方图技术将对目标的定位从 2-D 空间转化到 1-D 空间中，这表明如果目标对朝向很敏感，则很难用这种技术进行检测。这种技术比较适合检测和定位圆形（盘或孔）的目标。

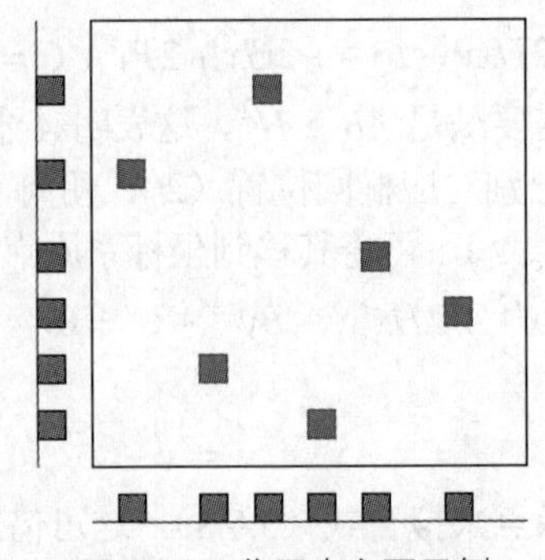

图3.6.1 位置直方图示例

相比于哈夫变换技术，位置直方图技术有一些特点。一方面，它不需要图像中目标的轮廓或侧面有很好的边缘，所以可处理哈夫变换解决不了的一些问题(哈夫变换基于边缘的位置和朝向)。而且它结合了大量的平均操作，对位置的估计比较准确。对一幅 N 像素 $\times N$ 像素的图像，位置直方图技术仅需要约 $2N^2$ 的像素操作。而哈夫变换需要使用边缘检测器。如果使用索贝尔算子，则总的操作数至少为 $2\times8\times N^2$=$16N^2$，远大于使用位置直方图技术的操作数。但另一方面，由图3.6.1可看出，在使用位置直方图时，由单个直方图并不能唯一地确定每个目标的位置。如果不同的目标互相遮挡，即便使用两个直方图也不能唯一地确定每个目标的位置。另外，当图像中有若干个相似的目标时，对直方图的解释常会出现歧义。为解决歧义问题，一种简单的方法是将所有目标的可能位置都列出来，但这也会使判断工作更加复杂。

2. 计算量分析

为了检测和定位目标，需要完成一定的计算量。下面考虑基本的操作数量。假设图像尺寸为 $N\times N$，其中有 p 个尺寸约为 $n\times n$ 的目标。为得到单个位置灰度直方图所需的操作数为 N^2 的量级，在每个直方图中进行匹配搜索的操作数为 Nn，在每个可能的目标位置确定目标存在性的操作数约为 n^2。这样，完整的检测算法所需的操作数为：

$$O_\text{t} = 2aN^2 + 2bNn + cp^2n^2 \tag{3.6.1}$$

为方便，可取系数 $a\approx b\approx c$。

考虑在一幅256像素×256像素的图像中要确定直径为5个像素的圆目标。如果图像中有20个目标，要确定直径为5个像素的圆形目标需要用到7×7的模板，那么总的操作数为：

$$O_\text{t} = a(2\times256^2 + 2\times256\times7 + 20^2\times7^2) = 2\times256\times301.3a = 256^2\times2.35a \tag{3.6.2}$$

可以将使用位置直方图的计算量与使用模板匹配的计算量对比一下。如果直接使用模板匹配，总的操作数为：

$$O_\text{m} = cN^2n^2 \tag{3.6.3}$$

考虑到 $c\approx a$，则在上面的情况下可得：

$$O_\text{m} = 256^2\times49a \tag{3.6.4}$$

所以使用位置直方图的提速约为20倍。容易看出，对更大的目标，提速将更多。例如当图像中有20个直径为7个像素的目标时（$n=9$），提速约为30倍；有10个直径为9个像素的目标时，提速约为50倍；而有3个直径为30个像素的目标时，提速约为400倍。

进一步考虑式（3.6.1）中各项的相对大小。首先，第2项肯定小于第1项，并可被忽略。不过，第3项有可能很大并超过第1项。在这种情况下，使用位置直方图有可能比直接使用模板匹配更耗时。考虑使用位置直方图的计算量与直接使用模板匹配的计算量相等的情况，即：

$$2N^2 + 2Nn + p^2n^2 = N^2n^2 \tag{3.6.5}$$

则有：

$$2/n^2+2/Nn+p^2/N^2=1 \tag{3.6.6}$$

因为 $N \gg 1$ 且 $n^2 \gg 1$，所以可推出 $p \approx N$。这表明此时（模板数量接近 N）使用位置直方图并不节省计算时间。当第 3 项等于第 1 项时，有：

$$p=\sqrt{2}N/n \tag{3.6.7}$$

这个 p 值可看作是模板投影开始重叠，从而对直方图的解释更加困难的开始。由此可见，使用位置直方图要限制在 $p \leqslant N/n$ 的情况下，这样对直方图的解释比较直接且有明显的计算优势。

3. 使用子图像

当图像数据满足 $N<np$ 时，需要将图像先分解为**子图像**，再使用位置直方图技术。如果将图像分解为子图像，则每个子图像中的目标数基本随子图像尺寸平方的变化而变化。设子图像的尺寸是 M 像素 $\times M$ 像素，定义：

$$r=\frac{N}{M} \tag{3.6.8}$$

则所期望的子图像中的目标数为：

$$q=\frac{p}{r^2} \tag{3.6.9}$$

这样，对应式（3.6.1）的等式为：

$$O_{\mathrm{t}}^{(M)}=a(2M^2+2Mn+q^2n^2) \tag{3.6.10}$$

同乘以 r^2 得到对应整幅图像的等式：

$$O_{\mathrm{t}}=a(2N^2+2rNn+p^2n^2/r^2) \tag{3.6.11}$$

可见，第 2 项增加了，而第 3 项明显减小了。

将式（3.6.11）对 r 求导，得到：

$$\frac{\mathrm{d}O_{\mathrm{t}}}{\mathrm{d}r}=a(2Nn-2p^2n^2/r^3) \tag{3.6.12}$$

对满足 $p<\sqrt{2}N/n$ 的 p，在 $r=1$ 时导数为正。所以，如果 p 很小（典型的 $p<4$），使用子图像会导致计算量增加。只有当 $p>N/n$ 时，才值得使用子图像。在这种情况下，要调节 r 使得：

$$M=nq \tag{3.6.13}$$

这样，就有：

$$r=\frac{np}{N} \tag{3.6.14}$$

和

$$M=\frac{N^2}{np} \tag{3.6.15}$$

将 r 代入式（3.6.11），得到：

$$O_{\mathrm{t}}=a(2N^2+2pn^2+N^2) \tag{3.6.16}$$

上式表明使用子图像的方法可将第 3 项限制在第 1 项的一半以下。第 2 项仅用 p 代替了 p^2，仍相对不太重要。

总结和复习

下面对本章进行简单小结，并有针对性地介绍一些可供深入学习的参考文献。读者还可通过思考题和练习题进行进一步的复习，标有星号的思考题或练习题在书末提供了解答。

【小结和参考】

3.1节讨论边缘检测问题。本节介绍了几种基本和典型的微分算子，其中马尔算子得益于对人的视觉机理的研究，具有一定的生物学和生理学意义，可参见文献[Marr 1982]。对坎尼算子的详细讨论可参见文献[Canny 1986]。更多对方向微分算子的介绍和比较可参见文献[章 2001b]。对亚像素边缘的一种检测方法可参见文献[章 1997b]。对3-D梯度算子的详细定量分析可参见文献[Zhang 1993]。

3.2节介绍了一种很有特色的边缘和角点检测算子——SUSAN算子，对其的最早介绍可参见文献[Smith 1997]。SUSAN算子利用了一些积分的性质，它通过对模板覆盖像素的统计，在一定程度上有利于减少噪声的影响。对SUSAN算子的一些应用可参见文献[杨 2000]。

3.3节介绍了用于灰度图像的哈里斯算子。对彩色图像，如果在计算哈里斯矩阵时将3个彩色通道的梯度平方一起求和，则可得到彩色哈里斯算子。

3.4节介绍了哈夫变换及广义哈夫变换。哈夫变换可利用图像全局特性连接边缘像素或直接检测已知形状的区域，从而达到基元或目标检测的目的。哈夫变换适用于可解析表达的基元轮廓，而广义哈夫变换则推广到了没有解析表达的基元轮廓。当哈夫变换的参数较多时，计算量会大大增加。为加快计算速度，可先固定部分参数，仅调整其他参数，然后固定已调整过的参数，仅调整原先固定的参数，如此可将高维哈夫变换分解为若干个低维哈夫变换。一个具体方法可参见文献[Li 2005]。

3.5节仅介绍了比较基本的利用椭圆几何特性的检测方法，更多讨论可参见文献[Davies 2012]。

3.6节介绍了一种特殊的基元检测技术——位置直方图技术，更多的有关内容，包括实际应用的示例等可参见文献[Davies 2012]。

【思考题和练习题】

3.1　设有图题3.1所示的一幅图像，分别计算用罗伯特交叉算子、蒲瑞维特算子和索贝尔算子得到的梯度图（以1为范数）。

90	90	5	5	50
90	90	5	5	5
60	60	60	5	5
80	80	60	50	50
80	80	60	50	50

图题3.1

3.2　分别使用图3.1.4所示的两个拉普拉斯算子模板来处理图题3.1所示的图像。

3.3　马尔算子和坎尼算子都可用于一系列的尺度上，从高到低可逐步确定边缘的精确位置。设计一个算法从低分辨率的图像开始跟踪边缘点，并通过使用一系列的高分辨率的图像以提高定位精度。总结实现这个算法时遇到的问题和采取的措施。

3.4　如果用排成5行的13个像素来近似表示圆形模板（各行分别有1个、3个、5个、3个、1个像素），这相当于一个半径约为多少个像素的圆？此时灰度差的阈值应选多少？

3.5　试编程实现SUSAN算子和索贝尔算子，并收集一些有噪声图像（或对图像加噪），比较它们在检测图像中边缘点的效果并讨论。

3.6　SUSAN算子和哈里斯算子都可用于检测角点，它们各有什么特点，分别适合哪些应用场合？

3.7　一个四边形的 4 个顶点坐标分别为(0, 0)、(10, 2)、(10, 10)、(2, 10)，对它的 4 条边分别进行哈夫变换。

*3.8　对图题 3.8 所示的图形，根据其与外接矩形的交点给出它的 R 表。现将其不加旋转地放在空间，A 点的坐标为$(4s, t)$，求 B 点的坐标。如将其逆时针旋转 180°放在空间，并使 A 点的坐标为前面已求出的 B 点的坐标，再求 B 点的新坐标。

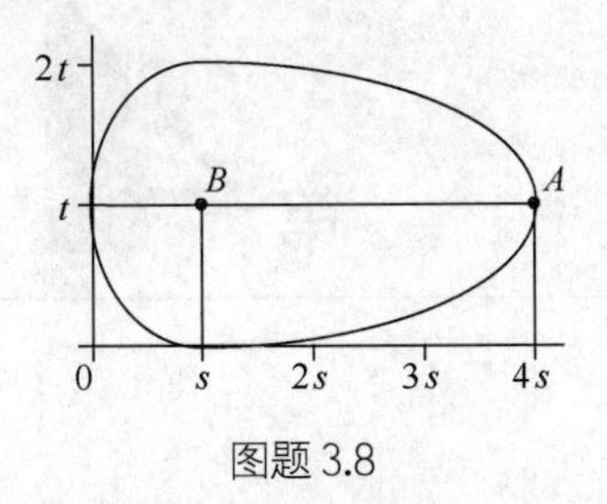

图题 3.8

*3.9　设有一个正三角形 ABC（3 个顶点），边长为 1，将 A 放在原点，B 在 X 轴上，C 在第一象限。现将三角形绕 A 逆时针旋转$\pi/6$，并改变边长为 2，分别考虑改变 R 表和不改变 R 表两种情况下如何计算完整广义哈夫变换的问题，并比较两种方法的特点。

3.10　设需要对一组大小不同的圆目标进行定位、辨识和排序。讨论应使用弦-切线法还是使用定位圆的哈夫变换方法更好？

3.11　讨论能否使用直径二分法、弦-切线法、广义哈夫变换法等 3 种方法来检测：①双曲线；②形式为 $Ax^3 + By^3 = 1$ 的曲线；③形式为 $Ax^4 + Bx + Cy^4 = 1$ 的曲线。

3.12　估计一下用于检测孔的位置直方图技术的准确度，该准确度是如何随图像尺寸而变化的？什么东西限制了检测孔的位置直方图技术的准确度，有什么改进的方法吗？

第4章 显著性检测

前面讨论的几何基元一般指形状比较规则、比较独特的图像区域，对它们的检测多考虑其几何形状方面的特性。有些图像中，可能没有明显的几何基元，但仍有一定的图像区域（可能不规则）吸引人的注意力，或者说有突出的图像片段被方便地观察到。此时常称它们为显著区域。

显著性是一个与主观感知相关联的概念。对人的不同感官而言，有不同的感知显著性。这里所关注的是与视觉器官相关的视觉显著性。视觉显著性常归因于场景区域在如亮度、颜色、梯度等底层特性或纹理、空间关系等中层特性的变化或对比而导致的综合结果。对显著性的可靠估计往往并不需要对任何实际场景内容进行高层理解，而主要是在语义中层的分析工作。典型的例子如人观察一个平面，其上的边缘处最先被观察到，而后才感知到目标及其形状等。又如人在晚上观看天空，一般很快就能看到月亮或认出明亮的星星。

不同的显著性可用其易感知性来描述。一般最先感知到的是显著极值。图像中的显著极值的有效提取对图像分析和处理具有重要的意义和应用价值。当需要从图像中提取感兴趣的目标时，对显著性的检测往往能起到初步和基础的作用。在对视觉注意机制建模过程中，图像中显著极值的提取通常是实施选择性注意的关键步骤。

显著性可以看作在中间语义层次上表达图像的一种特性，有一定的主观性。图像中的显著极值通常与图像中的主要结构成分密切相关。

根据上述的讨论，本章各节将安排如下。

4.1 节先对显著性进行较正式的定义，再讨论显著性的内涵，显著区域的特点，以及对显著图质量的评价问题，并分析显著性与视觉注意力机制和模型的关系，最后介绍了显著性检测方法的分类和基本的检测流程。

4.2 节介绍几种基于对比度检测图像中显著区域的具体方法，包括基于对比度幅值、基于对比度分布和基于最小方向对比度的算法。

4.3 节介绍一种基于目标层级图像特征——最稳定区域检测图像中显著区域的方法。

4.4 节介绍在显著性检测的基础上进一步进行目标分割，以及对检测方法进行评价的几个实例。

4.1 显著性概述

如前面指出的，因为显著性有一定的主观性，又可有不同的应用场合，所以在定义上有时会有些不同或歧义。下面是一个比较适合多种应用的正式定义。显著性指能使一个特征、图像点、图像区域或目标的鉴别性相对其环境更显眼的特性，可用数值描述。这个定义能覆盖显著性使用的各个领域。这里的关键是这个特性能使某些东西“脱颖而出”。虽然在纯粹基于刺激的意义上，图像中的任何部分在用某些图像特征衡量的条件下都有可能相对其邻域“脱颖而出”。但在具体的任务中，“脱颖而出”的可以只是感兴趣的目标（而目标是一个带有主观色彩的概念）。

先对显著性及相关的概念给予一些概括性的讨论和解释。

1. 显著性的内涵

显著性可看作对图像中可观察到的目标进行标记或标注的性质。这种标记或标注可在单个层次或类别层次进行。作为一个中层的语义线索，显著性可帮助填补低层特征和高层类别之间的鸿沟。为此，可以构建显著性模型，并借助显著性模型生成**显著图**/显著性图（反映图像中各处显著性强度的图）来进行显著对象（区域）的检测。

显著性与人对世界的关注或注意有关。关注或注意是一个心理学概念，是心理过程的一种具有共性的特征，属于认知过程的内容。具体来说，关注指的是选择性地将视觉处理资源集中到环境中的某些部分而将其余部分忽略的过程。人在同一时刻对环境中对象的感知能力是有限的。所以要获得对事物的清晰、深刻和完整的认识，就需要使心理活动有选择地指向有关的对象。

2. 显著区域的特点

图像中孤立的亮度极值点、边缘点、角点等都可看作图像中的显著点，但这里讨论的是图像中的显著区域——具有显著性的连通区域。一般说来图像中的显著区域具有以下特征。

（1）高层语义特征：人在观察中经常注意到的对象（如人脸、汽车等）经常对应图像中的显著区域，这种区域本身具有一定的认知语义含义。

（2）认知稳定性：显著区域对场景亮度、对象位置、朝向、尺度，以及观察条件等的变化比较鲁棒，即显著性的表现不仅突出而且比较恒定。

（3）全局稀缺性：从全局范围来看，显著区域出现的频率比较低（局部、稀少），且不容易由图像中的其他区域复合而得到。

（4）局部差异性：显著区域总是与周围区域具有明显的特性（如在颜色、梯度、边缘、边界、朝向、纹理、形状等方面）差异。

3. 显著图的质量

在显著性检测中，输入是一幅原始图像，输出是由该图像中各个像素的显著性值构成的**显著图**（显著图像）。显著图反映了图像中各部分吸引人注意的程度，这种程度反映在显著图里各个像素点的灰度值（对应显著强度值）上。显著图的质量是评价显著性检测算法好坏的重要标准，也与显著区域的特点密切关联。一般从以下几个方面评价显著图的质量。

（1）能突出最为显著的物体：显著图应能突显视场中最显著的物体区域，且这个区域与人的视觉选择保持高度一致。

（2）能使整个显著物体各部分具有比较一致的突出程度：这样能将显著物体区域完整地提取出来，避免局部漏检。

（3）能给出可分辨的、精确完整的显著物体边界：这样可以将显著区域与背景区域完全分离开来，避免局部漏检和误检。

（4）能给出全分辨率的检测结果：若显著图具有和原图像相同的分辨率，则有助于实际的应用。

为获得高质量的显著图，常要求检测算法具有较强的抗噪性能。如果显著性检测算法比较鲁棒，则它受图像中的噪声、复杂纹理和杂乱背景的影响会较小。

4. 视觉注意力机制和模型

显著性概念与心理学中的视觉注意有密切联系。人类视觉注意理论假设人类视觉系统只处理环境的一部分细节，而几乎不考虑余下的部分。**视觉注意力机制**使人们能够在复杂的视觉环境中快速地定位感兴趣的目标。视觉注意力机制有两个基本特征：指向性和集中性。指向性表现为对出现在同一时段的多个刺激有选择性；集中性表现为对干扰性刺激的抑制能力，其产生和范围以及持续时间取决于外部刺激的特点和人的主观因素。

视觉注意力机制主要分为两大类：自底向上数据驱动的预注意机制和自顶向下任务驱动的后注意机制。其中，自底向上的处理是在没有先验知识指导的情况下由底层数据驱动而进行的显著性检测。它属于较低级的认知过程，没有考虑认知任务对提取显著性的影响，所以处理速度比较快。而自顶向下的处理过程则属于借助任务驱动来发现显著性目标的过程。它属于较高级的认知过程，要根据任务有意识地进行处理并提取出所需要的感兴趣区域，所以处理速度比较慢。

用计算机来模拟人类视觉注意力机制的模型称为**视觉注意力模型**。在一幅图像中提取人眼所能观察到的引人注意的焦点，相对计算机而言，就是确定该图像中含有特殊视觉刺激分布模式从而拥有较高感知优先级的显著区域。人类所具有的仅由外界环境视觉刺激所驱动的自底向上的选择性视觉注意力机制就源于此。事实上，自底向上的图像显著性检测就是在这种思想基础上提出来的。

例如有一种典型的基于生物模型的预注意机制模型的基本思想是，在图像中通过线性滤波提取颜色特征、亮度特征和方向特征（低层视觉特征），并通过高斯金字塔、中央-周边差算子和归一化处理后形成 12 张颜色特征地图、6 张亮度特征地图和 24 张方向特征地图。先将这些特征地图分别结合形成颜色、亮度、方向的关注图，再将 3 种特征的关注图线性融合生成显著图，最后通过一个两层的赢者通吃（WTA）神经网络获得显著区域。

另一个视觉注意力模型对图像中的显著区域用**视觉注意力**（VA）图来表示。若图像中某个像素与它周围区域由某种特征（如形状、颜色等）构成的模式在图像其他相同形态区域中出现的频率越高，则该像素的 VA 值越低，反之 VA 值越高。该模型能很好地辨别出显著特征和非显著特征，但是如果图像模式不够显著，则效果可能不理想。

5. 显著性检测方法分类

要获取显著区域或显著图，需要进行显著性检测。显著性检测可从不同的方面来考虑。例如考虑显著性的定义、应用领域、所用特征、所用计算技术、所用尺度、所用数据集合等。所以，从不同的视角出发，可以对显著性的检测方法进行不同的分类。

（1）根据对图像信号的处理是在空域还是在变换域，可以将检测方法分为基于空域模型的方法和基于变换域模型的方法。

（2）从检测算法的流程或结构看，可以将检测方法分为自底向上的方法和自顶向下的方法。

（3）考虑计算的对象，可以将检测方法分为基于注视点的显著性计算方法和显著区域计算方法。前者获得的常是图像中少量的人眼关注位置，而后者可以是高亮图像中具有显著性的区域，从而极大地改进显著物体提取的有效性。

（4）从检测结果分辨率的角度考虑，可以将检测方法分为像素级的方法和基于区域（包括超像素）的方法。

（5）在实用中，常有一些辅助信息（如网络上图片的说明文字）与输入图像数据伴随，考虑这个因素可以将检测方法分为仅利用图像自身信息的内部方法和还利用图像“周边”信息的外部方法。

（6）显著性与主观感知相关联，所以检测方法除可借助计算模型也可考虑仿生学的方法。另外，也有将两者结合的方法。借助计算模型的方法通过数学建模来实现对显著性特征的计算和提取，而考虑仿生学的方法更多考虑了人类视觉系统特性和视觉感知理论。

6. 基本检测流程

一个比较通用的显著性检测流程如图 4.1.1 所示，主要有 5 个模块，输入和输出可有不同的形式，其他 3 个模块列出了一些常用的方法和技术。

特征检测可从像素、局部和全局层次分别来考虑。例如在像素层次可以使用亮度，在局部层次可确定像素邻域的彩色直方图，在全局层次可确定颜色的全局分布。最常用的特征是颜色、亮度和朝向，它们模仿了哺乳动物的视觉系统。其他可用的特征还包括边缘、角点、曲率、纹理、运动、紧凑性、孤立性、对称性、彩色直方图、朝向直方图、离散余弦变换系数、主成分等。这些特征可以借助高斯金字塔、盖伯滤波器、高斯混合模型等来获得，也可借助特征融合来获得。

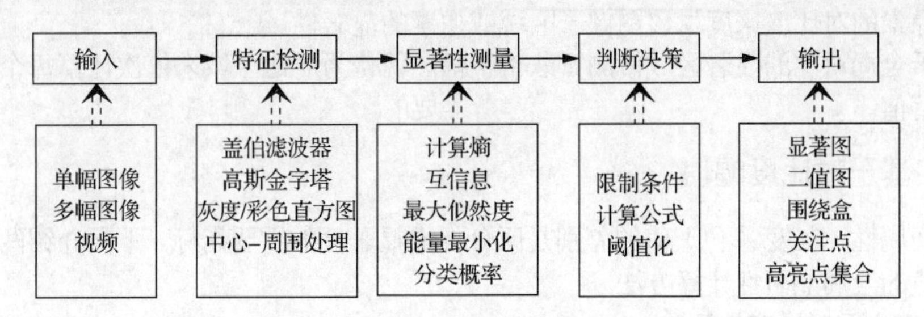

图 4.1.1 显著性检测流程

对图像点或区域的显著性测量非常依赖于先前计算出来的特征。这里可以使用不同的特征和计算技术，如互信息、自信息、贝叶斯网络、熵、归一化的相关系数、神经网络、能量最小化、最大流、库尔贝克-莱布勒散度、条件随机场等。

基于显著性测量的数据，可以做出相应的判断决策。最简单的手段是设定阈值，区分显著性区域与非显著性区域。当然，还可以根据先验知识或限定性条件，通过搜索匹配获取显著区域在图像中的位置。

4.2 基于对比度的检测

感知方面的研究成果表明：在低层视觉显著性中，对比度是最重要的影响因素。现有的显著区域检测算法中，有许多方法通过计算一个图像子区域与其他区域的对比度来度量该图像子区域的显著性。

4.2.1 对比度算法分类

对比度是计算显著性的核心。目前计算对比度的方法主要分为 3 大类。

（1）利用局部对比度先验知识

利用局部对比度的基本思想是将每个像素或者超像素仅与图像局部中某些像素或超像素比较从而获得对比度。常见的有 4 种形式：①将像素或超像素仅与相邻的像素或超像素比较；②将目标像素运用滑动窗口的方法求与窗口内其他像素的差异度；③利用多尺度方法在多个分辨率上计算对比度；④利用中心-周边区域的关系计算对比度。

（2）利用全局对比度先验知识

全局对比度的基本思想是将目标像素或超像素与图像中其余所有像素或超像素进行特征差异度计算，最后将这些差异度累加作为目标像素或超像素的全局对比度。相比于基于局部对比度的方法，基于全局对比度的方法在将大尺度物体从其周围环境中提取出来时，能够在目标边界或邻域产生较高的显著性值。另外，对全局的考虑可比较均匀地给相似图像区域分配接近的显著性值，从而均匀地突出整个对象。

（3）利用背景先验知识

有的方法将一个区域的显著性定义为该区域到图像四周（边框）的最短加权距离。这里，实际上利用了背景先验，即图像的四周对应背景。对人造物拍摄的照片一般满足这个条件，即目标物体经常集中在图像的内部区域，并远离图像边界。算法的主要思想就是首先检查出背景区域，进而得到目标区域。

依据用于计算对比度的其他区域的空间范围和尺度的不同，现有的基于对比度的显著区域检测算法可分为两类：基于局部对比的显著区域检测算法和基于全局对比的显著区域检测算法。

（1）基于局部对比的显著区域检测算法通过计算每个图像子区域或像素与其周围一个小邻域中子区域或像素的对比度来度量该图像子区域或像素的显著性。

（2）基于全局对比的显著区域检测算法将整幅图像作为对比区域来依次计算每个图像子区域或像素的显著值。

4.2.2 基于对比度幅值

像素之间属性（灰度/彩色）值的差别是区分像素显著性的重要指标。下面介绍两种相关的利用对比度幅值的全局显著性计算方法。

1. 基于直方图对比度的算法

这种算法利用**直方图对比度**（HC）对图像中每个像素分别计算显著性。具体来说，它借助一个像素与所有其他图像像素之间的颜色差别来确定该像素的显著性值，从而产生全分辨率的显著图。这里颜色差别可利用颜色直方图来判断，并同时采用平滑过程来减少量化伪影。

具体定义一个像素的显著性是该像素与图像中所有其他像素之间的颜色对比度，即图像 I 中的像素 I_i（$i=1, \cdots, M$，M 是图像 I 中的像素数量）的显著性数值为：

$$S(I_i)=\sum_{\forall I_j \in I} D_\mathrm{c}(I_i, I_j) \tag{4.2.1}$$

其中 $D_\mathrm{c}(I_i, I_j)$度量像素 I_i 和 I_j 之间在 $L^*a^*b^*$空间（感知精度较高）中的颜色距离。可将式（4.2.1）按像素标号顺序展开来：

$$S(I_i)=D_\mathrm{c}(I_i, I_1)+D_\mathrm{c}(I_i, I_2)+\cdots+D_\mathrm{c}(I_i, I_M) \tag{4.2.2}$$

很容易看出，根据这个定义具有相同颜色的像素会具有相同的显著性值（不管这些像素与 I_i 的空间关系如何）。如果重新排列式（4.2.2）中的各项，将对应具有相同颜色值 C_i 的像素 I_i 分在一组，就可得到具有这种颜色值像素的显著性数值为：

$$S(C_i)=\sum_{j=1}^{N} p_i D(C_i, C_j) \tag{4.2.3}$$

其中 N 对应图像 I 中像素（不同）颜色的总数量，p_i 是像素具有颜色 C_i 的概率。

式（4.2.3）对应一个直方图表达。将式（4.2.1）表达成式（4.2.3）有利于在实际应用中提高计算速度。根据式（4.2.1）计算图像的显著性值，所需计算量为 $O(N^2)$；而根据式（4.2.3）计算图像的显著性值，所需计算量为 $O(N)+O(C^2)$。对3个通道的真彩色图像，每个通道有256个值。如果将每个通道都量化为12个值，则一共可组成1728个彩色。进一步考虑自然图像中彩色分布的不均匀性，如果将图像中出现的彩色按从多到少排列，一般使用不到100种彩色值就可表达图像中超过95%的像素（其余的彩色值可近似量化到这不足100种彩色中）。这样对较大的图像使用式（4.2.3）就可明显提高计算图像显著性数值的速度。例如对一幅100像素 ×100像素的图像，采用式（4.2.1）和式（4.2.3）的计算量几乎一致；而对512像素×512像素的图像，采用式（4.2.3）的计算量只有采用式（4.2.1）的计算量的1/25。

2. 基于区域对比度的算法

这种方法对上述HC算法进行了改进，以进一步利用像素之间的空间关系信息。首先将输入图像初步分割成多个区域，然后通过计算**区域对比度**（RC）获取每个区域的显著性值。这里使用全局对比度分数来计算区域显著性值，具体是考虑区域自身的对比度以及它与图像中其他区域的空间距离（相当于用区域替换HC算法中的像素作为计算单元）。这种方法能更好地将图像分割与显著性的计算结合起来。

先对图像进行初步的分割，然后对每个区域构建直方图。对区域 R_i，通过计算其相对图像中所有其他区域的彩色对比度来测量其显著性：

$$S(R_i)=\sum_{R_i \neq R_j} W(R_i)D_{\mathrm{c}}(R_i,R_j) \tag{4.2.4}$$

其中取 $W(R_i)$为区域 R_i 中的像素数量，并用它对区域 R_i 进行加权（大区域的权重大）；$D_{\mathrm{c}}(R_i, R_j)$度量区域 R_i 和 R_j 之间在 $L^*a^*b^*$空间中的颜色距离：

$$D_{\mathrm{c}}(R_i,R_j)=\sum_{k=1}^{C_i}\sum_{l=1}^{C_j} p(c_{i,k})p(c_{j,l})D(c_{i,k},c_{j,l}) \tag{4.2.5}$$

其中，$p(c_{i,k})$是区域 i 中第 k 种彩色在所有 C_i 种彩色中的概率，$p(c_{j,l})$是区域 j 中第 l 种彩色在所有 C_j 种彩色中的概率。

接下来，将空间信息引入式（4.2.4）以加强邻近区域的权重并减小远离区域的权重：

$$S(R_i)=W_{\mathrm{s}}(R_i)\sum_{R_i \neq R_j}\exp\left[-\frac{D_{\mathrm{s}}(R_i,R_j)}{\sigma_{\mathrm{s}}^2}\right]W(R_i)D_{\mathrm{c}}(R_i,R_j) \tag{4.2.6}$$

其中，$D_{\mathrm{s}}(R_i, R_j)$是区域 R_i 和 R_j 之间的空间距离；σ_{s} 控制空间距离加权的强度（其值越大，则远离区域 R_i 的其他区域对其的加权强度越大）；$W(R_i)$代表对区域 R_i 的权重；$W_{\mathrm{s}}(R_i)$是对区域 R_i 根据其接近图像中心的程度赋予的先验权重（接近图像中心的区域权重较大，即更显著）。

4.2.3 基于对比度分布

上述 HC 算法在计算显著性数值时仅考虑了各个像素自身的对比度，而 RC 算法在计算显著性数值时还考虑了像素之间的距离，但两种算法均没有考虑图像中对比度的整体分布因素。下面举例说明这个因素的重要性。

现在考虑图 4.2.1，其中图 4.2.1（a）是原始图像，里面两个小方框分别指示了两个标记像素（一个前景像素和一个背景像素）。图 4.2.1（b）是理想的前景分割结果。对这两个像素分别算得的对比度图如图 4.2.1（c）和图 4.2.1（d）所示，深（绿）色指示大的对比度。由图 4.2.1（c）和图 4.2.1（d）可见，尽管对比度的总和可以比拟，但两图中对比度的分布很不同。以图 4.2.1（c）中的标记像素为中心，大的显著性数值主要分布在其右下方。以图 4.2.1（d）中的标记像素为中心，大的显著性数值则在各个方向上的分布都差不多。对人类视觉系统，高对比度的分布方向越多（前景在多个方向上都与背景有区别），前景目标就看起来越明显。

（a）

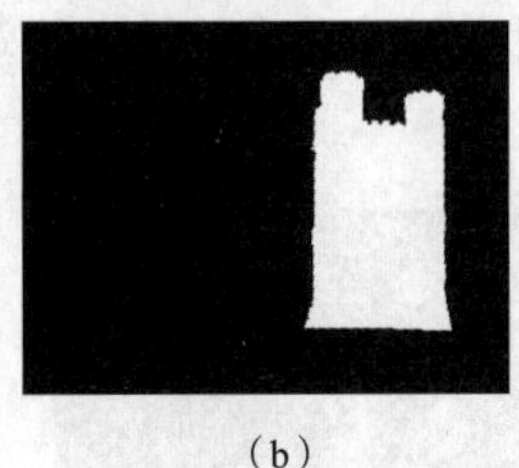
（b）

（c）

（d）

图 4.2.1 对比度分布的影响

一个考虑**对比度分布**算法的整体流程如图 4.2.2 所示。考虑到对每个像素计算全局对比度需要很大的计算量，先对图像进行超像素分割，取各个超像素为计算全局对比度的单位（即认为各个超像素内的像素彩色值具有一致性）。对各个超像素，计算其最大环绕对比度（具体见下），获得其在多个方向上的最大对比度值。通过结合考虑各个方向的最大对比度值，从而计算相对对比度方差（具体见下）。将该方差数值转换为显著性值，就得到与原始图像对应的显著性图。

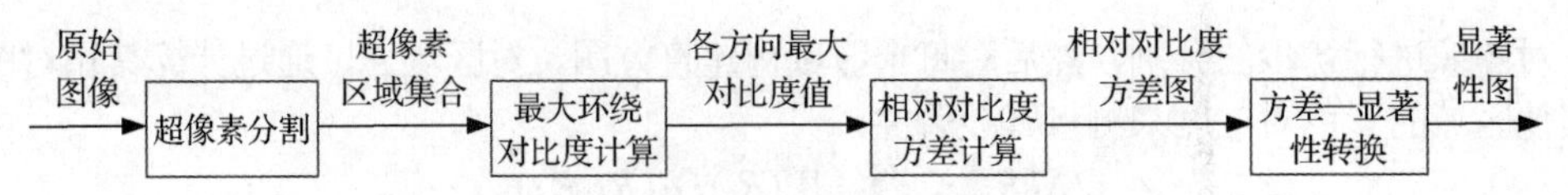

图 4.2.2　基于对比度分布算法的整体流程

这里**对比度**的定义如下。将各个超像素区域记为 R_i，$i=1,\cdots,N$。一个超像素区域的显著性与该区域相对其他区域的彩色对比度成比例，且与该区域相对其他区域的空间距离成比例。如果采取类似上面的方法，两个超像素区域 R_i 和 R_j 之间的显著性可定义为：

$$S(R_i,R_j)=\exp\left[\frac{D_{\mathrm{s}}(R_i,R_j)}{-\sigma_{\mathrm{s}}^2}\right]D_{\mathrm{c}}(R_i,R_j) \tag{4.2.7}$$

其中，$D_{\mathrm{c}}(R_i, R_j)$为区域 R_i 和 R_j 之间的颜色距离，$D_{\mathrm{s}}(R_i, R_j)$为区域 R_i 和 R_j 之间的空间距离，σ_{s} 控制空间距离加权的强度（其值越大，则远离区域 R_i 的其他区域对其的加权强度越大）。

下面依照图 4.2.2 的流程给出一些具体步骤和示例结果，所用原始图像和超像素分割结果见图 4.2.3。

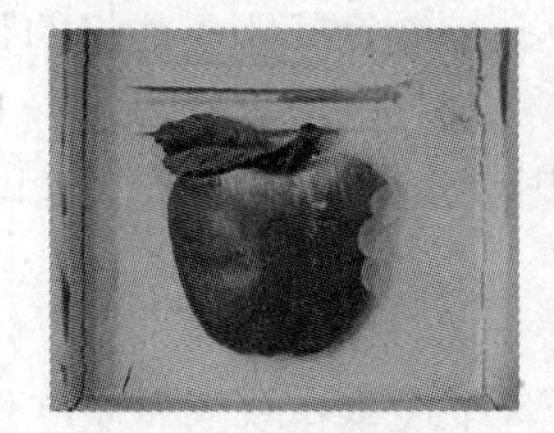
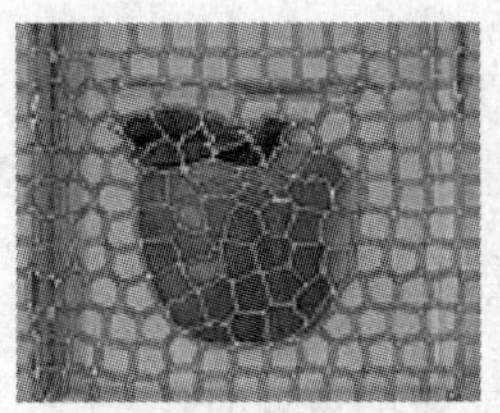

图 4.2.3　一幅图像和对它进行超像素分割的结果

对比度分布的计算参见图 4.2.4，在超像素分割的结果中分别选取两个超像素区域，一个在显著物体内部，一个在显著物体外部。它们分别显示在图 4.2.4（a）和图 4.2.4（c）中。对每一个超像素区域，以其为中心，分别计算其在周围 16 个方向（间隔 22.5°）上与其他区域的对比度，并取 16 个方向上的最大对比度值（人类视觉常对最大对比度最敏感）。将这 16 个值画成一个直方图，就可计算其相对值的标准方差。对处在显著物体内部的超像素区域进行计算的示意和所得到的相对（归一化）标准方差直方图可分别见图 4.2.4（a）和图 4.2.4（b）；对处在显著物体外部的超像素区域进行计算的示意和所得到的相对标准方差直方图可分别见图 4.2.4（c）和图 4.2.4（d）。由这些图可见，对属于显著物体内部的超像素区域，其各个方向的最大对比度值都比较大；而对属于显著物体外部的超像素区域，其各个方向的最大对比度值有比较大的差别，有的方向比较大，而另一些方向比较小。

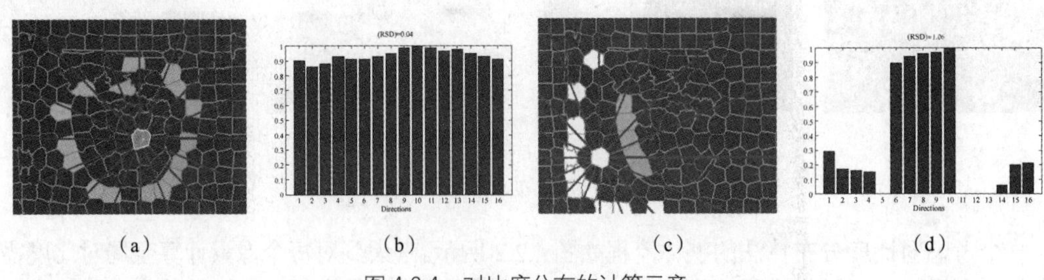

（a）　（b）　（c）　（d）

图 4.2.4　对比度分布的计算示意

从整体的标准方差来看，属于显著物体内部的超像素区域的相对标准方差（RSD）会比属于显著物体外部的超像素区域的相对标准方差小。这样得到的相对标准方差如图 4.2.5（a）所示。

可见区域的显著性与对比度的标准方差成反比关系。借助这个反比关系得到的显著性图如图 4.2.5（b）所示。进一步对显著性图进行后处理的结果见图 4.2.5（c），而图 4.2.5（d）所示为显著性图的真值。

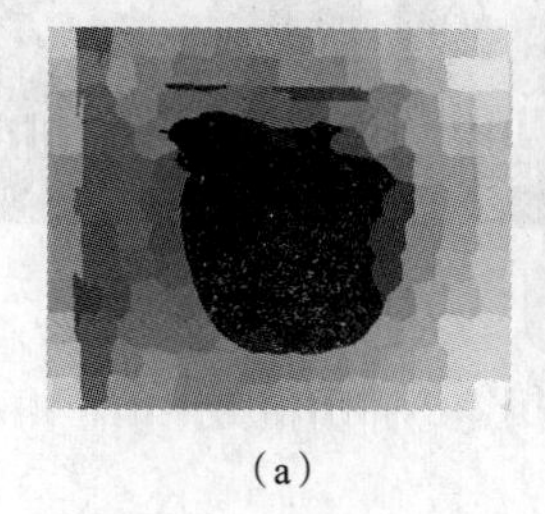
（a）
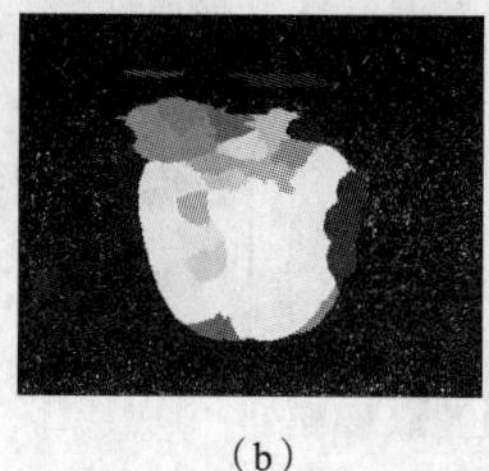
（b）
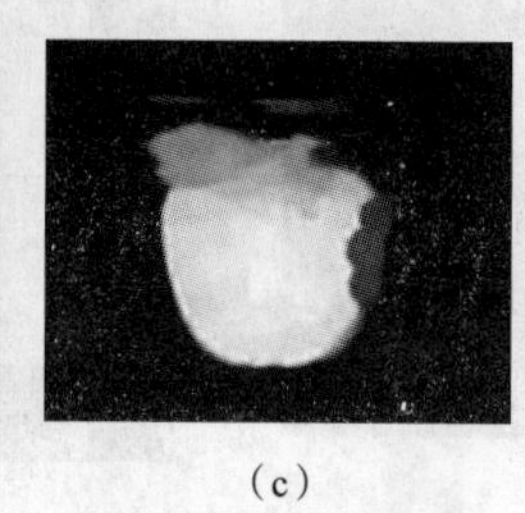
（c）
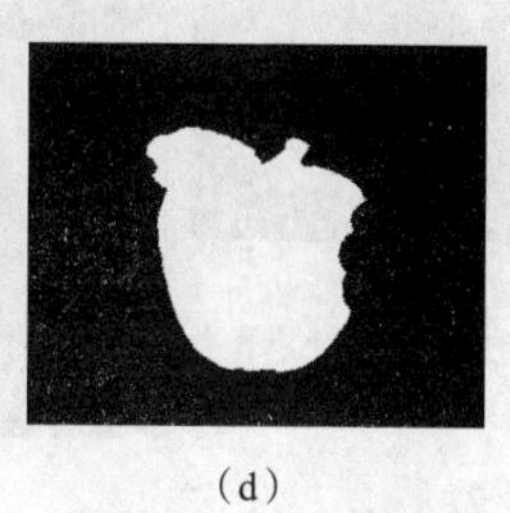
（d）

图 4.2.5　根据对比度分布得到的显著性图

图 4.2.6 借助图 4.2.1（a）的图像，对基于对比度幅值的方法和基于对比度分布的方法进行了对比。图 4.2.6（a）和图 4.2.6（b）分别是用基于对比度幅值的方法和基于对比度分布的方法得到的显著性检测结果，图 4.2.6（c）和图 4.2.6（d）分别是对它们进一步后处理后得到的结果。可见，对比度分布信息的利用得到了较好的效果。

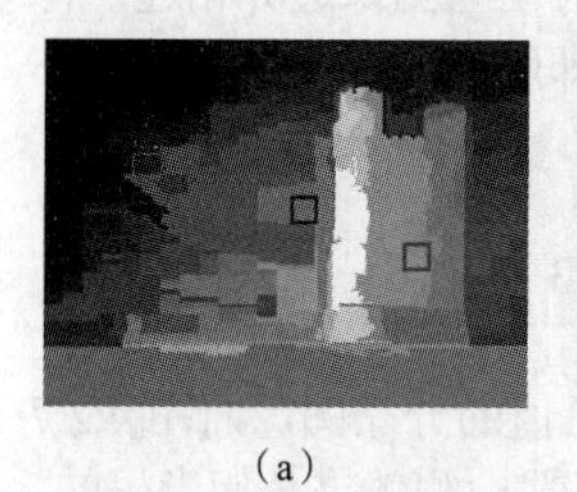
（a）
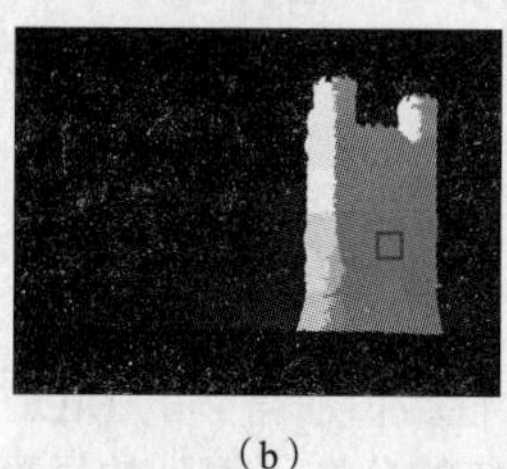
（b）
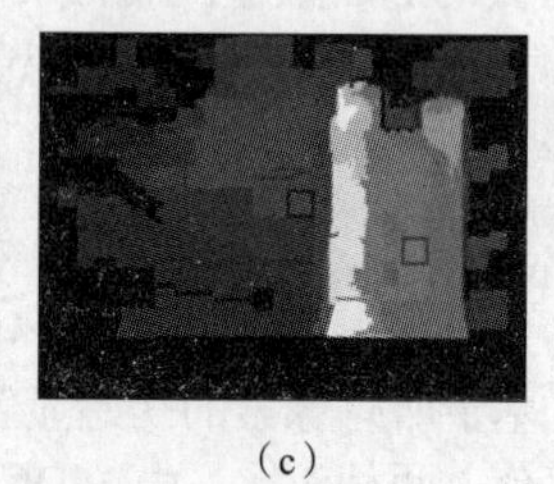
（c）
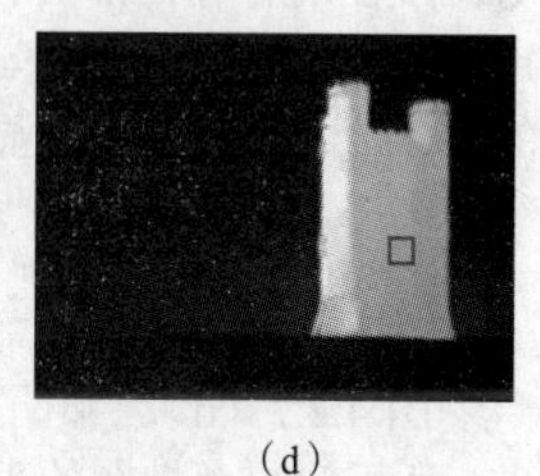
（d）

图 4.2.6　两种检测显著性方法的比较

4.2.4　基于最小方向对比度

基于**最小方向对比度**（MDC）是对上述方法的改进。由于区域级的方法为了进行图像分割需要较大的计算量，所以选择了像素级的方法以提高速度。

1. 最小方向对比度

考虑不同空间朝向的对比度。设将目标像素 i 看作视场中心，则整个图像可相对像素 i 的位置被划分成若干个区域 H，如左上（TL）、右上（TR）、左下（BL）、右下（BR）。对来自各个区域的**方向对比度**（DC）可进行如下计算（$H_1 = \text{TL}$，$H_2 = \text{TR}$，$H_3 = \text{BL}$，$H_4 = \text{BR}$，i 和 j 为在对应朝向上的像素指标）：

$$DC_{i,H_l} = \sqrt{\sum_{j \in H_l} \sum_{k=1}^{K} (f_{i,k} - f_{j,k})^2} \quad l = 1,2,3,4 \tag{4.2.8}$$

其中，f 代表在 CIE Lab 彩色空间中具有 K 个彩色通道的输入图像，如图 4.2.7 所示，其中图 4.2.7（a）是一幅输入图像。图 4.2.7（b）上、下两图中各选择了一个像素，其中上图中选择了一个前景像素，对应由两条红线交叉处所确定的位置；下图中选择了一个背景像素，对应由两条黄线交叉处所确定的位置。整幅图像被用红线或黄线划分为 4 个区域，对应 4 个方向。使用前景像素和背景像素得到的 4 个方向的对比度直方图分别见图 4.2.7（c）的上、下两图。

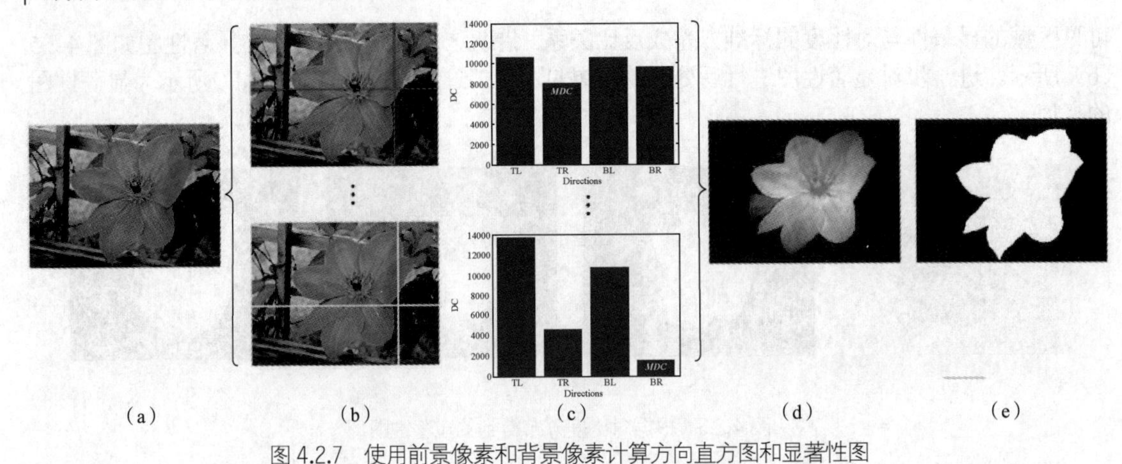

（a）（b）（c）（d）（e）

图 4.2.7　使用前景像素和背景像素计算方向直方图和显著性图

根据图 4.2.7（c）的方向对比度直方图可见，前景像素与背景像素的方向对比度的分布很不一样。前景像素在几乎所有方向上都有相当大的 DC 数值，即使其中最小的数值也比较大，但背景像素在右下方向的 DC 数值很小。事实上，由于前景像素通常被背景像素所包围，所以其方向对比度在所有朝向都会有大的 DC 数值；而背景像素通常总有至少一个方向与图像边界相连，肯定会出现小的 DC 数值。这表明可以考虑用**最小方向对比度**（MDC），即所有方向中对比度最小的 DC 值，作为初始的显著性的度量值：

$$S_{\min}(i) = \min_{H_l} DC_{i,H_l} = \sqrt{\min_{H_l} \sum_{j \in H_l} \sum_{k=1}^{K} (f_{i,k} - f_{j,k})^2} \quad l = 1,2,3,4 \tag{4.2.9}$$

图 4.2.7（d）给出了基于所有像素的初始显著性数值所得到的 MDC 值的分布图，而图 4.2.7（e）所示为显著性图的真值。两相对比，由 MDC 值的分布所得到的显著性检测效果是相当好的。

2. 降低计算复杂度

为了对每个像素计算 MDC，需要根据式（4.2.8）计算 4 个方向的对比度。如果直接按式（4.2.8）计算，则计算复杂度将是 $O(N)$，其中 N 是整幅图的像素个数。对较大尺寸的图像，这个计算量会很大。为降低计算复杂度，可以将式（4.2.8）进行如下分解：

$$\sum_{j \in H} \sum_{k=1}^{K} (f_{i,k} - f_{j,k})^2 = \sum_{j \in H} \sum_{k=1}^{K} f_{i,k}^2 - 2\sum_{k=1}^{K} \left\{ \sum_{j \in H} f_{j,k} \right\} f_{i,k} + |H| \sum_{k=1}^{K} f_{i,k}^2 \tag{4.2.10}$$

其中$|H_l|$表示沿 H_l 方向上的像素个数。上式中等号右边第 1 项以及第 2 项里花括号中的部分都可借助积分图像来快速计算，可将对每个像素的计算复杂度减到 $O(1)$，即基本与图像尺寸无关。

获取初始显著性后，还可以进行一些后处理以提升显著性检测的性能。

3. 显著性平滑

为消除噪声影响，并提高后续对显著性区域提取的鲁棒性，需要对显著性图进行平滑。为快速实现**显著性平滑**，可借助边界连通性的先验知识。先将每个彩色通道都量化到 L 级，这样彩色数量就由 256^3 减到 L^3（参见 4.2.2 小节）。此时，对具有相同量化彩色的像素的显著性进行平滑。

一般情况下，背景区域与图像边界的连接程度要远大于前景区域与图像边界的连接程度。所以，可借助**边界连通性**（BC）来确定背景。这个对背景的测定可借助量化后的色彩级别计算。令 R_q 表示具有相同量化颜色 q 的像素区域，则对 R_q 的边界连通性可按下式计算：

$$\mathrm{BC}(R_q) = \sum_{j \in R_q} \delta(j) \Big/ \left|R_q\right|^{1/2} \tag{4.2.11}$$

其中，$\delta(j)$在像素 j 是边界像素时为 1，否则为 0；$|R_q|$表示具有相同量化彩色 q 的像素个数。

用边界连通性加权的 R_q 的平均显著性为：

$$S_{\text{average}}(R_q) = \underset{j \in R_q}{\text{average}}\left\{S_{\min}(j) \cdot \exp\left[-W \cdot BC(R_q)\right]\right\} \tag{4.2.12}$$

其中，W 是控制边界连通性的权重。最终的平滑显著性是平均显著性和初始显著性的组合：

$$S_{\text{smooth}}(i) = \frac{S_{\min}(i) + S_{\text{average}}(R_q)}{2} \tag{4.2.13}$$

其中，像素 i 具有量化的彩色 q。显著性平滑的结果见图 4.2.8（a），由量化造成的伪影在显著性平滑中被消除了。

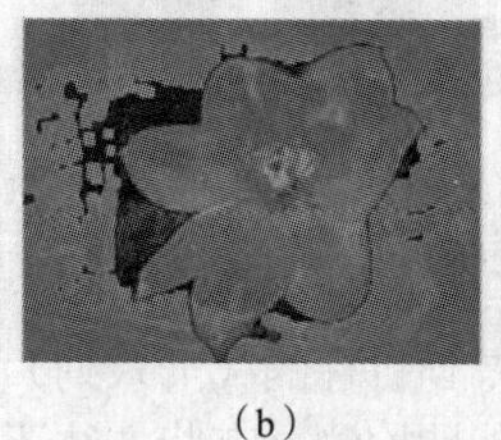

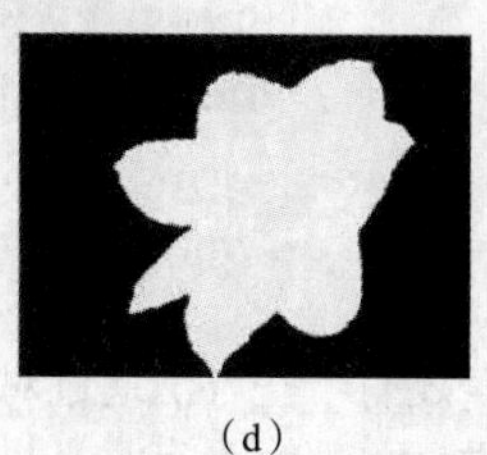

（a）　（b）　（c）　（d）

图 4.2.8　显著性检测后处理

4．显著性增强

为了进一步增加前景和背景区域之间的对比度，可使用下面简单而有效的基于分水岭的**显著性增强**方法。首先使用 OTSU 方法得到二值化阈值 T，对平滑后的显著性区域 S_{smooth} 进行分割。然后使用可靠的条件将一些像素标记为前景（F）或背景（B），其他像素标记为未定（U）：

$$M(i) = \begin{cases} F & S_{\text{smooth}}(i) > (1+p)T \\ B & S_{\text{smooth}}(i) < (1-p)T \\ U & \text{其他} \end{cases} \tag{4.2.14}$$

其中，p 是控制初始标记区域的参数，如图 4.2.8（b）所示。在图 4.2.8（b）中，前景像素为红色，背景像素为绿色，另有些像素还没有标记。接下来可使用基于标记的分水岭算法将所有像素分别标记为前景、背景或分水岭（W）。每个像素的显著性为：

$$S_{\text{enhance}}(i) = \begin{cases} 1-\alpha\left(1-S_{\text{smooth}}(i)\right) & i \in F \\ \beta S_{\text{smooth}}(i) & i \in B \\ S_{\text{smooth}}(i) & i \in W \end{cases} \tag{4.2.15}$$

其中，$\alpha \in [0, 1]$和$\beta \in [0, 1]$用来控制增强的程度。小的α和β数值表示前景像素将被赋予大的显著性数值，而背景像素将被赋予小的显著性数值。借助式（4.2.15），前景像素和背景像素的显著性数值分别被映射到$[1-\alpha, 1]$和$[0, \beta]$。图 4.2.8（c）是使用基于标记的分水岭算法得到的最终标记区域。由最终标记区域得到的显著性增强结果如图 4.2.8（d）所示。

4.3　基于最稳定区域的检测

前述基于对比度的方法主要考虑不同像素之间的强度差距，着眼点在区域的轮廓像素上。确定显著性区域也可直接将着眼点放在区域像素自身上，下面介绍一种方法。

4.3.1　区域显著性

在自底向上进行的图像显著性检测方法中，一般都基于像素或者超像素来计算对比度、空间分布等底层特征。这些基于像素或者超像素等低层特征的方法，运算比较简单，速度比较快。但是由于只从像素或者超像素层级局部地考虑问题，往往很难获得鲁棒的显著性结果，这个缺陷在复杂背景下的图像中（目标与背景之间的对比度常较小）尤为突出。例如在图 4.3.1（a）中给出一幅原始图像，图 4.3.1（b）和图 4.3.1（c）就是两个典型的、由于图像构成比较复杂而仅基于像素或者超像素层级计算显著性、不能一致性地获得需要的显著性区域的典型例子。

（a）

（b）

（c）

图 4.3.1　仅基于像素或者超像素方法的缺陷示例

还有一些方法通过对**目标候选区域检测**，先得到目标的（一系列）矩形候选框，并计算其**似物性**（可理解为有意义目标的可能性）来进行显著性检测。有些方法还将似物性与对比度（以及聚焦性等）结合起来。这些目标层级显著性检测方法都基于目标候选区域，并将矩形目标候选框中的所有部分都视为显著区域（即认为框中的所有像素具有相同的似物性得分，也就具有相同的显著性）。虽然这些矩形候选框中确实很有可能包含显著的目标，但它们不能提供确切的目标位置，而且矩形框中还有相当数量的像素属于背景，可能导致目标候选框中的背景像素也显示出很高的显著性。图 4.3.2 给出对图 4.3.1（a）的原始图像用 3 种不同的基于目标候选区域进行显著性检测得到的结果，对应图 4.3.2（b）和图 4.3.2（c）的方法虽比基于对比度的方法效果要好些，但在目标的一些边界位置的处理上效果仍不够理想（尤其在上半身轮廓部位）。

（a）

（b）

（c）

图 4.3.2　基于目标候选区域方法的缺陷示例

另外，目标候选区域检测的计算量往往很大。这是因为需要扫描大量不同尺度形状的（重叠）窗口并计算其中包含物体的可能性，或者需要通过自下而上地合并基本区域，以得到一系列候选区域并计算其似物性。

事实上，人的视觉系统在判断一个目标是否具有显著性的时候，倾向于将目标区域看作一个整体来考虑，而不是逐个像素或者超像素来计算。基于这种机理，当考虑某个像素或者超像素显著性的时候，最好要考虑它属于周围什么目标区域，然后从目标层级上考虑显著性。

下面介绍一种快速的目标层级的显著性检测方法。其中，在考虑一个像素或超像素的显著性时，不是仅考虑这个像素或者超像素本身，还要从更全局的角度，考虑它最可能属于哪个目标。为了寻找这个最可能属于的目标，可以考虑这个像素或者超像素周围的这样一个邻域：其内部各像素应当具有比较相似的颜色或灰度（内部差别小），但其总体又与其外部有明显不同的外观（内外差别大）。将这个满足上述条件、能表示最可能属于哪个目标的邻域称为**最稳定区域**（MSR）。接下来，把最稳定区域看作一个目标区域来计算其显著性（该区域比矩形候选框更逼近显著目标），并从而计算每个像素或者超像素的显著性。

图 4.3.3 给出了该方法的总体流程，首先用超像素分割表示整个图像，在超像素基础上获取最稳定区域，然后计算基于最稳定区域的显著性，最后对得到的显著图进行后处理。

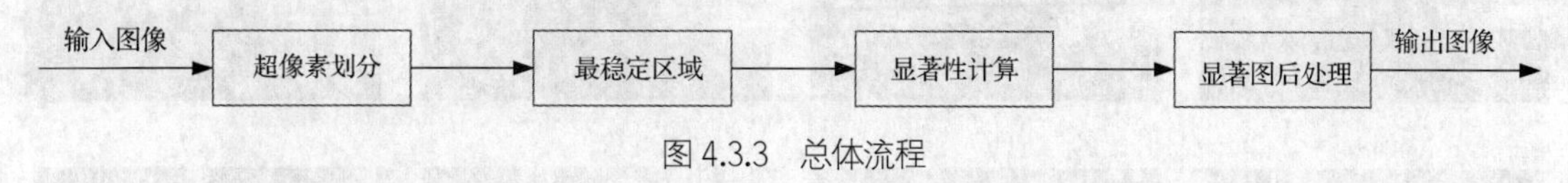

图 4.3.3 总体流程

4.3.2 最稳定区域

考虑将图像划分为像素的小集合，这里也称为超像素。设将图像划分为 M 个超像素（M 多在几百量级），则可表示为$\{P_i, i=1,\cdots,M\}$。对每个 P_i，将其作为种子，用一个区域生长策略来寻找它的一个周围区域，即它最可能属于的目标区域。在这个生长过程中，不断将周围的超像素结合进来，最后这个种子可生长成为整幅图像。这将会产生一系列（嵌套的）区域 $R_{i,j}$，$j=1,\cdots,M$。这些区域中，要判断哪个是 P_i 最可能属于的目标区域，可考虑下面 3 个因素进行打分。

（1）这个区域与其外部周边区域之间是否有很高的对比度。

（2）这个区域内部是否只有很低的对比度（即很平滑）。

（3）这个区域的面积不能过小，否则噪声影响过大。

将这 3 个因素结合起来考虑，可得到一个打分式：

$$S(R_{i,j})=C_{\mathrm{E}}(R_{i,j})\exp[-\alpha\bullet C_{\mathrm{I}}(R_{i,j})]A_{\mathrm{I}}(R_{i,j}) \tag{4.3.1}$$

其中 $C_{\mathrm{E}}(R_{i,j})$和 $C_{\mathrm{I}}(R_{i,j})$分别表示区域 $R_{i,j}$ 与外部周边区域的对比度和自身内部的对比度（α平衡这两个对比度），$A(R_{i,j})$起抑制小面积区域的作用。这 3 项可如下分别计算：

$$C_{\mathrm{E}}(R_{i,j})=\frac{1}{J}\sum_{p\in R_{i,j}}\sum_{q\notin R_{i,j}}D_{\mathrm{c}}(p,q)\delta(q\in N_p) \tag{4.3.2}$$

$$C_{\mathrm{I}}(R_{i,j})=\frac{1}{K}\sum_{p\in R_{i,j}}\sum_{q\in R_{i,j}}D_{\mathrm{c}}(p,q)\delta(q\in N_p) \tag{4.3.3}$$

$$A_{\mathrm{I}}(R_{i,j})=\min\left[1,\ \frac{A_{i,j}}{T_A}\right] \tag{4.3.4}$$

其中，J 和 K 分别是外部对比度和自身对比度计算中的邻域里超像素对的数量；$D_{\mathrm{c}}(p,q)$是两个超像素 p 和 p 的平均颜色（可取 CIE Lab 颜色空间）之间的欧氏距离；$\delta(q\in N_p)$在超像素 q 属于超像素 p 的邻域 N_p 时取 1，否则取 0；$A_{i,j}$ 表示区域 $R_{i,j}$ 的归一化面积（图像总面积为 1），面积小于阈值 T_A（例如 2%）的小区域将受到抑制。

根据打分结果，可从区域生长过程中产生的一系列区域中选出得分最高的区域 $R_{i,m}$：

$$R_{i,m}=\max_{M}[S(R_{i,j})] \tag{4.3.5}$$

该区域满足前述 3 个因素（区间差距大、区内接近、有一定尺寸），是最有可能代表种子超像素 P_i 所属于的完整目标的。将其定义为**最稳定区域** $\mathrm{MSR}_i=R_{i,m}$。

一个最稳定区域生成过程的示例如图 4.3.4 所示。其中，图 4.3.4（a）为与图 4.3.1（a）相同的输入图像；图 4.3.4（b）为超像素划分的结果；图 4.3.4（c）中的绿色掩模指示一个种子超像素，此时计算得到的分数为 1.04；图 4.3.4（d）到图 4.3.4（h）依次给出基于该种子像素进行生长而得到的各个区域（用蓝色掩模表示），它们的得分依次为 4.65、19.25、21.94、20.6、0.0，可见得分从低到高又从高到低，并最终降到 0，其中图 4.3.4（f）的得分最高（对应驻点），所以对应的区域被定为最稳定区域。

（a）（b）（c）（d）（e）（f）（g）（h）

图 4.3.4 最稳定区域的生成过程示例

在区域生长的过程中，每个超像素需要根据一定的优先级进行合并。这里可使用每个所考虑的超像素与种子超像素之间的颜色距离作为生长优先级，距离越小，意味着与种子越相似，则对其生长过程中赋予越高的优先级。这里有多种距离测度可以使用，在较复杂的场景下，比较鲁棒且有快速算法的**最小栅栏距离**（MBD）被广泛应用。

在区域生长的过程中，还要考虑种子超像素的选取。由于图像中一般包括很多种背景元素或者目标，需要多个最稳定区域才能表达整幅图像的完整信息。一个简单的做法是把每个超像素都作为种子点，分别生成一个相应的最稳定区域，但这样需要比较多的时间开销。实际上，一些具有相似颜色的邻近超像素，通常产生类似的甚至相同的最稳定区域。据此，不必把每一个超像素都作为种子点。可以仅选择一些有代表性的超像素作为种子点，就可能生成一些最稳定区域并能表达完整的图像信息。

给定一个种子超像素 p，在生成最稳定区域的过程中，可以首先计算其他超像素与该种子之间的超像素级的最小栅栏距离。如果对其他某个超像素 q，当其到种子超像素 p 的距离不大于一个阈值 T_{MBD}，就可以认为这个超像素 q 与种子超像素 p 相似，不再需要选择 q 作为种子超像素。换句话说，借助阈值 T_{MBD} 可减少需要计算的种子超像素的数量。那么这种减少对显著性计算的效果有什么影响呢？实际实验表明，通过恰当地选择 T_{MBD}，可减少种子超像素的数量约一个数量级而使效果仍相当（参见 4.4 节）。

4.3.3 显著性计算

获得了最稳定区域后，要进一步计算其显著性。这里考虑了两个因素。

首先，在图像的显著性检测中，常使用两种先验：边界先验和连通先验。边界先验认为图像的边界大部分对应背景区域，连通先验认为背景区域（比前景区域）更多地与图像的边界连在一起。将这两种先验结合，可制定一个衡量给定图像区域属于背景可能性大小的参数，称为**边界连通性**（BC）：一个图像中区域和整幅图像边界重叠的长度与该区域面积的平方根的比值。前述最稳定区域（MSR）可以被认为是一个检测到的区域，其边界连通性可以如下计算：

$$B(\mathrm{MSR})=\frac{\sum_{q\in\{P_B\}}\delta(q\in\mathrm{MSR})}{\sqrt{\sum_{q\in\{P\}}\delta(q\in\mathrm{MSR})}} \tag{4.3.6}$$

其中，$\{P\}$代表所有超像素，$\{P_B\}$代表图像边界上的所有超像素，$\delta(q\in\mathrm{MSR})$在超像素 q 属于 MSR

时取 1，否则取 0。

另外，在最稳定区域生成过程中，主要考虑寻找一个可能代表整个目标的周围区域，并没有考虑整幅图像的全局分布特征。实际中，背景区域的颜色常分布在整幅图像上，即在空间分布上呈现出很大的方差；而前景区域通常分布比较紧凑，在空间分布上呈现出较小的方差。为此，还可以定义一个称为**颜色空间分布**的参数，以表示某个特定区域颜色在图像中其他地方出现的可能性。对前述最稳定区域，其颜色的空间分布情况（即其平均颜色在图像其他地方出现的可能性）可以用与该最稳定区域颜色类似的所有区域在空间上的加权平均方差来描述：

$$C(\mathrm{MSR})=\sum_{q\in\{P\}}\left\|q_L-\mu(\mathrm{MSR})\right\|^2\bullet Z(\mathrm{MSR},q) \tag{4.3.7}$$

其中，q_L 表示超像素 q 的位置，μ(MSR)表示与 MSR 颜色类似的所有区域在空间上的加权平均位置，Z(MSR, q)表示 MSR 与超像素 q 之间的颜色相似度，分别如下：

$$\mu(\mathrm{MSR})=\sum_{q\in\{P\}}q_L\bullet Z(\mathrm{MSR},q) \tag{4.3.8}$$

$$Z(\mathrm{MSR},q)=\frac{1}{W_{\mathrm{MSR}}}\exp\left[\frac{D(\mathrm{MSR},q)}{\sigma}\right] \tag{4.3.9}$$

其中，相似度函数由参数σ控制（例如$\sigma=3$），D(MSR, q)表示 MSR 与超像素 q 之间的距离，W_{MSR} 是归一化参数以使：

$$\sum_{q\in\{P\}}Z(\mathrm{MSR},q)=1 \tag{4.3.10}$$

对一个最稳定区域，如果上述计算出来的加权平均方差较小，则表示该区域的颜色在空间分布比较紧凑，将会比在空间上分布较广泛的区域颜色更显著。

综合考虑上面边界连通性和颜色空间分布两个参数，可以定义一个显著性特征：

$$T(\mathrm{MSR})=\exp[-W_b\bullet B(\mathrm{MSR})]\exp[-W_c\bullet C(\mathrm{MSR})] \tag{4.3.11}$$

其中 W_b 和 W_c 分别是控制边界连通性和颜色空间分布两个参数的权重。

对每个种子超像素 P_i，都会生成与其对应的最稳定区域 $\mathrm{MSR_i}$，i = 1,…, M。一方面，$\mathrm{MSR_i}$ 中还常会包括种子超像素之外的其他超像素；另一方面，P_i 也可能属于多个不同的 MSR。这样，一个超像素 P_i 的显著性可定义为包含该 P_i 的所有 MSR 的显著性的平均值：

$$T(P_i)=\frac{\sum_{j=1}^{M}\delta(P_i\in\mathrm{MSR}_j)T(\mathrm{MSR}_j)}{\sum_{j=1}^{M}\delta(P_i\in\mathrm{MSR}_j)} \tag{4.3.12}$$

其中，$\delta(P_i\in\mathrm{MSR}_j)$在超像素 P_i 属于 MSR_j 时取 1，否则取 0。

图 4.3.5 给出一些基于最稳定区域的显著性计算结果。其中，图 4.3.5（a）是仅使用边界连通性式（4.3.6）得到的结果，图 4.3.5（b）是仅使用颜色空间分布式（4.3.7）得到的结果，图 4.3.5（c）是结合两个指标得到的结果，比仅用任一个指标都好。进一步的定量比较可见 4.4 节。

（a）

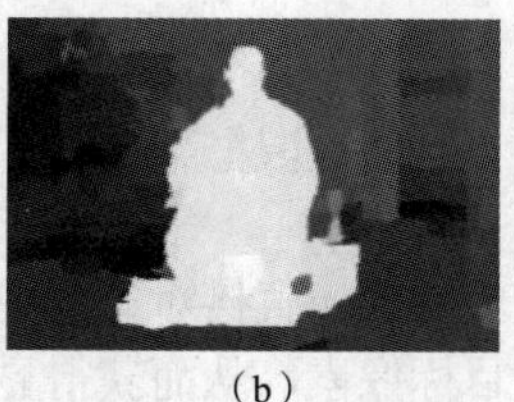
（b）

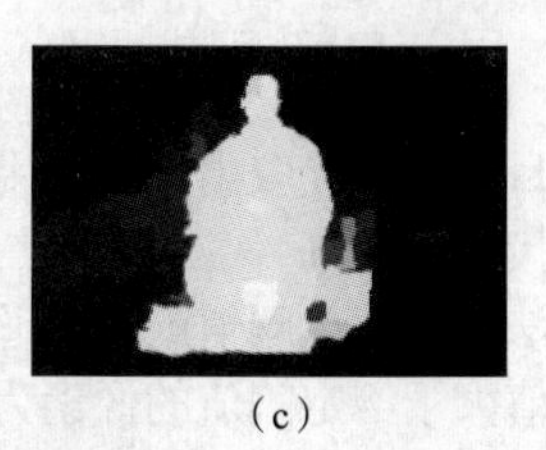
（c）

图 4.3.5 基于最稳定区域的显著性计算结果

4.3.4 显著性后处理

对根据显著性计算得到的显著性图还可借助后处理进行改善，这里可使用显著性平滑和显著性增强两个操作。

显著性平滑借助一个简单的平滑滤波器来实现，以使得颜色距离和空间距离较小的区域之间具有较接近的显著性。平滑滤波在超像素级别上实现：

$$T^{(\mathrm{S})}(p)=\sum_{q\in P}T(q)\cdot W_q\cdot\exp\left[-\frac{D_{\mathrm{c}}(p,q)}{\sigma_{\mathrm{c}}^2}-\frac{D_{\mathrm{g}}(p,q)}{\sigma_g^2}\right] \tag{4.3.13}$$

其中，W_q表示对超像素q的权重，与其包含的像素数量有关；$D_{\mathrm{c}}(p,q)$代表两个超像素p和q在颜色空间上的距离；$D_{\mathrm{g}}(p,q)$代表两个超像素p和q在几何空间上的距离；σ_{c}^2和σ_{g}^2分别用于控制颜色空间和几何空间上平滑的强度。

显著性增强的目标是增加前景和背景区域之间的对比度，这里使用一个扩展的Sigmoid函数对显著性图进行自适应增强：

$$f(x)=\frac{1}{1+\dfrac{1-T_d}{T_d}\exp\left[-k(x-T_d)\right]} \tag{4.3.14}$$

其中，T_d是对显著图分割的阈值，k用于调节增强的程度。根据式（4.3.14），在显著图中其显著性值大于阈值T_d的将更大，而小于阈值T_d的将更小，只有等于阈值T_d的保持不变。

图4.3.6（a）和图4.3.6（b）分别给出对图4.3.5（c）继续进行显著性平滑和显著性增强而得到的结果，每种操作都使结果有一些改善。图4.3.6（c）给出检测计算的真值，可见经过基于最稳定区域检测的流程而检测出来的显著性区域与理想结果相当接近。

（a）

（b）

（c）

图4.3.6 基于最稳定区域的显著性计算结果

4.4 显著目标区域提取及效果评价

在对图像中的显著性进行检测和计算的基础上，可进一步将显著区域提取出来，实现对目标的分割。事实上，显著性检测的效果也常利用显著目标区域来进行评价。

4.4.1 显著目标区域提取

将显著目标区域提取出来可采用不同的提取框架。

（1）直接阈值分割

该类方法采用简单阈值或者自适应阈值，直接对显著图中的显著性数值进行阈值化计算，提取显著性数值大于给定阈值的像素为目标像素，从而获得显著目标区域。这种方法受噪声以及目标自身结构变化的影响比较大。一种更稳定的方法是采用分水岭分割（水线分割），其中可使用标号控制分割的方法来减少目标边界上的不确定像素。

（2）基于交互图像分割

典型的方法常基于抓割（GrabCut）算法。它是一种得到普及推广的、可用于显著物体提取的交互式图像分割算法。首先使用固定阈值来二值化显著图，在二值化后的显著图上结合原始图像通过多次迭代抓割算法来改善分割结果，并在迭代过程中对图像进行腐蚀和膨胀，以为下一次迭代提供有益协助。

（3）结合矩形窗定位

为了避免显著性阈值的影响并同时减少 GrabCut 的迭代次数，可将交互式图像分割与矩形窗定位相结合。例如可基于显著性密度的区域差异进行矩形窗口搜索，或将显著性与边缘特性相结合进行嵌套窗口搜索。

显著目标区域的提取通常包括以下步骤。

（1）显著图计算

需要根据各区域的显著属性来区分哪些区域显著，哪些区域不算显著。

（2）初始显著区域定位

最常用的是图像二值化的方法，其关键问题是阈值选择的最优化。此外，也可采用显著区域定位的方法，通过窗口搜索获取显著区域在图像中的位置。

（3）精细显著区域提取

在定位初始显著区域后，进一步细化其边界。在具体应用中，常需要用抓割算法进行多次迭代，并涉及一些其他操作，比如腐蚀和膨胀操作。如何在降低迭代次数的同时减少对其他操作的需求并获得较好的效果是该步骤的关键问题。

一种借助对图割方法的改进来分割显著性图中目标的方法具有如下步骤。

（1）先用一个固定的阈值对显著性图进行二值化。

（2）将显著性值大于阈值的最大连通区域作为显著目标的初始候选区域。

（3）将这个候选区域标记为未知，而把其他区域都标记为背景。

（4）利用标记为未知的候选区域训练前景颜色以帮助算法确定前景像素。

（5）用能给出高查全率（召回率）的潜在前景区域来初始化抓割算法（一种使用高斯混合模型和图割的迭代方法），并迭代优化以提高查准率（精确度）。

（6）迭代执行抓割算法，每次迭代后使用膨胀和腐蚀操作，将膨胀后区域之外的区域设为背景，将腐蚀后区域之内的区域设为未知。

4.4.2 显著区域提取效果评价

要评价对显著性区域提取的效果，常借助一些公开的数据库来进行实验，并根据一定的评价指标来比较和判断。

1. 常用数据库

常用的测试数据库包括：MSRA-10K、SED2、ECSSD、PASCAL-S、DUTOMRON 等。这些数据库里的数据除了图像外还包括图像的显著性真值。表 4.4.1 给出这些数据库的概况。

表 4.4.1　常用数据库的概况

数据库	构建年	图像数目	目标数目
MSRA-10K	2013	10000	1
SED2	2012	100	2
ECSSD	2013	1000	≥1
PASCAL-S	2014	850	≥1
DUTOMRON	2013	5168	≥1

除了数据库中图像数量以及图像里目标的数量以外，数据库的难度还与图像的前景和背景之间的对比度、图像背景的复杂程度等有关。上述数据库的一些示例图像如图 4.4.1 所示，其中图 4.4.1（a）源自 MSRA-10K，图 4.4.1（b）源自 SED2，图 4.4.1（c）源自 ECSSD，图 4.4.1（d）源自 PASCAL-S，图 4.4.1（e）源自 DUTOMRON。由这些图看来，上述数据库的显著性区域检测难度有逐渐增加的趋势。

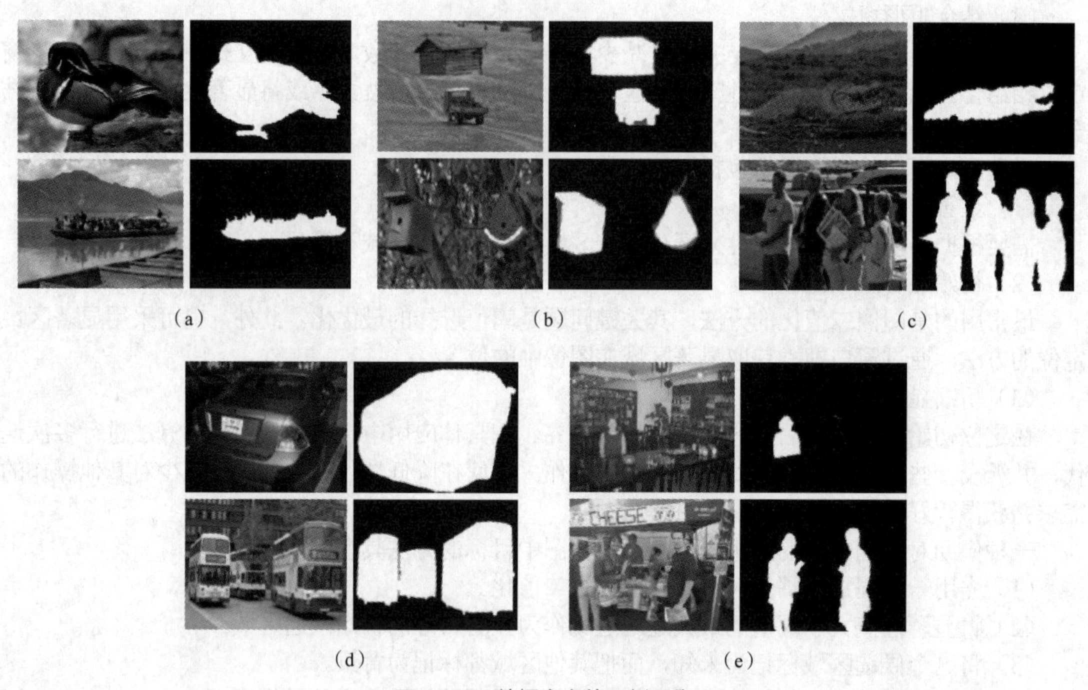

（a）（b）（c）（d）（e）

图 4.4.1 数据库中的示例图像

2. 评价指标

借助对图像中显著性目标的提取，可以得到测量（计算）出显著性的像素集合（其余为测量出非显著性的像素）。根据显著性真值，可以得到真实地具有显著性的像素集合（其余为真实地具有非显著性的像素）。通过比较这些集合，可得到表 4.4.2 中列出的 4 种情况。

表 4.4.2 测量值和真实值的 4 种情况

	真实显著性	真实非显著性
测量显著性	真阳性 T_P	假阳性 F_P
测量非显著性	假阴性 F_N	真阴性 T_N

实际中对显著性检测的效果进行判断和评价常使用这 4 种情况的像素数量（$|T_P|$，$|F_P|$，$|F_N|$，$|T_N|$）的某种组合。

（1）**查准率**（精确度/精确性）：$P=|T_P|/(|T_P|+|F_P|)$。

（2）**查全率**（召回率）：$R=|T_P|/(|T_P|+|F_N|)$。

（3）**PR 曲线**：在横轴为查全率，纵轴为查准率的坐标系中的曲线。

（4）**ROC 曲线**：在横轴为虚警率 F_P，纵轴为查准率的坐标系中的曲线。

（5）ROC 曲线的**曲线下面积**（AUC）：

$$\mathrm{AUC}=\int_0^1 T_P \mathrm{d}F_P \tag{4.4.1}$$

（6）**F-测度**（也称 F-分数）：

$$F_k=\frac{(1+k^2)P\times R}{k^2P+R} \tag{4.4.2}$$

其中，k 为参数。$k=1$ 时，F_1 是 P 和 R 的调和平均数。

另外，还有一些统计误差的指标。假设给定一组数据$\{x_1, x_2, \cdots, x_n\}$，用 $m(x)$表示它们的均值。

（7）**平均误差**（ME），是所有单个测量值与它们的算术平均值之间的偏差的平均值：

$$\text{ME}=\frac{1}{n}\sum_{i=1}^{n}\left[x_i-m(x)\right] \tag{4.4.3}$$

（8）**平均绝对误差**（MAE）也称**平均绝对离差**（MAD），是所有单个测量值与它们的算术平均值之间的偏差的绝对值的平均值：

$$\text{MAE}=\frac{1}{n}\sum_{i=1}^{n}\left|x_i-m(x)\right| \tag{4.4.4}$$

相比平均误差，平均绝对误差对误差或离差取了绝对值，避免了正负离差互相抵消的情况，能更好地反映数值误差的实际情况。

（9）**均方根误差**（RMSE），是各测量值误差（与真值$\{y_1, y_2,\cdots, y_n\}$的差）的平方和的平均值的平方根：

$$\text{RMSE}=\sqrt{\frac{1}{n}\sum_{i=1}^{n}\left(x_i-y_i\right)^2} \tag{4.4.5}$$

例 4.4.1　ROC 曲线上最小化总体误差的点

在 ROC 曲线上最接近原点的点处在使下式最小的位置：

$$F=\sqrt{F_{\text{P}}^2+F_{\text{N}}^2}$$

而误差概率是：

$$F_{\text{E}}=F_{\text{P}}+F_{\text{N}}$$

由上可知：

$$F_{\text{P}}=F_{\text{E}}-F_{\text{N}}$$

求导，得到：

$$\delta F_{\text{P}}=\delta P_{\text{E}}-\delta F_{\text{N}}$$

对最小值，有$\delta P_{\text{E}}=0$。这发生在 ROC 曲线的梯度等于−1 的位置。可见，在 ROC 曲线上能最小化总体误差的点并不是最接近原点的点，而是其梯度为−1 的点。 ❑

例 4.4.2　环绕方向数对检测的影响

在基于最小方向对比度（MDC）的方法中，对显著性的计算是以给定超像素区域为中心沿各环绕方向上的最大对比度为基础的。环绕方向数有可能对最终结果有一定的影响。借助 PR 曲线、ROC 曲线和 F-测度对环绕方向数的影响（取方向数分别为 4、8、12、16、20 和 24）进行实验，得到的一些结果见图 4.4.2。其中，图 4.4.2（a）所示为 PR 曲线，可见当方向数在从 4 增加到 16 时效果有一定提升，方向数多于 16 后，效果不再变化。图 4.4.2（b）所示为 ROC 曲线，可见除方向数为 4，其他情况下的效果基本看不出区别。图 4.4.2（c）给出对应的 AUC 数值和 F-测度数值，从中也可以得出类似的结论。

下面分别介绍对基于最小方向对比度（MDC）方法和基于最稳定区域（MSR）方法进行性能评价和比较的一些实验和结果。这里给出了使用两个评价指标（MAE 和 F-测度）的结果。

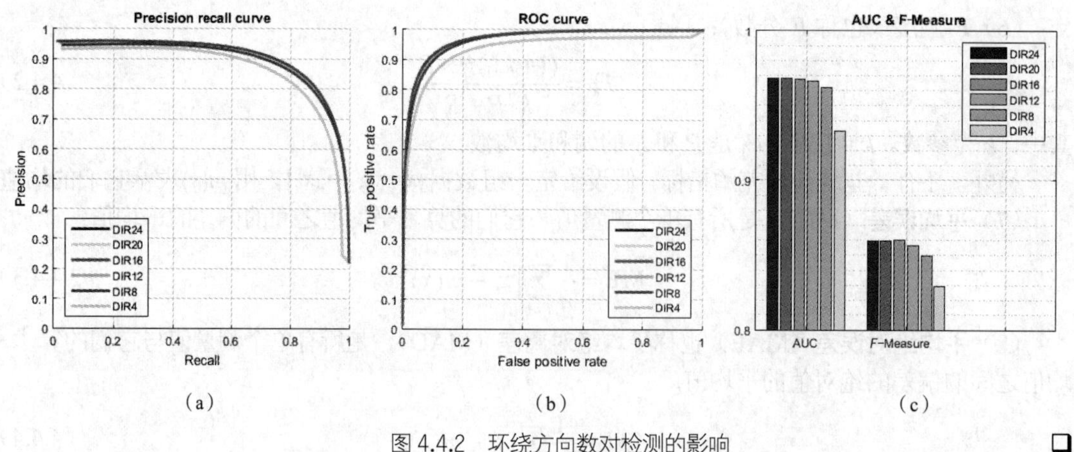

（a）　　　　（b）　　　　（c）

图4.4.2　环绕方向数对检测的影响 ❑

3．对MDC的评价实验

在MDC方法中，为快速实现显著性平滑，先将每个彩色通道都从256级量化到L级。参数L如选得过大则减少运算量的作用会不明显，如选得过小则颜色量化会过于粗略。当L在8到40之间变化时得到的一些结果如表4.4.3所示。在该区间L变化的影响比较平稳，综合考虑运算量和平滑效果，可取$L = 24$。

表4.4.3　MSRA-10K数据库上选取不同量化级数L的效果

		量化级数 L				
		8	**16**	**24**	**32**	**40**
指标	**MAE**	0.0953	0.0907	0.0895	0.0917	0.0933
	***F*-测度**	0.8612	0.8680	0.8682	0.8658	0.8632

在显著性平滑中，用式（4.2.12）中的W作为控制边界连通性的权重。该参数取值对显著性计算的影响可见表4.4.4。使用较大的权重能提高性能，但$W > 3$后性能提高比较缓慢，所以可取$W = 3$。

表4.4.4　MSRA-10K数据库上选取不同权重参数W的效果

		权重参数 W				
		0	**1**	**3**	**5**	**10**
指标	**MAE**	0.1073	0.0953	0.0903	0.0900	0.0903
	***F*-测度**	0.8392	0.8500	0.8648	0.8653	0.8658

在显著性平滑操作后的显著性增强中，用p作为控制参数将一些可靠像素先进行初始标记。参数p的影响未定像素的数量。当p在0到0.8之间变化时得到的一些结果如表4.4.5所示。当取$p = 0.4$或$p = 0.6$时效果较好。

表4.4.5　MSRA-10K数据库上选取不同参数p的效果

		控制参数 p				
		0	**0.2**	**0.4**	**0.6**	**0.8**
指标	**MAE**	0.1020	0.0960	0.0923	0.0906	0.0947
	***F*-测度**	0.8472	0.8553	0.8627	0.8648	0.8620

4. 对 MSR 的评价实验

首先，在最稳定区域的生成中，需要选择种子超像素作为出发点。如果依次选择图像中每个超像素会需要很大的计算量。4.3.2 小节介绍了一种仅选择部分有代表性的超像素作为种子来加速的方法。其中阈值 T_{MBD} 是一个可调参数，它的一些取值对显著性计算的影响如表 4.4.6 所示（使用了 ECSSD 数据库）。从表 4.4.6 可见，当 $T_{MBD} = 4$ 时，对显著性计算还完全没有影响，对应的种子超像素数量只有 $T_{MBD} = 0$ 时的约 1/10。随着 T_{MBD} 的增加，MAE 逐渐减小而 *F*-测度逐渐增加，影响逐步显现。

表 4.4.6　　ECSSD 数据库上选取不同阈值的比较

		T_{MBD}			
		0	**4**	**8**	**12**
指标	**MAE**	0.132	0.132	0.136	0.142
	***F*-测度**	0.783	0.783	0.772	0.758

确定了最稳定区域后，还要计算其显著性。现在考虑一下计算最稳定区域的显著性中两个参数与性能的联系。根据式（4.3.6）计算出来的边界连通性显著性和式（4.3.7）计算出来的颜色空间分布显著性如表 4.4.7 所示（使用了 ECSSD 数据库）。可以看出，在这个例子中，仅使用边界连通性计算出来的显著性，比仅使用颜色空间分布计算出来的显著性按 MAE 指标衡量要好许多；而使用颜色空间分布计算出来的显著性比仅使用边界连通性计算出来的显著性按 *F*-测度指标衡量要好许多。可见，两个参数对不同指标的影响不同。不过，如果将两个参数结合起来，根据式(4.3.11）计算出来的显著性按 MAE 指标衡量和按 *F*-测度指标衡量都又有一定的提升，比两个参数单独使用时的最好情况还要好。可见，两个参数有一定的互补性。

表 4.4.7　　ECSSD 数据库上不同操作步骤效果的比较

		操作步骤				
		边界连通性	颜色空间分布	综合显著性	显著性平滑	显著性增强
指标	**MAE**	0.185	0.285	0.182	0.183	0.131
	***F*-测度**	0.738	0.762	0.771	0.775	0.782

接下来，在综合上两个参数计算的基础上还进行了后处理，结果也列在表 4.4.7 中。显著性平滑对改善 *F*-测度有一定的效果，而显著性增强对改善 MAE 和 *F*-测度都有很明显的效果。

5. 对 MDC 和 MSR 的比较

对两种方法在 4 个数据库上的比较结果如表 4.4.8 所示。总体来看目标级的 MSR 方法比像素/超像素级的 MDC 方法在精度上要高一些，也更鲁棒一些。不过，对两种方法在 Intel Core i5-4590 CPU @ 3.3 GHz 和 8GB RAM 的 64 位 PC 机上进行的计算速度性能测试表明，MDC 方法要比 MSR 方法更快，前者可达到 300 帧每秒，而后者约为 50 帧每秒。

表 4.4.8　　4 个数据库上两种方法的比较

		MAE		*F*-测度	
		MDC	**MSR**	**MDC**	**MSR**
数据库	**DUTOMRON**	0.149	0.121	0.589	0.625
	ECSSD	0.145	0.125	0.737	0.774
	MSRA-10K	0.082	0.070	0.862	0.880
	PASCAL-S	0.182	0.180	0.661	0.678

总结和复习

下面对本章各节进行简单小结，并有针对性地介绍一些可供深入学习的参考文献。读者还可通过思考题和练习题进行进一步的复习，标有星号的思考题或练习题在书末提供了解答。

【小结和参考】

4.1 节对显著性进行了概括介绍。显著性与人类主观感知密切相关，一些显著性计算模型与人类视觉的显著性预测模型之间的关联研究可参见文献[Toet 2011]。对人类模型与视觉显著性模型一致性的方法比较研究可参见文献[Borji 2013a]。基于生物模型的预注意机制模型可参见文献[Itti 1998]。对视觉注意力机制建模的近期进展可参见文献[Borji 2013b]。基于视觉注意力模型计算显著性可参见文献[张 2010]，有关视觉注意力图可参见文献[Stentiford 2003]。相关综述可参见文献[孙 2014]。图像中的显著极值的有效提取对图像分析和处理具有重要的意义和应用价值[Duncan 2012]。近年，也有采取仿人脑视皮层细胞来提取目标边缘，通过深度卷积神经网络学习获得区域和边缘特征的方法[李 2016]。将深度卷积神经网络用于细粒度图像显著性计算可参见文献[Chen 2017]。

4.2 节介绍了几种显著区域分割提取的具体方法，基于对比度幅值的方法（包括 HC 和 RC）可参见文献[Cheng 2015]，基于对比度分布和基于最小方向对比度的算法可参见文献[Huang 2017]。更多方法可参见文献[贺 2013]、[景 2014]、[Patil 2015]、[Huang 2018a]、[Huang 2018b]等。有关区域生长的介绍可参见《图像处理和分析教程》10.5.1 小节。

4.3 节介绍了一种基于最稳定区域的显著性检测方法，这是一种目标级的方法，进一步细节可参见文献[Huang 2020]。有关超像素分割的算法已有很多，对 SLIC 算法的介绍可参见文献[Achanta 2012]。使用边界连通性来衡量一个区域属于背景的可能性的方法可参见文献[Zhu 2014]。有关颜色空间分布特征的特点和计算可参见文献[Perazzi 2012]。

4.4 节介绍了对显著性目标区域的提取及其评价比较的指标和方法。还结合前两节的方法给出了一些实验结果。有关显著性检测的测试基准可参见文献[Borji 2015]。有关分水岭分割（水线分割），以及使用标号控制分割的方法可参见文献[章 2018c]。对抓割（GrabCut）算法的介绍可参见文献[Rother 2004]。所介绍的借助对图割方法进行改进来分割显著性图中目标的方法可参见文献[Cheng 2015]。

【思考题和练习题】

4.1 试找一些图片，指出其中对不同的应用、不同的观察者所关注的显著性定义、显著性区域有什么不同。

4.2 试将几幅彩色图像转换为灰度图像，看其中不同区域的显著性发生了什么变化？如果更显著了或更不显著了，分析其原因。

4.3 显著性检测与一般的目标检测有什么联系？有什么不同？从语义层次讲，谁更高一些？从精度要求上讲，谁更高一些？

4.4 局部对比度的 4 种主要形式分别适合于哪类应用？举例说明。

*4.5 如果采用可靠 RGB 彩色，对 512 像素×512 像素的图像，采用式（4.2.3）的计算量与采用式（4.2.1）的计算量是什么关系？

4.6 为什么对前景像素和背景像素算得的对比度分布是不同的？这里对图像做了什么先验假设？试举几个该假设不成立的例子。看看此时还有什么先验假设可以利用？

4.7 实现一种利用对比度计算显著性的算法，看看它对哪些类型的图像效果比较好，对哪些类型的图像效果比较差？分析原因。

4.8 在利用方向对比度计算显著性时，方向的数量和间隔的大小对结果有哪些影响？还有哪些影响因素需要考虑？

4.9　试解释为什么图像中会有最稳定区域存在？在最稳定区域的轮廓处，那些像素的灰度或颜色有什么特点？

4.10　分别讨论在确定最稳定区域而进行打分的 3 个因素各对显著性的检测起了什么作用？如果只考虑单个因素，确定出来的区域有可能与最稳定区域有些什么差别？

4.11　对比 4.2.4 小节与 4.3.4 小节中的显著性增强方法，它们各有什么特点？

*4.12　设有一个显著性真值序列为 0、1、2、3、4、6、7、8、9，而测量出的显著性值序列为 0、2、4、6、8、1、3、7、9。假设在显著目标区域提取时使用阈值 5，请计算 4.4.2 小节中介绍的评价指标 MAE、ME、*F*-测度的值。

第5章 目标分割

目标分割指将感兴趣的目标区域从图像中分离并提取出来，也可看作基元检测的一种推广，与显著性检测后将显著目标区域提取出来的结果一致，较一般的称谓是**图像分割**，其研究已有半个多世纪的历史，所提出的方法已非常多，可参见文献[章 2001b]、[Zhang 2006]、[Zhang 2015c]。

要将目标从图像中分割出来，可以从两个方面着手，或者说有两类方法。一类方法基于目标的**轮廓**或边界，即考虑该目标与图像其他部分的界限，如果能确定目标轮廓，就可将目标与图像中的其他部分区分开。另一类方法是基于区域的，即考虑所有属于目标区域的像素（包括边界和内部像素），如果能确定出每个属于目标的像素，就可获得完整的目标。

在基于轮廓的方法中，除 3.1 节介绍的检测轮廓点再联系起来的方法以外，还有一边搜索轮廓点一边进行连接的方法，以及先构建一个初始边界再对其进行逐步调整的方法。前一类方法常可以并行地实现，速度比较快。后一类方法则需要顺序地进行，且该方法可以利用先前的结果调整后面的步骤，比较灵活，又因为利用了全局的信息而更抗噪声。

在基于区域的方法中，最常用的手段是假设构成目标区域的像素的灰度值（或其他属性值）都大于某个特定的阈值，设法确定这个阈值以把像素区分开。进一步的推广是考虑像素特性满足某些相似规则。这类方法也常可以并行地实现，速度也比较快。另外，也有基于区域但顺序地对区域进行迭代地分裂、合并的方法，效果有可能更好，但复杂度比较高。

根据上面所述，本章各节安排如下。

5.1 节介绍基于对轮廓进行搜索的两种目标分割方法。图搜索方法把轮廓搜索转化为在图中搜索代价最小的路径，而动态规划则借助启发性知识来减少搜索计算量。

5.2 节讨论主动轮廓模型，其特点是通过定义特定的内部和外部能量函数，并进行优化，来调整初始的估计轮廓，以获得最终精确的目标轮廓。

5.3 节介绍一类广泛使用的基于区域的目标分割方法，即取阈值分割方法，分别定义和讨论了选取全局阈值、局部阈值和动态阈值 3 类典型方法。

5.4 节继续介绍取阈值分割方法，但这里考虑了两种有特色的阈值选取方法：基于小波变换的多分辨率阈值选取和基于过渡区的结合轮廓信息和区域信息的阈值选取。

5.5 节把灰度空间的阈值化思想推广到特征空间，介绍了通过寻找和聚类具有相似特性的像素来进行目标分割的方法。

5.1 轮廓搜索

第 3 章介绍的边缘检测方法可以检测出目标轮廓上的边缘点，将这些点看作目标的边界点并在此基础上将这些边界点连接起来就可获得目标轮廓，从而将目标分割出来。这可看作一种基于轮廓的目标分割方法。

轮廓搜索也是一种基于轮廓的目标分割方法。与先全图检测局部边缘点，再将边界点连接起来构成目标边界不同，轮廓搜索技术将检测边缘点和连接边界点交替结合进行，一边检测一边连接并最后获得目标轮廓。这种方法考虑了图像中边界的全局信息，在图像受噪声影响较大时仍可取得较鲁棒的分割结果。本节介绍两种边缘检测和边界连接互相结合串行进行的方法。

5.1.1　图搜索

将边界点和边界段用图（结构）来表示，通过在图中搜索对应最小代价的通道来获得目标的闭合边界，这就是**图搜索**方法。这种方法是一种全局的方法，受图像中噪声影响较小，不过这种方法比较复杂，常需要较大的计算量。

先介绍图（graph）的一些基本概念。一个图可表示为 $G = [N, A]$，其中 N 是一个有限非空的顶点集，A 是一个无序顶点对的集。集 A 中的每个顶点对(n_i, n_j)称为一段弧（$n_i \in N$，$n_j \in N$）。如果图中的弧是有向的，即从一个顶点指向另一个顶点，则将该弧称为有向弧，将该图称为有向图。当弧从顶点 n_i 指向 n_j 时，那么称 n_i 是父顶点而 n_j 是其子顶点。有时父顶点也叫祖先，子顶点也叫后裔。确定一个顶点的各个子顶点的过程称为对该顶点的展开或扩展。对每个图还可定义层的概念。第 0 层（最上层）只含一个顶点，称为起始顶点。最底层的顶点称为目标顶点。对任一段弧(n_i, n_j)都可定义一个代价，记为 $c(n_i, n_j)$。如果有一系列顶点 $n_1, n_2, \cdots, n_K$，其中每个顶点 n_i 都是顶点 n_{i-1} 的子顶点，则这个顶点系列称为从 n_1 到 n_K 的一条通路。这条通路的总代价为：

$$C = \sum_{i=2}^{K} c(n_{i-1}, n_i) \tag{5.1.1}$$

在图中搜索对应最小代价的通道时常借助图像中的边缘信息。定义图中的**边缘元素**是两个互为 4-近邻的像素间的边界，如图 5.1.1（a）中像素 p 和 q 之间的竖线以及图 5.1.1（b）中像素 q 和 r 之间的横线所示。目标的边界或轮廓是由一系列边缘元素构成的。

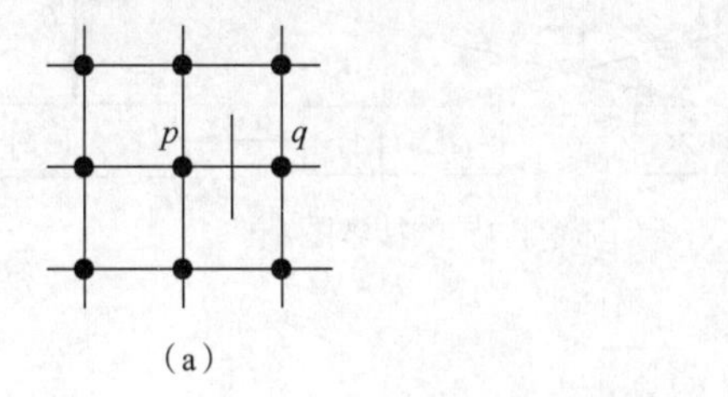

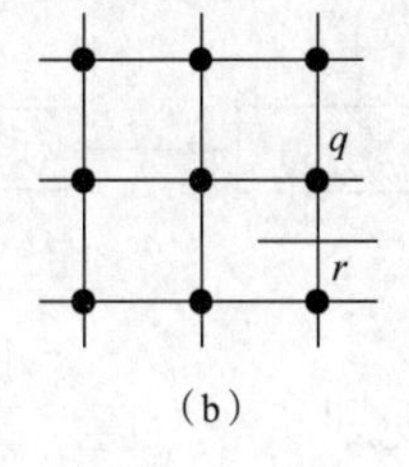

图 5.1.1　边缘元素

现在用图 5.1.2 来解释一下如何根据前面介绍的概念来检测目标轮廓。图 5.1.2（a）所示为图像中的一个区域，其中各网格点代表像素，括号内的数字代表各像素的灰度值。现设每个由像素 p 和 q 确定的边缘元素对应一个**代价函数**：

$$c(p,q) = H - [f(p) - f(q)] \tag{5.1.2}$$

式中，H 为图像中的最大灰度值，图 5.1.2（a）中为 7；$f(p)$和 $f(q)$分别为像素 p 和 q 的灰度值。这个代价函数的取值与像素间灰度值的差成反比，灰度值的差小则代价大，灰度值的差大则代价小。按前面介绍的梯度概念，代价大对应梯度小、代价小对应梯度大，所以代价函数的取值与像素间的梯度值成反比。根据式（5.1.2）的代价函数，利用图搜索技术从上向下可检测出图 5.1.2（b）所示的对应大梯度边缘元素的边界段。

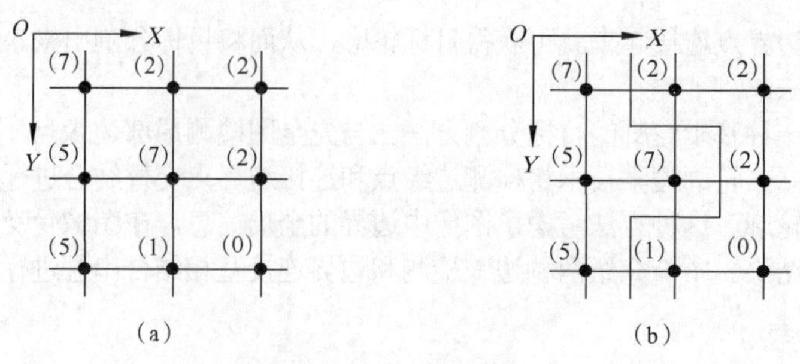

图 5.1.2　图搜索示例

图 5.1.3 所示为解决这个问题的**搜索图**。每个顶点（图中用长方框表示）对应一个边缘元素。每个长方框中的两对数分别代表边缘元素两边的像素坐标。有阴影的长方框代表目标顶点。如果两个边缘元素是前后连接的，则所对应的前后两个顶点之间用箭头连接。每个边缘元素的代价数值都由式（5.1.2）计算，并标在图中指向该元素的箭头上。这个数值代表了如果用这个边缘元素作为边界的一部分所需要的代价。每条从起始顶点到目标顶点的通路都是一个可能的边界。图中粗线箭头连起来表示根据式（5.1.1）算得的最小代价通路。可见在该图的搜索中，最终按照图 5.1.2（b）中的路线到达了图 5.1.3 中左边的目标顶点。

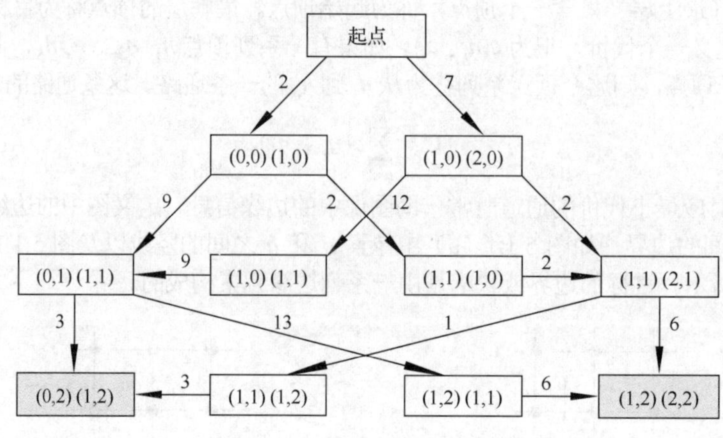

图 5.1.3　用于检测边界的搜索图

5.1.2　动态规划

前面介绍的图搜索方法在一般情况下，为求得最小代价所需的计算量是很大的。如果不利用所需解决问题的一些特性，对顶点的扩展次序将完全是任意的。由于每个顶点都要展开，需扩展的顶点数量通常很大，在许多情况下为加快运算速度常只求亚最优。

下面介绍一种借助有关具体问题的启发性知识减少搜索的方法，该方法称为**动态规划**。令 $r(n)$ 为从起始顶点 s 出发经过顶点 n 到达目标顶点的最小代价通路的估计代价。这个估计代价可以表示成从起始顶点 s 到顶点 n 的最小代价通路的估计代价 $g(n)$与从顶点 n 到目标顶点的通路的估计代价 $h(n)$之和：

$$r(n) = g(n) + h(n) \tag{5.1.3}$$

这里 $g(n)$可取目前从 s 到 n 的最小代价通路的代价（代价的计算可参照前面的方法），$h(n)$可借助某些启发性知识（例如根据到达某顶点的代价确定是否展开该顶点）得到。根据式（5.1.3）进行图搜索的算法由以下几个步骤构成。

（1）将起始顶点标记为 OPEN 并置 $g(s) = 0$。

（2）如果没有顶点 OPEN，失败退出，否则继续。

（3）将根据式（5.1.3）算得的估计代价 $r(n)$为最小的 OPEN 顶点标记为 CLOSE。

（4）如果 n 是目标顶点，找到通路（可由 n 借助指针上溯至 s）退出，否则继续。

（5）展开顶点 n，得到它的所有子顶点；如果没有子顶点，返回步骤（2）。

（6）如果某个子顶点 n_i 还没有标记，置 $r(n_i) = g(n)+c(n, n_i)$，标记它为 OPEN 并将指向它的指针返回到顶点 n。

（7）如果子顶点 n_i 已标记为 OPEN 或 CLOSE，根据 $g'(n_i) = \min[g(n_i), g(n)+c(n, n_i)]$更新它的值。将其 g' 值减小的 CLOSE 子顶点标记为 OPEN，并将原来指向所有其 g' 值减小的子顶点的指针重新指向 n。返回步骤（2）。

上述算法的主要优点是借助启发性知识加快了搜索速度，但通常并不能保证发现全局最小代价通路。已经证明，如果 $h(n)$是从顶点 n 到目标顶点的最小代价通路的代价下界，则上述算法确实可以发现最小代价通路。

以上算法实际上是将边缘点的检测融入代价函数的计算，从而把边缘检测和边界连接结合起来。它可用于在给定起点和终点的条件下连接它们之间的边界段。在图像分割中需检测的区域边界常是闭合的轮廓，此时除需确定起始点外，还要解决如何判断搜索是否结束的问题。当轮廓所包围的区域比较紧凑（如偏心率较小，参见 8.1 节）时，可以通过对图像进行极坐标变换而同时解决确定起始点和判断搜索是否结束这两个问题。这种方法可看作将动态搜索技术用于状态空间而得到的，其主要步骤如下（参见图 5.1.4）。

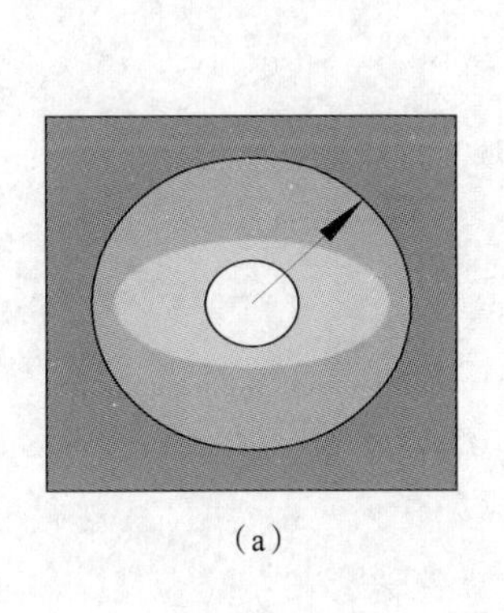
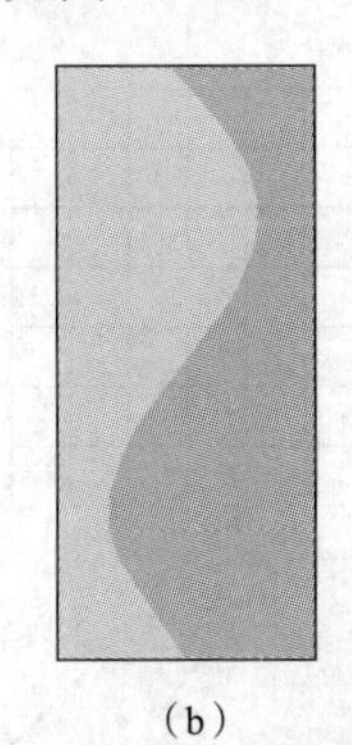
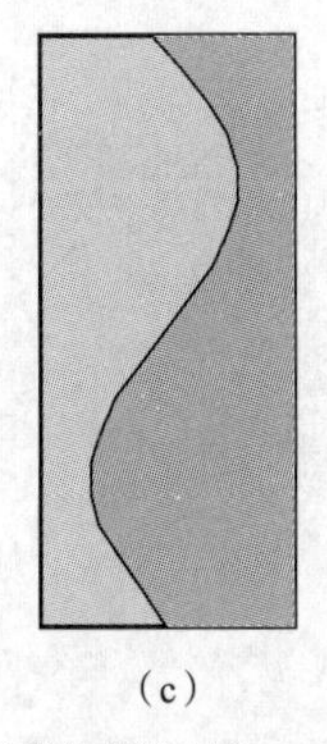
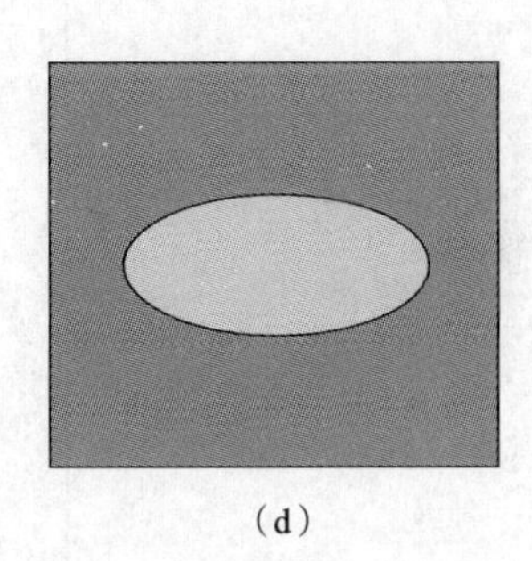

（a）（b）（c）（d）

图 5.1.4 边界检测算法的步骤

（1）先在原图像中确定一个包含目标的**感兴趣区域**（ROI）。图 5.1.4（a）中的浅色椭圆为目标区域，而 ROI 则是两个粗线圆中间的部分。

（2）将得到的 ROI 借助极坐标变换（即用图 5.1.4（a）中的箭头旋转扫描）转换成一个矩形区域，如图 5.1.4（b）所示。

（3）在矩形区域顶端选一个起点，利用动态搜索技术逐行向下搜索，如图 5.1.4（c）中的粗曲线所示，直至到达矩形区域底端。搜索时要保持各顶点的连通性，边界的闭合性由起点和终点的横坐标来保证。

（4）将动态搜索得到的通路反极坐标变换回去，可得到如图 5.1.4（d）所示的目标闭合边界。

5.2 主动轮廓模型

主动轮廓模型也是一种基于边缘信息的目标分割方法。它先构建一个初步的围绕图像中目标的初始封闭轮廓曲线，再通过进一步改变封闭曲线的形状以逐渐逼近目标的真实轮廓。这个过程是一个串行的过程。在对目标轮廓的逼近过程中，封闭曲线像蛇爬行一样不断改变形状，所以主动轮廓模型也称**蛇模型**。

5.2.1 主动轮廓

一个**主动轮廓**是图像上一组排序的点的集合，可表示为：

$$V = \{v_1, \cdots, v_L\} \tag{5.2.1}$$

其中各个点可表示为：

$$v_i = (x_i, y_i), \ i = \{1, \cdots, L\} \tag{5.2.2}$$

处于轮廓上的点可通过解一个最小能量问题来迭代地逼近目标的边界，对每个处于 v_i 邻域中的点 v_i'，计算以下的能量项：

$$E_i(v_i') = \alpha E_{\text{int}}(v_i') + \beta E_{\text{ext}}(v_i') \tag{5.2.3}$$

式中，$E_{\text{int}}(\cdot)$是依赖于轮廓形状的**能量函数**（常称为内部能量函数，即依赖于轮廓自身）；$E_{\text{ext}}(\cdot)$是依赖于图像性质的能量函数（常称为外部能量函数，即依赖于轮廓之外的部分）；α 和 β 是加权常数。

现借助图5.2.1来解释使用初始轮廓上的点逼近目标轮廓的过程，其中 v_i 是当前主动轮廓上的一个点，v_i'是根据 v_i 邻域内最大梯度确定的当前最小能量位置。在逼近过程中，每个点 v_i 都移动到对应 $E_i(\cdot)$最小值的位置点 v_i'。如果能量函数选择得恰当，则通过不断地调整和逼近，主动轮廓 V 应该最终停在（对应最小能量的）目标轮廓上。

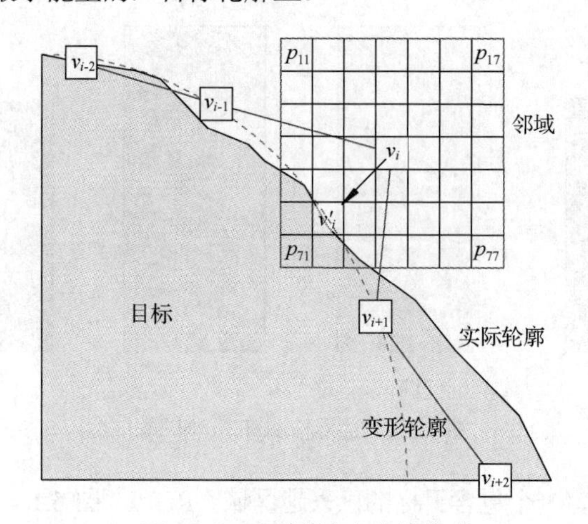

图5.2.1 主动轮廓上点的移动

5.2.2 能量函数

求解主动轮廓是通过解一个最小能量问题来迭代地实现的，这里如何定义和确定能量项很关键。一般考虑两类能量函数。

1. 内部能量函数

内部能量主要用来推动主动轮廓形状的改变，并保持轮廓上点之间的距离不要太远或太近。事实上，必要时也可通过增加一些内部能量项以调整轮廓的运动。

下面借助一个示例来描述这个过程。设定义如下的**内部能量函数**：

$$\alpha E_{\text{int}}(v_i) = cE_{\text{con}}(v_i) + bE_{\text{bal}}(v_i) \tag{5.2.4}$$

式中，$E_{\text{con}}(\bullet)$对应**连续能量**，用来推动主动轮廓形状的改变；$E_{\text{bal}}(\bullet)$对应**膨胀力**，用来使主动轮廓（整体）膨胀或收缩；c 和 b 都是加权系数。

（1）连续能量

当没有其他因素时，**连续能量项**的作用是迫使不封闭的曲线变成直线，迫使封闭的曲线变成圆环。$E_{\text{con}}(v_i')$可定义如下（注意能量正比于距离的平方）：

$$E_{\text{con}}(v_i') = \frac{1}{I(V)}\left\|v_i' - \gamma(v_{i-1} + v_{i+1})\right\|^2 \tag{5.2.5}$$

式中，γ是加权系数，归一化因子 $I(V)$是 V 中各点间的平均距离：

$$I(V) = \frac{1}{L}\sum_{i=1}^{L}\left\|v_{i+1} - v_i\right\|^2 \tag{5.2.6}$$

利用 $I(V)$进行归一化可以使得 $E_{\text{con}}(v_i)$与 V 中点的尺寸、位置以及各点间的朝向无关。

对开放的曲线，取$\gamma = 0.5$。此时，最小能量点是 v_{i-1} 和 v_{i+1} 的中点。对封闭的曲线，V 的值以 L 为模，这样，有 $v_{L+i} = v_i$。此时γ定义为：

$$\gamma = \frac{1}{2\cos(2\pi/L)} \tag{5.2.7}$$

这时，$E_{\text{con}}(v_i')$中最小能量的点放射向外运动，促使 V 成为一个圆环。例如在图 5.2.1 中，点 v_i'处在最小能量的位置，因为它就在连接 v_{i-1} 和 v_{i+1} 的圆弧上。

（2）膨胀力

膨胀力项可用于闭合的变形轮廓上以强制轮廓在没有外来影响的情况下扩展或收缩。一个在均匀图像目标中初始化的轮廓将会在膨胀力的作用下膨胀，直到它逼近目标边缘（在边缘点处的外界力将影响它的运动）。图 5.2.2 所示为主动轮廓上的点由于膨胀力的作用而移动的示意，由于目标具有均匀的灰度，需要膨胀力以推动主动轮廓向目标边缘扩展。

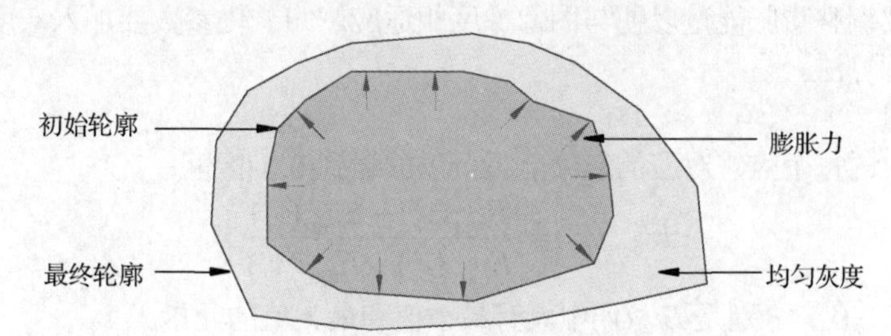

图 5.2.2 主动轮廓上的点由于膨胀力的作用而移动

可以构造与图像的梯度成反比的自适应膨胀力。该自适应膨胀力在均匀区域比较强，而在边缘和目标轮廓处都比较弱。$E_{\text{bal}}(v_i')$可以表示成一个内积：

$$E_{\text{bal}}(v_i') = \boldsymbol{n}_i \bullet [v_i - v_i'] \tag{5.2.8}$$

式中，$\boldsymbol{n}_i$ 是在点 v_i 处沿 V 向外的单位法线向量。膨胀力在沿 $\boldsymbol{n}_i$ 方向上距 v_i 最远的点最小。可通过将切线向量 $\boldsymbol{t}_i$ 旋转 90°来获得 $\boldsymbol{n}_i$，而 $\boldsymbol{t}_i$ 可方便地由下式获得：

$$\boldsymbol{t}_i = \frac{v_i - v_{i-1}}{\left\|v_i - v_{i-1}\right\|} + \frac{v_{i+1} - v_i}{\left\|v_{i+1} - v_i\right\|} \tag{5.2.9}$$

自适应膨胀力可借助在点 v_i 处的图像梯度进行放缩。这个操作可看作规则化过程的一部分，并将在对外部能量进行介绍后再讨论。

2. 外部能量函数

外部能量的作用是将变形模板向感兴趣的特征位置吸引，这里感兴趣的特征常是图像中目标的边缘。任何可以达到这个目的的能量表达形式都可以使用。考虑下面的**外部能量函数**：

$$\beta E_{\text{ext}}(v_i) = mE_{\text{mag}}(v_i) + gE_{\text{grad}}(v_i) \tag{5.2.10}$$

式中，$E_{\text{mag}}(v_i)$将轮廓吸向高或低的灰度区域；$E_{\text{grad}}(v_i)$将轮廓推向边缘；m 和 g 是加权系数。

为构建外部能量函数可使用图像的梯度和灰度信息（有时目标的尺寸和形状也可用来构建外部能量函数）。下面各举一个例子。

（1）图像灰度能量

图像灰度能量函数 $E_{\text{mag}}(v_i')$可取对应点的灰度值：

$$E_{\text{mag}}(v_i') = I(v_i') \tag{5.2.11}$$

如果前面的式（5.2.10）中的 m 是正的，轮廓点将向低灰度区域移动，如果 m 是负的，轮廓点将向高灰度区域移动。

（2）图像梯度能量

图像梯度能量函数将变形轮廓向图像中的边缘吸引。与梯度幅度成正比的能量表达是$|\nabla I(v_i')|$。当将主动轮廓模型用于检测目标轮廓时，常需要能区分相邻目标间边界的能量函数。这里关键是要使用目标边界处梯度的方向。进一步，在目标边界处梯度的方向还要与轮廓的单位法线方向接近，如图 5.2.1 所示，设在感兴趣的目标边界处的梯度方向与轮廓单位法线的方向比较接近，那么主动轮廓算法将会把轮廓上的点 $v_i = p_{44}$ 移动到 $v_i' = p_{62}$（这里下标分别对应行和列的位置），尽管梯度幅度在这两个点很接近。所以，梯度能量 $E_{\text{grad}}(v_i')$将被赋予对应点处的单位法线和图像梯度的内积。

$$E_{\text{grad}}(v_i') = -\boldsymbol{n}_i \bullet \nabla I(v_i') \tag{5.2.12}$$

3. 归一化

前面介绍的各个能量函数需要进行尺度变换以使邻域矩阵中包含可比拟的系数值，这个过程称为归一化（规则化）。一般来说，各能量函数的值要归一化到[0, 1]区间。

实际中常需要调整膨胀能量以便与图像梯度相适应。归一化参数要加入灰度和梯度的能量项中以稳定主动轮廓算法。

（1）连续能量

在变形轮廓上的每个点，对应的连续能量可以放缩到[0, 1]区间：

$$E'_{\text{con}}(v_i) = \frac{E_{\text{con}}(v_i) - E_{\min}(v_i)}{E_{\max}(v_i) - E_{\min}(v_i)} \tag{5.2.13}$$

式中，$E_{\min}(v_i)$和 $E_{\max}(v_i)$ 分别是 $E_{\text{con}}(v_i)$中具有最小值和最大值的元素。

（2）膨胀能量

膨胀能量先放缩到[0, 1]区间，再根据图像梯度调整：

$$E'_{\text{bal}}(v_i) = \frac{E_{\text{bal}}(v_i) - E_{\min}(v_i)}{E_{\max}(v_i) - E_{\min}(v_i)}\left[1 - \frac{|\nabla I(v_i)|}{|\nabla I|_{\max}}\right] \tag{5.2.14}$$

式中，$E_{\min}(v_i)$和 $E_{\max}(v_i)$ 分别是 $E_{\text{bal}}(v_i)$中具有最小值和最大值的元素；$|\nabla I|_{\max}$ 是整个图像中的最大梯度值。

（3）灰度能量

为了归一化，对灰度能量项加了一个系数 k：

$$E'_{\text{mag}}(v_i) = \frac{E_{\text{mag}}(v_i) - E_{\min}(v_i)}{\max\left[E_{\max}(v_i) - E_{\min}(v_i),\ kI_{\max}\right]} \tag{5.2.15}$$

式中，$E_{\min}(v_i)$和 $E_{\max}(v_i)$ 分别是 $E_{\text{mag}}(v_i)$中具有最小值和最大值的元素；$I_{\max}$ 是整幅图像中的最大灰度；k 的取值范围是$[0, \infty)$，它决定了主动轮廓随图像局部灰度变化的敏感性。

（4）梯度能量

对梯度能量的归一化可采用对灰度能量归一化同样的方法：

$$E'_{\text{grad}}(v_i)=\frac{E_{\text{grad}}(v_i)-E_{\min}(v_i)}{\max\left[E_{\max}(v_i)-E_{\min}(v_i),\ g\,|\nabla I|_{\max}\right]} \tag{5.2.16}$$

式中，g 的取值范围也是$[0,\infty)$，大的 g 会导致主动轮廓对弱边缘比较敏感。

5.3 基本阈值技术

在基于区域或直接检测区域的分割方法中，最常见的是**阈值化技术**，其他类似方法，如像素特征空间分类（见 5.5 节）等，可看作阈值技术的推广。阈值技术概念清楚，计算简便，已得到了非常广泛的应用。下面介绍阈值技术的基本原理和一些基本的阈值选取方法。

5.3.1 原理和分类

在利用阈值的方法来分割灰度图像时，一般都对图像的灰度分布有一定的假设。换句话说，这种方法是基于一定的图像模型的。最常用的**阈值分割模型**可描述为：假设图像由具有单峰灰度分布的目标和背景组成，在目标或背景内部的相邻像素间的灰度值是高度相关的，但在目标和背景交界处两边的像素在灰度值上有很大的差别。如果一幅图像满足这些条件，它的灰度**直方图**基本上可看作由分别对应目标和背景的两个单峰直方图混合而成。此时如果这两个分布大小（数量）接近且均值相距足够远，而且均方差也足够小，则直方图应是双峰的。对这类图像可使用阈值方法较好地分割。

最简单的利用阈值方法来分割灰度图像的步骤如下。首先对一幅灰度取值在 $g_{\min}$ 和 $g_{\max}$ 之间的图像确定一个**灰度阈值** T（$g_{\min} < T < g_{\max}$），然后将图像中每个像素的灰度值与阈值 T 相比较，并将对应的像素根据比较结果划为两类：像素的灰度值大于阈值的为一类，像素的灰度值小于阈值的为另一类（灰度值等于阈值的像素可归入这两类之一）。这两类像素一般对应图像中的两类区域。以上步骤中，确定阈值是关键，如果能确定一个合适的阈值就可方便地将图像中的目标分割出来。

如果图像中有多个灰度值不同的区域，那么可以选择一系列的阈值以便将每个像素分到合适的类别中去。如果只用一个阈值分割称为**单阈值技术**，如果用多个阈值分割称为**多阈值技术**。不管用何种方法选取阈值，选取单阈值分割后的图像可定义为：

$$g(x,y)=\begin{cases}1 & \text{如 } f(x,y) > T \\ 0 & \text{如 } f(x,y) \leqslant T\end{cases} \tag{5.3.1}$$

例 5.3.1 单阈值分割示例

图 5.3.1 给出单阈值分割的一个示例。图 5.3.1（a）所示为一幅含有多个不同灰度值的区域的图像；图 5.3.1（b）所示为它的直方图，其中 z 代表图像灰度值，T 为用于分割的阈值；图 5.3.1（c）所示为分割的结果，大于阈值的像素以白色显示，小于阈值的像素以黑色显示。

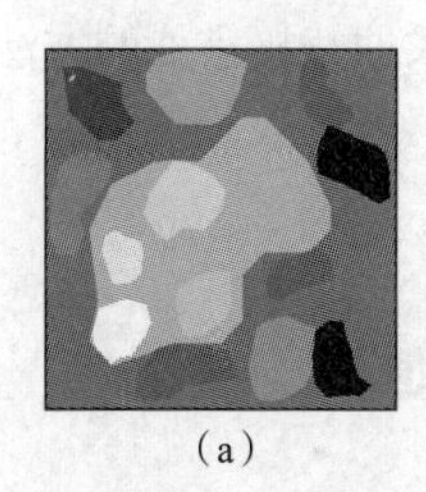

（a）

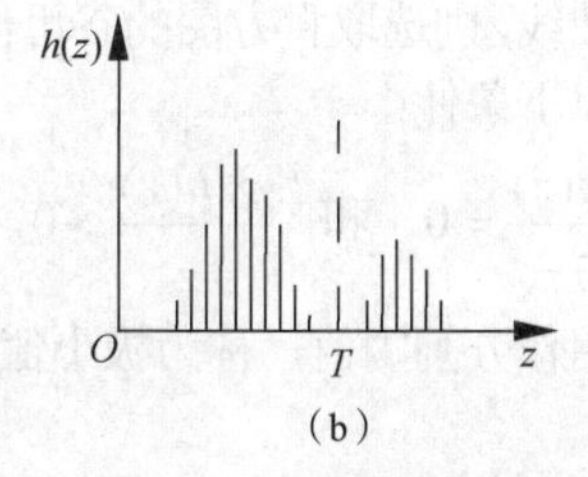

（b）

（c）

图 5.3.1 单阈值分割示例 ❑

在更一般的多阈值情况下，阈值分割后的图像可表示为：

$$g(x,y)=k \quad 当 \quad T_k < f(x,y) \leqslant T_{k+1} \quad k=0,1,2,\cdots,K \tag{5.3.2}$$

式中，$T_0, T_1, \cdots, T_K$是一系列分割阈值，k表示赋予分割后图像各区域的不同标号。

例 5.3.2 多阈值分割示例

图 5.3.2 给出多阈值分割的一个示例。图 5.3.2（a）所示为一幅含有多个不同灰度值的区域的图像；图 5.3.2（b）所示为分割的 1-D 示意，其中用多个阈值把（连续灰度值的）$f(x)$分成若干个灰度值段（见$g(x)$轴）；图 5.3.2（c）所示为分割的结果，注意这里由于是多阈值分割，所以结果与例 5.3.1 不同，它仍包含多个区域（根据阈值个数的不同，分割得到的区域个数也不同）。

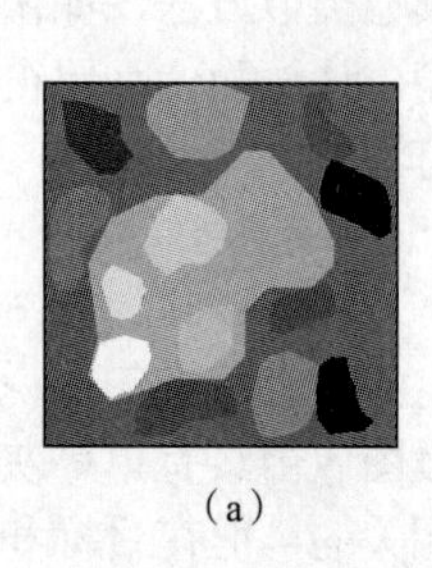
（a）

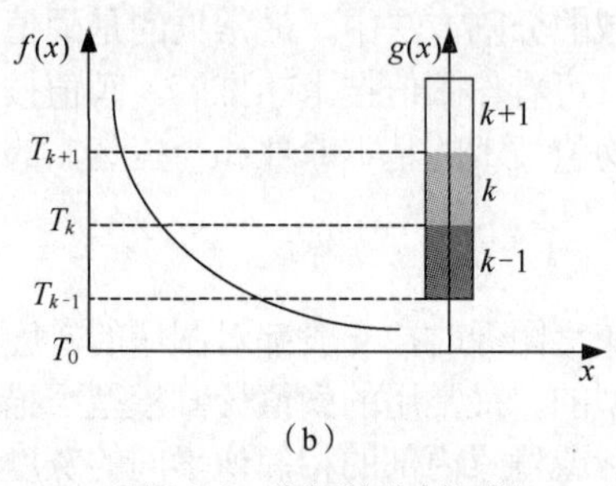

（b）

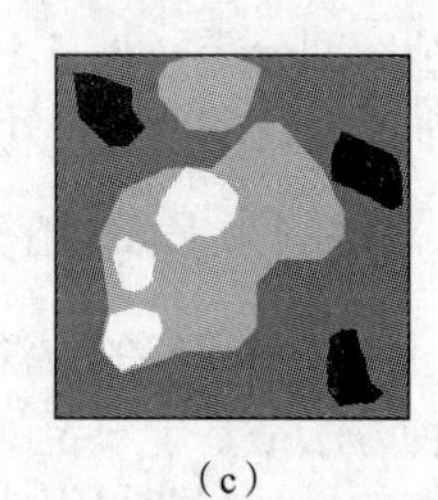
（c）

图 5.3.2 多阈值分割示例 □

由上述讨论可知，阈值分割方法的关键问题是选取合适的阈值。阈值一般可写成如下的形式：

$$T=T[x,y,f(x,y),q(x,y)] \tag{5.3.3}$$

式中，$f(x, y)$是在像素点(x, y)处的灰度值；$q(x, y)$是该点邻域的某种局部性质。换句话说，T在一般情况下可以是(x, y)、$f(x, y)$和$q(x, y)$的函数。借助上式，可实现**阈值分割方法分类**，即根据所用阈值的特点将阈值分成 3 种类型。（1）**全局阈值**：仅根据各个图像像素的本身性质$f(x, y)$来选取而得到的阈值。（2）**局部阈值**：根据像素的本身性质$f(x, y)$和像素周围局部区域性质$q(x, y)$来选取而得到的阈值。（3）**动态阈值**：根据像素的本身性质$f(x, y)$、像素周围局部区域性质$q(x, y)$和像素位置坐标(x, y)来选取而得到的阈值（与此对应，可将前两种阈值称为**固定阈值**）。

以上对阈值分割方法的分类思想是通用的。近年来，许多阈值分割方法借用了神经网络、模糊数学、遗传算法、信息论等工具，但这些方法仍可归纳到以上 3 种类型中。

5.3.2 全局阈值的选取

图像的灰度直方图表示对图像中各像素灰度值的一种统计度量。最简单的阈值选取方法就是根据直方图来进行选取。根据前面对图像模型的描述，如果对双峰直方图选取两峰之间的谷所对应的灰度值作为阈值就可将目标和背景分开。谷的选取有许多方法，得到的阈值也可能不同，下面介绍 3 种典型的方法。

1. 极小值点阈值

如果将直方图的包络看作一条曲线，则选取直方图的谷可借助求曲线极小值的方法。设用$h(z)$代表直方图，那么极小值点应满足以下条件：

$$\frac{\partial h(z)}{\partial z}=0 \quad 和 \quad \frac{\partial^2 h(z)}{\partial z^2}>0 \tag{5.3.4}$$

和这些极小值点对应的灰度值就可用作分割阈值，称为**极小值点阈值**。

2. 最优阈值

有时目标和背景的灰度值部分交错，用一个全局阈值并不能将它们全部分开。这时常希望能减小误分割的概率，而选取**最优阈值**是一种常用的方法。设一幅图像仅包含两类主要的灰度值区域（目标和背景），它的直方图可看成灰度值概率密度函数 $p(z)$的一个近似。这个密度函数实际上表示目标和背景的两个单峰密度函数之和。如果已知密度函数的形式，那么有可能选取一个最优阈值把图像分成两类区域而使误差最小。

设有这样一幅混有加性高斯噪声的图像，它的混合概率密度如下：

$$p(z) = P_1 p_1(z) + P_2 p_2(z) = \frac{P_1}{\sqrt{2\pi}\sigma_1}\exp\left[-\frac{(z-\mu_1)^2}{2\sigma_1^2}\right] + \frac{P_2}{\sqrt{2\pi}\sigma_2}\exp\left[-\frac{(z-\mu_2)^2}{2\sigma_2^2}\right] \tag{5.3.5}$$

式中，μ_1 和 μ_2 分别是背景和目标区域的平均灰度值；σ_1 和 σ_2 分别是关于均值的均方差；P_1 和 P_2 分别是背景和目标区域灰度值的先验概率。根据概率定义有 $P_1 + P_2 = 1$，所以混合概率密度中有 5 个未知的参数。如果能求得这些参数就可以确定混合概率密度。

现在来看图 5.3.3，其中画出了两个概率密度函数。假设 $\mu_1 < \mu_2$，需要一个阈值 T，使得灰度值小于 T 的像素被分割为背景，而灰度值大于 T 的像素被分割为目标。

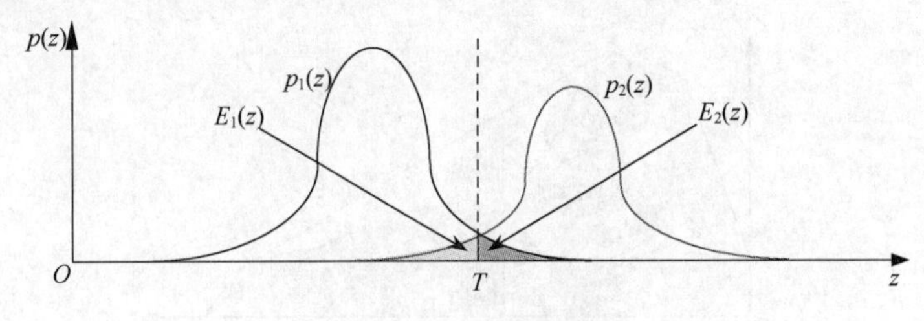

图 5.3.3 最优阈值选取示例

考虑误分割的概率。将一个目标像素错误地划分为背景的概率和将一个背景像素错误地划分为目标的概率分别为：

$$E_1(T) = \int_{-\infty}^{T} p_2(z)\mathrm{d}z \tag{5.3.6}$$

$$E_2(T) = \int_{T}^{\infty} p_1(z)\mathrm{d}z \tag{5.3.7}$$

总的误差概率可表示为：

$$E(T) = P_2 \times E_1(T) + P_1 \times E_2(T) \tag{5.3.8}$$

为求得使该误差最小的阈值，可将 $E(T)$对 T 求导并令导数为零，这样得到：

$$P_1 P_1(T) = P_2 P_2(T) \tag{5.3.9}$$

将这个结果用于高斯密度（将式（5.3.5）代入），可得到二次式：

$$\begin{cases} A = \sigma_1^2 - \sigma_2^2 \\ B = 2\left(\mu_1\sigma_2^2 - \mu_2\sigma_1^2\right) \\ C = \sigma_1^2\mu_2^2 - \sigma_2^2\mu_1^2 + 2\sigma_1^2\sigma_2^2\ln(\sigma_2 P_1/\sigma_1 P_2) \end{cases} \tag{5.3.10}$$

该二次式在一般情况下有两个解。如果两个区域的方差相等，则只有如下一个最优阈值：

$$T_{\text{optimal}} = \frac{\mu_1 + \mu_2}{2} + \frac{\sigma^2}{\mu_1 - \mu_2}\ln\left(\frac{P_2}{P_1}\right) \tag{5.3.11}$$

进一步，如果两种灰度值的先验概率相等（或方差为 0），则最优阈值就是两个区域中平均灰度值的中值。

3. 最大凸残差阈值

在实际应用中，含有目标和背景两类区域的图像的直方图并不一定总是呈现双峰形式，特别是当图像中目标和背景面积相差较大时，直方图的一个峰会淹没在另一个峰旁边的缓坡里，直方图基本成为单峰形式。为解决这类问题，可以通过对直方图**凹度**进行分析，以从这样的直方图中确定一个合适的阈值来分割图像。

图像的直方图（包括部分坐标轴）可看作平面上的一个区域，对该区域可计算其凸包，并进一步计算其最大的凸残差（定义见6.1.2小节）。根据凸残差的最大值出现的位置，可以计算出**最大凸残差阈值**来分割图像。

上述求取阈值的方法可借助图5.3.4来解释。这里可认为直方图的包络线（粗曲线）及相应的左边缘（粗直线）、右边缘（已退化为点）和底边（粗直线）一起围出了一个2-D平面区域。计算这个区域的凸包（见图5.3.4中各前后相连的细线段，具体方法可参见6.1.2小节）并检测凸残差最大处可得到一个分割阈值 T，利用这个阈值就可以分割图像。这样确定的阈值仍是一种依赖像素本身性质的阈值。

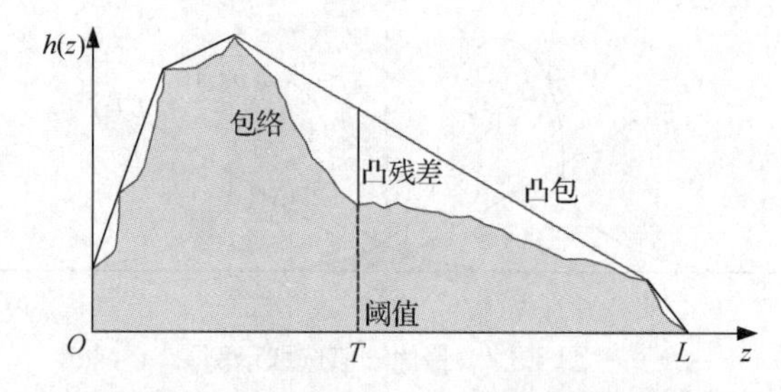

图5.3.4　分析直方图凹度来确定分割阈值

5.3.3　局部阈值的选取

在实际应用中，图像常受到噪声等的影响，而使原本分离的峰之间的谷能得到一定的填充。如果此时直方图上对应目标和背景的峰又相距很近或者大小差很多，则会导致直方图基本上成为单峰的形状（虽然可能峰的一侧会有缓坡，或者峰的一侧没有另一侧陡峭）。根据前面介绍的图像模型和阈值分割的原理，在这种情况下要通过检测峰之间的谷来确定阈值就很困难了。为解决这类问题，除利用像素自身性质外，还可以利用一些像素邻域的局部性质。下面介绍几种典型的方法。

1. 直方图变换

直方图变换的基本思想是利用一些像素邻域的局部性质对原来的直方图进行变换以得到一个新的直方图。这个新的直方图与原直方图相比，或者峰之间的谷更深了，或者谷转变成峰从而更易检测了。这里常用的一个像素邻域的局部性质是该像素的梯度值，它可借助前面的梯度算子作用于像素邻域得到。

现在来看图5.3.5，其中图5.3.5（b）所示为图像中一段边缘的剖面（横轴为空间坐标，纵轴为灰度值），这段剖面可分成Ⅰ、Ⅱ和Ⅲ共3部分。根据这段剖面得到的灰度直方图如图5.3.5（a）所示（横轴为灰度统计值，3段点划线分别给出边缘剖面中3部分各自的统计值，实线为它们的和）。对图5.3.5（b）中边缘的剖面求梯度得图5.3.5（d）所示的曲线，可见对应目标或背景区内部的梯度值较小，而对应目标和背景过渡区的梯度值较大。如果统计梯度值的分布，可得到图5.3.5（c）所示的梯度直方图（横轴为梯度统计值），它的两个峰分别对应目标和背景的内部区以及它们之间的过渡区。变换的直方图就是根据这些特点得到的，一般可分为两类：①具有低梯度值像素的直方图；②具有高梯度值像素的直方图。

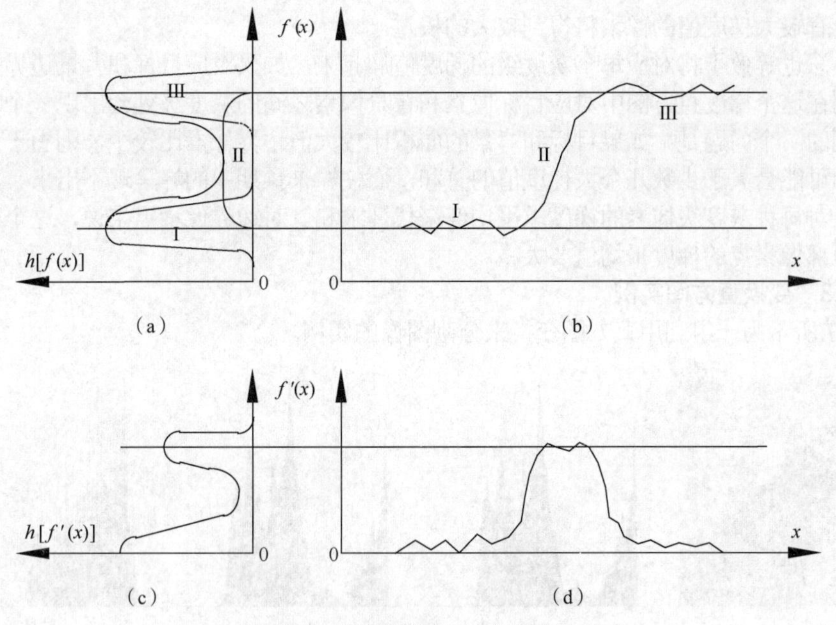

图 5.3.5 边缘和梯度及它们的直方图

先看第 1 类情况。根据前面描述的图像模型，目标和背景内部的像素具有较低的梯度值，而它们边界上的像素具有较高的梯度值。如果设法获得仅具有低梯度值像素的直方图，那么这个新直方图中对应目标和背景内部点的峰应与原直方图类似，但因为减少了一些目标和背景之间的边界点，所以谷应比原直方图要深。

更一般地，还可计算一个加权的直方图，其中赋给具有低梯度值的像素权重大一些。例如设一个像素点的梯度值为 g，则在统计直方图时可给它用 $1/(1+g)^2$ 加权。这样一来，如果像素的梯度值为 0，则它得到最大的权重（1）；如果像素具有很大的梯度值，则它得到的权重就会变得微忽其微。在这样加权的直方图中，边界点贡献小而内部点贡献大，原来的峰基本保持不变而谷会变深，所以峰谷差距加大了。这里可参见图 5.3.6（a），虚线为原直方图，实线为新直方图。

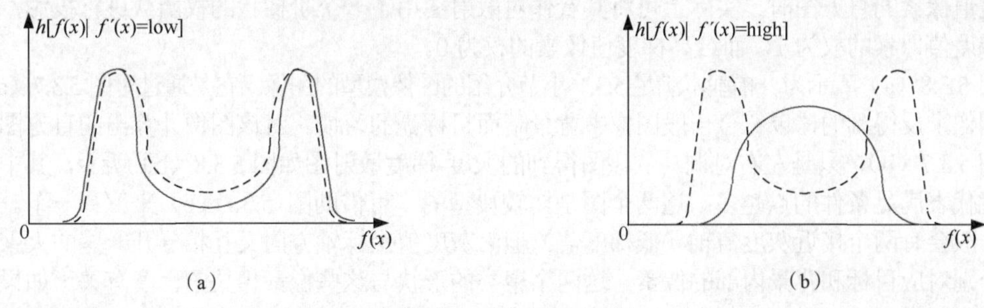

图 5.3.6 变换直方图示例

第 2 类情况与以上的方法相反，需要获得仅具有高梯度值像素的直方图。这个直方图在对应目标和背景的边界像素灰度级处有一个峰。这里可参见图 5.3.6（b），虚线为原直方图，实线为新直方图。这个峰主要是由边界像素所构成的，对应这个峰的灰度值就可选作分割用的阈值（原来两峰之间的谷则现在成为了峰）。

更一般地，也可计算一个**加权直方图**，不过这里赋给具有高梯度值的像素权重大一些。例如可用每个像素的梯度值 g 作为赋给该像素的权值。这样在统计直方图时梯度值为 0 的像素就不必考虑，而具有较大梯度值的像素将得到较大的权重。

上述方法也等效于将对应每个灰度级的梯度值加起来，如果对应目标和背景边界处的像素的梯度大，则在这个梯度直方图中对应目标像素和背景像素之间的灰度级处会出现一个峰。该方法可能会遇到的一个问题是：如果目标和背景的面积比较大但边界像素比较少，则由于许多个小梯度值的总和可能会大于少数几个大梯度值的总和，而使原来预期中的峰呈现不出来。为解决这个问题，可以对每种灰度级像素的梯度求平均值来代替求和。对边界像素点来说，这个梯度平均值一定会比内部像素点的梯度平均值要大。

例 5.3.3 变换直方图实例

图 5.3.7 所示为一组利用直方图变换来分割图像的实例。

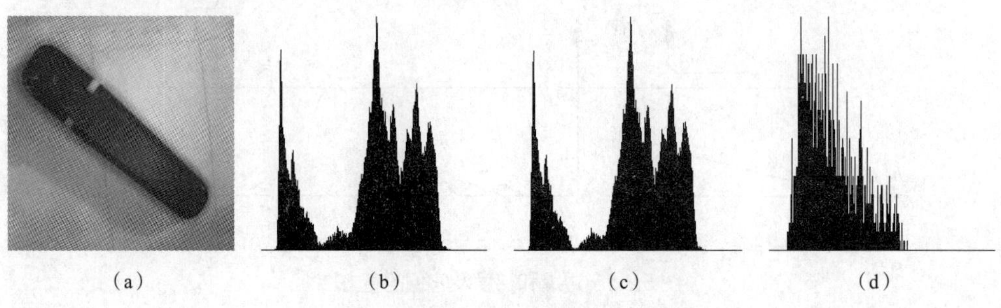

图 5.3.7 利用变换直方图分割图像的实例

在图 5.3.7 中，图 5.3.7（a）为原图像，图 5.3.7（b）为其直方图，图 5.3.7（c）和图 5.3.7（d）分别为具有低梯度和高梯度像素的变换直方图。比较图 5.3.7（b）和图 5.3.7（c）可见，在低梯度直方图中，谷更深了，而对比图 5.3.7（b）和图 5.3.7（d）可见在高梯度直方图中其单峰基本对应原来的谷。 □

2. 灰度-梯度散射图

前面介绍的直方图变换法都可以通过建立一个 2-D 的**灰度-梯度散射图**并计算对灰度值坐标轴的不同权重的投影而得到。这个散射图也有称 **2-D 直方图**的，其中一个轴是灰度值轴，另一个轴是梯度值轴，而其统计值是同时具有某一个灰度值和梯度值的像素个数。例如当仅计算出具有低梯度值像素的直方图时，实际上可将其看作对散射图用了一个阶梯状的权函数进行投影，其中给低梯度值像素的权为 1，而给高梯度值像素的权为 0。

图 5.3.8（a）所示为一幅基本满足 5.3.1 小节介绍的图像模型的图像。它是通过对图 5.3.7（a）所示的图像求反得到的，以符合一般图像中背景暗而目标亮的习惯。对该图像计算出的直方图仍可参见图 5.3.7（b），只是左右对调。从该图得到的灰度-梯度散射图如图 5.3.8（b）所示，其中颜色越浅就代表满足条件的点越多。这两个图是比较典型的，可借助图 5.3.8（c）来解释一下。散射图中一般会有两个接近灰度值轴（低梯度值）但沿灰度值坐标轴方向又互相分开一些的大聚类，它们分别对应目标和背景内部的像素。这两个聚类的形状与这些像素相关的程度有关。如果相关性很强，或梯度算子对噪声不太敏感，这些聚类就会很集中且很接近灰度值轴（内部像素梯度比较小）。反之，如果相关性较弱，或梯度算子对噪声很敏感，则这些聚类就会比较远离灰度值轴。散射图中还会有较少的对应目标和背景边界上像素的点。这些点的位置沿灰度值坐标轴看是处于前两个聚类的中间，但由于有较大的梯度值（边界像素梯度比较大），因此与灰度值坐标轴又有一定的距离。这些点的分布与边界的形状以及梯度算子的种类有关。如果边界是斜坡状的，且使用了一阶微分算子，那么边界像素的聚类将与目标和背景的聚类相连。这个聚类将以与边界坡度成正比的关系远离灰度值轴。

根据以上分析，在散射图上同时考虑灰度值和梯度值将聚类分开就可得到分割结果。

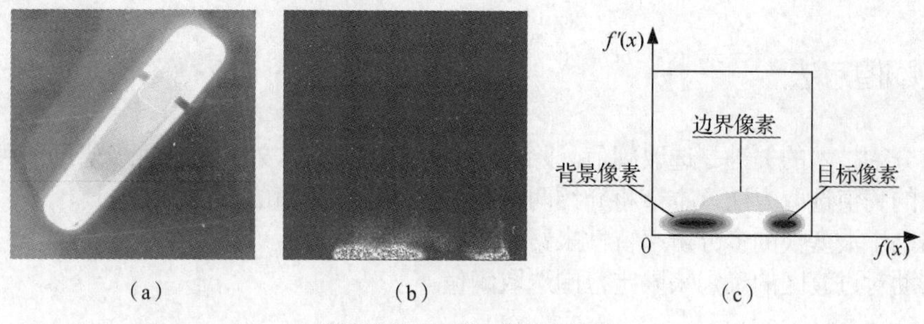

图 5.3.8　灰度-梯度散射图

5.3.4　动态阈值的选取

当图像中有不同的照度变化（例如由于光照影响），或各处的对比度不同时，如果只用一个固定的全局阈值对整幅图进行分割，则可能由于不能兼顾图像各处的不同灰度情况而使分割效果受到影响。有一种解决办法是，用与像素坐标相关的一系列阈值来对图像各部分分别进行分割。这种与坐标相关的阈值也叫**动态阈值**；采用随着空间位置变化的阈值进行分割的方法也叫**变化阈值法**。它的基本思想是首先将图像分解成一系列子图像，这些子图像可以互相重叠，也可以只相邻。如果子图像比较小，则由照度或对比度的空间变化带来的问题就会比较小，可对每个子图像计算一个子图像阈值。此时阈值可使用任一种固定阈值法（如 5.3.2 小节和 5.3.3 小节介绍的任一种方法）选取。通过对这些子图像所选取的阈值进行插值（参见《图像处理和分析教程》），就可得到对图像中每个像素进行分割所需的阈值。分割就是将每个像素都和与之对应的阈值相比较而实现的。这里对应每个像素的阈值组成图像（幅度轴）上的一个曲面，也叫**阈值曲面**。

总结上述讨论，使用动态阈值进行分割的方法具有如下基本步骤。

（1）将整幅图像分成一系列互相之间有一定重叠（如 50%）的子图像。

（2）计算每个子图像的直方图。

（3）检测各个子图像的直方图是否为双峰，如果是则采用前面介绍的最优阈值法确定一个阈值，否则就不进行处理。

（4）以对直方图为双峰的子图像选取的阈值为基础，通过插值得到所有子图像的阈值。

（5）根据各子图像的阈值再通过插值得到所有像素的阈值，然后对图像进行分割。

例 5.3.4　依赖坐标的阈值分割

图 5.3.9 所示为用依赖坐标的阈值选取方法进行图像分割的一个示例。图 5.3.9（a）所示为一幅由于侧面光照而从左向右有一定灰度梯度的图像，图 5.3.9（b）所示为用全局取阈值分割得到的结果。由于光照不匀，用一个阈值对全图分割不可能都合适，例如图 5.3.9（b）左下角围巾和背景没能分开。这个问题，可用对全图各部分分别取阈值的方法来解决。图 5.3.9（c）所示为所用的分区网格，图 5.3.9（d）所示为对各分区阈值进行插值后得到的阈值曲面图，用这个阈值曲面去分割图 5.3.9（a）就得到图 5.3.9（e）所示的结果。

（a）

（b）

（c）
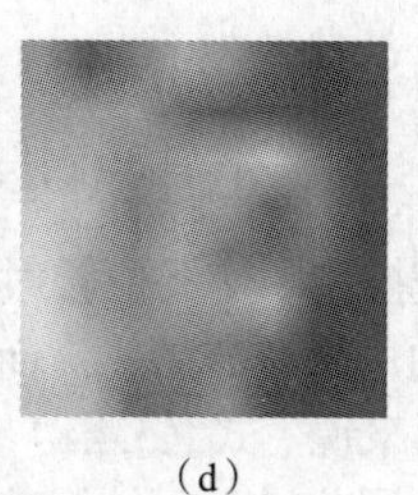
（d）

（e）

图 5.3.9　依赖坐标的阈值分割　□

5.4 特色阈值方法

取阈值分割技术的关键是选取阈值。除前面介绍的基本方法外，还有许多借助各种信息和使用不同手段的阈值选取方法。本节将介绍两种有特色的确定阈值的方法。

（1）借助小波变换的多分辨率特性来帮助进行阈值选取。

（2）借助对过渡区的确定来限定范围选取阈值。

5.4.1 多分辨率阈值

利用图像的直方图帮助选取阈值是常用的方法，其中的要点主要是确定峰点和谷点。由于场景的复杂性，图像成像过程中存在各种干扰因素等原因，峰点和谷点的有无检测和位置确定常比较困难。峰点和谷点的检测与直方图的尺度有密切的联系。一般在较大尺度下，能较可靠地检测到真正的峰点和谷点，但在大尺度下对峰点和谷点的定位不易准确。相反，在较小尺度下，对真正峰点和谷点的定位常比较准确，但在小尺度下误检或漏检的比例会增加。

小波变换是近年得到广泛应用的数学工具。图像在小波变换后可分解为一系列尺度不同的分量。图像的直方图在小波变换后也可获得多尺度/多分辨率的表达形式，这时可考虑先在较大尺度下检测出直方图真正的峰点和谷点，再在较小尺度下对这些峰点和谷点进行较精确的定位。这类方法的主要步骤有两个。

1. 确定分割区域的类数

首先将图像的直方图进行小波分解，利用在粗分辨率下的直方图细节信息确定分割区域的类数。引入相当于低通滤波函数的尺度函数 $L(x)$，则图像直方图 $H(x)$的低通分量可表示为：

$$S_{2^i}\left[H(x)\right]=H(x)\otimes L_{2^i}(x) \tag{5.4.1}$$

设原始图像直方图的分辨率为1，最低分辨率尺度为 2^I，则尺度 2^1 和 2^I 之间的各阶小波变换可表示为$\{W_{2^i}H(x),\ 1 \leqslant i \leqslant I\}$。可以证明，对尺度为 2^I 时被平滑掉的高频部分可以用尺度在 2^1 和 2^I 之间的小波变换来恢复。这里集合$\{S_{2^i}[H(x)], W_{2^i}[H(x)], 1 \leqslant i \leqslant I\}$就是直方图的多分辨率小波分解表示。

具体先在分辨率为 2^1 时确定初始的区域分割类数。这可通过判断直方图中独立峰的个数来进行。这里要求独立峰应满足3个条件：①具有一定的灰度范围；②具有一定的峰下面积；③具有一定的峰谷差。

2. 确定最优阈值

确定初始的区域分割类数后，可利用多分辨率的层次结构在直方图的相邻峰之间确定最优阈值。这个过程首先在最低分辨率一层进行，然后逐渐向高分辨率层推进，直到最高分辨率层。如选高斯函数作为平滑函数 $G(x)$，选小波函数为 $D(x)$：

$$D(x)=\frac{\mathrm{d}^2 G(x)}{\mathrm{d}x^2} \tag{5.4.2}$$

则 $D(x)$对应的二进小波变换为：

$$W_{2^i}\left[H(x)\right]=(2^i)^2\bullet\frac{\mathrm{d}^2}{\mathrm{d}x^2}\left[H(x)\otimes G_{2^i}(x)\right] \tag{5.4.3}$$

由上式可知，小波变换的零交叉位置对应分辨率 2^i 时低通信号 $H(x) \otimes G_{2^i}(x)$的剧烈变化点。当尺度 2^i 减小时，信号的局部细节增多；而当尺度 2^i 增加时，信号中结构较大的轮廓比较明显。

对图像的直方图来说，式（5.4.1）中的 $S_{2^i}[H(x)]$是一个最低分辨率下的近似信号，式（5.4.3）中的 $W_{2^i}[H(x)]$代表不同分辨率下的细节信号，它们联合构成直方图的多分辨率小波分解表达。给定一个直方图，可考虑使用其多分辨率小波分解表达中的零交叉点和极值点来确定直方图的峰点和谷点。参见图 5.4.1，其中 $H(x)$代表直方图，在**多分辨率阈值选取**中可利用以下 4 个规则。

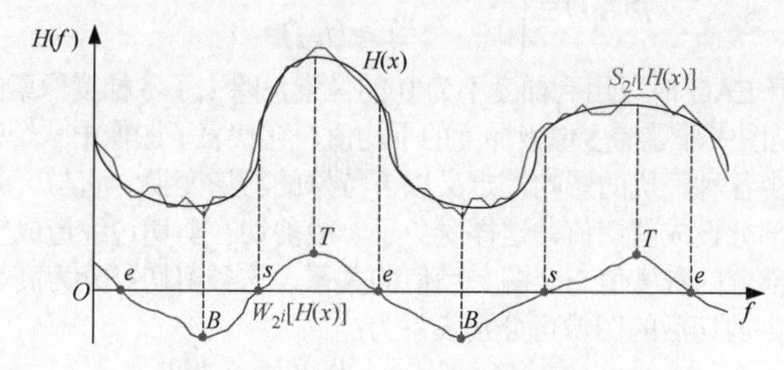

图 5.4.1 直方图的峰点和谷点的确定

（1）用从负值变化到正值的零交叉点确定峰的起点（图 5.4.1 中各 s 点）。

（2）用从正值变化到负值的零交叉点确定峰的终点（图 5.4.1 中各 e 点）。

（3）用前后相邻的起点和终点间的最大值点确定峰的位置（图 5.4.1 中各 T 点）。

（4）用前一个峰的终点和后一个峰的起点间的最小值点确定这两个峰之间谷点的位置（图 5.4.1 中各 B 点）。

当分辨率逐渐增加时，阈值数目也会逐渐增加。可用最小距离判据来解决两相邻尺度之间各阈值并非一一对应的问题。设在两相邻尺度 2^{i+1} 和 2^i 下所对应的阈值分别为 T_j^{i+1} 和 T_k^i，考察下列条件（N^i 是在尺度 2^i 所具有的阈值数目）：

$$\mathrm{dis}(T_j^{i+1}, T_k^i) = \min\left\{\mathrm{dis}(T_j^{i+1}, T_l^i), \qquad l = 0, 1, \cdots, N^i\right\} \tag{5.4.4}$$

当 $l = k$ 时取得最小值，这表明在尺度 2^{i+1} 的阈值 T_j^{i+1} 对应在尺度 2^i 的阈值 T_k^i。这样可先从在最低分辨率一层选取的所有阈值出发，向高分辨率层逐层跟踪，最后选取相应的最高分辨率一层的对应阈值作为最优阈值。

5.4.2 过渡区阈值

一般在讨论基于区域和基于边界的分割算法时常认为区域的并集覆盖了整个图像，而边界本身是没有宽度的。然而实际数字图像中的边界是有宽度的，它本身也是图像中一个特殊的区域，可以将这类特殊区域称为**过渡区**。一方面它将背景和目标或不同的区域分隔开来，具有边界的特点；另一方面，它面积不为 0，具有区域的特点。下面介绍一种先计算图像中目标和背景间的过渡区，再进一步选取阈值进行分割的方法[Zhang 1991a]。

1. 过渡区和有效平均梯度

过渡区可借助对图像**有效平均梯度**（EAG）的计算和对图像灰度的**剪切变换**来确定。给定原始图像 $f(i, j)$，其中 i 和 j 表示像素空间坐标，f 表示像素的灰度值，它们都属于整数集合 $\mathbf{Z}$。再设 $g(i, j)$代表 $f(i, j)$的梯度图（可将梯度算子作用于 $f(i, j)$得到），则 EAG 可定义为：

$$\mathrm{EAG} = \frac{\mathrm{TG}}{\mathrm{TP}} \tag{5.4.5}$$

其中：

$$\mathrm{TG} = \sum_{i, j \in \mathbf{Z}} g(i, j) \tag{5.4.6}$$

为梯度图的总梯度值，而：

$$\mathrm{TP} = \sum_{i, j \in \mathbf{Z}} p(i, j) \tag{5.4.7}$$

为梯度图中非零梯度像素的总数，因为这里$p(i,j)$定义为：

$$p(i,j)=\begin{cases}1 & 当\ g(i,j)>0\\0 & 当\ g(i,j)=0\end{cases} \tag{5.4.8}$$

由此定义可知，在计算 EAG 时只用到梯度不为 0 的像素，除去了零梯度像素的影响，因此被称为“有效”梯度。EAG 是图中非零梯度像素梯度的平均值，它代表了图像中一个有选择的统计量。

进一步，为了减少各种干扰的影响，定义以下特殊的剪切变换。它与一般剪切操作的不同之处是它把被剪切了的部分设成剪切值，这样避免了一般剪切在剪切边缘造成较大的反差而产生的不良影响。根据剪切部分的灰度值与全图灰度值的关系，这类剪切可分为高端剪切与低端剪切两种。设L为剪切值，则剪切后的图像可分别表示为：

$$f_{\text{high}}(i,j)=\begin{cases}L & 当\ f(i,j)\geqslant L\\f(i,j) & 当\ f(i,j)<L\end{cases} \tag{5.4.9}$$

$$f_{\text{low}}(i,j)=\begin{cases}f(i,j) & 当\ f(i,j)>L\\L & 当\ f(i,j)\leqslant L\end{cases} \tag{5.4.10}$$

如果对这样剪切后的图像求梯度，则其梯度函数必然与剪切值L有关，由此得到的 EAG 也变成了剪切值L的函数 EAG(L)。注意 EAG(L)与剪切的方式也有关，对应高端和低端剪切的 EAG(L)可分别写成$\text{EAG}_{\text{high}}(L)$和$\text{EAG}_{\text{low}}(L)$。

2. 有效平均梯度的极值点和过渡区边界

典型的$\text{EAG}_{\text{high}}(L)$和$\text{EAG}_{\text{low}}(L)$曲线都是单峰曲线，即它们各有一个极值，这可以借助对 TG 和 TP 的变化趋势进行分析得到。下面仅以$\text{EAG}_{\text{low}}(L)$为例，$\text{EAG}_{\text{high}}(L)$的方法类似（对调过来分析即可）。如图 5.4.2 所示，$\text{EAG}_{\text{low}}(L)$是$\text{TG}_{\text{low}}(L)$与$\text{TP}_{\text{low}}(L)$的比。$\text{TG}_{\text{low}}(L)$和$\text{TP}_{\text{low}}(L)$都随$L$的增加而减少。$\text{TP}_{\text{low}}(L)$减少是因为随着$L$的增大，更多的像素会被剪切掉。而$\text{TG}_{\text{low}}(L)$减少有两个原因，一是像素个数的减少，二是剩下的像素间的对比度的减少。当L从 0 开始增加后，$\text{TG}_{\text{low}}(L)$和$\text{TP}_{\text{low}}(L)$曲线都从它们各自的最大值开始下降。起初，$\text{TG}_{\text{low}}(L)$曲线下降得比较慢，因为此时剪切掉的像素都属于背景（灰度梯度都较小）；而$\text{TP}_{\text{low}}(L)$曲线下降得相对较快，因为剪切掉的像素个数比较多（在背景内部）。这两个因素的共同作用会使$\text{EAG}_{\text{low}}(L)$值逐步增加并达到一个极大值。然后，$\text{TG}_{\text{low}}(L)$曲线会比$\text{TP}_{\text{low}}(L)$曲线下降得更快，因为此时剪切掉的像素都属于目标（灰度较大但梯度较小）。随着更多的具有较大梯度的像素被剪切掉，$\text{EAG}_{\text{low}}(L)$的值会逐步减少，并趋向于 0。由此可见 EAG 曲线是单峰曲线。

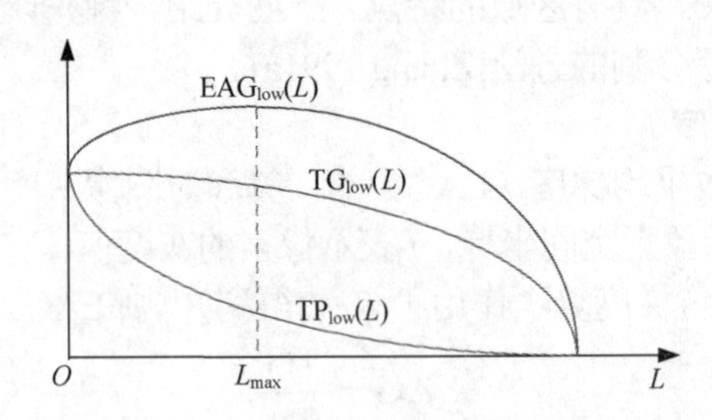

图 5.4.2　对$\text{EAG}_{\text{low}}(L)$曲线为单峰曲线的解释

设$\text{EAG}_{\text{high}}(L)$和$\text{EAG}_{\text{low}}(L)$曲线的极值点分别为$L_{\text{high}}$和$L_{\text{low}}$，则：

$$L_{\text{high}}=\arg\left\{\max_{L}\left[\text{EAG}_{\text{high}}(L)\right]\right\} \tag{5.4.11}$$

$$L_{\text{low}}=\arg\left\{\max_{L}\left[\text{EAG}_{\text{low}}(L)\right]\right\} \tag{5.4.12}$$

以上计算出的两个 $EAG_{high}(L)$和 $EAG_{low}(L)$曲线的极值点对应图像灰度值集合中的两个特殊值，由它们可确定出过渡区。事实上**过渡区**是一个由两个边界圈定的 2-D 区域，其中像素的灰度值是由两个 1-D 灰度空间的边界灰度值所限定的，如图 5.4.3 所示。这两个边界的灰度值分别是 L_{high}和 L_{low}，或者说它们在灰度值上限定了过渡区的范围。

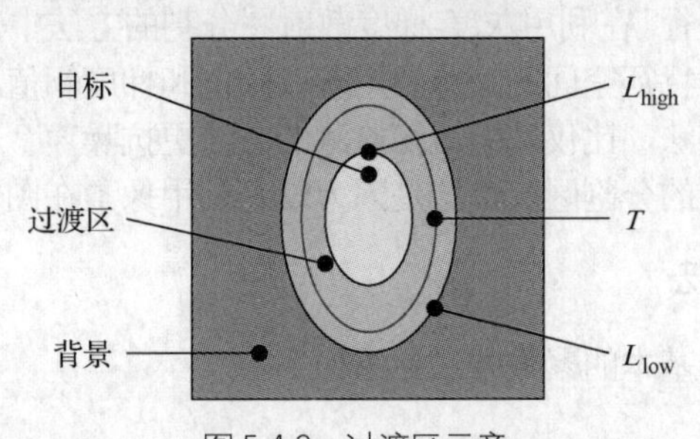

图 5.4.3　过渡区示意

可以证明，这两个极值点有 3 个重要的性质[Zhang 1991a]。

（1）对每个过渡区，L_{high}和 L_{low}总是存在并且各只存在一个。

（2）L_{high}和 L_{low}所对应的灰度值都具有明显的像素特性区别能力。

（3）对同一个过渡区，L_{high}不会比 L_{low}小，在实际图像中 L_{high}总大于 L_{low}。

由于过渡区处于目标和背景之间，而目标和背景之间的边界又在过渡区之中，所以可借助过渡区来帮助选取阈值。首先因为过渡区所包含像素的灰度值一般在目标和背景区域内部像素的灰度值之间，所以可根据这些像素确定一个阈值以进行分割。例如可取过渡区内像素的平均灰度值或过渡区内像素的直方图的极值。其次，由于 L_{high}和 L_{low}限定了边界灰度值的上下界，阈值也可直接借助它们来计算。

前面指出的两个极值点的 3 个重要性质在图像中有不止一个过渡区时也成立，可参见文献[章 1996c]。现在来看图 5.4.4，其中图 5.4.4（a）中的剖面有两个阶跃（对应两个过渡区），反映在梯度曲线上有两个峰。图 5.4.4（b）所示为由此得到的有两组极值点的 $EAG_{high}(L)$和 $EAG_{low}(L)$曲线。可以看出，对同一个过渡区，极值点的前面 3 个重要性质仍成立。所以，前面基于过渡区的方法不仅可用于确定单个阈值对图像进行二值分割，也可确定多个阈值对图像进行多阈值分割。

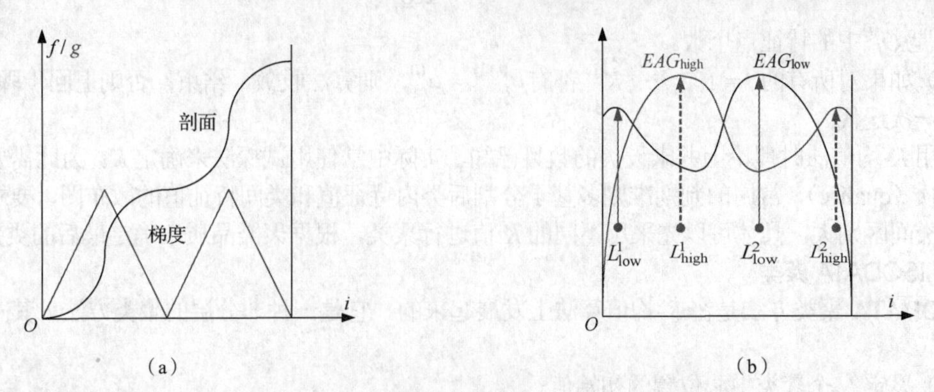

图 5.4.4　多过渡区时的 $EAG_{high}(L)$和 $EAG_{low}(L)$曲线

5.5　特征空间聚类

图像分割问题也可看作对像素进行分类的问题。利用特征空间聚类的方法就是以这种思路进行图像分割的。**空间聚类**可看作对阈值分割概念的推广，同时结合了阈值化分割和标记过程。它将图像空间中的元素按照从它们测得的特征值转换成用对应的特征空间点进行表示，通过将特征空间的点聚集成对应不同区域的类团，将这些类团划分开，然后反映射回原图像空间就得到分割的结果。在利用直方图的阈值分割中，取像素灰度为特征，用灰度直方图作为特征空间，对特征空间的划分利用灰度阈值进行。在利用灰度-梯度散射图分割的方法中，取像素灰度和梯度为特征，用散射图作为特征空间，对特征空间的划分利用灰度阈值和梯度阈值进行。与阈值化分割类似，聚类方法也是一种全局的方法，比仅基于边缘检测的方法更抗噪声。不过特征空间的聚类有时也会产生在图像空间中不连通的分割区域，这是因为没有利用像素在图像空间分布的信息。

5.5.1 基本聚类方法

聚类的方法很多，两种基本的聚类方法介绍如下。

1. *K*-均值聚类

将一个特征空间分成 K 个聚类的一种常用方法是 ***K*-均值法**。令 $\boldsymbol{x}=(x_1, x_2)$代表一个特征空间的坐标，$g(\boldsymbol{x})$代表在这个位置的特征值，$K$-均值法是要最小化如下指标：

$$E=\sum_{i=1}^{K}\sum_{x\in Q_j^{(i)}}\left\|g(\boldsymbol{x})-\mu_j^{(i+1)}\right\|^2 \tag{5.5.1}$$

式中，$Q_j^{(i)}$代表在第 i 次迭代后赋给类 j 的特征点集合；μ_j 表示第 j 类的均值。式（5.5.1）的指标给出每个特征点与其对应类均值的距离和。具体的 K-均值法步骤如下。

（1）任意选 K 个初始类均值，$\mu_1^{(1)}, \mu_2^{(1)}, \cdots, \mu_K^{(1)}$。

（2）在第 i 次迭代时，根据下述准则将每个特征点都赋给 K 类之一（$j=1, 2, \cdots, K, l=1, 2, \cdots, K$，$j\neq l$），即：

$$\boldsymbol{x}\in Q_l^{(i)} \quad \text{如果} \left\|g(\boldsymbol{x})-\mu_l^{(i)}\right\|<\left\|g(\boldsymbol{x})-\mu_j^{(i)}\right\| \tag{5.5.2}$$

则将特征点赋给均值最接近它的类。

（3）对 $j=1, 2, \cdots, K$，更新类均值$\mu_j^{(i+1)}$：

$$\mu_j^{(i+1)}=\frac{1}{N_j}\sum_{x\in Q_j^{(i)}}g(\boldsymbol{x}) \tag{5.5.3}$$

其中 N_j 是 $Q_j^{(i)}$中的特征点个数。

（4）如果对所有的 $j=1, 2, \cdots, K$，都有$\mu_j^{(i+1)}=\mu_j^{(i)}$，则算法收敛，结束；否则退回步骤（2）继续下一次迭代。

运用 K-均值法时理论上并未设类的数目已知，实际中常使用试探法来确定 K。为此需要测定聚类品质（quality），常用的判别准则多基于分割后类内特征值和类间特征值的散布图，要求类内接近而类间区别大。具体可以先采用不同的 K 值进行聚类，根据聚类品质来确定最后的类别数。

2. ISODATA 聚类

ISODATA 聚类方法是在 K-均值算法上发展起来的。它是一种非分层的聚类方法，其主要步骤如下。

（1）设定 N 个聚类中心位置的初始值。

（2）对每个特征点求取离其最近的聚类中心位置，通过赋值将特征空间分成 N 个区域。

（3）分别计算属于各个聚类模式的平均值。

（4）将最初的聚类中心位置与新的平均值比较，如果相同则停止，如果不同则将新的平均值作为新的聚类中心位置，并返回步骤（2）继续进行。

理论上讲 ISODATA 聚类算法也需要预先知道聚类的数目，但实际中常根据经验先取稍大一点的值，然后通过合并距离较近的聚类以得到最后的聚类数目。

5.5.2 均移确定聚类中心

在空间聚类方法中，需要确定聚类的均值或聚类的中心。这个工作可借助均移的方法来完成。**均移**在这里指偏移的均值向量，代表一种非参数技术，可用于分析复杂的多模特征空间并确定特征聚类。它假设聚类在其中心部分的分布要密，通过迭代计算密度核的均值（对应聚类重心，也是给定窗时的最频值）来达到目的。

下面借助图 5.5.1 来介绍均移方法的原理和步骤，其中各图中的圆点表示 2-D 特征空间（实际可更高维）中的特征点。首先随机选择一个初始的感兴趣区域（初始窗）并确定其重心，如图 5.5.1（a）所示作为起始点。接下来，搜索该区域周围点密度更大的感兴趣区域并确定其重心，然后将窗移动到新重心确定的位置，这里原重心和新重心间的位移矢量就对应均移，如图 5.5.1（b）所示。重复上面的过程不断将均值移动直到收敛，如图 5.5.1（c）所示。这里最后的重心位置确定了局部密度的极大值，即局部概率密度函数的最频值。

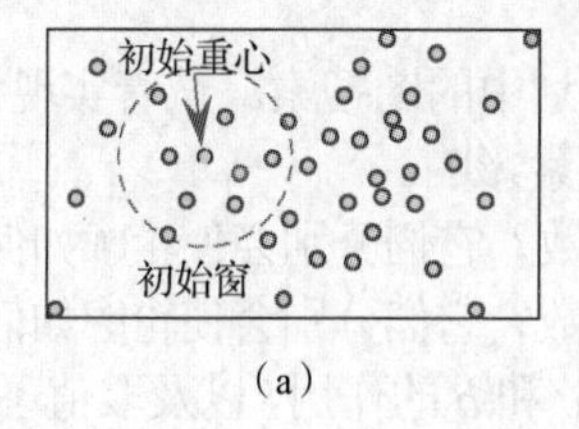

（a）

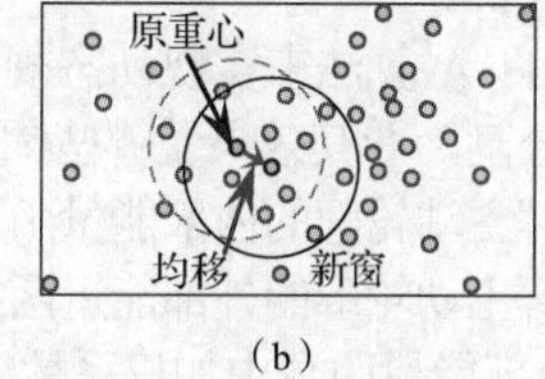

（b）

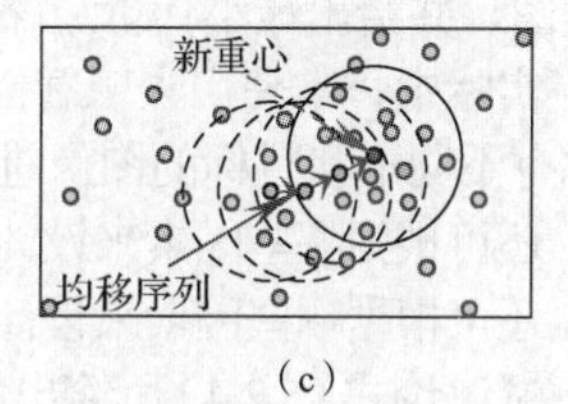

（c）

图 5.5.1 均移方法的原理示意

均移方法的优缺点都与它对数据的全局表达有关。优点中最主要的就是它的通用性。由于该方法对噪声鲁棒，所以可用于各种实际场合。它可以处理任何聚类的形状和特征空间。它仅有的一个选择参数（核尺寸 h，与搜索窗尺寸对应）具有物理上可理解的意义。不过对 h 的选择也是对它应用的一个限制，因为确定一个合适的 h 并不是一件简单的事情。h 过大会导致多个最频值被聚合起来，而过小又会引入不重要的最频值并人为使得聚类被分裂。

总结和复习

下面对本章各节进行简单小结，并有针对性地介绍一些可供深入学习的参考文献。读者还可通过思考题和练习题进行进一步的复习，标有星号的思考题或练习题在书末提供了解答。

【小结和参考】

5.1 节介绍的两种分割方法虽然仍借助检测边缘进行，但因为利用了图像中的全局信息且串行进行，因此对噪声等比较鲁棒。近年来许多分割技术均借助了其中的基本思想，一种典型的方法是图割，即利用图的结构将整体信息和局部信息相结合[章 2012c]。进一步，借助协同方法还可推广到对多视角拍摄条件下所获得的含有同一刚性或静态目标的多幅图像进行分割[朱 2011]。

5.2 节介绍的方法需要先获得目标的一个近似的封闭轮廓，然后根据目标周围边缘的特性进行调整以最终得到精确的轮廓。对应的两组分割试验实例可参见文献[Mackiewich 1995]。这种方法的整体框架提供了一系列灵活的方式，将影响分割精度的因素结合在迭代过程中，与许多串行分割方法有相通之处。具体来说，它借助定义的内部能量函数来使轮廓具有一定的总体形状，而利用定义的外部能量函数来根据边缘特性调整轮廓的局部形状。定义其他能量函数以结合不同类型的先验知识，可参见文献[Tan 2003]。

5.3 节介绍的方法基于区域内像素性质的一致性。其中定义的 3 种阈值根据选取方法可分为依赖像素的方法、依赖区域的方法和依赖坐标的方法。阈值选取的具体方法很多[章 2001b]，对 3 种常用阈值化方法的分析比较可参见文献[Xue 2012]。

5.4 节介绍了两种有特色的阈值选取技术：借助小波变换的方法虽仍利用直方图，但结合了多分辨率特性来帮助进行阈值选取；借助过渡区的方法[Zhang 1991a]则先利用轮廓区域性质缩小阈值的可能范围再进行选取。过渡区概念有其特色，基于过渡区选择阈值的思路简捷直观，得到许多应用和扩展，近期对相关工作的总结可参见文献[章 2015c]、[Zhang 2018a]。

5.5 节介绍的利用特征空间聚类的方法可并行地检测区域。空间聚类的方法除本节所介绍的外，还有许多种，如基于特征散度的模糊 *C*-均值聚类方法[薛 1998]，对低质量图像进行像素聚类的方法[薛 1999]，模糊聚类的方法[Betanzos 2000]等。对康普顿背散射图像借助细胞神经网络（CNN）进行并行分割的一种方法可参见文献[王 2011b]。将分类与分割结合的一种方法可参见文献[Xue 2011]。

【思考题和练习题】

5.1 假设将图 5.1.2（a）中第 1 行的像素值与第 2 行的像素值上下对调，画出对结果检测边界的搜索图，并给出最小代价通路的代价。

5.2 实际中，常使用人工智能中的 A^*算法来实现动态规划中的图搜索。试着实现该算法，并选几幅有不同形状目标的图像进行分割，看其效果受哪些因素影响。

5.3 还可根据哪些因素来设计求解主动轮廓的内部能量函数？它们分别会使轮廓如何变化？

5.4 还可根据哪些因素来设计求解主动轮廓的外部能量函数？它们分别会使轮廓如何变化？

*5.5 试讨论式（5.2.4）所给出的内部能量函数中加权系数 c 和 b 的作用，以及取值不同时（太大/太小，正/负）对最终主动轮廓形状的影响。

5.6 试讨论式（5.2.10）所给出的外部能量函数中加权系数 m 和 g 的作用，以及取值不同时（太大/太小，正/负）对最终主动轮廓形状的影响。

5.7 从式（5.3.9）出发，推导式（5.3.10）。

5.8 从式（5.3.10）出发，推导式（5.3.11）。

*5.9 设一幅图像具有如图题 5.9 所示的灰度分布，其中 $p_1(z)$对应目标，$p_2(z)$对应背景。如果 $P_1 = P_2$，求分割目标和背景的最佳阈值。

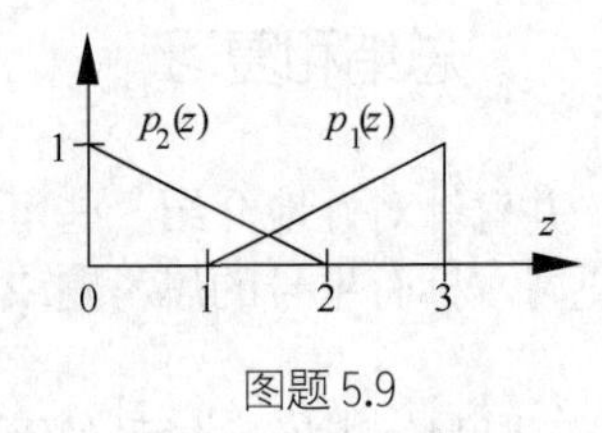

图题 5.9

5.10 一幅图像背景部分的均值为 10，方差为 400，在背景上分布着一些互不重叠的均值为 220，方差为 560 的小目标。假设所有目标合起来约占图像总面积的 25%，提出一个基于取阈值的分割算法将这些目标分割出来。

5.11 在计算过渡区阈值时，为什么可取过渡区内像素的平均灰度值或过渡区内像素的直方图的极值来作为分割阈值？如果这两个阈值相等，反映过渡区有什么特点？

5.12 描述借助均移来寻找最频值的方法，分别考虑 1-D 数据和 2-D 数据的情况。编写程序实现均移技术并选取实际数据进行实验。

第6章 目标表达和描述

目标分割的结果是得到了图像中感兴趣的区域。对这些区域，需要采取合适的数据结构进行表达，并采用恰当的形式描述它们的特性，从而进一步从图像中获取有用的信息。

好的目标表达方法应具有节省存储空间，易于特征计算等优点。与目标分割类似，图像中的区域可用其内部（如组成区域的像素集合）表示，也可用其外部（如组成区域边界的像素集合）表示。一般来说，如果比较关心的是区域的反射性质，如灰度、颜色、纹理等，常选用基于区域的**内部表达法**；如果比较关心的是区域的形状、尺寸等特性，则常选用基于边界的**外部表达法**。

对目标的描述常借助一些称为目标特征的**描述符**来进行。这些描述符的值较抽象地代表了目标区域的特性。好的描述符应在尽可能区别不同目标的基础上对目标的平移、旋转、尺度变化等不敏感。描述也可分为对边界的描述和对区域的描述，这也常依赖于对目标表达的方式。

根据上面所述，本章各节将如下安排。

6.1 节介绍基于边界的表达方法的原理，并从常见的众多表达方法中选取链码（及中点缝隙码）、边界段、边界标记和地标点 4 种典型方法进行了详细的介绍。

6.2 节讨论基于区域的表达方法。这里具体介绍了 4 种常用的方法，即四叉树表达、金字塔表达、围绕区域表达（包括外接盒、最小包围长方形、凸包）和骨架表达。

6.3 节介绍基于边界的描述方法。除给出了简单的边界长度和边界直径描述符外，还讨论了基于链码的边界形状数描述符以及形状矩阵方法。

6.4 节给出了多种基于区域的目标描述特征，不仅详细地介绍了区域面积和密度描述符，以及区域形状数和不变矩，还讨论了基本的拓扑描述符。

6.1 基于边界的表达

基于边界的表达利用对图像进行分割所得到的目标边界上的像素点（它们构成目标的轮廓线）来表达目标，属于外部表达法。事实上，表达目标的一种简单方法就是直接定义描述目标轮廓的代数表达式。例如一个圆锥定义了处在轮廓上满足下式的点 $\boldsymbol{x} = [x, y]^{\mathrm{T}}$：

$$\begin{bmatrix} x & y & 1 \end{bmatrix} \begin{bmatrix} a & b & c \\ b & d & e \\ c & e & f \end{bmatrix} \begin{bmatrix} x \\ y \\ 1 \end{bmatrix} = 0 \tag{6.1.1}$$

这组形状包括圆、椭圆、抛物线和双曲线，具体形状的选择依赖于参数组 $\theta = \{a, b, c, d, e, f\}$。

6.1.1 链码

链码是对边界点的一种编码表示方法，其特点是利用一系列具有特定长度和方向的、顺序相连的线段来表示目标的边界。

1. 链码表达

在**链码表达**中，因为每个线段的长度固定而方向数目取为有限，所以只有边界的起点需用（绝对）坐标表示，其余点都可仅用接续方向来代表偏移量。由于表示一个方向数比表示一个坐标值所需的比特数少（8方向时的一个方向数只需3比特，而256像素 × 256像素图像中的一个坐标值需2 × 8比特），而且对每一个点又只需一个方向数就可以代替两个坐标值，所以链码表达可大大减少边界表达所需的数据量。

数字图像一般是按固定间距的网格采集的，所以最简单的链码是跟踪边界并赋给每两个相邻像素的连线一个方向值。常用的有4-方向和8-方向链码，其方向定义分别如图6.1.1（a）和图6.1.1（b）所示。它们的共同特点是线段的长度固定，方向数有限。图6.1.1（c）和图6.1.1（d）分别为各用4-方向和8-方向链码表示区域边界的一个例子。

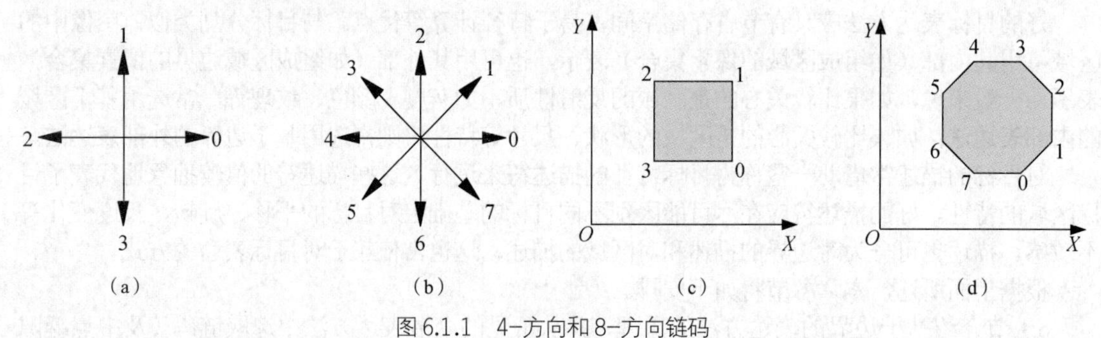

图6.1.1 4-方向和8-方向链码

2. 链码归一化

使用链码时，起点的选择非常关键。对同一个边界，如用不同的边界点作为链码起点，得到的链码是不同的。为解决这个问题可把链码归一化，下面介绍一种**链码起点归一化**的具体方法。给定一个从任意点开始而产生的链码，可把它看作一个由各个方向数所构成的自然数。将这些方向数依着一个方向循环以使它们所构成的自然数的值最小，然后将这样转换后所对应的链码起点作为这个边界的归一化链码的起点，参见图6.1.2。

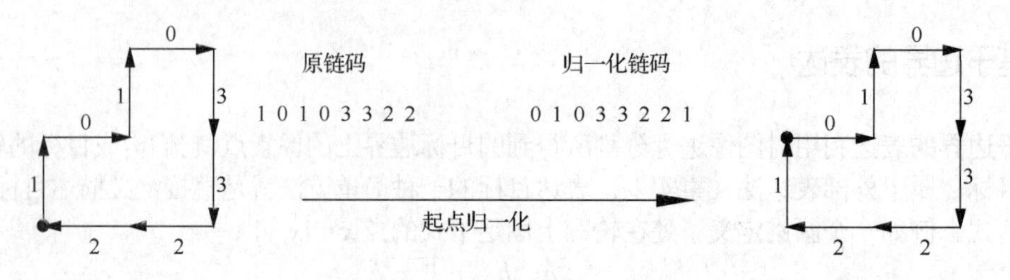

图6.1.2 链码起点归一化

用链码表示给定目标的边界时，如果目标平移，链码不会发生变化，而如果目标旋转则链码会发生变化。为解决这个问题，可利用链码的一阶差分来重新构造一个序列（一个表示原链码各段之间方向变化的新序列）以实现**链码旋转归一化**。这个差分可用相邻两个方向数（按反方向）相减得到。参见图6.1.3，上面一行为原链码（括号中为最右侧的一个方向数循环到左边），下面一行为两两相减得到的差分码。左边的目标在逆时针旋转 90° 后成为右边的形状，原链码发生了变化，但差分码并没有变化。

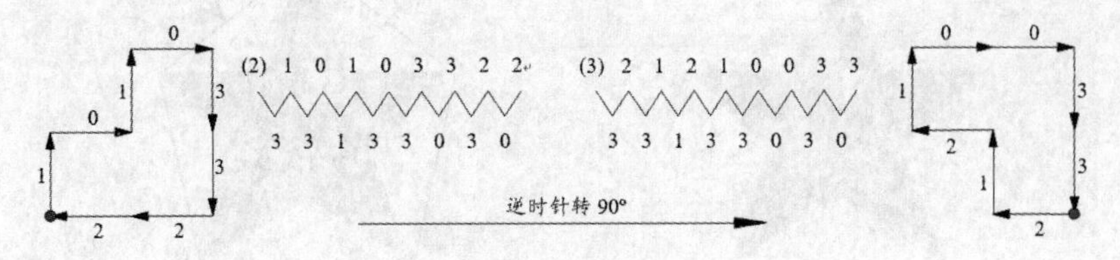

图 6.1.3　链码旋转归一化

3. 缝隙码

链码对应的线段一般连接的是两个相邻轮廓像素的中心，如果连接两个相邻轮廓像素的外边缘交叉点（如两个像素的左上角点），则称为**缝隙码**。当目标尺寸很大，轮廓像素的个数与区域总像素个数的比例较小时，链码和缝隙码是基本相同的；但当目标较小或比较细长，轮廓像素的个数与区域总像素个数的比例较大时，两者会有较大的差别。以图 6.1.4 为例，其中有个“T”字形的目标（阴影）。两个虚线箭头围成的封闭轮廓分别对应外链码和内链码，它们与实际目标轮廓有一定的差距。如果根据链码轮廓来计算目标的面积和周长，则利用外链码轮廓会给出偏高的估计，而利用内链码轮廓会给出偏低的估计。

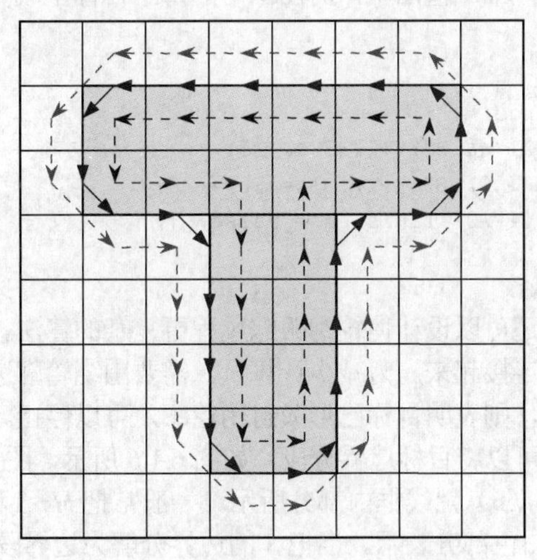

图 6.1.4　轮廓链码和中点缝隙码

解决这个问题的方法之一是定义**中点缝隙码**，即连接像素外边缘中点的缝隙码。水平或垂直的中点缝隙码所对应的长度是 1，对角的中点缝隙码所对应的长度是 $\sqrt{2}/2$。图 6.1.4 中的实线箭头围成的封闭轮廓就对应中点缝隙码，可见与实际目标轮廓比较一致。注意对一个水平中点缝隙码，其后不能接 0 方向或 4 方向的码；而对一个垂直中点缝隙码，其后不能接 2 方向或 6 方向的码。

6.1.2　边界段和凸包

链码对边界的表达是逐点进行的，而一种更节省表达数据量的方法是把边界分解成若干段分别表示。将边界分解为多个边界段的工作可以借助凸包的概念来进行，如图 6.1.5 所示，图 6.1.5（a）是一个五角形，称为集合 *S*，将它的 5 个顶点连起来得到一个五边形 *H*，如图 6.1.5（b）所示。五角

形 S 是一个凹体，而五边形 H 是一个凸体，也是包含 S 的最小凸形，称为**凸包**（还可参见 6.2.2 小节）。

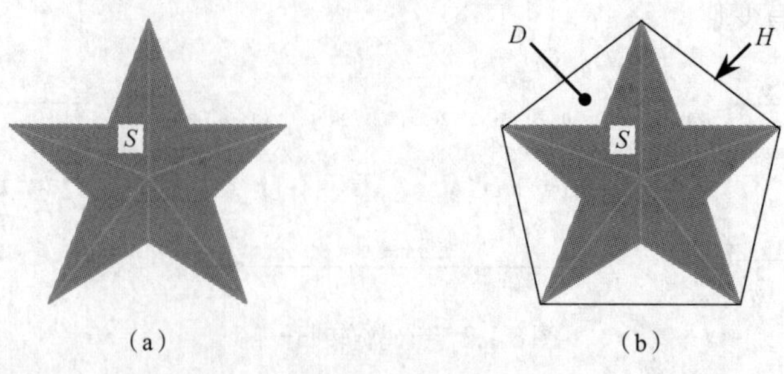

图 6.1.5 区域的凸包

例 6.1.1 凸包的计算

假设已得到包含目标（记为 1）的二值图（背景记为 0）。考虑使用一个 3 × 3 的模板，对模板读出的各像素使用如下编号：

$$\begin{bmatrix} A4 & A3 & A2 \\ A5 & A0 & A1 \\ A6 & A7 & A8 \end{bmatrix}$$

借助这样的模板来扫描一幅二值图像，对图像中的每个目标生成一个环绕的矩形凸包的简单算法可表示为：

```
do {
  finished = true;
  [    sum = (A1 && A3) + (A3 && A5) + (A5 && A7) + (A7 && A1);
       if (sum > 0) B0 = 1; else B0 = A0;
       if (B0 != A0) finished = false; ];
  [ A0 = B0; ]
} until finished;
```

为更准确地确定凸包，还可以设计使轮廓跟踪过程更复杂的算法。要实现准确，本质上需要让一个目标上所有的点对都连接起来。为减少计算量，需要围绕轮廓进行跟踪，如果跟踪过程以相同方向通过跟踪的起始点，则表明目标已形成封闭轮廓，可以停止。 ❑

确定了目标的凸包，就可以将目标边界分段，如图 6.1.6 所示，图 6.1.6（a）是一个任意的集合 S，它的凸包 H 如图 6.1.6（b）黑线框内部分所示。一般常把 $H-S$ 称为 S 的**凸残差**，并用 D，即图 6.1.6（b）黑线框内各白色部分表示。当把 S 的边界分解为边界段时，能分开 D 的各部分的点就是合适的边界分段点。换句话说，这些分段点可借助 D 来唯一地确定。具体做法是，跟踪 H 的边界，每个进入 D 或从 D 出去的点就是一个分段点，可参见图 6.1.6（c）所示的结果。这种方法不受区域尺度和取向的影响。这样得到的各个边界段自身比较好表达，所需数据量较少。

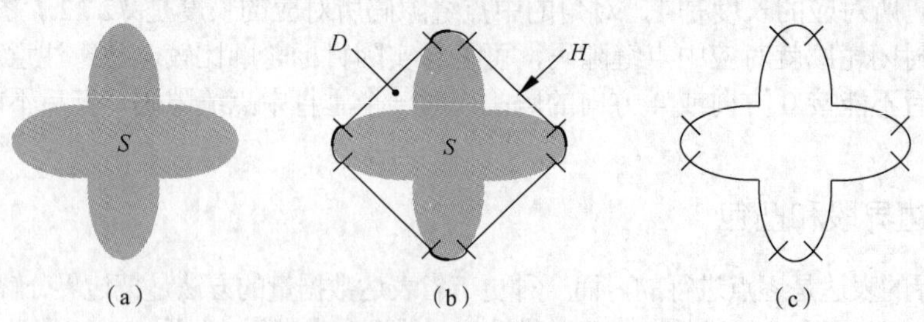

图 6.1.6 利用区域的凸包将区域边界分段

6.1.3　边界标记

在对边界的表达方法中，**标记**是一种对边界的 1-D 泛函的表达方法。产生**边界标记**的方法很多，但不管用何种方法产生标记，其基本思想都是把 2-D 的边界用 1-D 的较易描述的函数形式表达出来。如果本来就对 2-D 边界的形状感兴趣，通过这种方法可把 2-D 形状描述的问题转化为对 1-D 波形进行分析的问题。

从更广泛的意义上说，标记可由广义的**投影**产生。这里投影可以是水平的、垂直的、对角线的，甚至是放射的、旋转的，等等[Haralick 1992]。这里要注意的一点是，投影并不是一种能保持信息的变换，将 2-D 平面上的区域边界变换为 1-D 的曲线是有可能丢失信息的。

下面介绍 4 种不同的边界标记。

1. 距离为角度的函数

这种标记先对给定的目标求出重心，然后做出以边界点与重心的**距离为角度的函数**。图 6.1.7（a）和图 6.1.7（b）分别为对圆形和方形目标这样操作后得到的标记。它是目标边界相对目标中心的极坐标图。这种表达方法将一个复杂的 2-D 问题转化为一个较简单的 1-D 问题。但是，当目标边界受到任何遮挡时都有可能出现问题，因为此时重心会随机移动，导致函数值的不规则变化。

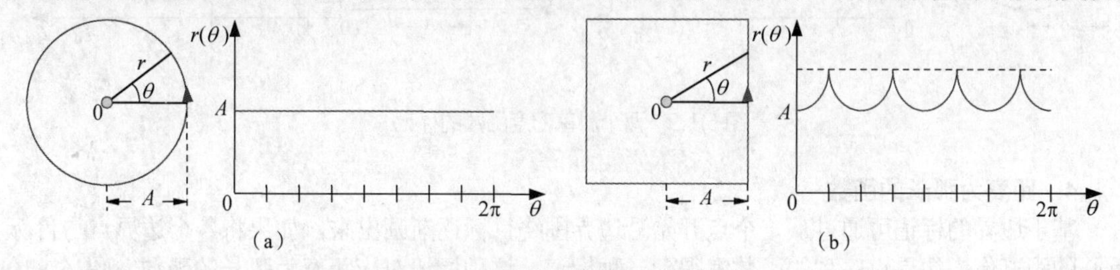

图 6.1.7　两个距离为角度函数的标记

在图 6.1.7（a）中，r 是常数，而在图 6.1.7（b）中，$r = A\sec\theta$。这种标记不受目标平移影响，但会随着目标旋转或放缩而变化。放缩造成的影响是标记的幅度值发生变化，这个问题可用把最大幅度值归一化到单位值来解决。解决旋转影响可有多种方法。如果能规定一个不随目标朝向变化而产生标记的起点，就可消除旋转变化的影响。例如可选择距离重心最远的点作为产生标记的起点，如果只有一个这样的点，则得到的标记就与目标朝向无关。更稳健的方法是先获得区域的等效椭圆（参见 8.1 节），再在其长轴上取最远的点作为产生标记的起点。由于等效椭圆是由区域里所有的点借助惯量椭圆确定的，所以计算量较大，但也比较可靠。

2. ψ-s 曲线

如果沿边界围绕目标一周，在每个位置作出该点的切线，该切线与一个参考方向（如横轴）之间的角度值就给出一种标记。**ψ-s 曲线**（切线角为弧长的函数）就是根据这种思路得到的，其中s 为绕过的边界长度，而ψ为参考方向与切线的夹角。ψ-s 曲线有些像链码表达的连续形式。图 6.1.8（a）和图 6.1.8（b）分别为对圆形和方形目标这样操作得到的标记。

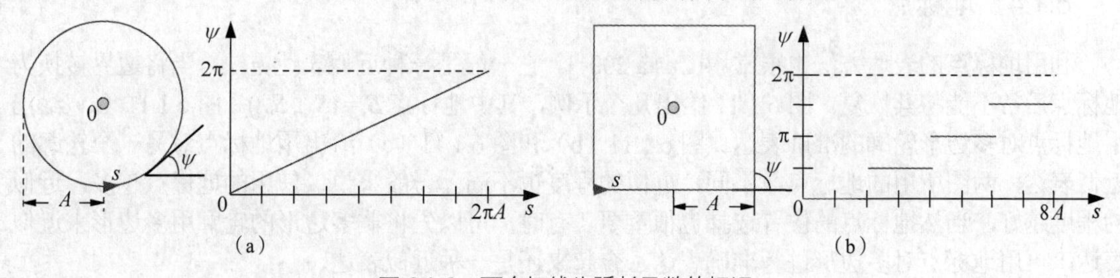

图 6.1.8　两个切线为弧长函数的标记

由图 6.1.8 可见，ψ-s 曲线中的水平直线段对应边界上的直线段（ψ不变），而ψ-s 曲线中的倾斜直线段对应边界上的圆弧段（ψ以常数值变化）。在图 6.1.8（b）中，ψ的 4 个水平线段对应方形目标的 4 条边。

3. 斜率密度函数

斜率密度函数可看作将ψ-s 曲线沿ψ轴投影的结果。这种标记就是切线角的直方图 $h(\theta)$。由于直方图是数值集中情况的一种测度，所以对具有常数切线角的边界段斜率密度函数会有比较强的响应，而对切线角有较快变化的边界段则会出现较深的谷。图 6.1.9（a）和图 6.1.9（b）分别为对圆形和方形目标这样操作得到的标记，其中对圆形目标的标记与距离为角度函数的标记有相同的形式，但对方形目标的斜率密度函数的标记与距离为角度函数的标记有很不相同的形式。

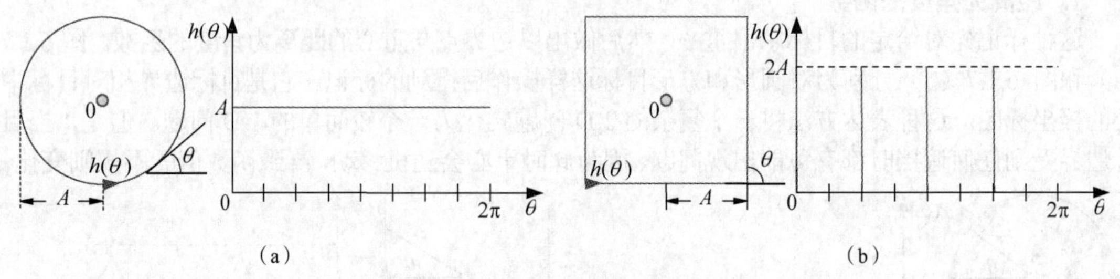

图 6.1.9 两个斜率密度函数的标记

4. 距离为弧长的函数

基于边界的标记可通过从一个点开始沿边界围绕目标逐渐画出来。如果将各个边界点与目标重心的距离作为边界点序列的函数就得到一种标记，这种标记对应**距离为弧长的函数**。图 6.1.10（a）和图 6.1.10（b）分别为对圆形和方形目标这样操作得到的标记。对图 6.1.10（a）所示的圆形目标，r 是常数；对图 6.1.10（b）所示的方形目标，r 随 s 周期变化。与图 6.1.7 相比，对圆形目标，两种标记一致；而对方形目标，两种标记有差别（横轴不同）。

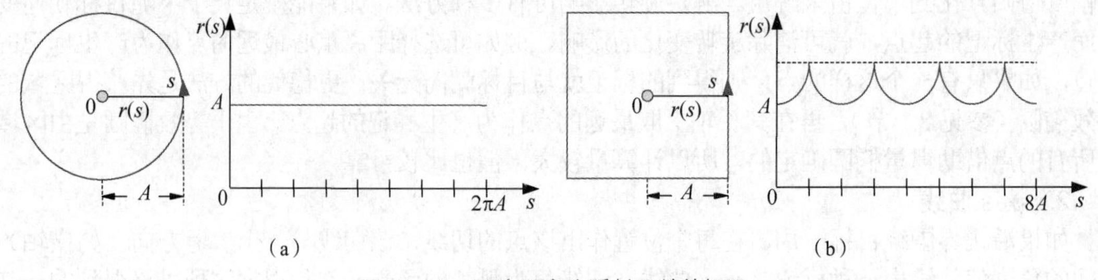

图 6.1.10 两个距离为弧长函数的标记

6.1.4 地标点

利用**地标点**的表达方法也很常用[Costa 2001]。它一般是一种近似表达方法，当将边界转换为地标点后常不能将其恢复。图 6.1.11 给出几个示例，其中地标点 $\boldsymbol{S}_i = (S_{x,i}, S_{y,i})$。图 6.1.11（a）给出用地标点对多边形轮廓的准确表达；图 6.1.11（b）和图 6.1.11（c）给出用地标点对另一个轮廓的近似表达，两图所用的地标点数不同，近似的程度也不同。一般来说，使用的地标点越多，近似的程度越好，当然地标点的位置选择也很重要。有时，可以先将非多边形的轮廓用多边形来近似表达，再用地标点对多边形进行准确表达，合起来还是一种近似表达。

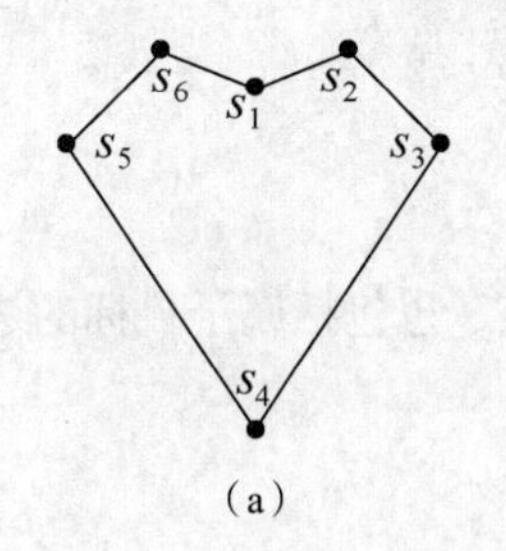

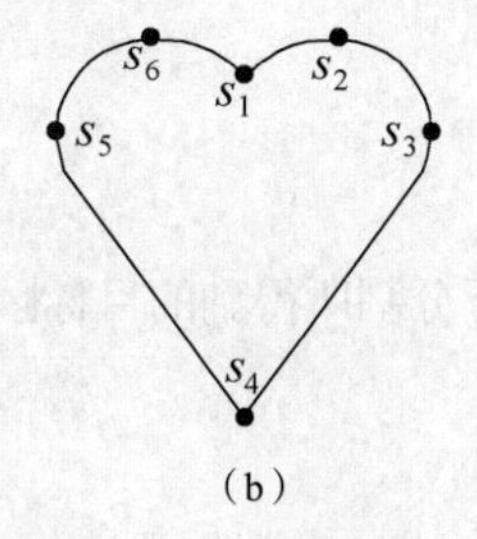

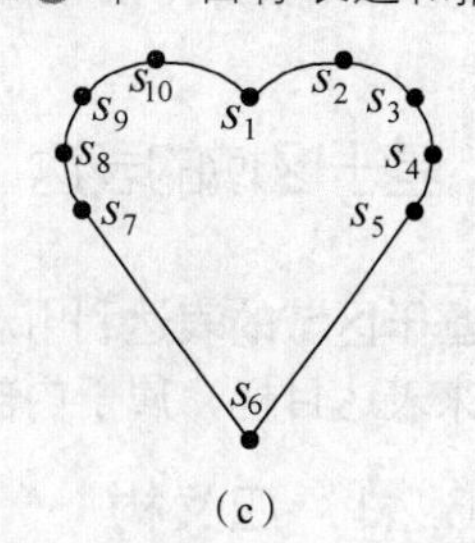

图 6.1.11　地标点表达示例

在很多情况下，地标点的排列或组合表达方式也很重要。常见的几种方法如下。

（1）对各个地标点的坐标进行选择，从某个固定的参考地标点开始将地标点组成一个矢量。这种方法可以得到**排序地标点**。目标 S 用一个 $2n$-矢量来表示：

$$\boldsymbol{S}_{\mathrm{o}} = [S_{x,1},\ S_{y,1},\ S_{x,2},\ S_{y,2},\ \cdots,\ S_{x,n},\ S_{y,n}]^{\mathrm{T}} \tag{6.1.2}$$

（2）如果不考虑地标点的次序或没有地标点次序的信息，可考虑用**自由地标点**，即目标 S 用一个 $2n$-集合来表示：

$$S_{\mathrm{f}} = \{S_{x,1}, S_{y,1}, S_{x,2}, S_{y,2}, \cdots, S_{x,n}, S_{y,n}\} \tag{6.1.3}$$

（3）用 2-D 矢量来表示平面目标 S，其中每个矢量代表一个地标点的坐标，可称**矢量-平面**方法。这里可将各个矢量顺序放入一个 $n \times 2$ 的矩阵：

$$\boldsymbol{S}_{\mathrm{v}} = \begin{bmatrix} S_{x,1} & S_{y,1} \\ S_{x,1} & S_{y,2} \\ \vdots & \vdots \\ S_{x,n} & S_{y,n} \end{bmatrix} \tag{6.1.4}$$

（4）用一组复数值来表示平面目标 S，其中每个复数值代表一个地标点的坐标，即 $S_i = S_{x,i} + \mathrm{j}S_{y,i}$，可称**复数-平面**方法。这里将所有地标点集合顺序放入一个 $n \times 1$ 的矢量：

$$\boldsymbol{S}_{\mathrm{c}} = [S_1, S_2,\ \cdots, S_n]^{\mathrm{T}} \tag{6.1.5}$$

表 6.1.1 给出上面 4 种地标点表达方法对具有顶点 $S_1 = (1, 1)$、$S_2 = (1, 2)$、$S_3 = (2, 1)$的三角形的表达结果，其中 3 个顶点作为 3 个地标点。

表 6.1.1　　4 种地标点表达方法

方式	表达	解释
排序地标点	$\boldsymbol{S}_{\mathrm{o}} = [1, 1, 1, 2, 2, 1]$	$\boldsymbol{S}_{\mathrm{o}}$是一个 $2n \times 1$ 的实坐标矢量
自由地标点	$S_{\mathrm{f}} = \{1, 1, 1, 2, 2, 1\}$	S_{f}是一个包含 $2n$ 个实坐标的集合
矢量-平面	$\boldsymbol{S}_{\mathrm{v}} = \begin{bmatrix} 1 & 1 \\ 1 & 2 \\ 2 & 1 \end{bmatrix}$	$\boldsymbol{S}_{\mathrm{v}}$是一个 $n \times 2$ 的矩阵，每行包含一个地标点的 x-实坐标和 y-实坐标
复数-平面	$\boldsymbol{S}_{\mathrm{c}} = \begin{bmatrix} 1+\mathrm{j} \\ 1+\mathrm{j}2 \\ 2+\mathrm{j} \end{bmatrix}$	$\boldsymbol{S}_{\mathrm{c}}$是一个 $n \times 1$ 的复数矢量，每个复数表示一个地标点的 x-坐标和 y-坐标

上面 4 种方法中，矢量-平面方法和复数-平面方法直觉上较好，因为它们不需要将目标映射到 $2n$-D 的空间。

6.2 基于区域的表达

基于区域的表达利用对图像进行分割所得到的目标区域里的像素点（也包括属于目标的边界点）来表达目标，属于**内部表达法**。

6.2.1 四叉树

四叉树表达方法利用金字塔式的数据结构对图像进行表达。在这种表达中（参见图 6.2.1），所有的结点可分成 3 类：① 目标结点（用白色表示）；② 背景结点（用深色表示）；③ 混合结点（用浅色表示）。四叉树的树根对应整幅图，而树叶对应各单个像素或具有相同特性的像素组成的方阵。这种结构特点使得四叉树常被用于“粗略信息优先”的显示中。当图像是方形的，且像素点的个数是 2 的整数次幂时，四叉树法最适用。

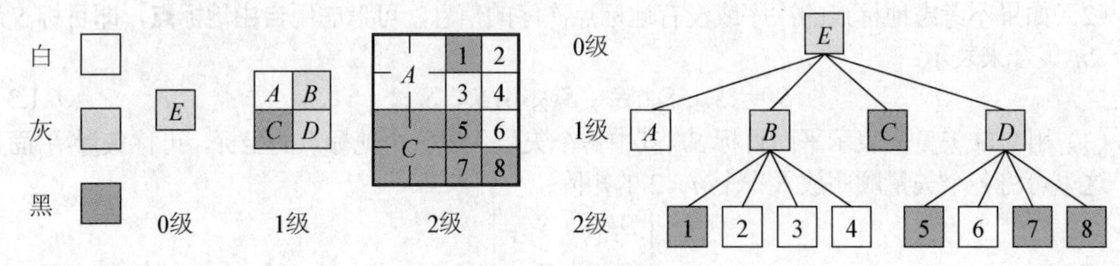

图 6.2.1　四叉树表达图示

四叉树由多级构成，数根在 0 级，分一次叉多一级。对一个有 n 级的四叉树，其结点总数 N 最多如下（对实际图像，因为总有目标，所以一般要小于这个数）：

$$N=\sum_{k=0}^{n}4^k=\frac{4^{n+1}-1}{3}\approx\frac{4}{3}4^n \tag{6.2.1}$$

具体建立四叉树的一种方法如下。设图像大小为 $2^n\times 2^n$，用八进制表示。先对图像进行扫描，每次读入两行。将图像均分成 4 块，各块的下标分别为：$2k$、$2k+1$、2^n+2k、2^n+2k+1（$k=0, 1, 2, \cdots, 2^{n-1}-1$），它们对应的灰度为 f_0、f_1、f_2、f_3。据此可建立 4 个新的灰度级，可表示为：

$$g_0=\frac{1}{4}\sum_{i=0}^{3}f_i \tag{6.2.2}$$

$$g_j=f_j-g_0 \quad j=1,\ 2,\ 3 \tag{6.2.3}$$

为了建立树的下一级，先用式（6.2.2）算得每块的第一个像素并将它们组成第一行，而把由式（6.2.3）算得的差值放进另一个数组，得到表 6.2.1。

表 6.2.1　　四叉树建立的第一步

g_0	g_4	g_{10}	g_{14}	g_{20}	g_{24}	…
(g_1, g_2, g_3)	(g_5, g_6, g_7)	(g_{11}, g_{12}, g_{13})	(g_{15}, g_{16}, g_{17})	(g_{21}, g_{22}, g_{23})	(g_{25}, g_{26}, g_{27})	…

这样当读入下两行时，第一个像素的下标将增加 2^{n+1}，得到表 6.2.2 所示的结果。

表 6.2.2　　四叉树建立的第二步

g_0	g_4	g_{10}	g_{14}	g_{20}	g_{24}	…
g_{100}	g_{104}	g_{110}	g_{114}	g_{120}	g_{124}	…

如此继续可得到一个 2^{n-1} 像素 $\times 2^{n-1}$ 像素的图像和一个 $3\times 2^{2n-2}$ 的数组。将上述过程反复进行，

图像逐渐变粗（像素个数减少，每个像素的面积增大），当整个图像成为只有一个像素时，信息全集中到数组中。表 6.2.3 给出了一个示例。

表 6.2.3 四叉树建立的示例

0	1	4	5	10	11	14	15	20	21	24	25	…
2	3	6	7	12	13	16	17	22	23	26	27	…
100	101	104	105	110	111	114	115	120	121	124	125	…
102	103	106	107	112	113	116	117	122	123	126	127	…

6.2.2 金字塔

四叉树是一种特殊的**金字塔**，其中不同层之间的变化是类似的，而且没有考虑同一层内的联系。其实，金字塔是一种更一般化的数据结构[Kropatsch 2001]，不同层之间的变化可以很大，同一层内也可有各种联系。金字塔结构可借助图来解释。图 $G = [V, E]$由顶点（结点）集合 V 和边（弧）集合 E 组成。对每个顶点对$(v_1, v_2) \in V \times V$，都有一条边 $e \in E$ 将它们连起来。顶点 v_1 和 v_2 称为 e 的终端顶点。

完整的金字塔结构由各层之间的“父子”关系和各层内的邻域关系所确定。一方面，每个不在最底层的单元在其下面一层都有一组“儿子”。另一方面，每个不在顶层的单元在它上一层都有一组“父亲”。在同一层中，每个单元都有一组“兄弟”（也称邻居）。

图 6.2.2（a）给出一个金字塔结构的示意，图 6.2.2（b）指出一个单元与其他单元的各种联系。

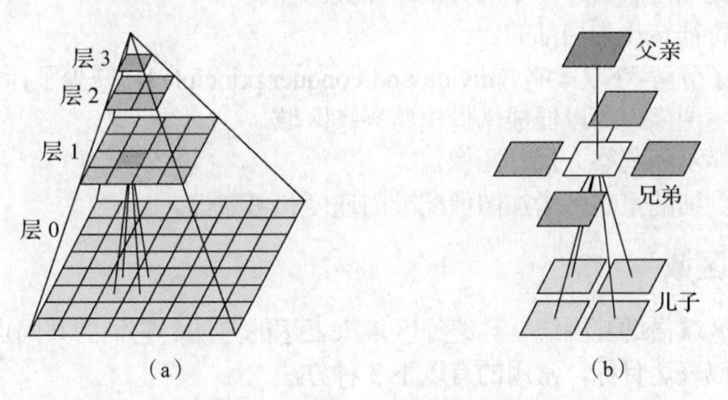

图 6.2.2 金字塔结构示意和一个单元与其他单元的各种联系

金字塔结构可分别在水平方向和垂直方向描述，金字塔的每个水平层可用一个邻域图来描述。一个顶点 $p \in V_i$ 的水平邻域可用下式定义：

$$R(p)=\{p\}\cup\{ q\in V_i \mid (p,q)\in E_i\} \tag{6.2.4}$$

金字塔的垂直结构可用一个**二分图**来描述。令 $E_i \subseteq (V_i \times V_{i+1})$ 和 $R_i = \{(V_i \cup V_{i+1}), E_i\}$，则对一个单元 $q \in V_{i+1}$，它的儿子集合为：

$$\text{SON}(q)=\{ p\in V_i \mid (p,q)\in E_i\} \tag{6.2.5}$$

类似地，对一个单元 $p \in V_i$，它的父亲集合为：

$$\text{FATHER}(p)=\{ q\in V_{i+1} \mid (p,q)\in E_i\} \tag{6.2.6}$$

根据上面的定义，一个有 N 层的金字塔结构可用 N 个邻域图和 $N-1$ 个二分图来描述。

一般用**缩减率**（缩减因数）和**缩减窗**来描述金字塔结构[Kropatsch 2001]。缩减率 r 确定从一层到另一层单元数的减少速度。缩减窗（一般是个 $n \times n$ 的方窗）将一个当前层的单元与下一层的一组单元联系起来。一个金字塔结构可记为$(n \times n)/r$。最广泛使用的金字塔为$(2 \times 2)/4$ 金字塔，也常称为“图像金字塔”。因为$(2 \times 2)/4 = 1$，所以在这个金字塔结构中，没有重复（每个单元只有一个父亲）。具有重复的缩减窗的金字塔结构的共同点是$(n \times n)/r > 1$，例如$(2 \times 2)/2$的结构常称为“重叠金字塔”，又如$(5 \times 5)/2$金字塔曾被用于紧凑的图像编码，其中图像金字塔伴随了一个拉普拉斯差分金字塔。这里，给定层的拉普拉斯值是用该层的图像和借助扩展而产生的下一个较低分辨率图像之间逐像素的差来计算的[章 2018b]。可以期望拉普拉斯值在低对比度的区域为0或接近0，所以这种方法可取得压缩效果。另一方面，如果一个金字塔结构满足$(n \times n)/r < 1$，则表明有些单元没有父亲。

考虑上一小节的**四叉树**结构，它很像一个$(2 \times 2)/4$的金字塔结构，主要区别是四叉树没有相同层间的邻居联系。但是，尽管可将四叉树看作一个特殊的金字塔结构，但它们还有一些其他不同点。例如一般将对区域的四叉树表达看作一种多分辨率表达，而将对区域的金字塔表达看作一种区域的金字塔变分辨率表达。它们各有优点。金字塔表达比较适合用于基于位置的查询，如“给定一个位置，哪个目标在那里”。反过来，如果查询是“给定一个目标，确定它的位置”，则用金字塔表达需要检查每个位置以判断目标是否存在，工作量比较大。四叉树表达比较适合用于这种基于目标的查询。因为四叉树中每个结点存储了该结点之下各个非叶子结点的综合信息，所以可用来确定是否要沿树结构继续向下检查。如果一个目标没有出现在一个结点中，它也不会出现在该结点的子树中，也就是不用继续向下搜索了。可以将金字塔表达转化为四叉树表达，只需要从高层到低层迭代地对金字塔进行搜索。如果金字塔中的一个组合单元全黑或全白，就将它作为一个对应的终端结点，否则就将它作为一个中间结点并将其指向下一层的4个（组合）单元。

最后，总结金字塔结构的优点如下[Kropatsch 2001]。

（1）通过去除较低分辨率时的不重要细节可减少噪声的影响。

（2）对图像的处理与感兴趣区域的分辨率无关。

（3）将全局的特征转化为局部的。

（4）由于使用了分解-夺取策略（divide-and-conquer principle），减少了计算量。

（5）在低分辨率图像中可以低成本检出感兴趣区域。

（6）可方便地显示和观察大尺寸图像。

（7）通过从粗到细的策略可增加图像配准的速度和可靠性。

6.2.3 围绕区域

有许多对目标区域借助其围绕（环绕）区域来表达的方法，它们的共同点是用一个将目标包含在内的区域来近似表达目标。常用的有以下3种方法。

（1）**外接盒**：这是包含目标区域的最小的长方形（边与坐标轴平行，朝向特定）。一般长方形朝向沿坐标轴，图6.2.3（a）所示为一个表达示例。

（2）**围盒**：也称**最小包围长方形**（MER）。它定义为包含目标区域的最小长方形（对朝向没有限制）。图6.2.3（b）所示为一个表达示例。

（3）**凸包**：包含目标区域的最小凸形（参见6.1.2小节）：图6.2.3（c）中的实线为一个表达示例。

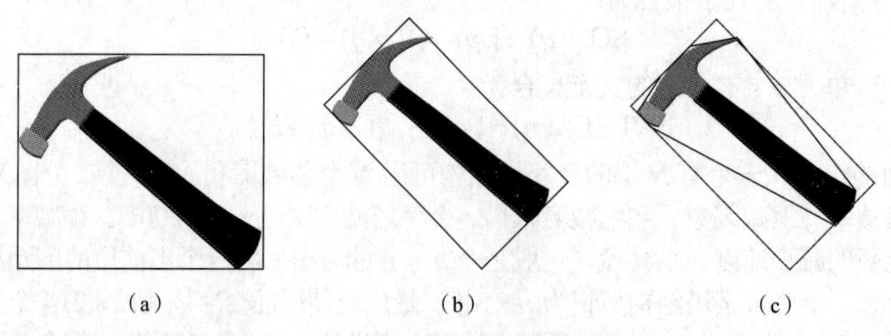

图6.2.3　对同一个区域的3种围绕区域表达方法

需要指出，图 6.2.3 所示为对同一个目标区域的 3 种围绕区域方法的结果。对比这些结果可见，凸包对区域的表达有可能比最小包围长方形对区域的表达更精确，而最小包围长方形对区域的表达有可能比外接盒对区域的表达更精确。

6.2.4　骨架

骨架是对目标区域的形状结构的一种表达。可以认为骨架是把一个平面区域简化而得到的，是对目标的一种抽象表达。

1. 骨架的定义和特点

对目标区域骨架的抽取常称为目标的**骨架化**。对具有边界 B 的区域 R，其骨架可借助图 6.2.4 来定义。对每个 R 中的点 p，可在 B 中搜寻与它距离最小的点。如果对一个点 p 能在 B 中找到多于一个这样的点（即有两个或以上的 B 中的点与 p 同时距离最小），就可认为点 p 属于 R 的骨架，或者说 p 是一个骨架点。

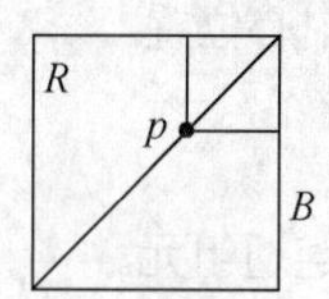

图 6.2.4　区域 R、边界 B 和骨架点 p

由上述讨论可知，**骨架**可用一个区域点与两个边界点的最小距离来定义，即写成：

$$d_s(p,B)=\inf\{d(p,z)\,|\,z\subset B\} \tag{6.2.7}$$

其中距离量度可以是欧氏的、城区的或棋盘的。因为最近距离取决于所用的距离量度，所以得到的骨架是与所用的距离量度有关的。

例 6.2.1　骨架示例

图 6.2.5 所示为一些区域和对它们用欧氏距离算出的骨架。由图 6.2.5（a）和图 6.2.5（b）可知，对较细长的物体其骨架常能提供较多的形状信息，而对较粗短的物体则骨架提供的信息较少。注意，用骨架表示区域有时会受到较大的噪声影响。例如比较图 6.2.5（c）和图 6.2.5（d），其中图 6.2.5（d）所示的区域与图 6.2.5（c）所示的区域只有一点儿差别（常可认为由噪声产生），但两者的骨架明显不相似。可见，骨架对区域边界的变化有一定的敏感度。

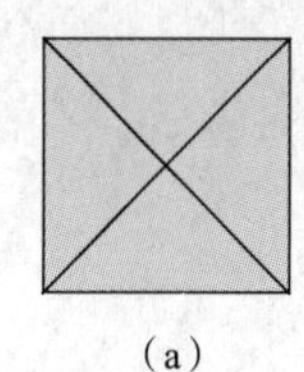

（a）

（b）

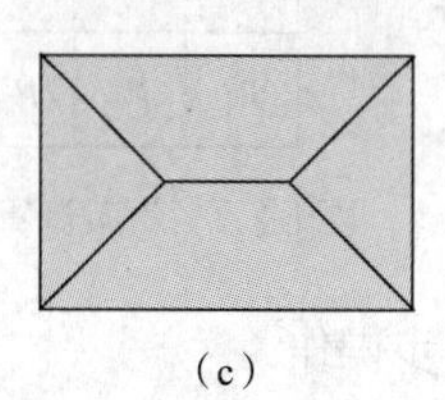

（c）

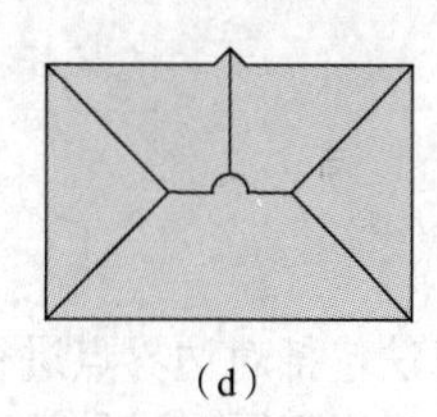

（d）

图 6.2.5　用欧氏距离算出的一些骨架的示例　❑

理论上讲，每个骨架点都保持了其与边界点距离最小的性质，所以如果用以每个骨架点为中心的圆的集合（利用合适的量度），就可恢复出原始的区域。具体就是以每个骨架点为圆心，以前述的最小距离为半径作圆周，如图 6.2.6（a）所示。这些圆的包络就构成了区域的边界，如图 6.2.6（b）所示。最后，通过填充区域内的圆周就能重新得到区域。也可以这样说，如果以每个骨架点为圆心，以所有小于和等于最小距离的长度为半径作圆，这些圆的并集就覆盖了整个区域。

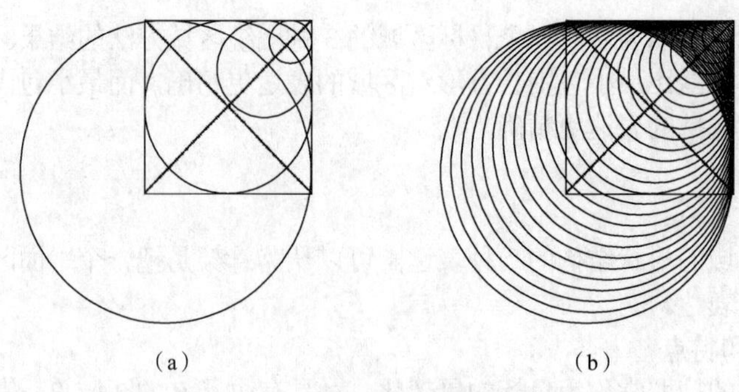

图 6.2.6　用圆的并集重建区域

最后总结一下，如果设 S 是区域 R 的骨架，则以下 5 点常会被满足（实际中，有时并不能保证以下 5 点全能满足）[Marchand 2000]。

（1）S 完全包含在 R 中，S 处于 R 的中心位置。

（2）S 为单个像素宽。

（3）S 与 R 具有相同数量的连通组元。

（4）S 的补与 R 的补具有相同数量的连通组元。

（5）可以根据 S 重建 R。

2. 计算骨架的一种实用方法

根据式（6.2.7）求取区域骨架需要计算所有边界点到所有区域内部点的距离，因而计算量是很大的。实际中都采用逐次消去边界点的迭代细化算法，在这个过程中有 3 个限制条件需要注意：①不消去线段端点；②不中断原来连通的点；③不过深侵蚀区域。

下面介绍一种实用的求取二值目标区域骨架的算法。设已知目标点标记为 1，背景点标记为 0。定义边界点是本身标记为 1 而其 8-连通邻域中至少有一个点标记为 0 的点。算法考虑以边界点为中心的 8-邻域，记中心点为 p_1，其邻域的 8 个点顺时针绕中心点分别记为 $p_2, p_3, \cdots, p_9$，其中 p_2 在 p_1 上方，如图 6.2.7 所示。

p_9	p_2	p_3
p_8	p_1	p_4
p_7	p_6	p_5

图 6.2.7　骨架计算模板

算法包括对边界点进行以下两步操作。

（1）标记同时满足下列条件的边界点。

(1.1) $2 \leqslant N(p_1) \leqslant 6$；

(1.2) $S(p_1) = 1$；

(1.3) $p_2 \cdot p_4 \cdot p_6 = 0$；

(1.4) $p_4 \cdot p_6 \cdot p_8 = 0$。

其中 $N(p_1)$ 是 p_1 的非零值邻点的个数，$S(p_1)$ 是以 $p_2, p_3, \cdots, p_9, p_2$ 为序时这些点的值从 $0 \to 1$ 变化的次数。当对全部边界点都检验完毕后，将所有标记了的点除去。

（2）标记同时满足下列条件的边界点。

(2.1) $2 \leqslant N(p_1) \leqslant 6$；

(2.2) $S(p_1) = 1$；

(2.3) $p_2 \cdot p_4 \cdot p_8 = 0$；

(2.4) $p_2 \cdot p_6 \cdot p_8 = 0$。

这里第（2）步的前两个条件与第（1）步相同，仅后两个条件不同。同样当对全部边界点都检验完毕后，将所有标记了的点除去。

以上两步操作构成一次迭代。算法反复迭代直至没有点再满足标记条件，这时剩下的点构成区域的骨架，如图 6.2.8 所示。在以上各标记条件中，条件(1.1)或条件(2.1)除去了 p_1 只有一个标记为 1 的 8-邻域点，即 p_1 为线段端点的情况，参见图 6.2.8（a）；以及 p_1 有 7 个标记为 1 的邻点，即 p_1 过于深入区域内部的情况，参见图 6.2.8（b）。条件(1.2)或条件(2.2)除去了对宽度为单个像素的线段进行操作的情况，参见图 6.2.8（c）和图 6.28（d），以避免将骨架割断；条件(1.3)和条件(1.4)在 p_1 为边界的右、下端点（$p_4 = 0$ 或 $p_6 = 0$）或左上端点（$p_2 = 0$ 和 $p_8 = 0$）（即不是骨架点）的情况下同时满足，前一种情况参见图 6.2.8（e）。类似地，条件(2.3)和条件(2.4)在 p_1 为边界的左、上端点（$p_2 = 0$ 或 $p_8 = 0$）或右下端点（$p_4 = 0$ 和 $p_6 = 0$）（即不是骨架点）的情况下同时满足，前一种情况参见图 6.2.8（f）。最后注意到，如 p_1 为边界的右上端点则有 $p_2 = 0$ 和 $p_4 = 0$，如 p_1 为边界的左下端点则有 $p_6 = 0$ 和 $p_8 = 0$，它们都同时满足条件(1.3)和条件(1.4)以及条件(2.3)和条件(2.4)。

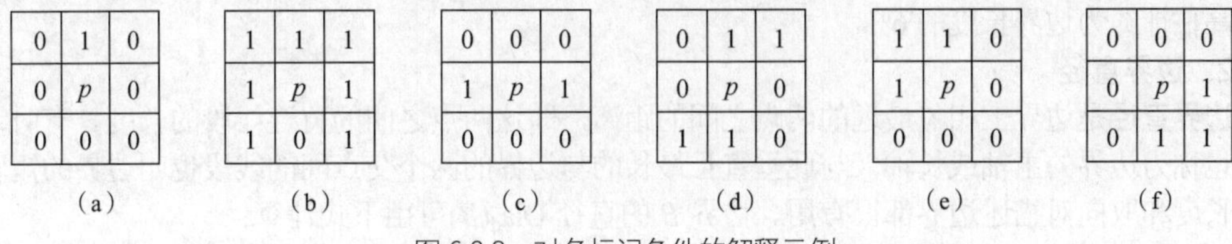

图 6.2.8 对各标记条件的解释示例

6.3 基于边界的描述

基于边界的描述利用对图像进行分割所得到的目标边界上的像素点（它们构成目标的轮廓线）的信息来描述目标的特性。

6.3.1 边界长度和直径

对一个目标，其边界的长度和直径都是简单实用的边界描述符。

1. 边界长度

边界长度是包围区域的轮廓的周长，代表了边界的全局特征。在数字图像中，边界是有一定宽度的，即一个区域不仅有内部和外部，在其轮廓上还有边界像素。现在来考虑区域由内部像素加边界像素构成的情况（有时也可将边界像素算到区域外部）。区域 R 的边界 B 是由 R 的所有边界像素按 4-方向或 8-方向连接组成的，区域的其他像素称为区域的内部像素。对一个区域 R 来说，它的每一个边界像素 P 都应满足两个条件：①P 本身属于区域 R；②P 的邻域中有像素不属于区域 R。仅满足第 1 个条件不满足第 2 个条件的是区域的内部像素，仅满足第 2 个条件不满足第 1 个条件的是区域的外部像素。

这里需注意，如果区域 R 的内部像素是用 8-方向连通来判定的，则得到的边界为 4-方向连通的。而如果区域 R 的内部像素是用 4-方向连通来判定的，则得到的边界为 8-方向连通的。

分别定义 4-方向连通边界 B_4 和 8-方向连通边界 B_8 如下：

$$B_4 = \{(x, y) \in R \mid N_8(x, y) - R \neq 0\} \qquad (6.3.1)$$

$$B_8 = \{(x,y) \in R \mid N_4(x,y) - R \neq 0\} \tag{6.3.2}$$

以上两式右边的第1个条件表明边界像素本身属于区域 R，第2个条件表明边界像素的邻域中有不属于区域 R 的点。如果边界已用单位长链码表示，则水平和垂直码的个数加上 $\sqrt{2}$ 乘以对角码的个数就是边界长度。将边界上所有的点从0排到 K−1（设边界点共有 K 个），这两种边界的长度可统一用下式计算（可参见文献[Haralick 1992]）：

$$\|B\| = \#\{k \mid (x_{k+1}, y_{k+1}) \in N_4(x_k, y_k)\} + \sqrt{2}\#\{k \mid (x_{k+1}, y_{k+1}) \in N_\text{D}(x_k, y_k)\} \tag{6.3.3}$$

式中，#表示数量；k+1 按照模为 K 计算。上式右边的第1项对应两个像素间的线段，第2项对应两个像素间的对角线段。

例 6.3.1　边界长度测量的误差

在对边界长度进行测量时，根据水平或垂直像素间距离为1和对角像素间距离为 $\sqrt{2}$ 而计算得到的边界长度数值会有一定的误差。例如有一个边长为20个像素，其边与坐标轴平行的正方形。现对正方形进行一个像素的旋转，即旋转 arctan(1/20)的角度。实际边界总长度的增量应该小于 4 × 1/20= 1/5，但按前面方法计算得到的边界总长度的增量是 $4(\sqrt{2}-1)$。这表明测量中发生了明显的失真，且这样明显的情况在正方形旋转45° 放置时也会发生。事实上这种情况在所有角度都会发生，但在不同角度显著度不同。如果把所有角度产生的误差平均一下，可以算得对边界长度的整体过高估计约为边界长度的6%。 □

2. 边界直径

边界直径是边界上相隔最远的两点之间的距离，即这两点之间的直连线段的长度。有时这条线段也称为边界的主轴或长轴（与此垂直且最长的与边界的两个交点间的线段也叫边界的短轴）。它的长度和取向对描述边界都很有用。边界 B 的直径 $\text{Dia}_\text{d}(B)$可由下式计算：

$$\text{Dia}_\text{d}(B) = \max_{i,j}[D_\text{d}(b_i, b_j)] \qquad b_i \in B, \quad b_j \in B \tag{6.3.4}$$

其中，$D_\text{d}(\cdot)$可以是任一种距离量度。常用的距离量度主要有3种，即 $D_\text{E}(\cdot)$、$D_4(\cdot)$和 $D_8(\cdot)$距离。如果 $D_\text{d}(\cdot)$用不同的距离量度，得到的 $\text{Dia}_\text{d}(B)$会不同。

例 6.3.2　边界直径的测量

图 6.3.1 所示为用3种不同的距离量度得到的同一个目标边界的3个直径值。由这个示例可见距离量度对距离值的影响。

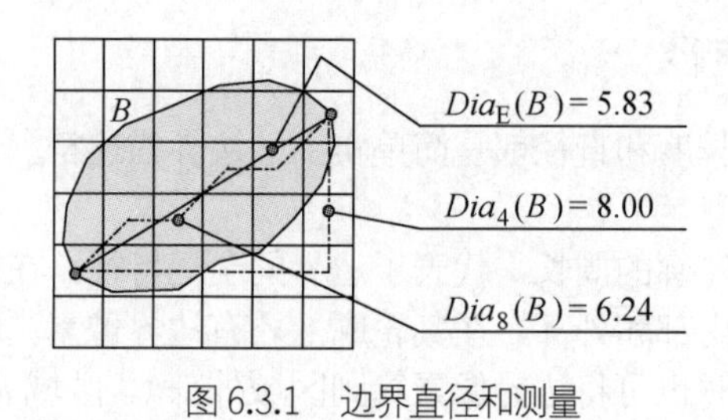

图 6.3.1　边界直径和测量 □

6.3.2　边界形状数

至少有两种目标的形状描述符可被称为**形状数**。一种形状数是基于链码的边界形状描述符，另一种形状数是与区域紧凑性有关的目标描述符。为区别两者，将前一种称为边界形状数而将后一种称为区域形状数。本小节介绍前一种，后一种将在6.4.2小节介绍。

边界形状数是基于链码表达的。根据链码的起点位置不同，一个用链码表达的边界可以有多个一阶差分。一个边界的边界形状数是这些差分中值最小的一个序列。换句话说，形状数是值最小的（链码的）差分码（参见6.1.1小节）。例如图6.1.3中归一化前图形的基于4-方向的链码为

10103322，差分码为33133030，形状数为03033133。

每个形状数都有一个对应的**阶/阶数**，这里阶定义为形状数序列的长度（即其中码的个数）。对闭合曲线，其阶数总是偶数。对凸形区域，阶对应目标外包矩形边界的周长。图6.3.2所示是其阶数分别为4、6和8的所有可能边界形状及它们的形状数。随着阶的增加，所对应的可能边界形状种类及它们的形状数序列都会快速增加。

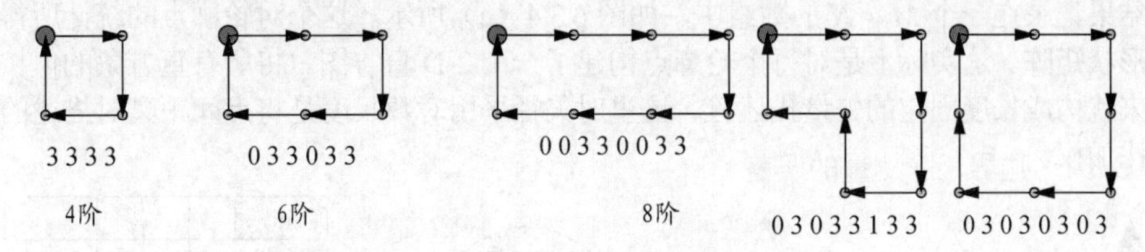

图6.3.2 阶分别为4、6和8的所有形状

例6.3.3 边界形状数的计算

在实际中对已给边界，由给定阶计算边界形状数包括以下几个步骤（参见图6.3.3）。

（1）从所有满足给定阶数要求的矩形中选取其长短轴比例最接近图6.3.3（a）所示的已给边界的矩形（即6.2.3小节中的围盒），如图6.3.3（b）所示。

（2）根据给定阶数，将选出的矩形划分为图6.3.3（c）所示的多个等边正方形。

（3）求出与边界最吻合的多边形，例如将面积的50%以上包在边界内的正方形划入内部区域，得到图6.3.3（d）所示的多边形。

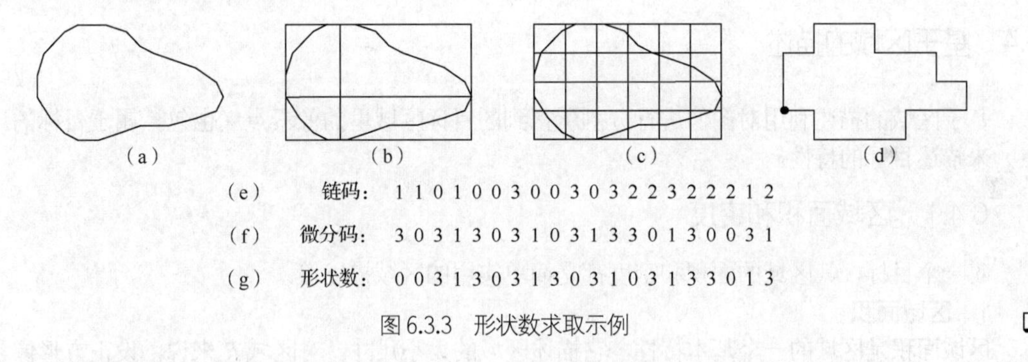

图6.3.3 形状数求取示例 ❑

（4）根据选出的多边形，以图6.3.3（d）中的黑点为起点计算其链码，得到图6.3.3（e）所示的结果。

（5）求出链码的差分码，如图6.3.3（f）所示。

（6）循环差分码，使其数串的值最小，从而得到已给边界的形状数，如图6.3.3（g）所示。

由上述计算边界形状数的步骤可见，如果改变阶数，可以得到对应不同尺度的边界逼近多边形，即得到对应不同尺度的形状数。换句话说，利用形状数可对区域边界进行不同尺度的描述。形状数不随边界的旋转和尺度的变化而改变。给定一个区域边界，与它对应的每个阶的形状数是唯一的。

6.3.3 轮廓形状矩阵

描述一个轮廓的形状矩阵可看作一个刻画目标轮廓的矢量，对给定目标，这个矢量的长度是固定的。本质上，它记录了轮廓上各点的相对位置（包括朝向和距离信息）。它提取了空间中的局部信息，以提供反映目标整体结构的表达形式（不太受较小空间变化的影响）。

例 6.3.4 形状矩阵的计算

图 6.3.4 给出一个获取形状矩阵的计算示例。对一个目标，先获取其轮廓，再对轮廓采样得到一系列离散点，如图 6.3.4（a）所示。在极坐标系统中选择一个圆区域，沿着矢角θ线性地将其划分为M个扇区，沿矢径r按对数尺度将其划分为N个圆环，如图 6.3.4（b）所示。对每个离散点，依次将其放在该圆的中心（坐标原点）。对其他离散点，统计落在各个划分扇形区域中的点个数。将统计结果记录在一个$M \times N$的数组中，如图 6.3.4（c）所示。这个对轮廓点的统计所得到的数组就是**形状矩阵**。这实际上是对每个轮廓点构建了一个 2-D 直方图。将所有直方条的值按某种次序连起来就构成长度固定的矢量描述符。这里对矢径采用对数尺度是将点间距离对描述的影响进行了反比加权。

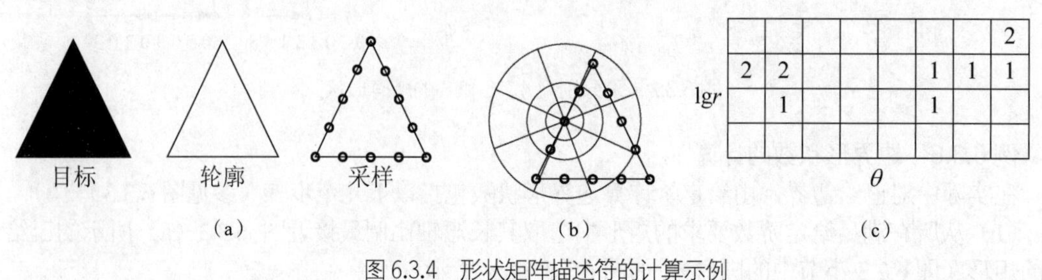

图 6.3.4　形状矩阵描述符的计算示例 □

将对图像中目标上所有的点计算而得到的直方图结合起来，就可以得到对图像中目标形状的一种描述。它综合了各点互相联系（上下文）的信息。

6.4 基于区域的描述

基于区域的描述利用对图像进行分割所得到的目标区域里的像素点（也包括属于目标的边界点）来描述目标的特性。

6.4.1 区域面积和密度

对一个目标，其区域的面积和密度都是简单实用的区域描述符。

1. 区域面积

区域面积是区域的一个基本特性，它描述区域的大小尺寸。对区域R来说，设正方形像素的边长为单位长，则其面积A的计算公式如下：

$$A = \sum_{(x,y)\in R} 1 \tag{6.4.1}$$

可见这里计算区域面积就是对属于区域的像素进行计数。

给定一个顶点为离散点的多边形Q（因为离散点是处在采样网格上的点，所以这种多边形也称**网格多边形**），令R为Q中所包含点的集合。如果N_B是正好处在Q的轮廓上离散点的个数，N_I是Q的内部点的个数，那么$|R| = N_B + N_I$，即R中点的个数是N_B和N_I之和。这样一来，Q的面积$A(Q)$就是包含在Q中的单元的个数[Marchand 2000]（也称**网格定理**），可如下计算：

$$A(Q) = N_I + \frac{N_B}{2} - 1 \tag{6.4.2}$$

例 6.4.1 多边形面积的计算

考虑图 6.4.1（a）所示的多边形Q，Q的轮廓用连续的粗线表示。属于Q的点用小圆（包括●和○）表示。黑色小圆代表Q的轮廓点（即所有角点以及正好在轮廓线上的点），白色小圆代表Q的内部点。由于$N_I = 71$，$N_B = 10$，所以由式（6.4.2）得到$A(Q) = 75$。

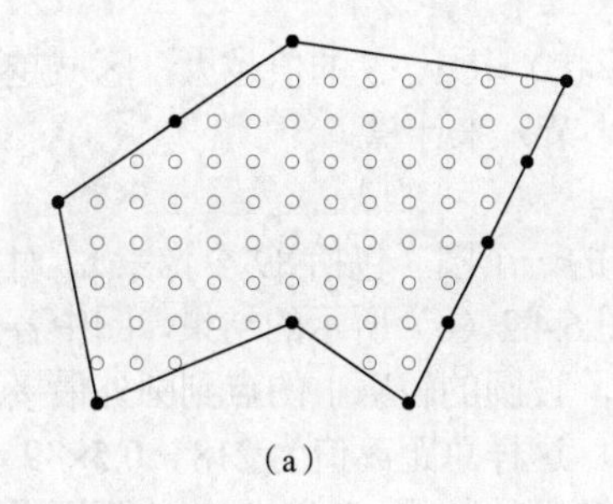
(a)

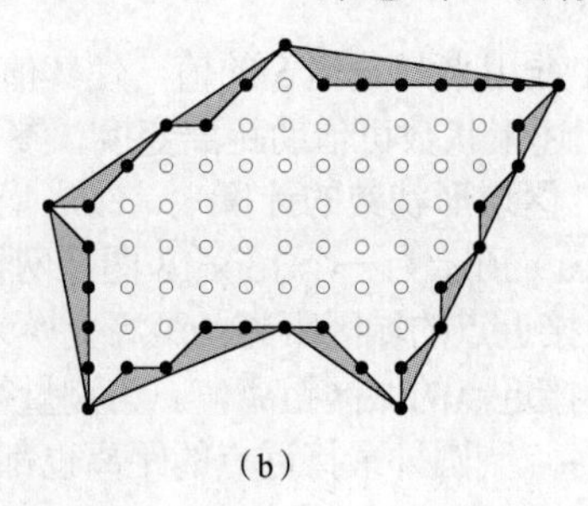
(b)

图 6.4.1　多边形面积的计算

实际中，需要区分由多边形 Q 所定义的面积和由轮廓 P（点集）所定义的面积，后者是由边界像素集合 B 所构成的。图 6.4.1（b）所示为对 P 使用 8-连通性而对 P^c 使用 4-连通性所得到的轮廓集合（细实线）。轮廓 P（点集）所包围的面积是 63。这个值与前面由多边形 Q 所得到的面积值 75 的差就是图 6.4.1（b）中阴影的面积（介于轮廓 P 和多边形 Q 的边之间）。 □

2. 区域密度

描述分割区域的目的常是描述原目标的特性，包括反映目标灰度、颜色等的特性。目标的灰度/颜色特性与几何特性不同，它需要结合原始灰度图和分割图来得到。常用的区域灰度/颜色特征有目标灰度/各种颜色分量的最大值、最小值、中值、平均值、方差以及高阶矩等各种统计量，它们大多可借助图像的统计直方图得到。

下面给出几种典型的有关**区域密度特征**的**描述符**。

（1）透射率。**透射率** T 是穿透目标的光 T_t 与入射光 T_i 的比例：

$$T = T_t/T_i \tag{6.4.3}$$

（2）光密度。**光密度**（OD）定义为入射光 T_i 与穿透目标的光 T_t 的比（透射率的倒数）的以 10 为底的对数：

$$\mathrm{OD} = \lg(1/T) = -\lg T \tag{6.4.4}$$

光密度的数值范围从 0（100%透射）到无穷（完全无透射）。

（3）积分光密度。**积分光密度**（IOD）是一种常用的区域灰度参数，它是所测图像或图像区域中各个像素的光密度之和。对一幅 M 像素×N 像素的图像 $f(x, y)$，其 IOD 可表示为：

$$\mathrm{IOD} = \sum_{x=0}^{M-1}\sum_{y=0}^{N-1} f(x, y) \tag{6.4.5}$$

如果设图像的直方图为 $H(\bullet)$，图像的灰度级数为 G，则根据直方图的定义，有：

$$\mathrm{IOD} = \sum_{k=0}^{G-1} kH(k) \tag{6.4.6}$$

即积分光密度是直方图中各灰度的加权和。

由此可见，对区域密度特征描述符的计算相当于用目标分割结果作为模板来选择原始图像中的对应区域里的像素灰度进行统计。

6.4.2　区域形状数

区域形状数可以描述区域的紧凑性。它的值与区域中所有的点到区域外的距离总和有关。设区域共包含 N 个点，其中第 i 个点到区域外的最近点的距离为 d_i，该区域的形状数如下：

$$S = \frac{N^3}{9\pi\left(\sum_{i=1}^{N} d_i\right)^2} \tag{6.4.7}$$

这里分母中的 9π用来归一化 S 的值，使其值对圆（形状）取 1。S 的值越大，区域越不紧凑（参见 8.1 节）。上述形状数可借助**距离变换**（参见 1.3.2 小节）来计算。

例 6.4.2　区域形状数的计算

图 6.4.2（a）所示为一个 13 × 13 图像网格及其中的一个圆（包括 89 个像素）。对每个像素计算其到圆外最接近点的城区距离（距离变换），得到图 6.4.2（b）所示的结果，图中各点的值代表该点与圆外最接近点的城区距离值。为测量得更精确，设圆的轮廓上的点到圆外最接近点的距离为 0.5，圆内各点到圆外最接近点的距离也都应减 0.5。这样总距离值为 218 − 0.5×89 = 173.5。由式（6.4.7）得到其区域形状数为 0.8283。这里区域形状数的数值与理想圆的差距源于对圆的离散采样以及使用城区距离来近似欧氏距离。事实上，在这个例子中，如果对每个像素计算其到圆外最接近点的欧氏距离，那么得到的区域形状数为 1.005。此时区域形状数的数值与理想圆（形状数为 1）的差距就比较小了。

$$
\begin{matrix}
0&0&0&0&0&0&0&0&0&0&0&0&0\\
0&0&0&0&0&1&1&1&0&0&0&0&0\\
0&0&0&1&1&1&1&1&1&1&0&0&0\\
0&0&1&1&1&1&1&1&1&1&1&0&0\\
0&0&1&1&1&1&1&1&1&1&1&0&0\\
0&1&1&1&1&1&1&1&1&1&1&1&0\\
0&1&1&1&1&1&1&1&1&1&1&1&0\\
0&1&1&1&1&1&1&1&1&1&1&1&0\\
0&0&1&1&1&1&1&1&1&1&1&0&0\\
0&0&1&1&1&1&1&1&1&1&1&0&0\\
0&0&0&1&1&1&1&1&1&1&0&0&0\\
0&0&0&0&0&1&1&1&0&0&0&0&0\\
0&0&0&0&0&0&0&0&0&0&0&0&0
\end{matrix}
$$

（a）

$$
\begin{matrix}
0&0&0&0&0&0&0&0&0&0&0&0&0\\
0&0&0&0&0&1&1&1&0&0&0&0&0\\
0&0&0&1&1&2&2&2&1&1&0&0&0\\
0&0&1&2&2&3&3&3&2&2&1&0&0\\
0&0&1&2&3&4&4&4&3&3&1&0&0\\
0&1&2&3&4&5&5&5&4&3&2&1&0\\
0&1&2&3&4&5&6&5&4&3&2&1&0\\
0&1&2&3&4&5&5&5&4&3&2&1&0\\
0&0&1&2&3&4&4&4&3&2&1&0&0\\
0&0&1&2&2&3&3&3&2&2&1&0&0\\
0&0&0&1&1&2&2&2&1&1&0&0&0\\
0&0&0&0&0&1&1&1&0&0&0&0&0\\
0&0&0&0&0&0&0&0&0&0&0&0&0
\end{matrix}
$$

（b）

图 6.4.2　一个 13×13 的圆和对它的距离变换　□

6.4.3　区域不变矩

现在来考虑在图像平面上一个区域的矩。**区域矩**是用所有属于区域内的点计算出来的，因而其值不太受噪声等的影响。$f(x, y)$的 $p+q$ 阶矩可定义为：

$$m_{pq} = \sum_x \sum_y x^p y^q f(x, y) \tag{6.4.8}$$

可以证明，m_{pq} 唯一地被 $f(x, y)$ 所确定，反之，m_{pq} 也唯一地确定了 $f(x, y)$。$f(x, y)$的 $p+q$ 阶中心矩可定义为：

$$M_{pq} = \sum_x \sum_y (x-\bar{x})^p (y-\bar{y})^q f(x, y) \tag{6.4.9}$$

式中，$\bar{x} = m_{10}/m_{00}$ 和 $\bar{y} = m_{01}/m_{00}$ 为 $f(x, y)$的重心坐标。进一步，$f(x, y)$的归一化的中心矩可表示为：

$$N_{pq} = \frac{M_{pq}}{M_{00}^{\gamma}} \quad 其中\ \gamma = \frac{p+q}{2} + 1, \quad p+q = 2, 3, \cdots \tag{6.4.10}$$

例 6.4.3　中心矩的计算

图 6.4.3 所示为一些用于计算区域矩的简单示例。所有图像尺寸均为 8 × 8，各个像素尺寸均为 1 × 1，深色像素设为目标像素（值为 1），白色像素设为背景像素（值为 0）。

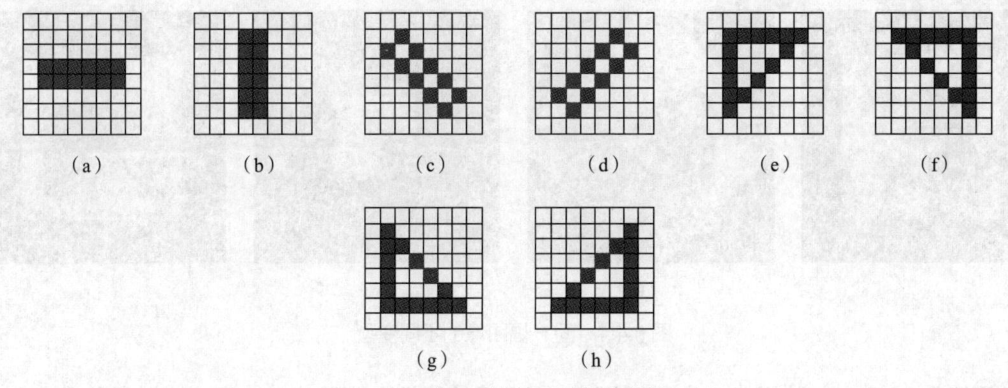

图 6.4.3 一些用于计算区域矩的简单示例

表 6.4.1 列出了由图 6.4.3 的各个示例图像算得的 3 个二阶中心矩和 2 个三阶中心矩（相对目标重心的矩）的值（其中取了整）。这里将每个像素看作其质量在像素中心位置的质点。由于取图像中心为坐标系统的原点，所以含有某个方向奇数次的中心矩有可能有负值出现。

表 6.4.1 由图 6.4.3 的示例图像算得的中心矩的值

序号	中心矩	(a)	(b)	(c)	(d)	(e)	(f)	(g)	(h)
1	M_{02}	3	35	22	22	43	43	43	43
2	M_{11}	0	0	−18	18	21	−21	−21	21
3	M_{20}	35	3	22	22	43	43	43	43
4	M_{12}	0	0	0	0	−19	19	−19	19
5	M_{21}	0	0	0	0	19	19	−19	−19

对照图 6.4.3 和表 6.4.1 可以看出，对沿 X 或 Y 方向对称的目标，其区域矩也具有对称性，所以如果已知 M_{ij}，则根据对称性就可获得 M_{ji}。 □

基于前述归一化的二阶中心矩和三阶中心矩，可以将它们进一步进行组合以构成以下 7 个对平移、旋转和尺度变换保持不变的**不变矩**：

$$T_1 = N_{20} + N_{02} \tag{6.4.11}$$

$$T_2 = (N_{20} - N_{02})^2 + 4N_{11}^2 \tag{6.4.12}$$

$$T_3 = (N_{30} - 3N_{12})^2 + (3N_{21} - N_{03})^2 \tag{6.4.13}$$

$$T_4 = (N_{30} + N_{12})^2 + (N_{21} + N_{03})^2 \tag{6.4.14}$$

$$\begin{aligned} T_5 = {} & (N_{30} - 3N_{12})(N_{30} + N_{12})[(N_{30} + N_{12})^2 - 3(N_{21} + N_{03})^2] + \\ & (3N_{21} - N_{03})(N_{21} + N_{03})[3(N_{30} + N_{12})^2 - (N_{21} + N_{03})^2] \end{aligned} \tag{6.4.15}$$

$$T_6 = (N_{20} - N_{02})[(N_{30} + N_{12})^2 - (N_{21} + N_{03})^2] + 4N_{11}(N_{30} + N_{12})(N_{21} + N_{03}) \tag{6.4.16}$$

$$\begin{aligned} T_7 = {} & (3N_{21} - N_{03})(N_{30} + N_{12})[(N_{30} + N_{12})^2 - 3(N_{21} + N_{03})^2] + \\ & (3N_{12} - N_{30})(N_{21} + N_{03})[3(N_{30} + N_{12})^2 - (N_{21} + N_{03})^2] \end{aligned} \tag{6.4.17}$$

例 6.4.4 不变矩计算实例

图 6.4.4 所示为一组由同一幅图像得到的不同变型，可借此验证式（6.4.11）到式（6.4.17）所定义的 7 个矩的不变性。图 6.4.4（a）为计算的原始图，图 6.4.4（b）为将图 6.4.4（a）旋转 45°得到的结果，图 6.4.4（c）为将图 6.4.4（a）的尺度缩小一半得到的结果，图 6.4.4（d）为图 6.4.4（a）的镜面对称图像。

(a)

(b)

(c)

(d)

图 6.4.4 同一幅图像的不同变型

根据式（6.4.11）到式（6.4.17）对图 6.4.4 所示的图像而算得的 7 个不变矩的数值如表 6.4.2 所示。由此可知这 7 个不变矩在图像发生以上几种变化时，其数值基本保持不变（一些微小差别可归于对离散图像的数值计算误差）。根据这些不变矩的特点，可把它们用于对特定目标的检测，不管目标旋转或尺度放缩都可检测到。

表 6.4.2 不变矩的计算结果

不变矩	原始图	旋转 45°的图	缩小一半的图	镜面对称的图
T_1	1.510494 E − 03	1.508716 E − 03	1.509853 E − 03	1.510494 E − 03
T_2	9.760256 E − 09	9.678238 E − 09	9.728370 E − 09	9.760237 E − 09
T_3	4.418879 E − 11	4.355925 E − 11	4.398158 E − 11	4.418888 E − 11
T_4	7.146467 E − 11	7.087601 E − 11	7.134290 E − 11	7.146379 E − 11
T_5	− 3.991224 E − 21	− 3.916882 E − 21	− 3.973600 E − 21	− 3.991150 E − 21
T_6	− 6.832063 E − 15	− 6.738512 E − 15	− 6.813098 E − 15	− 6.831952 E − 15
T_7	4.453588 E − 22	4.084548 E − 22	4.256447 E − 22	− 4.453826 E − 22

□

以上讨论的是利用区域中所有像素计算出来的不变矩，如果仅利用区域边界上的像素，需要将式（6.4.10）中γ的计算式改为$\gamma = p + q + 1$。

6.4.4 拓扑描述符

拓扑学研究图形不受畸变变形（不包括撕裂或粘贴）影响的性质。区域的拓扑性质对区域的全局描述很有用，这些性质既不依赖距离，也不依赖基于距离测量的其他特性。

1. 欧拉数

对一个给定平面区域来说，区域内的孔数 H 和区域内的连通组元的个数 C 都是常用的拓扑性质，它们可被用来进一步定义**欧拉数** E：

$$E = C - H \tag{6.4.18}$$

欧拉数是一个区域的拓扑描述符，它是一个全局特征参数，描述的是区域的连通性。图 6.4.5 所示为 4 个字母区域，它们的欧拉数依次分别为−1、2、1 和 0。

图 6.4.5 拓扑描述示例

如果一幅图像包含 N 个不同的连通组元，假设每个连通组元（C_i）包含 H_i 个孔（即能使背景中多出 H_i 个连通组元），那么图像的欧拉数可计算如下：

$$E=\sum_{i=1}^{N}(1-H_i)=N-\sum_{i=1}^{N}H_i \tag{6.4.19}$$

对一幅二值图像 A，可以定义两个欧拉数，分别记为 $E_4(A)$ 和 $E_8(A)$[Ritter 2001]。它们的区别就是所用的连通性。4-连通欧拉数 $E_4(A)$ 定义为 4-连通的目标数 $C_4(A)$ 减去 8-连通的孔数 $H_8(A)$，如下：

$$E_4(A)=C_4(A)-H_8(A) \tag{6.4.20}$$

8-连通欧拉数 $E_8(A)$ 定义为 8-连通的目标数 $C_8(A)$ 减去 4-连通的孔数 $H_4(A)$，如下：

$$E_8(A)=C_8(A)-H_4(A) \tag{6.4.21}$$

表 6.4.3 列出了一些简单结构目标区域的欧拉数。

表 6.4.3　一些简单结构目标区域的欧拉数

No.	A	$C_4(A)$	$C_8(A)$	$H_4(A)$	$H_8(A)$	$E_4(A)$	$E_8(A)$
1		1	1	0	0	1	1
2		5	1	0	0	5	1
3		1	1	1	1	0	0
4		4	1	1	0	4	0
5		2	1	4	1	1	–3
6		1	1	5	1	0	–4
7		2	2	1	1	1	1

2. 欧拉公式

全部由线段构成的区域集合可利用欧拉数简便地描述，这些区域也叫**多边形网**。图 6.4.6 所示为一个多边形网的例子，它是 6.4.1 小节中讨论的网格多边形的推广。对一个多边形网，假如用 V 表示其顶点数，B 表示其边数，F 表示其面数，则下述的**欧拉公式**成立：

$$V-B+F=E=C-H \tag{6.4.22}$$

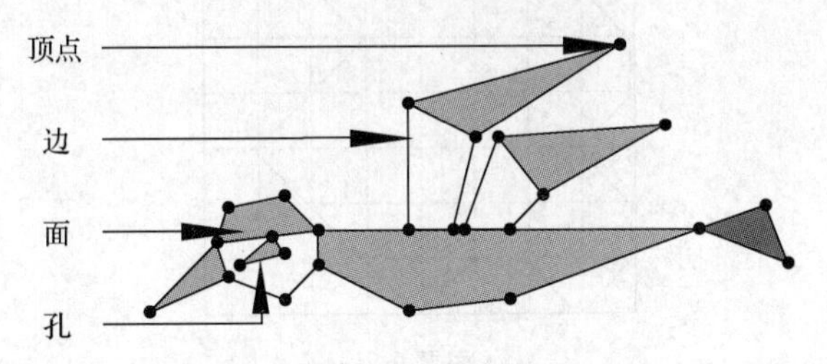

图 6.4.6　多边形网的拓扑描述示例

在图 6.4.6 中，$V=26$，$B=35$，$F=7$，$C=1$，$H=3$，$E=0$。注意，有的时候两个封闭面交在一条边缘处，这样的边缘要计两次，即对应它们所属的面各计一次。

总结和复习

下面对本章各节进行简单小结，并有针对性地介绍一些可供深入学习的参考文献。读者还可通过思考题和练习题进行进一步的复习，标有星号的思考题或练习题在书末提供了解答。

【小结和参考】

6.1 节介绍了一些具体的基于边界的表达方法。其中，链码、边界段和边界标记都属于参数边界技术类，但所用的参数和方法各不相同。另外，地标点方法是一种比较简略但也比较具体的表达方法。其他更多基于边界的表达方法可参见文献[Russ 2016]、[章 2018c]。

6.2 节讨论了一些具体的基于区域的表达方法。多数方法都非常直观且在许多场合得到了广泛的应用。由于逐点表达区域的数据量可能很大，所以人们对比较抽象的基于区域的表达方法，如围绕区域、骨架等都有许多研究。借助拓扑进行细化也可计算骨架，该方法还可用于3-D图像（可参见文献[Nikolaidis 2001]）。其他一些基于区域的表达方法可参见文献[章 2012c]、[Russ 2016]。

6.3 节介绍的描述方法都是基于目标边界的（未直接利用目标内部像素的信息），其中比较简单的边界长度和边界直径都描述整个边界的全局性质。基于链码表达的形状数描述符更适合对边界的相似性进行比较。轮廓形状矩阵则反映了目标的形状信息。文献[Otterloo 1991]对基于边界的形状分析进行了深入研究。

6.4 节讨论的几种描述方法都使用了所有目标像素的信息，一般更适合描述全局性质。除了区域密度（灰度）特征外，其余特征都只需用到分割后的图像。要测量区域密度（灰度）特征不仅需要用到分割后的图像，还需要用到原始的灰度图像。另外，与其他几个描述符不同，拓扑描述符与目标的尺寸没有关系。更多的区域描述符还可参见文献[Costa 2001]、[章 2012c]、[Russ 2016]。对目标的准确描述和测量受到许多因素的影响，其中目标分割造成的影响可参见文献[Zhang 1995]。

【思考题和练习题】

*6.1 （1）试解释为什么利用 6.1.1 小节中的链码起点归一化方法可使得到的链码与边界的起点无关？计算对链码 10767655433221 进行起点归一化后的起点。

（2）试解释为什么利用 6.1.1 小节中的链码旋转归一化方法可使得到的链码与边界的旋转无关？计算链码 2111010103030332323221 的一阶差分。

6.2 给出图题 6.2 所示的目标轮廓的链码以及起点归一化后的链码和旋转归一化后的链码。

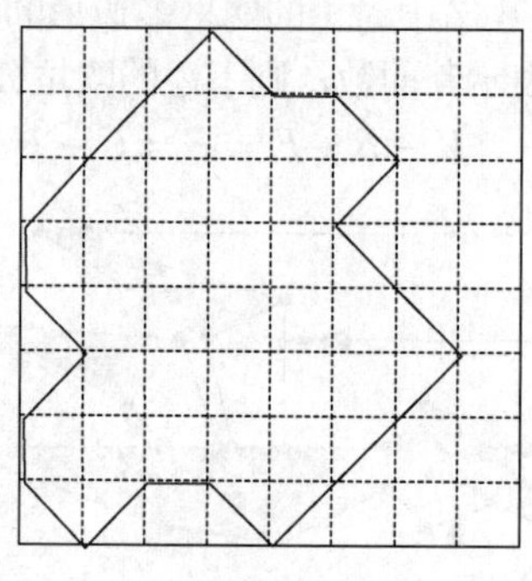

图题 6.2

6.3 对一个等腰三角形，其距离为角度的函数有什么特点？对一个等边三角形呢？

6.4 如果跟踪目标边界，在每一点将跟踪过的边界长度作为该点切线与水平轴之间夹角的函数就可得到一种标记。画出对圆和正方形用这种方法得到的标记。

6.5 各种不同的环绕区域会随所围绕目标的旋转而发生变化。试分析当图 6.2.3 所示的榔头绕其几何中心在平面内旋转一周时 3 种围绕区域的形状变化情况。

6.6 （1）对图题 6.6 所示的各图，讨论 6.2.4 小节中求骨架算法的第 1 步在点 p 的操作。

（2）同上讨论第 2 步。

0	0	0
1	p	1
0	1	0

（a）

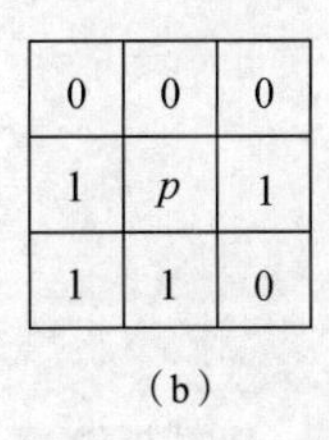

（b）

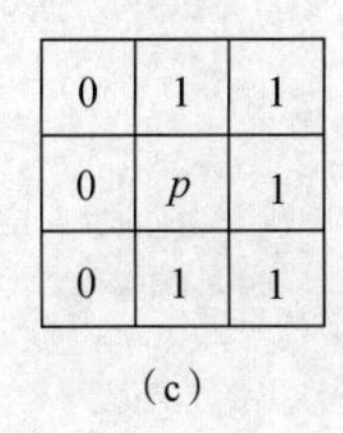

（c）

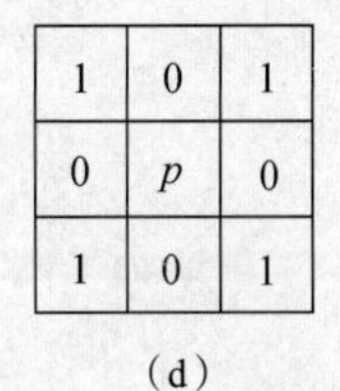

（d）

图题 6.6

*6.7　有人以为，根据 6.2.4 小节提供的骨架化算法，一条单像素宽的竖线将会被算法所标记并在其后被清除，最后仅能保留住竖线的两个端点。这种情况是否总会发生，为什么？

6.8　给出图 6.4.1（b）中黑色小圆代表的目标轮廓的链码和形状数。

6.9　给出图题 6.9 所示的轮廓的起点归一化和旋转归一化链码，其形状数的阶是多少？

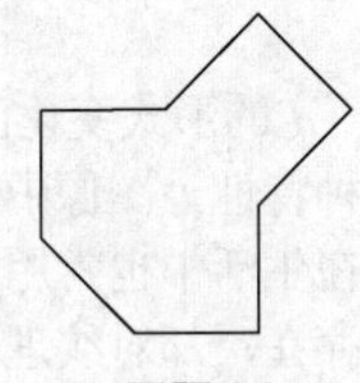

图题 6.9

6.10　试计算表 6.4.3 中各目标区域的 3 个二阶中心矩和 2 个三阶中心矩（参见表 6.4.1）。

6.11　计算图 6.4.3 所示的各幅图像的欧拉数（包括 4-连通欧拉数和 8-连通欧拉数）。

6.12　举例说明哪些描述符可用来区别一个正方形和一个正三角形？哪些描述符可用来区别一个正方形和一个圆形？哪些描述符可用来区别一个圆形和一个椭圆形？

第7章 纹理分析

纹理可认为是灰度（颜色）在空间以一定的形式变化而产生的图案（模式），可用来辨识图像中的不同区域。纹理是物体表面固有的一种特性，图像中的区域也常常体现出纹理性质。

虽然纹理是图像分析中常用的概念，在生活中也常用到，但目前对纹理尚无正式的（或者说一致的）定义。人们常可以判断出纹理的存在，却对纹理缺少比较严格的定义。一个原因是人们对纹理的感受是与心理效果相结合的，所以用语言或文字来描述纹理常很困难。

纹理与尺度有密切联系，一般仅在一定的尺度上可以观察到，对纹理的描述也需要在恰当的尺度上进行。例如给定一幅图像，当在较粗的尺度上观察时可能看不出纹理来，需要到更细的尺度上观察才能看出来。任何物体的表面，如果一直放大进行观察，一定会显现出纹理。

纹理具有区域性质的特点，通常被看作对局部区域中像素之间关系的一种度量，对单个像素来说讨论纹理是没有意义的。要描述一个图像中的纹理区域，需要考虑各个像素的周围邻域，考虑邻域中可分辨元素的数目以及这些元素之间的相互关系，而且要考虑邻域的尺寸等[Brodatz 1966]。

从对图像中纹理进行处理和分析的角度，可将纹理定义为在视场范围内的**灰度分布模式**（GLD）。这种可操作的定义能帮助确定要分析表面纹理所需做的工作和所应采取的方法。

对纹理的表达和描述方法依赖于纹理的模式、尺度及应用的环境等。常用的3种纹理表达和描述方法是：统计法、结构法、频谱法。它们各有特点。

根据上面所述，本章各节将如下安排。

7.1节讨论纹理描述的统计方法，除了常用的灰度共生矩阵和基于共生矩阵的纹理描述符外，还对基于能量的纹理描述符进行了介绍。

7.2节讨论纹理描述的结构方法。基本的结构法包括2个关键：确定纹理基元和建立排列规则。纹理镶嵌就是一种典型的方法，近年用局部二值模式来描述纹理也得到了广泛关注。

7.3节讨论利用频谱描述纹理的方法，分别讨论了基于傅里叶频谱、贝塞尔-傅里叶频谱和盖伯频谱的技术。

7.4节介绍纹理分割的思路和方法。纹理是区分物体表面不同区域的重要线索，和灰度一样在分割中可起到重要的作用。本节借助典型方法对有监督纹理分割和无监督纹理分割进行了介绍。

7.1 统计描述方法

对纹理的统计描述由来已久。在**统计法**中，纹理被看作一种对区域中某种特征分布的定量测量结果[Shapiro 2001]。它利用统计规则来描述纹理，比较适合描述自然纹理，常可提供纹理的平滑、稀疏、规则等性质。因为从特征重建纹理是不可能的，所以这类方法只用于分类。统计法的目标是估计随机过程的参数，如分形布朗运动或马尔科夫随机场。

最简单的统计法直接借助于图像的灰度直方图的矩来描述直方图并进而描述纹理。例如二阶矩是对灰度对比度的量度，可用于描述直方图的相对平滑程度；三阶矩反映了分布密度相对均值的不对称程度，表示了直方图的偏度；四阶矩表示了直方图的相对平坦性。更高阶矩的物理意义不直接，但也定量地描述了直方图的特点从而反映了图像纹理的内容。

7.1.1 灰度共生矩阵

仅借助灰度直方图的矩来描述纹理没能利用像素相对位置的空间信息。为利用这些信息，可建立区域的**灰度共生矩阵**。设 S 为目标区域 R 中具有特定空间联系的像素对的集合，则共生矩阵 $\boldsymbol{P}$ 中的各元素可定义为：

$$p(g_1,g_2)=\frac{\#\{[(x_1,y_1),(x_2,y_2)]\in S \mid f(x_1,y_1)=g_1 \ \& \ f(x_2,y_2)=g_2\}}{\#S} \tag{7.1.1}$$

上式等号右边的分子是具有某种空间关系、灰度值分别为 g_1 和 g_2 的像素对的个数；分母为像素对总和的个数（#代表数量）。这样得到的 $\boldsymbol{P}$ 是归一化的。

例 7.1.1 位置算子和共生矩阵

可借助位置算子计算像素对的特定空间联系。设 W 是一个位置算子，$\boldsymbol{p}$ 是一个 $k \times k$ 矩阵，其中每个元素 p_{ij} 表示具有灰度值 g_i 的点相对由 W 确定的具有灰度值 g_j 的点所出现的次数，这里有 $1 \leqslant i,j \leqslant k$。如对图 7.1.1（a）中只有 3 个灰度级的图像（$g_1=0$，$g_2=1$，$g_3=2$），定义 W 为“向右 1 个像素和向下 1 个像素”的位置关系，得到（尚未归一化）的矩阵 $\boldsymbol{p}_{(1,1)}$如图 7.1.1（b）所示。以 p_{13} 的计算为例，它应是对灰度为 g_1 的像素出现在灰度为 g_3 的像素右下方的统计。

$$\begin{matrix}0&0&0&1&2\\1&1&0&1&1\\2&2&1&0&0\\1&1&0&2&0\\0&0&1&0&1\end{matrix}$$

（a）

$$\boldsymbol{p}_{(1,1)}=\begin{bmatrix}p_{11}&p_{12}&p_{13}\\p_{21}&p_{22}&p_{23}\\p_{31}&p_{32}&p_{33}\end{bmatrix}=\begin{bmatrix}4&2&0\\2&3&2\\1&2&0\end{bmatrix}$$

（b）

$$P_{(1,1)}=\begin{bmatrix}1/4&1/8&0\\1/8&3/16&1/8\\1/16&1/8&0\end{bmatrix}$$

（c）

图 7.1.1 借助位置算子计算共生矩阵

如果设满足 W 的位置关系的像素对的总个数为 N（本例中 $N=16$），则将 $\boldsymbol{p}_{(1,1)}$的每个元素都除以 N 就可得到满足 W 关系的像素对出现的概率，并得到式（7.1.1）定义的归一化共生矩阵 $\boldsymbol{P}_{(1,1)}$，如图 7.1.1（c）所示。 ❑

像素对内部的空间联系也可借助极坐标的方式来定义。例如可将关系用 $Q=(r,\theta)$来表示，其中 r 对应两像素间距离，θ对应两像素间连线与横轴间的夹角。图 7.1.2（a）给出一幅小图像，它的两个共生矩阵分别如图 7.1.2（b）和图 7.1.2（c）所示（这里还未归一化），其中图 7.1.2（b）对应 $Q=(1,0)$，而图 7.1.2（c）对应 $Q=(1,\pi/2)$。

0	0	0	1
1	1	1	1
2	2	2	3
3	3	3	3

（a）

	0	**1**	**2**	**3**
0	2	1	0	0
1	1	3	0	0
2	0	0	2	1
3	0	0	1	3

（b）

	0	**1**	**2**	**3**
0	0	3	0	0
1	3	1	3	0
2	0	3	0	3
3	0	0	3	1

（c）

图 7.1.2 一幅小图像及其两个共生矩阵

例 7.1.2　图像和其共生矩阵实例

不同的图像由于纹理尺度的不同其灰度共生矩阵可以有很大的差别，这可以说是借助灰度共生矩阵进一步计算纹理描述符的基础。图 7.1.3 和图 7.1.4 分别给出一幅细纹理图像及其灰度共生矩阵和一幅粗纹理图像及其灰度共生矩阵的实例。这里细纹理指有较多细节（纹理尺度较小），粗纹理指相似区域较大（灰度比较平滑，纹理尺度较大）。两图中，图（a）都是原始图像，图（b）到图（e）分别为灰度共生矩阵 $\boldsymbol{P}_{(1,0)}(i,j)$、$\boldsymbol{P}_{(0,1)}(i,j)$、$\boldsymbol{P}_{(1,-1)}(i,j)$和 $\boldsymbol{P}_{(1,1)}(i,j)$。两相比较可看出，对细纹理图像，由于灰度在空间上变化比较快，所以其灰度共生矩阵中的 p_{ij} 值散布在各处；而对粗纹理图像，其灰度共生矩阵中的 p_{ij} 值较集中于主对角线附近，这是因为对粗纹理，像素对的两个像素趋于具有相同的灰度。由此可见，共生矩阵确可反映不同灰度像素相对位置的空间信息。

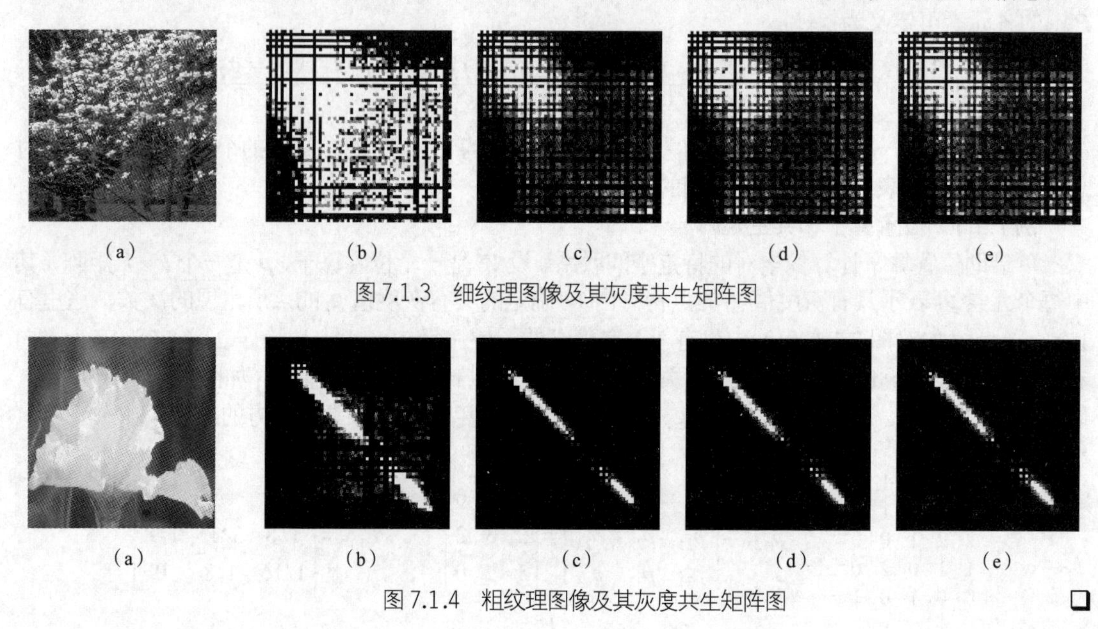

图 7.1.3　细纹理图像及其灰度共生矩阵图

图 7.1.4　粗纹理图像及其灰度共生矩阵图 □

7.1.2　基于共生矩阵的描述

基于共生矩阵 $\boldsymbol{P}$ 可定义和计算几个常用的**纹理描述符**，如纹理二阶矩 W_M、熵 W_E、对比度 W_C 和均匀性 W_H：

$$W_\text{M} = \sum_{g_1}\sum_{g_2} p^2(g_1, g_2) \tag{7.1.2}$$

$$W_\text{E} = -\sum_{g_1}\sum_{g_2} p(g_1, g_2)\log p(g_1, g_2) \tag{7.1.3}$$

$$W_\text{C} = \sum_{g_1}\sum_{g_2} |\, g_1 - g_2 \,| p(g_1, g_2) \tag{7.1.4}$$

$$W_\text{H} = \sum_{g_1}\sum_{g_2} \frac{p(g_1, g_2)}{k + |\, g_1 - g_2 \,|} \tag{7.1.5}$$

式中，W_M 对应图像的均匀性或平滑性，当所有 $p(g_1, g_2)$都相等时，W_M 达到最小值，图像最光滑；W_E 给出一个图像内容随机性的量度，当所有 $p(g_1, g_2)$都相等时（均匀分布），W_E 达到最大；W_C 是共生矩阵中各元素之间灰度值的差的一阶矩，当 $\boldsymbol{P}$ 中小的元素接近矩阵主对角线时，W_C 较大（表明图像中的近邻像素有较大的反差）；W_H 在一定程度上可看作 W_C 的倒数（k 的作用是避免分母为 0，且 W_H 的大小受 k 值的影响较大，可参见例 7.1.3）。

例 7.1.3　纹理图像示例和纹理特征计算

图 7.1.5 给出 5 幅纹理图像，它们的纹理二阶矩、熵、对比度和均匀性的数值如表 7.1.1 所示。

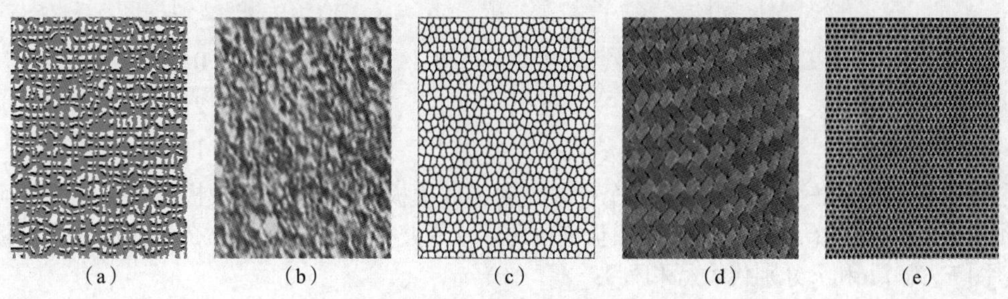

图 7.1.5　纹理图像示例

表 7.1.1　纹理图像描述符取值示例

描述符	(a)	(b)	(c)	(d)	(e)
二阶矩	0.21	5.42 E−5	0.08	0.17 E−3	1.68 E−4
熵	0.84	4.33	2.23	3.90	4.28
对比度	74.66	54.47	101.04	24.30	76.80
均匀性(**k = 0.0001**)	4131.05	60.53	2820.45	155.04	144.96
均匀性(**k = 0.5**)	0.83	0.06	0.58	0.13	0.06
均匀性(**k = 3.0**)	0.14	0.04	0.15	0.07	0.03

由表可见式（7.1.5）中 k 的取值对均匀性描述符的计算有较大影响。□

7.1.3　基于能量的描述

通过利用模板（也称核）计算局部纹理能量可获得灰度变化的信息。如果设图像为 $f(x, y)$，一组模板分别为 $M_1, M_2, \cdots, M_N$，则卷积 $g_n = f \otimes M_n$，$n = 1, 2, \cdots, N$ 给出各个像素邻域中表达纹理特性的纹理能量分量。如果模板尺寸为 $k \times k$，则对应第 n 个模板的纹理图像（的元素）为：

$$T_n(x,y) = \frac{1}{k \times k} \sum_{i=-(k-1)/2}^{(k-1)/2} \sum_{j=-(k-1)/2}^{(k-1)/2} \left| g_n(x+i, y+j) \right| \tag{7.1.6}$$

这样对应每个像素位置(x, y)，都有一个纹理特征矢量$[T_1(x, y) \quad T_2(x, y) \quad \cdots \quad T_N(x, y)]^{\mathrm{T}}$。

常用的模板尺寸为 3×3、5×5 和 7×7。令 L 代表层（level），E 代表边缘（edge），S 代表形状（shape），W 代表波（wave），R 代表纹（ripple），O 代表震荡（oscillation），则可得到各种 1-D 的模板。例如对应 5×5 模板的 1-D 矢量（写成行矢量）形式为：

$$\begin{aligned} \boldsymbol{L}_5 &= [\ 1 \ \ 4 \ \ \ 6 \ \ 4 \ \ 1] \\ \boldsymbol{E}_5 &= [-1 \ -2 \ \ 0 \ \ 2 \ \ 1] \\ \boldsymbol{S}_5 &= [-1 \ \ 0 \ \ 2 \ \ 0 \ -1] \\ \boldsymbol{W}_5 &= [-1 \ \ 2 \ \ 0 \ -2 \ \ 1] \\ \boldsymbol{R}_5 &= [\ 1 \ -4 \ \ 6 \ -4 \ \ 1] \end{aligned} \tag{7.1.7}$$

其中，$\boldsymbol{L}_5$ 给出中心加权的局部平均，$\boldsymbol{E}_5$ 和 $\boldsymbol{W}_5$ 检测边缘，$\boldsymbol{S}_5$ 检测点，$\boldsymbol{R}_5$ 检测波纹。

图像中所用 2-D 模板的效果可用对两个 1-D 模板（行模板和列模板）的卷积得到。对原始图像中的每个像素都用在其邻域中获得的上述卷积结果来代替其值，就得到对应其邻域纹理能量的图。借助能量图，每个像素都可用表达邻域中纹理能量的 N^2-D 特征量所代替。

在许多实际应用中，常使用 9 个 5×5 的模板以计算**纹理能量**。可借助 $\boldsymbol{L}_5$、$\boldsymbol{E}_5$、$\boldsymbol{S}_5$ 和 $\boldsymbol{R}_5$ 这 4

个 1-D 矢量以获得这 9 个模板。2-D 模板可通过计算 1-D 模板的外积得到，例如：

$$\boldsymbol{E}_5^{\mathrm{T}}\boldsymbol{L}_5 = \begin{bmatrix} -1 \\ -2 \\ 0 \\ 2 \\ 1 \end{bmatrix} \times \begin{bmatrix} 1 & 4 & 6 & 4 & 1 \end{bmatrix} = \begin{bmatrix} -1 & -4 & -6 & -4 & -1 \\ -2 & -8 & -12 & -8 & -2 \\ 0 & 0 & 0 & 0 & 0 \\ 2 & 8 & 12 & 8 & 2 \\ 1 & 4 & 6 & 4 & 1 \end{bmatrix} \tag{7.1.8}$$

当使用 4 个 1-D 矢量时可得到 16 个 5 × 5 的 2-D 模板。将这 16 个模板用于原始图像可得到 16 个滤波图像。令 $F_n(i, j)$为用第 n 个模板在(i, j)位置滤波得到的结果，那么对应第 n 个模板的纹理能量图 E_n 为（c 和 r 分别代表行和列）：

$$E_n(r,c) = \sum_{i=c-2}^{c+2} \sum_{j=r-2}^{r+2} \left| F_n(i,j) \right| \tag{7.1.9}$$

每幅纹理能量图都是完全尺寸的图像，代表用第 n 个模板得到的结果。

一旦得到了 16 幅纹理能量图，有些对称的图对可进一步结合（如将一对图用它们的均值图代替）以得到 9 个最终图。例如 $\boldsymbol{E}_5^{\mathrm{T}}\boldsymbol{L}_5$ 测量水平边缘而 $\boldsymbol{L}_5^{\mathrm{T}}\boldsymbol{E}_5$ 测量垂直边缘，则它们的平均值将对总的边缘进行测量。这样得到的 9 幅纹理能量图对应：$\boldsymbol{L}_5^{\mathrm{T}}\boldsymbol{E}_5/\boldsymbol{E}_5^{\mathrm{T}}\boldsymbol{L}_5$、$\boldsymbol{L}_5^{\mathrm{T}}\boldsymbol{S}_5/\boldsymbol{S}_5^{\mathrm{T}}\boldsymbol{L}_5$、$\boldsymbol{L}_5^{\mathrm{T}}\boldsymbol{R}_5/\boldsymbol{R}_5^{\mathrm{T}}\boldsymbol{L}_5$、$\boldsymbol{E}_5^{\mathrm{T}}\boldsymbol{E}_5$、$\boldsymbol{E}_5^{\mathrm{T}}\boldsymbol{S}_5/\boldsymbol{S}_5^{\mathrm{T}}\boldsymbol{E}_5$、$\boldsymbol{E}_5^{\mathrm{T}}\boldsymbol{R}_5/\boldsymbol{R}_5^{\mathrm{T}}\boldsymbol{E}_5$、$\boldsymbol{S}_5^{\mathrm{T}}\boldsymbol{S}_5$、$\boldsymbol{S}_5^{\mathrm{T}}\boldsymbol{R}_5/\boldsymbol{R}_5^{\mathrm{T}}\boldsymbol{S}_5$、$\boldsymbol{R}_5^{\mathrm{T}}\boldsymbol{R}_5$。上述得到的 9 幅纹理能量图也可看作一幅图，而在其中每个像素位置有一个含 9 个纹理属性的矢量。

基于能量的纹理描述符方法有两个缺点：①当模板尺寸较小时，有可能检测不到大尺度的纹理结构；②纹理能量计算中的平滑操作可能会模糊跨越边缘的纹理特征值。

例 7.1.4　本征滤波器

这是在基于能量的纹理描述符基础上发展出来的一种纹理描述方法。考虑 3 × 3 窗口中所有可能的像素对，并用 9 × 9 的协方差矩阵来刻画图像灰度数据。为对角化协方差矩阵，需要确定本征矢量。这些本征矢量称为滤波器模板或**本征滤波器**的模板，可产生给定纹理的主分量图像。每个本征值给出原始图像中可以用对应滤波器所提取的方差，而这些方差给出对推导出协方差矩阵的图像纹理的全面描述。提取较小方差的滤波器对纹理识别的作用相对较小。

选择像素对的方式很多，但如果不考虑像素对的平移，就只有 12 种不同类型的空间联系。如果加上零矢量，则共有 13 种，如表 7.1.2 所示，其中第 2 行给出 13 种类型空间联系的个数。

表 7.1.2　　3 × 3 窗口中的像素空间联系

类型	a	b	c	d	e	f	g	h	i	j	k	l	m
个数	9	12	12	8	8	6	6	2	2	4	4	4	4

由这 13 种类型的空间联系构成的协方差矩阵具有如下形式：

$$\boldsymbol{C} = \begin{bmatrix} a & b & f & c & d & k & g & m & h \\ b & a & b & e & c & d & l & g & m \\ f & b & a & j & e & c & i & l & g \\ c & e & j & a & b & f & c & d & k \\ d & c & e & b & a & b & e & c & d \\ k & d & c & f & b & a & j & e & c \\ g & l & i & c & e & j & a & b & f \\ m & g & l & d & c & e & b & a & b \\ h & m & g & k & d & c & f & b & a \end{bmatrix}$$

C 是一个对称矩阵，一个实对称协方差矩阵的本征值是实的和正的，且本征矢量是互相正交的。这样得到的本征滤波器反映了纹理的正确结构，很适合刻画纹理。

本征滤波器方法允许较早地把低值能量项除去，从而节约计算量。例如 9 个分量中的前 3 个就包含了纹理总能量的 96.5%，前 5 个就包含了纹理总能量的 99.1%，其他分量可以忽略。

在基于能量的纹理描述符方法中，先使用标准的滤波器来产生纹理能量图像，然后可使用主分量分析来进行分析。在本征滤波器方法中，使用了特殊的滤波器（本征滤波器，其中已结合了主分量分析的结果），然后计算纹理能量项，再用其中一部分进行纹理分析。 ❑

7.2 结构描述方法

结构法是一种空域方法，其基本思想是复杂的纹理可由一些简单的纹理基元（基本纹理元素）以一定的有规律的形式重复排列组合而成。事实上，人们一般认为纹理是由许多相互接近的、相互编织的元素构成的（它们常富有周期性），所以对纹理的结构化描述应提供图像区域的平滑、稀疏、规律等纹理特性。结构法试图根据一些几何关系的放置/排列规则来描述纹理基元的组合[Russ 2016]。利用结构法常可获得一些与视觉感受相关的纹理特征，如**粗细度**、**对比度**、**方向性**、**线状性**、**周期性**、**规则性**、**粗糙度**或**凹凸性**等。

7.2.1 结构描述原理

结构法的关键有两个，一是确定纹理基元；二是建立排列规则。为了刻画纹理就需要刻画灰度纹理基元的性质以及它们之间的空间排列规则。下面分别讨论。

1. 纹理基元

纹理区域的性质与基元的性质和数量都有关。如果一个小尺寸的图像区域包含灰度几乎不变的基元，则该区域的主要属性是灰度；如果一个小尺寸的图像区域包含灰度变化很多的基元，则该区域的主要属性是纹理。事实上，如果这个小图像区域就是单个像素，则该区域只有灰度性质；当小图像区域中不同基元的数量增加时，纹理特性将增强；当不同基元的数量减少时，灰度特性将增强。另外，当灰度的空间模式是随机的，且不同基元的灰度变化比较大时，会得到比较粗的纹理；当空间模式变得比较细，且图像区域包含越来越多的像素时，会得到比较细的纹理。这里的关键就是这个小图像区域的尺寸、基元的种类，以及各个不同基元的数量和排列。

目前，还没有标准的（或者说人们公认的）纹理基元集合[Forsyth 2012]。一般认为一个**纹理基元**是由一组属性所刻画的相连通的像素集合。最简单的基元就是像素，其属性就是其灰度。比它复杂一点的基元是像素邻域，即一组具有相似性质的相连通的像素集合。这样一个基元可用其尺寸、朝向、形状和平均值等属性来描述。

例 7.2.1 纹理基元图

一个纹理基元可看作一个离散变量，它指出当前像素邻域中可能存在（有限个纹理类别中的）某一个纹理类别。一个纹理基元图中每个像素的值都是对应纹理基元的值。

对纹理基元的赋值取决于训练数据。将 N 个一组的滤波器与训练图像卷积。把一幅训练图像在每个像素位置的响应连接起来就构成一个 $N \times 1$ 的矢量。将这些矢量用 K-均值算法聚成 K 类。对一幅新的输入图像，将其与相同的滤波器组卷积来计算纹理基元。对每个像素，看哪个聚类均值与当前位置的 $N \times 1$ 滤波器输出的矢量最接近就赋予哪个类。

对滤波器组的选择有多种方法。例如可使用尺度为σ、2σ和 4σ的高斯滤波器对 3 个彩色通道进行滤波，加上尺度为 2σ和 4σ的高斯导数滤波器，以及尺度为σ、2σ、4σ和 8σ的高斯-拉普拉斯滤波器对亮度进行滤波。这样可以同时获取并利用彩色和纹理信息。

使用一个特定的滤波器组可使获得的纹理基元具有旋转不变性，并保留图像中朝向结构的信息。这个滤波器组包括一个高斯滤波器、一个高斯-拉普拉斯滤波器、一个具有3个尺度的（非对称）边缘滤波器（非对称）和一个具有3个相同尺度的（对称）线段滤波器。边缘滤波器和线段滤波器在每个尺度上都在6个方向上重复（类似于后面图7.3.5和图7.3.6的盖伯滤波器）。所以该滤波器组相当于包含38个滤波器，如图7.2.1所示。为获得旋转不变性，可仅考虑所有方向中最大的滤波响应，这里最终的滤波器组响应矢量包含8个分量，分别对应高斯滤波器和拉普拉斯滤波器（已经具有不变性），以及3个尺度上的边缘滤波器和线段滤波器在所有方向上具有的最大响应。

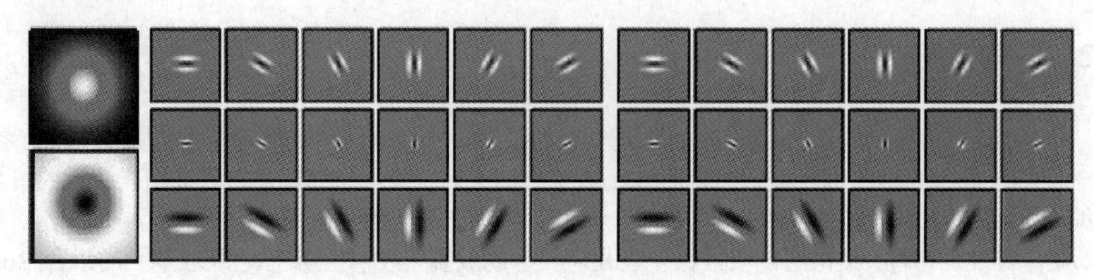

图7.2.1 38个滤波器示意 □

设纹理基元为$h(x, y)$，排列规则为$r(x, y)$，则纹理$t(x, y)$可表示为：

$$t(x, y) = h(x, y) \otimes r(x, y) \tag{7.2.1}$$

其中

$$r(x, y) = \sum \delta(x - x_m, y - y_m) \tag{7.2.2}$$

这里x_m和y_m是脉冲函数的位置坐标。根据卷积定理，在频域有：

$$T(u, v) = H(u, v)R(u, v) \tag{7.2.3}$$

所以

$$R(u, v) = T(u, v)H(u, v)^{-1} \tag{7.2.4}$$

这样，给定对纹理基元$h(x, y)$的描述，可以推导反卷积滤波器$H(u, v)^{-1}$。将这个滤波器用于待描述的纹理图像，可得到纹理区域中的脉冲阵列，每个脉冲都在纹理基元的中心。纹理基元描述了局部纹理特征，对整幅图像中不同纹理基元的分布进行统计可获得图像的全面纹理信息。这里可用纹理基元标号为横轴，以它们出现的频率为纵轴而得到纹理图像的直方图（纹理谱）。

2. 排列规则

为用结构法描述纹理，在获得纹理基元的基础上，还要建立将它们进行排列的规则。如果能定义出一些排列基元的规则，就有可能将给定的纹理基元按照规定的方式组织成所需的纹理模式。这里的规则和方式可用**形式语法**来定义，其所定义的排列规则也称为重写规则。

考虑设计了如下4个重写规则（其中t表示纹理基元，a表示向右移动，b表示向下移动）。

（1）$S \to aS$（变量S可用aS来替换）。

（2）$S \to bS$（变量S可用bS来替换）。

（3）$S \to tS$（变量S可用tS来替换）。

（4）$S \to t$（变量S可用t来替换）。

则结合使用不同的重写规则可生成不同的2-D纹理区域。

例7.2.2 用形式语法生成纹理模式

例如设t是如图7.2.2（a）所示的一个纹理基元，它也可看作直接使用规则（4）而得到的。如果依次使用规则（3）、（1）、（3）、（1）、（3）、（1）、（4）可得到*tatatat*，即生成图7.2.2（b）的图案/模式；如果依次使用规则（3）、（1）、（3）、（2）、（3）、（1）、（3）、（1）、（4）可得到*tatbtatat*，即可生成图 7.2.2（c）。

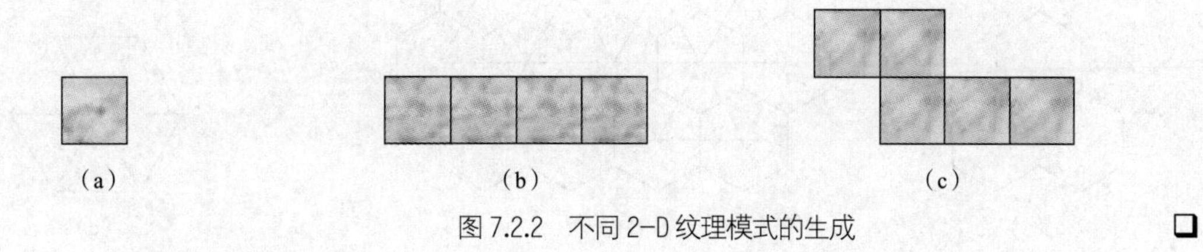

图 7.2.2 不同 2-D 纹理模式的生成 ❑

7.2.2 纹理镶嵌

比较规则的纹理在空间中可以用有规律次序的形式通过**纹理镶嵌**来构建，最典型的模式是用（一种）正多边形镶嵌，称为规则镶嵌。图 7.2.3 中，图 7.2.3（a）表示由正三角形构成的纹理模式；图 7.2.3（b）表示由正方形构成的纹理模式；图 7.2.3（c）表示由正六边形构成的纹理模式。

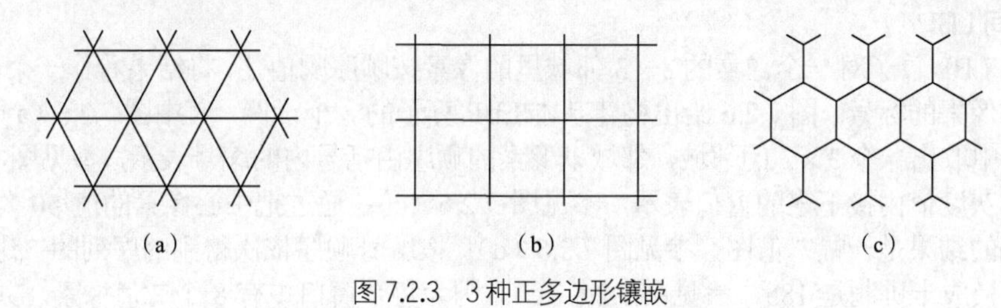

图 7.2.3 3 种正多边形镶嵌

如果同时使用两种其边数不同的正多边形进行镶嵌就构成半规则镶嵌。几种典型的半规则镶嵌模式如图 7.2.4 所示。

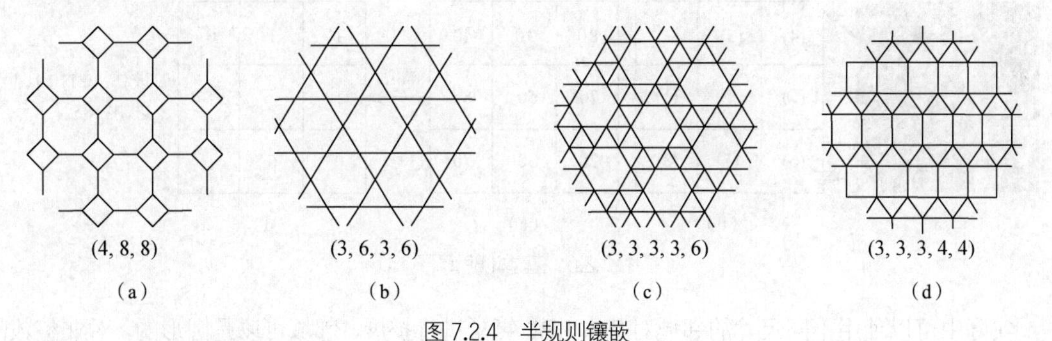

图 7.2.4 半规则镶嵌

为描述上述纹理镶嵌模式，可以依次列出绕顶点的多边形（基元）的边数序列。这种方法既可用于描述规则镶嵌，也可用于描述半规则镶嵌。例如对图 7.2.3（a）的模式，可表示为(3, 3, 3, 3, 3, 3)，即对各个顶点都有 6 个三角形围绕它。对图 7.2.3（c）的模式，可表示为(6, 6, 6)，即对各个顶点都有 3 个六边形围绕它。对图 7.2.4（c）的模式，对各个顶点都有 4 个三角形和 1 个六边形围绕它，所以表示为(3, 3, 3, 3, 6)。这里重要的是基元的排列，而不是基元本身。另外，考虑不同的顶点或从不同的角度开始排列，所得到的序列都有可能不同，但边数的类别和个数还是一致的。

例 7.2.3 基元镶嵌和排列镶嵌的对偶性

对一个用基元来定义的镶嵌模式，排列所定义的镶嵌模式与它是对偶的。如在图 7.2.5 中，图 7.2.5（a）和图 7.2.5（c）分别对应基元的镶嵌和排列的镶嵌，而图 7.2.5（b）是它们结合的结果。

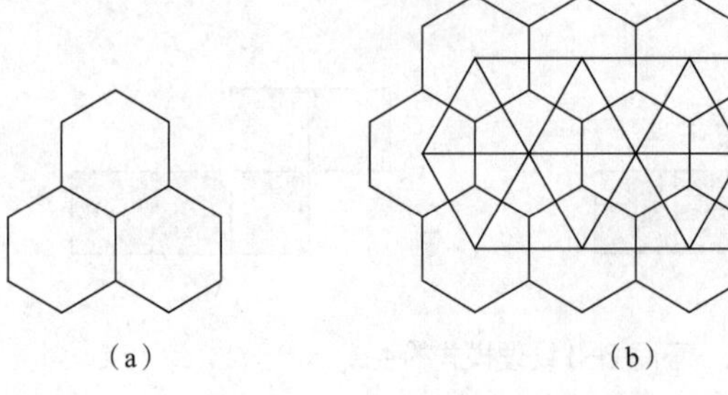

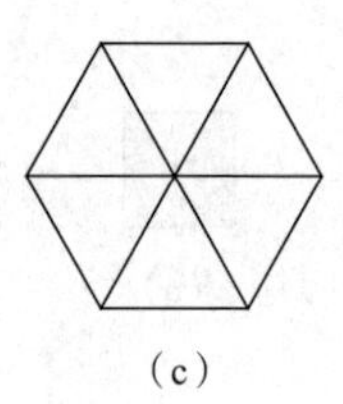

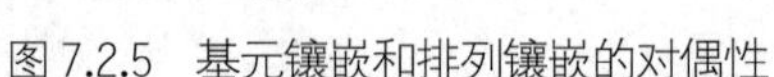

图 7.2.5 基元镶嵌和排列镶嵌的对偶性 □

7.2.3 局部二值模式

局部二值模式（LBP）是一种纹理分析算子，是一个借助局部邻域定义的纹理测度。它属于点样本估计方式，具有尺度不变性、旋转不变性和计算复杂度低等优点。

1. 空间 LBP

原始的 LBP 算子对一个像素的 3×3 邻域里的像素按顺序阈值化，将结果看作一个二进制数，并作为中心像素的标号。图 7.2.6 给出构建基本 LBP 算子的一个示例，其中图 7.2.6（a）是一幅纹理图像，从中取出一个 3×3 的邻域，邻域里像素的顺序由括号内的编号表示，参见图 7.2.6（b）；这些像素的灰度值由接下来的窗口表示，参见图 7.2.6（c）；通过把中心像素的值 50 作为阈值而阈值化得到的结果是一幅二值图，参见图 7.2.6（d）；按编号顺序依次得到的序列的二进制标号是 10111001，换成十进制是 185，参见图 7.2.6（e）。因为每个窗口中有 8 个二值像素，共有 256 种可能的序列，对应 256 个不同的标号。对这 256 个不同标号统计得到的直方图可进一步用作区域的纹理描述符。

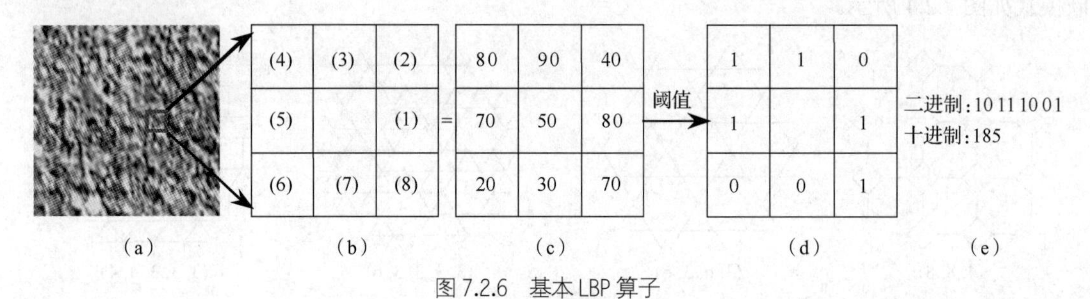

图 7.2.6 基本 LBP 算子

实际中可以使用不同尺寸的邻域对基本 LBP 算子进行扩展。邻域可以是圆形的，对非整数的坐标位置可使用双线性插值来计算像素值，以消除对邻域半径和邻域内像素数的限制。下面用(P, R)代表一个像素邻域，其中邻域里有 P 个像素，圆半径为 R。图 7.2.7 给出圆邻域的几个示例。

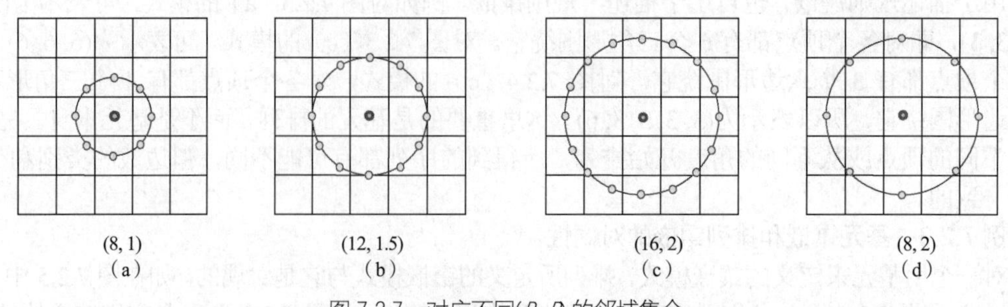

图 7.2.7 对应不同(P, R)的邻域集合

对基本 LBP 算子的另一种扩展是**均匀模式**。将一个邻域中的像素按顺序循环考虑，如果它包含最多两个从 0 到 1 或从 1 到 0 的过渡，则这个二值模式就是均匀的。例如模式 00000000（零个过渡）和模式 11111001（两个过渡）都是均匀的；而模式 10111001（4 个过渡）和模式 10101010（7 个过渡）都不是均匀的，它们没有明显的纹理结构，可视为噪声。一般情况下，均匀模式占大部分。所以，实际在计算 LBP 标号时，对每一个均匀模式用一个单独的标号，而对所有非均匀模式共同使用一个标号，这样可增强其抗噪能力。例如使用(8, R)邻域时，一共有 256 个模式，其中 58 个模式为均匀模式，所以可用 59 个标号来标记 256 个模式。综上所述，可用 $\mathrm{LBP}^{(u)}_{P,R}$ 来表示这样一个均匀模式的 LBP 算子。

根据 LBP 的标号可以获得不同的局部基元，分别对应不同的局部纹理结构。图 7.2.8 给出一些（有意义）均匀模式的示例，其中空心圆点代表 1 而实心原点代表 0。

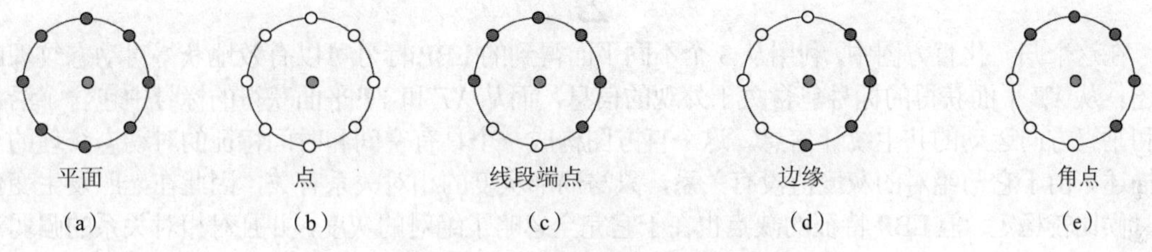

图 7.2.8　一些（有意义）均匀模式

如果计算出用 LBP 标号标记的图像 $f_{\mathrm{L}}(x, y)$后，LBP 直方图可定义为：

$$H_i = \sum_{x,y} I\{f_{\mathrm{L}}(x,y) = i\} \quad i = 0,\cdots,n-1 \tag{7.2.5}$$

其中 n 是由 LBP 算子给出的不同的标号个数，而函数：

$$I(z) = \begin{cases} 1 & z \text{ 为真} \\ 0 & z \text{ 为假} \end{cases} \tag{7.2.6}$$

2. 时-空 LBP

将原始的 LBP 算子扩展到时-空表达可以进行**动态纹理分析**（DTA），这就是**体局部二值模式**（VLBP）算子，可用于在 3-D 的(X, Y, T)空间分析纹理的动态变化，既包括运动也包括外观。在(X, Y, T)空间中，可以考虑 3 组平面：XY、XT、YT。所获得的 3 类 LBP 标号分别是 XY-LBP、XT-LBP 和 YT-LBP。第一类包含了空间信息，后两类均包含了时-空信息。由 3 类 LBP 标号可得到 3 个 LBP 直方图，还可以把它们拼成一个统一的直方图。图 7.2.9 给出一个示意图，其中图 7.2.9（a）显示了动态纹理的 3 个平面；图 7.2.9（b）给出各个平面的 LBP 直方图；图 7.2.9（c）是拼合后的特征直方图。

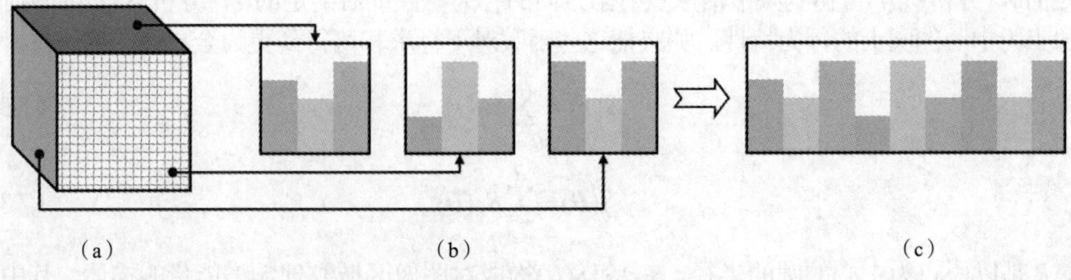

图 7.2.9　体局部二值模式的直方图表示

设给定一个 $X\times Y\times T$ 的动态纹理($x\in\{0,\ \cdots,X-1\},y\in\{0,\ \cdots,Y-1\},t\in\{0,\ \cdots,T-1\}$)，动态纹理直方图可写为：

$$H_{i,j}=\sum_{x,y,t}I\{f_j(x,y,t)=i\},\quad i=0,\cdots,n_j-1;\quad j=0,1,2 \tag{7.2.7}$$

其中，n_j 是由 LBP 算子在第 j 个平面($j=0:XY$，$1:XT$ 和 $2:YT$)产生的不同标号的个数，$f_j(x,y,t)$ 代表在第 j 个平面上中心像素(x,y,t)的 LBP 码。

对动态纹理来说，并不需要将时间轴的范围设成与空间轴相同，即在 XT 和 YT 平面上，时间和空间采样点间的距离可以不同。更一般地，在 XY、XT 和 YT 平面上的采样点间的距离都可以不同。

当需要比较空间和时间尺度都不同的动态纹理时，需要将直方图归一化以得到一致的描述：

$$N_{i,j}=\frac{H_{i,j}}{\sum_{k=0}^{n_j-1}H_{k,j}} \tag{7.2.8}$$

在这个归一化直方图中，利用从 3 个不同平面得到的 LBP 标号可以有效地获得对动态纹理的描述。从 XY 平面获得的标号包含关于外观的信息，而从 XT 和 YT 平面获得的标号中包含了沿水平和垂直方向运动的共生统计信息。这个直方图构成一个具有空间和时间特征的对动态纹理的全局描述。由于它与绝对的灰度值没有关系，只与局部灰度的相对关系有关，因此在光照发生变化的时候比较稳定。但 LBP 特征的缺点也在于它完全忽略了绝对的灰度，并且对相对关系的强弱没有区分，因此噪声可能改变弱的相对关系，从而改变其纹理结构。

7.3 频谱描述方法

纹理和图像频谱中的高频分量是密切联系的，光滑的图像（主要包含低频分量）一般不当作纹理图像来看待。**频谱法**对应变换域的方法[章 2012c]，着重考虑的是纹理的周期性。传统的频谱法利用了傅里叶频谱（通过傅里叶变换获得）的分布，特别是频谱中的高能量窄脉冲来描述纹理中的全局周期性质。还有许多其他频谱方法也得到了应用[章 2003b]，其中盖伯频谱在检测纹理模式的频率通道和朝向方面有效且精确。

7.3.1 傅里叶频谱描述

傅里叶频谱可借助**傅里叶变换**得到，它有 3 个适合描述纹理的性质。

（1）傅里叶频谱中突起的峰值对应纹理模式的主方向。

（2）这些峰在频域平面的位置对应模式的基本周期。

（3）如果利用滤波把周期性成分除去，剩下的非周期性部分将可用统计方法描述。

在实际的特征检测中，为简便起见可把频谱转化到极坐标系中。此时频谱可用函数 $S(r,\theta)$表示，对每个确定的方向θ，$S(r,\theta)$是一个 1-D 函数 $S_\theta(r)$；对每个确定的频率 r，$S(r,\theta)$是一个 1-D 函数 $S_r(\theta)$。对给定的θ，分析 $S_\theta(r)$可得到频谱沿原点射出方向的行为特性；对给定的 r，分析 $S_r(\theta)$可得到频谱在以原点为中心的圆上的行为特性。如果把这些函数对下标求和可得到更为全局性的描述：

$$S(r)=\sum_{\theta=0}^{\pi}S_\theta(r) \tag{7.3.1}$$

$$S(\theta)=\sum_{r=1}^{R}S_r(\theta) \tag{7.3.2}$$

式中，R 是以原点为中心的圆的半径。$S(r)$和$S(\theta)$构成对图像区域纹理频谱能量的描述，其中 $S(r)$也称为环特征（对θ的求和路线是环状的），$S(\theta)$也称为楔特征（对 r 的求和路线是楔状的）。图 7.3.1（a）和图 7.3.1（b）给出两个纹理区域和它们频谱的示意，比较两条频谱曲线可看出两种纹理的朝向区别。另外还可从频谱曲线计算它们的最大值的位置等。

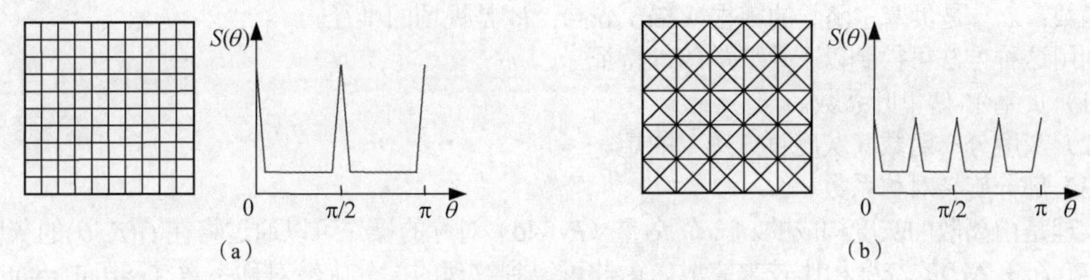

图 7.3.1 纹理和频谱的对应示意

如果纹理具有空间周期性，或具有确定的方向性，则能量谱在对应的频率处会有峰。以这些峰为基础可组建模式识别所需的特征。确定特征的一种方法是将傅里叶空间分块，再分块计算能量。常用的有两种分块形式，即夹角（angular）型和放射型。前者对应楔状或扇形滤波器，后者对应环状或环形滤波器，分别如图 7.3.2（a）和图 7.3.2（b）所示。

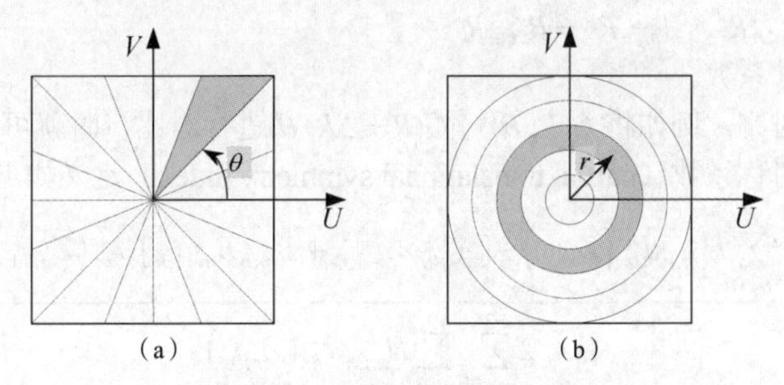

图 7.3.2 对傅里叶空间的分块

可如下定义夹角朝向的特征（$|F|^2$ 是傅里叶功率谱）：

$$A(\theta_1,\theta_2)=\sum\sum|F|^2(u,v) \tag{7.3.3}$$

其中求和限为：

$$\begin{gathered}\theta_1 \leqslant \tan^{-1}(v/u) < \theta_2 \\ 0 < u,\ v \leqslant N-1\end{gathered} \tag{7.3.4}$$

夹角朝向的特征表达了能量谱对纹理方向的敏感度。如果纹理在一个给定的方向θ上包含许多线或边缘，$|F|^2$ 的值将会在频率空间中沿$\theta+\pi/2$ 的方向聚集。

可如下定义放射状的特征：

$$R(r_1,r_2)=\sum\sum|F|^2(u,v) \tag{7.3.5}$$

其中求和限为：

$$\begin{gathered}r_1^2 \leqslant u^2+v^2 < r_2^2 \\ 0 \leqslant u,\ v < N-1\end{gathered} \tag{7.3.6}$$

放射状的特征与纹理的粗糙度有关。光滑的纹理在小半径时有较大的 $R(r_1, r_2)$值，而粗糙颗粒的纹理将在大半径时有较大的 $R(r_1, r_2)$值。

7.3.2 贝塞尔-傅里叶频谱描述

将贝塞尔函数与傅里叶变换结合，可得到贝塞尔-傅里叶频谱[Beddow 1997]：

$$G(R,\theta)=\sum_{m=0}^{\infty}\sum_{n=0}^{\infty}\left(A_{m,n}\cos m\theta+B_{m,n}\sin m\theta\right)J_m\left(Z_{m,n}\frac{R}{R_v}\right) \tag{7.3.7}$$

式中，$G(R, \theta)$是灰度函数（θ为角度）；$A_{m,n}$、$B_{m,n}$是贝塞尔-傅里叶系数；J_m是第一种第m阶贝塞尔函数；$Z_{m,n}$是贝塞尔函数的零根（zero root）；R_v是视场的半径。

利用这种方法可得到以下重要的纹理特征。

（1）贝塞尔-傅里叶系数。

（2）灰度分布函数（灰度直方图）的矩。

（3）部分旋转对称系数。

纹理是由离散的灰度构成的。一个R-重（R-fold）对称的操作可以通过将在$G(R, \theta)$的灰度与在 $G(R, \theta + \Delta\theta)$的灰度相比较来完成。由此可得到纹理的部分旋转对称系数（partial rotational symmetry index）如下：

$$C_R = \frac{\sum_{m=0}^{\infty}\sum_{n=0}^{\infty}\left(H_{m,n}R^2 \cos m(2\pi / R)\right)J_m^2\left(Z_{m,n}\right)}{\sum_{m=0}^{\infty}\sum_{n=0}^{\infty}\left(H_{m,n}R^2\right)J_m^2\left(Z_{m,n}\right)} \tag{7.3.8}$$

式中，$R = 1, 2, \cdots$；$H_{m,n}R^2 = A_{m,n}R^2 + B_{m,n}R^2$。

（4）部分平移对称系数。

当将灰度沿半径对比，例如将$G(R, \theta)$与$G(R + \Delta R, \theta)$进行对比，时就可发现部分平移对称性质。纹理的部分平移对称系数（partial translational symmetry index）定义如下：

$$C_T = \frac{\sum_{m=0}^{\infty}\sum_{n=0}^{\infty}H_{m,n}^2 J_m^2\left(Z_{m,n}\right) - [A_{m,n}A_{m-1,n} + B_{m,n}B_{m-1,n}]\,J_m^2\left(Z_{m-1,n}\right)\frac{\Delta R}{2R_v}}{2\sum_{m=0}^{\infty}\sum_{n=0}^{\infty}H_{m,n}^2 J_m^2\left(Z_{m,n}\right)} \tag{7.3.9}$$

它满足$0 < C_T < 1$。

（5）粗糙度。

粗糙度（coarseness）定义为围绕一个像素(x, y)的4个邻域像素间的灰度差。分析表明粗糙度与部分旋转对称系数和部分平移对称系数有如下关系：

$$F_{\text{crs}} = 4 - 2(C_R + C_T) \tag{7.3.10}$$

（6）对比度。

当一些变量的值都分布在这些值的均值附近时，称这种分布有较大的峰态（kurtosis）。对比度（contrast）可借助峰态定义为：

$$F_{\text{con}} = \mu^4 / \sigma^4 \tag{7.3.11}$$

式中，μ^4是灰度分布模式关于均值的四阶矩；σ^2是方差。

（7）不平整度。

不平整度（roughness）与粗糙度和对比度有如下关系：

$$F_{\text{rou}} = F_{\text{crs}} + F_{\text{con}} \tag{7.3.12}$$

（8）规则性。

规则性（regularity）是纹理元素在图像中变化的函数，可定义为：

$$F_{\text{reg}} = \sum_{t=1}^{m} C_R + \sum_{t=1}^{n} C_T \tag{7.3.13}$$

一幅具有高度旋转对称和高度平移对称的图像具有大的规则性。

7.3.3 盖伯频谱描述

盖伯频谱源自盖伯变换。如果在傅里叶变换中加上窗函数，就构成短时傅里叶变换。一般的傅里叶变换要求知道在整个空间的图像函数才能计算单个频率上的频谱分量，但短时傅里叶变换只需知道窗函数的区间就可计算单个频率上的频谱分量。进一步，如果所用窗函数是高斯函数，这种特殊的短时傅里叶变换就是**盖伯变换**。高斯函数的傅里叶变换仍是高斯函数，所以盖伯变换在空域和频域都具有局部性，或者说可以将能量进行集中。

利用傅里叶变换可将图像表示成一系列频率分量。类似地，利用一组基于盖伯变换的滤波器也可将图像分别转换到一系列的频率带中。盖伯滤波器在本质上是一个带通滤波器。实际中常使用两个成对的实盖伯滤波器，它们都对某个特定频率和方向有强响应。其中，对称的（symmetric）盖伯滤波器的响应为：

$$G_{\mathrm{s}}(x, y) = \cos(k_x x + k_y y)\exp\left(-\frac{x^2 + y^2}{2\sigma^2}\right) \tag{7.3.14}$$

而反对称的（anti-symmetric）盖伯滤波器的响应为：

$$G_{\mathrm{a}}(x, y) = \sin(k_x x + k_y y)\exp\left(-\frac{x^2 + y^2}{2\sigma^2}\right) \tag{7.3.15}$$

式中，(k_x, k_y)给出滤波器响应最强烈的频率；参数σ是空间放缩系数，控制滤波器脉冲响应的宽度。

上述两个盖伯滤波器的幅度分布如图 7.3.3 所示，其中 $k_x = k_y$。图 7.3.3（a）是对称的（在主瓣两边各有一个负的副瓣），图 7.3.3（b）是反对称的（有两个分别为正和负的主瓣）。

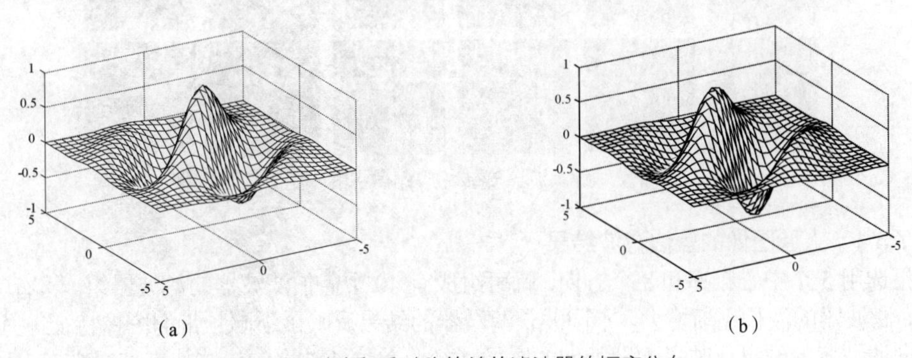

图 7.3.3 对称和反对称的盖伯滤波器的幅度分布

对上述两个盖伯滤波器进行旋转和放缩，可分别获得一组朝向和带宽均不同的滤波器（以获得盖伯频谱），如图 7.3.4 所示。其中，各个椭圆代表各个滤波器半峰值所覆盖的范围。图中，沿着圆周相邻两滤波器之间的朝向角相差 30°；沿半径方向相邻两滤波器半峰值范围相连，尺度差一倍。

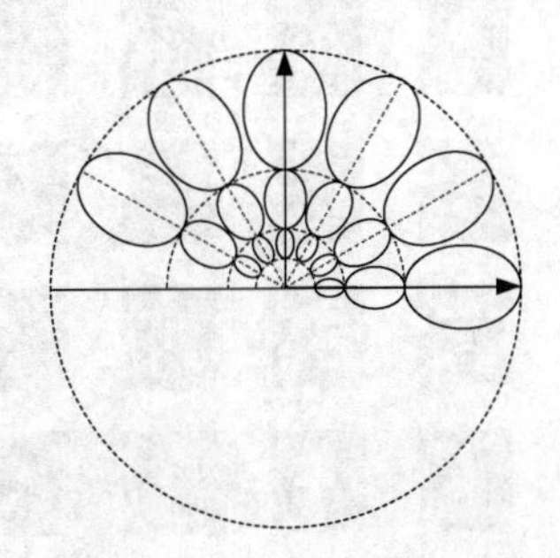

图 7.3.4 滤波器旋转和放缩所得到的一组滤波器示意

表示上述两组滤波器的灰度图像分别见图7.3.5和图7.3.6，其中图7.3.5为由图7.3.3（a）的对称滤波器旋转和放缩得到，而图7.3.6为由图7.3.3（b）的反对称滤波器旋转和放缩得到。

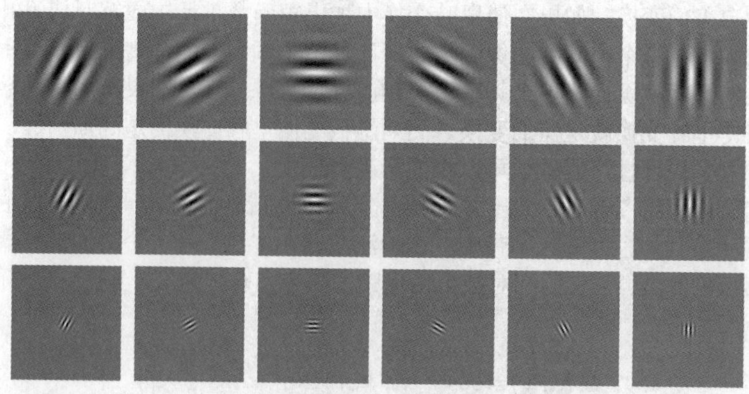

图7.3.5 对称滤波器旋转和放缩得到的一组滤波器示意

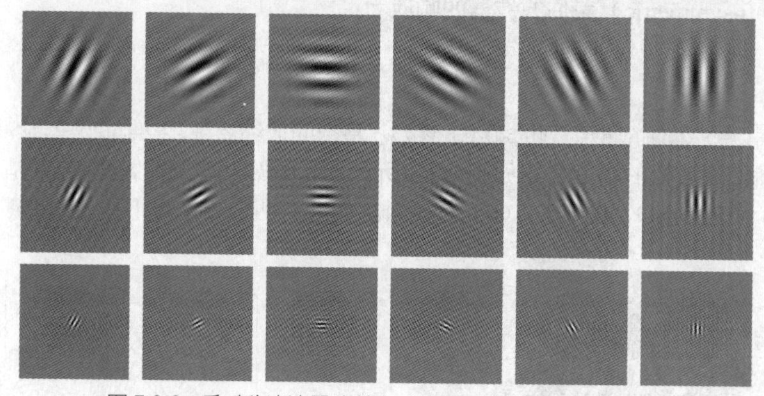

图7.3.6 反对称滤波器旋转和放缩得到的一组滤波器示意

例7.3.1 人脸图像的盖伯滤波结果

如果选用5个中心频率和8个方向，就可组成有40个盖伯滤波器的滤波器组。随着中心频率的减小，滤波器的波长逐渐增大，不同波长滤波器的结果反映了不同频带的图像特征。另一方面，不同方向滤波器的结果反映了不同朝向的图像特征。盖伯滤波器的这些特点使得它在人脸识别中得到了广泛应用。图7.3.7给出一幅人脸图像及由它得到的40组盖伯滤波器的响应图。

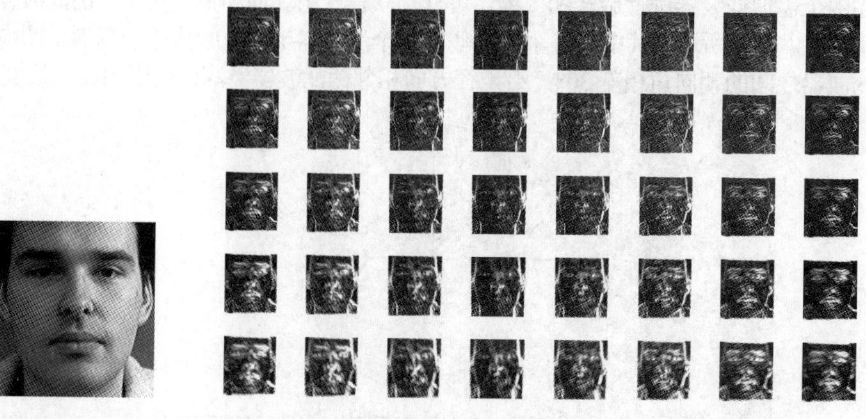

图7.3.7 一幅人脸图像及它的40组盖伯滤波器的响应图 □

7.4 纹理图像分割

纹理是人们区分物体表面不同区域的重要线索。人类视觉系统很容易识别与背景均值接近但朝向或尺度不同的模式，所以可根据纹理区分图像中的不同区域，即进行图像分割。图 7.4.1 给出几个区分目标和背景的示例。图 7.4.1（a）中目标和背景的灰度不同，所以人们很容易辨别出图像中的字母；但图 7.4.1（b）中目标和背景的灰度相同，仅模式的朝向不同，人们也能辨别出图像中的字母。类似地，图 7.4.1（c）中目标和背景的平均灰度相近，但人们根据模式尺度（粗细）的不同也能辨别出图像中的字母。

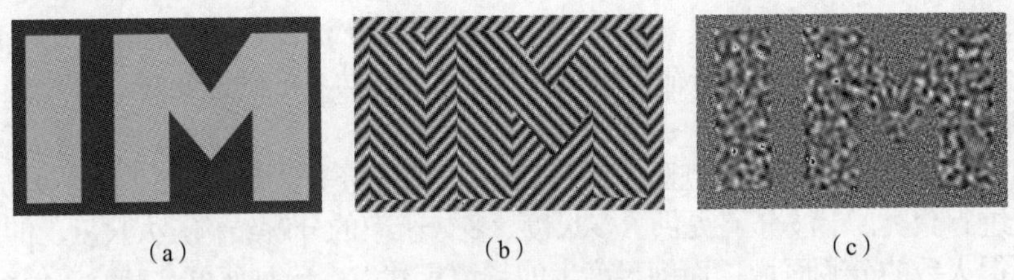

（a）　（b）　（c）

图 7.4.1　区分目标和背景的示例

例 7.4.1　纹理边缘检测

边缘一般出现在灰度剧烈变化的地方，但实际中，在没有很大灰度变化的位置也有可能感知到区域的边缘。如图 7.4.2 所示，不伴随灰度变化的纹理变化也可使人感知到边缘的存在（图中甚至没有明显的边界线）。

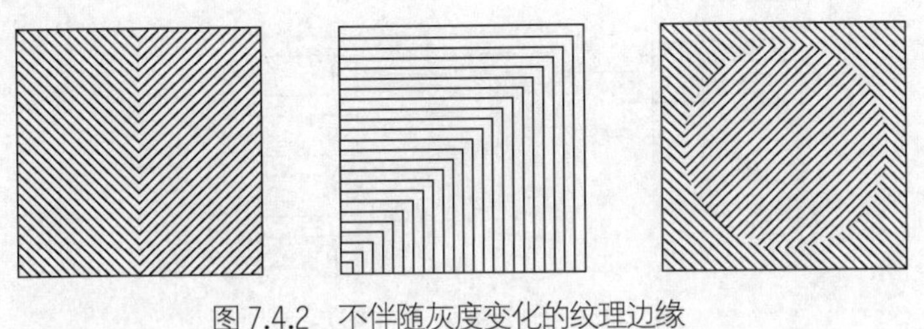

图 7.4.2　不伴随灰度变化的纹理边缘　□

下面分别介绍有监督纹理分割和无监督纹理分割技术。

7.4.1 有监督纹理分割

大多数已有的纹理分割算法均认为纹理类别的数目已知，所以可进行**纹理图像有监督分割**，其中有些算法借助对纹理图像中提取的特征进行聚类来获得分割结果。

下面介绍一种借助小波变换的纹理分割方法[吴 2001b]，它包括预分割以及后分割两个过程，可看作对应纹理分类中的训练和分类两个阶段[Wu 1999]。在预分割过程中，通过对提取的特征利用 K-均值算法进行聚类，获得原始图像的预分割结果，这相当于分类中的训练，获得各纹理类别的聚类参数。后分割过程对预分割过程中获得的分类特征进行特征加权处理，然后对原始图像的所有特征重新进行分类，获得最终的纹理分割结果。这种方法可同时获得较好的区域一致性和边界准确性。所谓**区域一致性**指原始图像纹理特性相对一致的区域在分割结果中是否呈现为统一的区域；**边界准确性**指示分割得到的边界与原始图像纹理边界的吻合程度，反映了对区域的边缘部分分割结果的准确性。

1. 特征提取

首先将原始图像通过小波变换分解成对应不同朝向的多个频道，在这些频道上计算纹理能量来进行特征提取。定义在$(2u+1)\times(2u+1)$窗口中称为**纹理能量**的宏特征 $e(i,j)$为：

$$e(i,j)=\frac{1}{(2u+1)^2}\sum_{k=i-u}^{i+u}\sum_{l=j-u}^{j+u}\left|x(k,l)\right| \tag{7.4.1}$$

纹理区域边缘附近的像素邻域内会有属于不同纹理的像素，纹理图像内部也会含有相对不均匀的纹理区域，它们都会使纹理测度偏离“期望”数值。因此，对特征图像还要作进一步平滑：

$$E(i,j)=\frac{1}{(2v+1)^2}\sum_{k=i-v}^{i+v}\sum_{l=j-v}^{j+v}e(k,l) \tag{7.4.2}$$

其中，平滑窗口的大小为$(2v+1)^2$。选择大的特征窗口和平滑窗口会使区域一致性变好，但会使边界准确性变差，反之，选择小的特征窗口和平滑窗口会使边界准确性变好，而区域一致性变差。

2. 预分割

预分割的目的是得到粗略的分割图像，可利用 K-均值聚类（参见 5.5.1 小节）法对小波分解的各频道特征进行聚类。小波分解提供了多尺度、多分辨率的分解结构，大尺度上的频道尺寸小，有利于快速获得大致的分割区域；而细尺度上的频道尺寸大，分割速度会减慢，但结果精细。考虑到小波分解的多尺度结构，预分割过程采用层次化的分割方法，按照小波分解的逆过程，从大尺度频道开始按尺度层次进行预分割，直到最细尺度为止。这种层次化的分割方法可以提高分割的速度，又不会对分割精度产生影响，而且还符合小波变换多尺度的思想。其具体过程如图 7.4.3 所示。

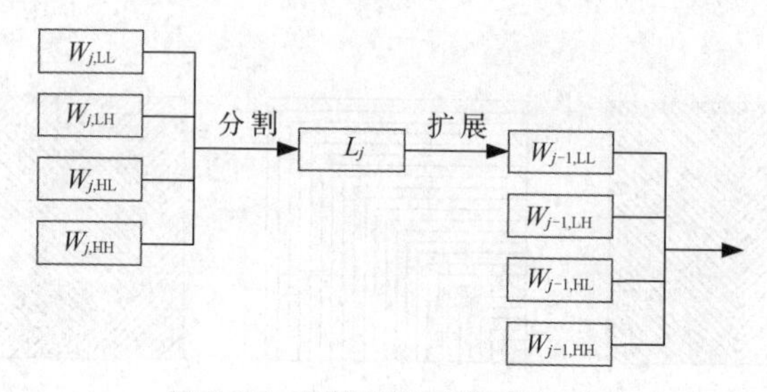

图 7.4.3 预分割算法的层次示例

从小波分解最大尺度的所有频带 LL、HL、LH 和 HH 开始构造一个 4-D 特征矢量，利用 K-均值聚类算法对图像进行聚类分割。将分割好的图像（L_j 是分辨率为 j 时的分割标号图像）在水平和垂直方向上分别扩展两倍，以便在下一尺度上利用已分割的信息。这样在某一尺度上，利用上一尺度的分割结果以及当前尺度的 3 个小波分解频带输出，又可以在每个位置上构造一个 4-D 特征矢量，从而继续利用 K-均值聚类算法进一步聚类。如此使大尺度上的分割结果向小尺度传播，最终获得预分割结果。

3. 后分割

后分割过程是将小波分解的各频道扩展为与第一级小波分解频道同样大小的尺寸（因为预分割过程获得的是在第一级小波分解上的分割结果），在同一尺寸上进行特征加权[吴 1999]，然后进行分类。假设原始图像的尺寸为 $M\times M$，其中的纹理类数为 Q，预分割过程最后得到的是一幅尺寸为 $M/2\times M/2$ 的标号图像 $L_1(k,l)$，$k,l=1,2,\cdots,M/2$。如果以(k,l)为中心的$(2w+1)^2$窗口内存在标号值不等于 $L_1(k,l)$的像素，将 $L_1(k,l)$置为 0，否则 $L_1(k,l)$保持不变。这样处理的目的是去除预分割图像的边缘效应，使得下面获得的用于加权的特征能够更有效地反映相应纹理的特性，从而提高后分割结果的精度。

将所有根据预分割提取的特征图像的尺寸扩展成与 $L_1(k,l)$ 一样，设为 $E_d(k,l)$，$k,l=1,2,\cdots,M/2$，$d=1,2,\cdots,D$，其中 D 为小波分解的总频道数目。这样，整个特征矢量空间就可表示为：

$$\boldsymbol{E}(k,l)=\begin{bmatrix}E_1(k,l) & E_2(k,l) & \cdots & E_D(k,l)\end{bmatrix}^{\mathrm{T}} \tag{7.4.3}$$

对原始图像中的某一类纹理 q，可以按下式构成表征该类纹理的 D 维特征矢量集：

$$\boldsymbol{F}_q(m,n)=\begin{bmatrix}F_{q1}(m,n) & F_{q2}(m,n) & \cdots & F_{qD}(m,n)\end{bmatrix}^{\mathrm{T}} \tag{7.4.4}$$

式中，$F_{qd}(m,n)=E_d(m,n)$，$\{(m,n)\}=\{(k,l)|\ L_1(k,l)=q;\ k,l=1,2,\cdots,M/2\}$。进一步设 P 为 $L_1(k,l)=q$ 的像素数目，$\boldsymbol{F}_q(m,n)$的方差矢量为 $\boldsymbol{S}_q^2=\begin{bmatrix}S_{q1}^2 & S_{q2}^2 & \cdots & S_{qD}^2\end{bmatrix}^{\mathrm{T}}$，则：

$$S_{qd}^2=\frac{1}{P}\sum_{m,n}\left\{F_{qd}(m,n)-\overline{F}_{qd}\right\}^2 \tag{7.4.5}$$

式中，$\overline{F}_{qd}$ 为特征 $F_{qd}(m,n)$的均值，即：

$$\overline{F}_{qd}=\frac{1}{P}\sum_{m,n}F_{qd}(m,n) \tag{7.4.6}$$

利用方差对特征及其均值进行加权，然后用简单的最小欧氏距离分类器对式（7.4.3）所示的特征空间进行分类，就得到原始图像最终的分割结果。

4. 实验结果和讨论

图 7.4.4 给出一组实验结果。图 7.4.4（a）是由来自《纹理》相册[Brodatz 1966]的 5 种 Brodatz 纹理组合而成的纹理图像，图 7.4.4（b）是对它的预分割结果，图 7.4.4（c）是对它的后分割结果。可以看出后分割的边界准确性和区域一致性均比预分割有明显提高，而且分割错误率也有明显的降低。

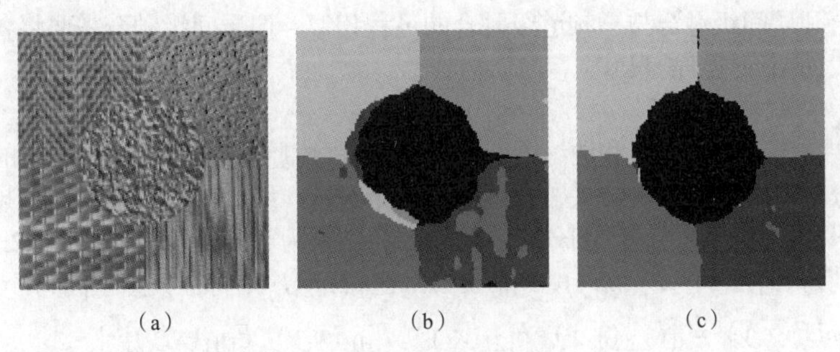

（a）（b）（c）

图 7.4.4 5 类 Brodatz 纹理的分割

7.4.2 无监督纹理分割

在一般的应用场合，原始图像中的纹理类别数目并不能事先知道。对这种情况可使用无监督纹理分割方法。无监督纹理分割比有监督纹理分割难度大，其中确定纹理类别数目是一个难点。下面介绍一种利用小波包变换提供的丰富纹理频道特征信息，将纹理分割和纹理类别数目确定过程有机地结合起来，实现**纹理图像无监督分割**的方法。这里总的思路是从小尺度的小波分解频道出发，根据其给出的纹理局部特性获得原始图像中所包含纹理类别的相对粗略数目，然后继续分解，根据逐步表现出来的大尺度全局特性对前面获得的粗略纹理类别数目进行动态修正。

1. 特征提取和粗分割

原始图像经过小波包分解（对所有频道均进行完全分解）及特征提取（仍采用 7.4.1 小节的方法）后，形成一个完全的四叉树结构（参见 6.2.1 小节）。粗分割时先计算每个特征图像的直方图，并检测该直方图的局部谷集合。这里可通过使每个纹理区域的面积大于一定数值来消除过分割。

当特征图像的总体灰度接近正态分布时，不能直接用直方图的局部谷集合所对应的灰度值作为阈值来分割特征图像。设区域 R_i 和 R_{i+1} 之间的分割阈值为 T_i，$i=1, 2, \cdots, N-1$，则 T_i 应满足：

$$\frac{1}{\sqrt{2\pi}\sigma_i}\exp\left\{\frac{(T_i-\mu_i)^2}{2\sigma_i^2}\right\}=\frac{1}{\sqrt{2\pi}\sigma_{i+1}}\exp\left\{\frac{(T_i-\mu_{i+1})^2}{2\sigma_{i+1}^2}\right\} \tag{7.4.7}$$

式中，μ_i 为区域的灰度均值；σ_i 为区域的灰度方差。由式（7.4.7）可解得：

$$T_i=\frac{\mu_i\sigma_{i+1}^2+\mu_{i+1}\sigma_i^2}{\sigma_{i+1}^2-\sigma_i^2}\pm\frac{\sigma_i^2\sigma_{i+1}^2\sqrt{(\mu_i-\mu_{i+1})^2+2(\sigma_i^2-\sigma_{i+1}^2)\ln(\sigma_{i+1}/\sigma_i)}}{\sigma_{i+1}^2-\sigma_i^2} \tag{7.4.8}$$

2. 分割结果的融合

粗分割将小波包分解得到的每个频道的特征图像都分成若干区域。现需要将这些已分割的图像融合起来。由于小波包分解采取的是完全四叉树结构，所以粗分割结果融合可分为 3 个级别。

（1）属于同一父节点的 4 个频道之间的融合——称为子频道级融合。

（2）属于四叉树同一层各频道之间的融合——称为层内级融合。

（3）不同四叉树层之间的融合——称为层间级融合。

在以上 3 个级别的数据融合中，对后一个级别的融合要以前一个级别的融合结果为基础。在子频道级融合时，设两个粗分割得到的结果图像分别为 $L_1(x, y)$ 和 $L_2(x, y)$，其中 $L_1(x, y)$ 分为 N_1 类，$L_2(x, y)$ 分为 N_2 类，则融合结果图像 $L_{1,2}(x, y)$ 为：

$$L_{1,2}(x,y)=\max(N_1,N_2)\times L_1(x,y)+L_2(x,y) \tag{7.4.9}$$

其中的纹理类数最大为 $N_1\times N_2$。

层内级融合和层间级融合与子频道级融合的过程相似，但层间级融合需要将各个待融合的图像扩展成与最大的图像同样的尺寸。

3. 细分割

细分割是要对由于随机噪声和边缘效应的存在而在分割结果融合过程中产生的一些不确定像素进行进一步分割。对应粗分割结果融合过程的 3 个级别，细分割过程也包括子频道级、层内级和层间级 3 个级别。对子频道级的细分割，假设融合结果为 $L(x, y)$，$L(x, y)=1, 2, \cdots, N$，4 个频道的特征值分别为 $F_{\mathrm{LL}}(x, y)$、$F_{\mathrm{LH}}(x, y)$、$F_{\mathrm{HL}}(x, y)$ 和 $F_{\mathrm{HH}}(x, y)$，则特征矢量空间为：

$$\{\boldsymbol{F}(x,y)\}=\{[F_{\mathrm{LL}}(x,y)\ \ F_{\mathrm{LH}}(x,y)\ \ F_{\mathrm{HL}}(x,y)\ \ F_{\mathrm{HH}}(x,y)]^{\mathrm{T}}\} \tag{7.4.10}$$

这样对某一类纹理 i，$i=1, 2, \cdots, N$，它的聚类中心 μ_i 为：

$$\mu_i=\frac{1}{\#(L(x,y)=i)}\sum_{L(x,y)=i}\boldsymbol{F}(x,y) \tag{7.4.11}$$

式中，$\#(L(x, y)=i)$ 表示第 i 类纹理区域的面积。对任意一个不确定像素 (x_0, y_0)，计算它的特征矢量与每一个聚类中心的欧氏距离 d_i，然后按下式对像素 (x_0, y_0) 进行重新分割：

$$L(x_0,y_0)=i \quad \text{如果} \quad d_i=\min_{n=1}^{N}(d_n) \tag{7.4.12}$$

层内级的细分割和层间级的细分割的过程与子频道级细分割过程相似，但对应的特征空间不同。对层内级的细分割，假设在小波包分解的第 J 级分解上进行，则特征空间由 4^{J-1} 个类似于式（7.4.10）所示的特征矢量合并组成，维数为 4^J，即：

$$\{\boldsymbol{F}(x,y)\}=\left\{\left[F_{\mathrm{LL}}^j(x,y),\ F_{\mathrm{LH}}^j(x,y),\ F_{\mathrm{HL}}^j(x,y),\ F_{\mathrm{HH}}^j(x,y)\right]_{j=1,2,\cdots,4^{J-1}}^{\mathrm{T}}\right\} \tag{7.4.13}$$

对层间级的细分割，假设在小波包分解的前 K 级分解上进行，则特征空间由 K 个类似于式（7.4.13）

所示的特征矢量合并组成，维数为$\sum_{k=1}^{K}4^k$，即：

$$\{\boldsymbol{F}(x,y)\}=\left\{\left\{\left[F_{\mathrm{LL}}^{j}(x,y),F_{\mathrm{LH}}^{j}(x,y),F_{\mathrm{HL}}^{j}(x,y),F_{\mathrm{HH}}^{j}(x,y)\right]_{j=1,2,\cdots,4^{k-1}}\right\}_{k=1,2,\cdots,K}^{\mathrm{T}}\right\} \tag{7.4.14}$$

4．分割流程和结果

整个分割流程可参见图 7.4.5。首先对原始图像进行第一级小波包分解，获得 4 个频道的特征图像，接着分别对它们进行粗分割，并对结果进行子频道级的融合和细分割，得到了第一级小波包分解的初步分割结果。然后，对第一级小波包分解的 4 个频道进行分解，即进行第二级小波包分解，获得 16 个频道的特征图像。接着对从第二级某个频道分解而得到的 4 个频道分别进行粗分割，并进行子频道级的融合和细分割。反复进行 4 次这样的过程，对这 4 次分割获得的结果再进行层内级融合和细分割，得到第二级小波包分解的初步分割结果。将两次得到的分割结果进行层间级融合和细分割，获得两级的综合分割结果。如此进行分割直到满足 $N_{12\cdots J}\leqslant N_{12\cdots J-1}$，则说明已得到真正的原始图像中所包含的纹理类别数目，分割过程结束，否则按如上过程反复进行操作。

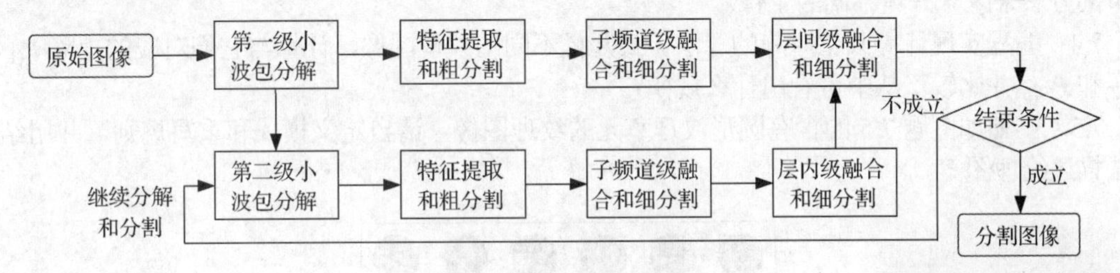

图 7.4.5　无监督纹理分割流程

这里分割的顺序与分解过程一致，都在完全四叉树结构小波包分解的层次上进行，直到获得最佳的结果为止。这种与分解过程一致的分割可以不需预先指定小波分解级数，所以可自动进行。

按上述方法对图 7.4.4（a）进行分割得到的结果见图 7.4.6。与图 7.4.4 用有监督纹理分割方法得到的结果相比，这里的分割结果要差一些，但这里对图像先验知识的要求要低一些。

图 7.4.6　无监督纹理分割结果

总结和复习

下面对本章各节进行简单小结，并有针对性地介绍一些可供深入学习的参考文献。读者还可通过思考题和练习题进行进一步的复习，标有星号的思考题或练习题在书末提供了解答。

【小结和参考】

7.1 节所讨论的统计纹理描述方法很早就得到了研究和应用。除了基于灰度共生矩阵的纹理描述符外，还可定义灰度-梯度共生矩阵，并在此基础上定义多种纹理描述符，可参见文献[章 2002b]。另外，根据对随机过程用统计方法得到的参数也可产生纹理图像[Russ 2016]。

7.2 节所讨论的结构纹理描述方法对比较规则的纹理最适用，这里规则既指纹理基元比较一致，也指排列比较有序。用局部二值模式描述基元一致性比较方便，其直方图也是对基元排列的一种统计表达。为克服局部二值模式对噪声干扰较敏感的问题，还可使用**局部三值模式**（LTP）以提高鲁棒性[Tan 2007]。另外，分形几何的基础是自相似性，也对应不同尺度上的规则性，利用分形模型也可对纹理进行较好的描述[吴 2000]，[章 2012c]。

7.3 节所讨论的频谱纹理描述方法近年来得到较多重视。有关盖伯频谱的示例图还可参见文献[Forsyth 2012]。另外，贝塞尔-傅里叶频谱也可用于纹理描述[章 2016b]。再有，国际标准 MPEG-7

中推荐了 3 种纹理描述符，除边缘直方图外，同质纹理描述符和纹理浏览描述符也都是基于频域性质的[章 2003b]，对这 3 种纹理描述符的比较参见文献[Xu 2006]。利用变换域系数描述纹理特性进行图像检索的一个实例可参见文献[Huang 2003]。

7.4 节介绍了有监督纹理分割和无监督纹理分割的一些思路和方法。对双纹理图像的一种分割方法可参见文献[吴 2001a]。

【思考题和练习题】

7.1 对图 7.1.1（a）的图像，计算矩阵 $\boldsymbol{P}_{(0,1)}$、$\boldsymbol{P}_{(1,0)}$、$\boldsymbol{P}_{(1,1)}$和 $\boldsymbol{P}_{(-1,1)}$。

7.2 国际象棋的棋盘图像是黑白相间 8×8 网格。如果令黑格为 0，白格为 1，分别定义位置操作算子 W 为向右 1 个像素以及向右 1 个像素且向下 1 个像素，求这两种情况下的共生矩阵。

*7.3 设一种工件图的空间分辨率是 256 像素× 256 像素，灰度分辨率是 256。当工件完好时，整幅图的平均灰度值为 100。当工件损坏时，会出现工件平均灰度值与整幅图的平均灰度值的差值达 50 的块状区域。如果这种区域的面积大于一定个数的像素，可认为工件已报废。试借助纹理分析的方法来区分好坏不同的工件。

7.4 编程实现计算共生矩阵的算法，找几幅不同的纹理图像，计算与它们对应的矩阵 $\boldsymbol{P}_{(1,1)}$、$\boldsymbol{P}_{(2,2)}$和 $\boldsymbol{P}_{(3,3)}$并比较。从中可看出什么规律？

7.5 已知如图题 7.5 的含有圆形纹理基元的纹理图像，请自定义模式和重写规则，并用结构方法描述纹理图案。

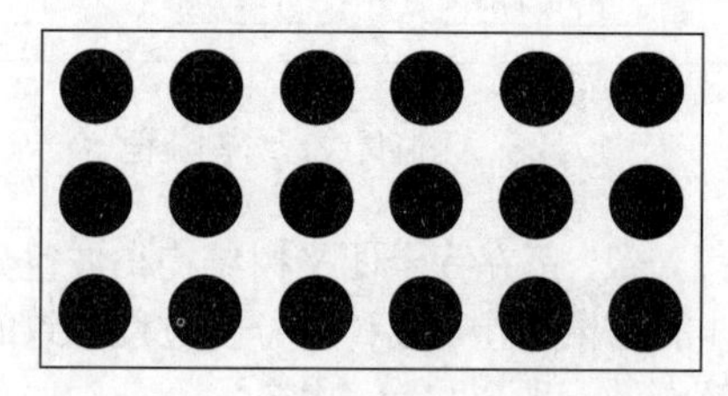

图题 7.5

*7.6 把图 6.2.8 中的各图看作已取完阈值的结果，写出它们的局部二值模式的二进制标号和十进制标号，并分析它们与骨架算法中考虑的模式有什么关联。

7.7 设图 7.1.1（a）为一个像素的邻域，现要借助（8,2）的圆邻域计算 LBP，写出所得到的二进制标号和十进制标号。如果借助（16,2）的圆邻域呢？

7.8 设图 7.1.1（b）中 3×3 的矩阵构成了体局部二值模式计算中的 XY 平面，将它第 1 行与第 3 行对调得到的矩阵构成了 XT 平面，将它第 1 列与第 3 列对调得到的矩阵构成了 YT 平面。分别计算 3 个 LBP 直方图，并拼成一个统一的直方图。

7.9 设图 7.1.1（b）中 3×3 的矩阵构成了(X, Y, T)空间中的最下一层，将它第 1 行与第 3 行对调得到的矩阵构成了中间一层，将它第 1 列与第 3 列对调得到的矩阵构成了最上一层。对这个立体数据分别计算 3 个 LBP 直方图，并画图示意。

7.10 试画出图 7.2.3 中 3 种不同模式的傅里叶频谱图。

7.11 7.4.1 小节中的算法有预分割和后分割两个步骤，7.4.2 小节中的算法有粗分割和细分割两个步骤，它们都有递进关系，但不同的是什么？

7.12 总结一下本章描述纹理所提到的各种特性，它们的主要特点是什么？它们分别适用于什么样的实际场合？

第8章 形状分析

什么是形状？什么是客观世界中一个物体的形状？什么是图像中一个区域的形状？这些看起来简单的问题本质上都是很难回答的，因为形状很难表达成一个简单的数学概念，人们也很难给出精确的数学定义[Costa 2001]。可以说，形状是一个许多人都知道，但没人能全面定义的概念。例如对一个有一定复杂程度的目标，人们很难精确描述其形状，只是在看到它时常能马上辨识出来。关于形状的讨论常使用比较的方法，如该目标像个什么已知目标，但很少直接用定量的描述符。或者说，讨论形状常使用相对的概念，而不是绝对的度量。

在图像技术中谈论形状时，一般指目标的形状。在各种有关视觉信息的讨论中，**目标形状**具有特殊的意义。事实上当你阅读这本书的文字时，能够辨识各个字，主要也是文字的形状信息在起作用。不过，要用语言来解释目标形状是比较难的，仅有一些形容词可近似表达目标形状的特点[Russ 2016]。对目标形状有一个比较通用的定义是：从一个目标中过滤掉位置、尺度和旋转效果后留下来的几何信息。换句话说，形状包括对相似变换不变的所有几何信息。根据需要，可将该定义推广到其他变换形式，如欧氏变换或仿射变换。

为进行**形状分析**，在获得目标后还需要从目标中抽取信息以便进一步分析。这里有两方面的工作。一方面要对形状自身的特性进行描述，另一方面要基于一定的表达形式或目标特性，根据应用目的对形状特征加以有效地利用。

对形状定量描述的主要困难是缺少对形状精确的和统一的定义。直观地看，任何目标均可用它的形状和尺寸来描述。形状性质可解释为与目标尺寸不相关的目标性质，但实际上形状常很难与尺寸完全分开。因为没有办法用绝对的方法来描述形状，所以人们常用对形状变化比较敏感的形状参数来描述形状。

根据上面所述，本章各节将如下安排。

8.1 节介绍了 5 种常用的描述形状紧凑性的描述符，包括外观比、形状因子、偏心率、球状性和圆形性；还介绍了 4 个基于目标围盒的描述符；最后对 3-D 形状相似性进行了讨论。

8.2 节除对多个描述形状复杂性的简单描述符进行介绍外，还对利用对模糊图的直方图分析来描述形状复杂度的方法和同时反映目标紧凑性和复杂性的饱和度描述进行了讨论。

8.3 节先介绍了对复杂的目标轮廓用多边形来近似逼近的表达方法，然后讨论了基于多边形表达进行形状分析的原理和方法。

8.4 节先介绍了离散曲率的计算方法，然后在此基础上，讨论了基于 2-D 轮廓曲率对平面形状的分析方法，并将其推广到 3-D 曲面曲率以分析 3-D 曲面的形状。

8.5 节在 6.4.4 小节对基本拓扑描述符介绍的基础上，结合对形状结构的描述补充了一些关于拓扑结构的内容。

8.1 形状紧凑性描述符

紧凑性是一个重要的形状性质，它描述了构成目标的点集在空间上分布的紧致性（接近程度）。圆是紧凑性最高的形状。紧凑性与形状的**伸长性**成反比的关系。一个区域的紧凑性既可以直接计算，也可以通过将该区域与典型/理想形状的区域（如圆和矩形）进行比较来间接地描述[Marchand 2000]。

用来描述区域紧凑性的描述符有很多。这些描述符基本上都对应目标的几何参数，所以均与尺度有关（与拓扑结构参数不同）。下面介绍几个常用的形状紧凑性描述符。

1. 外观比

外观比 R 常用来描述塑性形变之后目标的细长程度，它可定义为：

$$R = \frac{L}{W} \tag{8.1.1}$$

式中，L 和 W 分别是目标**围盒**的长和宽，也有人使用目标**外接盒**的长和宽（均参见6.2.3小节）。对方形或圆形目标，R 的值取到最小（为1）；对比较细长的目标，R 的值大于1并随细长程度而增加。

2. 形状因子

形状因子 F 是根据区域边界 B 的周长 $\|B\|$ 和区域的面积 A 计算出来的，定义如下：

$$F = \frac{\|B\|^2}{4\pi A} \tag{8.1.2}$$

由上式可见，一个连续区域为圆形时 F 为1，当区域为其他形状时 F 大于1，即 F 的值当区域为圆时达到最小。已证明[Haralick 1992]，对数字图像来说，如果边界长度是按4-连通计算的，则对正八边形区域 F 取最小值；如果边界长度是按8-连通计算的，则对正菱形区域 F 取最小值。如用链码表达来解释，4-连通链码的长度就是链码段的个数，也就是边界像素的个数，此时正八边形区域给出最小的 F 值。对8-连通链码，边界长度计算中对水平或垂直链码段只考虑个数，而对斜方向的链码段还要乘以 $\sqrt{2}$（参见6.3.1小节），此时正菱形区域给出最小的 F 值。

在计算目标的形状因子时，常使用斜面距离作为距离测度。**斜面距离**是对邻域中欧氏距离的整数近似。从像素 p 到其4-邻域的像素只需考虑水平移动或垂直移动（称为 a-move）。因为所有移动根据对称或旋转都是相等的，对离散距离的唯一可能的定义就是 d_4 距离，其中 $a = 1$。从像素 p 到其8-邻域的像素不仅可有水平移动或垂直移动，还可有对角移动（称为 b-move）。如果同时考虑这两种移动，可定义一种斜面距离。把斜面距离记为 $d_{a,b}$。最自然的 b 值为 $2^{1/2}a$，但为了计算的简单和减少存储量，一般将 a 值和 b 值都取整数。最常用的一组值是 $a = 3$ 和 $b = 4$。这组值可按如下方法获得。考虑像素 p 和 q 之间在水平方向相差的像素个数为 n_x，在垂直方向相差的像素个数为 n_y（不失一般性，设 $n_x > n_y$），则像素 p 和 q 之间的斜面距离为：

$$D(p,q) = (n_x - n_y)a + n_y b \tag{8.1.3}$$

它与欧氏距离之差为：

$$\Delta D(p,q) = \sqrt{n_x^2 + n_y^2} - [(n_x - n_y)a + n_y b] \tag{8.1.4}$$

如果取 $a = 1$，$b = \sqrt{2}$，将 $\Delta D(p, q)$ 对 n_y 求导数，得到：

$$\Delta D'(p,q) = \frac{n_y}{\sqrt{n_x^2 + n_y^2}} - (\sqrt{2} - 1) \tag{8.1.5}$$

令导数为 0，计算$\Delta D(p, q)$的极值可得到：

$$n_y = \sqrt{(\sqrt{2}-1)/2}\, n_x \tag{8.1.6}$$

即两像素距离之差$\Delta D(p, q)$在满足上式时取最大值，即$(\sqrt{2\sqrt{2}-2}-1)\, n_x \approx -0.09 n_x$（此时直线与横轴间夹角约为 24.5°）。进一步可证明当$b = 1/2^{1/2} + (2^{1/2}-1)^{1/2} = 1.351$时，$\Delta D(p, q)$的最大值可达到最小。因为$4/3 \approx 1.33$，所以斜面距离中取$a = 3$和$b = 4$。

例 8.1.1　等距离圆盘

图 8.1.1 给出两个基于斜面距离量度的等距离圆盘示例，其中图 8.1.1（a）表示$\Delta_{3,4}(27)$，图 8.1.1（b）表示$\Delta_{a,b}$。

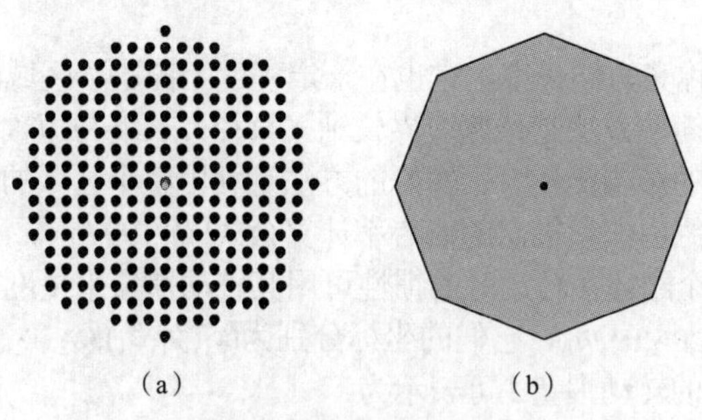

图 8.1.1　斜面圆盘的示例

将它们与例 1.3.3 中基于城区距离量度和棋盘距离量度的等距离轮廓相比较，可见基于斜面距离量度的等距离圆盘更加接近基于欧氏距离量度的等距离圆盘。 ❑

例 8.1.2　形状因子的计算

在计算形状因子时，需要考虑所用距离测度的定义。图 8.1.2 所示为一个圆（实线），它的 8-连通轮廓近似为一个八边形（虚线，过各个像素点）。如果采用斜面距离（$a = 3$和$b = 4$）来计算周长，则还要将得到的周长值除以a，所以形状因子为$(72/3)^2/[4\pi(46)] \approx 0.996$。

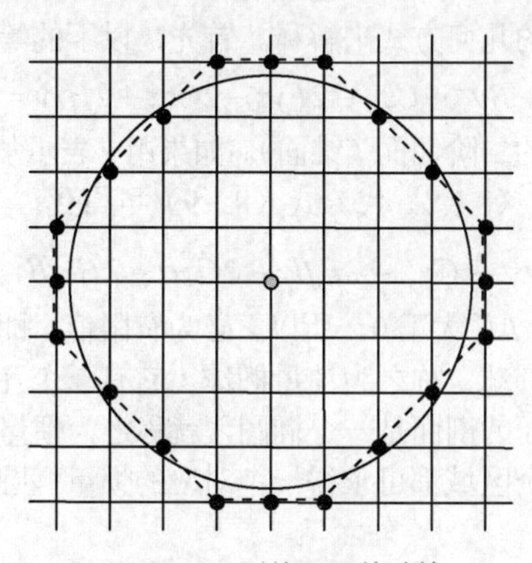

图 8.1.2　形状因子的计算 ❑

形状因子在一定程度上描述了区域的紧凑性。它没有量纲，所以对尺度变化不敏感。由于忽略了离散区域旋转带来的误差，它对旋转也不敏感。需要注意的是，在一些情况下，仅靠形状因子F并不能把不同形状的区域区分开。例如图 8.1.3（a）、图 8.1.3（b）和图 8.1.3（c）中的 3 个区域的周长和面积都相同，因而它们应该具有相同的形状因子值，如图 8.1.3（d）所示，但它们的形状是明显不同的。

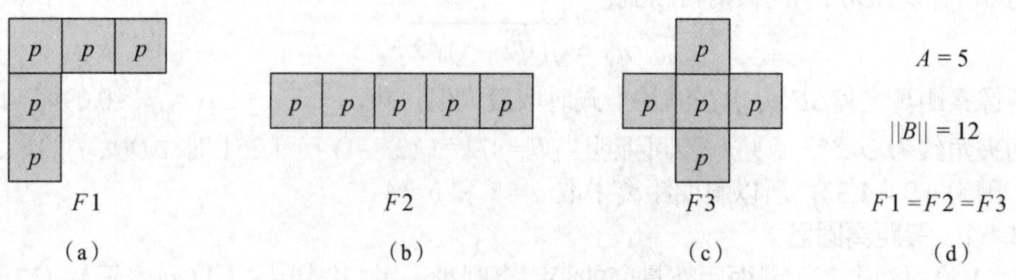

图 8.1.3　形状因子相同但形状不同的例子

3. 偏心率

对**偏心率** E，也有人称其为**伸长度**，它也在一定程度上描述了区域的紧凑性。偏心率 E 有多种计算公式。一种常用的简单方法是计算边界长轴（直径）长度与短轴长度的比值，不过这样的计算所受物体形状和噪声的影响比较大。较好的方法是利用整个区域的所有像素，这样抗噪声等干扰的能力较强。下面介绍由惯量推出的偏心率计算公式[章 1997c]。

刚体动力学指出，一个刚体在转动时的惯性可用其转动惯量来量度。设一个刚体具有 N 个质点，它们的质量分别为 $m_1,m_2,\cdots,m_N$，它们的坐标分别为$(x_1,y_1,z_1),(x_2,y_2,z_2),\cdots,(x_N,y_N,z_N)$，那么这个刚体围绕某一个轴线 L 的转动惯量 I 可表示为：

$$I=\sum_{i=1}^{N} m_i d_i^2 \tag{8.1.7}$$

式中，d_i 表示质点 m_i 与旋转轴线 L 的垂直距离。如果 L 通过坐标系原点，且其方向余弦为α、β、γ，那么可把式（8.1.7）写成如下的形式：

$$I=A\alpha^2+B\beta^2+C\gamma^2-2F\beta\gamma-2G\gamma\alpha-2H\alpha\beta \tag{8.1.8}$$

其中 $A=\sum m_i(y_i^2+z_i^2)$，$B=\sum m_i(z_i^2+x_i^2)$，$C=\sum m_i(x_i^2+y_i^2)$ 分别是刚体绕 X,Y,Z 坐标轴的转动惯量，$F=\sum m_i y_i z_i$，$G=\sum m_i z_i x_i$，$H=\sum m_i x_i y_i$ 称为惯性积。

式（8.1.8）可用一种简单的几何方式来解释。首先，以下的等式：

$$Ax^2+By^2+Cz^2-2Fyz-2Gzx-2Hxy=1 \tag{8.1.9}$$

表示一个中心处在坐标系原点的二阶曲面（锥面）。如果用 r 表示从原点到该曲面的矢量，该矢量的方向余弦为α、β、γ，则将式（8.1.8）代入式（8.1.9）可得到：

$$r^2(A\alpha^2+B\beta^2+C\gamma^2-2F\beta\gamma-2G\gamma\alpha-2H\alpha\beta)=r^2I=1 \tag{8.1.10}$$

由上式中的 $r^2I=1$ 可知，因为 I 总大于 0，所以 r 必为有限值，即曲面是封闭的。考虑到这是一个二阶曲面，所以必是一个椭圆球，称之为惯量椭球。它有 3 个互相垂直的主轴。对匀质的惯量椭球，如果其任意两个主轴共面的剖面是一个椭圆，就称之为**惯量椭圆**。每幅 2-D 图像可看作一个面状刚体，对这个面上的每个区域都可求得一个对应的惯量椭圆，它反映了区域上各点的分布情况。

上述惯量椭圆可由其两个主轴的方向和长度完全确定。惯量椭圆两个主轴的方向可借助线性代数中求特征值的方法求得。设两个主轴的斜率分别是 k 和 l，可得到：

$$k=\frac{1}{2H}\left[(A-B)-\sqrt{(A-B)^2+4H^2}\right] \tag{8.1.11}$$

$$l=\frac{1}{2H}\left[(A-B)+\sqrt{(A-B)^2+4H^2}\right] \tag{8.1.12}$$

进一步可解得惯量椭圆的两个半主轴长（p 和 q）分别为：

$$p=\sqrt{2\Big/\left[(A+B)-\sqrt{(A-B)^2+4H^2}\right]} \tag{8.1.13}$$

$$q=\sqrt{2\Big/\left[(A+B)+\sqrt{(A-B)^2+4H^2}\right]} \tag{8.1.14}$$

区域的偏心率可由 p 和 q 的比值得到。容易看出，这样定义的偏心率不受平移、旋转和尺度变换的影响。它本身是在 3-D 空间中推导出来的，所以也可描述 3-D 图像，而且式（8.1.11）和式（8.1.12）还能给出对区域朝向的描述。

例 8.1.3　等效椭圆匹配

利用对惯量椭圆的计算可进一步构造**等效椭圆**，借助等效椭圆间的匹配可以获得对两幅图像间的几何失真进行校正所需的几何变换[章 1997c]。这种方法的基本过程可参见图 8.1.4。

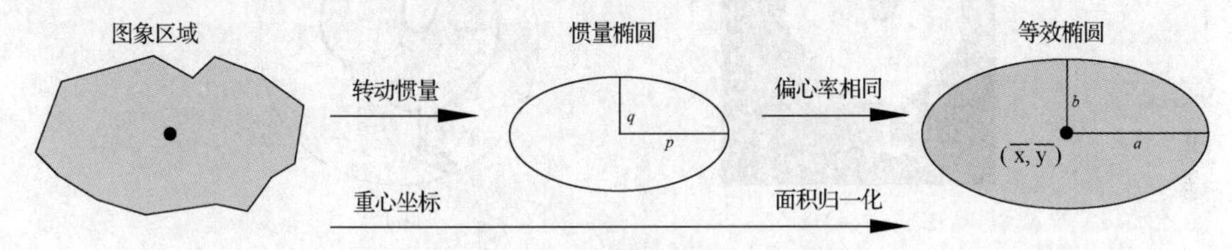

图 8.1.4　利用惯量椭圆构造等效椭圆

首先计算图像区域的转动惯量，得到惯量椭圆的两个半轴长。然后由两个半轴长得到惯量椭圆的偏心率，根据这个偏心率值（取 $p/q=a/b$）并借助图像区域的面积对轴长进行归一化处理，就可得到等效椭圆。在面积归一化中，如设图像区域面积为 M，则取等效椭圆长半轴 a 如下（设在式（8.1.8）中 $A<B$）：

$$a=\sqrt{2\left[(A+B)-\sqrt{(A-B)^2+4H^2}\right]\Big/M} \tag{8.1.15}$$

等效椭圆的中心坐标可借助图像区域的重心确定，等效椭圆的朝向与惯量椭圆的朝向相同。这里，椭圆的朝向可借助朝向角计算，椭圆的朝向角定义为其主轴与 X 轴正向的夹角。等效椭圆的朝向角ϕ可借助惯量椭圆两个主轴的斜率来确定：

$$\phi=\begin{cases}\arctan k & 若\ A<B\\ \arctan l & 若\ A>B\end{cases} \tag{8.1.16}$$

在以上计算的基础上可进行几何校正，先分别将失真图和校正图的等效椭圆求出，再根据两个等效椭圆的中心坐标、朝向角和长半轴的长度，就可以分别获得进行几何校正所需的平移、旋转和尺度伸缩这 3 种基本变换的参数。 ❑

4. 球状性

球状性 S 原本指 3-D 目标的表面积和体积的比值。为描述 2-D 目标，它被定义为：

$$S=\frac{r_\text{i}}{r_\text{c}} \tag{8.1.17}$$

式中，r_c 代表**目标外接圆**的半径；r_i 代表**目标内切圆**的半径。对这两个圆的圆心，可有不同的选取方法。图 8.1.5 所示为一种方法的示意，其中两个圆的圆心都取在目标的重心上。

图 8.1.6 所示为另一种方法的示意，这里没有限定两个圆的圆心重合或都取在目标的重心上。

不管圆心如何选择，球状性的值当目标为圆时都达到最大（$S=1$），而当区域为其他形状时则有 $S<1$。它不受区域平移、旋转和尺度变化的影响。在 3-D 空间中，只要将圆用球代替就可以了。

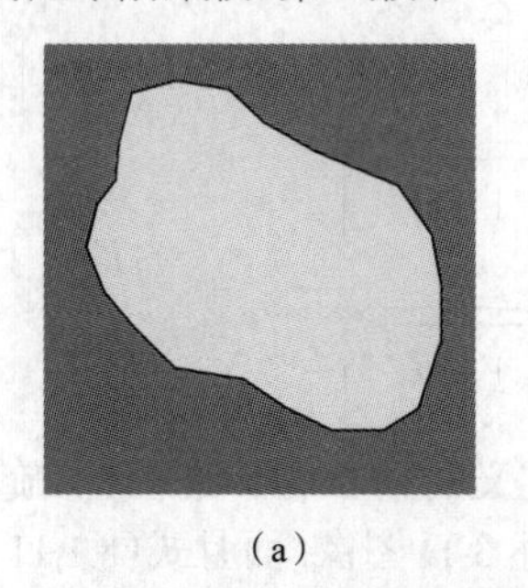

（a）

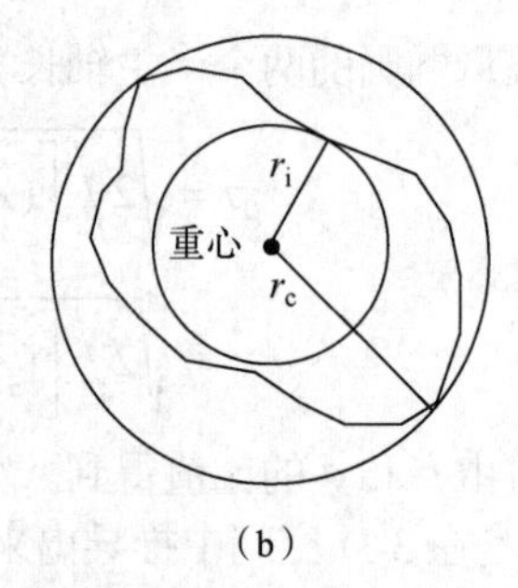

（b）

图 8.1.5　球状性定义示意（内切圆和外接圆的圆心都在目标重心上）

（a）

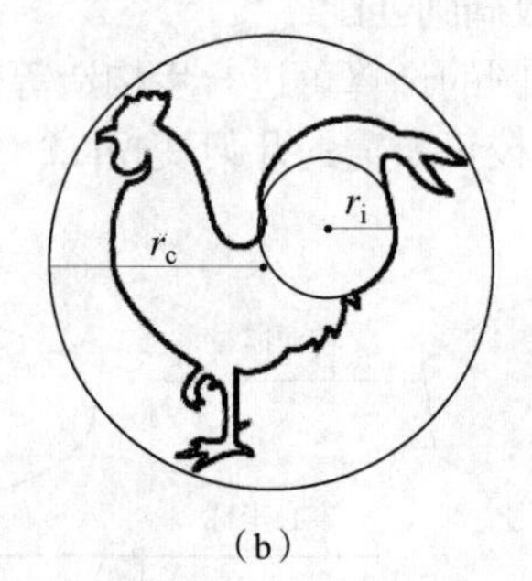

（b）

图 8.1.6　球状性定义示意（内切圆和外接圆的圆心不在一处）

例 8.1.4　几个描述符的比较

下面讨论外观比、形状因子和球状性的形状描述特点和能力，对同一个目标计算这 3 个描述符的示意如图 8.1.7 所示（其中 d_i 代表内切圆的直径，d_c 代表外接圆的直径）。

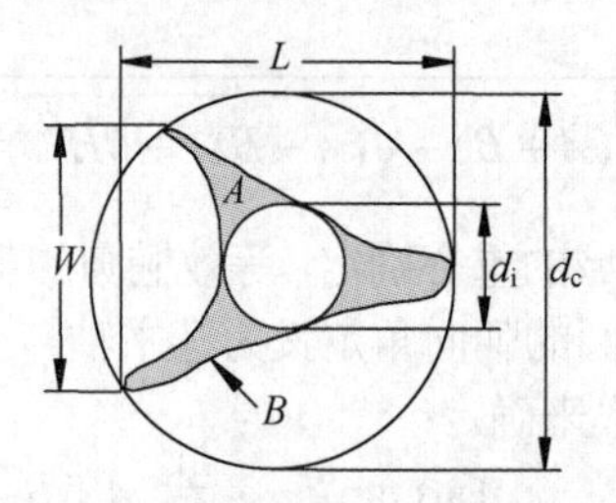

图 8.1.7　几个常用形状参数的示意　❑

外观比是一个比较容易计算的描述符，但它不适合用来描述非规则性。例如有可能不同的目标都有很接近于 1 的伸长度值，但它们可以有很不同的形状。考虑将圆的边线换成很不光滑的波浪线，外观比的值就不会有什么变化。另一个简单的例子是将正方形的 4 个角切去可得到正八边形，它们有相同的外观比值（见下面表 8.1.1）。而如果得到的不是正八边形，只要原正方形的 4 条边均有部分保留，则外观比值也不会变。

相对来说，形状因子对非规则性比较敏感，所以用来描述非规则的圆形目标比较有效。不过它对形状伸长度方面的敏感度不如外观比，如目标由边长为 1 的正方形变为长为 2、宽为 1 的长方形，形状因子数值的变化只有约 10%。

当目标的变化既有伸长度方面的变化也有不规则性方面的变化时，可以使用球状性对目标进行描述。如果目标与理想的圆形目标有相对比较复杂的不同变化时，该参数比较有效，因为它对伸长度和不规则性的变化都比较敏感。　❑

5. 圆形性

圆形性 C 是一个用目标区域 R 的所有边界点定义的特征量：

$$C=\frac{\mu_R}{\sigma_R} \tag{8.1.18}$$

式中，μ_R 为从区域重心到边界点的平均距离；σ_R 为从区域重心到边界点各距离的均方差：

$$\mu_R=\frac{1}{K}\sum_{k=0}^{K-1}\left\|(x_k,y_k)-(\overline{x},\overline{y})\right\| \tag{8.1.19}$$

$$\sigma_R^2=\frac{1}{K}\sum_{k=0}^{K-1}\left[\left\|(x_k,y_k)-(\overline{x},\overline{y})\right\|-\mu_R\right]^2 \tag{8.1.20}$$

具体计算圆形性时，先计算区域的重心，再计算区域重心与各边界点的距离，参见图 8.1.8。

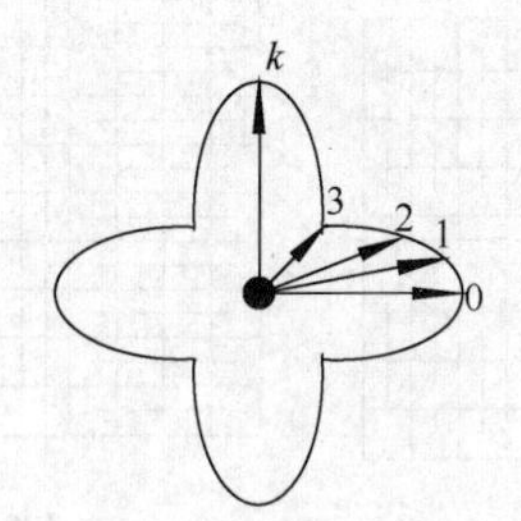

图 8.1.8 圆形性计算示意

当区域 R 趋向圆形时，圆形性 C 的值是单增的且趋向于无穷的，它不受区域平移、旋转和尺度变化的影响，也很容易推广以描述 3-D 目标。

例 8.1.5 一些特殊形状物体的形状描述符的数值

表 8.1.1 列出了对一些简单的特殊形状物体计算出来的区域描述符的数值。可以看出，不同的区域描述符对不同的物体的描述各有特点，具体计算可参见文献[章 2002b]。

表 8.1.1 一些特殊形状物体的区域描述符数值

物体	*R*	*F*	*E*	*S*	*C*
边长为 1 的正方形	1	4/π (≈ 1.273)	1	$\sqrt{2}/2$ (≈ 0.707)	9.102
边长为 1 的正六边形	1.1547	1.103	1.010	0.866	22.613
边长为 1 的正八边形	1	1.055	1	0.924	41.616
长为 2、宽为 1 的长方形	2	1.432	2	0.447	3.965
长轴长为 2、短轴长为 1 的椭圆	2	1.190	2	0.500	4.412

□

例 8.1.6 描述符的数字化计算

前面在对各种描述符的讨论中基本上是按连续空间考虑的，实际上在离散空间中对采样后得到的像素网格也可进行（用像素中心代表像素）计算。图 8.1.9 所示为对一个离散的正方形计算描述符时的示例情况，其中图 8.1.9（a）和图 8.1.9（b）分别对应计算形状因子中的 B 和 A（周长用到正方形轮廓上一圈的像素，而面积用到正方形的所有像素）；图 8.1.9（c）和图 8.1.9（d）分别对应计算球状性中的 r_i 和 r_c（内切圆在正方形内部，而外接圆的圆周与正方形 4 个顶点重合）；图 8.1.9（e）对应计算圆形性中的 μ_R（用到正方形轮廓上一圈的像素与中心的距离）；图 8.1.9（f）、图 8.1.9（g）和图 8.1.9（h）分别对应计算偏心率中的 A、B 和 H（A 用各像素绕水平轴旋转来计算，B 用各像素绕垂直轴旋转来计算，H 用各像素绕水平轴和垂直轴旋转来计算）。

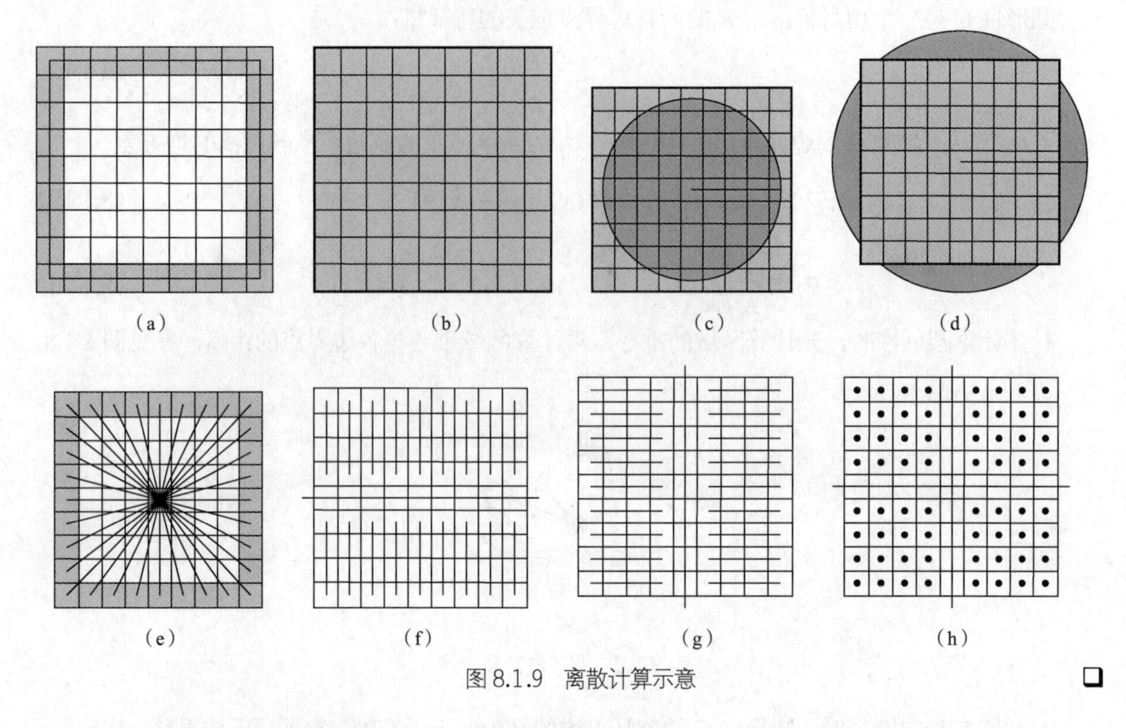

图 8.1.9 离散计算示意 ❑

6. 基于目标围盒的描述符

基于 6.2.3 小节定义的目标**围盒**，除了前面定义的外观比，还可得到一些其他的紧凑性描述符。对一个目标区域，令 A 为其面积，P 为其围盒的周长，则可以定义**紧凑度**描述符为：

$$C_P = \frac{\sqrt{4A/\pi}}{P} \tag{8.1.21}$$

对圆目标，紧凑度的值是圆的直径与正方形的围盒的周长的比值，即 1/4，这也是紧凑度的最大值。紧凑度的平方常称为**圆度**：

$$R_P = \frac{4A}{\pi P^2} \tag{8.1.22}$$

还有一个与圆度只差个常数系数的形状描述符，称为**扩展度**：

$$E_P = \frac{A}{P^2} \tag{8.1.23}$$

最后，如果一个目标区域的围盒面积为 B，则可以定义**矩形度**描述符为：

$$R_B = \frac{A}{B} \tag{8.1.24}$$

7. 3-D 形状相似性

通过比较需研究目标与某些标准目标或已知目标（如方形与圆形，或立方体与球体）的相似程度，也可以描述目标的形状，或者说得到相对形状测度（可参见文献[Lohmann 1998]）。以 3-D 目标为例，这些测度确定的是需研究目标与方体和球体的接近程度。

先以方体为例，基本思路是：如果目标是个标准的方体，那么它的最小包围正方形就是它的围盒，且应该与目标有相同的体积。为计算这个测度，首先需要确定围盒的体积，即：

$$V_{\text{box}}=(b_{\max}-b_{\min})\times(r_{\max}-r_{\min})\times(c_{\max}-c_{\min}) \tag{8.1.25}$$

式中，b、r 和 c 分别表示层（band）、行（row）和列（column）坐标。

这样，相似测度可定义为目标体积与其围盒体积的比：

$$S_{\text{box}}=\frac{V_{\text{object}}}{V_{\text{box}}} \tag{8.1.26}$$

类似地，也可以定义与球体相关的相似测度。首先，计算从边界体素到目标重心的距离，其中最大的距离为最小包围球体的半径 r。因为球体的体积为 $V_{\text{sphere}}=4\pi r^3/3$，所以：

$$S_{\text{sphere}}=\frac{V_{\text{object}}}{V_{\text{sphere}}}=\frac{3V_{\text{object}}}{4\pi r^3} \tag{8.1.27}$$

以 3-D 球状性（目标表面积与体积的比）为例，球体有最大的球状性。对任何形状的目标，可通过将它与球体的球状性相比来测量它的（相对）球状性。如果一个球体的表面积是 s，体积是 v，则下式成立：

$$v=\sqrt{s^3/\pi} \tag{8.1.28}$$

这样，需研究目标的球状性可定义为：

$$C=\frac{V_{\text{object}}}{\sqrt{\pi}\,V_{\text{surface}}^{3/2}} \tag{8.1.29}$$

8.2 形状复杂性描述符

目标的**复杂性**/**复杂度**也是一个重要的形状性质。在很多实际应用中，需要根据目标的复杂程度对目标进行分类。如在对神经元的形态分类中，其枝状树的复杂程度常起重要作用。目标形状的复杂性有时也很难直接定义，所以需把它与目标的其他性质（特别是几何性质）相联系。例如有一个常用的概念是**空间覆盖度**，它与**空间填充能力**密切相关。空间填充能力表示生物体填满周围空间的能力，它定义了目标与周围背景的交面。如果一个细菌的形状越复杂，即空间覆盖度越高，那么它就更容易发现食物。又如一棵树的树根所能吸取的水分也是与它对周围土地的空间覆盖度成比例的。

1. 形状复杂性的简单描述符

需要指出，尽管形状复杂性的概念得到了广泛的应用，但还没有对它的精确定义。人们常用各种对目标形状的测度来描述复杂性的概念，下面给出一些例子（其中 A 和 B 分别代表目标面积和周长）（可参见文献[Costa 2001]）。

（1）细度比例：**细度比例**是形状因子的倒数，即 $4\pi(A/B^2)$。

（2）面积周长比：A/B。

（3）$(B-\sqrt{B^2-4\pi A})/(B+\sqrt{B^2-4\pi A})$：与细度比例有关。

（4）矩形度：**矩形度**定义为 A/A_{MER}，其中 A_{MER} 代表围盒面积。矩形度反映的是目标的凸凹程度。

（5）与边界的平均距离：目标中各点**与边界的平均距离**定义为 A/μ_R^2，参见式（8.1.15）。

（6）轮廓温度：**轮廓温度**是根据热力学原理得来的描述符，定义为 $T=\log_2[(2B)/(B-H)]$，其中 H 为目标凸包的周长。

还有一个类似矩形度的描述符是**凸度**（可参见文献[Marchand 2000]），可借助目标面积和目标凸包的面积比来定义。当目标是凸体时，目标面积和目标凸包的面积相等，凸度的值为 1。

2. 利用对模糊图的直方图分析来描述形状复杂度

由于直方图没有利用像素的空间分布信息，所以一般的直方图测度并不能用作形状特征。例如图 8.2.1（a）和图 8.2.1（b）所示为两个不同形状的目标，这两个目标的尺寸一样，所以这两个图有相同的直方图，分别如图 8.2.1（c）和图 8.2.1（d）所示。

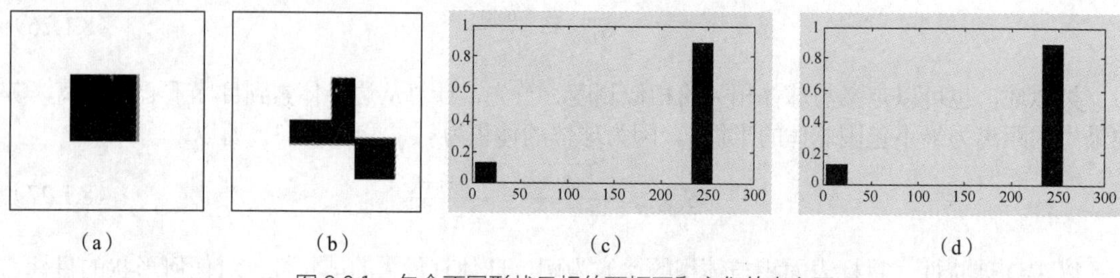

图 8.2.1　包含不同形状目标的两幅图和它们的直方图

现在用邻域平均方法对图 8.2.1（a）和图 8.2.1（b）所示的两图进行平滑，得到的结果分别如图 8.2.2（a）和图 8.2.2（b）所示。由于原来两图中的目标形状不同，对平滑后图像所做的直方图就不再一样了，分别如图 8.2.2（c）和图 8.2.2（d）所示。此时，两个平滑后图像的直方图的不同正反映了原始图像在形状方面的差距。进一步，还可从这样的直方图中提取信息来定义相应的形状特征以区分两个原始目标。

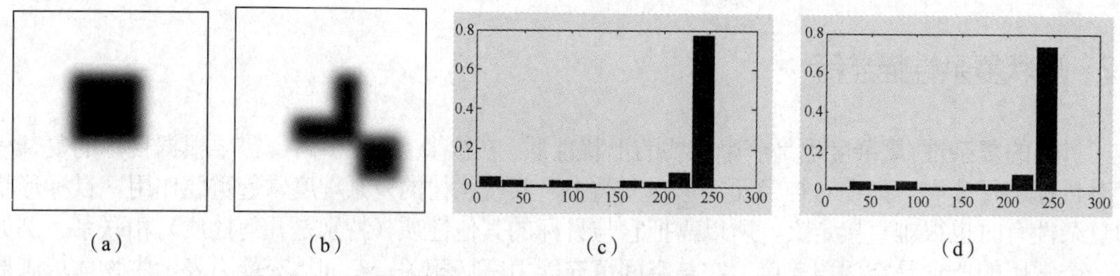

图 8.2.2　平滑后的包含不同形状目标的两幅图和它们的直方图

将该方法推广，可以定义多尺度的形状特征[Costa 2001]。具体可将原始图像与一组多尺度的高斯核进行卷积，高斯核可表示为 $g(x, y, s) = \exp[-(x^2 + y^2) / (2s^2)]$。令 $f(x, y, s) = f(x, y) * g(x, y, s)$ 代表多尺度（模糊的）图像（$*$表示卷积），这些图像随尺度系数 s 的不同而不同。在此基础上可得到基于多尺度直方图的复杂度特征如下。

（1）多尺度熵：**多尺度熵**定义为 $E(s) = \sum_i p_i(s) \ln p_i(s)$，其中 $p_i(s)$是模糊图像 $f(x, y, s)$中第 i 个灰度级的对应尺度 s 的相对频率。

（2）多尺度标准方差：**多尺度标准方差**定义为对应尺度 s 的模糊图像 $f(x, y, s)$的方差的平方根。

3. 饱和度

目标的紧凑性和复杂性之间常有一定的关系，分布比较紧凑的目标常有比较简单的形状。例如**饱和度**在一定意义下既反映了目标的紧凑性（紧致性），也反映了目标的复杂性，它考虑的是目标在其围盒中的充满程度。具体可用属于目标的像素个数与整个围盒所包含的像素个数之比来计算。

例 8.2.1　饱和度示例

参见图 8.2.3，其中分别给出了两个目标以及它们的围盒。两个目标的外轮廓相同，但图 8.2.3（b）所示的目标中间有个空洞。图 8.2.3（a）所示目标的饱和度为：81/140 = 57.8%，图 8.2.3（b）所示目标的饱和度为：63/140 = 45%。比较两图的饱和度可知图 8.2.3（a）中目标的像素比图 8.2.3

(b) 中目标的像素分布更为紧凑集中，或者说分布的密度更大。如果对比这两个目标，图 8.2.3 (b) 所示的目标给人形状更为复杂的感觉。

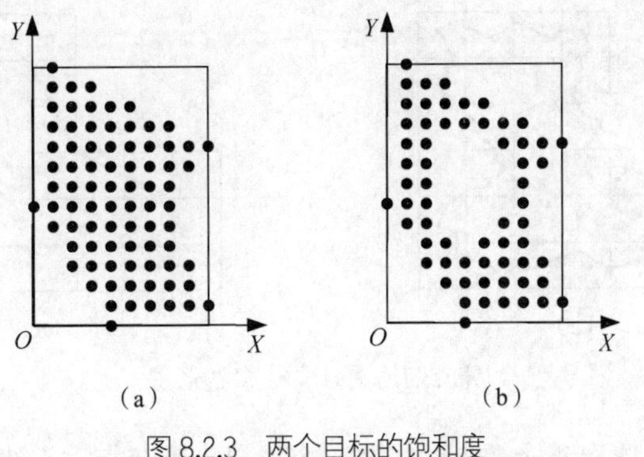

图 8.2.3　两个目标的饱和度 □

以上对饱和度的统计类似于对直方图的统计，没有反映空间分布信息，所以并没有提供一般意义上的形状信息。为此，可考虑计算目标的投影直方图（参见 3.6 节介绍的位置直方图）。这里 *X*-坐标直方图通过按列统计目标像素的个数而得到，而 *Y*-坐标直方图通过按行统计目标像素的个数而得到。对图 8.2.3（a）和图 8.2.3（b）所示的目标统计得到的 *X*-坐标直方图和 *Y*-坐标直方图分别如图 8.2.4（a）和图 8.2.4（b）所示。其中图 8.2.4（b）所示的 *X*-坐标直方图和 *Y*-坐标直方图均非单调的直方图，中部均有明显的谷，这是由图 8.2.3（b）所示的目标中的孔洞所造成的。这两个直方图均反映了一定的空间分布信息。

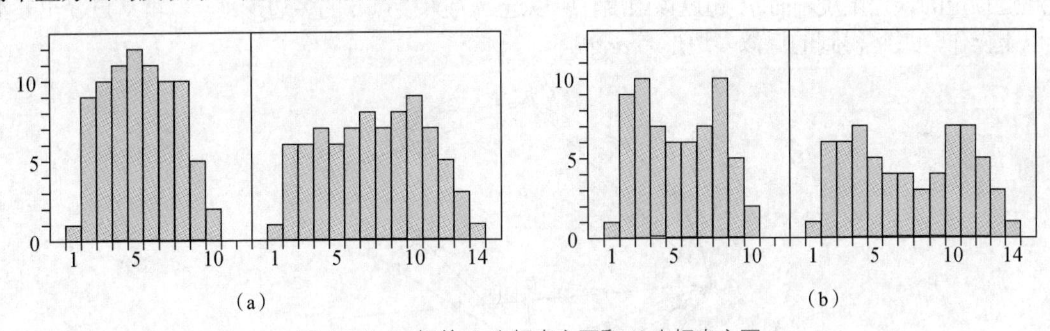

图 8.2.4　目标的 *X*-坐标直方图和 *Y*-坐标直方图

8.3　基于多边形的形状分析

对复杂的目标边界常可用多边形来近似逼近，这就构成**多边形表达**。多边形表达有较好的抗干扰性能，并可以节省数据量。它借助一系列线段的封闭集合，理论上可以逼近大多数实用的曲线到任意的精度。

8.3.1　多边形计算

实际应用中要获得目标轮廓的（近似）多边形表达常用 3 种方法。

（1）基于收缩的**最小周长多边形**法。

（2）基于聚合（merge）的最小均方误差线段逼近法。

（3）基于分裂（split）的最小均方误差线段逼近法。

第1种方法将原边界看成是有弹性的线，将组成边界的像素序列的内外边各看成一堵墙，如图8.3.1（a）所示。如果将线拉紧则可得到如图8.3.1（b）所示的最小周长多边形。

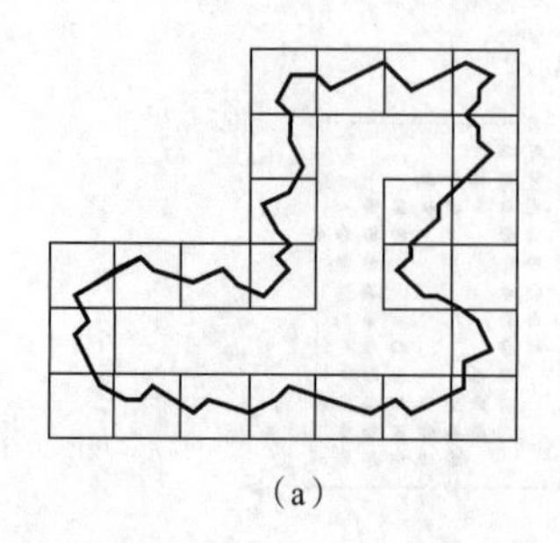
（a）

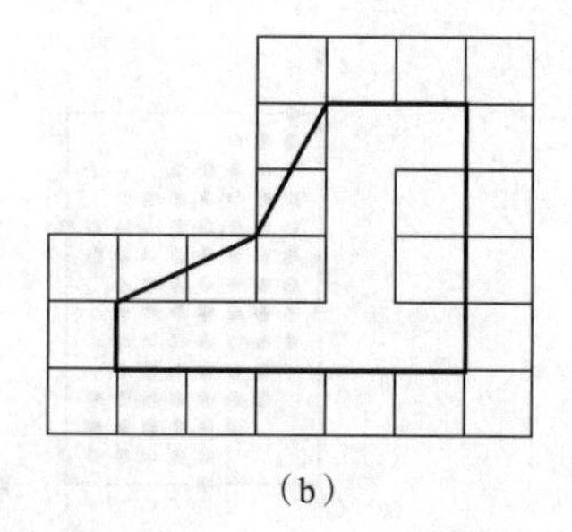
（b）

图8.3.1 最小周长多边形法

第2种方法是沿边界依次连接像素。先选一个边界点为起点，用线段依次连接该点与相邻的边界点。分别计算各线段与边界的（逼近）拟合误差，把误差超过某个限度前的线段确定为多边形的一条边并将误差置0。然后以线段的另一端点为起点继续连接边界点，直至环绕边界一周，这样就得到一个边界的近似多边形。

例8.3.1 聚合多边形

图8.3.2所示为一个**基于聚合的多边形逼近**的示例。原边界是由点 *a*、*b*、*c*、*d*、*e*、*f*、*g*、*h* 等表示的多边形。现在先从点 *a* 出发，依次作线段 *ab*、*ac*、*ad*、*ae* 等。对从 *ac* 开始的每条线段计算前一个边界点与线段的距离作为拟合误差（对线段 *ac*，前一个边界点是 *b*）。图中设 *bi* 和 *cj* 没超过预定的误差限度，而 *dk* 超过该限度，所以选 *d* 为紧接点 *a* 的多边形顶点。再从点 *d* 出发继续以上操作，最终得到的近似多边形为 *adgh*。

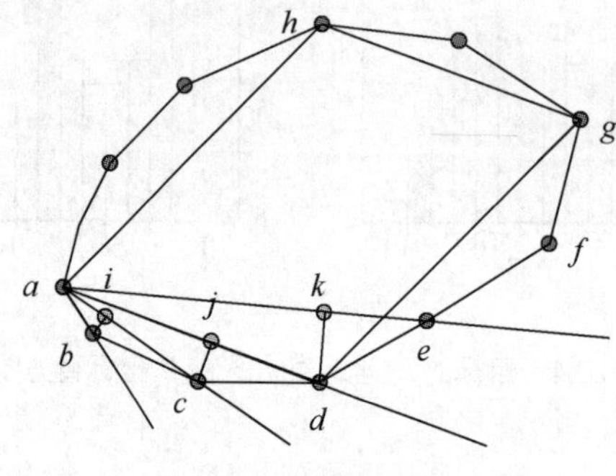

图8.3.2 聚合逼近多边形 □

第3种方法利用**基于分裂的多边形逼近**手段，先连接边界上相距最远的两个像素（即把边界分成两部分），然后根据一定准则进一步分解边界，构成逼近边界的多边形，直到多边形对边界的拟合误差满足一定限度。

例8.3.2 分裂多边形

图8.3.3所示为一个以边界点与现有多边形的最大距离为准则分裂边界的例子。与图8.3.2相同，原边界是由点 *a*、*b*、*c*、*d*、*e*、*f*、*g*、*h* 等表示的多边形。第一步先作线段 *ag*，计算 *di* 和 *hj* 的距离长度（点 *d* 和点 *h* 分别在线段 *ag* 两边且距线段 *ag* 最远）。图中假设各个距离均超过了（预先确定的）限度，所以分解边界为4段：*ad*、*dg*、*gh*、*ha*。进一步计算 *b*、*c*、*e*、*f* 等各个边界点与各条相应线段的距离，图中设均未超过限度（例如 *fk*），则多边形 *adgh* 为所求的多边形。

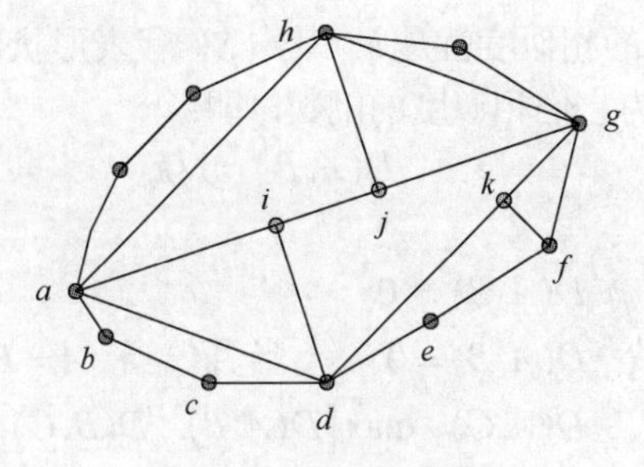

图 8.3.3 分裂逼近多边形 ❑

上述第 2 种方法和第 3 种方法也可理解成通过让两点之间的线段与任一边界点的距离小于预先设定的阈值而选取一定数量的边界点来得到原始边界的一个近似。这种方法能在一定程度上平滑边界，达到消除边界噪声的效果。

例 8.3.3 多边形边界表达示例

图 8.3.4 所示为几个用不同方法表达多边形边界的例子。图 8.3.4（a）所示为一幅分割后图像中的不规则形状目标；图 8.3.4（b）为对边界亚抽样后用链码表达的结果，它用了 112 比特；图 8.3.4（c）为用前面介绍的第 2 种多边形表达计算方法得到的结果，它用了 272 比特；图 8.3.4（d）为用前面介绍的第 3 种多边形表达计算方法得到的结果，它用了 224 比特。

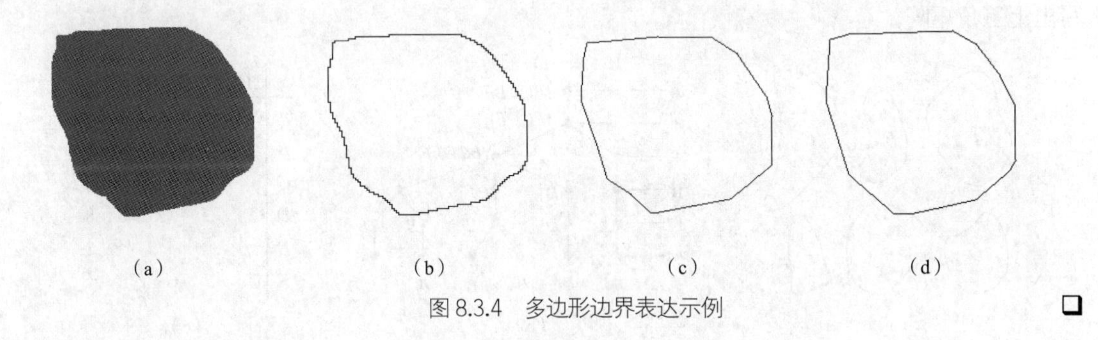

图 8.3.4 多边形边界表达示例 ❑

8.3.2 多边形描述

基于对轮廓的多边形表达，可以通过对代表目标的多边形的描述来对目标形状进行描述。

1. 直接特征

下面几个与形状相关的特征可直接从多边形表达的轮廓得出以描述其特性。

（1）角点或顶点的个数。

（2）角度和边的统计量，如均值、中值、方差、矩等。

（3）最长边和最短边的长度，它们的长度比和它们之间的角度。

（4）最大内角与所有内角和的比值。

（5）各个内角的绝对差的均值。

2. 比较边界形状数

边界形状数是一种基于多边形逼近而得到的形状特征（参见 6.3.2 小节）。由于给定一个区域边界，与它对应的各个阶的形状数是唯一的，所以可采用下面的方法来对目标轮廓的形状进行比较。

先定义两个目标轮廓 A 和 B 之间的相似度 k 是它们之间的最大公共形状数。例如设 A 和 B 都是封闭的，并都用 4-方向链码表示，那么，如果 $S_4(A) = S_4(B)$，$S_6(A) = S_6(B)$，…，$S_k(A) = S_k(B)$，

$S_{k+2}(A) \neq S_{k+2}(B)$，…，则 A 和 B 的相似度就是 k，其中 $S(\cdot)$代表形状数（函数），下标表示阶数。两个形状间的（相似）距离定义为它们相似度的倒数，即：

$$D(A,B) = 1/k \tag{8.3.1}$$

这个距离量度满足以下条件：

$$\begin{aligned} &D(A,B) \geqslant 0 \\ &D(A,B) = 0 \qquad \text{当且仅当} \quad A = B \\ &D(A,C) \leqslant \max\left[D(A,B),\ D(B,C)\right] \end{aligned} \tag{8.3.2}$$

其实，k 和 D 都可用来描述两个轮廓形状之间的相似程度，如果用 k，那么 k 越大，则两轮廓越相似；如果用 D，那么 D 越小，则两轮廓越相似。注意，对同一个轮廓，它的自身相似度为无穷。

例 8.3.4 边界形状数比较示例

图 8.3.5（a）所示为 6 个不同的轮廓形状。现设给定了形状 F，需要在其余 5 个形状 A、B、C、D、E 中找出与它最接近的一个。图 8.3.5（b）所示的相似树可帮助了解比较和搜索的过程。树的根对应最小可能的相似度，本例中为 4。也就是说，当形状数为 4 阶时，6 个形状是一致的。除了形状 A，其他形状在阶为 8 时其形状数仍相同，或者说 A 与其他形状的相似度为 6。沿着树结构继续向下，直到把各个形状全部分开，可发现 C 和 F 具有比任意其他两个形状间的相似度更高的相似度。图 8.3.5（c）所示为将以上信息汇总的相似矩阵。相似是个对称的概念，所以只需写出上三角矩阵。

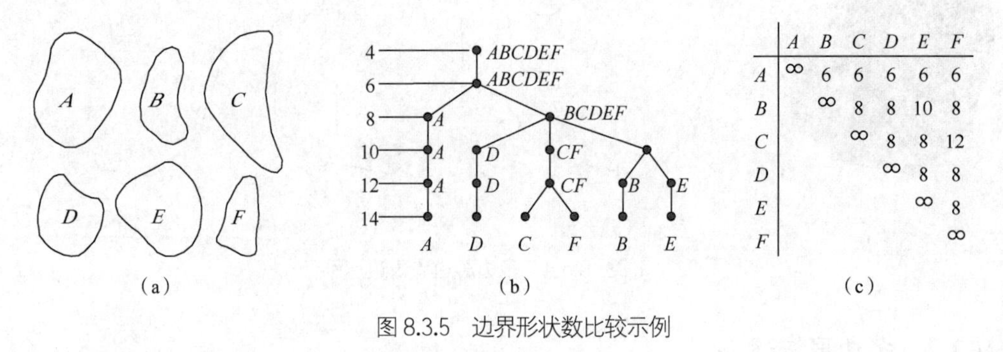

图 8.3.5 边界形状数比较示例 □

3. 借助区域标记

6.1.3 小节介绍的边界标记是一种边界表达方法。对多边形表达的边界，其边界标记常比较简单。**区域标记**的基本思想与边界标记类似，也是沿不同方向进行投影，把 2-D 问题转换为 1-D 问题。它们的区别只是基于区域的标记涉及区域中所有像素，即要使用整个区域所有像素的形状信息。在计算机断层重建（CT）应用中所使用的技术就是典型的例子。

例 8.3.5 区域标记示例

图 8.3.6 所示为一个简单的区域标记示例。有两个用 7×5 的点阵表达的（大写）字母“S”和“Z”(它们也可看作更复杂的目标用多边形逼近后得到的结果)。这里令投影为沿与某个参考方向垂直的方向上将该直线所有像素的数值累加(也可参见 3.6 节的位置直方图技术)。如果仅用垂直投影，对这两个字母标记得到的结果相同(参见两字母的下方)。但如果对这两个字母进行水平投影，标记得到的结果就不相同(分别参见两字母的左右)。基于这两个不同的水平投影（水平方向上的标记），可构造描述符将这两个字母分开。

以上的示例在获取区域标记时仅使用了两个与坐标轴平行方向的投影，所以得到的结果与 3.6 节介绍的位置直方图以及 8.2 节介绍的投影直方图一样。但区域标记是一种更为通用的方法，为获得区域标记也可使用多个方向的投影或与坐标轴不平行的投影。

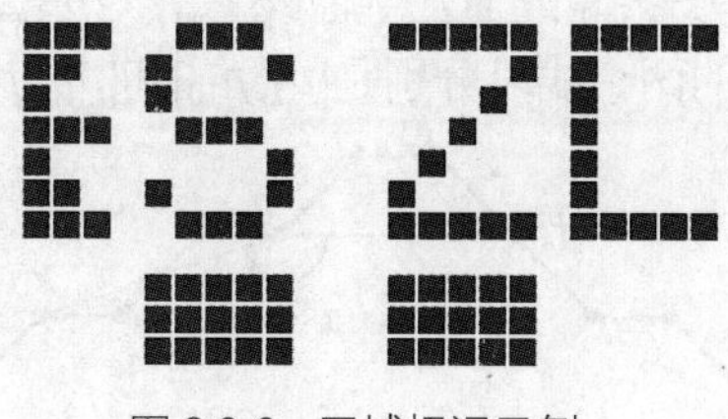

图 8.3.6 区域标记示例 □

8.4 基于曲率的形状分析

曲率是斜率的变化率，本身是一个数学概念，这里看作从目标轮廓中提取出来的一个特征，它描述轮廓上的各点沿轮廓遍历时方向变化的情况。在一个轮廓点处曲率的符号描述了目标轮廓在该点的凸凹情况。如果曲率大于 0，则曲线凹向朝着该点法线的正方向。如果曲率小于 0，则曲线凹向朝着该点法线的负方向。当沿顺时针方向跟踪轮廓时，如果一个点的曲率大于 0，则该点属于凸段的一部分，否则为凹段的一部分。

下面先讨论 2-D 轮廓的曲率，再进一步讨论 3-D 曲面的曲率。

8.4.1 轮廓曲率

轮廓曲率指图像中 2-D 目标轮廓上各点的曲率，反映了轮廓在对应点处的局部特性。

1. 曲率与几何特征

目标轮廓上的曲率有比较明显的生物学意义，人类视觉系统常将曲率作为观察场景中内容的重要线索。借助曲率可以刻画许多几何特性，表 8.4.1 列出了一些示例。

表 8.4.1 一些可用曲率刻画的几何特征

曲率	几何特征
连续零曲率	线段
连续非零曲率	圆弧段
局部最大曲率绝对值	（一般）角点
局部最大曲率正值	凸角点
局部最大曲率负值	凹角点
曲率过零点	拐点
大曲率平均绝对值或平方值	形状复杂性，与弯曲能有关

2. 离散曲率

在离散空间，曲率常指离散目标中沿离散点序列的方向变化。所以，需要先定义离散点序列的顺序，再确定离散曲率。

下面给出一个正式的**离散曲率**定义[Marchand 2000]。给定一个离散点集合 $P = \{p_i\}_{i=0,\cdots,n}$，它定义了一条数字曲线，在点 $p_i \in P$ 处的 k-阶曲率$\rho_k(p_i) = |1 - \cos\theta_k^i|$，其中$\theta_k^i = \text{angle}(p_{i-k}, p_i, p_{i+k})$是两个线段$[p_{i-k}, p_i]$和$[p_i, p_{i+k}]$之间的夹角，而 $k \in \{i, \cdots, n-i\}$。

这里，引入阶数 k 是为了减少曲率受边界方向局部变化的影响。比较高阶的离散曲率对由离散点序列所确定的整体曲率的逼近比较准确。

例 8.4.1　不同阶的离散曲率

参见图 8.4.1，其中给出的是一条 8-连通数字曲线 $P_{pq} = \{p_i\}_{i=0,\cdots,17}$，在点 p_{10} 处标识出了对 3-阶离散曲率 $\rho_3(p_{10})$ 的计算，所用的两个线段分别是 $[p_7, p_{10}]$ 和 $[p_{10}, p_{13}]$。

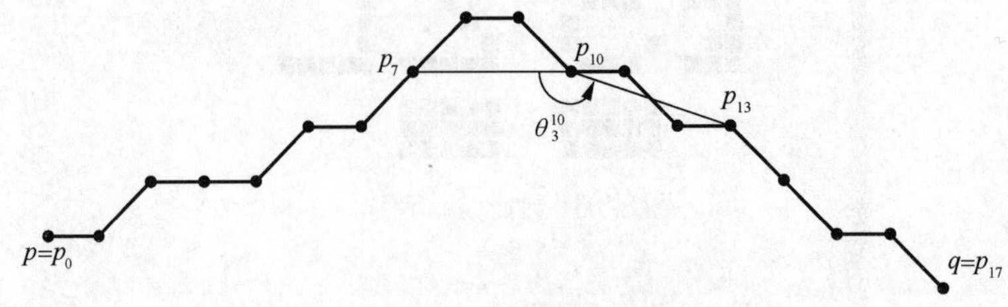

图 8.4.1　离散曲率的计算

图 8.4.2 所示为对图 8.4.1 的曲线计算不同阶（$k = 1, \cdots, 6$）曲率得到的结果。很明显，1-阶曲率只考虑了很局部的变化，所以不是对离散曲率的准确表达。随着阶的增加，所计算出的曲率逐渐反映了整个曲线的整体行为。各图中的峰（在点 p8 或 p9 处）对应曲线全局方向发生大变化的地方。

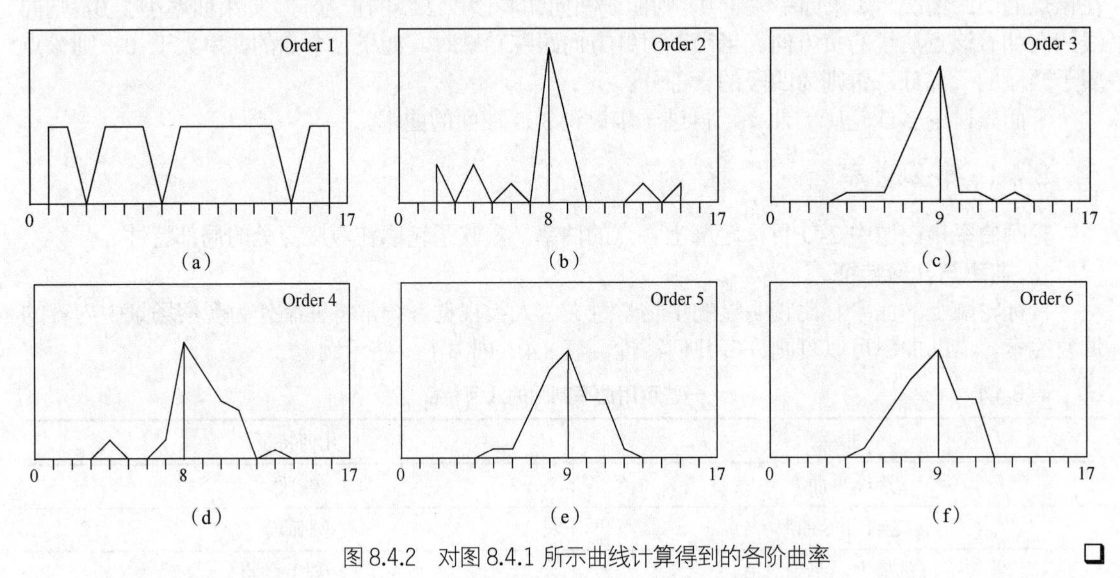

图 8.4.2　对图 8.4.1 所示曲线计算得到的各阶曲率　□

3. 离散曲率的计算

对一个参数曲线 $c(t) = [x(t), y(t)]$，它的曲率函数 $k(t)$ 是：

$$k(t) = \frac{x'(t)y''(t) - x''(t)y'(t)}{\left[x'(t)^2 + y'(t)^2\right]^{3/2}} \tag{8.4.1}$$

对高阶导数的计算在离散空间可采用不同的方法[Costa 2001]。

（1）先对 $x(t)$ 和 $y(t)$ 进行插值再求导数。设需要计算点 $c(n_0)$ 处的曲率，先将 $c(n_0)$ 周围的点进行插值，可参见图 8.4.3。

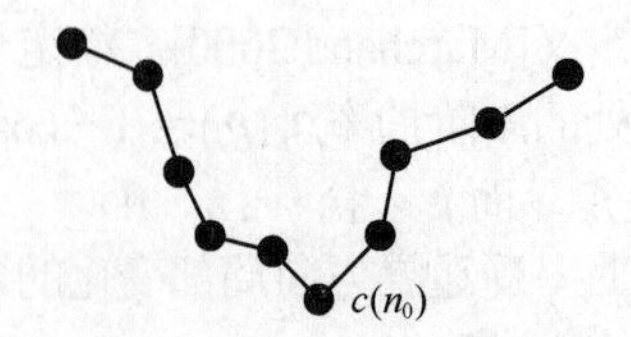

图 8.4.3　基于插值的曲率计算

可用不同的方法对轮廓进行插值以解析地计算曲率。最简单的方法是用有限差分来计算：

$$\begin{aligned} x'(n) &= x(n) - x(n-1) \\ y'(n) &= y(n) - y(n-1) \\ x''(n) &= x'(n) - x'(n-1) \\ y''(n) &= y'(n) - y'(n-1) \end{aligned} \tag{8.4.2}$$

将上面的结果代入式（8.4.1）就可算得曲率。这种方法实现简单，但对噪声很敏感。

另一种较好的方法是用 B 样条来逼近轮廓。设需要用三阶多项式来逼近 $t \in [0, 1]$间的轮廓。在点 A（$t=0$）和点 B（$t=1$）间的轮廓可用下列多项式来逼近：

$$\begin{aligned} x(t) &= a_1 t^3 + b_1 t^2 + c_1 t + d_1 \\ y(t) &= a_2 t^3 + b_2 t^2 + c_2 t + d_2 \end{aligned} \tag{8.4.3}$$

式中，各 a、b、c 和 d 都是多项式的系数。将上述参数曲线的导数代入式（8.4.1）可得到：

$$k = 2\frac{c_1 b_2 - c_2 b_1}{\left(c_1^2 + c_2^2\right)^{3/2}} \tag{8.4.4}$$

式中，系数 b_1、b_2、c_1 和 c_2 可如下计算：

$$\begin{aligned} b_1 &= \frac{1}{12}\left[(x_{n-2} + x_{n+2}) + 2(x_{n-1} + x_{n+1}) - 6x_n\right] \\ b_2 &= \frac{1}{12}\left[(y_{n-2} + y_{n+2}) + 2(y_{n-1} + y_{n+1}) - 6y_n\right] \\ c_1 &= \frac{1}{12}\left[(x_{n+2} - x_{n-2}) + 4(x_{n-1} + x_{n+1})\right] \\ c_2 &= \frac{1}{12}\left[(y_{n+2} - y_{n-2}) + 4(y_{n-1} + y_{n+1})\right] \end{aligned} \tag{8.4.5}$$

（2）根据矢量间的夹角来定义等价的曲率测度。设需要计算在点 $c(n_0)$处的曲率。令 $c(n) = [x(n), y(n)]$是一条数字曲线，则先定义以下的两个矢量：

$$\begin{aligned} \boldsymbol{u}_i(n) &= [x(n) - x(n-i) \quad y(n) - y(n-i)] \\ \boldsymbol{v}_i(n) &= [x(n) - x(n+i) \quad y(n) - y(n+i)] \end{aligned} \tag{8.4.6}$$

这两个矢量分别是用点 $c(n_0)$和在其前面第 i 个邻点之间以及在其后面第 i 个邻点之间的各个点来确定的，参见图 8.4.4。一般在离散图像中的轮廓上计算某点的曲率常因轮廓的粗糙不平而变得不可靠，而采用这种拟合方法比较方便可靠。

另外，用这种方法计算大曲率点的曲率比较合适，在大曲率点的曲率满足以下条件：

$$r_i(n) = \frac{\boldsymbol{u}_i(n)\boldsymbol{v}_i(n)}{\|\boldsymbol{u}_i(n)\|\|\boldsymbol{v}_i(n)\|} \tag{8.4.7}$$

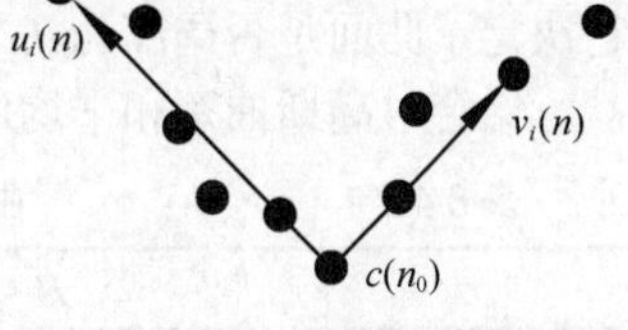

图 8.4.4　基于角度的曲率计算

式中，$r_i(n)$是两个矢量 $\boldsymbol{u}_i(n)$和 $\boldsymbol{v}_i(n)$间夹角的余弦。这样，$-1 \leqslant r_i(n) \leqslant 1$，其中 $r_i(n) = -1$ 对应直线，而 $r_i(n) = 1$ 对应两矢量重合。

4. 基于曲率的描述符

曲率本身就可用作描述符，在轮廓上一点的曲率符号就描述了该点轮廓的凸凹程度，但这样逐点计算曲率得到的数据量常太大且有冗余。在各点曲率计算出来后，可进一步计算以下的曲率测度。

（1）曲率的统计值。曲率的直方图可提供一些有用的全局测度，如平均曲率、中值、方差、熵、矩等。

（2）曲率的最大点、最小点、拐点。轮廓上所有的点并不是都一样重要，曲率达到正最大、负最小的点或拐点所携带的信息更多。这些点的数量，它们在轮廓中的位置，正最大、负最小点的曲率数值都可用作形状测度。

（3）弯曲能。曲线的**弯曲能**（BE）是将给定曲线弯曲成所需形状而需要的能量。它可由沿曲线将各个点曲率的平方加起来得到。设曲线长度为 L，在其上一点 k 的曲率为 $k(t)$，则弯曲能BE为：

$$\mathrm{BE}=\sum_{t=1}^{L}k^2(t) \tag{8.4.8}$$

整个轮廓曲线弯曲能的平均值也称轮廓能量。

（4）对称测度。对曲线线段，其**对称测度** S 定义为：

$$S=\int_0^L\left(\int_0^t k(l)\mathrm{d}l-\frac{A}{2}\right)\mathrm{d}t \tag{8.4.9}$$

其中括号内部的积分是到当前位置的角度改变量；A 是整个曲线的角度改变量；L 是整个曲线的长度；$k(l)$就是沿轮廓的曲率。

8.4.2 曲面曲率

在对2-D目标轮廓曲率讨论的基础上，考虑3-D曲面上的曲率。

1. 曲面曲率定义

曲面上的曲率比较难定义，因为可有无穷条曲线通过同一个点[Lohmann 1998]，所以不能将平面曲线上的曲率定义直接推广到曲面上去。不过，在曲面上至少可以确定一个具有最大曲率的方向，还可以确定出一个具有最小曲率的方向（对比较平坦的曲面，可能有多个最大曲率和最小曲率的方向，此时可任选）。这两个方向称为曲面的**主方向**。可以证明它们是互相正交的（除了曲面是平面的特殊情况以外）。图8.4.5所示为一个示例，t_1 和 t_2 代表两个主方向。

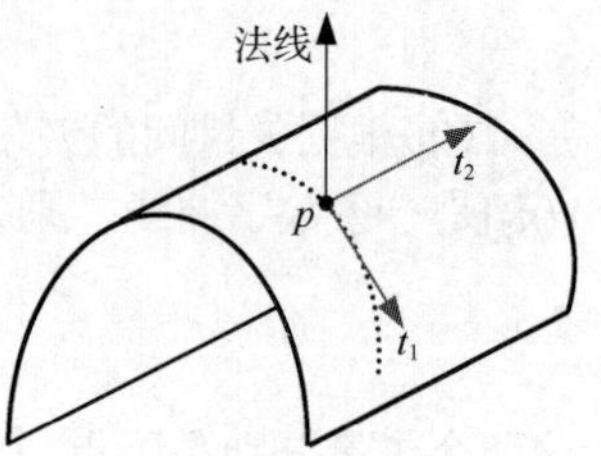

图8.4.5　曲面的主方向

2. 平均曲率和高斯曲率

如果分别计算在 p 点沿 t_1 和 t_2 的曲率，并将这两个曲率的幅度分别记为 k_1 和 k_2，则可获得**高斯曲率**：

$$G=k_1k_2 \tag{8.4.10}$$

如果曲面局部上是椭圆的，则高斯曲率为正；如果曲面局部上是双曲线的，则高斯曲率为负。由 k_1 和 k_2 还可计算**平均曲率**：

$$H=(k_1+k_2)/2 \tag{8.4.11}$$

它决定了曲面是否局部凸（平均曲率为负）或凹（平均曲率为正）。

结合对高斯曲率和平均曲率的符号分析，可获得对曲面形状的分类描述，可参见表8.4.2。

表8.4.2　由高斯曲率 G 和均值曲率 H 确定的8种表面类型

	$H<0$	$H=0$	$H>0$
$G<0$	鞍脊（saddle ridge）	最小/迷向（minimal）	鞍谷（saddle valley）
$G=0$	山脊/脊线（ridge）	平面（flat/planar）	山谷/谷线（valley）
$G>0$	峰/顶点（peak）		凹坑（pit）

用数学语言来说，在峰点的梯度为0，且该处所有方向的二次方向导数均为负值。在坑点的梯度也为0，但该处所有方向的二次方向导数均为正值。脊这里包括脊点和脊线，脊点也是一种峰点，但与孤立的峰点不同，它只在某个方向的二次方向导数为负值。相邻的脊点连接起来就构成脊线，脊线可以是平的直线，也可以是曲线（包括不平的直线）。沿平的脊线的方向的梯度为0，且二次方向导数也为0，而与脊线相交方向的二次方向导数为负。沿与弯曲脊线相交的方向必有负的二次方向导数，而且在该方向的一次方向导数必为0。谷也称沟，与孤立的坑点不同，它只

在某些方向的二次方向导数为正值（把脊线描述中的二次方向导数为负改为二次方向导数为正，就得到对谷线的描述）。在鞍点的梯度为 0，它的两个二次方向导数的极值（在某个方向有局部最大值，在另一个与之垂直的方向上有局部最小值）必有不同的符号。鞍脊和鞍谷分别对应两个极值取不同符号的两种情况。

例 8.4.2　8 种表面类型示例

由表 8.4.2 可知有 8 种不同类型的表面。图 8.4.6 所示分别为这 8 种表面类型的示例。这些示例图的相对排列位置与表 8.4.2 里的排列相对应，其中图 8.4.6（a）对应鞍脊，图 8.4.6（b）对应最小/迷向，图 8.4.6（c）对应鞍谷，图 8.4.6（d）对应山脊/脊线，图 8.4.6（e）对应平面，图 8.4.6（f）对应山谷/谷线，图 8.4.6（g）对应峰/顶点，图 8.4.6（h）对应凹坑。

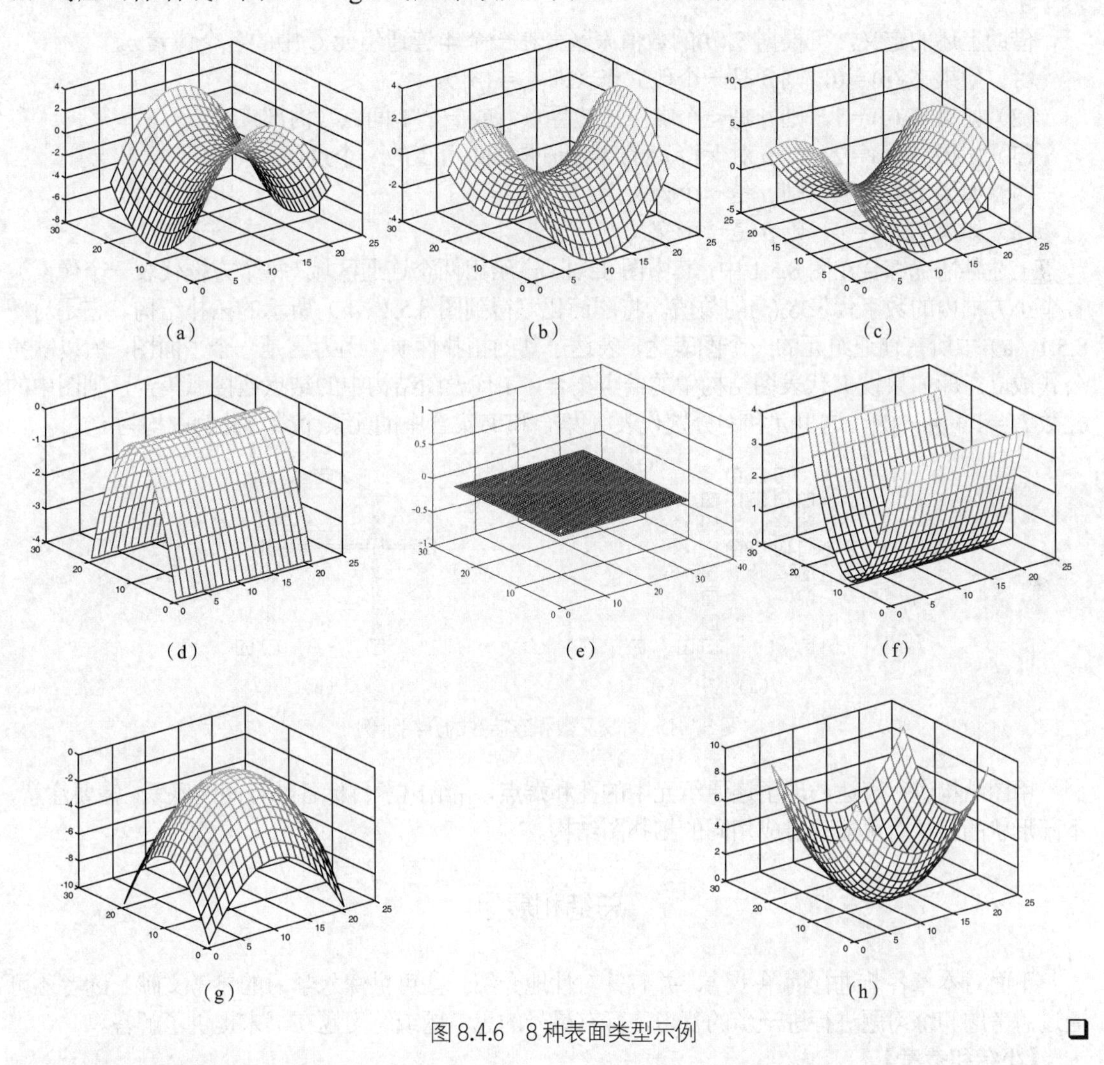

图 8.4.6　8 种表面类型示例 □

8.5　拓扑结构参数

拓扑结构参数通过表达区域内部各部分的相互作用关系来描述整个区域的结构。与几何参数不同，拓扑结构参数不依赖于距离的概念。最基本的拓扑结构参数——欧拉数已在 6.4.4 小节给予了介绍。下面再介绍两个拓扑结构参数：**交叉数**和**连接数**。它们均反映了区域的结构信息。

考虑一个像素 p 的 8 个邻域像素 $q_i\,(i=0,\ \cdots,7)$，将它们从任何一个 4-邻域的位置开始，以绕 p 的顺时针方向排列。根据像素 q_i 为白或黑赋给它 0 或 1，则有以下参数。

（1）交叉数 $S_4(p)$：表示了在 p 的 8-邻域中 4-连通组元的数目，可写为：

$$S_4(p)=\prod_{i=0}^{7}q_i+\frac{1}{2}\sum_{i=0}^{7}\left|q_{i+1}-q_i\right| \tag{8.5.1}$$

（2）连接数 $C_8(p)$：表示了在 p 的 8-邻域中 8-连通组元的数目，可写为：

$$C_8(p)=q_0q_2q_4q_6+\sum_{i=0}^{3}(\overline{q}_{2i}-\overline{q}_{2i}\overline{q}_{2i+1}\overline{q}_{2i+2}) \tag{8.5.2}$$

其中 $\overline{q}_i=1-q_i$。

借助上述的定义，可根据 $S_4(p)$的数值来区分在一个 4-连通组元 C 中的各个像素 p。

（1）如果 $S_4(p)=0$，则 p 是一个孤立点（即 $C=\{p\}$）。

（2）如果 $S_4(p)=1$，则 p 是一个端点（边界点）或一个中间点（内部点）。

（3）如果 $S_4(p)=2$，则 p 对保持 C 的 4-连通是必不可少的一个点。

（4）如果 $S_4(p)=3$，则 p 是一个分叉点。

（5）如果 $S_4(p)=4$，则 p 是一个交叉点。

上述各情况综合在图 8.5.1 中，其中图 8.5.1（a）给出两个连通区域（每个方框代表一个像素），各个小方框内的数字代表 $S_4(p)$的数值。将图简化可得到图 8.5.1（b）所示的拓扑结构，它是对图 8.5.1（a）中所有连通组元的一个**图表达**，表达了其的拓扑性质。因为这是一个平面图，所以欧拉公式成立。即如果设 V 代表图结构中的结点集合，A 代表图结构中的结点连接弧集合，则图中的孔数 $H=1+|A|-|V|$，这里$|A|$和$|V|$分别代表 A 集合和 V 集合中的元素个数（此例中均为 5）。

图 8.5.1　对交叉数和连接数的介绍示例

用图结构进行表达凸现了连通组元中的孔和**端点**，并给出了目标各部分间的联系。需要注意，不同形状的目标有可能映射成相同的拓扑图结构。

总结和复习

下面对本章各节进行简单小结，并有针对性地介绍一些可供深入学习的参考文献。读者还可通过思考题和练习题进行进一步的复习，标有星号的思考题或练习题在书末提供了解答。

【小结和参考】

8.1 节介绍了一些典型的形状紧凑性描述符，它们利用了不同的理论技术。更多的形状紧凑性描述符可参见文献[Sonka 2008]、[Russ 2016]等。对表 8.1.1 中数据的验证可参见文献[章 2002b]。

8.2 节介绍了一些基本的形状复杂性描述符，还专门讨论了反映目标紧凑性和复杂性的饱和度以及利用对模糊图的直方图分析来描述形状复杂度的方法。更详细的内容还可参见文献[Marchand 2000]、[Costa 2001]。

8.3 节介绍了一些对目标构建多边形表达的方法，多边形表达也称为多边形逼近（polygonal approximation），是一种对目标近似的表达，常用于简化对复杂的目标轮廓的表达。在多边形表达的基础上，既可以直接计算多边形上与形状相关的特征，也可以进一步对多边形进行加工来获取更多的反映形状信息的特征。

8.4 节介绍了一些基于对 2-D 轮廓曲率的计算进而对轮廓形状进行描述的方法，这里不仅可以使用曲率本身，还可以利用各种曲率测度。把 2-D 轮廓推广到 3-D 曲面，就可以对立体形状进行描述。这里对 3-D 图像曲率的计算还可参见文献[Lohmann 1998]。

8.5 节介绍了两个反映区域拓扑结构信息的参数：交叉数和连接数。区域的拓扑结构信息在很大程度上与目标自身的形状信息和目标之间的空间关系密切相关，部分讨论可参见文献[章 2003b]。

【思考题和练习题】

8.1　试计算图 8.1.1 中由离散点构成的八边形的外观比、形状因子、偏心率、球状性和圆形性。

*8.2　试证明对数字图像，有以下说法成立。

（1）如果边界是 4-连通的，则形状参数 F 对正八边形区域取最小值。

（2）如果边界是 8-连通的，则形状参数 F 对正菱形区域取最小值。

8.3　说明图 8.1.9 中各图里的点、线、圆的含义。

8.4　分析并举例解释 8.2 节中的 6 个简单描述符确实描述了形状复杂度。

8.5　讨论并比较多尺度熵和多尺度标准方差与形状复杂度的关系。

*8.6（1）设图题 8.6 中的圆点为一个实心目标的轮廓点，计算该目标的饱和度。

（2）设图题 8.6 中的圆点为一个环形目标的目标点，计算该目标的饱和度。

（3）设图题 8.6 中的方点为一个实心目标的轮廓点，计算该目标的饱和度。

（4）设图题 8.6 中的圆点为一个环形目标的外轮廓点，方点为这个环形目标的内轮廓点，计算该目标的饱和度。

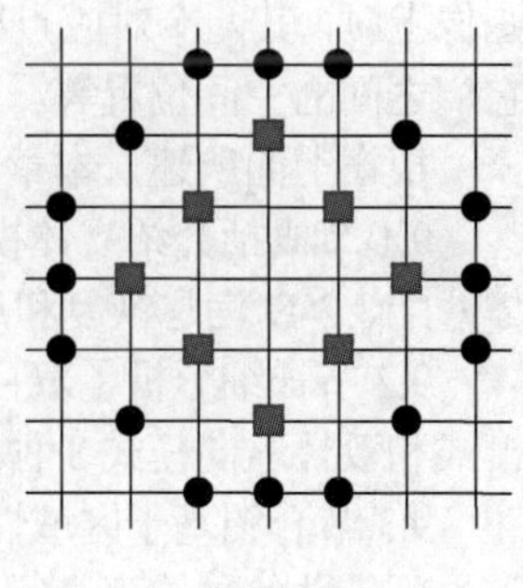

图题 8.6

8.7　在图 8.3.2 和图 8.3.3 中，对同一个区域轮廓用基于聚合的方法得到的逼近多边形和用基于分裂的方法得到的逼近多边形是相同的。试给出一个用这两种逼近方法得到不同多边形的例子。

8.8　计算图 8.1.2 中 3 个区域轮廓的形状数，并比较哪两个更相似。

8.9　参照图 8.3.6，分别作出 26 个大写英文字母的水平投影和垂直投影，并回答以下问题。

（1）仅用这些投影能否将 26 个大写字母全区分开？

（2）比较水平投影和垂直投影，看它们各有什么特点？

8.10　将图 8.2.3（a）中目标的边界点连接成封闭轮廓，计算轮廓上各点的曲率，从最下面的点开始，依次逆时针画出轮廓上各点的曲率曲线。

8.11　试计算图 8.1.1 中由离散点构成的八边形上各点的曲率，这里分别取阶数 $k = 1, 2, 3$。

8.12　在题 8.10 所获得结果的基础上，计算各种情况下的轮廓弯曲能并进行比较。

第9章 立体视觉

前面各章的讨论基本围绕2-D图像进行。客观世界在空间上是3-D的，所以对视觉的研究和应用从根本上说应该是3-D的。现有的大多数图像采集装置所获取的图像本身是在2-D平面上的，尽管其中可以含有3-D物体的空间信息（参见2.2节）。要从图像认识世界，就要从2-D图像中恢复3-D空间信息，这里的关键是要测量出景物各个点与观察者（或任一个参考点）之间的距离，而立体视觉是解决这个问题的一种重要方法。

立体视觉主要研究如何借助（多图像）成像技术从（多幅）图像里获取场景中物体的距离（深度）信息。立体视觉的基本方法是从两个或多个视点去观察同一场景，获得在不同视角下的一组图像，然后通过三角测量原理获得不同图像中对应像素间的**视差**（即同一个3-D点投影到两幅2-D图像上时，其两个对应点在图像上位置的差），从中获得深度信息，进而计算场景中目标的形状和它们之间的空间位置等。

根据上面所述，本章各节将如下安排。

9.1节概括介绍立体视觉系统的基本模块和功能，包括摄像机标定、图像获取、特征提取、立体匹配、3-D信息恢复和后处理等。

9.2节详细分析了双目成像和视差计算之间的关系，分别讨论了双目横向模式、双目横向会聚模式和双目纵向模式3种典型的双目成像模式。

9.3节介绍基于区域性质进行立体图像匹配的方法。这里的基本技术就是模板匹配，在此基础上，可借助各种约束进行改进并建立本质矩阵和基本矩阵来实现双目立体匹配和三目立体匹配。

9.4节介绍基于图像特征（基元）进行立体图像匹配的方法，既包括直接利用各个特征点的信息的点对点方法，也包括同时使用多对特征点的信息的动态规划匹配方法。

9.1 立体视觉模块

一个完整的立体视觉系统主要可以划分为6个模块，或者说为完成立体视觉的任务需要进行6项工作。

1. 摄像机标定

摄像机标定已在2.4节进行了介绍，其目的是根据有效的成像模型，确定摄像机的内外部属性参数，以便正确建立空间坐标系中物点与它在图像平面上的像点之间的对应关系。在立体视觉中，常使用多个摄像机，此时对每个摄像机都要分别标定。在从2-D计算机图像坐标推导3-D信息时，如果摄像机是固定的，只需一次标定即可。如果摄像机是运动的，则可能需多次标定。

2. 图像获取

图像采集涉及空间坐标和图像属性两方面的问题，其基本要求已在 2.2 节分别介绍。立体图像的获取是立体视觉的物质基础，常见的各种成像方式已在 2.3.1 小节介绍。立体图像最常用的是双目图像，几种典型的双目成像模式将在 9.2 节详细介绍。近年也有许多方法采用多目图像，获取这些多目图像的摄像机（及对应的观察视点）可在一条直线上，也可在一个平面上，甚至呈现立体分布的形式[章 2012d]。

3. 特征提取

立体视觉借助不同观察点对同一景物间的视差来帮助求取 3-D 信息（特别是深度信息）。如何判定同一景物在不同图像中的对应关系是关键的一步。解决该问题的方法之一是选择合适的图像特征以进行立体图像之间的匹配（参见 9.3 节和 9.4 节）。这里特征是一个泛指的概念（和第 3 章介绍的基元概念有些重合），主要抽象地指像素或像素集合的表达和描述（可参见第 6 章）。目前还没有一种获取图像特征的普遍适用理论，常用的匹配特征按维数从少到多主要有点状特征、线状特征和区域特征等。这些特征一般从尺寸上也有从小到大的变化。一般来讲，大尺度特征含有较丰富的图像信息，所需数目较少，易于得到快速的匹配；但对它们的提取与描述相对复杂，定位精度也差。另一方面，小尺度特征本身的定位精度高，表达描述简单；但其数目常较多，所含信息量却较少，因而在匹配时需要采用较强的约束准则和较鲁棒的匹配策略。

4. 立体匹配

立体匹配是指根据对所选特征的计算来建立特征之间的对应关系，并进一步建立同一个空间点在不同图像中的像点之间的关系，从而得到相应的视差图像。立体匹配是立体视觉中最重要、最困难的步骤。当空间 3-D 场景被投影为 2-D 图像时，同一个景物在不同视点下的图像中会有很大的区别，而且场景中的诸多变化因素，如光照条件、噪声干扰、景物几何形状和畸变、表面物理特性以及摄像机特性等，都被综合到单一的图像灰度值中。仅由这一灰度值确定以上诸多因素是十分困难的，至今这个问题还没有得到很好的解决。本章后两节将分别介绍基于区域和基于特征的匹配方法（第 13 章还将对广义匹配进行介绍）。

5. 3-D 信息恢复

当通过立体匹配得到视差图像后，便可以进一步计算深度图像，并恢复场景中的 3-D 信息（第 10 章及第 11 章还将详细介绍一些其他的 3-D 景物恢复方法）。影响深度距离测量精度的因素主要有数字量化效应、摄像机定标误差、特征检测与匹配定位精度等。一般来讲，深度测量精度与匹配定位精度呈正比，并与摄像机基线（不同摄像机位置间的连线）的长度成正比。增大基线长度可以改善深度测量精度，但同时会增大图像之间的差异，景物被遮挡的可能性也更大，从而增加了匹配的困难程度。因此，要设计一个精确的立体视觉系统，必须综合考虑各个方面的因素，保证各个环节都具有较高的精度。

顺便指出，计算精度是 **3-D 信息恢复**中的一个重要指标，但也有些模型试图绕开这个问题。例如在网络-符号模型下，并不需要精确地计算 3-D 模型，而是将图像转化为一个与知识模型类似的可以理解的关系格式[Kuvich 2004]。这与人类视觉系统有相似之处。事实上，用几何操作来对自然图像进行加工是很困难的，人脑通过构建可视场景的关系网络-符号结构，并采用不同的线索来建立景物表面相对观察者的相对次序以及各目标之间的相互关系。在网络-符号模型中，不是根据视场而是根据推导出来的结构进行目标识别，这种识别不受局部变化和目标外观的影响。

6. 后处理

经过以上各个步骤所得到的 3-D 信息常因各种原因而不完整或存在一定的误差，需要进一步的后处理。常用的**后处理**主要有以下 3 类。

（1）深度插值

立体视觉的首要目的是恢复景物可视表面的完整信息，而基于特征的立体匹配算法由于特征常是离散的而只能恢复出图像在特征点处的视差值。因此在后处理中要追加一个视差表面内插重建步骤，即对离散数据进行插值以得到不在特征点处的视差值。插值的方法很多，如最近邻插值、双线性插值、样条插值等（可参见《图像处理和分析教程》）。另外还有基于模型的内插重建算法。在内插过程中，最重要的问题就是如何有效地保护景物面的不连续信息。从某种意义上说，内插是个重建过程，这里要重建的是与图像信息相容的最佳拟合面，所以内插重建必须满足表面相容性原理。

（2）误差校正

立体匹配是在受到几何畸变和噪声干扰等影响的图像之间进行的，另外由于周期性模式、光滑区域的存在，以及遮挡效应、约束原则的不严格性等原因都会在视差图中产生误差。所以，对误差的检测和校正也是重要的后处理内容。这里常需要根据误差产生的具体原因和方式选择合适的技术和手段进行校正。对一种比较通用、快速的视差图误差检测与校正算法的介绍可参见文献[章 2012d]。

（3）精度改善

视差的计算和深度信息的恢复是各项后续工作的基础，因此对视差计算的精度常有较高的要求。为提高精度，可在获得一般立体视觉通常的像素级别的视差后进一步改善精度，以达到亚像素级别的视差精度[章 2012d]。一种计算量小到 $O(1)$的改善视差精度的方法可参见文献[Huang 2016]。

9.2 双目成像和视差

借助双目成像方式可获得对同一场景的两幅视点不同的图像，双目成像时的模型可看作由两个单目成像模型组合而成。实际成像时，这两个单目成像模型可用两个单目系统同时采集来实现，也可用一个单目系统先后在两个位置分别采集来实现（这时一般设被摄物和光源没有移动变化）。

根据两个摄像机位姿的不同，双目成像有多种模式，下面介绍几种典型的情况。

9.2.1 双目横向模式

图 9.2.1 所示为双目横向成像的一个示意，其中两个单目系统在水平方向上并列放置，两个镜头的焦距均为λ，其中心间的连线称为系统的基线 B。这是最常用的**双目横向模式**，这个系统称为双目系统。利用双目系统可以确定具有像平面坐标点(x_1, y_1)和(x_2, y_2)的世界点 W 的坐标(X, Y, Z)。如果摄像机坐标系统和世界坐标系统重合，则像平面与世界坐标系统的 XY 平面也是平行的。在以上条件下，W 点的 Z 坐标对两个摄像机坐标系统都是一样的。如果摄像机坐标系统和世界坐标系统不重合，可借助 2.2.1 小节中的方法先进行坐标的平移和旋转使其重合后再投影。

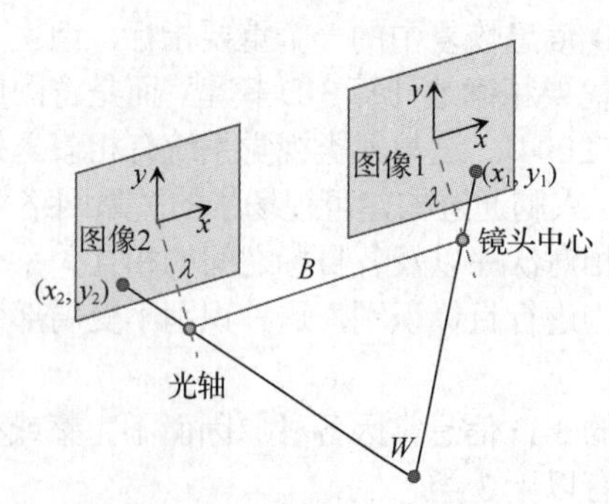

图 9.2.1　双目横向成像示意

1. 视差和深度

双目系统观察同一个景物所得到的两幅图像中该景物的视像位置不同，就产生了**视差**。下面讨论双目视差与深度（物距）之间的关系。典型的双目横向模式中两个摄像机相同且它们坐标系统的各对应轴精确地平行（主要是光轴平行），此时只是它们的原点位置不同。在这种情况下双目成像可借助图 9.2.2 来分析，这里给出两镜头连线所在平面（*XZ* 平面）的示意。其中，将世界坐标系叠加到第 1 个摄像机坐标系上（两系统原点重合，对应坐标轴重合），且第 1 个摄像机的像平面坐标与摄像机的 *xy* 坐标重合，而第 2 个摄像机坐标系相对第 1 个摄像机坐标系在 *X* 方向平移的距离为 *B*（基线）。

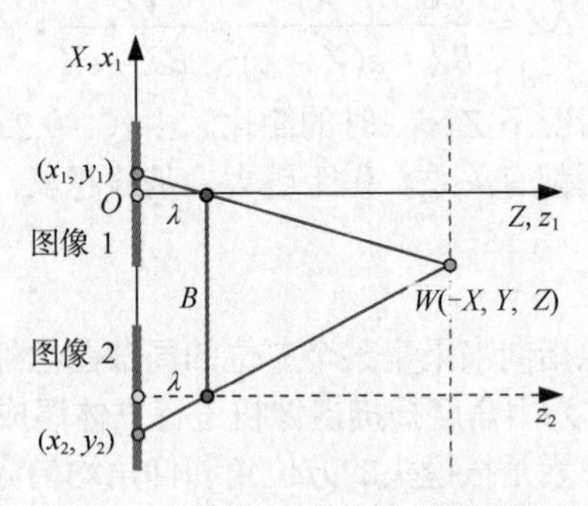

图 9.2.2 平行双目成像中的视差

根据上述坐标设定，空间点 *W* 的 *X* 坐标为负（即$-X$为负，*W* 在 *X* 轴的负端）。先考虑第 1 个像平面，由图 9.2.2 所示的几何关系可得：

$$X = \frac{x_1}{\lambda}(Z - \lambda) \tag{9.2.1}$$

再考虑第 2 个像平面，由图 9.2.2 所示的几何关系可得（*B* 总取正，图像 2 的 x_2 值为负）：

$$B - X = \frac{-x_2 - B}{\lambda}(Z - \lambda) \tag{9.2.2}$$

两式联立，消去 *X*，得到：

$$\frac{B\lambda}{Z - \lambda} = x_1 - x_2 - B \tag{9.2.3}$$

由图 9.2.2 可见，上式右边就是视差（如果 *W* 点在其他位置也可类似推导），可用 *d* 来表示，代入式（9.2.3），则可解出：

$$Z = \lambda\left(1 + \frac{B}{d}\right) \tag{9.2.4}$$

上式把物体与像平面的距离 *Z*（即 3-D 信息中的深度）和视差 *d* 直接联系起来。视差的大小与深度有关，所以视差中包含了 3-D 物体的空间信息。如果已知基线和焦距，确定视差 *d* 后计算 *W* 点的 *Z* 坐标是很简单的。另外，*Z* 坐标确定后，*W* 点的世界坐标 *X* 和 *Y* 可用(x_1, y_1)或(x_2, y_2)借助式（9.2.1）和式（9.2.2）算得。

采用这种模式时，为确定 3-D 空间点的信息，需要保证该点在两个摄像机的公共视场内。不过由于该公共视场的范围在两个摄像机的像平面上并没有明确的边界，所以有些 3-D 空间点并不一定被两个摄像机同时拍摄到。另外，由于两个摄像机视角不同，加之被摄物的形状和摄影环境的因素，有可能一些 3-D 空间点对一个摄像机是可见的，而对另一个摄像机是不可见（被遮挡）的。在以上两种情况下，都有可能无法确定两幅图像中与 3-D 空间点相对应的像点，从而不能根据视差确定 3-D 空间点的距离信息。这些问题常称为**对应点不确定性问题**，需在成像时加以注意和克服。

现在再看一下**测距精度**。由式（9.2.4）可知，深度信息与视差相联系，如果视差 d 不准确（如对应点没找准），将导致距离 Z 产生误差。设 x_1 产生了偏差 e（$e>0$），即 $x_{1e}=x_1+e$，则有 $d_{1e}=x_1+e-x_2-B=d+e$，这样距离误差如下：

$$\Delta Z = Z - Z_{1e} = \lambda\left(1+\frac{B}{d}\right)-\lambda\left(1+\frac{B}{d_{1e}}\right)=\frac{B\lambda e}{d(d+e)} \tag{9.2.5}$$

将式（9.2.3）代入上式得：

$$\Delta Z = \frac{e(Z-\lambda)^2}{B\lambda+e(Z-\lambda)} \approx \frac{eZ^2}{B\lambda-eZ} \tag{9.2.6}$$

上式中的最后一步是考虑一般情况下 $Z \gg \lambda$ 时的简化。由式（9.2.6）可见，测距精度与摄像机焦距、摄像机间的基线长度和物距都有关系。焦距越大，基线越长，精度就越高；物距越大，精度就越低。

2. 角度扫描成像

除可以用双目系统按照固定指向来采集某个方位的局部图像外，还可以让双目系统旋转起来采集不同视场的全景图像。这称为用**角度扫描摄像机**进行**立体镜成像**。如图 9.2.3 所示，当用角度扫描摄像机旋转采集图像时，像素是按镜头的方位角和仰角均匀分布的（这里取 XZ 平面为地球的赤道面，Y 轴指向地球北极，所以方位角对应经度，仰角对应纬度），但在成像平面上并不均匀分布。换句话说，像素的坐标是由像素锥中心线的方位角和仰角所给出的。在图 9.2.3 中，方位角是 YZ 平面和包含像素的锥体轴的竖平面的夹角，仰角是 XZ 平面和包含像素的锥体轴及 X 轴平面的夹角。

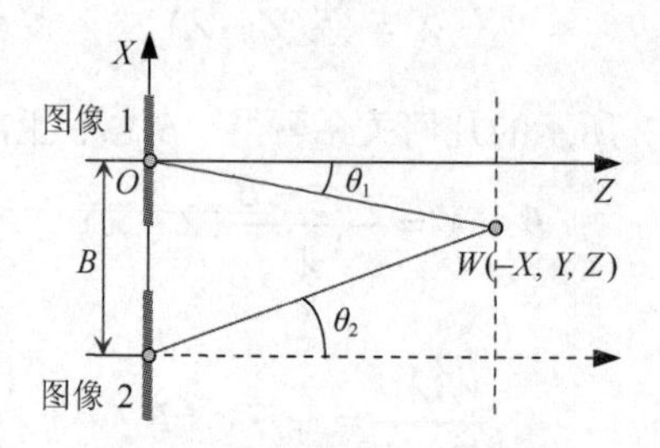

图 9.2.3 立体镜角度扫描成像

一般可借助镜头的方位角来表示物像的空间距离。利用图 9.2.3 所示的坐标系，有：

$$\tan\theta_1 = \frac{X}{Z} \tag{9.2.7}$$

$$\tan\theta_2 = \frac{B-X}{Z} \tag{9.2.8}$$

联立消去 X，得 W 点的 Z 坐标为：

$$Z = \frac{B}{\tan\theta_1+\tan\theta_2} \tag{9.2.9}$$

式（9.2.9）实际上将物体和像平面之间的距离 Z（即 3-D 信息中的深度）与两个方位角的正切直接联系起来。式（9.2.9）也可转化为式（9.2.4），这里视差和焦距的影响都隐含在方位角中。

设仰角为 ϕ（对两个摄像机是相同的），则空间点 W 的 X 和 Y 坐标分别如下：

$$X = Z\tan\theta_1 \tag{9.2.10}$$

$$Y = Z\tan\phi \tag{9.2.11}$$

9.2.2 双目横向会聚模式

双目横向模式中两个摄像机的两个光轴也可以会聚，这时称为**双目横向会聚模式**。下面仅考虑图 9.2.4 所示的会聚双目成像情况，它是将图 9.2.2 中的两个单目系统围绕各自的中心相向旋转得到的。图 9.2.4 给出两镜头连线所在的平面（XZ 平面）。两镜头中心间的距离（即基线）是 B。两光轴在 XZ 平面相交于$(0, 0, Z)$点，交角为 2θ（未知）。下面介绍在已经知道像平面坐标点(x_1, y_1)和(x_2, y_2)的情况下，如何求取世界点 W 的坐标(X, Y, Z)。

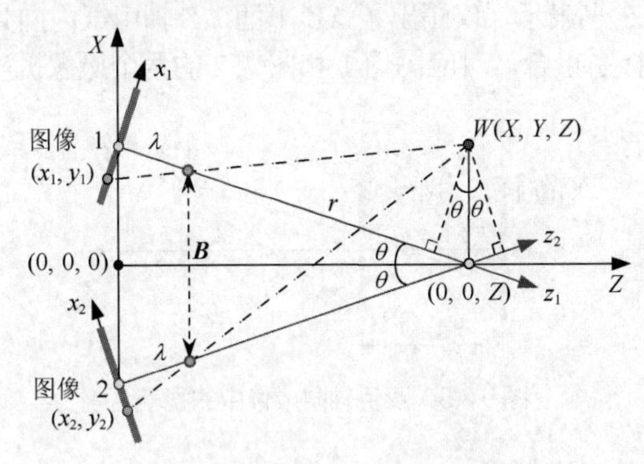

图 9.2.4 会聚双目成像中的视差

首先，由两个世界坐标轴及摄像机会聚点和（任一）摄像机中心的连线围成的三角形可知：

$$Z = \frac{B}{2}\frac{\cos\theta}{\sin\theta} + \lambda\cos\theta \tag{9.2.12}$$

从 W 点分别向两摄像机坐标轴作垂线，因为这两条垂线与 X 轴的夹角都是θ，所以根据相似三角形的关系可得：

$$\frac{x_1}{\lambda} = \frac{X\cos\theta}{r - X\sin\theta} \tag{9.2.13}$$

$$\frac{x_2}{\lambda} = \frac{X\cos\theta}{r + X\sin\theta} \tag{9.2.14}$$

其中 r 为从（任一）镜头中心到两系统会聚点的距离（未知）。将式（9.2.13）和式（9.2.14）联立，并消去 r 和 X 得到：

$$\frac{x_1}{\lambda\cos\theta + x_1\sin\theta} = \frac{x_2}{\lambda\cos\theta - x_2\sin\theta} \tag{9.2.15}$$

借助式（9.2.15）可解出 $\sin\theta$和 $\cos\theta$，再代入式（9.2.12）可得：

$$Z = \frac{B}{2}\frac{\cos\theta}{\sin\theta} + \frac{2x_1x_2\sin\theta}{d} \tag{9.2.16}$$

上式与式（9.2.4）一样也把物体和像平面的距离 Z 与视差 d 直接联系起来了，但是，对求解式（9.2.4）来说，只需要知道 x_1 和 x_2 的差，求解式（9.2.16）则还需要知道 x_1 和 x_2 本身。另外，由图 9.2.4 可以得到：

$$r = \frac{B}{2\sin\theta} \tag{9.2.17}$$

代入式（9.2.13）或式（9.2.14）可得到：

$$X = \frac{B}{2\sin\theta}\frac{x_1}{\lambda\cos\theta + x_1\sin\theta} = \frac{B}{2\sin\theta}\frac{x_2}{\lambda\cos\theta - x_2\sin\theta} \tag{9.2.18}$$

使用双目横向模式或双目横向会聚模式时，都需要根据三角形法来计算，所以基线不能太小，否则会影响精度。另外，如果物体表面有凹陷，也会由于遮挡导致有些点不能同时被两个摄像机都拍摄到而产生问题。

9.2.3 双目纵向模式

双目纵向模式也称**双目轴向模式**，即两个摄像机是沿光轴直线前后排列的。换句话说，也可认为将摄像机沿光轴方向运动，图像2是在比图像1更接近被摄物或更远离被摄物处获得的。此时的成像几何关系可借助图9.2.5来表示（仅画出了 XZ 平面，Y 轴由纸内向外）。此时摄像机坐标系的 XY 平面与图像的像平面坐标系重合，对应图像1和图像2的两个摄像机坐标系只在 Z 方向差 ΔZ。

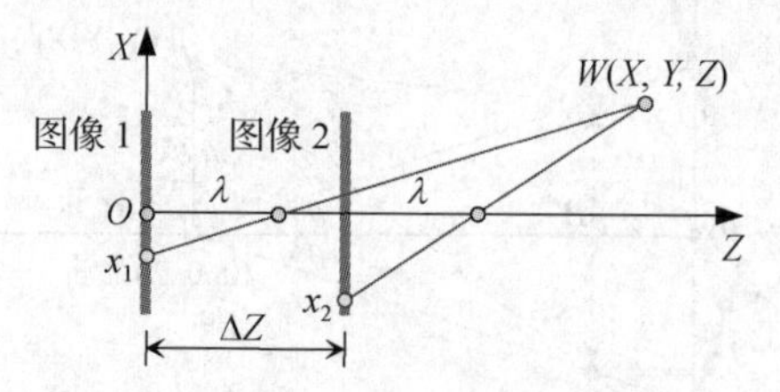

图9.2.5 双目轴向成像中的视差

根据图9.2.5中的投影关系，有（仅考虑 X，Y 与此类似）：

$$\frac{X}{-x_1} = \frac{Z-\lambda}{\lambda} \tag{9.2.19}$$

$$\frac{X}{-x_2} = \frac{Z-\lambda-\Delta Z}{\lambda} \tag{9.2.20}$$

将式（9.2.19）和式（9.2.20）联立可得到：

$$X = \frac{\Delta Z}{\lambda}\frac{x_1 x_2}{x_1 - x_2} \tag{9.2.21}$$

$$Z = \lambda + \frac{\Delta Z x_2}{x_2 - x_1} \tag{9.2.22}$$

双目纵向模式与双目横向模式相比，两个摄像机的公共视场也就是前一个摄像机（这里是与图像2对应的那个摄像机）的视场，所以公共视场的边界很容易确定。另外，摄像机沿轴向移动也能基本排除由于遮挡造成的3-D空间点仅被一个摄像机看到的问题。这都使双目纵向模式比双目横向模式受对应点不确定性问题的影响要小得多。

用式（9.2.4）、式（9.2.16）或式（9.2.22）计算 Z 最难的问题都是在同一场景的不同图像中发现对应点，即要解决一个匹配问题：如何能从两幅图像中找到物体的对应点。如对应点用亮度定义，则由于双眼的观察位置不同，事实上对应点在两幅图像上的亮度是不同的。如对应点用几何形状定义，则物体的几何形状本身就是所需求取的。这个匹配问题是计算机视觉研究中一个困难的问题，相对来说，采用双目纵向模式比用双目横向模式受这个问题的影响要小一些，这是因为3个点，即原点(0, 0)、(x_1, y_1)和(x_2, y_2)全排成一条直线，而且点(x_1, y_1)和点(x_2, y_2)都在点(0, 0)的同一边，比较容易搜索。

9.3 基于区域的立体匹配

由前面的讨论可知，为计算像平面坐标点(x_1, y_1)和(x_2, y_2)所对应的点 W 的世界坐标(X, Y, Z)，需要先确定(x_1, y_1)和(x_2, y_2)自身的对应关系。获得双目图像中点的对应关系称为**立体匹配**，是获得深度图像的关键步骤。下面仅以双目横向模式为例进行讨论，如果考虑各种模式中不同的几何关系，由双目横向模式获得的结果也可推广到其他模式。

确定对应点的关系可采用点点对应匹配的方法。但直接用单点灰度搜索会受到图像中的许多点有相同灰度以及图像噪声等因素的影响。目前实用的技术主要分两大类，即灰度相关和特征匹配。前一类是基于区域的方法，即考虑每个需要匹配的点的邻域性质。后一类是基于特征点的方法，即选取图像中具有唯一性质的点作为匹配点。后一类方法采用的特征主要是图像中的拐点和角点的坐标、边缘线段、目标的轮廓等。这两种方法分别类似于在对图像进行目标分割时基于区域和基于边缘的方法。本节先介绍基于区域的立体匹配方法，基于特征的立体匹配方法将在 9.4 节中介绍。

基于区域的立体匹配方法考虑两幅图像中具有相似特性的区域，最简单的方法是考虑区域的灰度。可以通过考查两个区域灰度的相关程度来判断区域中点的对应性。灰度相关可直接用像素灰度进行匹配来计算，一种经典方法是计算**最小平方误差**（MSD），即计算要匹配的两组像素间的灰度差，建立满足最小平方误差的两组像素间的对应关系。这类方法的优点是匹配结果不受特征检测精度和密度的影响，因而可以得到很高的定位精度和密集的视差表面[Kanade 1996]。这类方法的缺点是依赖于图像灰度的统计特性，对景物表面结构以及光照反射等较为敏感，因此在空间景物表面缺乏足够纹理细节、成像失真较大（如基线长度过大）的场合进行匹配存在一定困难。实际匹配中也可采用一些灰度的导出量，但有实验表明，在用灰度、灰度微分大小和方向、灰度拉普拉斯值以及灰度曲率作为匹配参数进行的匹配比较中，利用灰度参数取得的效果还是最好的（参见文献[Lew 1994]）。

9.3.1　模板匹配

基于区域的方法需考虑点的邻域性质，而邻域常借助模板（也称子图像或窗）来确定。当给定图像 1 中的一个点，而需要在图像 2 中搜索与其对应的点时，可提取以图像 1 中的点为中心的邻域作为模板，将其在图像 2 上平移并计算与各个位置的邻域的相关性，根据相关值确定是否匹配。如果匹配，则认为图像 2 中匹配位置的点与图像 1 中的那个点构成对应点对。这里可取最大的相关值为匹配处，也可先给定一个阈值，将满足相关值大于阈值的点先提取出来，再根据一些其他因素从中选择。

采用这种匹配思路的方法一般称为**模板匹配**，其本质是用一个较小的图像（模板）与一幅较大图像中的一部分（子图像）进行匹配。匹配的结果是确定在大图像中是否存在小图像，若存在，则进一步确定小图像在大图像中的位置。在模板匹配中模板常是正方形的，但也可以是矩形的或其他形状的。现在考虑要找一个尺寸为$J \times K$的模板图像$w(x, y)$在一个尺寸为$M \times N$的大图像$f(x, y)$的匹配位置，设$J \leqslant M$和$K \leqslant N$。在最简单的情况下，$f(x, y)$和$w(x, y)$之间的相关函数可写为如下的形式：

$$c(s,t) = \sum_x \sum_y f(x,y)w(x-s, y-t) \tag{9.3.1}$$

其中$s = 0, 1, 2, \cdots, M-1$；$t = 0, 1, 2, \cdots, N-1$。式（9.3.1）中的求和是对$f(x, y)$和$w(x, y)$相重叠的图像区域进行的。图 9.3.1 所示为相关计算的示意，其中假设$f(x, y)$的原点在左上角，$w(x, y)$的原点在其中心。对任何在$f(x, y)$中给定的位置(s, t)，根据式（9.3.1）可以算得$c(s, t)$的一个特定值。当s和t变化时，$w(x, y)$在图像区域中移动并给出函数$c(s, t)$的所有值。$c(s, t)$的最大值可以给出与$w(x, y)$最佳匹配的位置。注意，对接近$f(x, y)$边缘的s和t值，匹配的精确度会受到图像边界的影响，其误差正比于$w(x, y)$的尺寸。

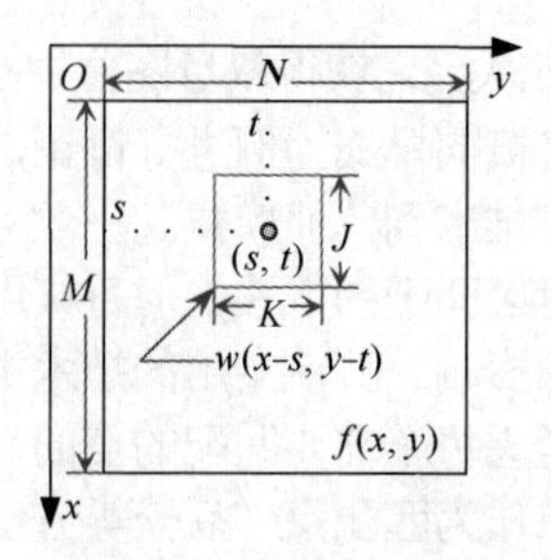

图 9.3.1 模板匹配示意

除了根据最大相关准则来确定匹配位置，还可以使用最小均方误差函数：

$$M_{\mathrm{me}}(s,t)=\frac{1}{MN}\sum_{x}\sum_{y}\left[f(x,y)w(x-s,y-t)\right]^2 \tag{9.3.2}$$

在 VLSI 硬件中，平方运算较难实现，所以可用绝对值代替平方值，得到如下最小平均差值函数：

$$M_{\mathrm{ad}}(s,t)=\frac{1}{MN}\sum_{x}\sum_{y}\left|f(x,y)w(x-s,y-t)\right| \tag{9.3.3}$$

由式（9.3.1）所定义的相关函数有一个缺点，即对 $f(x, y)$ 和 $w(x, y)$ 幅度值的变化比较敏感，例如当 $f(x, y)$ 的值加倍时，$c(s, t)$ 的值也会加倍。为了解决这个问题，可定义如下的**相关系数**：

$$C(s,t)=\frac{\sum_{x}\sum_{y}\left[f(x,y)-\bar{f}(x,y)\right]\left[w(x-s,y-t)-\bar{w}\right]}{\left\{\sum_{x}\sum_{y}\left[f(x,y)-\bar{f}(x,y)\right]^2\sum_{x}\sum_{y}\left[w(x-s,y-t)-\bar{w}\right]^2\right\}^{1/2}} \tag{9.3.4}$$

其中 $s = 0, 1, 2, \cdots, M-1$；$t = 0, 1, 2, \cdots, N-1$；$\bar{w}$ 是 w 的均值（只需算一次）；$\bar{f}(x, y)$ 是 $f(x, y)$ 中与 w 当前位置相对应区域的均值。式（9.3.4）中的求和是对 $f(x, y)$ 和 $w(x, y)$ 的共同坐标进行的。因为相关系数已借助尺度变换归一化到区间[-1, 1]，所以其值的变化与 $f(x, y)$ 和 $w(x, y)$ 的幅度变化无关。

模板匹配作为一种基本的图像匹配技术（其他一些更广义的匹配技术可见第 13 章）在许多方面都得到了应用，尤其是对图像仅有平移的情况。上面利用对相关系数的计算，可将相关函数归一化，克服幅度变化带来的问题。但要对图像尺寸和旋转进行归一化是比较困难的。对尺寸的归一化需要进行空间尺度变换，而这个过程需要大量的计算。对旋转进行归一化更困难。如果 $f(x, y)$ 旋转角度已知，则只要将 $w(x, y)$ 也旋转相同角度使之与 $f(x, y)$ 对齐就可以了。但在不知道 $f(x, y)$ 旋转角度的情况下，要寻找最佳匹配需要将 $w(x, y)$ 以所有可能的角度旋转。实际中这种方法是行不通的，因而在任意旋转或对旋转没有约束的情况下很少直接使用区域相关的方法。

当对比较大的目标运用模板匹配时，有可能会涉及大量不实用的操作。为减少模板匹配的计算量，可根据情况采用不同的手段。例如可利用一些先验知识（如立体匹配时的极线约束）减少需匹配的位置，也可先检测小的特征（如边缘、线段、角点、孔、圆弧以及其他显著性特征）再推断目标的存在。另外在计算中，可利用在相邻的匹配位置上模板覆盖范围有相当大重合的特点来减少重新计算相关值的次数[章 2002b]。

9.3.2 双目立体匹配

根据模板匹配的原理，可利用区域灰度的相似性来搜索两幅图像的**对应点**。具体来说，就是在立体图像对左图像—右图像中，先选定左图像中以某个像素为中心的一个窗口，以该窗口中的灰度分布构建模板，再用该模板在右图像中进行搜索，找到最匹配的窗口位置，此时窗口中心的像素就是与左图像中的像素对应的像素。

1. 极线约束

在上述搜索过程中，如果对模板在右图像中的位置没有任何先验知识或任何限定，则需要搜索的范围可能会覆盖整幅右图像。对左图像中的每个像素都如此进行搜索是很费时间的。为减少搜索范围，可考虑利用一些约束条件，例如以下 3 种约束[Forsyth 2012]。

（1）兼容性约束：**兼容性约束**指黑色的点只能匹配黑色的点，更一般地说是两图中源于同一类物理性质的特征才能匹配。

（2）唯一性约束：**唯一性约束**指一幅图中的单个黑点只能与另一幅图中的单个黑点相匹配。

（3）连续性约束：**连续性约束**指匹配点附近的视差变化在整幅图中除遮挡区域或间断区域外的大部分点都是光滑的（渐变的）。

在讨论立体匹配时，除了以上 3 种约束外，还可考虑下面介绍的极线约束和 9.4.2 小节介绍的顺序性约束。

先借助图 9.3.2 所示的双目横向会聚模式示意介绍**极点**和**极线**两个重要概念。许多人也常用外极点和外极线或对极点和对极线这些名称。在图 9.3.2 中，坐标原点在左目光心和物点 W 的连线上，X 轴与左右两目光心的连线平行，Z 轴沿观察方向，左右两目间距为 B（也常称系统基线），左右两个像平面的光轴都在 XZ 平面内，交角为θ。下面考虑左右两个像平面的联系。C' 和 C'' 分别为左右像平面的光心，它们之间的连线称为光心线，光心线与左右像平面的交点 E' 和 E'' 分别称为左右像平面的极点。光心线与物点 W 在同一个平面中，这个平面称为极平面，极平面与左右像平面的交线 L' 和 L'' 分别称为物点 W 在左右像平面上投影点的极线。

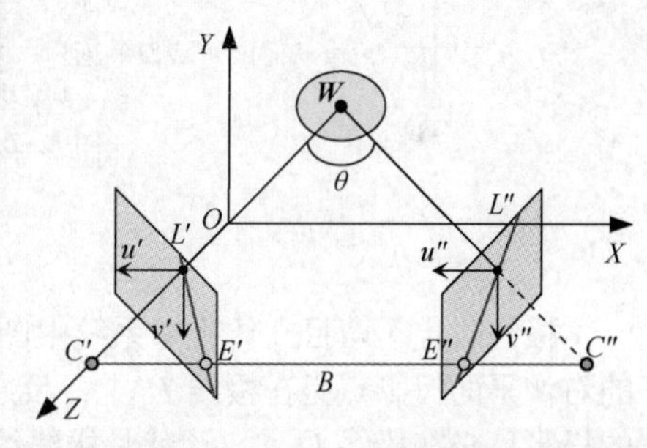

图 9.3.2 极点和极线示意

例 9.3.1 极点示例

在双目立体视觉系统中有两套光学系统，如图 9.3.3 所示。考虑成像平面 1 上的一组点，它们与 3-D 空间的一条光线对应。每条光线都在成像平面 2 上投影出一条线。因为所有光线都汇聚到第 1 个摄像机的光学中心，所以极线在成像平面 2 上一定交于一点，这点是第 1 个摄像机的光学中心在第 2 个摄像机中的图像，被称为极点。类似地，第 2 个摄像机的光学中心在第 1 个摄像机中的图像也是一个极点。

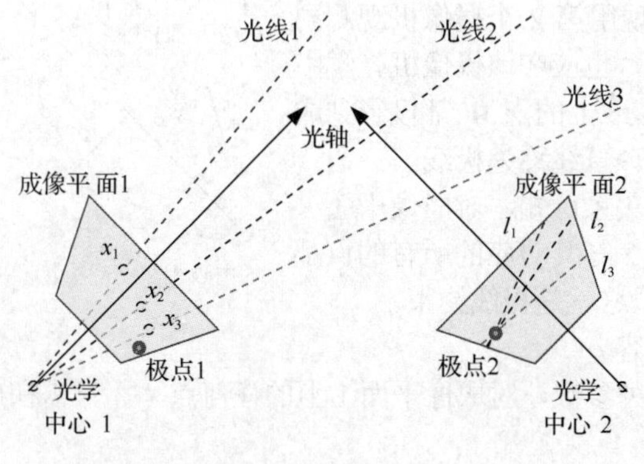

图 9.3.3 极点示例

□

例 9.3.2 极线示例

极点并不一定总在观察到的图像中，因为极线有可能在视场外相交。有两种常见的情况如图 9.3.4 所示。首先，如果两个摄像机的朝向一样，光轴间有一定距离，且成像平面坐标轴对应平行，如图 9.3.4（a）的双目横向模式，那么极线就构成平行图案，其交点（极点）将在无穷远处。其次，如果两个摄像机的光轴在一条线上，且成像平面坐标轴对应平行，如图 9.3.4（b）的双目纵向模式，那么极点在图像中间，极线就构成放射图案。这两种情况都表明极线模式提供了摄像机之间相对位置和朝向的信息。

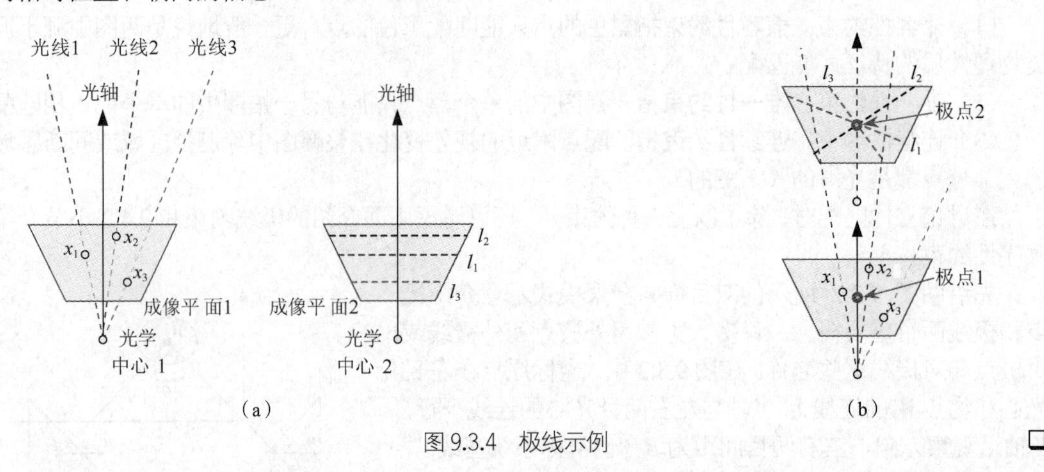

图 9.3.4 极线示例 ❑

极线限定了双目立体视觉系统中图像上对应点的位置，与物点 $\boldsymbol{W}$ 在左像平面上投影点所对应的右像平面投影点必在极线 L'' 上；反之，与物点 $\boldsymbol{W}$ 在右像平面上的投影点所对应的在左像平面的投影点必在极线 L' 上。这就是**极线约束**。

在双目立体视觉系统中，当采用理想的平行光轴模型（即各摄像机视线平行）时，极线与图像扫描线是重合的，这时的立体视觉系统称为平行立体视觉系统。在平行立体视觉系统中，也可以借助极线约束来减少立体匹配的搜索范围。在理想情况下，利用极线约束可将对整幅图的搜索变为对图像一行的搜索。但需要指出，极线约束仅是一种局部约束条件，对一个物点来说，其在极线上的投影点可能不止一个。

例 9.3.3 极线约束

用一个摄像机观测空间点 $\boldsymbol{W}$，所成像点 $\boldsymbol{x}_1$ 应在该摄像机光学中心与 $\boldsymbol{W}$ 的连线上。但所有该线上的点都会在点 $\boldsymbol{x}_1$ 处成像，所以并不能由点 $\boldsymbol{x}_1$ 完全确定特定点 $\boldsymbol{W}$ 的位置/距离。现用第 2 个摄像机观测同一个空间点 $\boldsymbol{W}$，所成像点 $\boldsymbol{x}_2$ 也应在该摄像机光学中心与 $\boldsymbol{W}$ 的连线上。所有该线上的点 $\boldsymbol{W}$ 都投影到成像平面 2 的一条直线上，该直线称为极线。

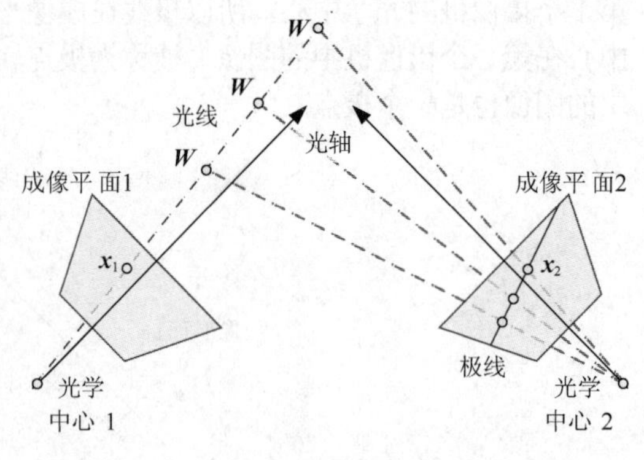

图 9.3.5 极线约束

由图 9.3.5 中的几何关系可知，对成像平面 1 上的任何点 $\boldsymbol{x}_1$，成像平面 2 与其对应的所有的点都（约束）在同一条直线上，这就是极线约束。

极线约束表明以下内容。

（1）给定摄像机的内外参数，对成像平面 1 上的任何点 $\boldsymbol{x}_1$，只需在成像平面 2 进行 1-D 搜索来确定对应位置。

（2）对应性的约束是摄像机内外参数的函数，给定内参数就可借助观察到的对应点的模式确

定外参数，并进而建立两个摄像机之间的几何关系。 ❑

2. 本质矩阵和基本矩阵

空间点 W 在两幅图像上的投影坐标点之间的联系可用有 5 个自由度的**本质矩阵**（也称**本征矩阵**）$\boldsymbol{E}$ 来描述[Davies 2005]，$\boldsymbol{E}$ 又可分解为一个正交的旋转矩阵 $\boldsymbol{R}$ 后接一个平移矩阵 $\boldsymbol{T}$（$\boldsymbol{E} = \boldsymbol{RT}$）。如果在左图像中的投影点坐标用 $\boldsymbol{x}_1$ 表示，在右图像中的投影点坐标用 $\boldsymbol{x}_2$ 表示，则有：

$$\boldsymbol{x}_2^{\mathrm{T}} \boldsymbol{E} \boldsymbol{x}_1 = 0 \tag{9.3.5}$$

在对应图像上通过 $\boldsymbol{x}_1$ 和 $\boldsymbol{x}_2$ 的极线分别满足 $\boldsymbol{L}_2 = \boldsymbol{E}\boldsymbol{x}_1$ 和 $\boldsymbol{L}_1 = \boldsymbol{E}^{\mathrm{T}}\boldsymbol{x}_2$。而在对应图像上通过 $\boldsymbol{x}_1$ 和 $\boldsymbol{x}_2$ 的极点分别满足 $\boldsymbol{E}\boldsymbol{e}_1 = 0$ 和 $\boldsymbol{E}^{\mathrm{T}}\boldsymbol{e}_2 = 0$。

例 9.3.4 本质矩阵

本质矩阵指示了同一空间点 $\boldsymbol{W}$ 在两幅图像上的投影点坐标之间的联系。在图 9.3.6 中，设可以观察到点 $\boldsymbol{W}$ 在图像上的投影位置 $\boldsymbol{x}_1$ 和 $\boldsymbol{x}_2$，另外还知道两个摄像机之间的旋转矩阵 $\boldsymbol{R}$ 和平移矩阵 $\boldsymbol{T}$，那么可得到 3 个 3-D 矢量 $\boldsymbol{O}_1\boldsymbol{O}_2$、$\boldsymbol{O}_1\boldsymbol{W}$ 和 $\boldsymbol{O}_2\boldsymbol{W}$。这 3 个 3-D 矢量肯定是共面的。因为 3 个 3-D 矢量 $\boldsymbol{a}$、$\boldsymbol{b}$ 和 $\boldsymbol{c}$ 共面的准则可写为 $\boldsymbol{a} \cdot (\boldsymbol{b} \times \boldsymbol{c}) = 0$，所以可使用这个准则来推导本质矩阵。

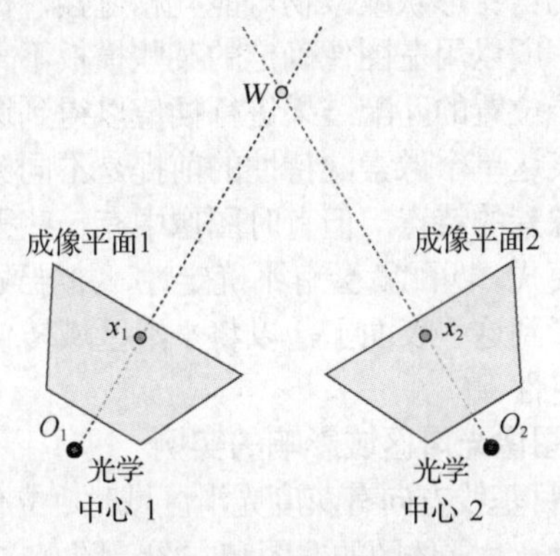

图 9.3.6 本质矩阵的推导

根据摄像机的透视关系可知：矢量 $\boldsymbol{O}_1\boldsymbol{W} = k_1\boldsymbol{R}\boldsymbol{x}_1$，矢量 $\boldsymbol{O}_1\boldsymbol{O}_2 = k_2\boldsymbol{T}$，且矢量 $\boldsymbol{O}_2\boldsymbol{W} = \boldsymbol{x}_2$。将这些与共平面条件结合起来，就得到需要的结果（$\boldsymbol{E}$ 代表本质矩阵，有 5 个自由度）：

$$\boldsymbol{x}_2^{\mathrm{T}}(\boldsymbol{T} \times \boldsymbol{R}\boldsymbol{x}_1) = \boldsymbol{x}_2^{\mathrm{T}} \boldsymbol{E} \boldsymbol{x}_1 = 0 \tag{9.3.6}$$

在对应图像上通过 $\boldsymbol{x}_1$ 和 $\boldsymbol{x}_2$ 的极线分别满足 $\boldsymbol{l}_2 = \boldsymbol{E}\boldsymbol{x}_1$ 和 $\boldsymbol{l}_1 = \boldsymbol{E}^{\mathrm{T}}\boldsymbol{x}_2$。而在对应图像上通过 $\boldsymbol{x}_1$ 和 $\boldsymbol{x}_2$ 的极点 $\boldsymbol{e}_1$ 和 $\boldsymbol{e}_2$ 分别满足 $\boldsymbol{E}\boldsymbol{e}_1 = 0$ 和 $\boldsymbol{E}^{\mathrm{T}}\boldsymbol{e}_2 = 0$。 ❑

上面的讨论中假设 $\boldsymbol{x}_1$ 和 $\boldsymbol{x}_2$ 是摄像机已校正后的像素坐标。如果摄像机没有校正过，则需要用到原始的像素坐标 $\boldsymbol{y}_1$ 和 $\boldsymbol{y}_2$。设摄像机的内参数矩阵为 $\boldsymbol{G}_1$ 和 $\boldsymbol{G}_2$，则：

$$\boldsymbol{x}_1 = \boldsymbol{G}_1^{-1} \boldsymbol{y}_1 \tag{9.3.7}$$

$$\boldsymbol{x}_2 = \boldsymbol{G}_2^{-1} \boldsymbol{y}_2 \tag{9.3.8}$$

将上两式代入式（9.3.5），则得到 $\boldsymbol{y}_2^{\mathrm{T}}(\boldsymbol{G}_2^{-1})^{\mathrm{T}}\boldsymbol{E}\boldsymbol{G}_1^{-1}\boldsymbol{y}_1 = 0$，并可写为：

$$\boldsymbol{y}_2^{\mathrm{T}} \boldsymbol{F} \boldsymbol{y}_1 = 0 \tag{9.3.9}$$

其中：

$$\boldsymbol{F} = (\boldsymbol{G}_2^{-1})^{\mathrm{T}} \boldsymbol{E} \boldsymbol{G}_1^{-1} \tag{9.3.10}$$

矩阵 $\boldsymbol{F}$ 称为**基本矩阵**（也称**基础矩阵**），因为它包含了所有的用于摄像机校正的信息。基本矩阵有 7 个自由度（每个极点需要 2 个参数，另加上 3 个参数以将 3 条极线从一幅图像映射到另一幅图像，因为两个 1-D 投影空间中的投影变换具有 3 个自由度），本质矩阵有 5 个自由度，所以基本矩阵比本质矩阵多2个自由参数，但对比式（9.3.5）和式（9.3.9），可见这两个矩阵的作用或功能是类似的。

本质矩阵和基本矩阵与摄像机的内外参数有关。如果给定摄像机的内外参数，则根据极线约束可知，对成像平面1上的任意点，只需在成像平面2进行1-D搜索来确定其对应点的位置。进一步，对应性约束是摄像机内外参数的函数，给定内参数就可借助观察到的对应点的模式确定外参数，并进而建立两个摄像机之间的几何关系。

在双目视觉中，当采用理想的平行光轴模型（即各摄像机视线平行）时，极线与图像扫描线是重合的。这时的立体视觉系统称为平行立体视觉系统。在平行立体视觉系统中，可以借助极线约束来减少立体匹配的搜索范围。在理想情况下，利用极线约束可将对整幅图的搜索变为对图像中一行的搜索。但需要指出，极线约束仅是一种局部约束条件，对一个空间点来说，其在极线上的投影点仍可能有不止一个。

3. 匹配中的影响因素

在实际中利用区域匹配的方法时，还有一些具体问题需要解决。

（1）由于在拍摄场景时景物自身形状或景物可能互相遮挡，被左边摄像机拍摄到的景物不一定全都能被右边摄像机拍摄到，所以用左图像确定的某些模板不一定能在右图像中找到完全匹配的位置。此时常需根据其他匹配位置的匹配结果进行插值以得到这些无法匹配点的数据。

（2）用模板图像的模式来表达单个像素的特性的前提是不同模板图像有不同模式，这样匹配时才有区分性，即可反映不同像素的特点。但有时图像中有一些平滑区域，在这些平滑区域得到的模板图像具有相同或相近的模式，匹配就会有不确定性，并导致产生误匹配。为解决这个问题，有时需要将一些随机的纹理投影到这些表面上，以将平滑区域转化为纹理区域，从而获得具有不同模式的模板图像来消除不确定性。

例 9.3.5　双目立体匹配受图像光滑区域影响的实例

图9.3.7所示为一个当沿双目基线方向有灰度光滑区域时，立体匹配产生误差的实例。其中图9.3.7（a）和图9.3.7（b）分别为一对立体图的左图和右图。图9.3.7（c）是利用双目立体匹配所获得的视差图（这里为清楚起见，仅保留了景物匹配结果），图中深色代表较远距离（较大深度），而浅色代表较近距离（较小深度）。图9.3.7（d）是与图9.3.7（c）对应的三维立体图（等高图）显示。

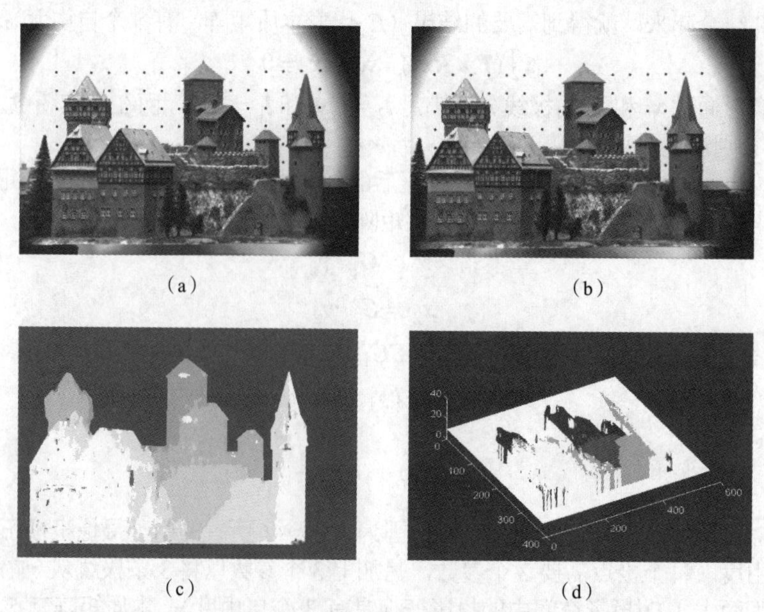

图9.3.7　双目立体匹配受图像光滑区域影响的实例

对照各图可知，由于场景中有一些特征（如塔楼、房屋等建筑的水平屋檐）的灰度值在沿水平走向上大体相近，所以当沿着极线方向对其进行搜索匹配时，很难确定对应点，产生了许多由于误匹配造成的误差，反映在图 9.3.7（c）中就是有一些与周围不协调的白色区域或黑色区域，而反映在图 9.3.7（d）中就是有一些尖锐的毛刺。 □

4. 正交立体图像对

为解决上述图像中光滑区域产生的问题，有一种改进方法是使用两对互相正交（一对水平、一对垂直）的双目图像（实际是三目图像的一种特殊情况），它们构成**正交立体图像对**[Jia 2000]。因为在实际应用中，一般水平方向上比较光滑的区域在垂直方向上常可能具有比较明显的灰度差异，换句话说，垂直方向上并不光滑。这启示人们可利用垂直方向上的图像对进行垂直搜索，以解决在这些区域用水平方向匹配易产生的误匹配问题。当然，对垂直方向上的光滑区域，仅利用垂直方向上的图像对也有可能产生误匹配问题，需要借助水平方向的图像对进行水平匹配。两者结合，就有可能消除或减弱图像中光滑区域对匹配造成的影响。

具体获取两对互相正交的双目图像的方案如图 9.3.8 所示，一共需要采集 3 幅图像，将左图像 L 和右图像 R 组成一个水平立体图像对，其基线为 B_h；将左图像 L 和顶图像 T 组成一个垂直立体图像对，其基线为 B_v。这样就可构成互相正交的两个立体图像对。这里 B_h 和 B_v 的长度可以相等也可以不相等。

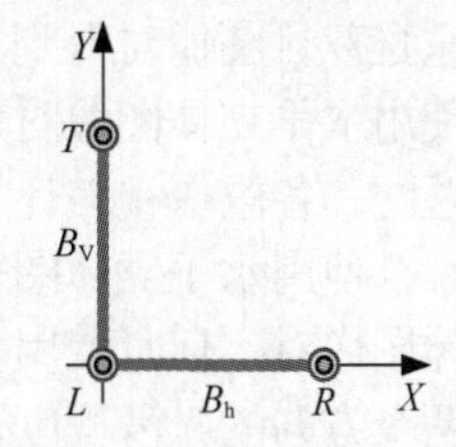

图 9.3.8 两对互相正交的双目图像

例 9.3.6 用互相正交的两个立体图像对消除光滑区域误匹配的示例

利用两对双目图像来消除单方向光滑区域误匹配的一个示例如图 9.3.9 所示，其中图 9.3.9（a）、图 9.3.9（b）、图 9.3.9（c）依次为一组带有水平和垂直方向光滑区域的正方锥图像的左图像、右图像和顶图像，图 9.3.9（d）为仅用水平立体图像对通过立体匹配得到的视差图，图 9.3.9（e）为仅用垂直立体图像对通过立体匹配得到的视差图，图 9.3.9（f）为结合使用水平立体图像对和垂直立体图像对通过立体匹配得到的视差图，图 9.3.9（g）、图 9.3.9（h）、图 9.3.9（i）分别为对应图 9.3.9（d）、图 9.3.9（e）、图 9.3.9（f）的三维立体图。

图 9.3.9 用互相正交的两个立体图像对消除光滑区域误匹配的示例

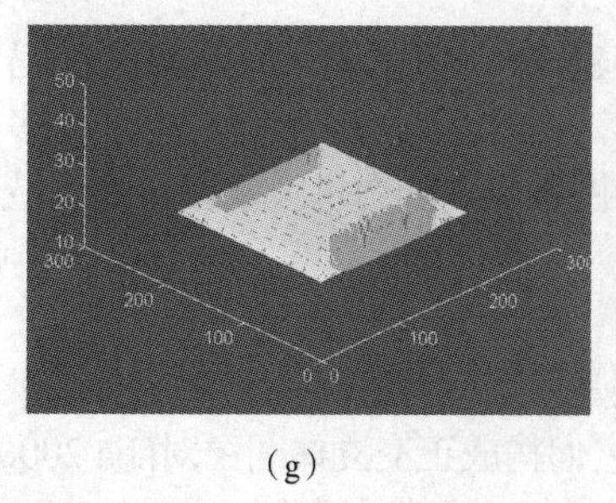

(g)

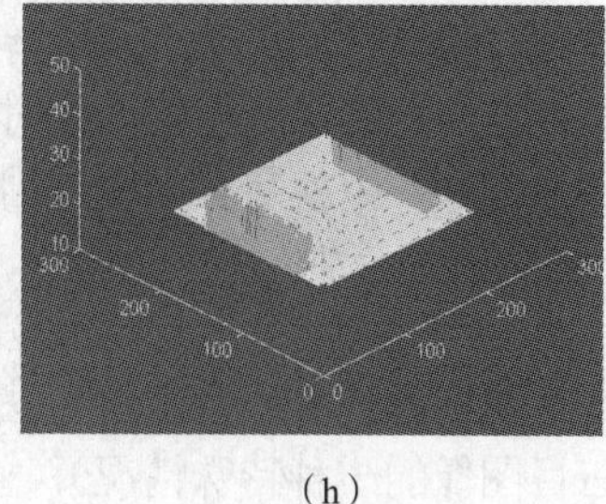

(h)

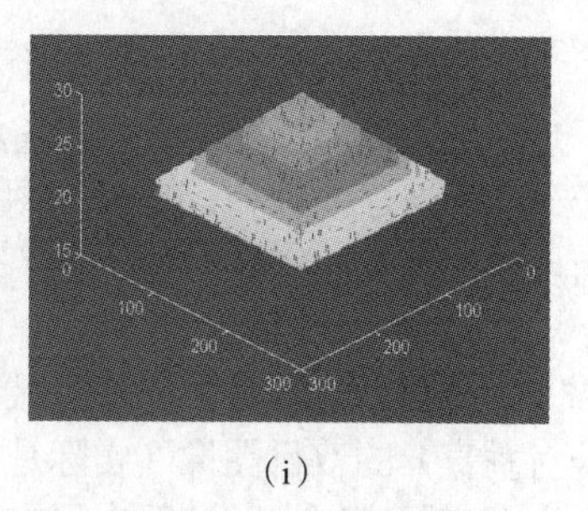

(i)

图9.3.9 用互相正交的两个立体图像对消除光滑区域误匹配的示例（续）

在由水平双目图像对得到的视差图中，水平光滑区域产生了明显的误匹配（水平黑色条带）；在由垂直双目图像对得到的视差图中，垂直光滑区域产生了明显的误匹配（垂直黑色条带）；而在结合使用水平立体图像对和垂直立体图像对得到的视差图中，消除了各种单方向光滑区域所引起的误匹配。各区域视差计算结果都正确，这些结果在各三维立体图中也看得非常清楚。 □

结合使用水平立体图像对和垂直立体图像对进行立体匹配时遇到的一个问题是，何时使用水平立体图像对，何时使用垂直立体图像对。一种比较简单的方法是，先比较图像各区域沿水平和垂直两个方向的光滑程度，在水平方向更为光滑的区域采用垂直图像对进行匹配，在垂直方向更为光滑的区域采用水平图像对进行匹配，这样就不用分别计算两幅完整的视差图，而且两部分区域视差的合成也非常简单。至于一个区域是水平方向更为光滑还是垂直方向更为光滑，可借助计算该区域的梯度方向来确定。对一个像素来说，如果其邻域中垂直方向的梯度大于水平方向的梯度，则在对该像素进行匹配搜索时需要借助水平图像对进行；反之如果其邻域中垂直方向的梯度小于水平方向的梯度，则在对该像素进行匹配搜索时需要借助垂直图像对进行。

例 9.3.7 用互相正交的两个立体图像对消除光滑区域误匹配的实例

图9.3.10所示为用互相正交的两个立体图像对来消除例9.3.5中图像光滑区域对立体匹配影响的一个实例。图 9.3.10（a）为与图 9.3.7（a）所示的左图像和图 9.3.7（b）所示的右图像相对应的顶图像，图9.3.10（b）为结合使用水平立体图像对和垂直立体图像对进行立体匹配得到的完整视差图，图 9.3.10（c）为与图 9.3.10（b）对应的三维立体图显示。将图 9.3.10（b）和图 9.3.10（c）分别与图9.3.7（c）和图9.3.7（d）比较，可见此时误匹配区域大大减小。

(a)

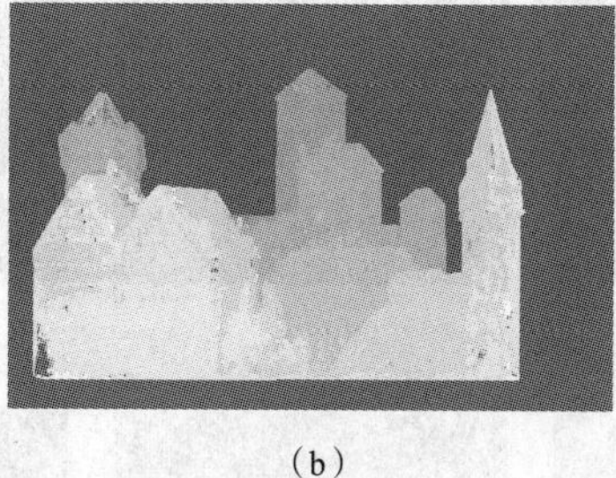
(b)

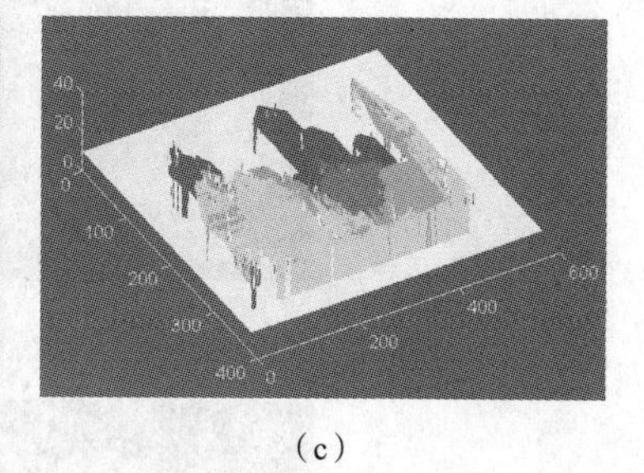

(c)

图9.3.10 用互相正交的两个立体图像对消除光滑区域误匹配的实例 □

最后顺便指出，使用互相正交的两个立体图像对进行匹配，不仅能减少由于光滑区域造成的误匹配，还能减少由于图像中有周期性重复模式所造成的误匹配[章 2012d]。

5. 光学特性计算

利用双目图像的灰度信息还有可能进一步计算出物体表面的某些光学特性（参见 10.1 节）。这里对表面的反射特性要注意两个因素：其一是粗糙表面带来的散射，其二是致密表面带来的镜面反射。这两个因素按如下方式结合：设 $\boldsymbol{N}$ 为表面面元法线方向的单位向量，$\boldsymbol{S}$ 为点光源方向的单位向量，$\boldsymbol{V}$ 为观察者视线方向的单位向量，在面元上得到的反射亮度 $I(x, y)$ 为合成反射率 $\rho(x, y)$ 和合成反射量 $R[\boldsymbol{N}(x, y)]$ 的乘积（参见 2.2.2 小节的亮度成像模型），可以写出：

$$I(x, y) = \rho(x, y) R[\boldsymbol{N}(x, y)] \tag{9.3.11}$$

其中：

$$R[\boldsymbol{N}(x, y)] = (1-\alpha)\boldsymbol{N} \bullet \boldsymbol{S} + \alpha(\boldsymbol{N} \bullet \boldsymbol{H})^k \tag{9.3.12}$$

其中，ρ、α 和 k 为有关表面光学特性的系数，可以从图像数据算得。式（9.3.12）中等号右边的第 1 项考虑的是散射效应，它不因视线角而异；第 2 项考虑的是镜面反射效应。设 $\boldsymbol{H}$ 为镜面反射角方向的单位向量，有：

$$\boldsymbol{H} = (\boldsymbol{S}+\boldsymbol{V}) \Big/ \sqrt{2[1+(\boldsymbol{S} \bullet \boldsymbol{V})]} \tag{9.3.13}$$

式（9.3.12）中等号右边的第 2 项通过向量 $\boldsymbol{H}$ 反映出视线向量 $\boldsymbol{V}$ 的变化。例如在图 9.3.2 所示的坐标系统中，有：

$$V' = \{0,\ 0,\ -1\} \qquad V'' = \{-\sin\theta,\ 0,\ \cos\theta\} \tag{9.3.14}$$

9.4　基于特征的立体匹配

基于区域的立体匹配方法的缺点是依赖于图像灰度的统计特性，所以对景物表面结构以及光照反射等较为敏感，因此在空间景物表面缺乏足够纹理细节（如例 9.3.5 中沿极线方向）、成像失真较大（如基线长度过大）的场合进行匹配存在一定困难。考虑到实际图像的特点，可先确定图像中的一些**特征点**（也称控制点或匹配点），然后借助这些特征点进行匹配，这称为**基于特征的立体匹配**。因为特征点主要利用从强度图像得到的几何/符号特征作为匹配基元，所以对环境照明的变化不太敏感，性能较为稳定。不过由于特征点是离散的，所以不能在匹配后直接得到密集的视差场，还需要进行插值。另外，特征提取也需要额外的计算量。

最常用的特征点是图像中的一些特殊点（它们不仅灰度上有特点，而且其几何位置等也有特点），如边缘点、角点、拐点等。特征点的选取方法与对它们所采用的匹配方法常有密切的联系。特征点匹配的主要步骤如下。

（1）在立体图像对中选取用于匹配的特征点对。

（2）对选出的特征点对进行匹配。

（3）计算匹配的特征点对的视差，获取匹配的特征点处的深度。

（4）对所获得的稀疏深度值的结果进行插值以获得（稠密的）**深度图**。

9.4.1　点对点的匹配方法

点对点的匹配方法可以直接在两幅图像中确定一些特征点，然后逐对寻求对应关系。下面介绍几种简单直观的方法。

1. 利用边缘点的匹配

先介绍一种**利用边缘点的匹配**方法。对一幅图像 $f(x, y)$，先计算其特征点图像：

$$t(x, y) = \min\{H,\ V,\ L,\ R\} \tag{9.4.1}$$

其中，H、V、L 和 R 均借助灰度梯度（沿 4 个方向）计算：

$$H = \left[f(x, y) - f(x-1, y)\right]^2 + \left[f(x, y) - f(x+1, y)\right]^2 \tag{9.4.2}$$

$$V = \left[f(x, y) - f(x, y-1)\right]^2 + \left[f(x, y) - f(x, y+1)\right]^2 \tag{9.4.3}$$

$$L = \left[f(x, y) - f(x-1, y+1)\right]^2 + \left[f(x, y) - f(x+1, y-1)\right]^2 \tag{9.4.4}$$

$$R=\left[f(x,y)-f(x+1,y+1)\right]^2+\left[f(x,y)-f(x-1,y-1)\right]^2 \tag{9.4.5}$$

然后将 $t(x, y)$划分成互不重叠的小区域 W，在每个小区域中选取计算值的最大点作为特征点。

现在考虑对左图像和右图像构成的图像对进行匹配。对左图像的每个特征点，可将其在右图像中所有可能的匹配点组成一个可能匹配点集合。这样对左图像的每个特征点可得到一个标号集，其中的标号 l 或者是左图像特征点与其可能匹配点的视差，或者是代表无匹配点的特殊标号。对每个可能匹配点，计算下式以设定初始匹配概率 $P^{(0)}(l)$：

$$A(l)=\sum_{(x,\,y)\in W}\left[f_L(x,y)-f_R(x+l_x,y+l_y)\right]^2 \tag{9.4.6}$$

其中 $l=(l_x, l_y)$为可能的视差。$A(l)$代表两个区域间的灰度拟合度，与初始匹配概率 $P^{(0)}(l)$成反比。换句话说，$P^{(0)}(l)$与可能匹配点邻域中的相似度有关。据此，可借助松弛迭代法，给可能匹配点邻域中视差比较接近的点以正的增量，而给可能匹配点邻域中视差比较远的点以负的增量，这样来对 $P^{(0)}(l)$进行迭代更新。随着迭代的进行，正确匹配点的第 k 次迭代匹配概率 $P^{(k)}(l)$会逐渐增大，而其他点的匹配概率 $P^{(k)}(l)$会逐渐减小。可以事先确定一个迭代次数 k，将匹配概率 $P^{(k)}(l)$最大的点确定为匹配点；也可以事先确定一个变化阈值 T，当前后两次迭代之间的概率差小于阈值时就停止。

2. 利用零交叉点的匹配

特征点匹配时，也可选用**零交叉模式**来获得匹配基元。利用（高斯函数的）拉普拉斯算子进行卷积可得到**零交叉点**。考虑零交叉点的连通性，可确定 16 种不同的零交叉模式，如图 9.4.1 中的阴影所示。

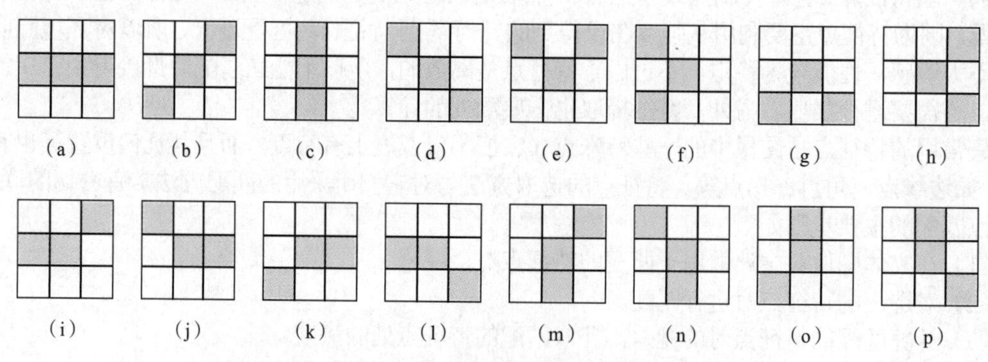

图 9.4.1　16 种不同的零交叉模式

对左图像的每个零交叉模式，将其在右图像中所有可能的匹配点组成一个可能匹配点集合。在立体匹配时，可借助水平极线约束，将左图像中所有非水平的零交叉模式组成一个点集，对其中每个点赋一个标号集并确定一个初始匹配概率。用与利用边缘点的匹配中类似的方法，通过松弛迭代也可得到最终的匹配点。

3. 特征点深度

下面借助图 9.4.2（它是通过将图 9.3.2 中的极线去除，再将基线移到 X 轴上以方便描述而得到的，其中各字母的含义同图 9.3.2）来解释特征点间的对应关系。

在 3-D 空间坐标中一个特征点 $W(x, y, -z)$通过正交投影后在左、右图上，其计算分别如下：

$$(u',v')=(x,y) \tag{9.4.7}$$

$$(u'',v'')=[(x-B)\cos\theta-z\sin\theta,\ y] \tag{9.4.8}$$

这里对 u''的计算是按先平移、再旋转的坐标变换进行的。式（9.4.8）也可借助图 9.4.3 进行推导

（这里给出了平行于图 9.4.2 中 XZ 平面的一个平面），如下：

$$u'' = \overline{OS} = \overline{ST} - \overline{TO} = (\overline{QE} + \overline{ET})\sin\theta - \frac{B - x}{\cos\theta} \tag{9.4.9}$$

注意到 W 在 $-Z$ 轴上，所以有：

$$u'' = -z\sin\theta + (B - x)\tan\theta\sin\theta - \frac{B - x}{\cos\theta} = (x - B)\cos\theta - z\sin\theta \tag{9.4.10}$$

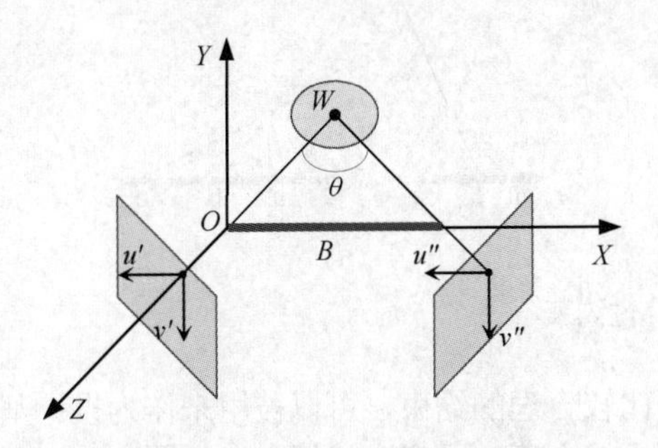

图 9.4.2　双目视觉的坐标系统示意

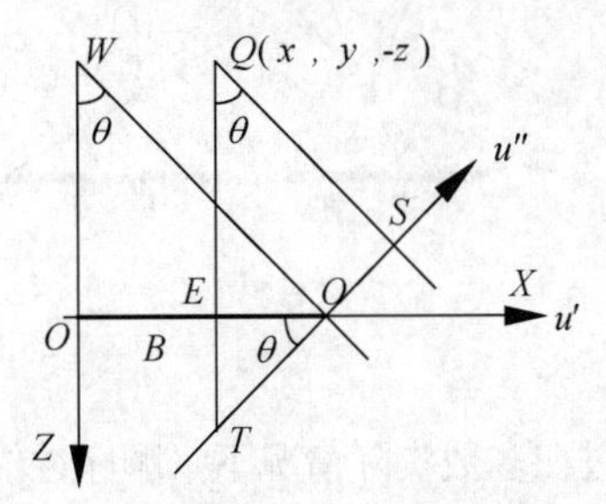

图 9.4.3　计算双目立体匹配视差的坐标安排

如果已由 u' 确定了 u''（即已建立了特征点间的匹配），则从式（9.4.8）中可反解出投影到 u' 和 u'' 的特征点深度为：

$$-z = u''\csc\theta + (B - u')\cot\theta \tag{9.4.11}$$

4. 稀疏匹配点

由以上的讨论可见，特征点只是物体上的一些特定点，互相之间有一定间隔。实际中，仅由稀疏的匹配点并不能直接得到密集的视差场，因而有可能无法唯一地恢复物体外形。换句话说，仅能确定物体表面一些不连续的离散点，而它们之间的那些点的情况不能确定（或者说不知道离散点之间的联系形式）。例如图 9.4.4（a）所示为空间共面的 4 个点（与另一个空间平面的距离相等）。这些点是通过视差计算得到的稀疏的匹配点。虽然这些点都位于物体的外表面，但过这 4 个点的曲面可以有无穷多个，图 9.4.4（b）、图 9.4.4（c）和图 9.4.4（d）所示为几个可能的例子。可见，仅由稀疏的匹配点并不能唯一地恢复物体外形，还需要结合一些其他的条件才能获得如区域匹配的视差图。

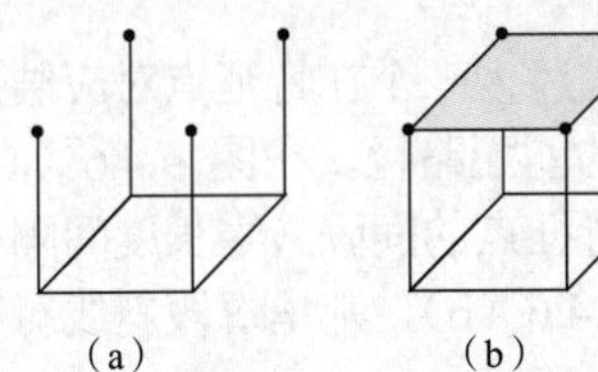

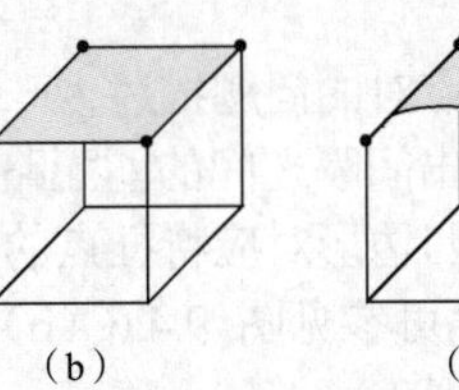

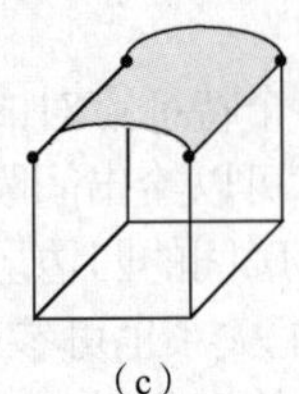

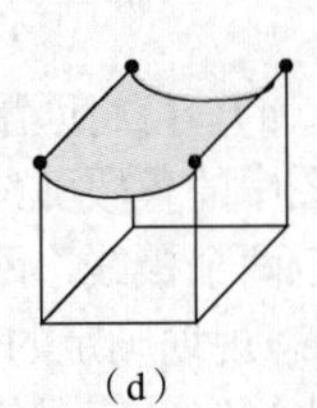

图 9.4.4　仅由稀疏的匹配点并不能唯一地恢复物体外形

9.4.2　动态规划匹配

对特征点进行匹配需要建立特征点之间的对应关系，为此可利用下面介绍的顺序性约束条件，并采用动态规划（参见 5.1.2 小节）的方法来进行匹配（可参见文献[Forsyth 2012]）。这种方法同时利用了多对特征点的信息，鲁棒性比较高。

以图 9.4.5（a）为例，考虑被观察物体可见表面上的 3 个特征点，将它们顺序地命名为 A、B、C。它们在两幅成像图像上投影的顺序（沿极线）正好反过来，为 c、b、a 和 c'、b'、a'。这两个顺序相反的规律称为**顺序性约束**。顺序性约束是一种理想的情况，在实际场景中并不能保证总能成立。例如在图9.4.5（b）所示的情况下，一个小的物体 D 横在后面的大物体前，遮挡了大物体的一部分，使得在左图像上看不到原来 C 点的投影 c 点，而在右图像上看不到原来 A 点的投影 a' 点。另外，由于物体 D 与图像平面比较近，导致图像上投影的顺序也不满足顺序性约束。

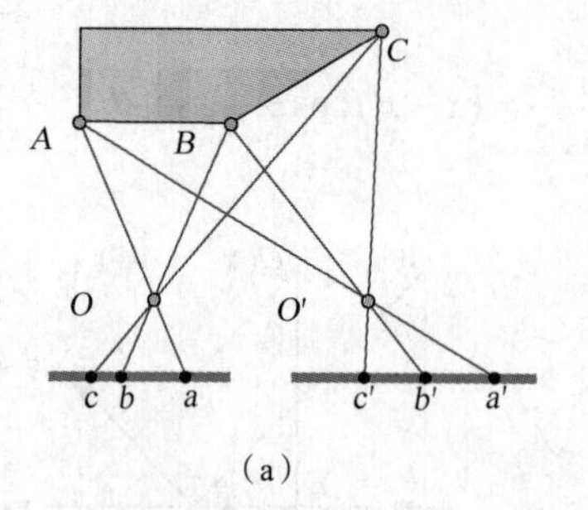

（a）

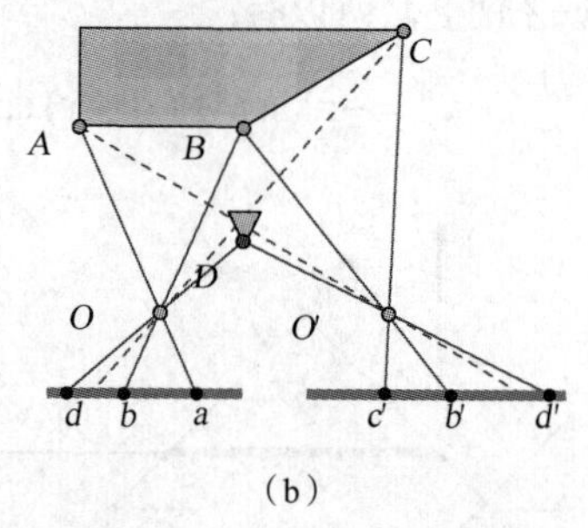

（b）

图9.4.5　顺序性约束

不过在多数实际情况下，顺序性约束还是一个比较合理的约束，可以被用来作为设计基于动态规划的立体匹配算法的基础。下面以已经在两条极线上确定了多个特征点（如图9.4.5所示），要建立它们之间的对应关系为例来进行讨论。这里匹配各个特征点对的问题可以转化成匹配同一极线上相邻特征点间隔的问题，如图9.4.6（a）所示，其中给出了两个特征点序列，将它们排列在两个灰度剖面上。尽管因为遮挡等，有些特征点间隔退化成一个点，但由顺序性约束所确定的特征点顺序仍然保留了下来。

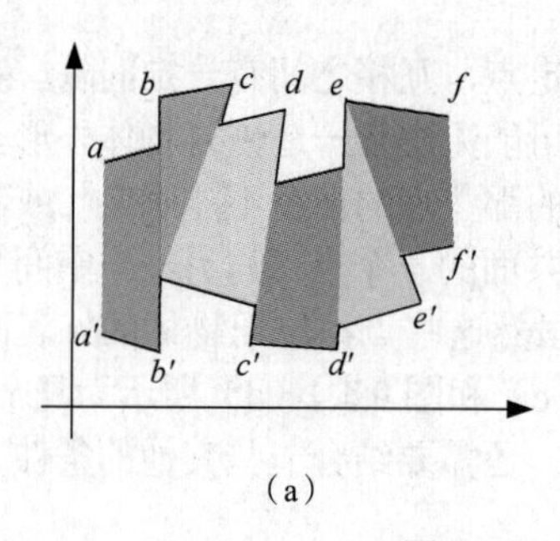

（a）

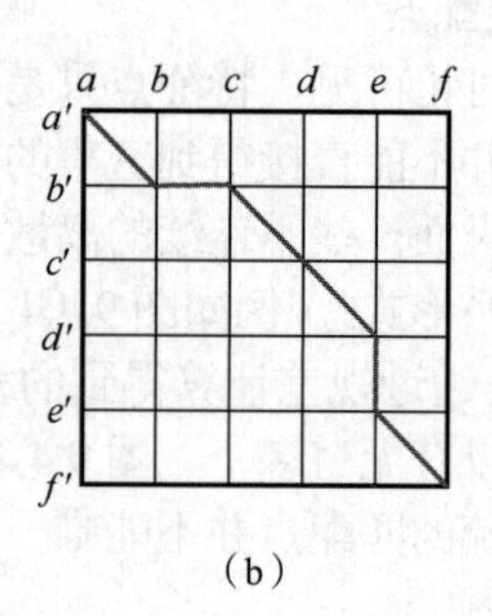

（b）

图9.4.6　基于动态规划的匹配

根据图9.4.6（a），可将匹配各个特征点对的问题描述为一个在特征点对应结点的图上搜索最优路径的问题，图中的各段弧线就可以给出间隔之间的匹配路径。在图9.4.6（a）中，上下的两个轮廓线分别对应两个极线，两轮廓间的四边形对应特征点的间隔（零长度间隔导致四边形退化为三角形）。由动态规划确定的匹配关系也可参见图9.4.6（b），那里每段斜线对应一个四边形间隔，而垂直线或水平线对应退化后的三角形。

该算法的复杂度正比于两条极线上特征点个数的乘积，这可由图9.4.6（b）看出。

总结和复习

下面对本章各节进行简单小结，并有针对性地介绍一些可供深入学习的参考文献。读者还可通过思考题和练习题进行进一步的复习，标有星号的思考题或练习题在书末提供了解答。

【小结和参考】

9.1 节概述了立体视觉系统的6个主要模块，其中有些模块的内容已在前几章里进行了介绍。立体视觉是计算机视觉的重要内容，在所有计算机视觉的书籍中都会被介绍，可参见文献[章

2012d]、[Haralick 1992]、[Haralick 1993]、[Jähne 2000]、[Shapiro 2001]、[Hartley 2004]、[Davies 2012]、[Forsyth 2012]、[Prince 2012]、[彼 2019]等。

9.2 节讨论了几种双目成像模式和对应的视差计算方法，这在许多书籍中都有介绍，如[章 2012d]、[Shapiro 2001]、[Davies 2012]、[Forsyth 2012]、[Prince 2012]等。相关技术已比较成熟并已得到广泛应用，如一个利用双目视觉对场景理解的例子可参见文献[Franke 2000]。一个利用体素聚类和图割优化的多视图重建方法可参见文献[Zhu 2011]。

9.3 节介绍了基于区域的立体匹配方法。虽然这里以区域灰度为例，但也可使用其他区域属性。对多种不同方法的一个比较讨论可参见文献[Scharstein 2002]。灰度相关匹配法中要将两幅图像中的各一个窗口进行灰度相关计算，计算量比较大。解决这个问题可利用迭代技术，也可设法减少需匹配位置，如可借助曲线拟合（可参见文献[秦 2003]）。使用极线约束也可有效减少计算量。本质矩阵建立了摄像机校正后极点以及极线之间的联系，如果摄像机尚未校正，那就要使用基本矩阵（或基础矩阵）[章 2012d]。

顺便指出，相关系数也可借助快速傅里叶变换（FFT）转换到频域中计算。如果图像和模板的尺寸相同，则在频域计算有可能比直接在空域计算效率更高。实际上，模板的尺寸一般远小于图像的尺寸。有人曾估计过，如果模板中的非零项少于 132（约相当于一个尺寸为 13 × 13 的子图像），则直接使用式（9.3.1）在空域中计算比用 FFT 在频域中计算的效率要高[Campbell 1969]。当然这个数字与所用的计算机和算法编程都有关系。另外，式（9.3.2）中相关系数的计算在频域很难实现，所以一般都直接在空域中进行。

使用一般相关技术的一个主要问题是其中隐含地假设了被观察表面与两幅图像的成像面平行。几何上很容易证明，当任一幅图像的成像面与需计算匹配点的邻域表面不平行时，由于透视效果不一致会使相关计算产生误差而导致匹配错误。解决这个问题的一种方法是采用两步计算方法，第 1 步估计视差以补偿不平行造成的影响，第 2 步进行匹配的相关计算。

最后，立体匹配本指立体图像对之间的匹配，但这里介绍的方法也适合于任何两幅同类型图像之间的匹配，一个例子是精细印刷品缺陷的自动检测（可参见文献[章 2001c]）。

9.4 节介绍了基于特征的立体匹配方法。特征的种类很多，基于结构特征的匹配方法需要检测能够表示景物自身结构特性的概况特征，如直线边缘、矩、各种边缘交点（junction）、角点等。特征点间的匹配是两个点集合之间的匹配，也可以利用豪斯道夫（Hausdorff）距离及各种改进变形（可参见文献[Tan 2006]）来进行匹配。一种将基于特征点匹配的重建与多视图重建相结合的方法可参见文献[朱 2010]。

无论使用基于区域还是基于特征的立体匹配方法都会由于噪声、遮挡等而出现匹配误差。有关对立体匹配误差检测、校正和评价的全面讨论可参见文献[Mohan 1989]。一种借助顺序性约束的通用快速视差图误差检测与校正算法可参见文献[贾 2000]。视差图的误差将导致深度估计的误差，与此相关的摄像机配准对立体深度估计的影响可参见文献[Zhao 1996]。

【思考题和练习题】

9.1　试讨论在哪些特殊情况下，立体视觉系统中的 6 个模块之一可以省略。

*9.2　在图 9.2.2 中，如设坐标原点在两个光心连线的中点处，试写出与式（9.2.4）相对应的关于 Z 的表达式。如$\lambda = 0.05$ m，$B = 0.4$ m，$x_1 = 0.02$ m，$x_2 = -0.03$ m，算出 W 点的 X 和 Z 坐标。

9.3　试着换一个思路（换一些步骤）来推导式（9.2.4）。

9.4　如果图 9.2.3 中两摄像机的会聚点的 Z 坐标是景物 W 的 Z 坐标的 5 倍，景物 W 在图像平面 X 方向上的视差表达式是什么？如果 $W(X, Y, Z) = W(2, 0, 4)$，$B = 2$，$\lambda = 0.5$，$\theta = 0.5$，景物 W 在图像平面 X 方向上的视差是多少？

9.5　试比较双目横向模式、双目横向会聚模式和双目纵向模式在视差计算精度、受场景遮挡影响和受对应点不确定性影响方面的不同特点。

9.6　设图像和模板分别如图题 9.6 中的图（a）和图（b）所示，试计算它们的相关函数图像和相关系数图像，并比较讨论。

0	0	0	0	0	0	0	0
0	1	0	0	0	0	1	0
0	0	0	0	0	3	0	0
0	0	1	5	5	0	0	0
0	0	1	5	5	0	0	0
0	0	0	0	0	3	0	0
0	1	0	0	0	0	1	0
0	0	0	0	0	0	0	0

（a）

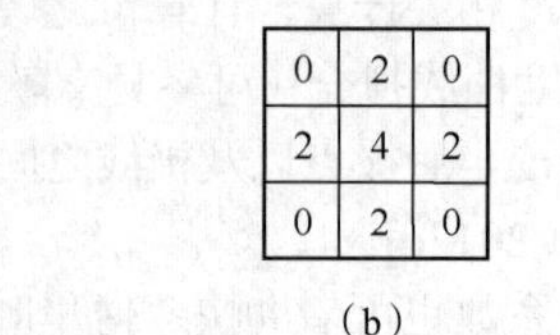

0	2	0
2	4	2
0	2	0

（b）

图题 9.6

9.7（1）模板匹配方法也可用于目标检测。请分别给出一个检测角点的模板，以及一个检测角点和孔的模板。

（2）实际中有时先用特征来定位目标而不是直接使用整个目标模板进行检测，为什么？

9.8　如何定义不受 $f(x, y)$ 和 $w(x, y)$ 幅度值变化的，与最小均方误差函数 M_{me} 和最小平均差值函数 M_{ad} 对应的函数？

9.9　使用正交立体图像对实际是使用了三目图像，或者说使用了三目视觉。试讨论三目视觉的优点。

9.10　图 9.3.8 中比一般的双目系统多使用了一个摄像机。分析第 3 个摄像机的最佳放置位置是什么地方？第 3 个摄像机不应该放在什么位置？

*9.11　比较 9.2.1 小节和 9.4.1 小节中关于双目立体匹配深度公式的推导过程和结果。

9.12　选择教室中的一些景物，用相机在一条直线上的两个位置拍摄两幅图像，试采用邻域灰度匹配或基于特征点匹配的方法来获得视差图和深度图。结合实验结果讨论相机所摆放的两个位置间的距离对视差图有什么影响？

第 10 章 三维景物恢复

第 9 章介绍的立体视觉方法利用双目（或多目）图像来恢复将 3-D 世界投影到 2-D 图像时所丢失的深度信息，其中主要的难点是要建立双目（或多目）图像之间的对应关系。为了避免复杂的对应点匹配问题，利用**单目图像**（即仅使用位置固定的单个摄像机，但可拍摄单幅或多幅图像）中的各种线索来恢复深度信息的方法也常被采用。

从更一般的角度来说，3-D 景物具有一些反映自身客观存在的特性，被称为本征特性。**本征特性**与观察者和图像采集设备本身的性质无关，仅取决于景物本身。典型的本征特性包括场景中各物体之间的相对距离，各物体在空间的方位、运动速度，以及各物体的表面反射率、透明度、指向等。为充分把握 3-D 场景的含义并对其进行解释，需要恢复景物的本征特性，而恢复景物的深度信息只是一种特例。

在景物的各种本征特性中，3-D 目标的形状是最基本和最重要的特征。一方面，目标的许多其他特征，如表面法线、物体轮廓等都可以从其形状推断出来；另一方面，人们一般总是首先用形状来定义目标，在此基础上再利用目标的其他特征进一步描述目标。所以，在很多对 3-D 景物恢复的研究中，恢复 3-D 目标的形状得到的关注最多。

利用单目图像，借助其中的各种 3-D 线索来恢复景物和求解目标形状常被称为“**从 *X* 得到形状**”或“**从 *X* 恢复形状**”，这里 *X* 可以代表照度变化、影调、轮廓、纹理、景物运动等。这类工作在 20 世纪 70 年代就已开始[Marr 1982]。本章介绍几种典型的利用静止图像的“从 *X* 得到形状”的技术，有关利用序列图像中运动信息获取形状的技术将在第 11 章介绍。

根据上面所述，本章各节将如下安排。

10.1 节介绍借助光源移动变化来恢复景物表面朝向的原理，其中对表面反射特性、目标表面朝向、反射图等概念进行了详细说明，并讨论光度立体学求解的方法。

10.2 节介绍根据景物表面受光源照射后所呈现的影调（明暗变化）来获取其形状信息的方法。在对影调与形状的联系进行分析后，给出对表达这种联系的亮度方程的求解步骤。

10.3 节讨论景物表面朝向与表面纹理模式变化之间的联系。与表面朝向密切相关的纹理变化有 3 种典型的形式，分别举例给予详细的说明。

10.4 节分析一种根据摄像机镜头聚焦的焦距来确定被摄景物深度的方法，这里借助了焦距与景深的联系来确定摄像机与景物之间的距离。

10.1 由光移恢复表面朝向

利用一系列不同光照条件下采集的图像可以恢复场景中目标表面的朝向。不同光照的图像可通过移动光源而得到，这就是**由光移恢复表面朝向**的思路，所用的方法称为**光度立体学**方法。其特点是实现简单，但需要控制照明条件（让光源移动，参见表 2.3.1）。通过利用已知形状的校正目标建立一个查找表，可以确定与所给像素对应的目标区域表面的朝向。

10.1.1 表面反射特性

场景亮度和图像照度是两个既有联系又有区别的概念。在成像时，**场景亮度**对应光源表面射出的光通量，而**图像照度**则对应图像平面得到的光通量。图像照度与场景亮度成正比。图像亮度取决于许多因素，包括景物本身的形状、反射特性、空间的姿态，景物与图像采集系统的相对朝向和位置，采集装置的敏感度，以及光源的辐射强度和分布等。

1. 双向反射分布函数

场景亮度不仅取决于入射到目标表面的光通量和入射光被反射的比例，还与光反射的一些几何因素有关，即与光照方向和视线方向有关。这些影响因素如图 10.1.1 所示，其中 $\boldsymbol{N}$ 为表面面元的法线，OR 为一任意参考线，一条光线 $\boldsymbol{I}$ 的方向可用该光线与面元法线间的夹角 θ（称为**极角**）和该光线在目标表面的正投影与参考线之间的夹角 ϕ（称为**方位角**）表示。

借助这样的坐标系统可用(θ_i, ϕ_i)表示入射到目标表面光线的方向，并可用(θ_e, ϕ_e)表示反射到观察者视线的方向，如图 10.1.2 所示。

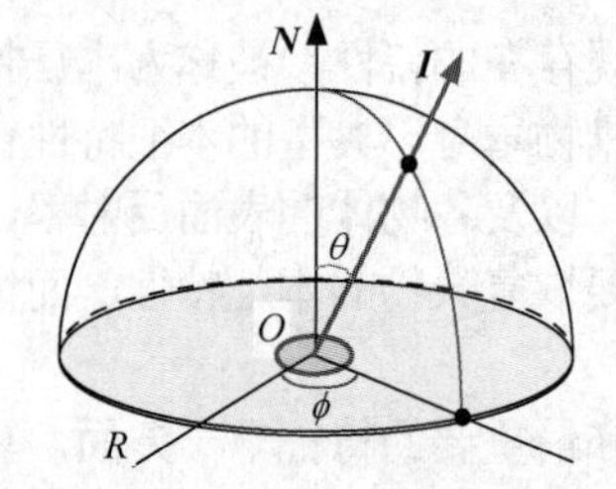

图 10.1.1　指示光线方向的极角θ和方位角ϕ

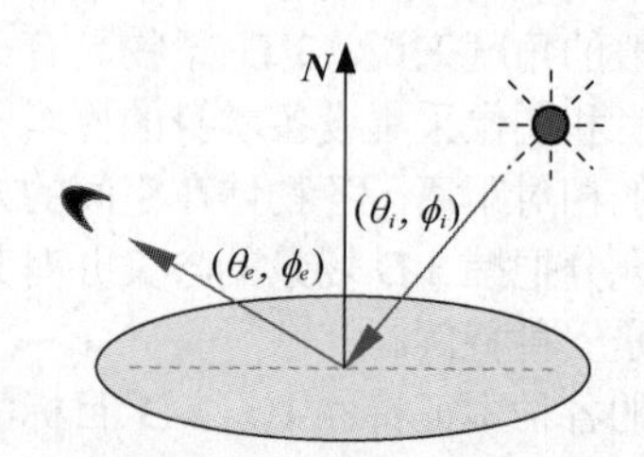

图 10.1.2　双向反射分布函数示意图

在此基础上，可定义对理解表面反射非常重要的**双向反射分布函数**（BRDF），以下把它记为$f(\theta_i, \phi_i; \theta_e, \phi_e)$。它能表示当光线沿方向$(\theta_i, \phi_i)$入射到物体表面而观察者在方向$(\theta_e, \phi_e)$所观察到的表面明亮的情况。注意$f(\theta_i, \phi_i; \theta_e, \phi_e) = f(\theta_e, \phi_e; \theta_i, \phi_i)$，即双向反射分布函数关于入射和反射方向是对称的。假设沿(θ_i, ϕ_i)方向入射到物体表面的照度为$\delta E(\theta_i, \phi_i)$，由$(\theta_e, \phi_e)$方向观察到的反射亮度为$\delta L(\theta_e, \phi_e)$，双向反射分布函数就是亮度和照度的比值，如下：

$$f(\theta_i, \phi_i;\ \theta_e, \phi_e) = \frac{\delta L(\theta_e, \phi_e)}{\delta E(\theta_i, \phi_i)} \tag{10.1.1}$$

进一步考虑在扩展光源的情况下求取表面亮度，参见图 10.1.3。考虑天空（可认为半径为 1）上的一个无穷小面元，它沿极角的宽度为$\delta\theta_i$，沿方位角的宽度为$\delta\phi_i$。与这个面元对应的立体角是 $\delta\omega = \sin\theta_i\ \delta\theta_i\ \delta\phi_i$。如令 $E_o(\theta_i, \phi_i)$为沿(θ_i, ϕ_i)方向单位立体角的照度，则面元的照度为 $E_o(\theta_i, \phi_i)\sin\theta_i\ \delta\theta_i\ \delta\phi_i$，而整个表面所接收到的照度为：

$$E = \int_{-\pi}^{\pi}\int_{0}^{\pi/2} E_o(\theta_i, \phi_i)\sin\theta_i\cos\theta_i \mathrm{d}\theta_i \mathrm{d}\phi_i \tag{10.1.2}$$

其中，$\cos\theta_i$ 考虑了表面沿(θ_i, ϕ_i)方向投影的影响。

为得到整个表面的亮度，需要将双向反射分布函数和光源亮度的乘积在包括光可能射入的半球面上加起来，如下：

$$L(\theta_e, \phi_e) = \int_{-\pi}^{\pi}\int_{0}^{\pi/2} f(\theta_i, \phi_i; \theta_e, \phi_e) E_o(\theta_i, \phi_i)\sin\theta_i\cos\theta_i \mathrm{d}\theta_i \mathrm{d}\phi_i \tag{10.1.3}$$

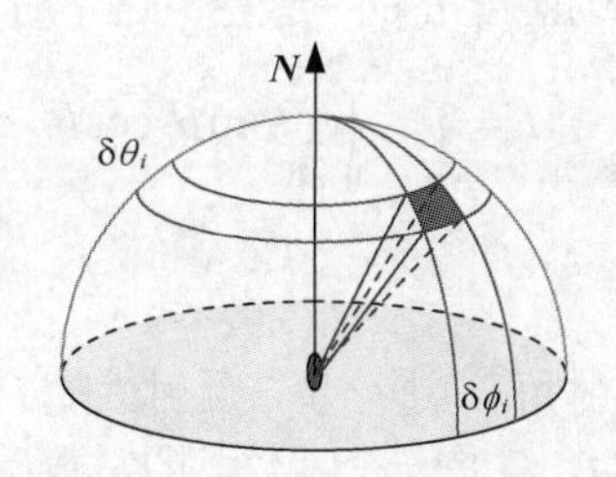

图 10.1.3 在扩展光源的情况下求取表面亮度的示意图

以上结果是一个双变量（θ_e 和 ϕ_e）的函数，这两个变量指示了射向观察者的光线的方向。

例 10.1.1 常见入射和观测方式

常见的光入射和观测方式包括图 10.1.4 所示的 4 种基本形式，其中θ表示入射角，ϕ表示方位角。它们是漫入射 d_i 和定向(θ_i, ϕ_i)入射以及漫反射 d_e 和定向(θ_e, ϕ_e)观测两两的组合。它们的反射比依次为：漫入射-漫反射$\rho(d_i; d_e)$；定向入射-漫反射$\rho(\theta_i, \phi_i; d_e)$；漫入射-定向观测$\rho(d_i; \theta_e, \phi_e)$；定向入射-定向观测$\rho(\theta_i, \phi_i; \theta_e, \phi_e)$。

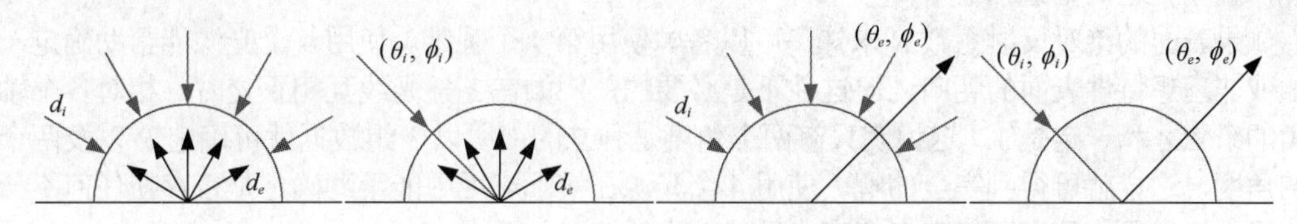

图 10.1.4 4 种基本的入射和观测方式 ❑

2. 理想散射表面

理想散射表面也称**朗伯表面**，从所有观察方向看它都是同样亮的，并且它完全不吸收地反射所有入射光。根据这个定义可知朗伯表面的 BRDF，即 $f(\theta_i, \phi_i; \theta_e, \phi_e)$是个常数，这个常数可通过如下方法算得。对一个表面，它在所有方向上的亮度积分应该与该表面得到的总照度相等，可表示为：

$$\int_{-\pi}^{\pi}\int_{0}^{\pi/2} f(\theta_i,\phi_i;\ \theta_e,\phi_e)E(\theta_i,\ \phi_i)\cos\theta_i \sin\theta_e \cos\theta_e \mathrm{d}\theta_e \mathrm{d}\phi_e = E(\theta_i,\ \phi_i)\cos\theta_i \qquad (10.1.4)$$

上式中两边均乘了 $\cos\theta_i$ 以转换到 $\boldsymbol{N}$ 方向上，从中可解出朗伯表面的 BRDF：

$$f(\theta_i,\phi_i;\ \theta_e,\phi_e) = 1/\pi \qquad (10.1.5)$$

由此可知对理想散射表面，其亮度 L 和照度 E 的关系可表示为：

$$L = E/\pi \qquad (10.1.6)$$

现在考虑当一个理想散射表面被具有照度 E 的点光源照明时的亮度。因为一个点光源在某个方向(θ_s, ϕ_s)的照度为：

$$E(\theta_i,\ \phi_i) = E\frac{\delta(\theta_i - \theta_s)\ \delta(\phi_i - \phi_s)}{\sin\theta_i} \qquad (10.1.7)$$

所以由式（10.1.5）可知：

$$L = \frac{1}{\pi}E\cos\theta_i \qquad \theta_i \geqslant 0 \qquad (10.1.8)$$

式（10.1.8）称为散射面上反射的朗伯定律。一般情况下白纸、白雪等都可看作符合朗伯定律的散射面。

当一个理想散射表面在具有均匀照度 E 的“天空”之下时，有：

$$L=\int_{-\pi}^{\pi}\int_{0}^{\pi/2}\frac{E}{\pi}\sin\theta_i\cos\theta_i\,\mathrm{d}\theta_i\mathrm{d}\phi_i=E \tag{10.1.9}$$

即表面亮度与光源的亮度相同。

例 10.1.2　朗伯表面的法线

朗伯表面的反射性仅依赖于入射角 i。进一步，反射性随 i 的变化量是 $\cos i$。对给定的反射光强度 I，可知入射角满足 $\cos i=C\times I$，C 是一个常数，即常数反射系数（albedo）。因此，i 也是一个常数。由此可得到结论：表面法线处在一个围绕入射光线方向的方向圆锥表面上，该圆锥的半角是 i，其中心轴指向照明的点光源，即圆锥以入射光方向为中心。

在两条线上相交的两个方向圆锥在空间可定义两个方向，如图 10.1.5 所示。所以，要使表面法线完全没有歧义，还需要第 3 个圆锥。当使用 3 个光源时，各个表面法线一定与 3 个圆锥中的每一个都有共同的顶点：两个圆锥有两条交线，而第 3 个处于常规位置的圆锥将把范围减少到单条线，从而对表面法线的方向给出唯一的解释和估计。如果有些点隐藏在后面没有被某个光源的光线射到，则仍会有歧义。事实上，3 个光源不能处在一条直线上，而且应该相对表面分离得比较开，且互相之间不遮挡。

如果表面的绝对反射系数 R 未知，可以考虑使用第 4 个圆锥。使用 4 个光源能帮助确定一个未知或非理想特性表面的朝向。但这并不是必要的，例如在 3 条光线互相正交时，相对各个轴的夹角的余弦之和一定是 1，这说明只有两个角度是独立的；所以 3 组数据就可确定 R 以及两个独立的角度，这样就可得到完全的解。使用 4 个光源在实际应用中能帮助确定是否存在任何不一致的解释，这种不一致有可能来自有高光反射元素的情况。 □

3. 理想镜面反射表面

与朗伯表面相反，一个**理想镜面反射表面**可将所有从(θ_i, ϕ_i)方向射入的光全部反射到(θ_e, ϕ_e)方向上，此时入射角与反射角相等，如图 10.1.6 所示。这样镜面反射表面的 BRDF 将正比于两个脉冲 $\delta(\theta_e-\theta_i)$和 $\delta(\phi_e-\phi_i-\pi)$的乘积。为求比例系数 k，可对表面在所有方向上的亮度求积分，它应与表面得到的总照度相等，即：

$$\int_{-\pi}^{\pi}\int_{0}^{\pi/2}k\delta(\theta_e-\theta_i)\delta(\phi_e-\phi_i-\pi)\sin\theta_e\cos\theta_e\mathrm{d}\theta_e\mathrm{d}\phi_e=k\sin\theta_i\cos\theta_i=1 \tag{10.1.10}$$

从中可解出理想镜面反射表面的 BRDF 为：

$$f(\theta_i,\phi_i;\theta_e,\phi_e)=\frac{\delta(\theta_e-\theta_i)\,\delta(\phi_e-\phi_i-\pi)}{\sin\theta_i\cos\theta_i} \tag{10.1.11}$$

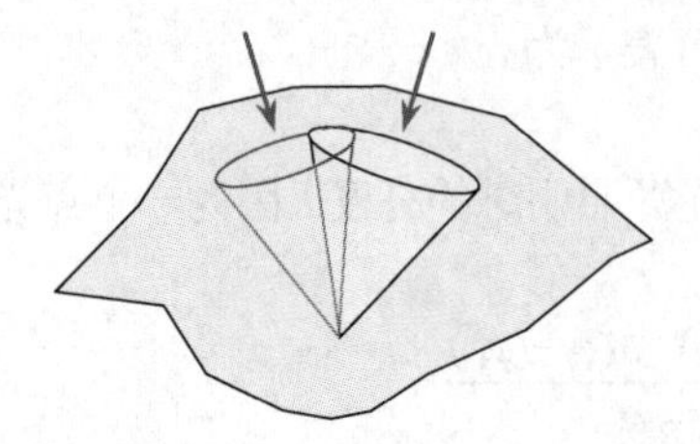

图 10.1.5　空间中的两个方向圆锥

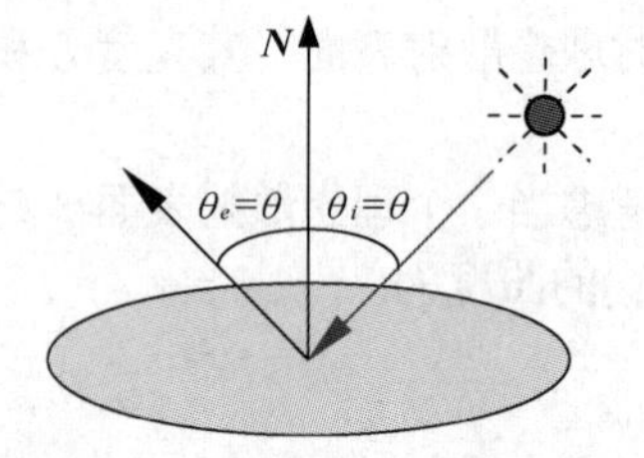

图 10.1.6　理想镜面反射表面示意

当光源是扩展光源时，将式（10.1.11）代入式（10.1.3），可得理想镜面反射表面的亮度为：

$$\begin{aligned}L(\theta_e,\phi_e)&=\int_{-\pi}^{\pi}\int_{0}^{\pi/2}\frac{\delta(\theta_e-\theta_i)\,\delta(\phi_e-\phi_i-\pi)}{\sin\theta_i\cos\theta_i}E(\theta_i,\phi_i)\sin\theta_i\cos\theta_i\,\mathrm{d}\theta_i\mathrm{d}\phi_i\\&=E(\theta_e,\phi_e-\pi)\end{aligned} \tag{10.1.12}$$

10.1.2 目标表面朝向

目标的表面朝向是对该表面的一个重要描述。对一个光滑的表面来说，在每个点都有一个切面，可以用这个切面的朝向来表示表面在该点的朝向。而表面的法线，即与切面垂直的矢量，它可以指示切面的朝向。法线矢量有两个自由度，可以用 z 对 x 和 y 的偏导数写出来。表面法线与表面切面上的所有线都垂直，所以求切面上任意两条不平行直线的外（叉）积就可得到表面法线，可参见图 10.1.7。注意上述这些变量的选定与坐标系统的设置有关。一般为方便起见，总将坐标系统的一个轴与成像系统的光轴重合（常取 Z 轴），并将系统原点放在镜头的中心，让另外两个轴与图像平面平行。在右手系统中，可让 Z 轴指向图像。这样，景物表面就可用与镜头平面（即与像平面平行）正交的距离 $-z$ 来描述。

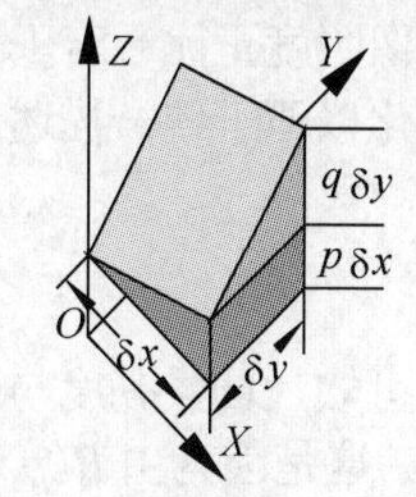

图 10.1.7 用偏微分参数化表面朝向

如果从一个给定点(x, y)沿 X 轴方向取一个小步长 δx，根据泰勒展开式可以知道沿 Z 轴方向的变化为$\delta z = \delta x \times \partial z / \partial x + e$，其中 e 包括高阶项。以下分别用 p 和 q 代表 z 对 x 和 y 的偏导，一般也将(p, q)称为**表面梯度**。如果在 X 轴方向取一个小步长δx，则沿 Z 轴方向的高度变化是 $p\delta x$。类似地，如果在 Y 轴方向取一个小步长δy，则沿 Z 轴方向的高度变化是 $q\delta y$。如将第一个小步长写成矢量形式$[\delta x \;\; 0 \;\; p\delta x]^{\mathrm{T}}$，则平行于矢量 $\boldsymbol{r}_x = [1 \;\; 0 \;\; p]^{\mathrm{T}}$ 的线过切面的(x, y)处。类似地，一条平行于矢量 $\boldsymbol{r}_y = [0 \;\; 1 \;\; q]^{\mathrm{T}}$ 的线也过切面的(x, y)处。表面法线可通过求这两条线的外积得到。最后要确定的是让法线指向观察者还是离开观察者。如果让它指向观察者（取反向），则有：

$$\boldsymbol{N} = \boldsymbol{r}_x \times \boldsymbol{r}_y = [1 \;\; 0 \;\; p]^{\mathrm{T}} [0 \;\; 1 \;\; q]^{\mathrm{T}} = [-p \;\; -q \;\; 1]^{\mathrm{T}} \tag{10.1.13}$$

这里表面法线上的单位矢量为：

$$\hat{\boldsymbol{N}} = \frac{\boldsymbol{N}}{|\boldsymbol{N}|} = \frac{[-p \;\; -q \;\; 1]^{\mathrm{T}}}{\sqrt{1 + p^2 + q^2}} \tag{10.1.14}$$

下面计算目标表面法线和镜头方向间的夹角θ_e。假设目标的位置相当接近光轴，则从目标指向镜头的单位观察矢量 $\boldsymbol{v}$ 可认为是$[0 \;\; 0 \;\; 1]^{\mathrm{T}}$，所以由两个单位矢量的点积可得：

$$\boldsymbol{NV} = \cos\theta_e = \frac{1}{\sqrt{1 + p^2 + q^2}} \tag{10.1.15}$$

当光源与目标的距离相比目标本身的线度大很多时，光源方向可仅用一个固定的矢量来指示，与该矢量相对应的表面朝向与光源射出的光线是正交的。如果目标表面的法线可用$[-p_{\mathrm{s}} \;\; -q_{\mathrm{s}} \;\; 1]^{\mathrm{T}}$表示，则当光源和观察者都在目标的同一边时，光源光线的方向可用梯度$(p_{\mathrm{s}}, q_{\mathrm{s}})$来指示。

10.1.3 反射图

考虑点光源照射一个朗伯表面，照度为 E，根据式（10.1.8），其亮度为：

$$L = \frac{1}{\pi} E \cos\theta_i \qquad \theta_i \geqslant 0 \tag{10.1.16}$$

其中θ_i 是表面法线矢量$[-p \;\; -q \;\; 1]^{\mathrm{T}}$ 和指向光源矢量$[-p_{\mathrm{s}} \;\; -q_{\mathrm{s}} \;\; 1]^{\mathrm{T}}$ 间的夹角。注意，由于亮度不能为负，所以有 $0 \leqslant \theta_i \leqslant \pi/2$。求这两个单位矢量的内积可得到：

$$\cos\theta_i = \frac{1 + p_{\mathrm{s}} p + q_{\mathrm{s}} q}{\sqrt{1 + p^2 + q^2}\sqrt{1 + p_{\mathrm{s}}^2 + q_{\mathrm{s}}^2}} \tag{10.1.17}$$

将式（10.1.17）代入式（10.1.16），就可得到场景亮度与表面朝向的关系。将这样得到的关系函数记为$R(p, q)$，将其作为梯度(p, q)的函数，以等值线形式画出的图称为**反射图**。一般将PQ平面称为**梯度空间**，其中每一点(p, q)对应一个特定的表面朝向。处在原点的点代表所有垂直于观察方向的平面。反射图取决于目标表面材料的性质和光源的位置，或者说反射图中综合了表面反射特性和光源分布的信息。

图像照度正比于若干个常数，包括镜头焦距平方的倒数和光源的固定亮度。实际中常将反射图归一化以便于统一描述。对由一个远距离的点光源照明的朗伯面，反射图可写成：

$$R(p,q)=\frac{1+p_{\mathrm{s}}p+q_{\mathrm{s}}q}{\sqrt{1+p^2+q^2}\sqrt{1+p_{\mathrm{s}}^2+q_{\mathrm{s}}^2}} \tag{10.1.18}$$

由上式可知，场景亮度与表面朝向的关系可从反射图获得。对朗伯表面来说，等值线是嵌套的圆锥曲线。这是因为由$R(p, q) = c$可得到$(1 + p_{\mathrm{s}}p + q_{\mathrm{s}}q)^2 = c^2(1 + p^2 + q^2)(1 + p_{\mathrm{s}}^2 + q_{\mathrm{s}}^2)$。$R(p, q)$的最大值在$(p, q) = (p_{\mathrm{s}}, q_{\mathrm{s}})$处取得。

例 10.1.3　朗伯表面反射图示例

图 10.1.8 所示为 3 类朗伯表面反射图的例子，其中图 10.1.8（a）为$p_{\mathrm{s}} = 0$、$q_{\mathrm{s}} = 0$时的情况（嵌套的同心圆），图 10.1.8（b）为$p_{\mathrm{s}} \neq 0$、$q_{\mathrm{s}} = 0$时的情况（椭圆或双曲线），图 10.1.8（c）为$p_{\mathrm{s}} \neq 0$、$q_{\mathrm{s}} \neq 0$时的情况（双曲线）。

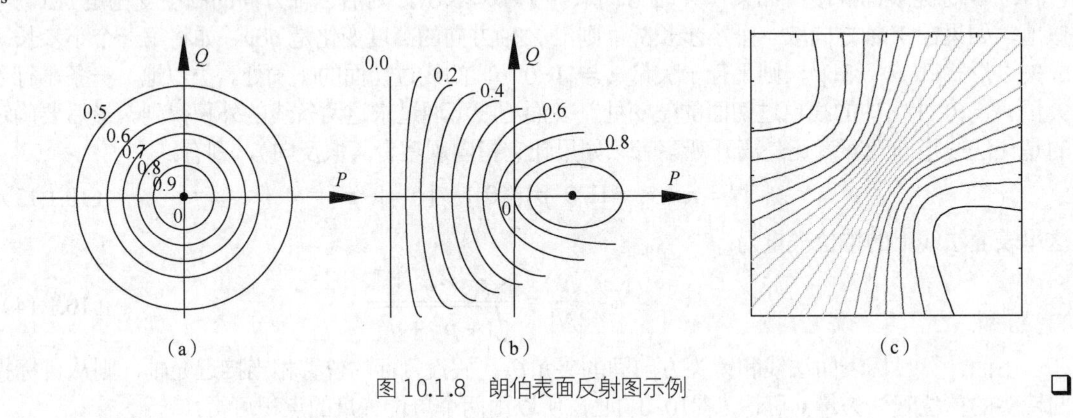

图 10.1.8　朗伯表面反射图示例　❑

反射图展示了表面照度与表面朝向的依赖关系。图像上一个点的照度$E(x, y)$是正比于场景中目标表面对应点亮度的。设该点的表面梯度是(p, q)，则该点的亮度可记为$R(p, q)$。如果通过归一化将比例系数设成单位值，可以得到：

$$E(x, y) = R(p, q) \tag{10.1.19}$$

这个方程称为**图像亮度约束方程**（也有人称图像照度约束方程），它表明在图像中(x, y)处像素的灰度$I(x, y)$取决于该像素由(p, q)所表达的反射特性$R(p, q)$。图像亮度约束方程把图像平面XY中任意一个位置坐标(x, y)的亮度与用某一梯度空间PQ表达的采样单元的取向(p, q)联系在一起，它在由图像恢复目标表面形状中起着重要的作用。

现设一个朗伯表面的球体被一个点光源照明，且观察者也处在点光源位置。因为此时有$\theta_e = \theta_i$和$(p_{\mathrm{s}}, q_{\mathrm{s}}) = (0, 0)$，所以由式（10.1.18），亮度与梯度的关系可表示为：

$$R(p,q)=\frac{1}{\sqrt{1+p^2+q^2}} \tag{10.1.20}$$

如果这个球体的中心在光轴上，则它的表面方程如下：

$$z = z_0 + \sqrt{r^2 - (x^2 + y^2)} \qquad x^2 + y^2 \leqslant r^2 \tag{10.1.21}$$

其中r是球的半径，$-z_0$是球中心与镜头间的距离（参见图 10.1.9）。

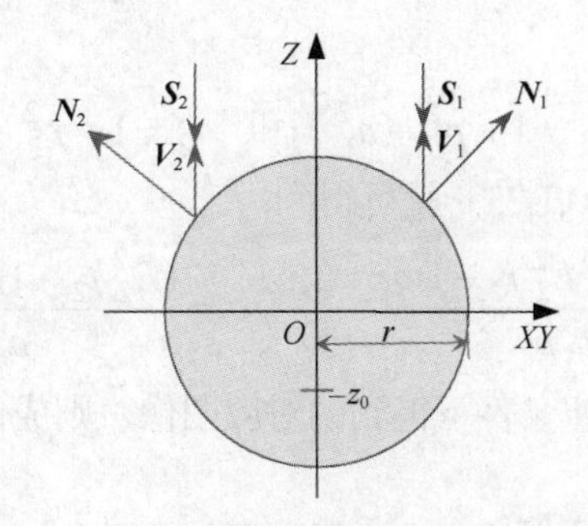

图 10.1.9 球面影调随位置而变化的示意

根据 $p=-x/(z-z_0)$ 和 $q=-y/(z-z_0)$，可得 $(1+p^2+q^2)^{1/2}=r/(z-z_0)$，最后可得到：

$$E(x,y)=R(p,q)=\sqrt{1-\frac{x^2+y^2}{r^2}} \tag{10.1.22}$$

由上式可见，亮度从图像中心的最大值逐步减到图像边缘的零值。考虑图 10.1.9 中标出的光源方向 $\boldsymbol{S}$、视线方向 $\boldsymbol{V}$ 和表面方向 $\boldsymbol{N}$ 也可得到相同结论。当观察者观察到这样一种亮度的明暗变化时，会认为图像是由圆形或球形物体成像得到的。

10.1.4 光度立体学求解

给定景物的一幅图像，下面讨论如何能恢复出原来成像物体的形状。从由 p 和 q 所确定的表面朝向到由反射图 $R(p,q)$ 所确定的亮度间的对应关系是唯一的，反过来却不一定。实际中常有无穷多个表面朝向可给出相同的亮度，在反射图上这些对应相同亮度的朝向是由等值线连起来的。有些情况下，常可以利用亮度为最大或最小值的特殊点来帮助确定表面朝向。根据式（10.1.18），对一个朗伯表面来说，只有当 $(p,q)=(p_s,q_s)$ 时才有 $R(p,q)=1$，所以此时给定表面亮度就可以唯一地确定表面朝向。但一般情况下，从图像亮度到表面朝向的对应并不是唯一的，这是因为在每个空间位置亮度只有一个自由度（亮度值），而朝向有两个自由度（两个梯度值）。

这样看来，为恢复表面朝向需要引进新的信息。要确定两个未知数 p 和 q 应有两个方程，利用在不同光照条件下（参见图 10.1.10）采集的两幅图像，可对每个图像点生成两个方程：

$$R_1(p,q)=E_1 \quad 和 \quad R_2(p,q)=E_2 \tag{10.1.23}$$

如果这些方程是线性独立的，那么对 p 和 q 就有唯一的解。如果这些方程不是线性独立的，那么对 p 和 q 来说或是没有解，或是有多个解。亮度与表面朝向之间不唯一对应是一个病态问题，而采集两幅图像相当于用增加设备的办法来提供附加条件以解决病态问题。

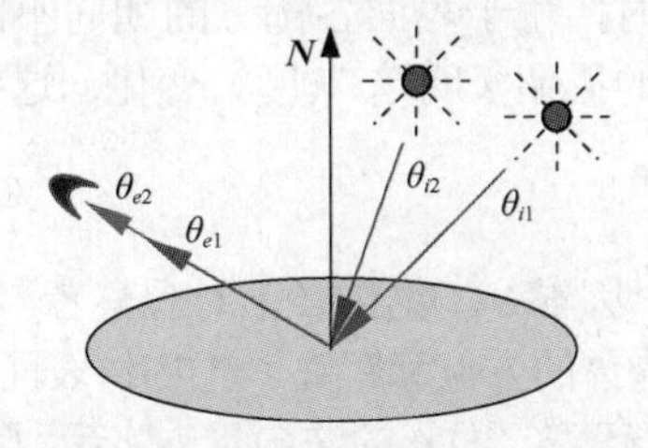

图 10.1.10 光度立体学中照明变化的情况

例 10.1.4 光度立体学求解计算

设

$$R_1(p,q)=\sqrt{\frac{1+p_1p+q_1q}{r_1}} \quad 和 \quad R_2(p,q)=\sqrt{\frac{1+p_2p+q_2q}{r_2}}$$

其中：

$$r_1 = 1 + p_1^2 + q_1^2 \quad 和 \quad r_2 = 1 + p_2^2 + q_2^2$$

则只要 $p_1/q_1 \neq p_2/q_2$，根据式（10.1.23）就可得到：

$$p = \frac{(E_1^2 r_1 - 1)q_2 - (E_2^2 r_2 - 1)q_1}{p_1 q_2 - q_1 p_2} \quad 和 \quad q = \frac{(E_2^2 r_2 - 1)p_1 - (E_1^2 r_1 - 1)p_2}{p_1 q_2 - q_1 p_2}$$

由此可见，若给定两幅在不同光照条件下得到的对应图像，则成像物体上各点的表面朝向都可得到一个唯一解。 ❑

例 10.1.5 光度立体学求解实例

图 10.1.11（a）和图 10.1.11（b）分别为两幅在不同光照条件下（同一个光源处于两个不同位置）采集得到的对应图像。图 10.1.11（c）为用上述方法计算出表面朝向后将各点的朝向矢量画出的结果，可见接近球中心的朝向比较垂直于纸面，而接近球边缘的朝向比较平行于纸面。注意，在光线照射不到的地方，或仅一幅图像有光照的地方，表面朝向都无法确定。

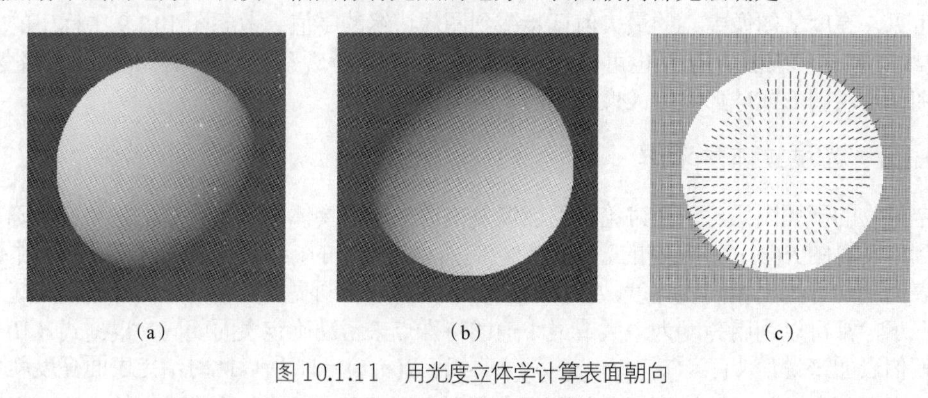

（a）（b）（c）

图 10.1.11 用光度立体学计算表面朝向 ❑

10.2 从影调获取形状信息

立体视觉和光度立体法都需要采集两幅或两幅以上的图像才能获得景物的深度信息。事实上单幅图像中也有一定的深度线索可以利用，**从影调恢复形状**就是一种典型的方法。

10.2.1 影调与形状

场景中的物体受到光线照射时，由于表面各部分的朝向不同会显得亮度不同，这种亮度的空间变化在成像后表现为图像上的影调（明暗/灰度）变化，这些变化与物体表面各处的朝向密切相关。

1. 影调与朝向

图像上**影调**的分布取决于 4 个因素：①物体（正对观察者）可见表面的几何形状，②光源的入射强度和方向，③观察者相对物体的方位和距离，④物体表面的反射特性。这些因素可借助图 10.2.1 来说明，其中物体用面元 S 代表，面元的法向量 $\boldsymbol{N}$ 指示了面元的朝向，它与物体的几何形状有关；光源的入射强度和方向用矢量 $\boldsymbol{I}$ 表示；观察者相对物体的方位和距离借助视线矢量 $\boldsymbol{V}$ 指示；物体表面的反射特性 ρ 取决于面元的表面材料，它一般是个标量，但有时是面元空间位置的函数。

现在利用图 10.2.1 讨论当 3-D 物体面元 S 上入射光强度为 I 时在观察点 V 观察到的图像灰度。假设沿 $\boldsymbol{V}$ 方向的视线与成像的 XY 平面垂直相交，面元 S 的反射系数为 ρ，则沿 $\boldsymbol{N}$ 的反射强度为：

$$E(x,y)=I(x,y)\rho\cos i \tag{10.2.1}$$

如果光源来自观察者背后且为平行光线，则 $\cos i=\cos e$。再假设物体具有朗伯散射表面，即表面反射强度不因观察位置的变化而变化，则观察到的光线强度可写成如下的形式：

$$E(x,y)=I(x,y)\rho\cos e \tag{10.2.2}$$

把梯度坐标同样布置在 XY 平面上，并使 P 轴和 Q 轴分别与 X 轴和 Y 轴重合，设法线是沿着离开观察方向的，则根据 $\boldsymbol{N}=[p\ \ q\ \ -1]^{\mathrm{T}}$，$\boldsymbol{V}=[0\ \ 0\ \ -1]^{\mathrm{T}}$，可以求得：

$$\cos e=\cos i=\frac{[p\quad q\quad -1]^{\mathrm{T}}\bullet[0\quad 0\quad -1]^{\mathrm{T}}}{\left|[p\quad q\quad -1]^{\mathrm{T}}\right|\bullet\left|[0\quad 0\quad -1]^{\mathrm{T}}\right|}=\frac{1}{\sqrt{p^2+q^2+1}} \tag{10.2.3}$$

将式（10.2.3）代入式（10.2.1），则观察到的图像灰度可表示为：

$$E(x,y)=I(x,y)\rho\ \frac{1}{\sqrt{p^2+q^2+1}} \tag{10.2.4}$$

现在考虑光线不是以 $i=e$ 的角度入射的一般情况。设入射光向量 $\boldsymbol{I}$ 正交穿过面元，其法线为 $[p_i\ \ q_i\ \ -1]^{\mathrm{T}}$，因为 $\cos i$ 为 $\boldsymbol{N}$ 和 $\boldsymbol{I}$ 的夹角余弦，所以有：

$$\cos i=\frac{[p\ \ q\ \ -1]^{\mathrm{T}}\bullet[p_i\ \ q_i\ \ -1]^{\mathrm{T}}}{\left|[p\ \ q\ \ -1]^{\mathrm{T}}\right|\bullet\left|[p_i\ \ q_i\ \ -1]^{\mathrm{T}}\right|}=\frac{(pp_i+qq_i+1)}{\sqrt{p^2+q^2+1}\sqrt{p_i^2+q_i^2+1}} \tag{10.2.5}$$

将式（10.2.5）代入式（10.2.1），则任意角度入射时观察到的图像灰度可表示为：

$$E(x,y)=I(x,y)\ \rho\frac{(pp_i+qq_i+1)}{\sqrt{p^2+q^2+1}\sqrt{p_i^2+q_i^2+1}} \tag{10.2.6}$$

上式也可写成更抽象的一般形式，即：

$$E(x,y)=R(p,q) \tag{10.2.7}$$

这就是与式（10.1.19）一致的图像亮度约束方程，但这里是借助表面的影调变化推出来的。

2. 梯度空间法

现在考虑由于面元朝向变化而导致的图像灰度变化。一个 3-D 表面可表示为 $z=f(x,y)$，其上的面元法线可表示为 $\boldsymbol{N}=[p\ \ q\ \ -1]^{\mathrm{T}}$。可见 3-D 空间中的表面从其取向来看只是 2-D 梯度空间的一个点 $G(p,q)$，如图 10.2.2 所示。使用这种梯度空间方法来研究 3-D 表面可以起到降低维数的作用。但梯度空间的表达并未确定 3-D 表面在 3-D 坐标中的位置。换句话说，梯度空间中的一个点代表所有朝向相同的面元，但这些面元的空间位置可以各不相同。

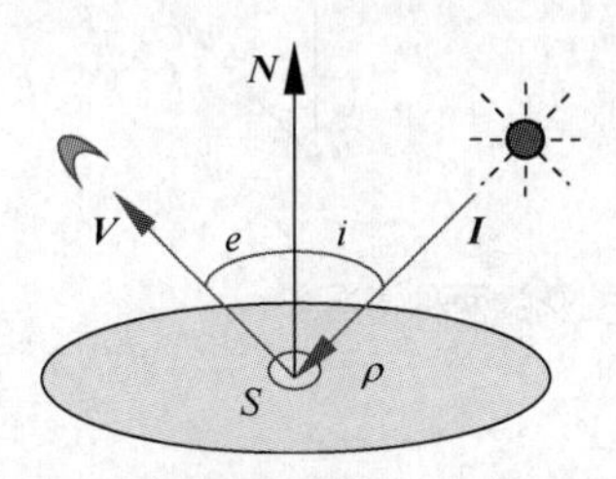

图 10.2.1　影响图像影调的 4 个因素

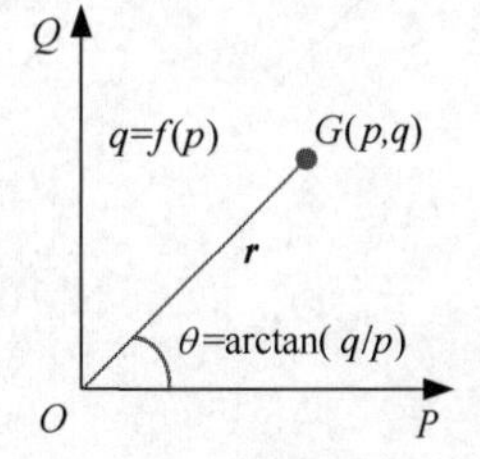

图 10.2.2　梯度空间

借助梯度空间法可以理解由平面相交而形成的结构。

例 10.2.1　判断平面相交而形成的凸结构或凹结构

多个平面相交可形成凸结构或凹结构。要判断到底是凸结构还是凹结构，需进一步利用梯度信息。先看两个平面 S_1 和 S_2 相交形成交线 l 的情况，如图 10.2.3 所示。这里 G_1 和 G_2 分别代表两平面法线所对应的梯度空间点，G_1 和 G_2 间的连线与 l 的投影 l' 垂直。

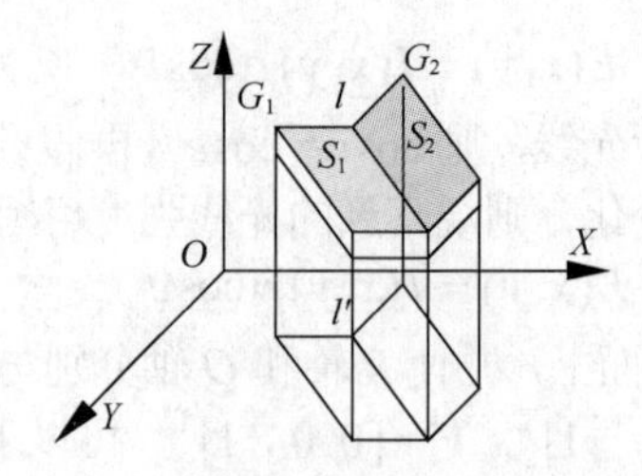

图 10.2.3　两个空间平面相交示例

如果将梯度坐标与空间坐标重合，并将两个平面和它们法线对应的梯度点都投影上去，则当 S 和 G 同号时，表明两个面组成凸结构，如图 10.2.4（a）所示；而当 S 和 G 异号时，则表明两个面组成凹结构，如图 10.2.4（b）所示。

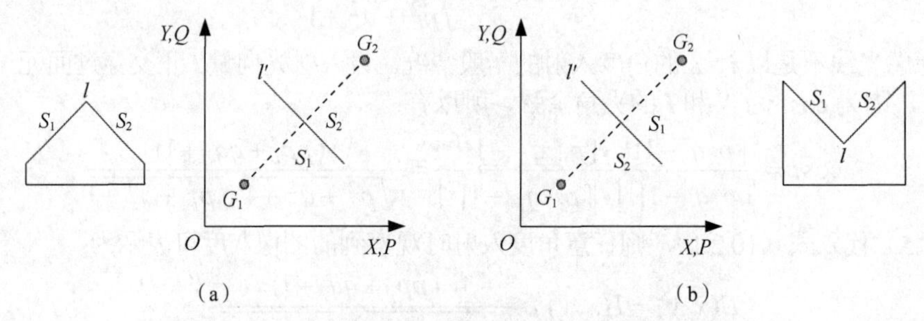

图 10.2.4　两个空间平面组成凸结构和凹结构

进一步考虑 3 个平面 A、B、C 相交，各交线分别为 l_1、l_2、l_3 的情况，如图 10.2.5（a）所示。如果各交线两边的平面和对应的梯度点同号（各面顺时针依次为 $AABBCC$），则表明 3 个平面组成凸结构，如图 10.2.5（b）所示。如果各交线两边的平面和对应的梯度点不同号（各面顺时针依次为 $ABCABC$），则表明 3 个平面组成凹结构，如图 10.2.5（c）所示。

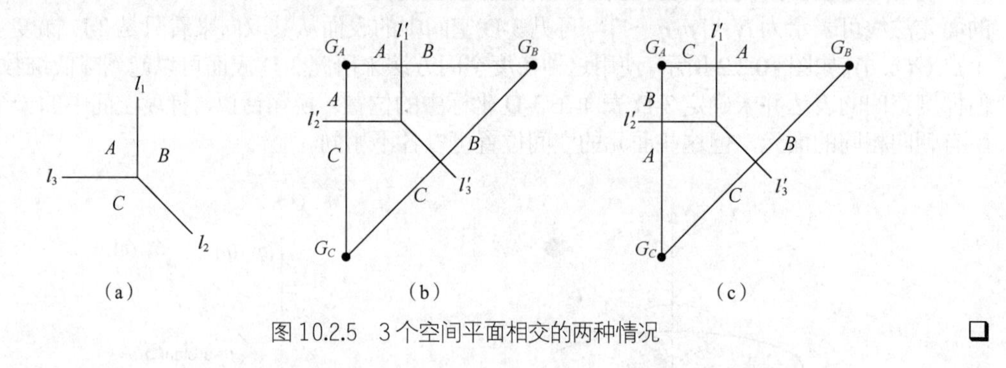

图 10.2.5　3 个空间平面相交的两种情况 □

3. 反射图

现在将式（10.2.4）改写成如下的形式：

$$p^2+q^2=\left(\frac{I(x,y)\rho}{E(x,y)}\right)^2-1=\frac{1}{K^2}-1 \tag{10.2.8}$$

式中 K 代表观察者观察到的相对反射强度。式（10.2.8）对应 PQ 平面上一系列同心圆的方程，每个圆代表观察到的同灰度面元取向轨迹。所以在 $i=e$ 时，**反射图**由同心圆构成。对 $i \neq e$ 的一般情况，反射图由一系列椭圆和双曲线构成。

例 10.2.2　反射图的应用示例

假设观察者看到 3 个平面 A、B 和 C，它们形成图 10.2.6（a）所示的平面交角（但实际倾斜度不知道）。设 $\boldsymbol{I}$ 和 $\boldsymbol{V}$ 同向，得到 $K_A = 0.707$，$K_B = 0.807$，$K_C = 0.577$。根据两个面的 $G(p, q)$间连线垂直于两个面连线的特点，可得到图 10.2.6（b）所示的三角形。现要在图 10.2.6（c）所示的反射图上找到 G_A、G_B 和 G_C。将各 K 值代入式（10.2.8），得到两组解：

$$(p_A, q_A) = (0.707,\ 0.707),\quad (p_B, q_B) = (-0.189,\ 0.707),\quad (p_C, q_C) = (0.707,\ 1.225)$$

$$(p'_A, q'_A) = (1,\ 0),\quad (p'_B, q'_B) = (-0.732,\ 0),\quad (p'_C, q'_C) = (1, 1)$$

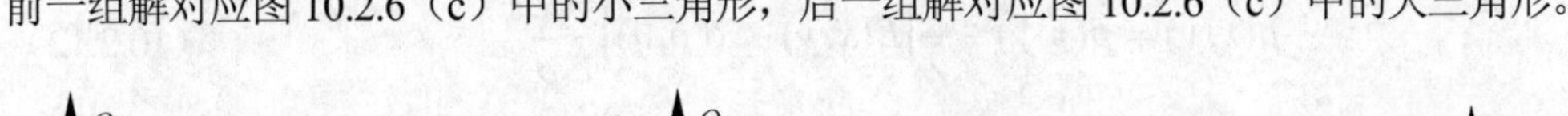

前一组解对应图 10.2.6（c）中的小三角形，后一组解对应图 10.2.6（c）中的大三角形。

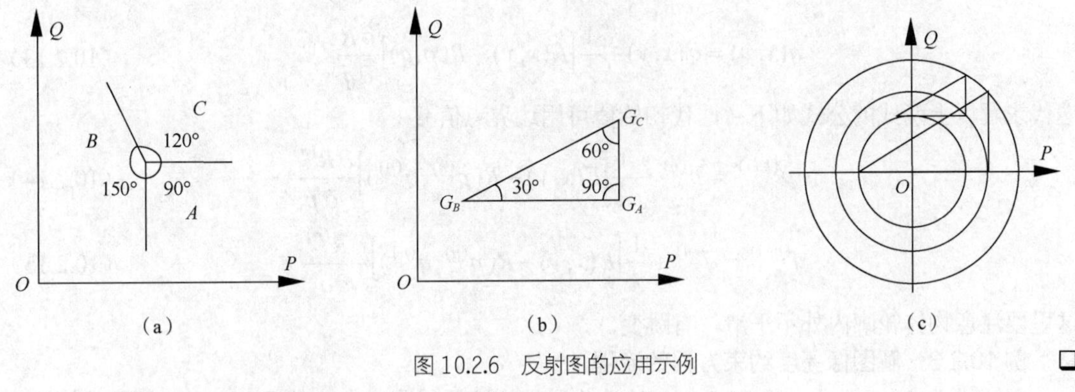

图 10.2.6　反射图的应用示例 ❑

10.2.2　求解亮度方程

由于图像亮度约束方程将像素的灰度与朝向联系起来，所以可考虑通过图像中(x, y)处像素的灰度 $I(x, y)$来求该处的取向(p, q)。但是在图像上对一个单独点亮度的测量只能提供一个约束，而表面的朝向有两个自由度。换句话说，设图像中的目标可见表面由 N 个像素组成，每个像素有一个灰度值 $I(x, y)$，求解式（10.2.7）就是要求得该像素位置上的(p, q)值。因为对 N 个像素根据亮度方程只可以组成 N 个方程，但未知量却有 $2N$ 个，即对每一个灰度值有两个梯度值要解，所以这是一个病态问题，无法得到唯一解。一般需要通过增加附加条件，建立附加方程来解决这个病态问题。如果没有附加的信息是不能仅由图像的亮度方程恢复表面朝向信息的。

考虑附加信息的简单方法是利用单目图像中的约束。约束的方法很多，主要可考虑的有唯一性、连续性（表面、形状）、相容性（对称、极线）。

经验表明，人只需观察一幅平面照片，就可以估计出其上人脸各部分的形状。这表明图中含有足够的信息或人们在观察时根据经验知识隐含地引入了附加的假设。实际中许多物体表面是光滑的，或者说在深度上是连续的，进一步的偏微分也是连续的。更一般的情况是目标具有分片连续的表面，只在边缘处不光滑。以上信息提供了一个很强的约束，表面上相邻的两块面元不可能各自有任意的朝向，它们合起来应能给出一个连续平滑的表面。由此可见，可以借助宏观平滑约束的方法提供附加信息。如认为（在物体轮廓内）物体表面是光滑的，则以下两式成立：

$$(\nabla p)^2 = \left(\frac{\partial p}{\partial x} + \frac{\partial p}{\partial y}\right)^2 = 0 \tag{10.2.9}$$

$$(\nabla q)^2 = \left(\frac{\partial q}{\partial x} + \frac{\partial q}{\partial y}\right)^2 = 0 \tag{10.2.10}$$

如将上面两个约束方程与图像亮度约束方程结合，可将求解表面朝向的问题转变成最小化一个如下总误差的问题：

$$\varepsilon(x,y)=\sum_{x}\sum_{y}\left\{\left[E(x,y)-R(p,q)\right]^{2}+\lambda\left[(\nabla p)^{2}+(\nabla q)^{2}\right]\right\} \tag{10.2.11}$$

上式可看作求取物体表面面元的朝向分布，使得灰度总体误差与平滑度总体误差的加权和最小。令 $\overline{p}$ 和 $\overline{q}$ 分别表示 p 邻域和 q 邻域中的均值，将 ε 分别对 p 和 q 求导并取导数为0，再将 $\nabla p=p-\overline{p}$ 和 $\nabla q=q-\overline{q}$ 代入，可得到：

$$p(x,y)=\overline{p}(x,y)+\frac{1}{\lambda}\left[E(x,y)-R(p,q)\right]\frac{\partial R}{\partial p} \tag{10.2.12}$$

$$q(x,y)=\overline{q}(x,y)+\frac{1}{\lambda}\left[E(x,y)-R(p,q)\right]\frac{\partial R}{\partial q} \tag{10.2.13}$$

迭代求解以上两式的公式如下（迭代初始值可用边界点值）：

$$p^{(n+1)}=\overline{p}^{(n)}+\frac{1}{\lambda}\left[E(x,y)-R(p^{(n)},q^{(n)})\right]\frac{\partial R^{(n)}}{\partial p} \tag{10.2.14}$$

$$q^{(n+1)}=\overline{q}^{(n)}+\frac{1}{\lambda}\left[E(x,y)-R(p^{(n)},q^{(n)})\right]\frac{\partial R^{(n)}}{\partial q} \tag{10.2.15}$$

这里要注意物体轮廓内外不平滑，有跳变。

例 10.2.3 解图像亮度约束方程的流程

求解式（10.2.14）和式（10.2.15）的迭代过程的流程如图 10.2.7 所示，它也可用于求解第 11 章中式（11.4.16）和式（11.4.17）的光流约束方程的迭代过程（只需进行相应的变量替换）。

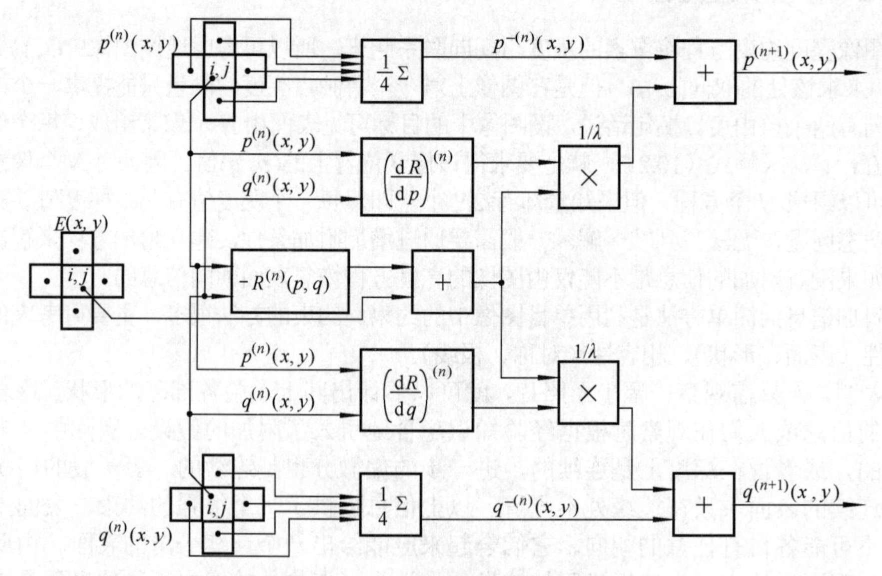

图 10.2.7 解图像亮度约束方程的流程 ❑

例 10.2.4 从影调恢复形状实例

图 10.2.8 所示为两组从影调恢复形状的实例。图 10.2.8（a）为一幅圆球图像，图 10.2.8（b）为利用影调从图 10.2.8（a）得到的圆球表面朝向（针）图。图 10.2.8（c）为另一幅圆球图像，图 10.2.8（d）为利用影调从图 10.2.8（c）得到的表面朝向（针）图。图 10.2.8（a）和图 10.2.8（b）这组图中光源方向与视线方向（垂直于纸面向里）比较接近，所以对整个可见表面基本上都可确

定各点朝向。图 10.2.8（c）和图 10.2.8（d）这组图中光源方向与视线方向的夹角比较大，所以对光线照射不到的可见表面无法确定其朝向。

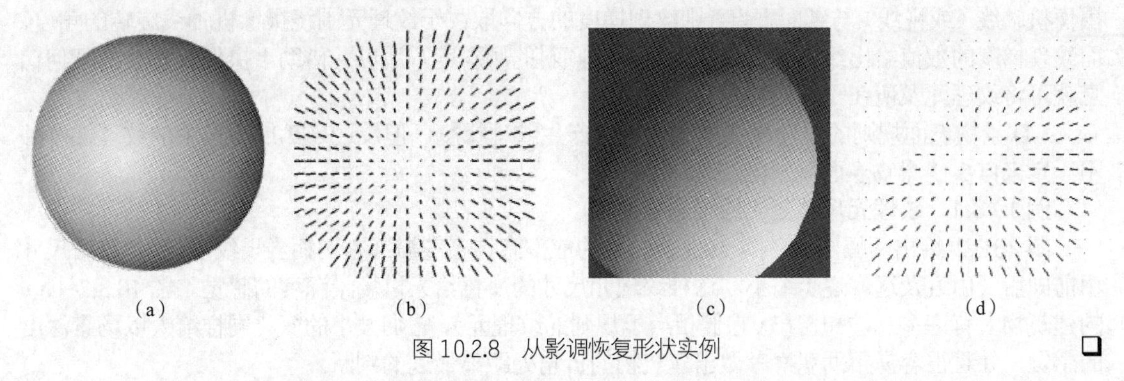

图 10.2.8　从影调恢复形状实例 ❑

10.3　纹理变化与表面朝向

纹理是物体表面的固有特征之一，因而也是图像区域的一种重要的属性。**纹理**可认为是灰度（颜色）在空间以一定的形式变化而产生的图案（模式）。任何物体的表面都有一定的纹理模式，这些纹理模式随物体表面的朝向改变会发生相应的变化，所以借助物体表面上的纹理信息可以帮助确定表面的取向，进而获得表面的形状信息。

10.3.1　3 种典型变化

对纹理描述的一种方法是结构法（参见第 7 章）。结构法认为，纹理是由**纹理元**组成的，纹理元可看作一个区域里带有重复性和不变性的视觉基元。这里重复性是指这些基元在不同的位置和方向反复出现，当然这种重复出现在一定的分辨率（给定视觉范围内纹理元的数目）下才可能；不变性是指组成同一基元的像素有一些基本相同的特性，这些特性可能只与灰度有关，也可能还依赖其形状等。

利用物体表面的纹理确定其朝向要满足一定条件。在获取图像的透射投影过程中，原始的纹理结构有可能发生变化，这种变化随纹理所在表面朝向的不同而不同，因而带有物体表面取向的信息。注意，这里不是说表面纹理本身带有 3-D 信息，而是说纹理在成像过程中产生的变化带有 3-D 信息。纹理的变化主要分为 3 类（这里假设纹理局限在一个水平表面上），如图 10.3.1 所示。常用的信息恢复方法也对应分成以下 3 类。

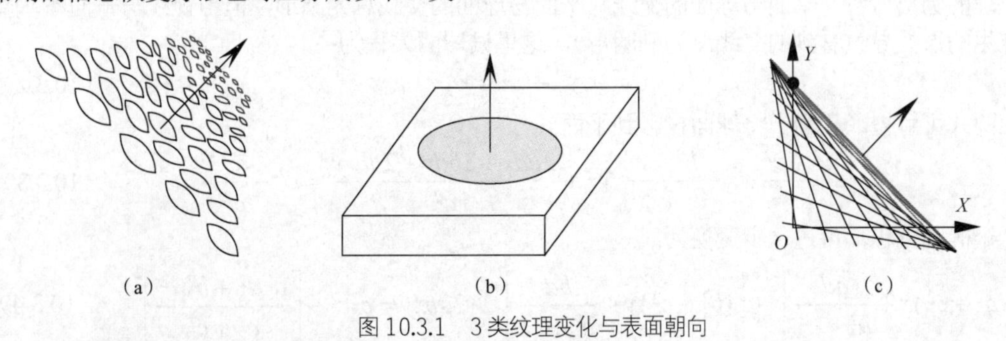

图 10.3.1　3 类纹理变化与表面朝向

1. 利用纹理元尺寸的变化

在透视投影中存在着近大远小的规律，所以位置不同的纹理元在投影后尺寸会产生不同的变化，即**纹理元尺寸的变化**。根据纹理元投影尺寸变化率的极大值可以把纹理元所在的平面的取向确定下来，参见图10.3.1（a），这个极大值的方向就是纹理梯度的方向。设图像平面与纸面重合，**摄像机轴线**（或视线）与纸面垂直，则纹理梯度的方向取决于纹理元围绕摄像机轴线旋转的角度，而纹理梯度的数值给出纹理元相对摄像机轴线倾斜的倾斜度。所以，借助于摄像机安放的几何信息就可将纹理元及所在平面的朝向确定下来。

3-D景物表面规则的纹理在2-D图像中会产生纹理梯度，但反过来2-D图像中的纹理梯度并不一定来自3-D景物表面规则的纹理。

例10.3.1　纹理元尺寸变化给出景物深度

图10.3.2给出两幅图片，图10.3.2（a）的前部有许多花瓣（它们相当于纹理元），花瓣尺寸由前向后（由近及远）逐步缩小。这种纹理元尺寸的变化给人以场景深度的感觉。图10.3.2（b）的建筑物上有许多立柱和窗户（它们相当于规则的纹理元），它们大小的变化同样给人以场景深度的感觉，并且很容易帮助观察者做出建筑物的折角处距离最远的判断。

（a）

（b）

图10.3.2　纹理元尺寸变化给出景物深度 □

2. 利用纹理元形状的变化

物体表面纹理元的形状在透视投影成像后有可能发生一定的变化，即**纹理元形状的变化**，如果已经知道纹理元的原始形状则可根据纹理元形状的变化推算出表面的朝向。例如由圆形组成的纹理在倾斜的面上会变成椭圆形（参见图10.3.1（b）），这时椭圆主轴的取向确定了相对摄像机轴线旋转的角度，而长、短轴长度的比值反映了相对摄像机轴线倾斜的倾斜度。

例10.3.2　外观比例的计算

上述椭圆长、短轴长度的比值称为**外观比例**，可如下计算。

设圆形纹理基元所在平面的方程为：

$$ax + by + cz + d = 0 \tag{10.3.1}$$

构成纹理的圆形可看作平面与球面的交线（平面与球面的交线总为圆形，但当视线与平面不垂直时，产生的形变导致看到的交线总为椭圆形），这里设球面方程为：

$$x^2 + y^2 + z^2 = r^2 \tag{10.3.2}$$

联立上两式可解得（相当于将球面投影到平面）：

$$\frac{a^2+c^2}{c^2}x^2 + \frac{b^2+c^2}{c^2}y^2 + \frac{2adx+2bdy+2abxy}{c^2} = r^2 - \frac{d^2}{c^2} \tag{10.3.3}$$

这是一个椭圆方程，可进一步变换为：

$$\left[(a^2+c^2)x + \frac{ad}{a^2+c^2}\right]^2 + \left[(b^2+c^2)y + \frac{bd}{b^2+c^2}\right]^2 + 2abxy = c^2r^2 - \left[\frac{a^2d^2+b^2d^2}{a^2+c^2}\right]^2 \tag{10.3.4}$$

由上式就可得到椭圆的中心点坐标，并进一步确定出椭圆的长半轴与短半轴，从而可算出外观比例，还可算出旋转角和倾斜角。 □

3. 利用纹理元之间关系的变化

如果纹理是由有规律的**纹理元栅格**所组成的，则可通过计算其**消失点**来恢复表面朝向信息(参见 10.3.2 小节)。消失点是相交线段集合中各线段的交点。对一个透射图，平面上的消失点是无穷远处纹理元以一定方向投影到图像平面而形成的，或者说是平行线在无穷远处的汇聚点。利用从同一表面纹理元栅格得到的两个消失点就可以确定表面的取向，此时连接这两个点的直线的方向指示纹理元相对摄像机轴线旋转的角度，而这条连线与 $x=0$ 的交点指示了纹理元相对摄像机轴线的倾斜角，参见图 10.3.1（c）。这种方法利用了**纹理元之间关系的变化**。

例 10.3.3　纹理元栅格和消失点

图 10.3.3（a）所示为一个各表面均有平行网格线的长方体的透视图，图 10.3.3（b）所示为关于其各个消失点的示意。

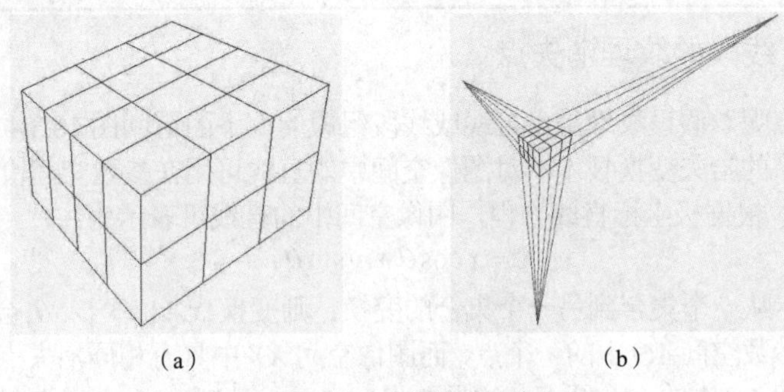

（a）　（b）

图 10.3.3　纹理元栅格和消失点　❑

以上 3 种利用纹理变化来求取物体表面朝向的方法可参见表 10.3.1。

表 10.3.1　3 种利用纹理变化来求取物体表面朝向的方法

方法	围绕摄像机轴线旋转角	相对摄像机轴线倾斜角
1	纹理梯度方向	纹理梯度数值
2	纹理元主轴方向	纹理元长、短轴之比
3	两消失点间连线的方向	两消失点间连线与 $x=0$ 的交点

还可以从更一般的角度讨论一下纹理和表面取向的问题。不管是纹理元尺寸、形状或相互关系的变化都可看作投影而产生的**纹理畸变**，这种畸变里含有原始 3-D 世界的空间信息。在以上介绍的几种方法中，前提都是对原始纹理元的尺寸、形状或相互关系有一定的先验知识，所以都是根据已知模式的畸变来重构 3-D 立体的。纹理畸变的具体情况主要与两个因素有关：①观察者与物体之间的距离，它影响纹理元畸变后的大小；②物体表面的法线与视线之间的夹角（也称表面倾角），它影响纹理元畸变后的形状。

在正交投影（如机械制图）中，第 1 个因素不起作用。这是因为在正交投影下所得到的图像的大小和观察者与物体之间的距离无关。所以，尽管这时第 2 个因素会起作用，即当物体表面法线与摄像机轴线之间的夹角变化时可以得到不同的投影形状，但对正交投影来说，它并不能在两个因素的共同作用下产生投影畸变。

在透射投影中，第 1 个因素起作用，这是因为观察者与物体之间距离的变化会导致图像产生放大或缩小的畸变。第 2 个因素在透射投影中不一定会起作用，如果物体表面是曲面，则由于倾角在表面的变化会导致表面各部分投影产生不同的变化（相对距离不同）而影响畸变后的形状；但如果物体表面是平面，则并不会产生影响形状的畸变。

能使上述两个因素共同对物体形状产生作用的投影形式是球形透射投影。在球形透射投影中观察者位于球心，图像形成在球面上，视线与球面垂直。这时观察者与物体间距离的变化会引起纹理元尺寸的变化，而物体表面倾角的变化会引起投影后物体形状的变化。

以上讨论的情况归纳在表 10.3.2 中。

表 10.3.2 不同投影对纹理畸变的作用

投影	距离作用	夹角作用	解释
正交投影	无	有	
透射投影	有	无	当物体表面为平面时
透射投影	有	有	当物体表面为曲面时
球形透射投影	有	有	

10.3.2 确定线段的纹理消失点

如何确定消失点呢？假设纹理是由直线或线段组成的，下面借助图 10.3.4 来介绍确定**消失点**的方法。根据 3.4 节的哈夫变换技术，对图像空间中的直线可用在参数空间检测参数来确定。由图 10.3.4（a）可知，根据极坐标直线方程，图像空间中的直线可表示为：

$$\lambda = x\cos\theta + y\sin\theta \tag{10.3.5}$$

即如果用"⇒"表示从一个集合到另一个集合的变换，则变换$\{x, y\} \Rightarrow \{\lambda, \theta\}$会将图像空间 XY 中的一条直线映射为参数空间$\Lambda\Theta$中的一个点，而图像空间 XY 中具有相同消失点(x_v, y_v)的直线集合将被投影到参数空间$\Lambda\Theta$中的一个圆上。这只要将$\lambda = (x^2+y^2)^{1/2}$ 和$\theta = \arctan\{y/x\}$代入下式：

$$\lambda = x_\text{v}\cos\theta + y_\text{v}\sin\theta \tag{10.3.6}$$

即可得出，因为将式（10.3.6）转化到直角坐标系中，可得到：

$$\left(x - \frac{x_\text{v}}{2}\right)^2 + \left(y - \frac{y_\text{v}}{2}\right)^2 = \left(\frac{x_\text{v}}{2}\right)^2 + \left(\frac{y_\text{v}}{2}\right)^2 \tag{10.3.7}$$

上式表示一个圆心为$(x_\text{v}/2, y_\text{v}/2)$，半径为$\lambda = [(x_\text{v}/2)^2+(y_\text{v}/2)^2]^{1/2}$ 的圆，如图 10.3.4（b）所示。这个圆是所有以(x_v, y_v)为消失点的线段集合投影到$\Lambda\Theta$空间中的轨迹。所以，可用变换$\{x, y\} \Rightarrow \{\lambda, \theta\}$把线段集合从 XY 空间映射到$\Lambda\Theta$空间来对消失点进行检测。

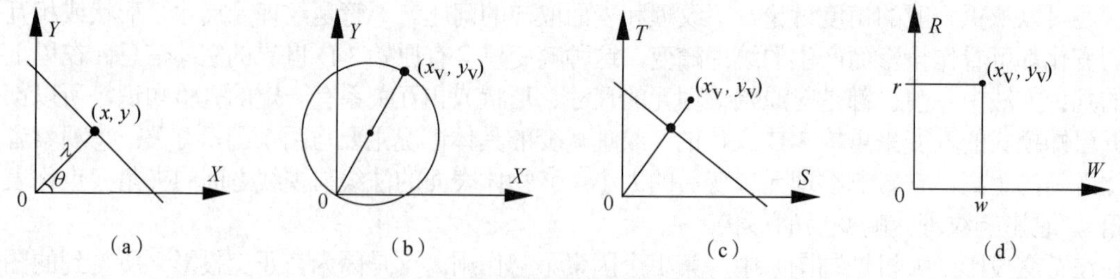

图 10.3.4 确定线段的纹理消失点

上述确定消失点的方法有两个缺点：①对圆的检测比对直线困难，计算量大；②当 $x_\text{v}\to\infty$或$y_\text{v}\to\infty$时，有$\lambda\to\infty$。为克服这些缺点，可改用变换$\{x, y\} \Rightarrow \{k/\lambda, \theta\}$，这里 k 为一个常数（k 与哈夫变换空间的取值范围有关）。此时式（10.3.6）变为如下的形式：

$$k/\lambda = x_\text{v}\cos\theta + y_\text{v}\sin\theta \tag{10.3.8}$$

将式（10.3.8）转到直角坐标系中（令 $s = \lambda\cos\theta$，$t = \lambda\sin\theta$），得到：

$$k = x_\text{v}s + y_\text{v}t \tag{10.3.9}$$

这是一个直线方程。这样一来，在无穷远处的消失点就可投影到原点，而且具有相同消失点(x_v, y_v)

的线段所对应的点在 ST 空间的轨迹成为一条直线，如图 10.3.4（c）所示。这条线的斜率由式（10.3.9）可知为 $-y_v/x_v$，所以这条线与原点到消失点(x_v, y_v)的矢量正交，并且与原点的距离为 $k\big/\sqrt{x_v^2+y_v^2}$。对这条直线可再用一次哈夫变换来检测，即这里将直线所在的空间 ST 当作原空间，而对其在（新的）哈夫变换空间 RW 中进行检测。这样空间 ST 里的直线在空间 RW 里为一个点，如图 10.3.3（d）所示，其位置如下：

$$r=\frac{k}{\sqrt{x_v^2+y_v^2}} \tag{10.3.10}$$

$$w=\arctan\left\{\frac{y_v}{x_v}\right\} \tag{10.3.11}$$

由以上两式可解得消失点的坐标为：

$$x_v=\frac{k^2}{r^2\sqrt{1+\tan^2 w}} \tag{10.3.12}$$

$$y_v=\frac{k^2\tan w}{r^2\sqrt{1+\tan^2 w}} \tag{10.3.13}$$

例 10.3.4　图像外消失点的检测

当消失点处在原始图像范围中时，使用上述方法没有问题。但在实际中，消失点会经常处在图像之外（参见图 10.3.5），甚至在无穷远处，此时使用一般的图像参数空间就会遇到问题。对远距离的消失点，参数空间的峰会分布在较大距离范围，检测敏感度会变差，而且定位准确度也会降低。

图 10.3.5　消失点在图像之外的示例

一种改进的方法是围绕摄像机的投影中心构建一个高斯球 G，并使用 G 而不是使用扩展图像平面来当作参数空间。如图 10.3.6 所示，消失点出现在有限距离处（但在无穷远处也可以），与在高斯球（将表面上的每个点映射到单位法线矢量与单位球的交点上得到，其中心为 C）上的点有一对一的关系（V 和 V'）。实际中会存在许多不相关的点，为消除它们的影响，需要考虑成对的线（3-D 空间中的线和投影到高斯球上的线）。如果设有 N 条线，则线对的数是 $^N C_2 = ½N(N–1)$，即量级为 $O(N^2)$。

当地面铺满地板砖，将摄像机倾斜于地面沿地板铺设方向观测时，就可得到如图 10.3.7 所示的构型（VL 代表消失线），其中 C 为相机中心，O、H_1 和 H_2 在地面上，O、V_1、V_2 和 V_3 在成像面上，a 和 b（砖的尺寸）已知。由点 O、V_1、V_2 和 V_3 得到的交叉比与由点 O、H_1 和 H_2 以及水平方向无穷远处所得到的交叉比相等：

$$\frac{y_1(y_3-y_2)}{y_2(y_3-y_1)}=\frac{x_1}{x_2}=\frac{a}{a+b} \tag{10.3.14}$$

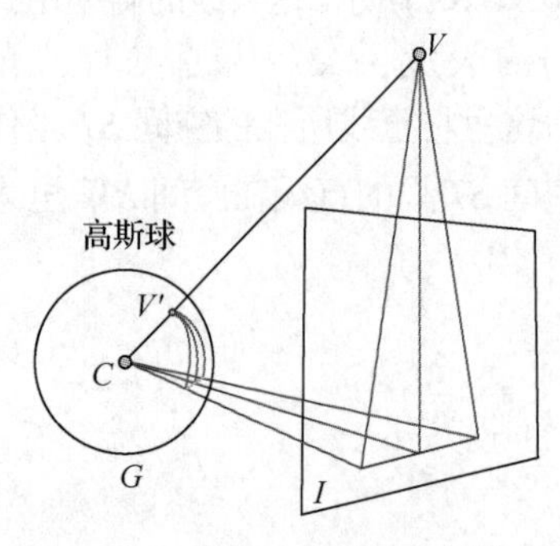

图 10.3.6　使用高斯球确定消失点

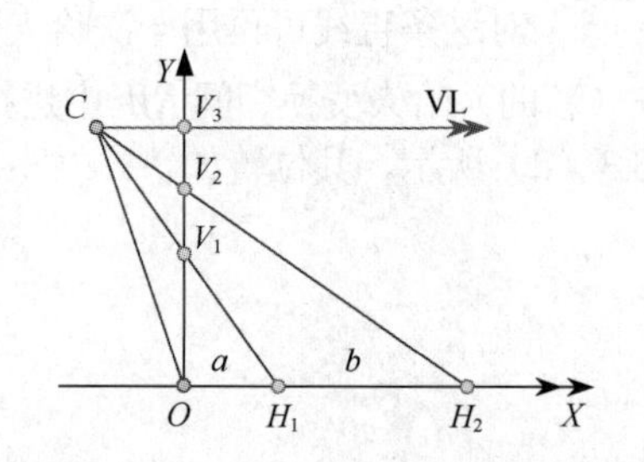

图 10.3.7　从已知间隔对来确定消失点

根据式（10.3.14）可算出 y_3：

$$y_3 = \frac{by_1y_2}{ay_1 + by_1 - ay_2} \tag{10.3.15}$$

实际中，调整相机相对地面的位置和角度使得 $a = b$，就可得到：

$$y_3 = \frac{y_1y_2}{2y_1 - y_2} \tag{10.3.16}$$

这个简单的公式表明，a 和 b 的绝对数值并不重要，只要知道它们的比值就可计算。进一步，上面的计算中并没有假设点 V_1、V_2 和 V_3 在点 O 的垂直上方，也没有假设点 O、H_1 和 H_2 在水平线上，只要求它们在共面的两条直线上，且 C 也在这个平面中。

在透视投影条件下，椭圆投影为椭圆，但其中心会有一点偏移，这是因为透视投影并不保持长度比（中点不再是中点）。假设可以从图像中确定平面上消失点的位置，则利用前面的方法就可以方便地计算中心的偏移量。先考虑椭圆的特例圆，圆投影后为椭圆。参见图 10.3.8，令 b 为投影后椭圆的半短轴，d 为投影后椭圆与消失线间的距离，e 为圆的中心投影后的偏移量，点 P 为投影中心。将 $b+e$ 取为 y_1，$2b$ 取为 y_2，$b+d$ 取为 y_3，则由式（10.3.12）得到：

$$e = \frac{b^2}{d} \tag{10.3.17}$$

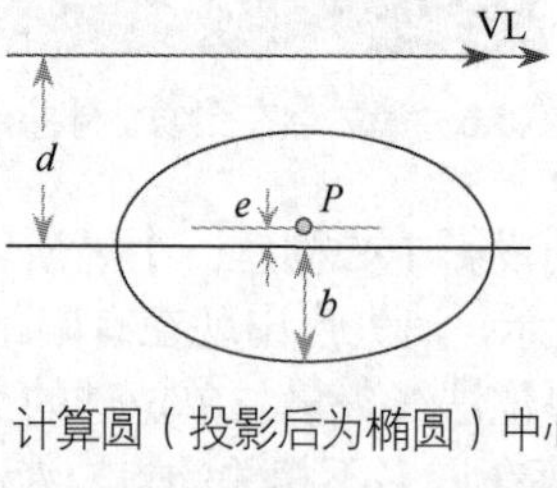

图 10.3.8　计算圆（投影后为椭圆）中心的偏移量

与前面方法不同的是这里设 y_3 是已知的，并用它来计算 y_1，并进而计算 e。如果不知道消失线，但知道椭圆所在平面的朝向和图像平面的朝向，则可推出消失线，并进行如上计算。

如果原始目标就是椭圆，则问题要复杂一些，因为不仅不知道椭圆中心的纵向位置，也不知道它的横向位置。此时可考虑椭圆的两对平行切线，投影成像后，一对交于 P_1，另一对交于 P_2，均在消失线上，如图 10.3.9 所示。因为对每对切线，连接切点的弦都通过原始椭圆的中心 O（该特性不随投影变化），所以投影中心应该在弦上。与两对切线对应的两条弦的交点就是投影中心 C。

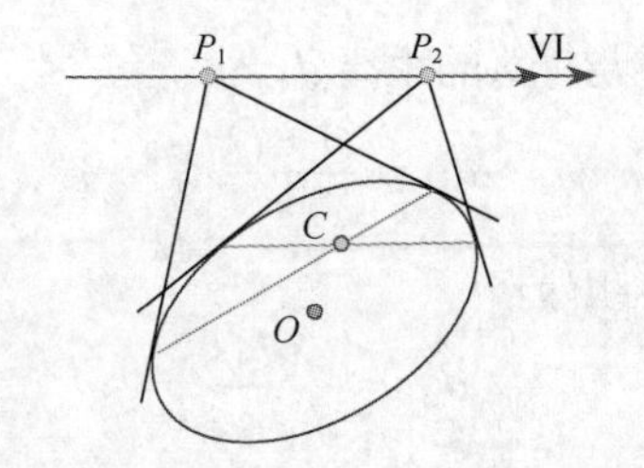

图 10.3.9 计算椭圆中心的偏移量 □

10.4 根据焦距确定深度

在用具有光学透镜的摄像机采集图像时，场景中总是只有某一个距离范围内的景物可以清晰成像（满足预先确定的要求）。这个距离范围对应镜头的景深。**景深**是满足清晰程度的最远点和最近点之间的距离范围，或者说是由最远平面和最近平面所确定的。

参见图 10.4.1，薄透镜成像的公式可写为：

$$\frac{1}{\lambda}=\frac{1}{d_\mathrm{o}}+\frac{1}{d_\mathrm{i}} \tag{10.4.1}$$

其中，d_o 和 d_i 分别为景物和图像与镜头的距离；λ 为镜头的焦距。当景物点 P 在物距 d_o 处，在像距 d_i 处的图像平面上能得到清晰的图像。如果景物在无穷远处，就被清晰聚焦成像在与镜头相距 λ 的图像平面上。

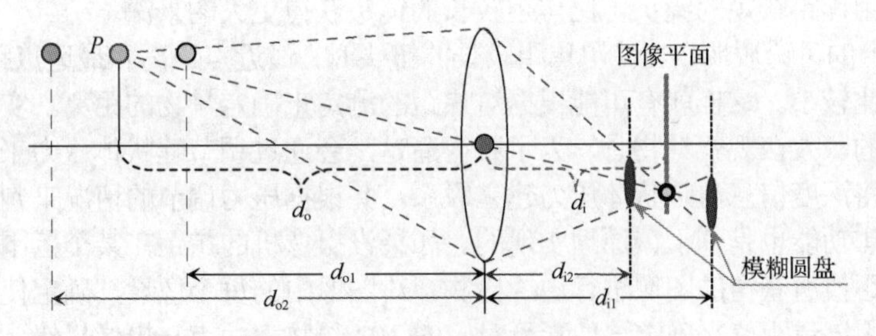

图 10.4.1 薄透镜景深的示意

如果对景物点 P 进行沿轴向的平移，根据式（10.4.1），在镜头焦距不变的情况下，成像也会发生沿轴向的平移，并且成像将不再清晰而成为一个模糊圆盘。类似地，如果不移动景物点 P 而将成像平面进行沿轴向的平移，则成像也将不再清晰而成为一个模糊圆盘。

模糊圆盘的直径与摄像机分辨率和景深都有关系。摄像机的分辨率取决于摄像机成像单元的数量、尺寸和排列方式。在常见的正方形网格排列方式下，如果有 $N \times N$ 个单元，则在每个方向都可分辨出 $N/2$ 条线，即相邻的两条线间有一个单元的间隔。一般的光栅是黑白线条等距离相间的，所以也可以说可分辨出 $N/2$ 对线条。摄像机的分辨能力也可用**分辨力**表示，如果成像单元的间距为 Δ，单位是 mm，则摄像机的分辨力为 $0.5/\Delta$，单位是 line/mm。例如一个 CCD 摄像机的成像单元阵列的边长为 8 mm，共有 512×512 个单元，则其分辨力为 $0.5 \times 512/8 = 32$ line/mm。

现设镜头孔径为 A，模糊圆盘直径为 D，考虑 D 与景深的关系。这里假设模糊圆盘的直径为 1 个像素时清晰程度是可以接受的，分别考虑 d_o 的最小允许值（最近点距离 $d_{\mathrm{o}1}$）和最大允许值（最远点距离 $d_{\mathrm{o}2}$）。在景物最近点，图像与镜头的距离为 $d_{\mathrm{i}1}$；在景物最远点，图像与镜头的距离为 $d_{\mathrm{i}2}$。

先考虑景物最近点。此时图像与镜头的距离 d_{i1} 为：

$$d_{i1}=\frac{A+D}{A}d_i \tag{10.4.2}$$

此时根据式（10.4.1），景物最近点距离为：

$$d_{o1}=\frac{\lambda d_{i1}}{d_{i1}-\lambda} \tag{10.4.3}$$

将式（10.4.2）代入式（10.4.3）可得到：

$$d_{o1}=\frac{\lambda\dfrac{A+D}{A}d_i}{\dfrac{A+D}{A}d_i-\lambda}=\frac{d_o\lambda(A+D)}{A\lambda+Dd_o} \tag{10.4.4}$$

类似地，可以得到景物最远点距离为：

$$d_{o2}=\frac{\lambda\dfrac{A-D}{A}d_i}{\dfrac{A-D}{A}d_i-\lambda}=\frac{d_o\lambda(A-D)}{A\lambda-Dd_o} \tag{10.4.5}$$

两个距离之差给出此时的景深，如下：

$$\Delta d_o=d_{o2}-d_{o1}=\frac{2ADd_o\lambda(d_o-\lambda)}{(Dd_o)^2-(A\lambda)^2} \tag{10.4.6}$$

由上式可见，景深随 D 的增加而减少。如果允许/容忍较大的圆盘尺寸，则在保持其他条件不变的情况下，选用焦距较短的镜头可比焦距较长的镜头获得更大的景深。

反过来，以上的讨论表明，当使用焦距较长的镜头时，最近点距离和最远点距离会比较接近，所获得的景深会比较小。这样就有可能根据对焦距的测定来确定景物的距离。实际上，人类视觉系统也是这样做的。人在观察景物时，为了看得清楚，会通过调节睫状体压力来控制晶状体的屈光能力，这样就将深度信息与睫状体压力建立联系，并根据压力调节的情况来判断景物的距离。摄像机的自动聚焦功能也是基于该原理实现的。如果设摄像机的焦距在某个范围内平稳地变化，则可对在每个焦距值所获得的图像进行边缘检测。对图像中的每个像素，确定使其产生清晰边缘的焦距值，并利用该焦距值来确定该像素所对应的 3-D 景物表面点与摄像机镜头的距离（深度）。实际应用中，对一个给定的景物点，调节焦距使对它的成像最清晰，则此时的焦距就指示与它的距离；而对一幅以一定焦距拍摄的图像，其上最清晰的像素点所对应的景物点的深度也可以计算出来。

总结和复习

下面对本章各节进行简单小结，并有针对性地介绍一些可供深入学习的参考文献。读者还可通过思考题和练习题进行进一步的复习，标有星号的思考题或练习题在书末提供了解答。

【小结和参考】

10.1 节介绍了光度立体学方法。这里的 3-D 线索来自光照的变化及其对图像亮度的影响。光度立体学方法是一种常见的 3-D 景物恢复方法，有关内容还可参见文献[Haralick 1993]、[Jähne 2000]、[Forsyth 2012]等。除了简单的光源移动外，也可以通过交换摄像机与光源的位置拍摄两幅图像，获得亥姆霍兹（Helmholtz）图像来重建场景，这种方法可用于测量高光物体[陈 2010b]。

10.2 节介绍了根据图像影调来重构景物表面形状的原理和方法。图像中各部分的影调既与光照情况有关，也与景物的形状有关。通过建立图像亮度约束方程，可将像素的灰度与其朝向关联起来，这样就有可能通过解图像亮度约束方程来获得目标表面的朝向。更多的方法还可参见文献[Jähne 2000]、[Forsyth 2012]等。

10.3 节讨论了表面纹理变化与表面朝向的关系，介绍了 3 种可以帮助恢复表面朝向的基本纹理元变化情况。这里对纹理的描述是比较简洁的，具体有关纹理表达和描述的内容还可参见文献[章 2018c]、[Haralick 1992]、[Shapiro 2001]、[Mirmehdi 2008]、[Forsyth 2012]等。

10.4 节介绍了如何借助焦距与景深的联系来确定摄像机与景物的距离。由焦距恢复形状还可参见文献[Haralick 1993]。

【思考题和练习题】

10.1　如果需要对场景中的每个目标都给出深度图，考虑目标表面特性的影响，比较双目立体视觉以及光度立体学这两种方法的优劣。

*10.2　设有一个表面为理想朗伯表面的半球面，其反射系数为 r，半径为 d，当入射光线和观察视线均在半球正上方时，求反射强度的分布。据此能否确定该半球面是凸的或凹的？

10.3　设图 10.1.3 所示的半球具有朗伯表面，如果照明光线平行于 $\boldsymbol{N}$ 轴向下照射，图中面元处的反射图是怎么样的？

10.4　对一个理想镜面反射表面的椭球状物体 $x^2/4 + y^2/4 + z^2/2 = 1$，若入射光强为 15，反射系数为 0.5，求在(1, 2, 3)处观察到的反射光强度。

10.5　使用从影调恢复形状的方法可得到表面朝向图，使用双目立体视觉方法可得到深度图，讨论它们是否相同。这两种方法适用于相同或不同的应用场合？在什么情况下使用结构光的方法有望得到比这些基本方法更好或更准确的信息？

10.6　设一个物体平面上有由圆形组成的纹理，在成像平面均成了长轴为 0.16 m，短轴为 0.09 m 的椭圆。已知长轴与 X 轴的夹角为 135°，试确定该物体平面的朝向。

10.7　用一个悬挂在 2 m 高的摄像机先向正下方对铺了方形瓷砖的地面拍摄一幅图像，然后将摄像机旋转一定角度再拍摄一幅图像，已知此时成像后的瓷砖图像为长宽比为 5∶4 的矩形，求摄像机旋转的角度。

10.8　参见图 10.3.1（b），如果由圆形纹理基元得到的椭圆的长宽比为 3∶1，基元所在平面的朝向是怎样的？如果椭圆长轴与 X 轴的夹角为 30°，基元所在平面的朝向又是怎样的？

*10.9　栅格纹理在透射图中有一个消失点，设 $x = 0$、$y = 0$、$y = 1 - x$ 均为过消失点的直线，求消失点的坐标。

10.10　重画图 10.3.8，现要使用与观察到的椭圆轴对齐的消失点。证明搜索变换中心位置的问题现在简化为两个 1-D 情况，式（10.3.13）可用于获得变换中心坐标。

10.11　一般人眼的角分辨率约为 1°，即人可检测到 2 m 外的长度为 0.5 mm 的线条，这相当于在边长为 8 mm 的 CCD 摄像机的成像单元阵列中排列多少个单元？

10.12　设镜头的孔径为 10 mm，可以容忍的模糊圆的直径为 1 mm，当镜头的焦距为 10 mm 时，景深为多少？如果镜头的焦距分别为 100 mm 和 1000 mm 呢？

第11章 运动分析

随着技术的进步，图像序列和**视频图像**（一种特定的序列图像）得到了广泛的应用。时间坐标的增加使人们可以从图像序列中获得有关场景运动变化的信息。运动分析的研究目的和工作内容主要包括以下几个方面。

（1）运动检测：也称变化检测，检测场景中是否有运动导致的变化。这种情况一般仅使用单个固定的摄像机就可以了。一个典型的例子是安全监控，任何导致图像发生变化的因素都考虑在内。由于光照的变化常比较缓慢，而运动物体的变化常比较迅速，所以可进一步区分开。

（2）运动目标检测和定位：检测场景中是否有运动目标、它当前在什么位置，还可进一步确定运动目标的轨迹，并预测它下一步的运动方向和趋势。这种情况一般仅使用单个固定的摄像机。根据检测目的的不同可采用不同的技术。如果仅需确定运动目标的位置，可借助运动信息对运动目标进行初步分割。如果还需确定运动目标的运动方向、趋势和轨迹，则常采用目标匹配技术。

（3）运动目标分割和识别：比以上要求更多更高。运动目标分割和识别需要检测目标运动的具体情况、获得目标特征、提取运动参数、分析景物运动规律、确定运动类型等。在此基础上，可进一步识别运动物体。这种情况常利用视频摄像机获取序列图像。

（4）立体景物重建和行动/场景理解：一方面，通过目标的运动信息进一步获取立体景物的深度，确定其表面朝向以及遮挡情况等；另一方面，综合运动信息和其他图像中的信息，可以进行运动因果关系的识别，进一步地，如果借助场景知识，还可对场景给出语义解释。这种情况常使用两个或多个静止或运动的可拍摄视频的摄像机。

根据上面所述，本章各节将如下安排。

11.1 节介绍对运动的分类和表达方法。基本的分类方法将运动分为全局运动和局部运动。对运动的表达有多种方法，这里介绍运动矢量场表达、运动直方图表达和运动轨迹表达。

11.2 节讨论对全局运动，即摄像机运动检测的问题，分别介绍了利用图像差的运动检测和基于模型的运动检测两种方法。

11.3 节讨论对（局部）运动目标的检测、跟踪和分割的问题。检测仅讨论了基于背景建模的方法。跟踪介绍了卡尔曼滤波器和粒子滤波器。分割则分别对常用的 3 种策略，即先分割再计算运动信息、先计算运动信息再分割、同时计算运动信息和进行分割进行了分析。

11.4 节介绍借助运动光流来确定目标表面取向的方法，先给出光流约束方程，再进行光流计算，最后借助光流计算结果来确定目标表面方向。

11.1 运动分类和表达

要进行运动分析，首先要对运动分类，并采用相应的方法来表达各类运动。

1. 运动分类

运动可以根据不同的原理、准则和应用目的进行分类。一方面，运动指摄像机和景物间有相对运动。如果给定参考坐标系，则运动可以分成以下3种情况。

（1）摄像机静止，景物运动。

（2）摄像机运动，景物静止。

（3）摄像机和景物都运动。

另一方面，在对图像的研究和应用中，人们常把图像分为前景（目标）和背景。同样在对图像序列的研究和应用中，也可把每一帧图像分为前景和背景两部分。这样在图像序列中，运动可以分为两类。

（1）前景运动：**前景运动**指目标在场景中的自身运动，又称为**局部运动**。

（2）背景运动：**背景运动**指由进行拍摄的摄像机的运动所造成的帧图像内所有的点的整体移动，又称为**全局运动**或**摄像机运动**。

例 11.1.1　摄像机的运动形式

摄像机的运动形式有许多种，可借助图11.1.1来介绍。假设将摄像机安放在3-D空间坐标系原点，镜头光轴沿z轴，空间点$P(X, Y, Z)$成像在图像平面上的点$p(x, y)$处。摄像机可以有分别沿3个坐标轴的运动，沿x轴的运动称为平移或**跟踪**运动，沿y轴的运动称为**升降**运动，沿z轴的运动称为进退或**推拉**运动。摄像机还可以有分别绕3个坐标轴的旋转运动，绕x轴的旋转运动称为**倾斜**运动，绕y轴的运动称为**扫视**运动，绕z轴的运动称为（绕光轴）**滚转**运动。最后，摄像机镜头的焦距也可以变化，称为**变焦**运动或缩放运动。变焦运动又可分为两种，即**放大镜头**，用于将摄像机逐步对准/聚焦感兴趣的目标；**缩小镜头**，用于给出一个场景逐步由细到粗的全景展开过程。

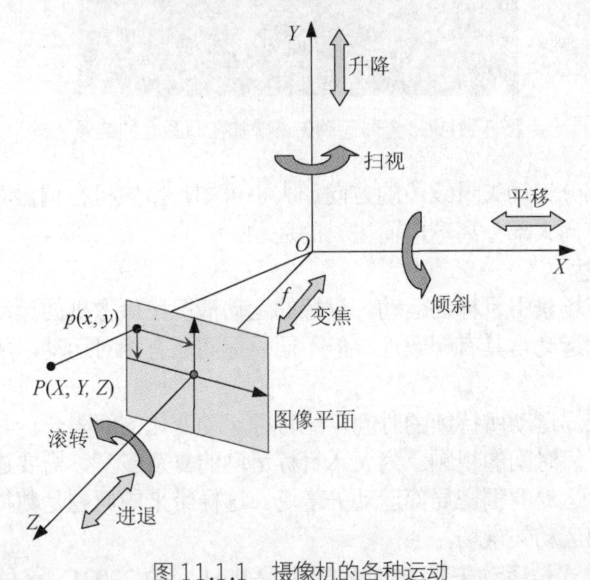

图11.1.1　摄像机的各种运动　❑

以上两类运动各有其自身的特点。全局运动一般具有整体性强、比较规律的特点，有可能仅用一些特征或一组含若干个参数的模型来表达。局部运动常比较复杂，特别在运动目标或部件比较多的时候，各目标可做不同的运动。目标的运动一般仅在空间小范围内表现出一定的一致性，需要有比较精细的方法才能够准确地表达。

对不同类别的运动，常采取不同的方法进行分析。运动的情况是沿着时间轴而变化的，有些运动持续的时间比较长，而有些运动持续的时间比较短。对运动的分析根据所使用图像序列的长短可以分为：仅使用若干帧（常为两三帧）的短时运动分析和使用几十到上百帧的长时运动分析。当目标运动比较快时需要考虑相邻帧图像中对应目标的相对位置变化，这时常用短时运动分析的手段，获得瞬时运动场以得到对运动较为精确的估计。如果比较关心运动的累积效果，可采用长时运动分析的方法，以获得长期运动的结果。

2. 运动矢量场表达

运动既有大小也有方向，所以需用矢量来表示。为表示瞬时运动矢量场，实际中常将每个**运动矢量**用（有起点）无箭头的线段（线段长度与矢量大小，即运动速度成正比）来表示，并叠加在原始图像上。这里不使用箭头是为了使表达简洁，减小箭头叠加到图像上对图像的影响。由于起点确定，所以方向是明确的。在有些表达中，表达运动矢量的起点没有标出，但方向一般没有歧义。

例 11.1.2 运动矢量场的表达实例

图 11.1.2 所示为一幅足球比赛时的场景图，对运动矢量场的计算采用了先对图像分块（均匀分布），然后计算各块图像综合运动矢量的方法。这样由每块图像获得一个运动矢量，用一条由起点（起点在块的中心）射出的线段来表示。将这些线段叠加在场景图上就得到运动矢量场的图。

图 11.1.2 全局运动矢量叠加在原图上的结果

由图 11.1.2 中大部分运动矢量线段的方向和大小可知，摄像机在拍摄时具有以球门为起点逐步变焦（运动矢量的方向大部分离球门而去）的运动。 □

3. 运动直方图表达

局部运动主要对应场景中目标的运动。目标的运动情况比摄像机的运动情况更不规范。虽然同一刚性目标上各点的运动常具有一致性，但不同目标间还有相对运动，所以此时运动矢量场常要复杂得多。

由摄像机造成的全局运动所持续的时间常比目标运动变化的间隔长。利用这个关系，一个全局运动矢量场可代表一段时间的视频。为表示目标运动的复杂多变，需要进行连续的短时运动分析以获得完整描述目标运动的稠密局部运动矢量场。这样带来的问题是数据量会相当大，需要更紧凑的方式来表达局部运动矢量场。

一种紧凑的表达方式是**运动矢量方向直方图**（MDH）[俞 2002]。这种方法的基本思路是仅保留运动的方向信息以减少数据量。这种方法的依据是人们分辨不同运动首先根据运动方向，而对运动幅度的大小。需要较多的注意力才能够区分，所以可认为运动的方向是最基本的运动信息。局部运动矢量方向直方图通过对运动矢量场中方向数据的统计，提取出场中图像块的运动方向分布，以表达视频中目标的主要运动情况。具体可将从 0°到 360°的运动方向划分成若干个间隔，把运动矢量场上每一点的数据归到与它的运动方向最为接近的间隔。最后的统计结果就是运动矢量方向直方图。一个 MDH 示例如图 11.1.3 所示，其中给出了相隔 45°的各个方向上的运动块的数量。

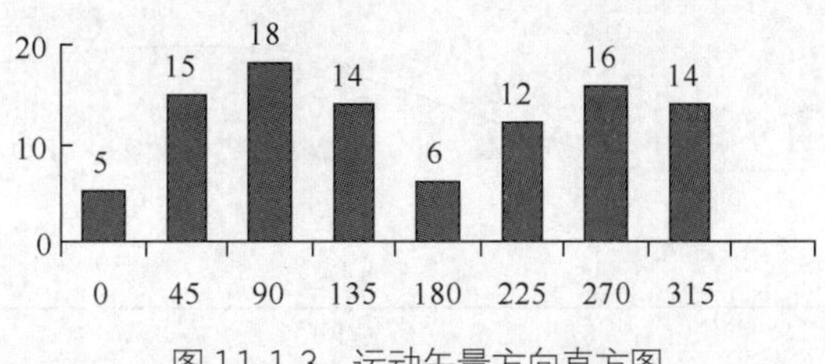

图 11.1.3　运动矢量方向直方图

具体计算时，考虑到局部运动矢量场中可能存在很多静止或基本静止的点，在这些位置计算出的运动方向通常是随机的，并不一定能够代表该点的实际运动方向。为避免错误数据影响直方图的分布，在统计运动矢量方向直方图前，可先对矢量大小取一个最低幅度阈值，仅把不小于最低幅度阈值的点计入运动矢量方向直方图。

另一种紧凑的表达方式是**运动区域类型直方图**（MRTH）[俞 2002]。根据局部运动矢量场可实现对它的分割，并得到具有不同仿射参数模型的各个运动区域。这些仿射参数可看作表达运动区域的一组运动特征，所以可借助对区域参数模型的表示来表达运动矢量场中各种运动的信息。具体就是对运动模型进行分类，统计各个运动区域中满足不同运动模型的像素数量。一个 MRTH 示例如图 11.1.4 所示。对每一个运动区域用一个仿射参数模型来表达，既能够比较符合人们主观上所理解的局部运动，又能够减少描述运动信息所需要的数据量。

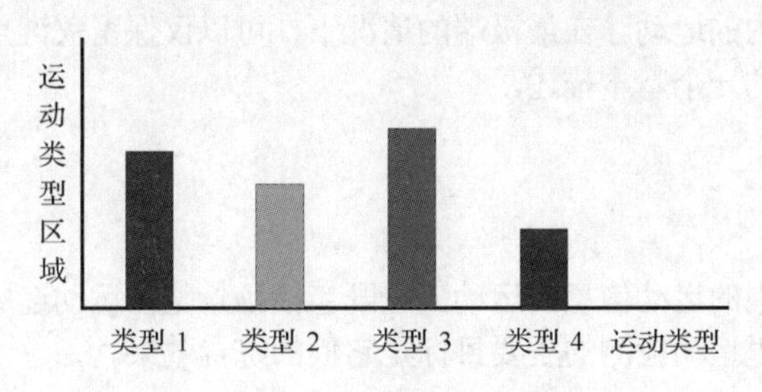

图 11.1.4　运动区域类型直方图

对**运动模型分类**就是根据描述运动参数模型的运动矢量将运动模型分为各种不同的类型。一个仿射运动模型有 6 个参数，对它的分类也就是对 6-D 参数空间的一个划分，这种划分可以采用矢量量化的方法。具体先根据每一个运动区域的参数模型，用矢量量化器找到对应的运动模型类型，然后统计满足该运动模型类型的运动区域的面积值。这样得到的统计直方图表示出了每个运动类型所覆盖的图像面积。不同的局部运动类型不仅可以表示不同的平移运动，还可以表示不同的旋转运动、不同的运动幅度等。因此相比运动矢量方向直方图，运动区域类型直方图的描述能力更强。

4．运动轨迹表达

目标的运动轨迹表达指示目标在运动过程中的位置信息。当在一定环境或条件下对动作和行为进行高层解释时可以使用运动物体的轨迹。为描述目标的运动轨迹，国际标准 MPEG-7 推荐了一种专门的描述符（可参见文献[Jeannin 2000]和[ISO/IEC 2001]）。这种**运动轨迹描述符**由一系列关键点和一组在这些关键点间进行插值的函数构成。根据需要，关键点用 2-D 或 3-D 坐标空间中的坐标值表达，而插值函数则分别对应各个坐标轴，$x(t)$对应水平方向的轨迹，$y(t)$对应垂直方向的轨迹，$z(t)$对应深度方向的轨迹。图 11.1.5 所示为$x(t)$的一个示意，图中有 4 个关键点 t_0、t_1、t_2、t_3，另外在两两关键点之间共有 3 个不同的插值函数。

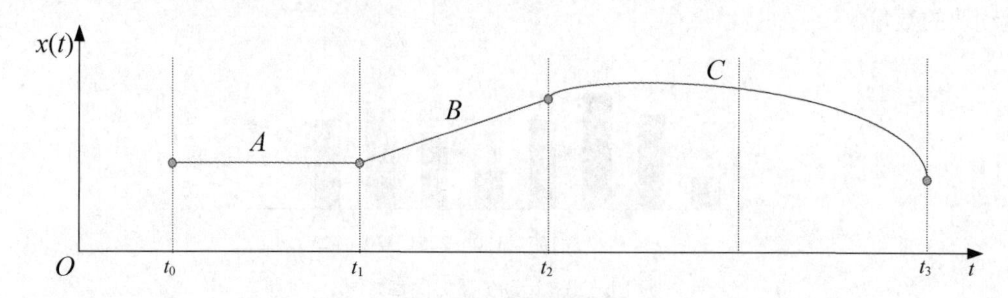

图 11.1.5　轨迹描述中关键点和插值函数的示意

插值函数的一般形式是二阶多项式，如下：

$$f(t)=f_p(t)+v_p(t-t_p)+\alpha_p(t-t_p)^2/2 \tag{11.1.1}$$

式中，p 代表时间轴上的一点；v_p 代表运动速度；α_p 代表运动加速度。与图 11.1.5 中 3 段轨迹对应的插值函数分别为零次函数、一次函数和两次函数，A 段是 $x(t)=x(t_0)$，B 段是 $x(t)=x(t_1)+v(t_1)(t-t_1)$，$C$ 段是 $x(t)=x(t_2)+v(t_2)(t-t_2)+\alpha(t_2)(t-t_2)^2/2$。

根据轨迹中的关键点坐标和插值函数形式，可以确定目标沿特定方向的运动情况。综合沿 3 个方向的运动轨迹，可确定场景中目标在空间随时间而变化的运动情况。注意在两个关键点间的水平轨迹、垂直轨迹和深度轨迹插值函数可以是不同阶次的函数。这种描述符是紧凑的和可扩展的，而且根据关键点的数量，可以确定描述符的粒度，既可描述时间间隔接近的细腻运动，也可粗略地描述大时间范围内的运动。在最极端的情况下，可以仅保留关键点而不用插值函数，因为关键点序列已是对轨迹的一个基本描述。

11.2　全局运动检测

一般情况下，图像中的运动信息或运动矢量既包括场景整体运动造成的变化，也包括具体景物运动造成的变化。这里运动检测的主要目标是它们的综合效果。

11.2.1　利用图像差的运动检测

在序列图像中，通过逐像素比较可直接求取前后两帧图像之间的差别。假设照明条件在多帧图像间基本不变化，那么这种差别就有可能是运动的结果。

1. 差图像的计算

差图像可以通过对时间上相邻的两幅图像求差值而得到，它可以将图像中运动目标的位置和形状变化突显出来。参见图 11.2.1（a），假设目标的灰度比背景亮，则在差图像中，可以得到在运动前方为正值的区域，而在运动后方为负值的区域。这样就可以获得目标的运动矢量，也可获得目标上某些部分的形状信息。如果对一系列图像两两求差，并对差图像中灰度值为正或负的区域进行逻辑和操作，就可以得到整个目标的形状。图 11.2.1（b）所示为一个示例，将长方形区域逐渐向下移动，依次划过椭圆形目标的不同部分，将各次结果组合起来，就得到完整的椭圆目标。

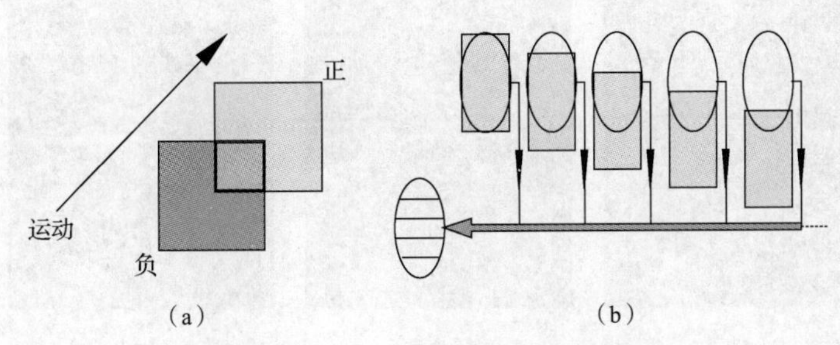

图 11.2.1 利用差图像提取运动目标

如果在图像采集装置和被摄场景间有相对运动的情况下采集一系列图像，则可根据其中存在的运动信息帮助确定图像中发生变化的像素。设在时刻 t_i 和 t_j 采集到两幅图像 $f(x, y, t_i)$ 和 $f(x, y, t_j)$，则据此可得到差图像如下：

$$d_{ij}(x,y)=\begin{cases}1 & \text{如果} \quad \left|f(x,y,t_i)-f(x,y,t_j)\right|>T_{\text{g}} \\ 0 & \text{其他}\end{cases} \tag{11.2.1}$$

式中，T_{g} 为确定灰度有显著差异的阈值。差图像中为 0 的像素对应在前后两时刻的两图之间没有发生（由于运动而产生的）变化的地方。差图像中为 1 的像素对应前后两时刻的两图之间发生变化的地方，这种变化常是由目标运动产生的。不过差图像中为 1 的像素也可能源于不同的情况，如 $f(x, y, t_i)$ 是一个运动目标的像素，而 $f(x, y, t_j)$ 是一个背景像素或反过来，但也可能 $f(x, y, t_i)$ 是一个运动目标的像素，而 $f(x, y, t_j)$ 是另一个运动目标的像素或是同一个运动目标上不同位置的像素（其灰度可能不同）。

式（11.2.1）中的阈值 T_{g} 用来确定两时刻图像的灰度是否存在比较明显的差异。另一种灰度差异显著性的判别方法是使用以下的似然比：

$$\frac{\left[\dfrac{\sigma_i+\sigma_j}{2}+\left(\dfrac{\mu_i-\mu_j}{2}\right)^2\right]^2}{\sigma_i\bullet\sigma_j}>T_{\text{s}} \tag{11.2.2}$$

式中，各 μ 和 σ 分别是在时刻 t_i 和 t_j 采集到的两幅图像里对应观测窗口（图像块）中的均值和方差；T_{s} 是显著性阈值。

例 11.2.1 运动检测实例

图 11.2.2 所示为用对图像求差值的方法来检测图像中目标运动信息的一组图像实例。在图 11.2.2 中，图 11.2.2（a）到图 11.2.2（c）为一个视频序列中的连续三帧，图 11.2.2（d）所示为第 1 帧和第 2 帧的差图像，图 11.2.2（e）所示为第 2 帧和第 3 帧的差图像，图 11.2.2（f）所示为第 1 帧和第 3 帧的差图像。由图 11.2.2（d）和图 11.2.2（e）中的亮边缘可知图中人物的位置和形状，且人物基本上有从左上方向右下方的运动。由图 11.2.2（f）可见，随着时间差的增加，运动的距离也增加，所以如果物体运动较慢，可以采用加大帧图像之间时间差的方法（使用有一定间隔的帧图像）来检测出足够大的运动信息。

实际中，由于随机噪声的影响，差图像中没有发生像素移动的地方也会出现不为 0 的情况。为了把噪声的影响与像素的移动区别开来，可对差图像选取较大的阈值，即当差别大于特定的阈值时才认为像素发生了移动。另外在差图像中由于噪声产生的为 1 的像素一般比较孤立，所以也可根据连通性进行分析而将它们除去。但这样做有时也可能将缓慢运动的和尺寸较小的目标除去。

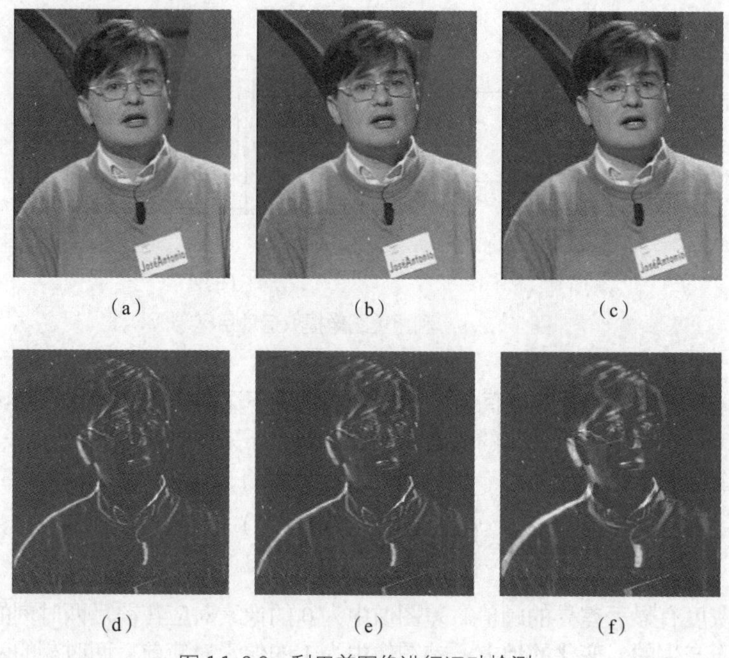

（a）　（b）　（c）

（d）　（e）　（f）

图 11.2.2　利用差图像进行运动检测　□

2. 累积差图像的计算

为克服上述随机噪声的问题，可以考虑利用多幅图像。如果在某一个位置的变化只是偶尔出现，就可判断为噪声。设有一系列图像 $f(x, y, t_1), f(x, y, t_2), \cdots, f(x, y, t_n)$，并取第一幅图 $f(x, y, t_1)$ 作为参考图。通过将参考图与其后的每一幅图都进行比较就可得到**累积差图像**（ADI）。这里设该图像中各个位置的值是在每次比较中发生变化的次数总和。

图 11.2.3 所示为一个累积差图像的示意。图 11.2.3（a）为在 t_1 时刻采集的图像，其中有一个矩形目标（这里用 4 行 3 列像素代表），设它每单位时间向右移 1 个像素。图 11.2.3（b）至图 11.2.3（d）分别为接下来在 t_2、t_3、t_4 时刻采集的图像。图 11.2.3（e）至图 11.2.3（g）分别为与 t_2、t_3、t_4 时刻对应的累积差图像。图 11.2.3（e）也就是前面讨论的普通差图像，左边一列标为 1，表示图 11.2.3（a）中的目标后沿和图 11.2.3（b）中的背景的差，右边一列标为 1，表示图 11.2.3（a）中的背景和图 11.2.3（b）中的目标前沿的差。图 11.2.3（f）可由图 11.2.3（a）和图 11.2.3（c）的差加上图 11.2.3（e）得到，其中有两列标为 2 表示该位置已发生了 2 次变化。图 11.2.3（g）可由图 11.2.3（a）和图 11.2.3（d）的差加上图 11.2.3（f）得到，其中变化最多的位置已有了 3 次变化。

参照上述示例可知累积差图像 ADI 有 3 个功能。

（1）ADI 中相邻像素数值间的梯度关系可用来估计目标移动的速度矢量，这里梯度的方向就是速度的方向，梯度的大小与速度成正比。

（2）ADI 中像素的数值可帮助确定运动目标的尺寸和移动的距离。

（3）ADI 中包含了目标运动的全部历史资料，有助于检测缓慢运动的和尺寸较小的目标运动。

实际应用中，还可区分 3 种 ADI 图像[Gonzalez 2008]，包括绝对 ADI（$A_k(x, y)$）、正 ADI（$P_k(x, y)$）和负 ADI（$N_k(x, y)$）。假设运动目标的灰度大于背景灰度，则当帧数差 $k > 1$ 时，可得到如下 3 种 ADI 的定义（取 $f(x, y, t_1)$为参考图）：

$$A_k(x,y)=\begin{cases}A_{k-1}(x,y)+1 & \text{如果}\quad \left|f(x,y,t_1)-f(x,y,t_k)\right|>T_{\mathrm{g}}\\ A_{k-1}(x,y) & \text{其他}\end{cases}\tag{11.2.3}$$

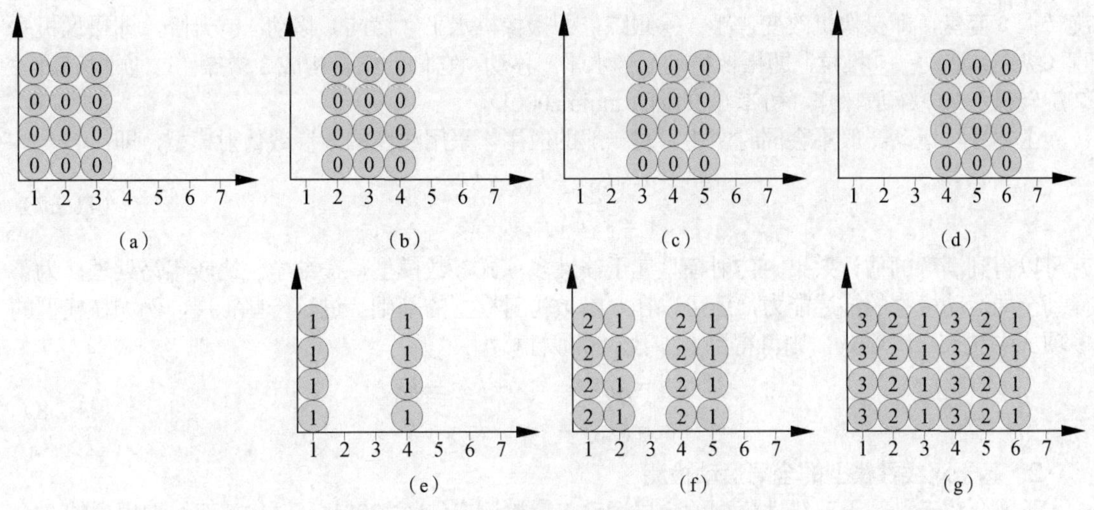

图 11.2.3 利用累积差图像确定目标移动

$$
P_k(x,y)=\begin{cases} P_{k-1}(x,y)+1 & \text{如果} \quad [f(x,y,t_1)-f(x,y,t_k)]>T_{\mathrm{g}} \\ P_{k-1}(x,y) & \text{其他} \end{cases} \tag{11.2.4}
$$

$$
N_k(x,y)=\begin{cases} N_{k-1}(x,y)+1 & \text{如果} \quad [f(x,y,t_1)-f(x,y,t_k)]<-T_{\mathrm{g}} \\ N_{k-1}(x,y) & \text{其他} \end{cases} \tag{11.2.5}
$$

上述 3 种 ADI 图像的值都是对像素的计数结果，初始时均为 0。

由 3 种 ADI 图像的值可获得下列信息。

（1）正 ADI 图像中的非零区域的面积等于运动目标的面积。

（2）正 ADI 图像中对应运动目标的位置就是运动目标在参考图中的位置。

（3）当正 ADI 图像中的运动目标移动到与参考图中的运动目标不相重合之处时，正 ADI 图像停止计数。

（4）绝对 ADI 图像包含了正 ADI 图像和负 ADI 图像中的所有目标区域。

（5）运动目标的运动方向和速度可分别根据绝对 ADI 图像和负 ADI 图像来确定。

11.2.2 基于模型的运动检测

对运动的检测也可借助模型进行。下面仅考虑对摄像机建模来进行全局运动检测。

1. 全局运动模型

假设图像中点(x, y)的全局运动矢量(u, v)可以由它的空间坐标和一组模型参数$(k_0, k_1, k_2,\cdots)$计算得出，则通用的模型可表示如下：

$$
\begin{cases} u=f_u(x,y,k_0,k_1,k_2,\cdots) \\ v=f_v(x,y,k_0,k_1,k_2,\cdots) \end{cases} \tag{11.2.6}
$$

在对模型参数进行估计时，首先从相邻的两帧中选取足够多的观测点，接着用一定的匹配算法求出这些点的观测运动矢量，最后用参数拟合的方法来估计模型参数。对全局运动模型的估计已经提出了许多方法，它们在观测点选取、匹配算法、运动模型和估计方法等方面都各有特点。

式（11.2.6）代表一个通用的模型，实际中，常可根据情况使用简化的参数模型。一般考虑摄像机的运动类型共有 6 种（参见 11.1 节）：①**扫视**，即摄像机水平旋转；②**倾斜**，即摄像机垂直旋转；③**变焦**，即摄像机改变焦距；④**跟踪**，即摄像机水平（横向）移动；⑤**升降**，即摄像机垂直（纵向）移动；⑥**推拉**，即摄像机前后（水平）移动。它们的结合构成 3 类操作：①平移操作；②旋转操作；③缩放操作（可参见文献[Jeannin 2000]）。

上述各种运动一般不会同时产生。对一般的应用，采用线性的 6 参数仿射模型，即：

$$\begin{cases} u = k_0 x + k_1 y + k_2 \\ v = k_3 x + k_4 y + k_5 \end{cases} \tag{11.2.7}$$

就可以得到满意的估计效果。仿射模型属于线性多项式参数模型，在数学上比较容易处理。为了提高全局运动模型的描述能力，还可以在 6 参数仿射模型的基础上进行一些扩展，例如在模型的多项式中加入二次项 xy，则可得到 8 参数的双线性模型：

$$\begin{cases} u = k_0 xy + k_1 x + k_2 y + k_3 \\ v = k_4 xy + k_5 x + k_6 y + k_7 \end{cases} \tag{11.2.8}$$

2. 基于双线性模型的全局运动检测

下面介绍一种基于双线性模型的**全局运动矢量检测**方法[俞 2001]。要估计双线性模型的 8 个参数，需要求出一组点（大于 4 个）的运动矢量观测值（这样可得到 8 个方程）。在获取运动矢量观测值时，考虑到全局运动中的运动矢量常比较大，可以将整个帧图像划分为一些正方形小块（如 16 × 16），然后用块匹配法求取观测运动矢量。通过选取较大的匹配块尺寸，可以减少由于局部运动造成的匹配运动矢量与全局运动矢量的偏差，以获得较为准确的全局运动观测值。

例 11.2.2 静止背景中无运动前景时的运动检测

图 11.2.4 所示为一幅在原始图像上叠加了用块匹配算法得到的运动矢量的实例。由图 11.2.4 可见，图中右边部分的运动速度较快，这是由于摄像机的缩放是以守门员所在的左方为中心的。因为原图中还存在一些目标的局部运动，所以在有局部运动的位置，用块匹配法计算出的运动矢量会与全局运动矢量不太相符，如图 11.2.4 中各个足球运动员所在位置附近。另外，块匹配法在图像的低纹理区域可能会产生随机的误差数据，如图 11.2.4 中的背景处（接近看台处）。这些误差导致图中有一些异常数据点。

图 11.2.4 直接用块匹配算法得到的运动矢量

为减少异常数据点对最终运动矢量值的影响，还需要从对全局运动模型的估计中剔除掉那些因为局部物体运动影响或者因为匹配错误而导致的异常块数据（可参见文献[Yu 2001a]）。图 11.2.5 所示为对图 11.2.4 中的运动矢量进行全局运动估计后恢复出来的运动矢量分布。对照两图可以看出，原图中由于球员的跑动造成的与全局运动模型不符的运动矢量被成功地剔除掉了，而在图像边界处出现的错误运动矢量也被剔除掉了，这样最后得到的全局运动矢量只包含摄像机的运动矢量。

图 11.2.5　剔除异常数据后得到的运动矢量　❑

需要指出，虽然理论上说局部运动矢量也是一种运动矢量（应是实际运动矢量与全局运动矢量之差），但实际上不能直接采用上述块匹配算法来计算局部运动矢量。这是因为局部运动通常规模较小，还常包含一些细节的运动；而块匹配算法要求块的尺寸不能太小（可参见文献[Giachetti 2000]），因此很多局部运动无法直接用块匹配法计算而得出。

11.3　运动目标检测、跟踪和分割

要对场景中的运动景物进行分析研究，就需要对图像序列或视频图像中的运动目标进行检测和跟踪，并将其分割和提取出来。考虑到图像序列和视频图像中的时间关联性，为获得其中所有的运动目标，既可采取对每幅帧图像进行运动目标检测的策略，也可采取对一幅帧图像进行运动目标检测而对其后帧图像进行跟踪运动目标的策略。下面分别介绍两种策略的基本方法，然后讨论运动目标分割的几种思路。

11.3.1　背景建模

对运动目标的检测有许多不同的方法。**背景建模**是一种进行运动目标检测的基本方法，可以用不同的技术来实现，所以它也被看作一类运动检测方法的总称。

1. 基本原理

运动检测需要发现场景中的运动信息，一个直观的方法是将当前需要检测的帧图像与原来还没有运动信息的背景进行比较，它们不相同的部分就表示运动的结果。先考虑一个简单的情况。在固定的场景（背景）中有一个运动目标开始了运动，那么此时采集的视频序列中的前后两帧图像就会由于该目标的运动而在对应位置产生差异，所以利用对前后两帧图像求差值的方法就可检测出运动目标并定位。

计算差图像是一种简单快速的运动检测方法，但在很多情况下效果不够好。这是因为计算差图像时会将所有环境起伏（背景杂波）、光照改变、摄像机晃动等与目标运动一起检测出来（特别当总以第1帧作为参考帧时，该问题更为严重），所以只有在控制非常严格的场合（如环境和背景均不变）才能将真正的目标运动分离出来。

比较合理的运动检测思路不是不将背景看作完全不变的，而是计算并保持一个动态（满足某种模型）的背景帧，并在每次检测时都与此时的动态背景帧进行比较。这就是背景建模的基本思

路。背景建模是一个训练—测试的过程。先利用序列中开始的一些帧图像训练出一个背景模型，然后将这个模型用于对其后帧的测试，根据当前帧图像与背景模型的差异来检测运动。

有一种简单的背景建模方法是在对当前帧的检测中使用之前 N 个帧的均值或中值，以便在 N 个帧的周期中确定和更新每个像素的数值。一种具体算法主要包括如下步骤：①先获取前 N 帧图像，在每个像素处，确定这 N 帧的中值，作为当前的背景值；②获取第 N+1 帧图像，并计算该帧图像与当前背景在各个像素处的差（可对差阈值化以消除或减少噪声）；③使用平滑或形态学操作的组合来消除差图像中非常小的区域并填充大区域中的孔（保留下来的区域代表了场景中运动的目标）；④结合第 N+1 帧更新中值；⑤返回到步骤②，考虑下 1 帧。

这种基于中值维护背景的方法比较简单，计算量较小，但当场景中同时有多个目标或目标运动很慢时效果并不是很好。

2. 典型实用方法

下面介绍几种典型的基本背景建模方法，它们都将对运动前景的提取工作分为模型训练和实际检测两步，通过训练对背景建立数学模型，而在检测中利用所建模型消除背景获得前景。

（1）基于单高斯模型的方法

基于**单高斯模型**的方法认为像素点的值在视频序列中服从高斯分布。具体就是针对每个固定的像素位置，计算 N 帧训练图像序列中该位置处像素值的均值μ和方差σ，从而唯一地确定出一个单高斯背景模型。在运动检测时利用背景相减的方法计算当前帧图像中像素的值与背景模型的差，再将差值与阈值 T（常取 3 倍的方差）进行比较，即根据$|\mu_T - \mu| \leqslant 3\sigma$判断该像素为前景或者背景。

这种模型比较简单，但对应用的条件要求较严，例如要求在较长时间内光照强度无明显变化，同时检测期间运动前景在背景中的阴影较小。它的缺点是对光照强度的变化比较敏感，会导致模型不成立（均值和方差均在变化）；在场景中有运动前景时，由于只有一个模型，所以不能将其与静止背景分离开，否则有可能造成较大的虚警率。

（2）基于视频初始化的方法

在训练序列中背景是静止的，但有运动前景的情况下，如果能将各像素点上的背景值先提取出来，将静止背景与运动前景分离开来，再进行背景建模，就有可能克服前述问题。这个过程也可看作在对背景建模前对训练的视频进行初始化，从而将运动前景对背景建模的影响滤除掉。

具体可对 N 帧含运动前景的训练图像，设定一个最小长度阈值 T_l，对每个像素位置的长度为 N 的序列进行截取，以得到像素值相对稳定的、长度大于 T_l 的若干个子序列$\{L_k\}$，$k = 1, 2, \cdots$。从中进一步选取长度较长且方差较小的序列作为背景序列。

通过视频初始化，可把在训练序列中背景静止但有运动前景的情况转化为在训练序列中背景静止也没有运动前景的情况。在把静止背景下有运动前景时的背景建模问题转化为静止背景下无运动前景的背景建模问题后，仍可使用前述基于单高斯模型的方法来进行背景建模。

（3）基于高斯混合模型的方法

在训练序列中背景也有运动的情况下，基于单高斯模型的方法效果也不好。此时更加鲁棒且有效的方法是对各个像素分别用（多个）混合的高斯分布来建模。即引入**高斯混合模型**（GMM），对背景的多个状态分别建模，根据数据属于哪个状态来更新该状态的模型参数，以解决运动背景下的背景建模问题。根据局部性质，这里有些高斯分布代表背景而有些高斯分布代表前景，下面的算法可以区分它们。

基于高斯混合模型的基本方法是依次读取 N 帧训练图像，每次都对每个像素点进行迭代建模。设一个像素在时刻 t 具有灰度 $f(t)$，$t = 1, 2, \cdots, f(t)$可用 K 个（K 为每个像素允许的最大模型个数）高斯分布 $N(\mu_k, \sigma_k^2)$来（混合）建模，其中 $k = 1, \cdots, K$。场景变化时高斯分布会随时间变化，所以是时间的函数，可写为：

$$N_k(t) = N[\mu_k(t), \sigma_k^2(t)] \quad k = 1, \cdots, K \tag{11.3.1}$$

对 K 的选择主要考虑计算效率，常取 3～7。

训练开始时设一个初始标准差。当读入一幅新图像时，将用它的像素值来更新原有的背景模型。对每个高斯分布加个权重 $w_k(t)$（所有权重的和为 1），这样观察到 $f(t)$ 的概率为：

$$P\left[f(t)\right] = \sum_{k=1}^{K} w_k(t) \frac{1}{\sqrt{2\pi}} \exp\left[\frac{-\left[f(t) - \mu_k(t)\right]^2}{\sigma_k^2(t)}\right] \tag{11.3.2}$$

为更新高斯分布的参数，简便的方法是将各个像素与高斯函数进行比较，如果它落在均值的 2.5 倍方差范围内就认为是匹配的，即认为这个像素与该模型相适应，就可用它的像素值来更新该模型的均值和方差。如果当前像素点模型个数小于 K，则对这个像素点建立一个新的模型。如果有多个匹配出现，可以选最好的。

如果找到一个匹配，对高斯分布 l 有：

$$w_k(t) = \begin{cases} (1-a)w_k(t-1) & k \neq l \\ w_k(t-1) & k = l \end{cases} \tag{11.3.3}$$

则接着重新归一化 w。式中的 a 是一个学习常数，$1/a$ 确定了参数变化的速度。用来匹配高斯函数的参数可进行如下更新：

$$\mu_k(t) = (1-b)\mu_l(t-1) + bf(t) \tag{11.3.4}$$

$$\sigma_k^2(t) = (1-b)\sigma_l^2(t-1) + b\left[f(t) - \mu_k(t)\right]^2 \tag{11.3.5}$$

其中：

$$b = aP\left[f(t)\middle|\mu_l, \sigma_l^2\right] \tag{11.3.6}$$

如果没有找到匹配，对应最低权重的高斯分布可用一个具有均值 $f(t)$ 的新高斯分布代替。相对其他 K–1 个高斯分布，它应该具有较高的方差和较低的权重，有可能成为局部背景的一部分。如果已经判断了 K 个模型并且它们都不符合条件，则将权重最小的模型替换为新的模型，新模型均值即该像素点的值，这时再设定一个初始标准差。如此进行，直到把所有训练图像都训练一遍。

此时已可确定最有可能赋给像素当前灰度的高斯分布，接下来要确定它属于前景还是背景。这可借助一个对应整个观察过程的常数 B 来确定。假设在所有帧图像中，背景像素的比例都大于 B。据此可将所有高斯分布用 $w_k(t)/\sigma_k(t)$ 来排序，高的值表示大的权重或者小的方差，又或者两者兼备。这些情况都对应给定像素很有可能属于背景的情况。

（4）基于码本的方法

在基于码本的方法中，将每个像素点用一个码本表示，一个码本可包含一个或多个码字，每个码字代表一个状态[Kim 2004]。**码本**最初是借助对一组训练帧图像进行学习而生成的。这里对训练帧图像的内容没有限制，可以包含运动前景或运动背景。接下来，通过一个时域滤波器滤除码本中代表运动前景的码字，保留代表背景的码字；再通过一个空域滤波器将那些被时域滤波器错误滤除的码字（代表较少出现的背景）恢复到码本中，减少在背景区域中出现零星前景的虚警。这样的码本代表了一段视频序列的背景模型的压缩形式。

3. 效果示例

在最简单的情况，训练序列中背景是静止的，也没有运动前景。复杂些的情况包括：训练序列中背景是静止的，但有运动前景；训练序列中背景不是静止的，但没有运动前景。最复杂的情况是训练序列中背景不是静止的，且有运动前景。下面给出上述各种背景建模方法在前 3 种情况时的一些实验效果[李 2006]。

实验数据来自一个开放的通用视频库中的3个序列[Toyama 1999]，共150帧，每幅彩色图像的分辨率为160像素×120像素。实验时，对每幅测试图像，先借助图像编辑软件给出二值参考结果，再用上述各种背景建模方法进行目标检测，得到二值检测结果。对每个序列，选10帧图像，将检测结果与参考结果比较，分别统计检测率（检测出的前景像素个数与真实前景像素个数的比值）和虚警率（检测出的本不属于前景的像素数占所有被检测为前景的像素数的比值）的平均值。

例 11.3.1　静止背景中无运动前景时的运动检测

图11.3.1给出一组实验结果图像。在所用的序列中，初始场景里只有静止背景，要检测的是其后进入场景的人。图11.3.1（a）是人进入后的一个场景，图11.3.1（b）给出对应的参考结果，图11.3.1（c）给出用基于单高斯模型方法得到的检测结果。该方法的检测率只有0.473，而虚警率为0.0569。由图11.3.1（c）可见，人体中部和头发部分有很多像素（均处于灰度较低且比较一致的区域）没有被检测出来，而在背景上也有一些零星的误检点。

（a）

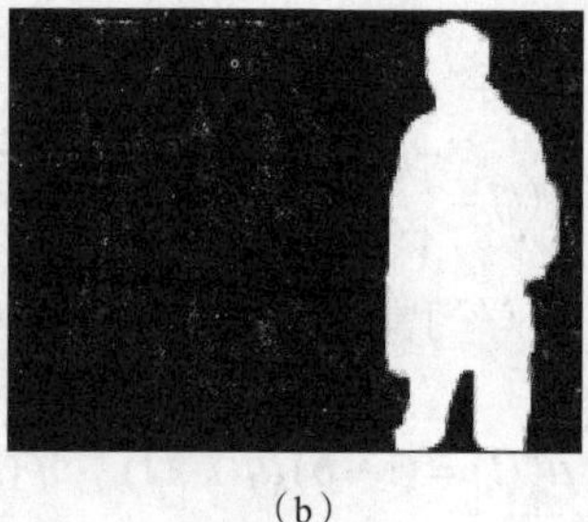
（b）

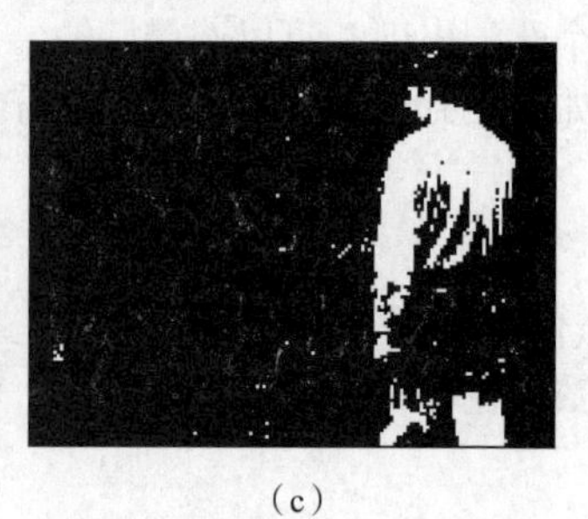
（c）

图11.3.1　静止背景下无运动前景时的结果 □

例 11.3.2　静止背景中有运动前景时的运动检测

图11.3.2给出一组实验结果图像。在所用的序列中，初始场景里有人，后来离去，要检测的是其后进入场景的人。图11.3.2（a）是人还没有离开时的一个场景，图11.3.2（b）给出对应的参考结果，图11.3.2（c）给出用基于视频初始化的方法得到的结果，图11.3.2（d）给出用基于码本的方法得到的结果。

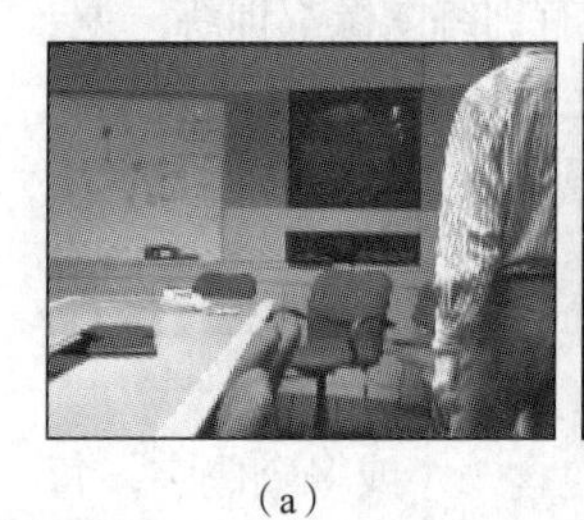
（a）

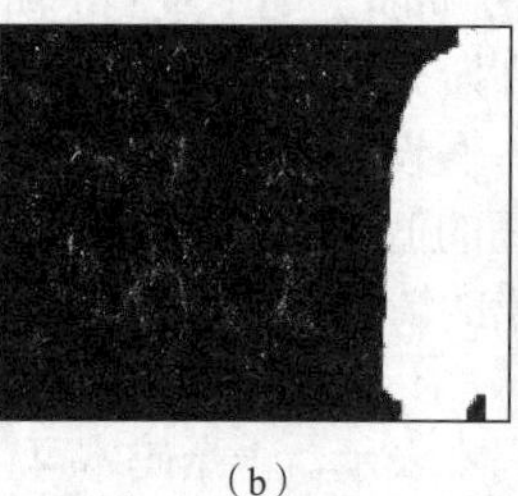
（b）

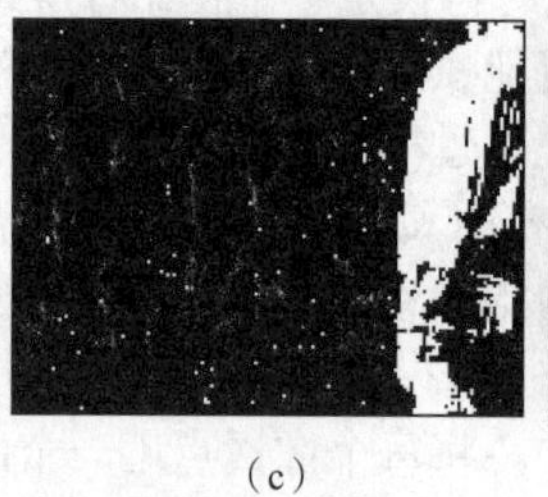
（c）

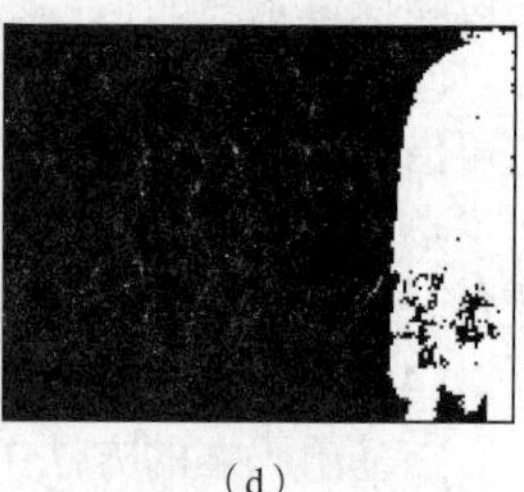
（d）

图11.3.2　静止背景下有运动前景时的结果 □

两种方法比较，基于码本的方法相比基于视频初始化的方法，检测率高而虚警率低。这是由于基于码本的方法针对每个像素点建立了多个码字，从而提高了检测率；同时，检测过程中所用的空域滤波器又降低了虚警率。具体统计结果见表11.3.1。

表11.3.1　静止背景下有运动前景时的背景建模统计结果

方法	检测率	虚警率
基于视频初始化	0.676	0.051
基于码本	0.880	0.025

例 11.3.3 运动背景中无运动前景时的运动检测

图 11.3.3 给出一组实验结果图像。在所用的序列中，初始场景里树在晃动，要检测的是进入场景的人。图 11.3.3（a）是人进入后的一个场景，图 11.3.3（b）给出对应的参考结果，图 11.3.3（c）给出用基于高斯混合模型方法得到的结果，图 11.3.3（d）给出用基于码本的方法得到的结果。

（a）

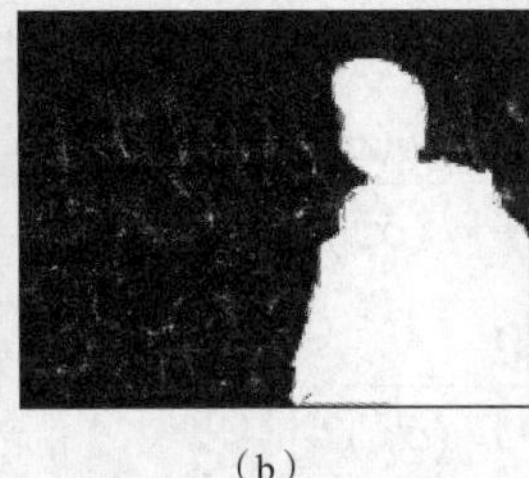
（b）

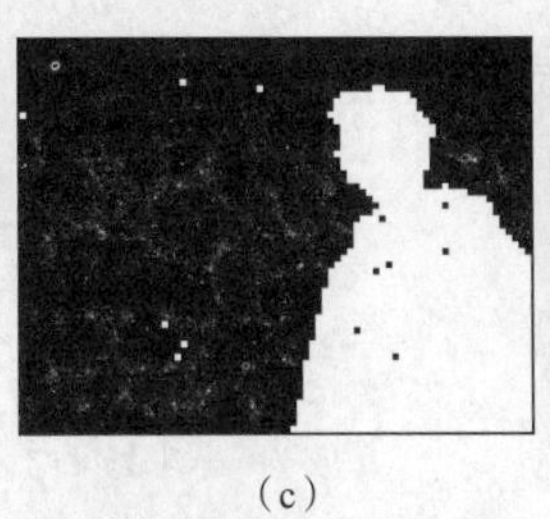
（c）

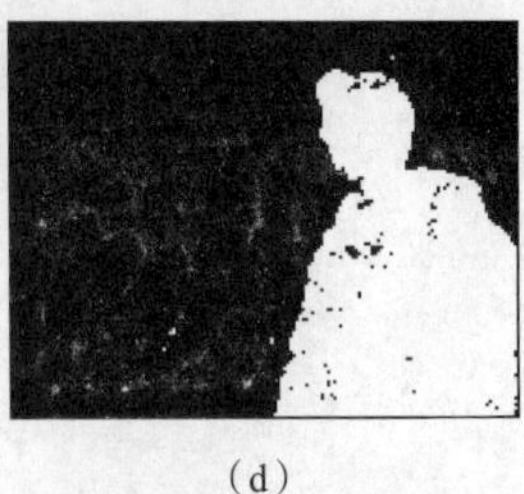
（d）

图 11.3.3 运动背景下有运动前景时的结果 □

两种方法比较，基于高斯混合模型的方法和基于码本的方法都针对背景运动设计了较多的模型，因而都有较高的检测率（前者的检测率比后者稍高）。由于前者没有与后者的空域滤波器相对应的处理步骤，因此前者的虚警率比后者稍高。具体统计结果见表 11.3.2。

表 11.3.2 运动背景下有运动前景时的背景建模统计结果

方法	检测率	虚警率
基于高斯混合模型	0.951	0.017
基于码本	0.939	0.006

最后需要指出，基于单高斯模型的方法相对最简单，但其适用的情况也比较少，仅可用于静止背景下无运动前景时的情况。其他方法都试图克服基于单高斯模型方法的局限性，但它们共同的问题是如果需要更新背景则应重新计算整个背景模型，而不是简单地进行参数迭代更新。

11.3.2 运动目标跟踪

在视频中对运动目标的（逐帧图像）检测常采用运动目标**跟踪**的方法，此时要利用在先前帧图像中已获得的运动信息。该方法可以加快对当前帧图像里目标的检测速度和准确度，并常可提高鲁棒性。目标跟踪的方法很多，下面介绍两种比较典型的方法。

1. 卡尔曼滤波器

卡尔曼滤波器是处理非稳态输入的一种自适应滤波器，其数学表达式可用状态空间概念来描述，并可采用递推方法求解。在跟踪运动目标时，总希望能预测它们在接下来帧图像中的位置，这样就可以最大化对先前信息的利用并可在后续帧图像中进行最少的搜索。预测也能抵消一些由于短时遮挡带来的问题。为此，直观的方法是依次更新被跟踪运动目标的位置和速度：

$$x_i = x_{i-1} + v_{i-1} \tag{11.3.7}$$

$$v_i = x_i - x_{i-1} \tag{11.3.8}$$

实际中这样做还太粗糙。首先，需要明确区分 3 个量：①原始测量；②对相应变量在观测前的最优估计（用$^-$标记）；③对相应模型参数在观测后的最优估计（用$^+$标记）。另外，还需要显式地给出噪声项，以严格地进行优化。将这些因素考虑上，式（11.3.7）和式（11.3.8）变为：

$$x_i^- = x_{i-1}^+ + v_{i-1} + e_{i-1} \tag{11.3.9}$$

$$v_i^- = v_{i-1}^+ + w_{i-1} \tag{11.3.10}$$

其中 e 表示位置噪声，w 表示速度噪声。

在速度为常数，噪声为高斯噪声时，最优解是（σ表示方差）：

$$x_i^- = x_{i-1}^+ \tag{11.3.11}$$

$$\sigma_i^- = \sigma_{i-1}^+ \tag{11.3.12}$$

它们被称为预测方程，是对观测前的最优估计。而观测后的最优估计是：

$$x_i^+ = \frac{x_i / \sigma_i^2 + x_i^- / (\sigma_i^-)^2}{1/\sigma_i^2 + 1/(\sigma_i^-)^2} \tag{11.3.13}$$

$$\sigma_i^+ = \left[\frac{1}{1/\sigma_i^2 + 1/(\sigma_i^-)2}\right]^{1/2} \tag{11.3.14}$$

这些加权平均函数被称为校正方程。它们表明每次迭代中的重复测量会改进对位置的估计。

下一个问题是如何将这个结果推广到多变量和变速度（甚至变加速度）的情况。卡尔曼滤波器利用了线性近似和一个包含位置、速度和加速度的状态矢量 $\boldsymbol{s}$。在一般的情况下，对 $\boldsymbol{s}$ 的更新不是根据 $s_i^- = s_{i-1}^-$，而是（因为位置、速度和加速度是看作彼此互相独立的）：

$$s_i^- = K_i s_{i-1}^+ \tag{11.3.15}$$

其中的 $\boldsymbol{s}$ 需要用协方差矩阵来替换。当噪声为零均值高斯噪声时，卡尔曼滤波器是线性系统的最优估计器。由于它利用了平均过程，所以当数据中有野点时会给出较大误差的结果。

2. 粒子滤波器

粒子滤波本身代表一种采样方法，借助它可通过时间结构来逼近特定的分布。**粒子滤波器**也称为序列重要性采样（SIS）、序列蒙特卡罗方法、引导滤波，或条件密度扩散。它使用在状态空间传播的随机样本（这些样本被称为“粒子”）来逼近系统状态的后验概率分布，从而利用对下一帧中目标位置的预测来减小搜索范围。

考虑对一个目标在连续帧图像中观测 z_1 到 z_k，对应得到的目标状态为 $\boldsymbol{x}_1$ 到 $\boldsymbol{x}_k$。在每个步骤，需要估计目标最可能的状态。贝叶斯规则给出后验概率密度：

$$p(\boldsymbol{x}_{k+1} \mid z_{1:k+1}) = \frac{p(z_{k+1} \mid \boldsymbol{x}_{k+1}) p(\boldsymbol{x}_{k+1} \mid z_{1:k})}{p(z_{k+1} \mid z_{1:k})} \tag{11.3.16}$$

其中归一化常数是：

$$p(z_{k+1} \mid z_{1:k}) = \int p(z_{k+1} \mid \boldsymbol{x}_{k+1}) p(\boldsymbol{x}_{k+1} \mid z_{1:k}) \mathrm{d}\boldsymbol{x}_{k+1} \tag{11.3.17}$$

从上一个时间可得到先验概率密度：

$$p(\boldsymbol{x}_{k+1} \mid z_{1:k}) = \int p(\boldsymbol{x}_{k+1} \mid \boldsymbol{x}_k) p(\boldsymbol{x}_k \mid z_{1:k}) \mathrm{d}\boldsymbol{x}_k \tag{11.3.18}$$

采用贝叶斯分析中常见的马尔可夫假设，得到：

$$p(\boldsymbol{x}_{k+1} \mid \boldsymbol{x}_k, z_{1:k}) = p(\boldsymbol{x}_{k+1} \mid \boldsymbol{x}_k) \tag{11.3.19}$$

即为更新 $\boldsymbol{x}_k \to \boldsymbol{x}_{k+1}$ 所需的转移概率仅间接地依赖于 $z_{1:k}$。

对上述方程，特别是式（11.3.16）和式（11.3.18）并没有通用解，但约束解是可能存在的。对卡尔曼滤波器，假设所有后验概率密度都是高斯的，如果高斯约束不成立，就需要使用粒子滤波器。

粒子滤波器是一种递归（迭代进行）的贝叶斯方法，在每个步骤使用一组后验概率密度函数的采样。在有大量采样（粒子）的条件下，它会接近最优的贝叶斯估计。

为使用这个方法，将后验概率密度写成德尔塔函数采样的和：

$$p(\boldsymbol{x}_k \mid \boldsymbol{z}_{1:k}) \approx \sum_{i=1}^{N} w_k^i \delta(\boldsymbol{x}_k - \boldsymbol{x}_k^i) \tag{11.3.20}$$

其中，权重由下式归一化：

$$\sum_{i=1}^{N} w_k^i = 1 \tag{11.3.21}$$

代入式（11.3.16）和式（11.3.18），得到：

$$p(\boldsymbol{x}_{k+1} \mid \boldsymbol{z}_{1:k+1}) \propto p(\boldsymbol{z}_{k+1}|\boldsymbol{x}_{k+1}) \sum_{i=1}^{N} w_k^i p(\boldsymbol{x}_{k+1} \mid \boldsymbol{x}_k^i) \tag{11.3.22}$$

虽然上式给出对真实后验概率密度的一个离散加权逼近，但从后验概率密度直接采样是很困难的。该问题常使用序列重要性采样（SIS），借助一个合适的“建议”密度函数 $q(\boldsymbol{x}_{0:k}|\boldsymbol{z}_{1:k})$来解决。重要性密度函数最好是可分解的：

$$q(\boldsymbol{x}_{0:k+1} \mid \boldsymbol{z}_{1:k+1}) = q(\boldsymbol{x}_{k+1} \mid \boldsymbol{x}_{0:k} \boldsymbol{z}_{1:k+1}) q(\boldsymbol{x}_{0:k} \mid \boldsymbol{z}_{1:k}) \tag{11.3.23}$$

接下来，就可算得权重更新方程：

$$w_{k+1}^i = w_k^i \frac{p(\boldsymbol{z}_{k+1} \mid \boldsymbol{x}_{k+1}^i) p(\boldsymbol{x}_{k+1}^i \mid \boldsymbol{x}_k^i)}{q(\boldsymbol{x}_{k+1}^i \mid \boldsymbol{x}_{0:k}^i, \boldsymbol{z}_{1:k+1})} = w_k^i \frac{p(\boldsymbol{z}_{k+1} \mid \boldsymbol{x}_{k+1}^i) p(\boldsymbol{x}_{k+1}^i \mid \boldsymbol{x}_k^i)}{q(\boldsymbol{x}_{k+1}^i \mid \boldsymbol{x}_k^i, \boldsymbol{z}_{k+1})} \tag{11.3.24}$$

其中消除了通路 $\boldsymbol{x}^i{}_{0:k}$ 和观测 $\boldsymbol{z}_{1:k}$，要使粒子滤波器能够以可控制的方式迭代进行跟踪，这是必须的。

仅根据序列重要性采样会出现在很少几次迭代后除一个粒子外都变得很小的问题。解决这个问题的一个简单方法是重新采样以去除小的权重，并通过复制加倍以增强大的权重。实现重新采样的一个基础算法是“系统化的重采样”，它包括使用累计离散概率分布（CDF，其中将原始德尔塔函数采样结合成一系列的阶梯）并在[0　1]进行切割以找出对新采样合适的指标。如图 11.3.4 所示，这会导致消除小的样本，并使大的样本被加倍。图中用规则间隔的水平线来指示发现新采样合适指标（N）所需的切割。这些切割倾向于忽略 CDF 中的小阶梯并通过加倍来加强大的样本。

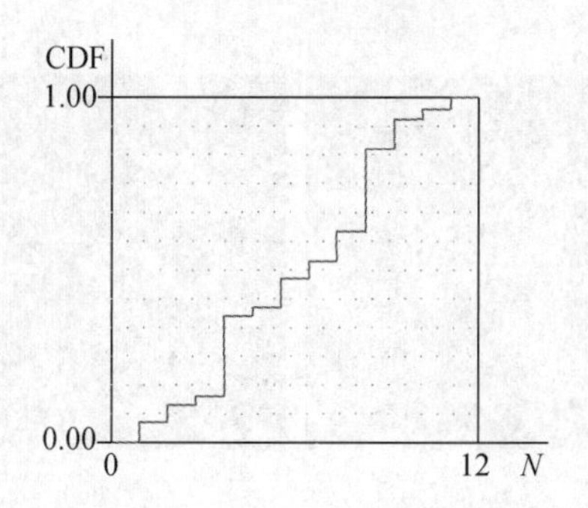

图 11.3.4　使用累计离散概率分布进行系统化的重采样

上述结果称为采样重要性重采样（SIR），对产生稳定的样本集合很重要。使用这种特殊的方法，将重要性密度选成先验概率密度：

$$q(\boldsymbol{x}_{k+1} \mid \boldsymbol{x}_k^i, \boldsymbol{z}_{k+1}) = p(\boldsymbol{x}_{k+1} \mid \boldsymbol{x}_k^i) \tag{11.3.25}$$

再代回到式（11.3.24）中，可得到大大简化的权重更新方程：

$$w_{k+1}^i = w_k^i p(\boldsymbol{z}_{k+1} \mid \boldsymbol{x}_{k+1}^i) \tag{11.3.26}$$

更进一步，由于在每个时间指标都进行重采样，所有的先前权重 w_k^i 都取值 $1/N$。上式被简化为：

$$w_{k+1}^i \propto p(\boldsymbol{z}_{k+1} \mid \boldsymbol{x}_{k+1}^i) \tag{11.3.27}$$

上述过程如图 11.3.5 所示。

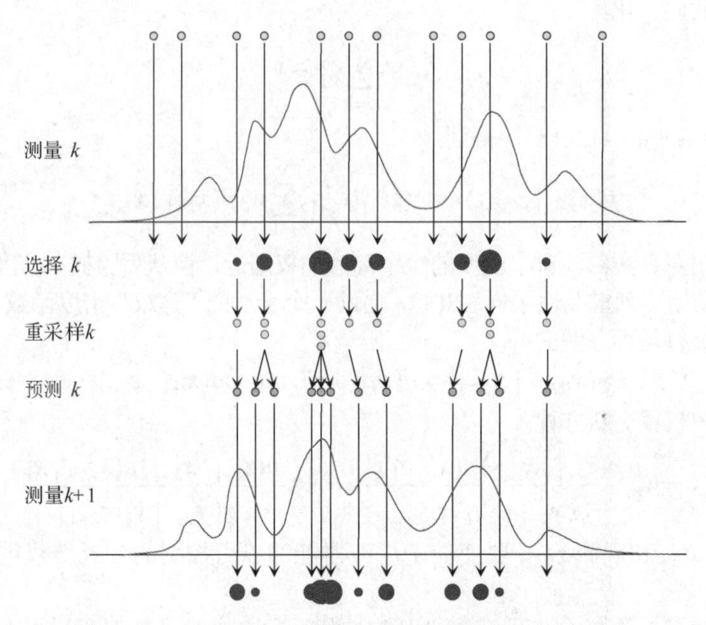

图 11.3.5　粒子滤波的全过程示意

例 11.3.4　粒子滤波的跟踪结果 1

图 11.3.6 给出一组粒子滤波的跟踪结果（使用了 RGB 颜色直方图特征），相邻两图之间的间隔是 40 帧。这里将摄像机置于高处，背景是大厅中的地砖，要跟踪的目标是着浅色服装的人。图中跟踪结果用围绕跟踪目标的红色长方框来表示，由图可见在不同位置的目标都被正确跟踪到了。

（a）　（b）　（c）　（d）

图 11.3.6　粒子滤波的跟踪结果 1　❑

例 11.3.5　粒子滤波的跟踪结果 2

图 11.3.7 给出另一组粒子滤波的跟踪结果（使用了 LBP 直方图特征），相邻两图之间的间隔仍是 40 帧。这里以报纸作为背景，而以从报纸上剪下来的一个文字方块作为跟踪目标。在这个序列中，目标从上向下被拉着通过一版报纸，图中跟踪结果用对应文字方块的方框来表示，可见无论目标在文字上方或图片上方都被正确跟踪到了。

(a)

(b)

(c)

(d)

图 11.3.7 粒子滤波的跟踪结果 2 □

11.3.3 运动目标分割

从图像序列中检测运动目标，并将其分割出来可看作一个**空间分割**的问题，例如对视频图像的分割主要是希望把其中独立运动的区域（目标）逐帧逐帧都检测出来。为解决这个空间分割的问题，既可以利用图像中的时域信息（帧之间灰度等的变化），也可以利用图像中的空域信息（即帧内部灰度值等的变化），还可以同时利用两种信息。

对运动目标的分割和对区域运动信息的提取是紧密联系的，所以常用的策略主要有 3 类，下面分别介绍。

1. 先分割再计算运动信息

先分割再计算运动信息可看作一种直接分割的方法，主要是直接利用时 - 空图像的灰度和梯度信息进行分割。有一种方法是先利用运动区域的灰度或颜色信息（或其他特征）将视频帧分割成不同的区域，再对每个运动区域利用运动矢量场估计区域的仿射运动模型参数。这种方法的好处是可以较好地保留区域的边缘，缺点是对较为复杂的景物，常会造成过度分割，因为同一运动物体可能由多个不同的区域组成。

另一种方法是先根据最小均方准则将整个变化区域拟合到一个参数模型中去，然后将这个区域连续分成小区域逐次检测。这种层次结构的方法包括如下步骤。

（1）用（如 11.2.1 小节所介绍的）变化检测器将能把变化和非变化区域分开的分割模板初始化。

（2）对每个空间连通的变化区域估计一个不同的参数模型（参见 11.2.2 小节）。

（3）利用步骤（2）所计算出的参数将图像分为运动区域和背景，具体方法是将在后一帧图像中变化区域的像素反向跟踪（将运动矢量反过来），如果这样得到的前一帧图像中的像素也在变化区域，那么在后一帧图像中变化区域的像素可认为是运动像素，否则把它划归背景。

（4）根据对运动帧差值的计算（参见 11.2.1 小节）来验证运动区域内像素所对应的模型参数的可靠性，如果对应的参数矢量不可靠，则将这些区域记为独立目标。然后返回步骤（2），重复检测直到每个区域的参数矢量在区域内不变。

2. 先计算运动信息再分割

先计算运动信息再分割可看作一种间接的分割方法，常用的方法是先在两帧或多帧图像间估计光流场（参见 11.4 节），然后基于光流场进行分割。事实上，如果能先计算出视频帧全图的运动矢量场，就可借助运动矢量场对视频帧进行分割。在运动矢量场的基础上进行分割可以保证分割区域的边界是运动矢量差异较大的位置，即所谓的运动边界。对不同颜色或纹理的像素，只要它们的运动矢量相近，仍然会被划分到同一个区域。这样就减少了过度分割的可能性，结果比较符合人们对运动物体的理解。

3. 同时计算运动信息和进行分割

同时计算运动矢量场和进行运动区域分割的方法通常与马尔可夫随机场及最大后验概率

（MAP）框架相联系，一般需要相当大的计算量。

11.4 运动光流和表面取向

运动可用运动场描述，运动场由图像中每个点的运动（速度）矢量构成。视觉心理学认为人眼（摄像机）与被观察物体发生相对运动时，被观察物体表面带光学特征的部位的移动能提供运动及结构的信息。当摄像机与场景目标间有相对运动时所观察到的亮度模式运动称为**光流**，或者说物体带光学特征的部位的移动投影到视网膜平面（即图像平面）上就形成光流。光流表达了图像的变化，它包含了目标运动的信息，可用来确定观察者相对目标的运动情况。光流有三个要素：一是运动（速度场），这是光流形成的必要条件；二是带光学特性的部位（例如有特定灰度的像素点），它能携带信息；三是成像投影（从场景到图像平面），因而能被观察到。

光流与运动场虽有密切关系但又不完全对应。场景中的目标运动导致图像中的亮度模式运动，而亮度模式的可见运动产生光流。在理想情况下光流与运动场相对应，但实际中也有不对应的时候。换句话说，运动产生光流，因而有光流一定存在着运动，然而不是有运动就必定有光流。

光流可以表达图像中的变化，光流中既包含了被观察物体运动的信息，也包含了与其有关的结构信息。通过对光流的分析可以达到确定场景三维结构和观察者与运动物体之间相对运动的目的。运动分析借助光流描述图像的变化并推算景物结构和运动，其中第1步是以2-D光流（或相应参考点的速度）表达图像中的变化，第2步是根据光流计算结果推算运动物体的3-D结构和相对观察者的运动情况。

11.4.1 光流约束方程

具体来说，光流可看成带有灰度的像素点在图像平面上运动而产生的瞬时速度场，据此可建立基本的光流方程。令 $E(x, y, t)$ 为时刻 t 在图像点 (x, y) 的照度。如果用 $u(x, y)$ 和 $v(x, y)$ 表示光流在该点的水平和垂直移动分量，则在时刻 $t + \mathrm{d}t$ 图像点 (x, y) 移动到点 $(x + \mathrm{d}x, y + \mathrm{d}y)$ 处，其中 $\mathrm{d}x = u\mathrm{d}t$ 和 $\mathrm{d}y = v\mathrm{d}t$ 分别表示 X 方向和 Y 方向上的速度分量（希望计算的量）。一般可以期望时刻 $t + \mathrm{d}t$ 在图像点 $(x + \mathrm{d}x, y + \mathrm{d}y)$ 处的照度与时刻 t 在图像点 (x, y) 的照度相同（对应同一个目标点）：

$$f(x,y,t) = f(x+\mathrm{d}x,\ y+\mathrm{d}y,\ t+\mathrm{d}t) \tag{11.4.1}$$

如认为图像灰度是其位置和时间的连续变化函数，则上式右边可用泰勒级数展开，令 $\mathrm{d}t \to 0$，取极限并略去高阶项可得到：

$$-\frac{\partial f}{\partial t} = \frac{\partial f}{\partial x}\frac{\mathrm{d}x}{\mathrm{d}t} + \frac{\partial f}{\partial y}\frac{\mathrm{d}y}{\mathrm{d}t} = \nabla \boldsymbol{f} \bullet \boldsymbol{w} \tag{11.4.2}$$

式中 $\boldsymbol{w} = (u, v)$。上式就是基本的**光流约束方程**，它表示灰度对时间的变化率等于灰度的空间梯度与光流速度的点积。上式也可通过将 E 对 t 求全微分得到。如果以：

$$E_x = \partial f / \partial x \qquad E_y = \partial f / \partial y \qquad E_t = \partial f / \partial t \tag{11.4.3}$$

表示图像中像素灰度沿 x、y、t 方向的梯度（可从图像中测得），则可将式（11.4.2）写成：

$$E_x u + E_y v + E_t = 0 \tag{11.4.4}$$

光流约束方程表明，如果一个固定的观察者观察一幅活动的场景，那么所得图像上某一点灰度的（一阶）时间变化率是场景亮度变化率与该点运动速度的乘积。

如果将式（11.4.4）写成：

$$(E_x,\ E_y) \bullet (u,\ v) = -E_t \tag{11.4.5}$$

则光流在亮度梯度 $(E_x, E_y)^{\mathrm{T}}$ 方向上的分量是 $E_t \big/ \sqrt{E_x^2 + E_y^2}$，不过此时还无法确定在与上述方向垂直的方向（即等亮度线方向）上的光流分量。

11.4.2 光流计算

光流计算就是对光流约束方程求解，即根据图像点灰度值的梯度求光流分量。光流约束方程限制了 3 个方向梯度与光流分量的关系，从式（11.4.4）中可看出，这是一个关于速度分量 u 和 v 的直线方程。如果以速度分量为轴建立一个速度空间（其坐标系如图 11.4.1 所示），则满足约束方程式（11.4.4）的 u 和 v 值都在一条直线上。由图 11.4.1 可得到：

$$u_0 = -E_t/E_x \qquad v_0 = -E_t/E_y \qquad \theta = \arctan(E_x/E_y) \tag{11.4.6}$$

注意该直线上各个点均为光流约束方程的解，即光流约束方程的解是一条直线。换句话说，仅一个光流约束方程并不足以唯一地确定 u 和 v 两个量。事实上仅用一个方程去解两个变量是一个病态问题，必须附加其他的约束条件才能求解。

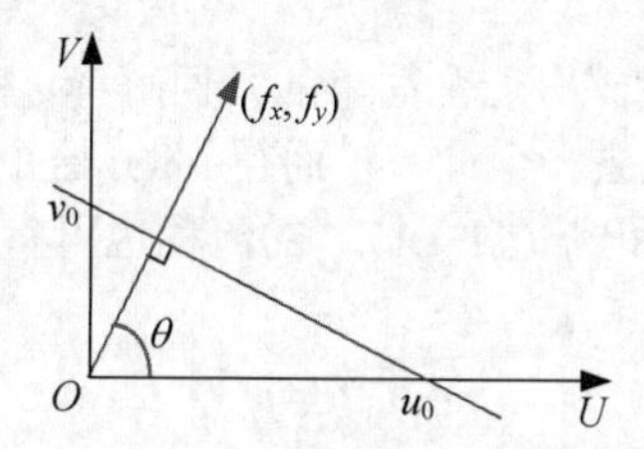

图 11.4.1 满足光流约束方程的 u 和 v 值在一条直线上

1. 刚体运动光流

在许多情况下所研究的目标可看作无变形刚体，其上各相邻点具有相同的运动速度，这个条件也可用来帮助求解光流约束方程。根据相邻点具有相同运动速度的条件可知，速度的空间变化率为 0，即：

$$(\nabla u)^2 = \left(\frac{\partial u}{\partial x} + \frac{\partial u}{\partial y}\right)^2 = 0 \tag{11.4.7}$$

$$(\nabla v)^2 = \left(\frac{\partial v}{\partial x} + \frac{\partial v}{\partial y}\right)^2 = 0 \tag{11.4.8}$$

可将这两个条件与光流约束方程结合求解。

现在来解最小化的问题。设：

$$\varepsilon\,(x, y) = \sum_x \sum_y \left\{ (E_x u + E_y v + E_t)^2 + \lambda^2 \left[(\nabla u)^2 + (\nabla v)^2 \right] \right\} \tag{11.4.9}$$

这里 λ 的取值要考虑图中的噪声情况。如果噪声较强，说明图像数据本身的置信度较低，需要更多地依赖光流约束，所以 λ 需取较大值；反之，λ 需取较小值。为了使式（11.4.9）中的总误差最小，可将 ε 对 u 和 v 分别求导并取导数为 0，这样可得到：

$$E_x^2 u + E_x E_y v = -\lambda^2 \nabla u - E_x E_t \tag{11.4.10}$$

$$E_x^2 v + E_x E_y u = -\lambda^2 \nabla v - E_y E_t \tag{11.4.11}$$

以上两式也称欧拉方程。如果令 $\bar{u}$ 和 $\bar{v}$ 分别表示 u 邻域和 v 邻域中的均值（可用图像局部平滑算子计算得到），并令 $\nabla u = u - \bar{u}$ 和 $\nabla v = v - \bar{v}$，则式（11.4.10）和式（11.4.11）变为如下的形式：

$$(E_x^2 + \lambda^2)u + E_x E_y v = \lambda^2 \bar{u} - E_x E_t \tag{11.4.12}$$

$$(E_y^2 + \lambda^2)v + E_x E_y u = \lambda^2 \bar{v} - E_y E_t \tag{11.4.13}$$

由以上两式可解得：

$$u=\overline{u}-\frac{E_x[E_x\overline{u}+E_y\overline{v}+E_t]}{\lambda^2+E_x^2+E_y^2} \tag{11.4.14}$$

$$v=\overline{v}-\frac{E_y[E_x\overline{v}+E_y\overline{v}+E_t]}{\lambda^2+E_x^2+E_y^2} \tag{11.4.15}$$

式（11.4.14）和式（11.4.15）提供了用迭代方法求解 $u(x, y)$和 $v(x, y)$的基础。实际中常用如下的松弛迭代方程进行求解：

$$u^{(n+1)}=\overline{u}^{(n)}-\frac{E_x[E_x\overline{u}^{(n)}+E_y\overline{v}^{(n)}+E_t]}{\lambda^2+E_x^2+E_y^2} \tag{11.4.16}$$

$$v^{(n+1)}=\overline{v}^{(n)}-\frac{E_y[E_x\overline{u}^{(n)}+E_y\overline{v}^{(n)}+E_t]}{\lambda^2+E_x^2+E_y^2} \tag{11.4.17}$$

这里可取 $u^{(0)}=0$，$v^{(0)}=0$。以上两式有一个简单的几何解释，参见图 11.4.2。在一个新(u, v)点的迭代值是由该点邻域中的平均值减去一个调节量而得到的，这个调节量处于亮度梯度的方向上（与解的直线垂直）。解式（11.4.16）和式（11.4.17）的流程也可参照图 10.2.7。

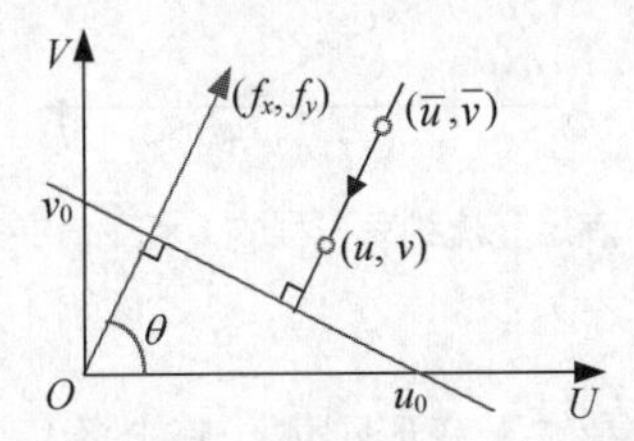

图 11.4.2 用迭代法求解光流的几何解释

在实际求解时，需要估计亮度的时间和空间微分。这可在图像点的一个 $2\times2\times2$ 立体邻域中估计。如果下标 i、j 和 k 分别对应 x、y 和 t，那么 3 个一阶偏导数分别如下：

$$\begin{aligned}E_x \approx\ & \frac{1}{4\delta x}\left(E_{i+1, j,k}+E_{i+1, j+1,k}+E_{i+1, j,k+1}+E_{i+1, j+1,k+1}\right)\\ & -\frac{1}{4\delta x}\left(E_{i, j,k}+E_{i, j+1,k}+E_{i, j,k+1}+E_{i, j+1,k+1}\right)\end{aligned} \tag{11.4.18}$$

$$\begin{aligned}E_y \approx\ & \frac{1}{4\delta y}\left(E_{i, j+1,k}+E_{i+1, j+1,k}+E_{i, j+1,k+1}+E_{i+1, j+1,k+1}\right)\\ & -\frac{1}{4\delta y}\left(E_{i, j,k}+E_{i+1, j,k}+E_{i, j,k+1}+E_{i+1, j,k+1}\right)\end{aligned} \tag{11.4.19}$$

$$\begin{aligned}E_t \approx\ & \frac{1}{4\delta t}\left(E_{i, j,k+1}+E_{i+1, j,k+1}+E_{i, j+1,k+1}+E_{i+1, j+1,k+1}\right)\\ & -\frac{1}{4\delta t}\left(E_{i, j,k}+E_{i+1, j,k}+E_{i, j+1,k}+E_{i+1, j+1,k}\right)\end{aligned} \tag{11.4.20}$$

这表明可在相连像素之间和相连帧之间估计光流速度。

例 11.4.1　光流检测示例

图 11.4.3 所示为光流检测的两个示例。假设光源为从观察者身后直射的平行光，物体表面均为类似朗伯表面的表面。图 11.4.3（a）为带有图案半球体的侧面图像，图 11.4.3（b）为将半球体向右旋转一个小角度得到的图像。图 11.4.3（c）为检测到的光流，光流较大的部位沿经线分布。图 11.4.3（d）为带有图案半球体的顶面图像，图 11.4.3（e）为将半球体以视线为轴顺时针旋转一

个小角度得到的图像。图 11.4.3（f）为检测到的光流，光流较大的部位呈放射状分布。可见这里两个光流图的模式都与半球体表面的图案对应。

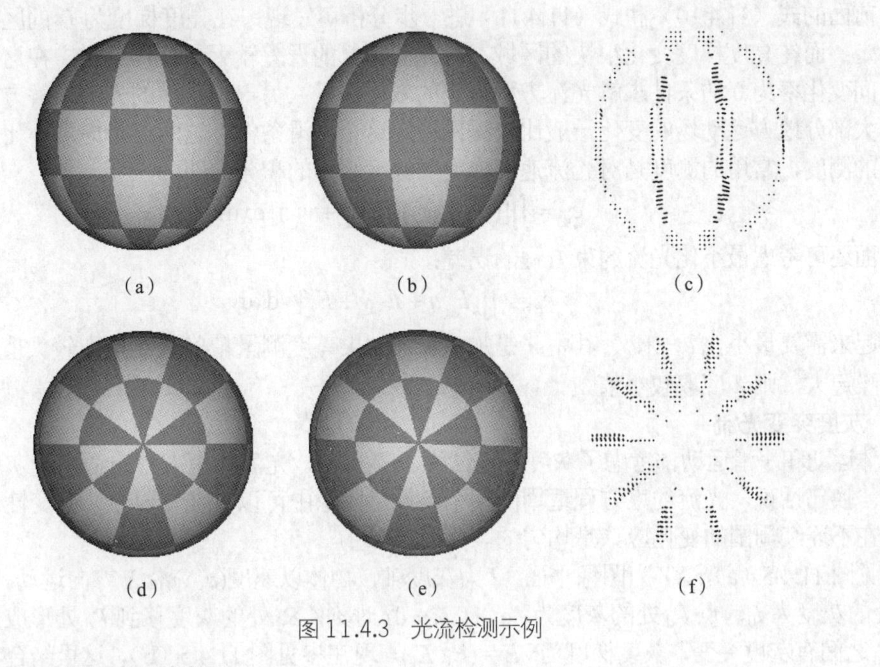

图 11.4.3 光流检测示例 ❑

例 11.4.2 光流检测实例

图 11.4.4 所示为光流检测的一个实例。图 11.4.4（a）为一个足球的图像，图 11.4.4（b）为将图 11.4.4（a）所示的图像绕垂直轴旋转得到的图像，图 11.4.4（c）为将图 11.4.4（a）所示的图像绕视线轴顺时针旋转得到的图像，图 11.4.4（d）和图 11.4.4（e）分别为两种旋转情况下检测到的光流。

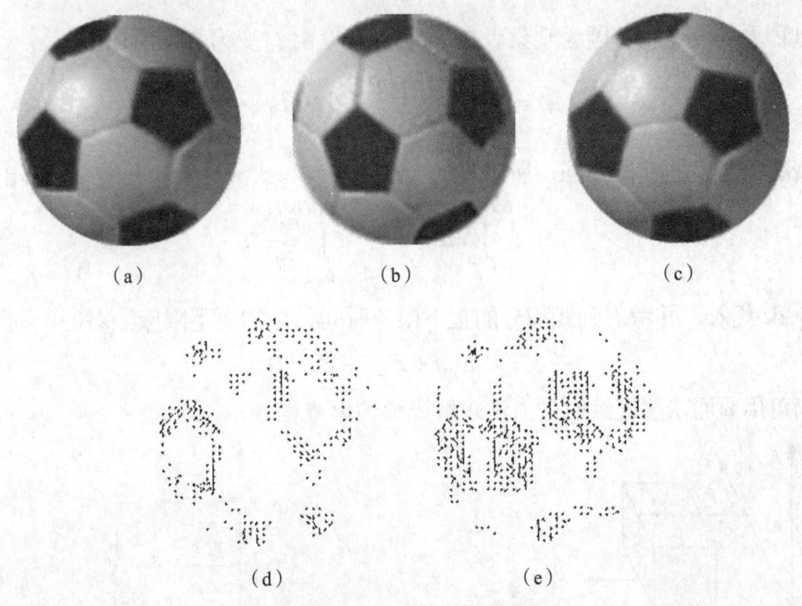

图 11.4.4 光流检测实例

由上面所得到的光流图可以看出，在足球表面上的黑白交界处，光流比较大，这是因为这些地方的灰度变化比较剧烈。但在黑白块的内部，光流很小或为 0，这是因为在足球运动时，这些

点的灰度基本没有变化。 □

2. **平滑运动光流**

对前面的式（11.4.10）和式（11.4.11）进一步分析可发现，在亮度梯度为0的区域，光流将无法确定；而在亮度梯度变化很快的区域，对光流计算的误差较大。换句话说，在这些区域利用速度空间变化率为0的条件求解光流方程得到的效果不好。另一种常用的光流求解方法考虑了在图像的大部分地方运动场的变化一般比较缓慢稳定这个平滑条件。这时可考虑最小化一个与平滑相偏离的测度，常用的测度是对光流速度梯度的幅度平方的积分，即：

$$e_s = \iint[(u_x^2 + u_y^2) + (v_x^2 + v_y^2)]\,dxdy \tag{11.4.21}$$

另一方面还可考虑最小化光流约束方程的误差：

$$e_c = \iint[E_x u + E_y v + E_t]^2\,dxdy \tag{11.4.22}$$

所以合起来需要最小化 $e_s + \lambda e_c$，其中 λ 是加权量。如果亮度测量精确，λ 应取较大值。反之，如果图像噪声大，则 λ 应取较小值。

3. **灰度突变光流**

刚体运动和平滑运动都考虑了灰度的连续性。事实上，光流约束方程也适用于灰度存在突变的区域。换句话说，光流约束方程适用的一个条件是图像中可以有（有限个）突变性的不连续存在，但在不连续周围的变化应该是均匀的。

参见图11.4.5（a），XY 为图像平面，I 为灰度轴，物体以速度 (u, v) 沿 X 方向运动。在 t_0 时刻，点 P_0 处的灰度为 I_0，点 P_d 处的灰度为 I_d；在 $t_0 + dt$ 时刻，P_0 处的灰度移到 P_d 处形成光流。这样 P_0 和 P_d 之间有灰度突变，灰度梯度为 $\nabla E = (E_x, E_y)$。现在参见图11.4.5（b），这里结合考虑路径和时间，所以横轴表示 X 和 T。如果从路径看灰度变化，因为在 P_d 处的灰度是在 P_0 处的灰度加上 P_0 与 P_d 间的灰度差，所以有：

$$I_d = \int_{P_0}^{P_d} \nabla E \bullet d\boldsymbol{l} + I_0 \tag{11.4.23}$$

如果从时间过程看灰度变化，因为观察者在 P_d 看到灰度由 I_d 变为 I_0，所以有：

$$I_0 = \int_{t_0}^{t_0+dt} \frac{\partial E}{\partial t} dt + I_d \tag{11.4.24}$$

由于这两种情况下灰度的变化相同，所以将式（11.4.23）和式（11.4.24）结合可解出：

$$\int_{P_0}^{P_d} \nabla E \bullet d\boldsymbol{l} = -\int_{t_0}^{t_0+dt} \frac{\partial E}{\partial t} dt \tag{11.4.25}$$

将 $d\boldsymbol{l} = [u \quad v]^T dt$ 代入，并考虑到线积分的上下限与时间积分的上下限应当对应，则可得到：

$$E_x u + E_y v + E_t = 0 \tag{11.4.26}$$

这说明此时仍可用前面灰度连续时的方法求解光流约束方程。

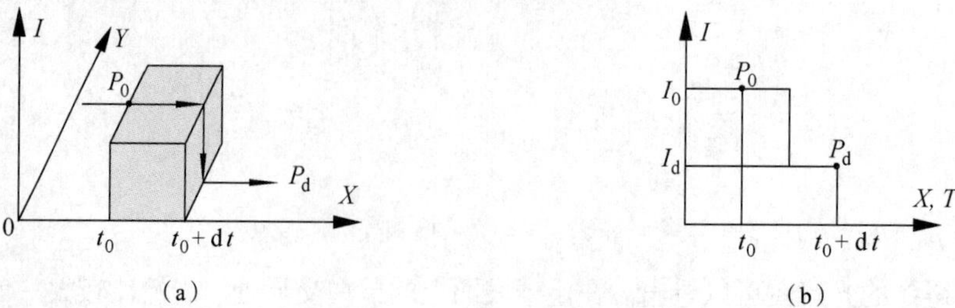

图11.4.5 灰度突变时的情况

11.4.3 光流与表面取向

光流包含了场景结构的信息，所以可从物体表面运动的光流解得表面的取向。客观世界里所有的点与物体表面各点的取向都可用一个以观察者为中心的正交坐标系 *OXYZ* 表示。考虑有一个单目的观察者位于坐标原点，假设他有一个球形的视网膜，这样客观世界就可认为都投影到了一个单位图像球上。图像球有一个由经度 ϕ 和纬度 θ 组成的坐标系。客观世界里所有的点可用这两个图像球角度坐标加一个与原点的距离 r 来表示，如图 11.4.6 所示。

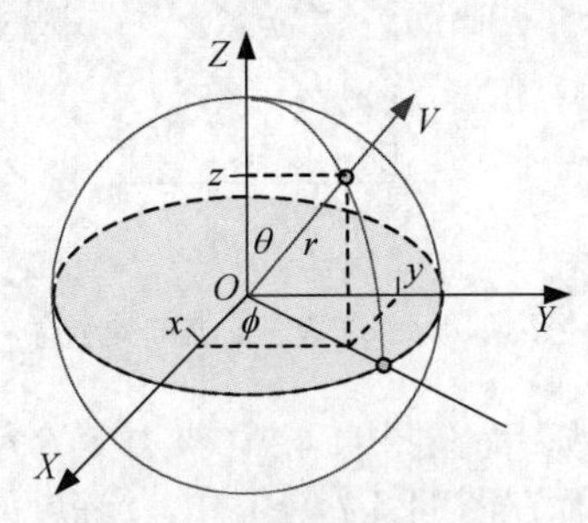

图 11.4.6 球面坐标与直角坐标

从球面坐标到直角坐标和从直角坐标到球面坐标的变换分别为：

$$x = r\sin\theta\cos\phi \tag{11.4.27}$$

$$y = r\sin\theta\sin\phi \tag{11.4.28}$$

$$z = r\cos\theta \tag{11.4.29}$$

和

$$r = \sqrt{x^2 + y^2 + z^2} \tag{11.4.30}$$

$$\theta = \arccos(z/r) \tag{11.4.31}$$

$$\phi = \arctan(y/x) \tag{11.4.32}$$

一个任意运动点的光流可确定如下。设$(u, v, w) = (\mathrm{d}x/\mathrm{d}t, \mathrm{d}y/\mathrm{d}t, \mathrm{d}z/\mathrm{d}t)$为该点在 *OXYZ* 坐标系中的速度，$(\delta, \varepsilon) = (\mathrm{d}\phi/\mathrm{d}t, \mathrm{d}\theta/\mathrm{d}t)$为该点在图像球坐标系中沿 ϕ 和 θ 方向的角速度。借助上面两个坐标系之间的坐标变换可解得：

$$\delta = \frac{v\cos\phi - u\sin\phi}{r\sin\theta} \tag{11.4.33}$$

$$\varepsilon = \frac{(ur\sin\theta\cos\phi + vr\sin\theta\sin\phi + wr\cos\theta)\cos\theta - rw}{r^2\sin\theta} \tag{11.4.34}$$

以上两式是在 ϕ 和 θ 方向上光流的一般表达式。下面考虑一个简单情况下的**光流计算**，假设场景静止，而观察者以速度 S 沿 Z 轴（正向）运动。这时有 $u = 0$，$v = 0$，$w = -S$，代入式（11.4.33）和式（11.4.34）可分别得到：

$$\delta = 0 \tag{11.4.35}$$

$$\varepsilon = S\sin\theta/r \tag{11.4.36}$$

它们构成了一个简化的光流方程，是求解表面取向（和进行边缘检测）的基础。根据对光流方程的解，可以判断光流场中各个点是否为边界点、表面点或空间点。其中，在边界点和表面点这两种情况下还可确定边界的种类和表面的取向。

这里只介绍一下如何借助光流求取表面方向。先看图 11.4.7（a），设 R 为物体表面给定面元上的一点，焦点在 O 处的单目的观察者沿视线 OR 观察该面元。设面元的法线矢量为 $\boldsymbol{N}$，可以将

N 分解到两个互相垂直的方向上，一个在 ZR 平面（与 XY 平面垂直）中，与 OR 的夹角为σ（如图 11.4.7（b）所示），另一个在与 ZR 平面垂直的平面（与 XY 平面平行）中，与 OR'的夹角为τ（如图 11.4.7（c）所示，其中 Z 轴由纸内向外）。

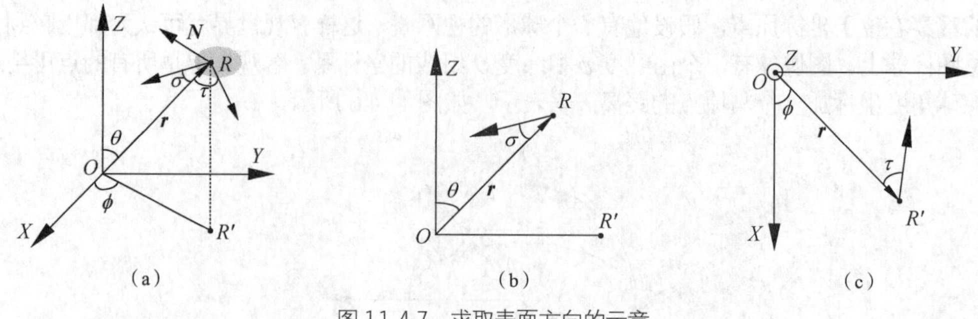

图 11.4.7　求取表面方向的示意

在图 11.4.7（b）中，ϕ 为常数，而在图 11.4.7（c）中，θ为常数。在图 11.4.7（b）中，ZOR 平面构成沿视线的"深度剖面"，而在图 11.4.7（c）中，"深度剖面"与 XY 平面平行。

现在讨论如何确定 σ 和 τ。先考虑 ZR 平面中的 σ。从图 11.4.7（b）出发，如果给矢角 θ 一个小的增量$\Delta\theta$，则矢径 $\boldsymbol{r}$ 的变化为$\Delta\boldsymbol{r}$，如图 11.4.8（a）所示。过 R 作辅助线ρ，可见一方面有$\rho/r = \tan(\Delta\theta) \approx \Delta\theta$，另一方面有$\rho/\Delta r = \tan\sigma$，联立消去$\rho$，可以得到：

$$r\Delta\theta = \tan\sigma\,\Delta r \tag{11.4.37}$$

再考虑 ZOR 平面的垂直平面中的 τ。从图 11.4.7（c）出发，如果给矢角 ϕ 一个小的增量 $\Delta\phi$，则矢径 $\boldsymbol{r}$ 的长度变化为 $\Delta\boldsymbol{r}$，如图 11.4.8（b）所示。现作辅助线 ρ，可见一方面有$\rho/r = \tan\Delta\phi \approx \Delta\phi$，另一方面有$\rho/\Delta r = \tan\tau$，联立消去 ρ，可以得到：

$$r\Delta\phi = \tan\tau\,\Delta r \tag{11.4.38}$$

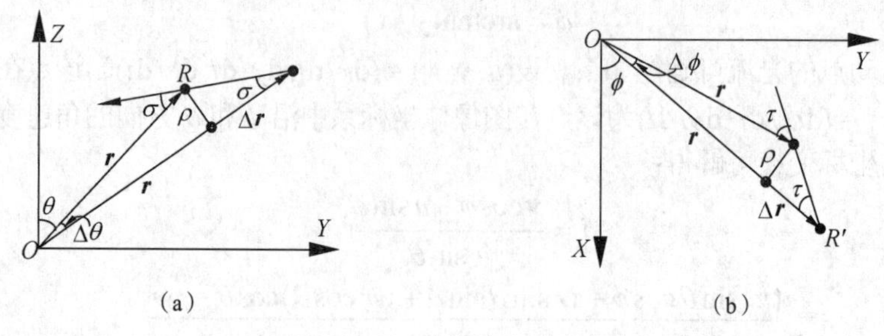

图 11.4.8　表面方向的确定

现在对式（11.4.37）和式（11.4.38）取极值，可得到：

$$\cot\sigma = \left[\frac{1}{r}\right]\frac{\partial r}{\partial\theta} \tag{11.4.39}$$

$$\cot\tau = \left[\frac{1}{r}\right]\frac{\partial r}{\partial\phi} \tag{11.4.40}$$

其中 r 可通过式（11.4.30）确定。因为这里 ε 既是 ϕ 的函数也是 θ 的函数，所以可将式（11.4.36）改写成如下的形式：

$$r = \frac{S\sin\theta}{\varepsilon(\varphi,\theta)} \tag{11.4.41}$$

分别对 ϕ 和 θ 求偏导数可得到：

$$\frac{\partial r}{\partial \phi}=S\sin\theta\frac{-1}{\varepsilon^2}\frac{\partial \varepsilon}{\partial \phi} \tag{11.4.42}$$

$$\frac{\partial r}{\partial \theta}=S\left(\frac{\cos\theta}{\varepsilon}-\frac{\sin\theta}{\varepsilon^2}\frac{\partial \varepsilon}{\partial \theta}\right) \tag{11.4.43}$$

注意，由 σ 和 τ 确定的表面朝向与观察者的运动速度 S 无关。所以，将式（11.4.41）到式（11.4.43）代入式（11.4.39）和式（11.4.40），就可得到求取 σ 和 τ 的公式，如下：

$$\sigma=\operatorname{arccot}\left\{\cot\theta-\frac{\partial(\ln\varepsilon)}{\partial\theta}\right\} \tag{11.4.44}$$

$$\tau=\operatorname{arccot}\left\{-\frac{\partial(\ln\varepsilon)}{\partial\varphi}\right\} \tag{11.4.45}$$

例 11.4.3　运动立体视觉

借助摄像机的运动也可直接获得场景中景物的深度信息。**运动立体视觉**方法就是一种典型的技术。当摄像机运动并拍摄一系列图像时，摄像机沿一段基线的运动与双目立体视觉中在基线两端成像有些相似（此时更接近双目纵向模式）。如果取两幅图像并匹配其中的特征，应该有可能获得深度信息。摄像机运动时的特征匹配看起来比双目立体视觉中的特征匹配还要容易（总有公共视场）。但这里的一个困难是，系列图像中的目标是从几乎相同的视角拍摄的，所以不能充分利用所给基线的信息（等效基线很短）。

首先，当摄像机运动时，横向移动的公式不仅依赖于 X 也依赖于 Y。为简化问题，可使用目标点到摄像机光轴的径向距离 R（$R^2=X^2+Y^2$），将它们结合考虑。

参见图 11.4.9（其中图 11.4.9（b）是图 11.4.9（a）的一个水平剖面），在两幅图像中的像点径向距离分别为：

$$r_1=\frac{R\lambda}{Z_1} \tag{11.4.46}$$

$$r_2=\frac{R\lambda}{Z_2} \tag{11.4.47}$$

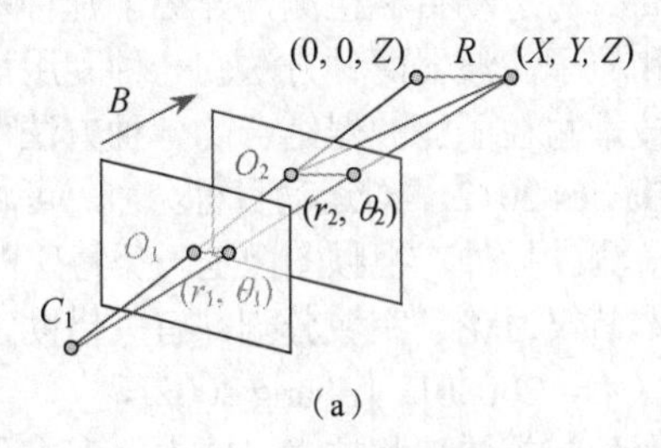

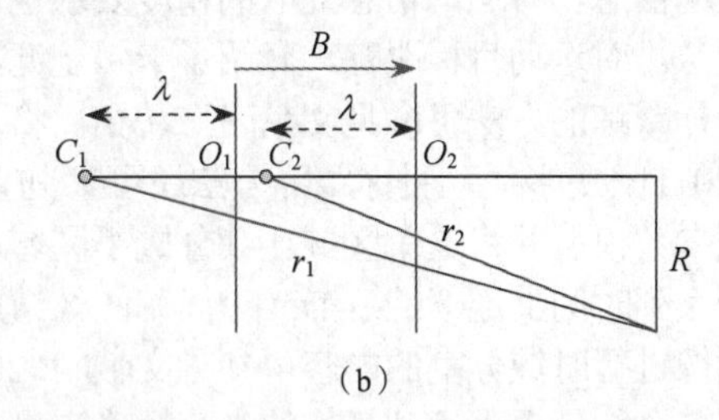

图 11.4.9　从摄像机运动计算立体视觉

结合图 11.4.9，可算得视差为：

$$D=r_2-r_1=R\lambda\left(\frac{1}{Z_2}-\frac{1}{Z_1}\right) \tag{11.4.48}$$

令基线 $B=Z_1-Z_2$，并假设 $B \ll Z_1$，$B \ll Z_2$，则可得到：

$$D=\frac{RB\lambda}{Z^2} \tag{11.4.49}$$

注意到 $R/Z=r/\lambda$，且 $r\approx(r_1+r_2)/2$，就可得到：

$$D=\frac{Br}{Z} \tag{11.4.50}$$

最终可推出目标点的深度为：

$$Z=\frac{Br}{D}=\frac{Br}{(r_2-r_1)} \tag{11.4.51}$$

可将该公式与双目立体视觉中的深度公式进行比较，这里视差依赖于图像点与摄像机光轴间的径向距离 r，而在双目立体视觉中视差是独立于 r 的。在运动立体视觉中，无法给出处在光轴上点的深度信息，对其他点，深度信息的准确性依赖于 r 的大小。 □

总结和复习

下面对本章各节进行简单小结，并有针对性地介绍一些可供深入学习的参考文献。读者还可通过思考题和练习题进行进一步的复习，标有星号的思考题或练习题在书末提供了解答。

【小结和参考】

11.1 节根据将图像分为背景和前景的思路将运动类型划分为全局运动和局部运动。由于它们各有其自身的特点，所以常需采用不同的方法来研究。根据运动分析所使用的图像序列的长短可将分析方法分成短时运动分析和长时运动分析。在短时运动分析中，对运动的表达方法包括运动矢量场表达和运动直方图表达；在长时运动分析中，常采用运动轨迹来表达运动。有关细节可参见文献[Jeannin 2000]和[ISO/IEC 2001]。

11.2 节讨论对整幅图像中运动信息或运动矢量的估计和检测。这里介绍的两种方法都是比较基本的，近年来随着视频图像的广泛应用，新的方法层出不穷，可参见文献[Hartley 2004]、[Sonka 2008]、[Szeliski 2010]、[Forsyth 2012]等。一种将运动轨迹的曲线拟合与相关运动检测跟踪相结合的对运动目标快速预测定位的方法可参见文献[秦 2003]。有关全局运动检测和应用的讨论还可参见文献[Yu 2001b]。基于运动矢量可靠性分析对视频中全局运动进行估计的一个算法可参见文献[陈 2010a]。

11.3 节讨论对序列图像中运动目标的检测、跟踪和分割，所借助的运动信息主要是比较复杂的局部运动信息，对运动信息提取的精度要求也比较高。对运动目标检测，介绍了几种基本的背景建模方法。对运动目标跟踪，介绍了卡尔曼滤波器和粒子滤波器两种方法。一种利用均移技术对运动目标跟踪的方法可参见文献[王 2010]。将均移技术与粒子滤波器结合的一种方法可参见文献[Tang 2011]。更多运动目标跟踪方法还可参见文献[Davies 2012]。对运动目标分割，可将变化区域拟合到参数模型并将这个区域连续分成小区域逐次检测。另外，视频图像是一类特殊的 3-D 图像，由一系列时间上连续的 2-D（空间）图像组成。本节仅讨论了空域分割，有关借助空域信息对视频图像进行时域分割的内容可参见文献[章 2001b]、[章 2003b]、[Zhang 2002]。

11.4 节介绍了根据运动景物的光流场确定景物表面朝向的原理和技术。文中仅考虑了目标运动的情况，事实上摄像机也可以有运动（前面立体视觉也可看作摄像机运动的情况）。如果摄像机已标定过，其内外参数已确定，则主要问题是对应匹配。如果摄像机的内外参数都事先不知道且会随时间变化（典型的例子是手持摄像机采集图像的情况，此时位置、朝向、焦距都可能变动），则几何问题成为首要问题。有关从运动求取结构的讨论还可参见文献[Forsyth 2012]，其中的几何问题的讨论还可参见文献[Hartley 2004]。有关运动立体视觉的讨论还可参见文献[Davies 2012]。

【思考题和练习题】

11.1　试比较运动矢量场表达和运动直方图表达这两种对运动的表达形式。它们各有什么特点，各适合哪些应用？

11.2　设一个点在空间的运动分为5个等间隔的阶段，在第1个阶段沿X轴方向匀速运动，在第2个阶段沿与Y轴和Z轴角平分线平行的方向匀加速运动，在第3个阶段沿Y轴方向匀减速运动，在第4个阶段沿Z轴方向匀速运动，在第5个阶段沿与X轴和Z轴角分线平行的方向匀减速运动。试分别画出该点沿3个轴的运动轨迹的示意。

11.3　试比较运动检测的两种方法（利用图像差的运动检测，基于模型的运动检测）各有什么优缺点。不同的方法分别适合于哪些情况？

11.4　试比较式（11.2.2）与式（11.2.1）中的判断条件，它们各有什么特点？

11.5　当所观察的目标区域移动时，正ADI图像中的非零区域的位置如何变化？

11.6　试归纳并列出利用高斯混合模型计算和保持动态背景帧的主要步骤和工作。

11.7　列表比较卡尔曼滤波器和粒子滤波器的适用场合、应用要求、计算速度、稳健性（抗干扰能力）等。

11.8　对什么样的图像和目标适合采用先分割再计算运动信息的分析策略？对什么样的图像和目标适合采用先计算运动信息再分割的分析策略？

11.9　在推导光流方程时做了什么假设，当这些假设不满足时会发生什么问题？

*11.10　试比较图像亮度约束方程与光流约束方程的相似和不同之处。

11.11　如果观察者和被观察目标都在运动，如何能利用光流计算获得它们之间的相对速度？

*11.12　设有两帧在相邻时刻拍摄的图像，给出根据像素亮度变化，计算摄像机运动参数的公式。

第12章 景物识别

传统的模式识别一般指对客观事物进行分析，做出判断的过程，是人类的重要功能之一。现在常用**模式识别**指用计算机就人类对周围世界的客体、过程和现象的识别功能进行自动模拟的学科。

对目标的识别工作可分为4种：①**验证**，对一个事先见过的目标的识别；②**推广**，识别一个目标，尽管由于某些变换已使得它的外观发生了变化；③**分类**，将目标分到一组类似形状的目标中去；④**类似**，发现不同目标变换后的相似之处。它们之间是密切联系的。

在对景物进行3-D恢复和特性分析的基础上，可以对景物进行辨识。这个工作也称**图像模式识别**，是对特殊对象的模式识别。图像模式识别从流程上来说，主要包括4个步骤：①采集图像；②预处理；③特征提取；④分类决策。图像模式识别从技术上来说，目前有3个分支：①统计模式识别；②结构模式识别；③模糊模式识别。

根据上面所述，本章各节将如下安排。

12.1节介绍统计模式识别技术，着重讨论统计模式分类的原理，并具体介绍了最小距离分类器和最优统计分类器的设计思路和决策函数。另外，介绍了将分类器结合起来的自适应自举方式。

12.2节介绍利用神经网络方法进行学习的感知机，它可直接通过训练得到模式分类所需的决策函数，还分别讨论了线性可分模式类和线性不可分模式类两种情况。

12.3节介绍一种对线性分类器的最优设计方法，即支持向量机的工作原理，还分别讨论了线性可分模式类和线性不可分模式类两种情况。

12.4节介绍结构模式识别技术的基本原理和工作流程，还具体讨论了字符串结构识别和树结构识别的文法及其对应的识别器（自动机）。

12.1 统计模式分类

统计模式识别指根据模式统计特性用一系列自动技术确定决策函数并将给定模式赋值和分类，主要工作是选取特征表达模式和设计分类器进行分类。统计模式识别中根据统计参数来分类，一般将用来估计统计参数的（已知其类别的）模式称为训练模式，将一组这样的模式称为训练集，将用一个训练集去获取决策函数的过程称为学习或训练。下面介绍两种简单的分类器。各类中的训练模式直接用于计算与之对应的决策函数参数。一旦获得这些参数，分类器的结构就确定了，而分类器的性能取决于实际模式样本满足分类方法中统计假设的程度。

12.1.1 模式分类原理

模式是一个广泛的概念，这里主要考虑**图像模式**（图像的灰度分布构成一个亮度模式）。

图像模式可定义为对图像中的目标或其他感兴趣部分定量或结构化的描述。通常一个模式是由一个或多个模式符，也可叫特征组成（或排列成）的。一个模式类则由一组具有某些共同特性的模式组成。一般常将模式类用 $s_1, s_2, \cdots, s_M$ 表示，其中 M 为类的个数。**模式识别**指对模式进行分析、描述、分类等的功能和技术。

模式矢量一般用小写粗体字表示，一个 n 维的模式矢量可写成：

$$\boldsymbol{x} = [x_1, x_2, \cdots, x_n]^{\mathrm{T}} \tag{12.1.1}$$

其中，x_i 代表第 i 个描述符；n 为描述符的个数。在模式矢量 $\boldsymbol{x}$ 中，各分量的内容取决于用来描述物理上实际模式的测量技术。在模式空间，一个模式矢量对应其中的一个点。

对模式的分类主要是基于决策理论的，而决策理论方法要用到**决策函数**。令式（12.1.1）中的 $\boldsymbol{x}$ 代表一个 n-D 模式矢量，对给定的 M 个模式类 $s_1, s_2, \cdots, s_M$，现在要确定 M 个判别函数 $d_1(\boldsymbol{x}), d_2(\boldsymbol{x}), \cdots, d_M(\boldsymbol{x})$。如果一个模式 $\boldsymbol{x}$ 属于类 s_i，那么有：

$$d_i(\boldsymbol{x}) > d_j(\boldsymbol{x}) \qquad j = 1, 2, \cdots, M; \qquad j \neq i \tag{12.1.2}$$

换句话说，对一个未知模式 $\boldsymbol{x}$ 来说，如果将它代入所有决策函数算得 $d_i(\boldsymbol{x})$值最大，则 $\boldsymbol{x}$ 属于第 i 类。如果对 $\boldsymbol{x}$ 的值，有 $d_i(\boldsymbol{x}) = d_j(\boldsymbol{x})$，则可得到将类 i 与类 j 分开的决策边界。上述条件也可写成：

$$d_{ij}(\boldsymbol{x}) = d_i(\boldsymbol{x}) - d_j(\boldsymbol{x}) = 0 \tag{12.1.3}$$

这样如果 $d_{ij}(\boldsymbol{x}) > 0$，则模式属于 s_i；如果 $d_{ij}(\boldsymbol{x}) < 0$，则模式属于 s_j。

基于决策函数可设计各种分类器进行模式分类，而要确定决策函数需要用到不同的方法。

12.1.2 最小距离分类器

最小距离分类器是一种简单的模式分类器，它基于对模式的采样来估计各类模式的统计参数，并完全由各类的均值和方差确定。当两类模式均值之间的距离比同类中对应均值的分布要大时，最小距离分类器能很好地工作。

假设每个模式类用一个均值矢量表示如下：

$$\boldsymbol{m}_j = \frac{1}{N_j} \sum_{\boldsymbol{x} \in s_j} \boldsymbol{x} \qquad j = 1, 2, \cdots, M \tag{12.1.4}$$

其中，N_j 代表类 s_j 中的模式个数。对一个未知模式矢量进行分类的方法是将这个模式赋给与它最接近的类。如果利用欧氏距离来确定接近程度，则问题转化为对距离的测量，即

$$D_j(\boldsymbol{x}) = \| \boldsymbol{x} - \boldsymbol{m}_j \| \qquad j = 1, 2, \cdots, M \tag{12.1.5}$$

其中，$\|\boldsymbol{a}\| = (\boldsymbol{a}^{\mathrm{T}}\boldsymbol{a})^{\frac{1}{2}}$ 为欧氏模。因为最小的距离代表最好的匹配，所以如果 $D_j(\boldsymbol{x})$是最小的距离，则将 $\boldsymbol{x}$ 赋给类 s_j。可以证明这等价于计算：

$$d_j(\boldsymbol{x}) = \boldsymbol{x}^{\mathrm{T}} \boldsymbol{m}_j - \frac{1}{2} \boldsymbol{m}_j^{\mathrm{T}} \boldsymbol{m}_j \qquad j = 1, 2, \cdots, M \tag{12.1.6}$$

并且在 $d_j(\boldsymbol{x})$给出最大值时将 $\boldsymbol{x}$ 赋给类 s_j。

根据式（12.1.3）和式（12.1.6），对一个最小距离分类器来说，类 s_i 和 s_j 之间的决策边界如下：

$$d_{ij}(\boldsymbol{x}) = d_i(\boldsymbol{x}) - d_j(\boldsymbol{x}) = \boldsymbol{x}^{\mathrm{T}}(\boldsymbol{m}_i - \boldsymbol{m}_j) - \frac{1}{2}(\boldsymbol{m}_i - \boldsymbol{m}_j)^{\mathrm{T}}(\boldsymbol{m}_i - \boldsymbol{m}_j) = 0 \tag{12.1.7}$$

上式实际上给出一个连接 $\boldsymbol{m}_i$ 和 $\boldsymbol{m}_j$ 线段的垂直二分界。当 M=2 时，垂直二分界是一条线；当 M=3 时，垂直二分界是一个平面；当 M>3 时，垂直二分界是一个超平面。

例 12.1.1 最小距离分类示例

假设要考虑测量两个不同年级（设为一年级、三年级）小学生的身高和体重以表示和反映他

们的生长发育情况。此时 $\boldsymbol{x}=[x_1 \quad x_2]^{\mathrm{T}}$，其中 x_1 对应身高，x_2 对应体重，每个年级的学生组成一个模式类，可分别记为 s_1 和 s_2。图 12.1.1 所示为这两个模式类，每个学生都对应图中（矢量空间中）的一个点。

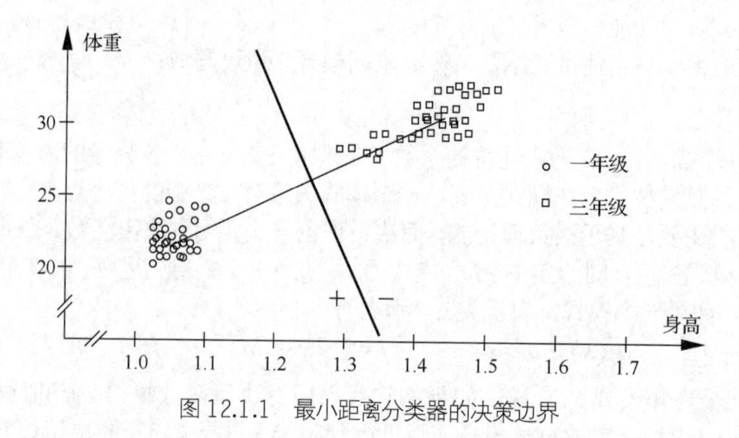

图 12.1.1 最小距离分类器的决策边界

设两个模式类的均值矢量分别为 $\boldsymbol{m}_1=[1.05 \quad 22]^{\mathrm{T}}$ 和 $\boldsymbol{m}_2=[1.45 \quad 30]^{\mathrm{T}}$。根据式（12.1.6），两个决策函数分别为 $d_1(\boldsymbol{x})=\boldsymbol{x}^{\mathrm{T}}\boldsymbol{m}_1-0.5\boldsymbol{m}_1^{\mathrm{T}}\boldsymbol{m}_1=1.05x_1+22x_2-242.55$，$d_2(\boldsymbol{x})=\boldsymbol{x}^{\mathrm{T}}\boldsymbol{m}_2-\boldsymbol{m}_2^{\mathrm{T}}\boldsymbol{m}_2=1.45x_1+30x_2-456.05$。

根据式（12.1.7），边界方程为 $d_{12}(\boldsymbol{x})=d_1(\boldsymbol{x})-d_2(\boldsymbol{x})=-0.4x_1-8.0x_2+213.5=0$，如图 12.1.1 中的实线所示。若将属于类 s_1 中的任一个模式代入则有 $d_{12}(\boldsymbol{x})<0$，而将属于类 s_2 中的任一个模式代入则有 $d_{12}(\boldsymbol{x})>0$。可见，仅由 $d_{12}(\boldsymbol{x})$ 的符号就可判断模式所属的类。 □

12.1.3 最优统计分类器

最优统计分类器是一种基于概率的模式分类器，适用于对随机产生的模式进行分类。

1. 最优统计分类原理

这里介绍一种在平均意义上产生最小可能分类误差的最优分类方法。

令 $p(s_i|\boldsymbol{x})$ 代表一个特定的模式 $\boldsymbol{x}$ 源于类 s_i 的概率，如果模式分类器判别 $\boldsymbol{x}$ 属于 s_j，但事实上 $\boldsymbol{x}$ 属于 s_i，则分类器犯了一个误检错误，记为 L_{ij}。因为模式 $\boldsymbol{x}$ 可能属于需要考虑的 M 个类中的任一个，所以将 $\boldsymbol{x}$ 赋给 s_j 产生的平均损失为：

$$r_j(\boldsymbol{x})=\sum_{k=1}^{M} L_{kj}\, p(s_k \mid \boldsymbol{x}) \tag{12.1.8}$$

在判别理论中，常称式（12.1.8）为条件平均风险损失。根据基本的概率理论，$p(a|b)=[p(a)p(b|a)]/p(b)$，可将式（12.1.8）写成：

$$r_j(\boldsymbol{x})=\frac{1}{p(\boldsymbol{x})}\sum_{k=1}^{M} L_{kj}\, p(\boldsymbol{x} \mid s_k)P(s_k) \tag{12.1.9}$$

其中 $p(\boldsymbol{x}|s_k)$ 为模式 $\boldsymbol{x}$ 属于 s_k 的概率密度函数，$P(s_k)$ 为类 s_k 出现的概率。因为 $1/p(\boldsymbol{x})$ 是正的，并且对所有 $r_j(x)$，$j=1, 2, \cdots, M$ 都相同，所以其可从上式中略去而不影响这些函数从大到小的排序。这样平均风险的表达式可写成：

$$r_j(\boldsymbol{x})=\sum_{k=1}^{M} L_{kj}\, p(\boldsymbol{x} \mid s_k)P(s_k) \tag{12.1.10}$$

分类器对任意给定的未知模式都有 M 个可能的选择。如果对每个 $\boldsymbol{x}$ 都计算 $r_1(x), r_2(x), \cdots, r_M(x)$，并将 $\boldsymbol{x}$ 赋给能够产生最小损失的类，相对所有判决的总平均损失将会最小。能够最小化总的平均损失的分类器称为贝叶斯（Bayes）分类器。对**贝叶斯分类器**，如果 $r_i(x) < r_j(x)$，$j = 1, 2, \cdots, M$，且 $j \neq i$，则将 $\boldsymbol{x}$ 赋给 s_i。换句话说，如果：

$$\sum_{k=1}^{M} L_{ki}\, p(\boldsymbol{x}\,|\,s_k) P(s_k) < \sum_{l=1}^{M} L_{lj}\, p(\boldsymbol{x}\,|\,s_l) P(s_l) \tag{12.1.11}$$

则将 $\boldsymbol{x}$ 赋给 s_i。

在许多识别问题中，如果做出一个正确的判决，损失为 0；而对任一个错误的判决，损失都是一个相同的非零数（如 1）。在这种情况下，损失函数变为：

$$L_{ij} = 1 - \delta_{ij} \tag{12.1.12}$$

将式（12.1.12）代入式（12.1.10）可得到：

$$r_j(\boldsymbol{x}) = \sum_{k=1}^{M} (1-\delta_{kj})\, p(s_k\,|\,\boldsymbol{x}) P(s_k) = p(\boldsymbol{x}) - p(s_j\,|\,\boldsymbol{x}) P(s_j) \tag{12.1.13}$$

贝叶斯分类器在满足下面的条件时将 $\boldsymbol{x}$ 赋给类 s_i：

$$p(s_i\,|\,\boldsymbol{x}) P(s_i) > p(s_j\,|\,\boldsymbol{x}) P(s_j) \qquad j = 1, 2, \cdots, M; \qquad j \neq i \tag{12.1.14}$$

回顾前面对式（12.1.2）的推导可见，对 0-1 损失函数，贝叶斯分类器相当于实现了一个如下的判决函数：

$$d_j(\boldsymbol{x}) = p(\boldsymbol{x}\,|\,s_j) P(s_j) \quad j = 1, 2, \cdots, M \tag{12.1.15}$$

其中矢量 $\boldsymbol{x}$ 在 $d_i(\boldsymbol{x}) > d_j(\boldsymbol{x})$时（对所有 $j \neq i$）将被赋给类 s_i。

式（12.1.15）的判决函数在最小化错误分类的平均损失意义下是最优的，但要得到这个最优函数需要知道模式在各类中的概率密度函数和各类自身出现的概率。上述后一个要求常能满足，例如当各类自身出现的可能性相同时，有 $p(s_j) = 1/M$。但估计概率密度函数 $p(\boldsymbol{x}|s_i)$是另一回事。如果模式矢量是 n-D 的，则 $p(\boldsymbol{x}|s_i)$是一个有 n 个变量的函数。如果它的形式未知，则需要采用多变量概率理论中的方法来进行估计。一般仅在假设对概率密度函数有解析表达式，且从模式采样中可估计出这些表达式参数的情况下才使用贝叶斯分类器。至今用得最多的假设是 $p(\boldsymbol{x}|s_i)$符合高斯概率密度。

2. 用于高斯模式类的贝叶斯分类器

先考虑 1-D 问题，设有两个($M = 2$)服从高斯概率密度的模式类，其均值分别为 m_1 和 m_2，其标准方差分别为σ_1 和σ_2。根据式（12.1.15），贝叶斯决策函数如下（其中的模式为标量）：

$$d_j(\boldsymbol{x}) = p(\boldsymbol{x}\,|\,s_j) P(s_j) = \frac{1}{\sqrt{2\pi}\sigma_j} \exp\left[-\frac{(\boldsymbol{x}-m_j)^2}{2\sigma_j^2}\right] P(s_j) \qquad j = 1, 2 \tag{12.1.16}$$

5.3.2 小节中用于选取最优分割阈值的概率密度函数图就是一个典型的示例。事实上，图像阈值分割是模式分类的一种特殊情况。为叙述方便，这里将图 5.3.3 所示的概率密度函数改画在图 12.1.2 中。两类模式间的边界现在是一个点，记为 x_0。如果这两个类别出现的概率相同，即 $P(s_1) = P(s_2) = 1/2$，则在决策边界处有 $p(x_0|s_1) = p(x_0|s_2)$，这个点对应图 12.1.2 中两个概率密度函数相交之处。所有在 x_0 右边的点都分给类 s_1，而所有在 x_0 左边的点都分给类 s_2。如果这两个类别出现的概率不同，当 $P(s_1) > P(s_2)$时，x_0 移向左方；当 $P(s_1) < P(s_2)$时，x_0 移向右方。在极端情况下，如果 $P(s_2) = 0$，那么将所有模式都分给类 s_1（即将 x_0 移向负无穷）是永远不会出现错误的。

在 n-D 情况下，第 j 个模式类的高斯密度矢量具有如下的形式：

$$p(\boldsymbol{x}\,|\,s_j) = \frac{1}{(2\pi)^{n/2}|\boldsymbol{C}_j|^{1/2}} \exp\left[-\frac{1}{2}(\boldsymbol{x}-\boldsymbol{m}_j)^{\mathrm{T}} \boldsymbol{C}_j^{-1} (\boldsymbol{x}-\boldsymbol{m}_j)\right] \tag{12.1.17}$$

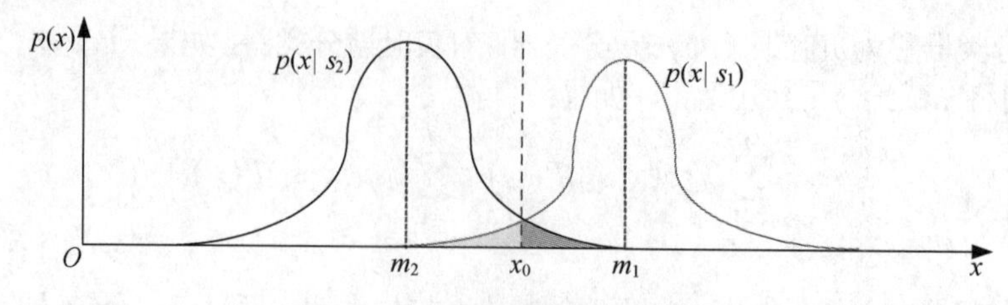

图 12.1.2 两个高斯分布概率密度

其中，每个模式的密度都由它的均值矢量和方差矩阵完全确定。它们分别为：

$$\boldsymbol{m}_j = E_j\{\boldsymbol{x}\} \tag{12.1.18}$$

$$\boldsymbol{C}_j = E_j\left\{(\boldsymbol{x}-\boldsymbol{m}_j)(\boldsymbol{x}-\boldsymbol{m}_j)^{\mathrm{T}}\right\} \tag{12.1.19}$$

其中，$E_j\{.\}$代表对类s_j中的模式自变量的期望值。在式（12.1.17）中，n为模式矢量的维数，$|\boldsymbol{C}_j|$为矩阵$\boldsymbol{C}_j$的行列式。利用均值近似期望值给出的均值矢量和协方差矩阵如下：

$$\boldsymbol{m}_j = \frac{1}{N_j}\sum_{x\in s_j}\boldsymbol{x} \tag{12.1.20}$$

$$\boldsymbol{C}_j = \frac{1}{N_j}\sum_{x\in s_j}\boldsymbol{x}\boldsymbol{x}^{\mathrm{T}} - \boldsymbol{m}_j\boldsymbol{m}_j^{\mathrm{T}} \tag{12.1.21}$$

其中，N_j为类s_j中的模式矢量个数；求和是对所有模式矢量进行的。

协方差矩阵是对称的和半正定的，其对角线元素C_{kk}是模式矢量中第k个元素的方差，而对角线外的元素C_{jk}是x_j和x_k的协方差。如果x_j和x_k统计上是独立的，$C_{jk}=0$，此时多变量高斯密度函数简化为$\boldsymbol{x}$的各个元素的单变量高斯密度的乘积。

根据式（12.1.16），对类s_j的贝叶斯决策函数是$d_j(\boldsymbol{x})=p(\boldsymbol{x}|s_j)P(s_j)$，但是考虑到高斯密度函数的指数形式较为复杂，采用自然对数形式来表达通常更为方便。换句话说，可用如下的形式来表示决策函数：

$$d_j(\boldsymbol{x}) = \ln\left[p(\boldsymbol{x}\,|\,s_j)P(s_j)\right] = \ln p(\boldsymbol{x}\,|\,s_j) + \ln P(s_j) \tag{12.1.22}$$

从分类效果来说，式（12.1.22）与式（12.1.16）是等价的，因为对数是单增函数。换句话说，式（12.1.16）和式（12.1.22）中的决策函数的秩是相同的。将式（12.1.17）代入式（12.1.22）可得到：

$$d_j(\boldsymbol{x}) = \ln P(s_j) - \frac{n}{2}\ln 2\pi - \frac{1}{2}\ln|\boldsymbol{C}_j| - \frac{1}{2}\left[(\boldsymbol{x}-\boldsymbol{m}_j)^{\mathrm{T}}\boldsymbol{C}_j^{-1}(\boldsymbol{x}-\boldsymbol{m}_j)\right] \tag{12.1.23}$$

因为$(n/2)\ln 2\pi$一项对所有类都是相同的，所以可从式（12.1.23）中略去。式（12.1.23）可变成如下的形式：

$$d_j(\boldsymbol{x}) = \ln P(s_j) - \frac{1}{2}\ln|\boldsymbol{C}_j| - \frac{1}{2}\left[(\boldsymbol{x}-\boldsymbol{m}_j)^{\mathrm{T}}\boldsymbol{C}_j^{-1}(\boldsymbol{x}-\boldsymbol{m}_j)\right] \tag{12.1.24}$$

式（12.1.24）表示在0-1损失函数的条件下高斯模式类的**贝叶斯决策函数**。

式（12.1.24）给出的决策函数是超二次的函数（n-D空间的二次函数），其中$\boldsymbol{x}$的分量中没有高于二阶的。可见对高斯模式来说，贝叶斯分类器所能得到的最好效果是在每两个模式类之间放一个广义的二阶决策面。如果模式样本确实是高斯的，那这个决策面就能给出最小损失的分类。

如果所有协方差矩阵都相等，即$\boldsymbol{C}_j=\boldsymbol{C}$，$j=1, 2, \cdots, M$，此时将所有与$j$独立的项略去，则式（12.1.24）变成如下的形式：

$$d_j(\boldsymbol{x}) = \ln P(s_j) + \boldsymbol{x}^{\mathrm{T}}\boldsymbol{C}^{-1}\boldsymbol{m}_j - \frac{1}{2}\boldsymbol{m}_j^{\mathrm{T}}\boldsymbol{C}^{-1}\boldsymbol{m}_j \tag{12.1.25}$$

对$j=1, 2, \cdots, M$来说，它们是**线性决策函数**。

进一步，如果 $\boldsymbol{C}=\boldsymbol{I}$，$\boldsymbol{I}$ 为单位矩阵，且对 $j=1, 2, \cdots, M$，有 $P(s_j)=1/M$，则：

$$d_j(\boldsymbol{x})=\boldsymbol{x}^{\mathrm{T}}\boldsymbol{m}_j-\frac{1}{2}\boldsymbol{m}_j^{\mathrm{T}}\boldsymbol{m}_j \qquad j=1, 2, \cdots, M \tag{12.1.26}$$

式（12.1.26）给出与式（12.1.6）相同的最小距离分类器的决策函数。在下述3个条件下，最小距离分类器在贝叶斯意义上最优：①模式类是高斯的；②所有协方差矩阵都与单位矩阵相等；③所有类别出现的几率相等。满足这些条件的高斯模式类是 n-D 中的球状体，称为超球体。最小距离分类器在每对类别之间建立一个超平面，这个超平面将每对球中心连接起来的直线等分。在 2-D 情况下，类组成圆形区域，边界成为平分连接每对圆形区域中心线段的直线。

例 12.1.2　模式在 3-D 空间的分布

图 12.1.3 所示为两类模式（分别用实心圆和空心圆表示）在 3-D 空间的分布情况。假设各类中的模式都是高斯分布的采样，可借助它们解释建立贝叶斯分类器的机理。

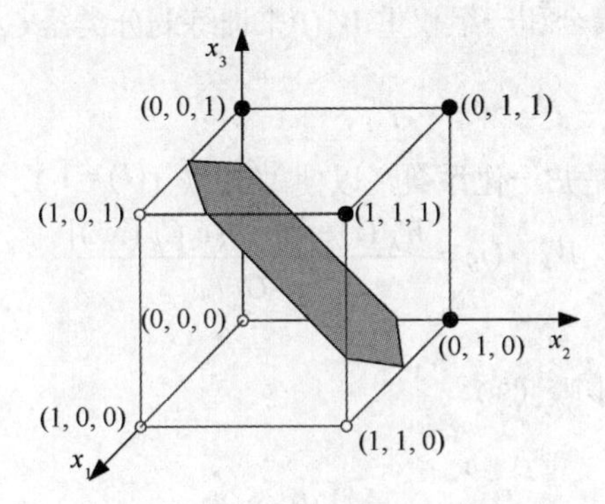

图 12.1.3　3-D 空间中的决策面

将式（12.1.20）用于图 12.1.3 所示的模式可得到：

$$\boldsymbol{m}_1=\frac{1}{4}\begin{bmatrix}3 & 1 & 1\end{bmatrix}^{\mathrm{T}} \qquad \boldsymbol{m}_2=\frac{1}{4}\begin{bmatrix}1 & 3 & 3\end{bmatrix}^{\mathrm{T}}$$

类似地，将式（12.1.21）用于这两个模式可得到两个相等的协方差矩阵，如下：

$$\boldsymbol{C}_1=\boldsymbol{C}_2=\frac{1}{16}\begin{bmatrix}3 & 1 & 1\\ 1 & 3 & -1\\ 1 & -1 & 3\end{bmatrix}$$

因为两个协方差矩阵相等，所以贝叶斯决策函数可由式（12.1.26）给出。如果假设 $P(s_1)=P(s_2)=1/2$，并将对数项略去，可得到 $d_j(\boldsymbol{x})=\boldsymbol{x}^{\mathrm{T}}\boldsymbol{C}^{-1}\boldsymbol{m}_j-\frac{1}{2}\boldsymbol{m}_j^{\mathrm{T}}\boldsymbol{C}^{-1}\boldsymbol{m}_j$，其中有：

$$\boldsymbol{C}^{-1}=\begin{bmatrix}8 & -4 & -4\\ -4 & 8 & 4\\ -4 & 4 & 8\end{bmatrix}$$

展开 $d_j(\boldsymbol{x})$ 的表达式可得到 $d_1(\boldsymbol{x})=4x_1-1.5$，$d_2(\boldsymbol{x})=-4x_1+8x_2+8x_3-5.5$，而将两类模式分开的决策面为 $d_1(\boldsymbol{x})-d_2(\boldsymbol{x})=-8x_1-8x_2-8x_3+4=0$。图 12.1.3 中的阴影给出了这个平面的一部分，它有效地分开了两个类模式所在的空间。❑

12.1.4　自适应自举

许多根据统计概率设计的分类器在实际中的分类效果不一定很高，例如在只有两类样本时正确分类的概率仅略高于50%，它们被称为**弱分类器**。为取得更好的分类效果，需要将多个这样的独立分类器以某种方式结合起来。一类具体的方式是将这些分类器依次分别用于不同的训练样本子集，这种方式称为**自举**。自举将多个弱分类器结合成一个比其中每个弱分类器都要好的新的强分类器。这里的关键问题有两个，一个是如何选择输入各个弱分类器的训练样本子集；另一个是如何结合它们以构成一个强分类器。解决前一个问题的方法是对难以分类的样本给以更大的权重；解决后一个问题的方法是对各个弱分类器的结果进行多数投票。

最常用的自举算法是**自适应自举**，即AdaBoost。设模式空间为X，训练集包含m个模式$\boldsymbol{x}_i$，它们对应的类标识符为c_i，在两类分类问题中$c_i \in \{-1, 1\}$。自适应自举算法的主要步骤如下。

（1）初始化K，K为需使用的弱分类器数量。

（2）令$k = 1$，初始化权重$W_1(i) = 1/m$。

（3）对每个k，使用训练集合和一组权重$W_k(i)$来训练弱分类器C_k，对每个模式$\boldsymbol{x}_i$赋一个实数，即C_k：$X \to \mathbf{R}$。

（4）选择系数$a_k > 0 \in \mathbf{R}$。

（5）更新权重（其中G_k是归一化系数，以使$\sum_{i=1}^{m} W_{k+1}(i) = 1$），其中：

$$W_{k+1}(i) = \frac{W_k(i)\exp[-a_k c_i C_k(\boldsymbol{x}_i)]}{G_k} \tag{12.1.27}$$

（6）设置$k = k + 1$。

（7）如果$k \leqslant K$，回到步骤（3）。

（8）最后的强分类器是：

$$S(\boldsymbol{x}_i) = \operatorname{sign}\left[\sum_{k=1}^{K} a_k C_k(\boldsymbol{x}_i)\right] \tag{12.1.28}$$

在上述算法中，将弱分类器C_k用于训练集，每步中对单个样本的正确分类重要性均不同，而每个步骤k都由一组权重$W_k(i)$所决定，权重之和为1。开始时，权重都相等。但每迭代一次，被错分样本的权重就会相对增加（步骤（5）中的e指数项在错分类时取正值，以使$W_k(i)$的权重更大），即弱分类器C_{k+1}将更加关注在k次迭代中错分的样本。

在每个步骤，要确定弱分类器C_k以使其性能与权分布$W_k(i)$相适应。在二分类情况下，弱分类器训练要最小化的目标函数为：

$$e_k = \sum_{i=1}^{m} P_{i \sim W_k(i)}[C_k(\boldsymbol{x}_i) \neq c_i] \tag{12.1.29}$$

其中$P[\cdot]$代表从训练样本获得的经验概率。误差e_k依赖于权分布$W_k(i)$，而权分布$W_k(i)$又与分类正确与否有关。各个分类器被训练成对训练集的各部分的分类效果都比随机分类要好。

对a_k的确定有不同的方法，对二分类问题可取：

$$a_k = \frac{1}{2}\ln\left(\frac{1-e_k}{e_k}\right) \tag{12.1.30}$$

12.2 感知机

在具体的模式识别问题中，一般不知道或很难估计各模式类的统计特性，所以要处理决策理论问题最好采用直接通过训练得到所需决策函数的方法，这样就不需要对所考虑模式类的概率密度函数或其他概率信息做出假设。神经网络方法就是常用的方法之一。在对人工神经网络的研究中，人们设计出称为**感知机**的学习机器。已从数学上证明，如果用线性可分的训练集来训练感知机，那么它在有限个迭代步骤后会收敛到一个解，而且这个解具有超平面系数的形式，可以正确地分开由训练集的模式所表达的类。

12.2.1 感知机原理

最基本的感知机可以建立能将两个线性可分的训练集分开来的线性决策函数。图 12.2.1（a）所示为用于两个模式类的感知机模型，它的响应取决于输入的加权和：

$$d(\boldsymbol{x}) = \sum_{i=1}^{n} w_i x_i + w_{n+1} \tag{12.2.1}$$

这里 n+1 个系数 w_i，$i = 1, 2, \cdots, n, n+1$ 称为权。加权和最终输出的函数也称为触发函数。

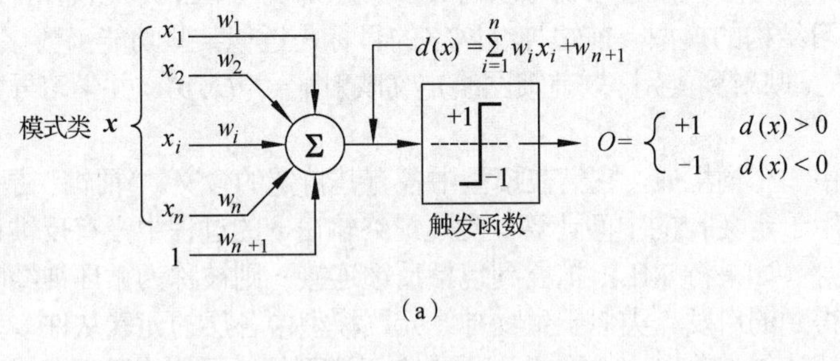

（a）

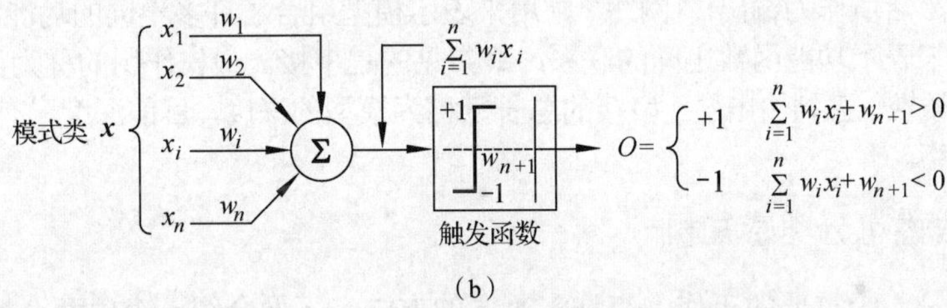

（b）

图 12.2.1　双模式感知机模型的两种等价表达

如果 $d(\boldsymbol{x}) > 0$，感知机的输出为 1，则表明模式 $\boldsymbol{x}$ 被识别为属于类 s_1；反之，如果 $d(\boldsymbol{x}) < 0$，感知机的输出为−1，则表明模式 $\boldsymbol{x}$ 被识别为属于类 s_2。如果 $d(\boldsymbol{x}) = 0$，则表明模式 $\boldsymbol{x}$ 处在分开两个类的决策面上。将式（12.2.1）的加权和置为 0 可得到感知机的决策边界：

$$d(\boldsymbol{x}) = \sum_{i=1}^{n} w_i x_i + w_{n+1} = 0 \tag{12.2.2}$$

它实际上是 n-D 模式空间中的一个超平面。从几何上讲，前 n 个系数确定超平面的朝向，而最后一个元素 w_{n+1} 正比于从原点到超平面的直线距离。所以如果 $w_{n+1} = 0$，则超平面通过模式空间的原点。类似地，如果 $w_j = 0$，则超平面平行于 x_j 轴。

图 12.2.1（a）中取阈值后元素的输出依赖于 $d(\boldsymbol{x})$的符号。除了检查整个函数以确定它是正的或负的外，也可以检查式（12.2.1）中求和部分与 w_{n+1} 的关系，即系统的输出 O 为：

$$O = \begin{cases} +1 & \text{如果} \quad \sum_{i=1}^{n} w_i x_i > -w_{n+1} \\ -1 & \text{如果} \quad \sum_{i=1}^{n} w_i x_i < -w_{n+1} \end{cases} \tag{12.2.3}$$

这种方法的示意见图 12.2.1（b），它与图 12.2.1（a）所示的方法等价。它们唯一不同的地方是阈值函数移动了$-w_{n+1}$，且常数单位输入没有了。

另一种常用的形式是对模式矢量增加第 $n+1$ 个元素。换句话说，根据模式矢量 $\boldsymbol{x}$ 构建一个扩充模式矢量 $\boldsymbol{y}$，让 $y_i = x_i$，$i = 1, 2, \cdots, n$，且后面加一个元素 $y_{n+1} = 1$，这样式（12.2.1）变成如下的形式：

$$d(\boldsymbol{x}) = \sum_{i=1}^{n+1} w_i y_i = \boldsymbol{w}^{\mathrm{T}} \boldsymbol{y} \tag{12.2.4}$$

其中，$\boldsymbol{y} = [y_1 \quad y_2 \quad \cdots \quad y_n \quad 1]^{\mathrm{T}}$ 为扩充模式矢量；$\boldsymbol{w} = [w_1 \quad w_2 \quad \cdots \quad w_n \quad w_{n+1}]^{\mathrm{T}}$ 为权矢量。这种形式在表达时往往更方便。最后，不管用哪种形式，关键的问题是用两个类中模式矢量的给定训练集确定 $\boldsymbol{w}$。

例 12.2.1 多层感知机

如果将多个感知机分层串接起来就可以构成多层感知机（MLP）。它通常称为前馈神经网络，是一种典型**深度学习**结构的模型。前馈神经网络的目标是近似某些功能函数 f。例如对一个分类器，$y = f^*(\boldsymbol{x})$将输入 $\boldsymbol{x}$ 映射到类别 y。前馈网络定义映射 $\boldsymbol{y} = f^*(\boldsymbol{x}, \boldsymbol{p})$，并学习导致最佳函数近似的参数 $\boldsymbol{p}$ 的值。

前馈神经网络由 3 个词组成，它们在模型中各有其特定的含义。“前馈”是指在信息流从由 $\boldsymbol{x}$ 评估的函数，通过用于定义 f^*的中间计算，到达最终输出 $\boldsymbol{y}$ 的过程中没有反馈连接，即没有将模型的输出反馈到自身（如果将 MLP 扩展到包括反馈连接，则被称为循环神经网络）。“神经”则源自从神经科学所得到的启发。类似于生物神经元，模型中各层的元素从许多其他元素接收输入并计算其自身的激活值作为输出。“网络”则用来表示模型组合了许多不同的功能函数。这里可用有向非循环的图来表示功能函数之间的联系，最常见的是串接。最先作用的称为第 1 层，接下来是第 2 层，以此类推，直到输出层。串接的总长度称为模型的深度，目前深度已有达到上百层的，所以称为深度网络。 □

12.2.2 线性可分类感知机

训练感知机是一个重要的工作，有许多不同的方法。下面介绍一个由两个**线性可分**的训练集获取权矢量的迭代算法。对由两个属于模式类 s_1 和 s_2 的扩充模式矢量组成的训练集，令 $\boldsymbol{w}(1)$ 代表一个任意选定的初始权矢量。在第 k 个迭代步骤，如果 $\boldsymbol{y}(k) \in s_1$，$\boldsymbol{w}^{\mathrm{T}}(k)\boldsymbol{y}(k) \leqslant 0$，则将 $\boldsymbol{w}(k)$ 变为：

$$\boldsymbol{w}(k+1) = \boldsymbol{w}(k) + c\boldsymbol{y}(k) \tag{12.2.5}$$

其中 c 是一个正的校正增量。但如果 $\boldsymbol{y}(k) \in s_2$，$\boldsymbol{w}^{\mathrm{T}}(k)\boldsymbol{y}(k) \geqslant 0$，则将 $\boldsymbol{w}(k)$变为：

$$\boldsymbol{w}(k+1) = \boldsymbol{w}(k) - c\boldsymbol{y}(k) \tag{12.2.6}$$

否则不改变 $\boldsymbol{w}(k)$，即

$$\boldsymbol{w}(k+1) = \boldsymbol{w}(k) \tag{12.2.7}$$

这个算法中的校正增量 c 设为正的（且这里还设它为常数），所以也称为固定增量校正规则。

这种训练方法是基于奖惩概念的，对机器正确分类的奖励也就是不给惩罚。换句话说，如果机器正确地划分了模式，给它的奖励就是不改变 $\boldsymbol{w}$；但如果机器错误地划分了模式，给它的惩罚就是改变 $\boldsymbol{w}$。根据感知机训练定理，如果两个训练模式集是线性可分的，则固定增量校正规则可在有限个步骤内收敛。

例 12.2.2 训练算法示例

图 12.2.2（a）所示为两个训练集，每个训练集包括两个模式。由于两个训练集是线性可分的，所以训练算法应该可以收敛。

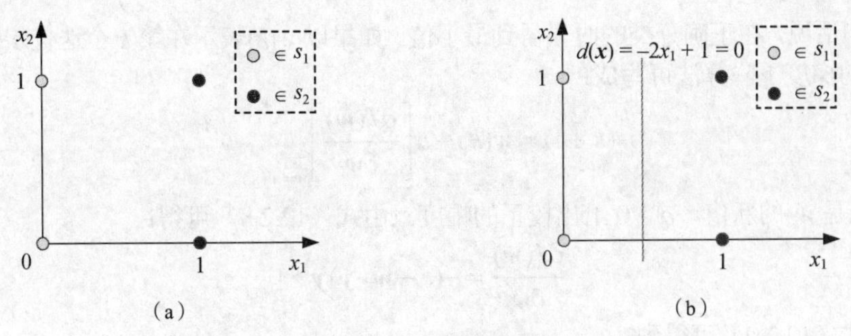

图 12.2.2 训练算法示例

在使用算法前，先将模式扩充，对类 s_1 得到训练集$\{[0\quad 0\quad 1]^{\mathrm{T}}, [0\quad 1\quad 1]^{\mathrm{T}}\}$，对类 s_2 得到训练集$\{[1\quad 0\quad 1]^{\mathrm{T}}, [1\quad 1\quad 1]^{\mathrm{T}}\}$。令 $c = 1$，$\boldsymbol{w}(1) = 0$，顺序排列模式可得到：

$$\boldsymbol{w}^{\mathrm{T}}(1)\boldsymbol{y}(1) = \begin{bmatrix}0 & 0 & 0\end{bmatrix}\begin{bmatrix}0\\0\\1\end{bmatrix} = 0 \qquad \boldsymbol{w}(2) = \boldsymbol{w}(1) + \boldsymbol{y}(1) = \begin{bmatrix}0\\0\\1\end{bmatrix}$$

$$\boldsymbol{w}^{\mathrm{T}}(2)\boldsymbol{y}(2) = \begin{bmatrix}0 & 0 & 1\end{bmatrix}\begin{bmatrix}0\\1\\1\end{bmatrix} = 1 \qquad \boldsymbol{w}(3) = \boldsymbol{w}(2) = \begin{bmatrix}0\\0\\1\end{bmatrix}$$

$$\boldsymbol{w}^{\mathrm{T}}(3)\boldsymbol{y}(3) = \begin{bmatrix}0 & 0 & 1\end{bmatrix}\begin{bmatrix}1\\0\\1\end{bmatrix} = 1 \qquad \boldsymbol{w}(4) = \boldsymbol{w}(3) - \boldsymbol{y}(3) = \begin{bmatrix}-1\\0\\0\end{bmatrix}$$

$$\boldsymbol{w}^{\mathrm{T}}(4)\boldsymbol{y}(4) = \begin{bmatrix}-1 & 0 & 0\end{bmatrix}\begin{bmatrix}1\\1\\1\end{bmatrix} = -1 \qquad \boldsymbol{w}(5) = \boldsymbol{w}(4) = \begin{bmatrix}-1\\0\\0\end{bmatrix}$$

训练中，在第 1 步和第 3 步由于权矢量被误分的原因对其进行了校正（参见式（12.2.5）和式（12.2.6））。因为只有当算法对所有训练模式产生一个完全无误差的循环才能得到一个解，所以令 $\boldsymbol{y}(5) = \boldsymbol{y}(1)$，$\boldsymbol{y}(6) = \boldsymbol{y}(2)$，$\boldsymbol{y}(7) = \boldsymbol{y}(3)$，$\boldsymbol{y}(8) = \boldsymbol{y}(4)$，利用相同方法再次进行训练。最后在 $k = 14$ 时算法收敛，解得权矢量为 $\boldsymbol{w}(14) = [-2\quad 0\quad 1]^{\mathrm{T}}$。对应的决策函数为 $d(\boldsymbol{y}) = -2y_1 + 1$。回到原来的模式空间，令 $x_i = y_i$，可得到 $d(\boldsymbol{x}) = -2x_1 + 1$。如果设它等于 0，就可得到图 12.2.2（b）所示的决策边界。 □

12.2.3 线性不可分类感知机

实际中，线性可分模式类是很少见的，解决模式类**线性不可分**问题的一种方法称为**德尔塔规则**，它可在任一训练步骤最小化实际响应与希望响应间的误差。

考虑如下的准则函数：

$$J(\boldsymbol{w}) = \frac{1}{2}(r - \boldsymbol{w}^{\mathrm{T}}\boldsymbol{y})^2 \tag{12.2.8}$$

其中 r 为希望的响应。如果扩充的训练模式矢量属于类 s_1，则 $r = +1$；而如果扩充的训练模式矢量属于类 s_2，则 $r = -1$。

现在要做的是沿 $J(\boldsymbol{w})$负梯度的方向逐步增加 $\boldsymbol{w}$ 以寻找上述函数的最小值。最小值应在 $r = \boldsymbol{w}^{\mathrm{T}}\boldsymbol{y}$

时出现。换句话说，在正确分类的时候得到最小值。如果以 $\boldsymbol{w}(k)$ 表示在第 k 个迭代步骤的权矢量，则一个通用的梯度下降算法可写成：

$$\boldsymbol{w}(k+1)=\boldsymbol{w}(k)-\alpha\left[\frac{\partial J(\boldsymbol{w})}{\partial \boldsymbol{w}}\right]_{\boldsymbol{w}=\boldsymbol{w}(k)} \tag{12.2.9}$$

其中 $\boldsymbol{w}(k+1)$ 是 $\boldsymbol{w}$ 的新值，$\alpha>0$ 给出校正的幅度。由式（12.2.8）可得：

$$\frac{\partial J(\boldsymbol{w})}{\partial \boldsymbol{w}}=-(r-\boldsymbol{w}^{\mathrm{T}}\boldsymbol{y})\boldsymbol{y} \tag{12.2.10}$$

将上式代入式（12.2.9）可得到：

$$\boldsymbol{w}(k+1)=\boldsymbol{w}(k)+\alpha\left[r(k)-\boldsymbol{w}^{\mathrm{T}}(k)\boldsymbol{y}(k)\right]\boldsymbol{y}(k) \tag{12.2.11}$$

其中初始值 $\boldsymbol{w}(1)$ 可以随意选取。如果只有当模式错误划分时才进行校正，则可将式（12.2.11）表示成式（12.2.5）到式（12.2.7）给出的感知机训练算法。

如将权矢量的变化，即德尔塔写成如下的形式：

$$\Delta\boldsymbol{w}=\boldsymbol{w}(k+1)-\boldsymbol{w}(k) \tag{12.2.12}$$

则可将式（12.2.11）写成如下的德尔塔校正算法的形式：

$$\Delta\boldsymbol{w}=\alpha\times e(k)\boldsymbol{y}(k) \tag{12.2.13}$$

其中当模式 $\boldsymbol{y}(k)$ 出现时，权矢量 $\boldsymbol{w}(k)$ 的误差为：

$$e(k)=r(k)-\boldsymbol{w}^{\mathrm{T}}(k)\boldsymbol{y}(k) \tag{12.2.14}$$

式（12.2.14）给出了对应权矢量 $\boldsymbol{w}(k)$ 的误差。如果不改变模式，只将权矢量改为 $\boldsymbol{w}(k+1)$，则误差变为：

$$e(k)=r(k)-\boldsymbol{w}^{\mathrm{T}}(k+1)\boldsymbol{y}(k) \tag{12.2.15}$$

这时误差的变化量如下：

$$\Delta e=\left[r(k)-\mathbf{w}^{\mathrm{T}}(k+1)\mathbf{y}(k)\right]-\left[r(k)-\mathbf{w}^{\mathrm{T}}(k)\mathbf{y}(k)\right]=-\left[\mathbf{w}^{\mathrm{T}}(k+1)-\mathbf{w}^{\mathrm{T}}(k)\right]\mathbf{y}(k)=-\Delta\mathbf{w}^{\mathrm{T}}\mathbf{y}(k) \tag{12.2.16}$$

如再考虑到式（12.2.13），可得到：

$$\Delta e=-\alpha\times e(k)\boldsymbol{y}^{\mathrm{T}}(k)\boldsymbol{y}(k)=-\alpha\times e(k)\|\boldsymbol{y}(k)\|^2 \tag{12.2.17}$$

可见改变权重能将误差减少 $\alpha\|\boldsymbol{y}(k)\|^2$。从下一个输入模式开始一个新的调节循环，可将下一个误差减少 $\alpha\|\boldsymbol{y}(k+1)\|^2$，依此类推。参数 α 的选择能控制收敛的稳定性和速度。根据稳定性要求，应有 $0<\alpha<2$，实用的范围是 $0.1<\alpha<1.0$。

12.3 支持向量机

支持向量机（SVM）是一种对线性分类器的最优设计方法论（也指如此设计出的分类器）。它被认为是统计学习理论的第一个实际成果，而它的最初应用就是在模式识别方面。

12.3.1 线性可分类支持向量机

考虑一个对两类模式进行分类的问题。假设训练集 $\boldsymbol{X}$ 的特征向量为 $\boldsymbol{x}_i$, $i=1, 2, \cdots, N$，它们或者属于类 s_1，或者属于类 s_2。现在设它们是**线性可分**的。线性分类器的设计目的就是要设计一个超平面，使得：

$$g(\boldsymbol{x})=\boldsymbol{w}^{\mathrm{T}}\boldsymbol{x}+w_0=0 \tag{12.3.1}$$

其中，$\boldsymbol{w}=[w_1, w_2, \cdots, w_l]^{\mathrm{T}}$ 为权向量，w_0 为阈值。上述分类器应能将所有训练集的样本正确地进行分类。满足条件的超平面一般不唯一，例如图 12.3.1 所示两条直线（一条粗实线，一条细虚线）

为两个可能的超平面示例（这里的直线可看作超平面的特例）。但如果考虑实际情况，哪个超平面会更好呢？肯定是粗线所代表的那个超平面，因为它离两个类的距离都比较远。当两个类的样本分布得更散一些或考虑到实际测试样本时，用这个超平面分类的结果会更好些，可能产生的错误率也会更小一些。

前面的讨论表明在分类器的设计中，需要考虑它的推广（泛化）能力和性能。换句话说，根据训练集设计出来的分类器，要考虑将它应用于训练集以外的样本时是否可得到满意的结果。在两个类的线性分类器中，其分类超平面与两个类都有最大距离的分类器应该是最优的（这个结论可从数学上证明，可参见文献[Theodoridis 2003]）。

每个超平面可用它的朝向以及与原点的距离来刻画，前者由 $\boldsymbol{w}$ 确定，而后者由 w_0 确定。当对两个类模式没有偏向时，那么对每个朝向，与两个类模式距离相等的超平面应该是与两个类都有最大距离的，所以问题变成确定一个能给出类模式之间距离最大的朝向的超平面。图 12.3.2 所示为在图 12.3.1 的基础上给出的一个示例，其中朝向 A 为所求，而朝向 B 给出了一个其他朝向的示例。

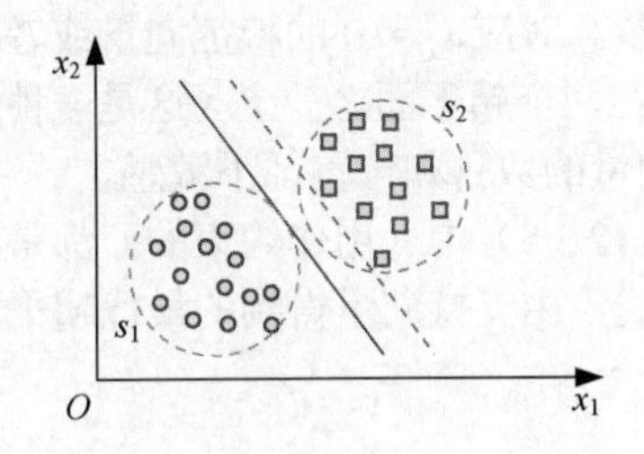

图 12.3.1 线性可分类和两个超平面

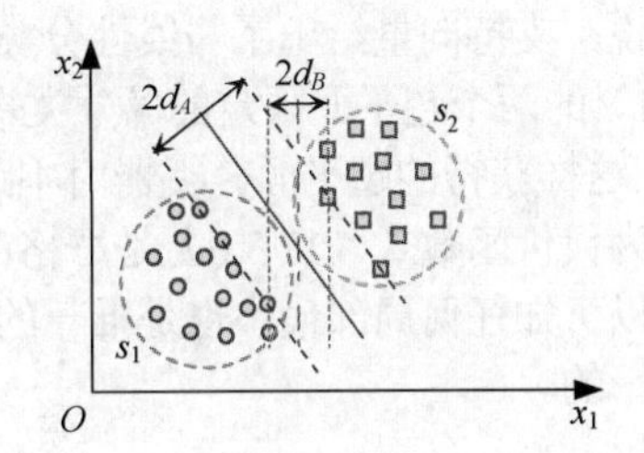

图 12.3.2 两个距离不同的超平面

从一个点到一个超平面的距离可以表示成：

$$d = \frac{|g(\boldsymbol{x})|}{\|\boldsymbol{w}\|} \tag{12.3.2}$$

通过对 $\boldsymbol{w}$ 和 w_0 的归一化，可以使得 $g(\boldsymbol{x})$ 在 s_1 中最近点处的值为 1，而 $g(\boldsymbol{x})$ 在 s_2 中最近点处的值为 −1。这也等价于距离为：

$$\frac{1}{\|\boldsymbol{w}\|} + \frac{1}{\|\boldsymbol{w}\|} = \frac{2}{\|\boldsymbol{w}\|} \tag{12.3.3}$$

且满足：

$$\begin{aligned} &\boldsymbol{w}^{\mathrm{T}}\boldsymbol{x} + w_0 \geqslant 1 \quad \forall x \in s_1 \\ &\boldsymbol{w}^{\mathrm{T}}\boldsymbol{x} + w_0 \leqslant -1 \quad \forall x \in s_2 \end{aligned} \tag{12.3.4}$$

对每个类 s_i，记其标号为 t_i，其中 $t_1 = 1$，$t_2 = -1$。现在问题变成计算超平面的 $\boldsymbol{w}$ 和 w_0，在满足条件：

$$t_i(\boldsymbol{w}^{\mathrm{T}}\boldsymbol{x}_i + w_0) \geqslant 1 \quad i = 1, 2, \cdots, N \tag{12.3.5}$$

的情况下最小化：

$$C(\boldsymbol{w}) \equiv \frac{1}{2}\|\boldsymbol{w}\|^2 \tag{12.3.6}$$

上述问题是一个在满足一组线性不等式的条件下最优化一个二次（非线性）代价函数的问题。上述问题可用拉格朗日乘数法来解，具体就是解下式：

$$L(\boldsymbol{w}, w_0, \boldsymbol{\lambda}) = \frac{1}{2}\boldsymbol{w}^{\mathrm{T}}\boldsymbol{w} - \sum_{i=1}^{N}\lambda_i[t_i(\boldsymbol{w}^{\mathrm{T}}\boldsymbol{x}_i + w_0) - 1] \tag{12.3.7}$$

得到如下的结果：

$$\boldsymbol{w}=\sum_{i=1}^{N}\lambda_i t_i \boldsymbol{x}_i \tag{12.3.8}$$

$$\sum_{i=1}^{N}\lambda_i t_i=0 \tag{12.3.9}$$

因为拉格朗日乘数可以取正值或零，所以最优解的向量参数 $\boldsymbol{w}$ 是 N_s 个（$N_s \leqslant N$）与$\lambda_i \neq 0$ 相关的特征向量的线性组合：

$$\boldsymbol{w}=\sum_{i=1}^{N_s}\lambda_i t_i \boldsymbol{x}_i \tag{12.3.10}$$

这些向量就称为支持向量，而最优的超平面分类器就称为**支持向量机**。对$\lambda_i \neq 0$，支持向量总与两个超平面之一重合：

$$\boldsymbol{w}^{\mathrm{T}}\boldsymbol{x}+w_0=\pm 1 \tag{12.3.11}$$

换句话说，支持向量给出了与线性分类器最接近的训练向量。对应$\lambda_i=0$ 的特征向量或者处在式（12.3.11）的两个超平面限定的“分类带”的外边，或者处在两个超平面之一上（这是一种退化的情况）。这样获得的超平面分类器对不跨越分类带的特征向量的数目和位置都不敏感。

因为代价函数式（12.3.6）是严格凸性的，而不等式（12.3.5）中（用作约束的）都是线性函数，所以可知任何局部最小也是唯一的全局最小。换句话说，由支持向量得到的最优超平面分类器是唯一的。

12.3.2 线性不可分类支持向量机

在模式类**线性不可分**的情况下，需要对前面的讨论另行考虑。以图 12.3.3 为例，此时两个类的样本无论如何都不能（用直线）分开，或者说无论如何选择超平面，总会有样本落入分类带。

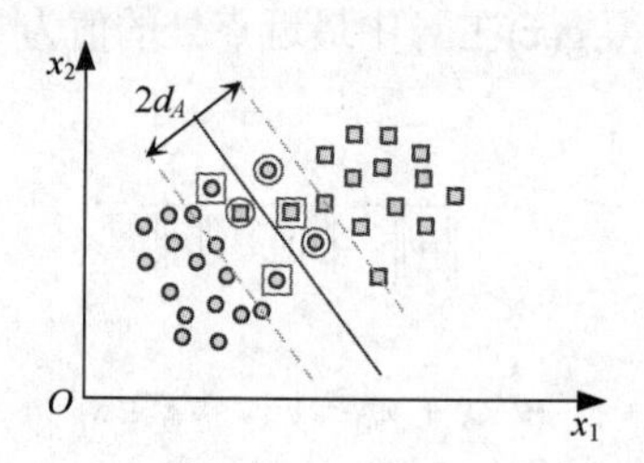

图 12.3.3 在模式类线性不可分的情况下样本落入分类带中

在这种情况下，训练特征向量可以分成以下 3 类。

（1）向量落在分类带之外且被正确地分了类，这些向量满足式（12.3.5）。

（2）向量落在分类带之内且被正确地分了类，这些向量对应图 12.3.3 中用大方框包围的样本，它们满足如下的不等式：

$$0 \leqslant t_i(\boldsymbol{w}^{\mathrm{T}}\boldsymbol{x}+w_0)<1 \tag{12.3.12}$$

（3）向量被错误地分了类，这些向量对应图 12.3.3 中用大圆圈包围的样本，它们满足如下的不等式：

$$t_i(\boldsymbol{w}^{\mathrm{T}}\boldsymbol{x}+w_0)<0 \tag{12.3.13}$$

上面 3 种情况可以通过引入一组松弛变量统一为：

$$t_i(\boldsymbol{w}^{\mathrm{T}}\boldsymbol{x}+w_0) \geqslant 1-r_i \tag{12.3.14}$$

第 1 种情况对应 $r_i=0$，第 2 种情况对应 $0 \leqslant r_i \leqslant 1$，第 3 种情况对应 $r_i>1$。此时的优化目标是在保持具有 $r_i>0$ 的点数尽可能少的条件下，使最近点到超平面的距离尽可能地小。此时要最小化的代价函数为：

$$C(\boldsymbol{w},w_0,\boldsymbol{r}) \equiv \frac{1}{2}\|\boldsymbol{w}\|^2+k\sum_{i=1}^{N}I(r_i) \tag{12.3.15}$$

其中 $\boldsymbol{r}$ 为参数 r_i 组成的向量，k 为控制前后两项相对影响的参数（在前面的可分类情况里，$k \to \infty$），而：

$$I(r_i)=\begin{cases}1 & r_i>0\\0 & r_i=0\end{cases} \tag{12.3.16}$$

由于 $I(r_i)$ 是一个离散函数，所以优化式（12.3.15）并不容易。为此，将问题近似为在满足以下的条件：

$$\begin{aligned}t_i(\boldsymbol{w}^{\mathrm{T}}\boldsymbol{x}_i+w_0) \geqslant 1-r_i \quad & i=1,2,\cdots,N\\ r_i \geqslant 0 \quad & i=1,2,\cdots,N\end{aligned} \tag{12.3.17}$$

的情况下最小化：

$$C(\boldsymbol{w},w_0,\boldsymbol{r}) \equiv \frac{1}{2}\|\boldsymbol{w}\|^2+k\sum_{i=1}^{N}r_i \tag{12.3.18}$$

此时的拉格朗日函数为：

$$L(\boldsymbol{w},w_0,\boldsymbol{r},\boldsymbol{\lambda},\boldsymbol{\mu})=\frac{1}{2}\|\boldsymbol{w}\|^2+k\sum_{i=1}^{N}r_i-\sum_{i=1}^{N}\mu_i r_i-\sum_{i=1}^{N}\lambda_i[t_i(\boldsymbol{w}^{\mathrm{T}}\boldsymbol{x}_i+w_0)-1+r_i] \tag{12.3.19}$$

例 12.3.1　两类样本分类示例

考虑如下的两类样本分类问题。参见图 12.3.4，已知 4 个样本点为：属于 s_1 的 $[1,1]^{\mathrm{T}}$ 和 $[1,-1]^{\mathrm{T}}$，属于 s_2 的 $[-1,1]^{\mathrm{T}}$ 和 $[-1,-1]^{\mathrm{T}}$。这 4 个点在以原点为中心的正方形的 4 个顶点处，最优超平面这里为一条线，其方程为 $g(\boldsymbol{x})=w_1x_1+w_2x_2+w_0=0$。

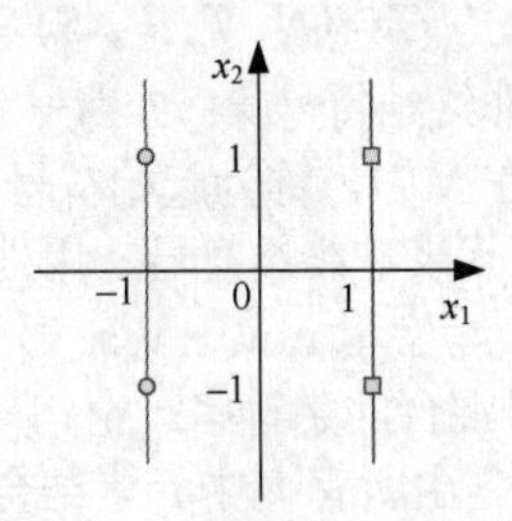

图 12.3.4　两类样本分类示例

由于几何关系比较简单，可以通过观察直接得到 $w_2=w_0=0$，$w_1=1$，即最优超平面 $g(\boldsymbol{x})=x_1=0$。在该例中，4 个点都是支持向量。□

最后需要指出，多类问题也可以用支持向量机的方法来解决。具体方法有多种，一种简单的思路是将前述两类问题的方法直接推广，将有 M 类的问题考虑成 M 个两类问题。对每一个类模式都设计一个最优的鉴别（discriminate）函数 $g_i(\boldsymbol{x}), i=1,2,\cdots,M$，使得 $g_i(\boldsymbol{x})>g_j(\boldsymbol{x})$，$\forall i \neq j, \boldsymbol{x} \in s_i$。根据 SVM 的方法，对每个类 s_i 都设计一个鉴别函数 $g_i(\boldsymbol{x})$ 以便将类 s_i 与其他类区分开。这样得到的线性函数将对 $\boldsymbol{x} \in s_i$ 给出 $g_i(\boldsymbol{x})>0$，而对其他情况给出 $g_i(\boldsymbol{x})<0$。

12.4 结构模式识别

结构模式识别也称**句法模式识别**。实现结构模式识别需要定义一组模式基元，一组确定这些基元相互作用的规则和一个识别器（称为**自动机**）。其中，规则是以**文法/语法**形式给出的，而识别器的结构由文法规则确定。下面先考虑1-D的字符串文法和自动机，然后将它们推广到2-D的树文法和对应的自动机。

12.4.1 字符串结构识别

在以下的讨论中，假设要研究的图像区域或目标已经借助字符串结构（参见13.1.2小节）表达成字符串形式了。

1. 字符串文法

假设有两个类s_1和s_2，类中的模式是基元的字符串。现在将每个基元看作某个文法字符集合里一个可能的符号。这里文法是一组句法规则，它们能控制字符集中符号产生句子的过程。由一个文法G所产生的一组句子称为语言，并记为$L(G)$。所以句子是符号的串，这些串都代表了模式，而语言对应模式类。

考虑有两个文法G_1和G_2，G_1中的句法规则只允许产生对应类s_1中的模式的句子，G_2中的句法规则只允许产生对应类s_2中的模式的句子。对一个表示未知模式的句子，识别的工作就是决定在哪个语言中该模式表示了一个可成立的句子。如果句子属于$L(G_1)$，则说明模式由类s_1而来。类似地，如果句子在$L(G_2)$中是成立的，则认为模式来源于类s_2。如果句子同时属于两个语言，则不能做出唯一的决策。如果一个句子在两个语言中都不成立，则应舍去。

当有两个以上的模式类时，结构分类的基本方法类似，不同的只是需要有更多的文法（至少每个类一个）。对多类模式的分类问题，如果一个模式代表一个只属于$L(G_i)$的句子，则它属于类s_i。如前所述，如果一个句子同时属于不同的语言则不能做出唯一的决策。如果一个句子在所有语言中都不成立，则应舍去。

当处理字符串时，可定义一个四元组：

$$G = (N, T, P, S) \tag{12.4.1}$$

其中，N为一个有限的变量集，称为非终结符号集；T为一个有限的常量集，称为终结符号集；P是一组称为产生式的重写规则集；S在N中，称为起始符号。这里要求N和T是不相交的。

以下用大写字母$A, B, \cdots, S, \cdots$代表非终结符号，用处于字符集开头的小写字母$a, b, c, \cdots$表示终结符号，用接近字符集尾处的小写字母v, w, x, y, z表示终结符号的串，用小写的希腊字母$\alpha, \beta, \theta, \cdots$表示终结符号和非终结符号混合的字符串。空句（即没有符号的句子）记为λ。对一个符号集V，用V^*代表这样一个集合，它由所有V中元素结合而成的句子组成。

字符串文法的特点由产生式规则的形式所决定。在结构模式识别中，最有用的是规则文法和前后文无关文法。对**规则文法**，令A和B在N中，a在T中，它只包含产生式规则$A \to aB$或$A \to a$；对**前后文无关文法**，令A在N中，它只包含形式为$A \to \alpha$的产生式规则，α在集$(N \cup T)^* - \lambda$中。换句话说，α可以是除了空集以外的由终结符号和非终结符号组成的任何字符串。

例12.4.1 字符串结构示例

设图12.4.1（a）所示的目标由其骨架表示（参见7.2.3小节），可定义图12.4.1（b）所示的基元来描述这个骨架的结构。考虑文法$G = (N, T, P, S)$，其中$N = \{A, B, C\}$，$T = \{a, b, c\}$，$P = \{S \to aA, A \to bA, A \to bB, B \to c\}$。如果用$\Rightarrow$代表由$S$出发，并用$P$中的产生式规则对字符串进行推导，则由$S$出发先用一次第1条规则，再用两次第2条规则，可得到$S \Rightarrow aA \Rightarrow abA \Rightarrow abbA$。由

于所生成的字符串中有非终结符号，上述推导还可继续进行下去。如果再用两次第 2 条规则，接下来再各用一次第 3 条和第 4 条规则，就可得到字符串 *abbbbbc*，这个字符串对应图 12.4.1（c）所示的结构。在使用了第 4 条规则后，字符串中不再有非终结符号，所以推导结束。由上述文法中的规则所产生的语言是 $L(G) = \{ab^nc \mid n \geqslant 1\}$，其中 b^n 代表 b 的 n 次重复。换句话说，G 只能产生图 12.4.1（c）所示的骨架，但长度没有限制。

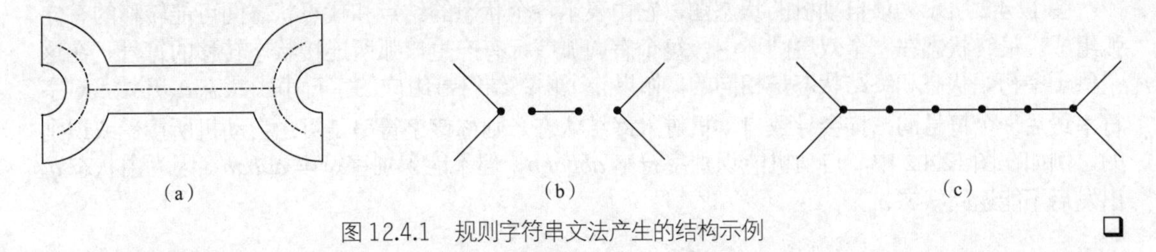

图 12.4.1　规则字符串文法产生的结构示例 □

2. 语义应用

在例 12.4.1 中，假设基元间的连接都是在图 12.4.1（b）中的圆点处进行的。在更复杂的情况下，需要指出连接的规则和与其他信息（如基元长度和方向）有关的因素，以及一个产生式可以使用的次数等。这个工作可使用存在于知识库中的语义规则来完成。一般来说，产生式规则中的句法确定了目标的结构，而语义主要与其正确性有关。例如在 FORTRAN 语言中，$A = B/C$ 从句法上讲是正确的，但只有 $C \neq 0$ 才能说语义上正确。

现在考虑将语义信息附加到例 12.4.1 所示的文法中去，表 12.4.1 给出了一些示例。

表 12.4.1　与产生式规则相连的语义信息示例

产生式	语义信息
$S \to aA$	与 a 的连接只在圆点处，a 的方向（用 θ 表示）与两个线段端点间的连线正交。每个线段长度为 2
$A \to bA$	与 b 的连接只在圆点处，不允许多重连接。a 和 b 的方向必须相同，b 的长度是 1。这个规则不能用 5 次以上
$A \to bB$	a 和 b 的方向必须相同。连接为简单连接且只在圆点处发生
$B \to c$	b 和 c 的方向必须相同。连接为简单连接且只在圆点处发生

通过使用语义信息，可用比较少的句法规则来描述比较广泛（但是有限）的模式类。例如通过指定表 12.4.1 中 θ 的方向，就不需要对每个可能的方向都单独指定一个基元。类似地，通过要求所有基元都朝着相同的方向，就不需要考虑那些偏离图 12.4.1（a）所示的基本形状的无意义结构了。

3. 用自动机作为字符串识别器

下面考虑如何识别一个模式是否属于由文法 G 产生的语言 $L(G)$。结构识别法的基本概念可借助称为自动机（计算机器）的数学模型来解释。给定一个输入模式字符串，一个自动机能识别该模式是否属于与自动机关联的语言。以下只考虑有限自动机，它是由规则语法产生的语言识别器。一个**有限自动机**可定义为一个五元组：

$$A_f = (Q, T, \delta, q_0, F) \tag{12.4.2}$$

其中，Q 为一个有限的非空状态集；T 为一个有限的输入字符集；δ 为一个从 $Q \times T$（即由 Q 和 T 的元素组成的排序对集合）到所有 Q 子集的映射；q_0 为初始状态；F（Q 的一个子集）为一个最终可接收状态的集合。

例 12.4.2　有限自动机状态图

考虑一个由式（12.4.2）给定的自动机，其中 $Q = \{q_0, q_1, q_2\}$，$T = \{a, b\}$，$F = \{q_0\}$。映射规则是$\delta(q_0, a) = \{q_2\}$，$\delta(q_0, b) = \{q_1\}$，$\delta(q_1, a) = \{q_2\}$，$\delta(q_1, b) = \{q_0\}$，$\delta(q_2, a) = \{q_0\}$，$\delta(q_2, b) = \{q_1\}$。由这些规则可知，如果自动机在状态 q_0，输入是 a，则它的状态要变成 q_2；如果下一个输入是 b，自动机的状态要变成 q_1，以此类推。

图 12.4.2 所示为该自动机的状态图，它由表示各个状态的结点和代表状态间可能转移的有向弧组成。最终状态在一个双层圆环中，每个有向弧旁标有产生该弧所连接状态转移的符号。在这个例子中初始状态和终结状态是相同的。如果一个由终结符号组成的字符串由状态 q_0 开始，对字符串最后一个符号的扫描会导致自动机进入终结状态，则称该字符串是可由自动机所接受或识别的。例如在图 12.4.2 中，自动机能识别字符串 *abbabb*，但不能识别字符串 *aabab*（因为由状态 q_0 出发后不能返回状态 q_0）。

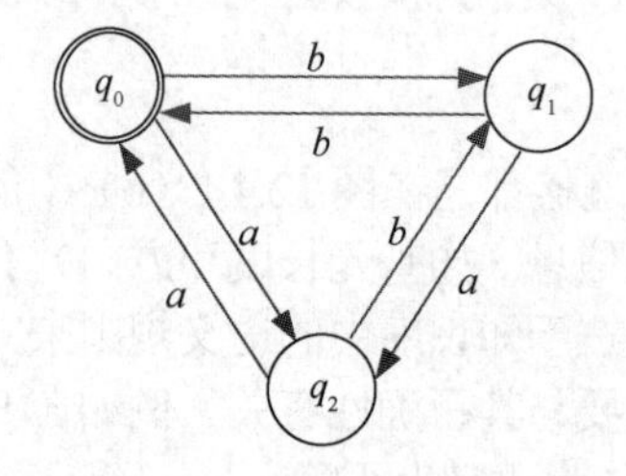

图 12.4.2　有限自动机的状态图

□

在**规则文法**和有限自动机之间有一一对应的关系。换句话说，一种语言在且仅在它是由一种规则文法产生时，才会被一个有限自动机所识别。基于以上概念可以方便地设计一个结构字符串识别器，即由给定的规则文法获取一个有限自动机。用 $G = (N, T, P, X_0)$代表文法，其中 $X_0 \equiv S$，设 N 是由 X_0 和 n 个非终结符号 $X_1, X_2, \cdots, X_n$ 组成的。对自动机，Q 由 $n+2$ 个状态 $\{q_0, q_1, \cdots, q_n, q_{n+1}\}$ 组成，其中当 $0 \leqslant i \leqslant n$ 时，q_i 对应 X_i，且 q_{n+1} 是终结状态。输入符号集与 G 中的终结集相同，δ 中的映射规则是由两个基于 G 中的产生式而得到的，即对每个 i 和 j，$0 \leqslant i \leqslant n$，$0 \leqslant j \leqslant n$，满足以下条件。

（1）如果 $X_i \to aX_j$ 在 P 中，那么$\delta(q_i, a)$包括 q_j。

（2）如果 $X_i \to a$ 在 P 中，那么$\delta(q_i, a)$包括 q_{n+1}。

反之，给定一个有限自动机，$A_f = (Q, T, \delta, q_0, F)$，令 N 包含 Q 的元素，用起始符号 X_0 对应 q_0，则可得到如下对应的规则文法 $G = (N, T, P, X_0)$。

（1）如果 q_j 在$\delta(q_i, a)$中，那么在 P 中有 $X_i \to aX_j$。

（2）如果一个 F 中的状态在$\delta(q_i, a)$中，那么在 P 中有 $X_i \to a$。

注意终结集 T 在两种情况下都相同。

例 12.4.3　有限自动机设计

与图 12.4.1 中的结构文法对应的有限自动机可通过将产生式规则写成 $X_0 \to aX_1$、$X_1 \to bX_1$、$X_1 \to bX_2$ 和 $X_2 \to c$ 得到，所以有 $A_f = (Q, T, \delta, q_0, F)$和 $Q = \{q_0, q_1, q_2, q_3\}$。为了完整性，可写出 $\delta(q_0, b) = \delta(q_0, c) = \delta(q_1, a) = \delta(q_1, c) = \delta(q_2, a) = \delta(q_2, b) = \varnothing$，其中$\varnothing$为空集，表示在这个自动机中没有定义这些转移。

□

12.4.2　树结构识别

现在将前面的讨论扩展到对模式的 2-D 树结构的描述。树是含一个或多个结点的有限集合，是图的一种特例。对每个树结构来说，它有一个唯一的根结点，其余结点被分成若干个互不直接相连的子集，每个子集都是一个子树。每个树里最下面的结点称为树叶。树中有两类重要的信息，一类是关于结点的信息，可用一组字符来记录；另一类是关于一个结点与其相连通结点的信息，可用一组指向这些结点的指针来记录。在树结构描述中，这两类信息中的第一类确定了图像描述中的基本模式元，第二类确定了各基本模式元之间的物理连接关系。

以下的讨论中假设感兴趣的图像区域或目标已借助合适的基元用树结构形式表达了。

1. 树文法

树文法是由如下五元组所定义的：

$$G = (N, T, P, r, S) \tag{12.4.3}$$

其中，N 和 T 与前面一样，分别为非终结符号集和终结符号集；S 为一个包含在 N 中的起始符号，它一般是一棵树；P 为一组产生式规则，其一般形式为 $T_i \rightarrow T_j$，其中 T_i 和 T_j 为树；r 为排序函数，它记录了一个其标号是文法中终结符号结点的直接后裔数目。与这里的讨论有关的是扩展树文法，它的产生式规则可用图 12.4.3 表示，其中 $X_1, X_2, \cdots, X_n$ 为非终结符号，k 是一个终结符号，$r(k) = \{n\}$。

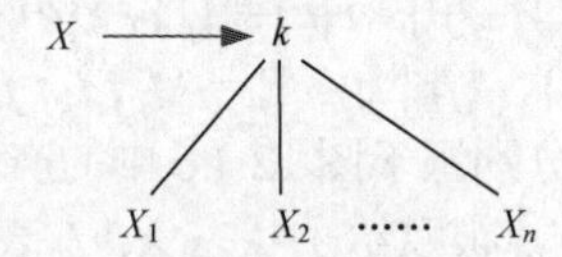

图 12.4.3 扩展树文法的产生式规则形式

例 12.4.4 树文法产生的结构骨架

图 12.4.4（a）所示的结构的骨架可用一个树文法产生。在这个树文法中，$N = \{X_1, X_2, X_3, S\}$，$S = \{a, b, c, d, e\}$，其中终结符号表示如图 12.4.4（b）所示的基元。

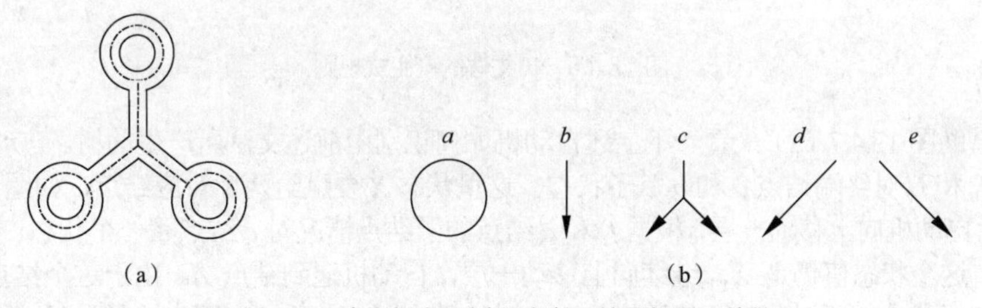

图 12.4.4 一个目标和用树文法表示其骨架所用的基元

假设线基元是头尾连接的，而对圆周的连接是任意的，则这个树文法具有如图 12.4.5 所示的产生式规则。排序函数现在为 $r(a) = \{0, 1\}$，$r(b) = r(d) = r(e) = \{1\}$，$r(c) = \{2\}$。如果限制对产生式规则（2）、（4）、（6）使用相同的次数，则将会产生一个其中所有 3 段腿长度都相同的结构。类似地，如果要求产生式规则（4）和（6）使用的次数相同，将会产生一个关于垂直轴对称的结构。

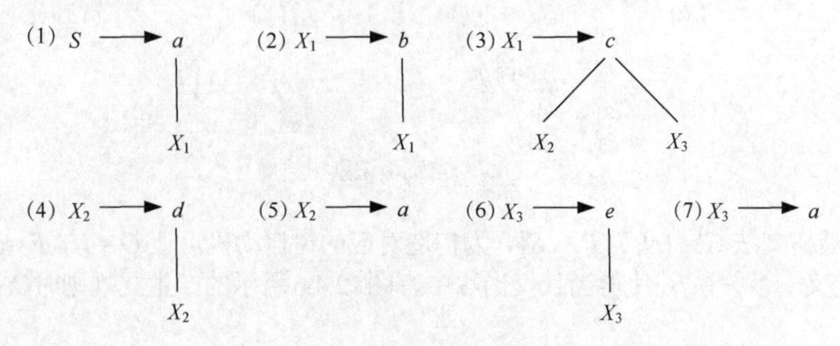

图 12.4.5 产生图 12.4.4（a）所示的骨架的树文法所具有的产生式规则 □

2. 树自动机

当一个有限自动机对一个输入字符串从左向右进行逐符号扫描时，树自动机必须对输入树的各个叶结点同时进行扫描并平行地向树根推进。具体来说，一个从树叶向树根扫描的**树自动机**定义如下：

$$A_t = \left(Q, F, \{f_k \mid k \in T\}\right) \tag{12.4.4}$$

其中，Q为一组状态有限集；F为一组终结状态集，且是Q的一个子集；f_k是$Q^m \times Q$中的关系，其中m为k的秩，Q^m代表Q的自身m次笛卡儿积，即$Q^m = Q \times Q \times Q \times \cdots \times Q$。根据笛卡儿积的定义，上述表达代表所有排序的$m$元组（其元素源于$Q$）的集合。举例来说，如果$m=3$，$Q^3 = Q \times Q \times Q = \{x, y, z \mid x \in Q, y \in Q, z \in Q\}$。注意从集$A$到集$B$的关系$R$是$A$和$B$笛卡儿积的子集，即$R \subseteq A \times B$。这样$Q^m \times Q$中的一个关系就是集$Q^m \times Q$的一个子集。

例 12.4.5　树文法示例

考虑一个简单的树文法$G = \{N, T, P, r, S\}$，其中$N = \{S, X\}$，$T = \{a, b, c, d\}$，产生式规则如图12.4.6所示。排序函数$r(a) = \{0\}$，$r(b) = \{0\}$，$r(c) = \{1\}$，$r(d) = \{2\}$。对应的树自动机为$A_t = (Q, F, \{f_k | k \in \Sigma\})$，其中$Q = \{S, X\}$，$F = \{S\}$，$\{f_k \mid k \in S\} = \{f_a, f_b, f_c, f_d\}$，关系$f_a = \{(\varnothing, X)\}$、$f_b = \{(\varnothing, X)\}$、$f_c = \{(X, X)\}$和$f_d = \{(X, X, S)\}$分别源于图12.4.6中的产生式规则（1）、（2）、（3）和（4）。f_a表示一个没有子结点且记为a的结点被赋给了状态X；f_b表示一个没有子结点且记为b的结点被赋给了状态X；f_c表示有一个子结点且记为c的结点被赋给了状态X；f_d表示有两个子结点（每个都赋给状态X）且记为d的结点被赋给了状态S。

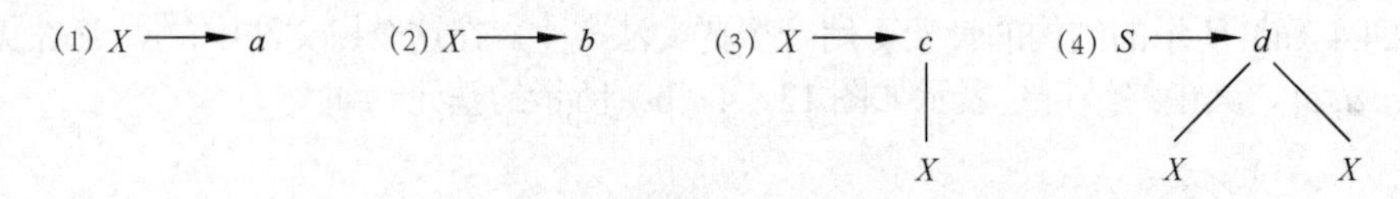

图12.4.6　树文法的产生式规则

现在借助图12.4.7（a）来看一下上述自动机如何识别由前述文法所产生的树。自动机A_t首先通过关系f_a和f_b对终端结点a和b赋予状态。这里状态X要赋给两个对应结点，如图12.4.7（b）所示。然后自动机向上移动一层，根据f_c和c结点的子结点情况对c结点赋一个状态，如图12.4.7（c）所示。这个状态值仍是X。继续向上移动一层，自动机遇到结点d。由于这个结点的两个子结点都已赋了状态，所以此时要使用将状态S赋给结点d的关系f_d，因为这是最后一个结点且状态S在F中，自动机识别出这个树是前述树文法语言中的一个合法成员。图12.4.7（d）所示为根据上述从叶到根路线而得到的状态序列的最终表达。

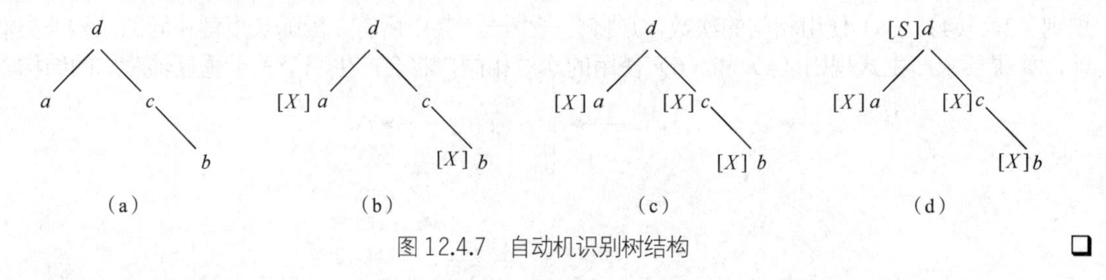

图12.4.7　自动机识别树结构　❑

对一个扩展树文法$G = \{N, T, P, r, S\}$，为构造对应的树自动机可让$Q = N$，$F = \{S\}$，并对每个T中的符号a定义一个关系f_k，使得当且仅当G中有图12.4.6所示的产生式规则时$(X_1, X_2, \cdots, X_n, X)$在$f_k$中。

总结和复习

下面对本章各节进行简单小结，并有针对性地介绍一些可供深入学习的参考文献。读者还可通过思考题和练习题进行进一步的复习，标有星号的思考题或练习题在书末提供了解答。

【小结和参考】

12.1 节讨论了统计模式识别的一些基本内容和方法。有关模式分类的概念还可参见各种模式识别的书籍，如[Duda 2001]、[Theodoridis 2003]、[Bishop 2006]等。有关分类器设计还可参见文献[Duda 2001]。有效的特征提取是统计模式识别的关键，基本的线性子空间方法中包含表达性特征提取方法和鉴别性特征提取方法两类。PCA 方法是前者的一个典型，对 PCA 方法的一种改进可参见文献[Zheng 2015]。LDA 方法是后者的一个典型，对 LDA 方法的一个深入分析可参见文献[程 2010]。一个表情识别实例可参见文献[徐 2011]。利用自适应自举的一个示例和快速算法可参见[贾 2009a]。

进一步有关统计模式识别的内容可参见各种模式识别的书籍，如[Bishop 2006]。涉及分类器设计还可参见文献[Duda 2001]和[Theodoridis 2009]。近年来，深度学习方法在目标识别方面得到广泛应用，一个综述可参见文献[郑 2014]。一种利用去噪自编码器模型进行目标分类的方法可参见文献[You 2013]。一种借助流形结构进行字典学习来实现目标分类的方法可参见文献[Liu 2013a]。一种借助稀疏表达技术进行目标分类的方法可参见文献[Liu 2013b]和[Liu 2014]。一种将稀疏编码和字典学习结合进行的方法可参见文献[Liu 2016]。

12.2 节介绍了利用神经网络方法进行学习的感知机，进一步还可参考有关人工神经网络的文献，如[朱 2006]。在模式识别中涉及的各种神经网络还可参见文献[Bishop 2006]。近年来，深度学习方法在计算机视觉领域已取得重大突破，还有望推动信息检索和多模态信息处理等的发展[邓 2016]。

12.3 节介绍了一种对线性分类器的最优设计方法——支持向量机，详细的内容还可参见文献[Snyder 2004]。对统计学习理论及支持向量机内容的全面描述可参见文献[Schölkopf 2002]。

12.4 节讨论了结构模式识别的一些基本概念。这个领域是由傅京孙开创的[傅 1983]，更多内容可参见文献[Snyder 2004]、[Bishop 2006]等。

【思考题和练习题】

12.1　对客观景物的识别是人的一项重要功能，试各举一个例子，说明人是如何进行验证、推广、分类和类似这些识别工作的。

12.2　试证明式（12.1.5）和式（12.1.6）是等价的。

12.3　设两个模式类的均值矢量分别为 $\boldsymbol{m}_1 = [2\ \ 8]^{\mathrm{T}}$ 和 $\boldsymbol{m}_2 = [5\ \ 15]^{\mathrm{T}}$。

（1）写出对应的两个决策函数及决策边界方程。

（2）画出上述的两个均值矢量，两个决策函数及决策边界。

12.4　假设在 1-D 情况下，类 1 和类 2 的概率密度函数分别如下：

$$p(\boldsymbol{x} \mid s_1) = \frac{1}{\sqrt{2\pi}} \exp\left[-\frac{1}{2}(x-2)^2\right]$$

$$p(\boldsymbol{x} \mid s_2) = \frac{1}{2\sqrt{2\pi}} \exp\left[-\frac{1}{2}\left(\frac{x}{2}\right)^2\right]$$

将这两个概率密度函数均画在同一坐标系中。如果类 1 的概率是类 2 的概率的两倍，损失函数如式（12.1.12）所示，求平均风险。

*12.5　假设模式类 s_1 为$\{[0\ \ 0]^{\mathrm{T}}, [2\ \ 0]^{\mathrm{T}}, [2\ \ 2]^{\mathrm{T}}, [0\ \ 2]^{\mathrm{T}}\}$和 s_2 为$\{[4\ \ 4]^{\mathrm{T}}, [6\ \ 4]^{\mathrm{T}}, [6\ \ 6]^{\mathrm{T}}, [4\ \ 6]^{\mathrm{T}}\}$具

有高斯概率密度函数。

（1）若 $P(s_1) = P(s_2) = 1/2$，求出贝叶斯分类器的边界函数。

（2）画出边界图。

12.6　设有模式类 s_1 为$\{[0.1\ \ 0.9]^T, [0.2\ \ 0.8]^T, [0.3\ \ 0.7]^T, [0.4\ \ 0.6]^T, [0.5\ \ 0.5]^T\}$和 s_2 为$\{[0.4\ \ 0.6]^T, [0.6\ \ 0.2]^T, [0.6\ \ 0.8]^T, [0.7\ \ 0.3]^T, [0.9\ \ 0.9]^T\}$，试分别设计最小距离分类器和最优统计分类器对模式进行分类。

12.7　设 $\boldsymbol{w}(k) = [1\ \ 1\ \ {-0.5}]^T$，$\alpha = 0.7$，如果错分的两个矢量分别为$[-0.2\ \ 0.75]^T$和$[0.04\ \ 0.05]^T$，计算 $\boldsymbol{w}(k+1)$。

*12.8　试将式（12.2.5）～式（12.2.7）的感知机算法用更简洁的形式来表达。先将类 w_2 的模式乘以−1，这样，如果 $\boldsymbol{w}^T(k)\boldsymbol{y}(k) > 0$，有 $\boldsymbol{w}(k+1) = \boldsymbol{w}(k)$，而其他情况下则有 $\boldsymbol{w}(k+1) = \boldsymbol{w}(k) + c\boldsymbol{y}(k)$。

12.9　设有模式类 s_1 为$\{[1\ \ 1]^T, [1\ \ {-1}]^T\}$和 s_2 为$\{[-1\ \ 1]^T, [-1\ \ {-1}]^T\}$，试用 SVM 确定最优分类超平面。如将各个模式样本均看作一个矢量，那么哪些是支持向量？

12.10　指出在字符串集合{*abababab*, *aababb*, *aaabb*, *baabaa*, *babbbaa*, *bababababaa*, *bbbbbaba*}中，哪些字符串可被图 12.4.2 所示的自动机所识别。

12.11　试设计一个能够识别字符串 ab^na，$n > 1$ 的有限自动机（提示：$Q = \{q_0, q_1, q_2, q_3, q_\varnothing\}$）。

12.12　人在识别景物时常利用一些不变特征，这样就可在不同的观察角度、光照情况，以及不同的周围环境下认出它们。现在考虑一下在识别下列物体时所使用的不变特征：①你的自行车；②你的手机；③你的一个大学同学。

第13章 广义匹配

在计算机视觉中，匹配技术起着重要的作用。从视觉的角度看，“视”应该是有目的的“视”，即要根据一定的知识（包括对目标的描述）借助图像去场景中寻找符合要求的目标；“觉”应该是带识别的“觉”，即要从输入图像中抽取目标的特性，再与已有的目标模型进行匹配，从而达到识别景物、理解场景含义的目的。

匹配可在不同（抽象）层次上进行。对每个具体的匹配，它都可看成对两个（已有的）表达寻找其对应性和相似性。如果这两个表达都是图像结构，可称为图像匹配；如果这两个表达都代表图像中的目标，称为目标匹配；如果这两个表达都是关系结构，则称为关系匹配。

匹配和**配准**是两个密切相关的概念，技术上也有许多相通之处。在有些文献中，也有将匹配称为配准的。如果仔细分析，则两者还是有一定的差别的。配准的含义一般比较窄，主要指将在不同时间或空间获得的图像建立对应关系，特别是几何方面的对应（几何校正）关系，最后要获得的效果常体现在像素层次。匹配则既可考虑图像的几何性质，也可考虑图像的灰度性质，甚至图像的其他抽象性质和属性。从这点来说，配准可以看作对比较低层表达的匹配。匹配作为更一般和广泛的概念，常将配准包含在内，有些匹配技术也常用于配准。配准和匹配近年都成为研究的热点（可参见文献[章 2002c]和[章 2016c]）。

常用的图像匹配方式和技术可归为两类：一类比较具体，多对应图像低层像素或像素的集合，统称为图像匹配；另一类则比较抽象，主要与图像目标或目标的性质有关，统称为**广义匹配**。当然，广义匹配也可以包含图像匹配。第 9 章介绍的立体匹配应属于图像匹配，图像配准一般也属于图像匹配。图像配准和立体匹配的不同之处是：前者既需要建立点对间的关系，还需要由点对的对应关系计算出两幅图像间的坐标变换参数；而后者仅需要建立点对间的关系，然后对每一对点分别计算视差。本章侧重介绍一些广义匹配的方式和技术。

根据上面所述，本章各节将如下安排。

13.1 节介绍一般目标匹配的原理。首先对匹配的度量进行了讨论，然后对 3 种基本的目标匹配方法，即字符串匹配、惯量等效椭圆匹配和形状矩阵匹配进行描述。

13.2 节介绍一种特殊的目标匹配方法——动态模式匹配，其特点是，需匹配的表达是在匹配过程中动态建立的。具体介绍了绝对模式和相对模式，还给出一个具体应用示例。

13.3 节对比较抽象的关系匹配进行了讨论。结合一个示例介绍了关系表达的方法和关系之间距离的测量，还总结了关系匹配的模型和步骤。

13.4 节介绍借助图论原理，根据图的同构来进行匹配的方法。先介绍了图论中关于图的一些基本定义和几何表达，然后借助对图同构的判定来对目标及关系进行匹配。

13.1 目标匹配

目标是一个相当广泛的概念，常代表图像中感兴趣的部分。目标区域是由像素点组成的，所以讨论目标匹配既要考虑如何度量不同点集合之间的匹配程度，也要考虑如何从目标获取这些度量进行对比以实现匹配。

对不同的目标可用不同的方法表达，所以对目标的匹配也可采用多种方法。匹配要建立两者间的联系，需要通过映射来进行。在对场景重建时，图像匹配策略根据所用映射函数的不同可以分为两种情况，参见图13.1.1[Kropatsch 2001]。

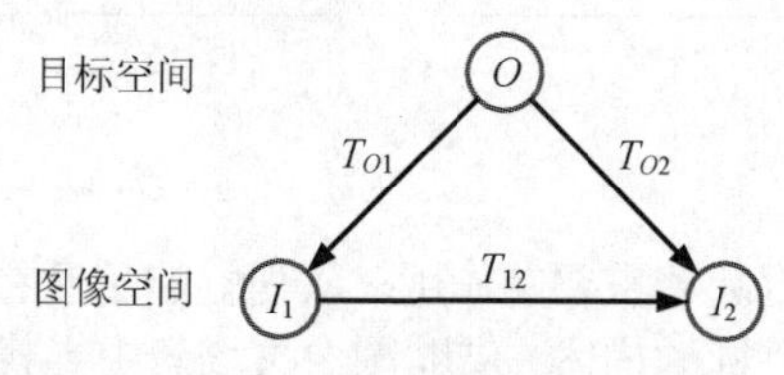

图13.1.1　两种匹配和映射

（1）目标空间的匹配

在这种情况下，目标 O 直接通过对透视变换 T_{O1} 和 T_{O2} 的求逆来重建。这里需要对目标 O 的一个显式表达模型，通过在图像特征和目标模型特征之间建立对应关系来解决问题。目标空间匹配技术的优点是它与物理世界比较吻合，所以如果使用的是比较复杂的模型，其甚至可以处理有遮挡的情况。

（2）图像空间的匹配

图像空间的匹配直接将图像 I_1 和 I_2 用映射函数 T_{12} 联系起来。在这种情况下，目标模型隐含地包含在 T_{12} 的建立过程中。该过程一般会相当复杂，但如果目标表面比较光滑，则可用仿射变换来局部近似，此时计算复杂度可降到与目标空间的匹配相比拟。在有遮挡的情况下，光滑假设将受到影响而使得图像匹配算法遇到困难。

13.1.1　匹配的度量

要进行**目标匹配**，首先要考虑如何对匹配进行度量。这里介绍两种基本的**匹配度量**方法。

1. 豪斯道夫距离

在抽象的意义上，一个目标可看作空间的一个点，一组目标对应一个点集合。为描述不同点集合之间的匹配程度或相似性，可利用**豪斯道夫**（Hausdorff）**距离**（HD）。给定两个有限点集合 $A = \{a_1, a_2, \cdots, a_m\}$ 和 $B = \{b_1, b_2, \cdots, b_n\}$，它们之间的HD定义为：

$$H(A,B) = \max[h(A,B), h(B,A)] \tag{13.1.1}$$

其中设$\|\cdot\|$为某种范数，而：

$$h(A,B) = \max_{a\in A}\min_{b\in B}\|a-b\| \tag{13.1.2}$$

$$h(B,A) = \max_{b\in B}\min_{a\in A}\|b-a\| \tag{13.1.3}$$

以上两式中，函数 $h(A,B)$称为从集合 A 到 B 的有向HD，描述了一个点 $a \in A$ 到点集合 B 中任意点的最长距离；函数 $h(B,A)$称为从集合 B 到 A 的有向HD，描述了一个点 $b \in B$ 到点集合 A 中任意点的最长距离。由于 $h(A,B)$与 $h(B,A)$不对称，所以一般取它们两者之间的最大值作为两个点集合之间的HD，见式(13.1.1)。

豪斯道夫距离的几何意义可这样来解释：如果 A 和 B 之间的HD为 d，那么对每个点集合中的任意一个点，都可以在以该点为中心、以 d 为半径的圆中找到另一个点集合里的至少一个点。如果两个点集合之间的 HD 为 0，就说明这两个点集合是重合的。图 13.1.2 给出计算 $h(A, B)$的一个示意，先从 a_1 出发计算 d_{11} 和 d_{12}，取最小值 d_{11}；再从 a_2 出发计算 d_{21} 和 d_{22}，取最小值 d_{21}；在 d_{11} 和 d_{21} 中选最大值得到 $h(A, B) = d_{21}$。

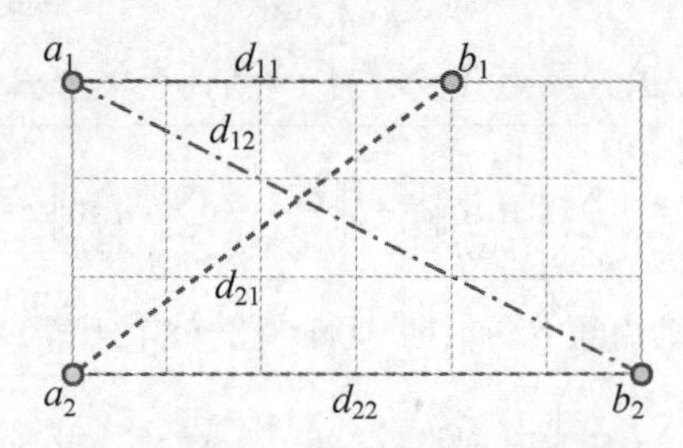

图 13.1.2 豪斯道夫距离计算示意

以上定义的 HD 对噪声点或点集合的外野点（outline）很敏感，一种常用的改进采用统计平均的概念，用平均值代替最大值，称为**改进的豪斯道夫距离**（MHD）。MHD 将式（13.1.2）和式（13.1.3）分别改为：

$$h_{\mathrm{MHD}}(A,B) = \frac{1}{N_A}\sum_{a\in A}\min_{b\in B}\|a-b\| \tag{13.1.4}$$

$$h_{\mathrm{MHD}}(B,A) = \frac{1}{N_B}\sum_{b\in B}\min_{a\in A}\|b-a\| \tag{13.1.5}$$

其中 N_A 表示点集合 A 中点的数目，N_B 表示点集合 B 中点的数目。将以上两式代入式（13.1.1），得到：

$$H_{\mathrm{MHD}}(A,B) = \max[h_{\mathrm{MHD}}(A,B), h_{\mathrm{MHD}}(B,A)] \tag{13.1.6}$$

MHD 具有对噪声和点集合的外野点不敏感的优点，但对点在点集合中的分布还不太敏感。这个问题可借助图 13.1.3 来解释，其中图 13.1.3（a）中两个点集合构成两条平行线段，而图 13.1.3（b）中两个点集合构成两条相交线段，此时两个点集合之间的 MHD 均为 d。从一般人感知的角度看这两个点集合应该是有区别的，图 13.1.3（a）中点的分布应比图 13.1.3（b）中点的分布给出更小的距离值才比较合理。

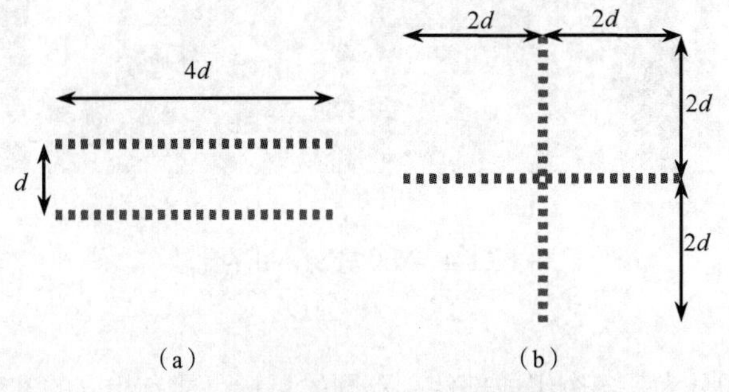

图 13.1.3 MHD 计算中出现的问题示意

解决上述问题的一种改进方法是借助点集合之间距离的标准方差以区分以上两种情况，并使由图 13.1.3（b）得到的 HD 大于由图 13.1.3（a）得到的 HD（可参见文献[Liu 2005]）。具体方法是定义一个**用标准方差改进的豪斯道夫距离**（STMHD），即将式（13.1.4）和式（13.1.5）

分别改为：

$$h_{\mathrm{STMHD}}(A,B)=\frac{1}{N_A}\sum_{a\in A}\min_{b\in B}\|a-b\|+k\times S(A,B) \tag{13.1.7}$$

$$h_{\mathrm{STMHD}}(B,A)=\frac{1}{N_B}\sum_{b\in B}\min_{a\in A}\|b-a\|+k\times S(B,A) \tag{13.1.8}$$

其中，参数 k 为加权系数；$S(A, B)$表示点集合 A 中一点到点集合 B 中平均距离的标准方差：

$$S(A,B)=\sqrt{\sum_{a\in A}\left[\min_{b\in B}\|a-b\|-\frac{1}{N_A}\sum_{a\in A}\min_{b\in B}\|a-b\|\right]^2} \tag{13.1.9}$$

而 $S(B, A)$表示点集合 B 中一点到点集合 A 中平均距离的标准方差：

$$S(B,A)=\sqrt{\sum_{b\in B}\left[\min_{a\in A}\|b-a\|-\frac{1}{N_B}\sum_{b\in B}\min_{a\in A}\|b-a\|\right]^2} \tag{13.1.10}$$

将式（13.1.7）和式（13.1.8）代入式（13.1.1），可得到 STMHD：

$$H_{\mathrm{STMHD}}(A,B)=\max[h_{\mathrm{STMHD}}(A,B),h_{\mathrm{STMHD}}(B,A)] \tag{13.1.11}$$

这样得到的 STMHD 值是 MHD 的值与加权值的和。对图 13.1.3 所示的两种情况，MHD 的值是相同的，但两个加权项是不同的。如对图 13.1.3（a）有 $S(A, B) = S(B, A) = 0$，而对图 13.1.3（b）则有 $S(A, B) = S(B, A) = d/3^{1/2}$。所以虽然上述两种情况下的 MHD 值相同，但它们的 STMHD 值则是图 13.1.3（b）比图 13.1.3（a）大，符合期望。

上述 STMHD 不仅考虑了两个点集合之间点的平均距离，而且通过引入点集合之间距离的标准方差加入了点集合中点的分布信息（点分布的一致性），所以对点集合之间距离的刻画更为细致。

例 13.1.1　MHD 与 STMHD 的对比

图 13.1.4 给出两组分别使用 MHD 和 STMHD 进行人脸定位的结果。图 13.1.4（a）和图 13.1.4（b）是一组，其中图 13.1.4（a）用了 MHD 而图 13.1.4（b）用了 STMHD；图 13.1.4（c）和图 13.1.4（d）是另一组，其中图 13.1.4（c）用了 MHD 而图 13.1.4（d）用了 STMHD。由图可见，在人脸姿态和表情存在变化，以及有背景干扰等情况下，使用 STMHD 比使用 MHD 更具有鲁棒性。

（a）　（b）　（c）　（d）

图 13.1.4　MHD 与 STMHD 的比较　□

2．结构匹配量度

目标常可分解，即分为其各个组成部件。不同的目标可能有相同的部件，但有不同的结构。对**结构匹配**来说，大多数匹配量度可以用所谓的“模板和弹簧”物理类比模型来解释。考虑结构匹配是参考结构和待匹配结构之间的匹配，如果将参考结构看作描绘在透明片上的一个结构，则匹配可看作在待匹配结构上移动这张透明片，并使其形变以得到两个结构的拟合。

匹配常涉及可定量的相似性。一个匹配不是一个单纯的对应，而是一个按照其优度的定量对应，这个优度就是匹配量度。例如上述拟合的优度既取决于两个数据结构上各个部件之间的逐个匹配程度，也取决于使透明片产生变形所需要的工作量。

实际中，要实现变形可将模型考虑成一组用弹簧连接的刚性模板，例如一个人脸的模板和弹簧模型如图 13.1.5 所示。这里模板是用弹簧连接的，弹簧函数描述了各模板间的关系，它可以取很大的值（甚至无限大）。模板间的关系一般有一定的约束限制，如在脸部图像上，两眼一般在同一条水平线上，而且间距总在一定的范围内。匹配的质量是模板局部拟合的优度，以及使待匹配结构去拟合参考结构而拉长弹簧所需能量的函数。

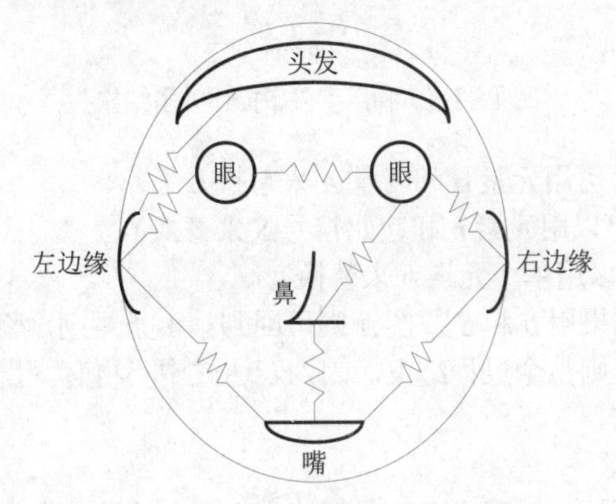

图 13.1.5　人脸的模板和弹簧模型

模板和弹簧的匹配量度的一般形式如下：

$$C = \sum_{d \in Y} C_{\mathrm{T}}\left[d, F(d)\right] + \sum_{(d,e) \in (Y \times E)} C_{\mathrm{S}}\left[F(d), F(e)\right] + \sum_{c \in (NUM)} C_{\mathrm{M}}(c) \tag{13.1.12}$$

其中 C_{T} 表示模板 d 和待匹配结构之间的不相似性，C_{S} 表示待匹配结构和目标部件 e 之间的不相似性，C_{M} 表示对遗漏部件的惩罚，$F(\cdot)$是将参考结构模板变换为待匹配结构部件的映射。F 将参考结构划分为两类：在待匹配结构中可找到的结构（属于集合 Y），在待匹配结构中找不到的结构（属于集合 N）。类似地，部件也可分为在待匹配结构中存在的（属于集合 E）部件和在待匹配结构中不存在的（属于集合 M）部件两类。

在结构式匹配量度中需要考虑归一化问题，因为被匹配部件的数量可能影响最后匹配量度的大小。例如考虑“弹簧”总是具有有限的代价，这样被匹配的元素越多，所需的总能量越大，但这并不表明匹配的部件多反而比匹配的部件少来得差。反之，待匹配结构的一部分与特定参考目标的精巧匹配常会使余下部分无法匹配，此时这种“子匹配”还不如能使大部分待匹配部件都接近匹配的效果好。在式（13.1.12）中，通过对遗漏部件的惩罚来避免这种情况。

13.1.2　字符串匹配

字符串是一种数据结构，也是一种描述关系的抽象概念。字符串匹配可用于匹配各种具体或抽象的目标。

1．字符串

考虑图 13.1.6，假设目标中有两类部件，它们组成一个如图 13.1.6（a）所示的阶梯状结构。把两类部件分别定义为两个基本元素 a 和 b，如图 13.1.6（b）所示。由这两个基本元素构成的阶梯状结构可表达为图 13.1.6（c）。

在图 13.1.6（c）中，两个代表部件的基本元素重复出现，并组成描述目标的结构。这种结构可用一种描述语法（规则）来生成。设 S 和 A 是变量，S 是起始符号，a 和 b 是对应前面定义的基本元素的常数，则可确定如下的**重写规则**（替换规则）。

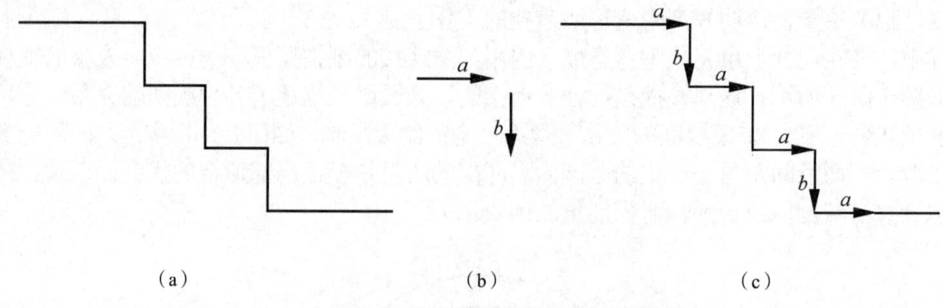

图 13.1.6 利用字符串描述关系结构

（1）$S \to aA$（起始符号可用元素 a 和变量 A 来替换）。

（2）$A \to bS$（变量 A 可以用元素 b 和起始符号 S 来替换）。

（3）$A \to b$（变量 A 可以用单个元素 b 来替换）。

由第2条规则可知，如果用 b 和 S 替换 A 则可回到第1条规则，整个过程可以重复。根据第3条规则，如果用 b 替换 A 则整个过程结束，因为表达式中不再有变量。利用这些规则，就可用字符串来表示目标及其结构。

2. 字符串匹配

一个目标可借助目标区域的轮廓来表达，而轮廓由其上的边界像素组成，将每个像素用一个字符代表，则目标区域的轮廓可用字符串来表示。利用这种表达就可借助**字符串匹配**来匹配两个目标区域的轮廓。设已将两个区域轮廓 A 和 B 分别编码为字符串 $a_1a_2\cdots a_n$ 和 $b_1b_2\cdots b_m$。从 a_1 和 b_1 开始，如果在第 k 个位置有 $a_k=b_k$，则称两个轮廓间有一次匹配。如果用 M 表示两字符串间已匹配的总次数，则未匹配字符的个数为：

$$Q = \max(\|A\|, \|B\|) - M \tag{13.1.13}$$

其中$\|\arg\|$代表 arg（自变量）的字符串表达的长度（字符个数）。可以证明当且仅当 A 和 B 全等时，$Q=0$。

A 和 B 之间一个简单的匹配量度为：

$$R = \frac{M}{Q} = \frac{M}{\max(\|A\|, \|B\|) - M} \tag{13.1.14}$$

由上式可见，较大的 R 值表示有较好的匹配。当 A 和 B 完全匹配时，R 值为无穷大；而当 A 和 B 中没有字符匹配（$M=0$）时，R 值为0。

因为字符串匹配是逐字符进行的，所以起点位置的确定对减少计算量很重要。如果从任意一点开始计算，然后每次移动一个字符的位置再计算，则根据式（13.1.14），计算量将正比于$\|A \times B\|$，所以实际中常需要先对字符串表达进行起点归一化。

3. 字符串匹配应用

利用字符串匹配可对不同类型的目标进行匹配。例如考虑两个视频片段序列 V_1 和 V_2，它们之间的帧相似性问题就可借助字符串匹配来解决。设这两个序列的长度分别为 L_1 和 L_2，则这两个视频片段序列可分别表示为$\{v_1(i), i=1, 2, \cdots, L_1\}$和$\{v_2(j), j=1, 2, \cdots, L_2\}$。如果这两个序列的长度相同，即 $L_1=L_2$，那么可定义它们之间的相似度等于它们对应帧的相似度之和：

$$S(V_1, V_2) = \sum_{i=1}^{L_1} S_v\left[v_1(i), v_2(i)\right] \tag{13.1.15}$$

式中 S_v $[v_1(i),v_2(i)]$ 是计算两个对应帧图像之间相似度的函数，可使用各种距离函数来计算。

如果两个序列的长度不同，那么还必须考虑如何选取匹配时间起点的问题。具体就是在 V_2 中以不同的时间起点 t 截取与 V_1 长度相同的序列 $V'_2(t)$，由于 L_1 与 $L'_2(t)$长度相同，它们之间的距离可以用式（13.1.5）计算得出。进一步，通过移动时间起点 t，还可以计算出对应所有可能的时间起点 t 的子序列的相似度。而两个序列 V_1 和 V_2 的相似度可选其中的最大值：

$$S(V_1, V_2) = \max_{0 \leqslant t \leqslant L_2 - L_1} \sum_{i=1}^{L_2} S_v \left[v_1(i), v_2(i+t) \right] \tag{13.1.16}$$

由上式不仅能计算出两个不同长度的序列之间的相似度，而且可确定出短序列与长序列中最相似片段匹配的位置。

13.1.3 惯量等效椭圆匹配

目标之间的匹配也可借助它们的惯量等效椭圆来进行，这里借助其在序列图像 3-D 目标重建的配准工作来进行介绍（可参见文献[Zhang 1991b]），但其基本原理也可用于更一般性的匹配。与基于目标轮廓的匹配不同，基于惯量等效椭圆的匹配是基于目标区域进行的。对任一个轮廓已确定的目标，可先计算其对应的惯量椭圆，再进一步对每个目标算出一个等效椭圆（参见 8.1 节）。从配准目标的角度来看，由于图像中的每个目标都可用它的等效椭圆来表示，所以对目标的配准问题就可转化为对其**等效椭圆**的匹配，如图 13.1.7 所示。

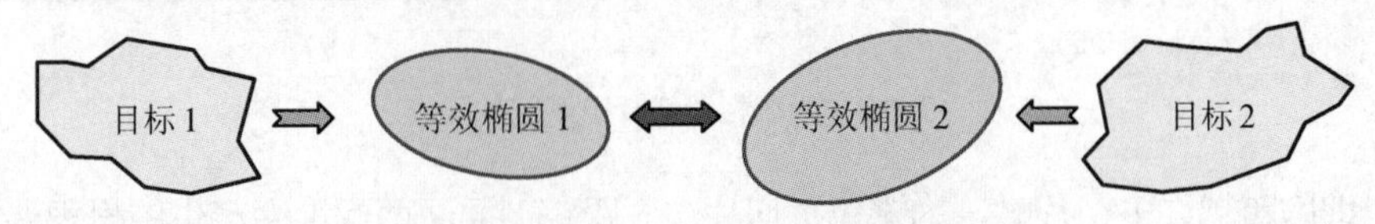

图 13.1.7　利用等效椭圆匹配进行目标配准

在一般的目标配准中，需要考虑的主要是平移、旋转和尺度变换造成的偏差，通过匹配要获得的也是相关的几何参数。为此可通过等效椭圆的中心坐标、朝向角（定义为椭圆长主轴与 X 轴正向的夹角）和长主轴长度分别获得进行平移、旋转和尺度变换所需的参数。

首先考虑等效椭圆的中心坐标(x_c, y_c)，即目标的重心坐标。设目标区域共包含 N 个像素，则有：

$$x_c = \frac{1}{N} \sum_{i=1}^{N} x_i \tag{13.1.17}$$

$$y_c = \frac{1}{N} \sum_{i=1}^{N} y_i \tag{13.1.18}$$

平移参数可根据两个等效椭圆中心坐标的差算得。其次，等效椭圆的朝向角ϕ是借助目标所对应的惯量椭圆两主轴的斜率 k 和 l 求得的（设 A 为目标绕 X 轴旋转的转动惯量，B 为目标绕 Y 轴旋转的转动惯量），如下：

$$\phi = \begin{cases} \arctan(k) & A < B \\ \arctan(l) & A > B \end{cases} \tag{13.1.19}$$

所以旋转参数可根据两个椭圆朝向角的差算得。最后，等效椭圆的两个半主轴长（a 和 b）反映了目标尺寸的信息。如果目标本身为椭圆，它与它的等效椭圆是完全相同的。一般情况下，目标的等效椭圆是目标在转动惯量和面积两方面的近似（但并不同时相等），这里需借助目标面积 M 对轴长进行归一化。归一化后，当 $A < B$ 时，等效椭圆半长主轴的长度 a 可由下式计算（设 H 代表惯性积）：

$$a = \sqrt{\frac{2\left[(A+B) - \sqrt{(A-B)^2 + 4H^2} \right]}{M}} \tag{13.1.20}$$

所以尺度变换参数可根据两个椭圆长轴长度比例算得。以上两个目标配准所需几何校正的 3 种变换参数可独立计算，所以等效椭圆匹配中各变换可分别按顺序进行（可参见文献[章 1997c]）。

例 13.1.2 细胞图像配准实例

在生物医学研究中，常将体组织切成很薄的切片以便在显微镜下观察其结构。一个实例如图 13.1.8 所示，其中图 13.1.8（a）分别为两个连续切片上对应同一细胞的两个相邻剖面图。由于制作切片时平移和旋转的影响，尽管两切片相邻，但它们的方位不相同，需要配准。考虑到细胞内部和周围结构的变化都是较大的，所以仅考虑轮廓进行配准的效果不好。利用上述等效椭圆匹配方法得到的匹配结果如图 13.1.8（b）所示，这里改用较高分辨率显示以得到更清晰的结果，由配准图可见平移和旋转的影响都已消除。

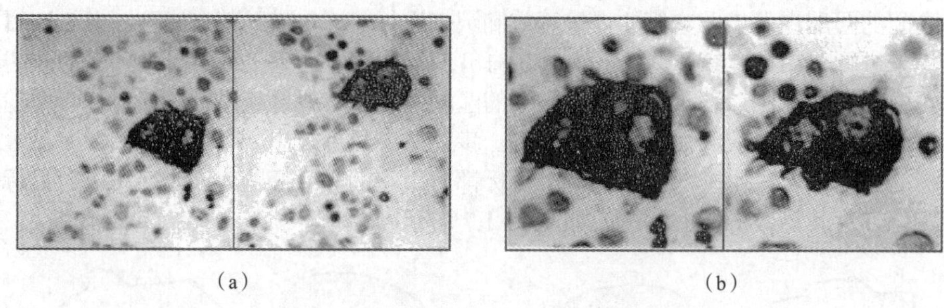

（a）　　（b）

图 13.1.8　两个相邻切片上细胞的配准

当一个细胞跨越许多切片时，为避免按切片次序跟踪剖面两两配准会产生的累积误差，可将每个细胞剖面都直接和一个预定的共同标准进行配准。具体来说，平移配准可以用图像的中心为标准。考虑到上述方法可将细胞的绝对朝向确定出来，所以可将每个细胞都按其长主轴与 X 轴平行而进行旋转配准。尺度配准则要考虑图像的大小，保证细胞剖面不与图像边缘相交。图 13.1.9 所示为用上述方法对一个横跨 10 个连续切片的细胞剖面进行配准的结果。

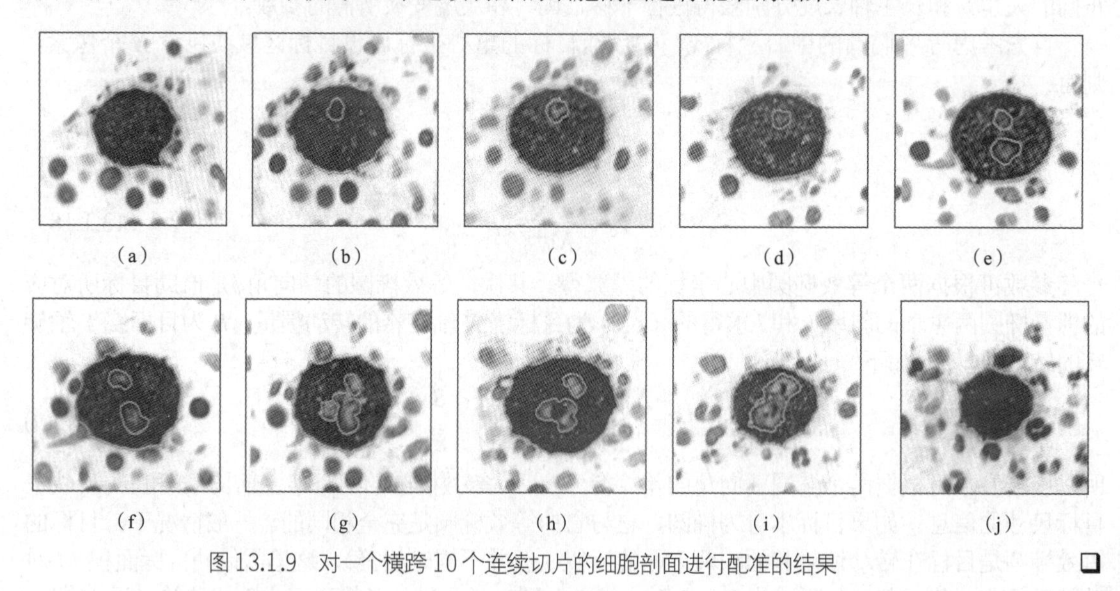

（a）　（b）　（c）　（d）　（e）

（f）　（g）　（h）　（i）　（j）

图 13.1.9　对一个横跨 10 个连续切片的细胞剖面进行配准的结果 □

13.1.4 形状矩阵匹配

在对两幅图像中的目标区域进行匹配时，所要匹配的的目标区域常有平移、旋转和尺度方面的差别。考虑到图像的局部特性，如果图像不代表变形的场景，则图像之间局部的非线性几何差别可以忽略。为确定两幅图像中需要匹配目标之间的对应关系，需要寻求目标间不依赖于平移、旋转和尺度差别的相似性。

形状矩阵是对目标形状用极坐标量化的一种表示[Goshtasby 2005]。它将有关目标形状的信息集合在一个矩阵中。如图 13.1.10（a）所示，将坐标原点放在目标的重心处，重新对目标沿径向和圆周采样，这些采样数据与目标的位置和朝向都是独立的。令径向增量是最大半径的函数，即总将最大半径量化为相同数量的间隔，这样得到的表达就称为形状矩阵，如图 13.1.10（b）所示。因为采样数据与目标的位置和朝向都是独立的，所以形状矩阵与目标平移或旋转无关。又因为径向量化的间隔成比例，所以形状矩阵是与尺度无关的。

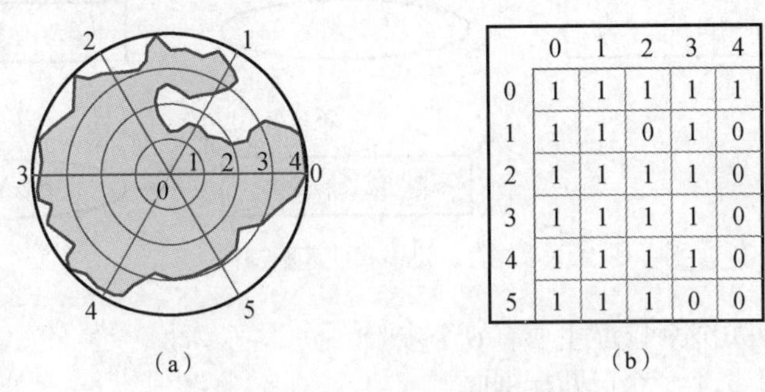

	0	1	2	3	4
0	1	1	1	1	1
1	1	1	0	1	0
2	1	1	1	1	0
3	1	1	1	1	0
4	1	1	1	1	0
5	1	1	1	0	0

图 13.1.10　目标和对应的形状矩阵

形状矩阵同时包含了目标边界和内部的信息，所以可表达含有空洞的目标（而不仅是外轮廓）。形状矩阵对目标的投影、朝向和尺度都可标准化地表达。给定两个尺寸为 $m \times n$ 的形状矩阵 $\boldsymbol{M}_1$ 和 $\boldsymbol{M}_2$，它们之间的相似性为（注意矩阵为二值矩阵）：

$$S=\sum_{i=0}^{m-1}\sum_{j=0}^{n-1}\frac{1}{mn}\left\{[\boldsymbol{M}_1(i,j)\wedge\boldsymbol{M}_2(i,j)]\vee[\bar{\boldsymbol{M}}_1(i,j)\wedge\bar{\boldsymbol{M}}_2(i,j)]\right\} \tag{13.1.21}$$

其中矩阵上的横线代表进行了逻辑 NOT 操作。当 $S = 1$ 时表示两个目标完全相同，随着 S 逐渐减少并趋于 0，两个目标越来越不相似。如果在构建形状矩阵时采样足够密，则可以从形状矩阵较好地重建原目标区域。

如果在构建形状矩阵时沿径向以对数尺度采样，则两个目标间的尺度差别将转化为在对数坐标系统中沿水平轴的位置差别。如果在对区域圆周量化时，从目标区域中的任意点开始（而不是从最大半径开始），将得到在对数坐标系统中沿垂直轴方向上的数值。利用对数极坐标映射可将两个目标区域之间的旋转差和尺度差都转化为平移差，从而简化目标匹配的工作。

13.2　动态模式匹配

前面对各种匹配的讨论中，都认为需要匹配的表达均已预先建立好，或者说匹配是对预定的表达进行的。但实际上，有时需匹配的表达是在匹配过程中动态建立的，或者说在匹配过程中需要根据待匹配数据自适应地建立不同的表达用于匹配。下面结合一个实际应用介绍一种具体的方法，该方法称为**动态模式匹配**[Zhang 1990a]。

1. 匹配流程

在由序列医学切片图像重建 3-D 细胞的过程中，判定同一细胞在相邻切片中各个剖面的对应关系是关键的一步（这是前面细胞配准的基础）。由于切片的过程复杂，切片很薄易产生变形等原因，相邻切片上细胞剖面的个数可能不同，它们的分布排列也可能不同。为了重建 3-D 细胞，需要对每个细胞确定其各个剖面间的对应关系，即寻找同一个细胞在各个切片上的对应剖面。完成这个工作的整体流程如图 13.2.1 所示。这里将两个需匹配的切片分别称为已匹配片和待匹配片。已匹配片是参考片，将一个待匹配片上的各个剖面与已匹配片上相应的已匹配剖面配准后，该待匹配片就成为一个已匹配片，并可作为下一个待匹配片的参考片。如此继续匹配下去，就可将一个序列切片中的所有剖面全部配准（图 13.2.1 仅以一个剖面为例）。

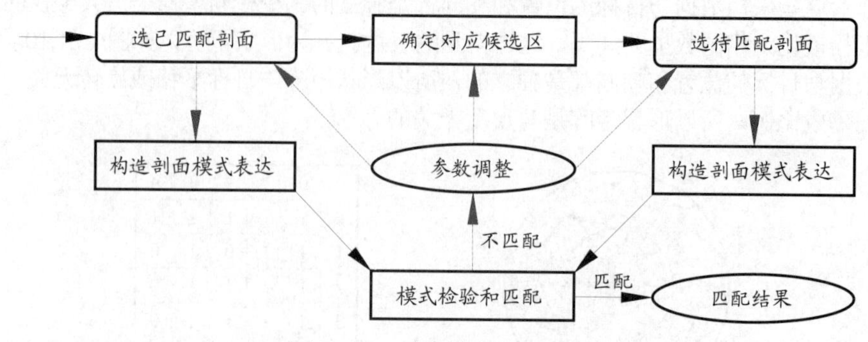

图 13.2.1　动态模式匹配流程

参见流程框图，可知这种匹配主要有 6 个步骤。

（1）从已匹配片上选取一个已匹配剖面。

（2）构造所选已匹配剖面的模式表达。

（3）在待匹配片上确定候选区（借助先验知识，以减少计算量和歧义性）。

（4）在候选区内选出待匹配剖面。

（5）构造各个所选待匹配剖面的模式表达。

（6）利用剖面模式间的相似性进行检验以确定剖面间的对应性。

2. 绝对模式和相对模式

由于每个切片上的细胞剖面数量很多，不适合采用太高的分辨率进行匹配。实际上匹配时是把每个剖面当作一个点来进行的，此时剖面尺寸和形状信息都不能利用。如仅利用剖面自身位置信息，则可能由于切片放置的不同，以及切割导致的变形，使匹配无法进行。

考虑到细胞剖面在切片上的分布不是均匀的，为完成以上匹配步骤，需要动态地对每个剖面建立一个可用于匹配的模式表达。这里可考虑利用每个剖面与其若干邻近剖面的相对位置关系来构造每个剖面的特有模式。这比单个剖面点包含的信息多。这样所构造的模式可用一个矢量来表示。如果所用的关系是每个剖面与其相邻剖面之间连线的长度和朝向（或连线间的夹角），则两个相邻切片上需进行匹配的两个剖面模式 $\boldsymbol{P}_\mathrm{l}$ 和 $\boldsymbol{P}_\mathrm{r}$（均用矢量表示）可分别写为：

$$\boldsymbol{P}_\mathrm{l} = P(x_{\mathrm{l}0},\ y_{\mathrm{l}0},\ d_{\mathrm{l}1},\ \theta_{\mathrm{l}1},\ \cdots,\ d_{\mathrm{l}m},\ \theta_{\mathrm{l}m})^\mathrm{T} \tag{13.2.1}$$

$$\boldsymbol{P}_\mathrm{r} = P(x_{\mathrm{r}0},\ y_{\mathrm{r}0},\ d_{\mathrm{r}1},\ \theta_{\mathrm{r}1},\ \cdots,\ d_{\mathrm{r}n},\ \theta_{\mathrm{r}n})^\mathrm{T} \tag{13.2.2}$$

式中，$x_{\mathrm{l}0}$、$y_{\mathrm{l}0}$ 及 $x_{\mathrm{r}0}$、$y_{\mathrm{r}0}$ 分别为两剖面的中心坐标；各个 d 代表同一切片上其他剖面与匹配剖面间连线的长度；各个 θ 代表同一切片上从匹配剖面到周围两个相邻剖面连线间的夹角。所以模式可看作包含在一个有确定作用半径的圆中。注意，这里 m 和 n 可以不同。当 m 与 n 不同时，也可以选择其中的一部分点构造模式进行匹配。另外，m 和 n 的选择应是计算量和模式唯一性相平衡的结果，较大的 m 和 n 会增加计算量，但同时会提高模式唯一性的概率，反之较小的 m 和 n 虽会减少计算量，但有可能使这些点所组成的模式不具有唯一性。具体数值可通过确定模式半径来调整。

为了进行剖面间的匹配，需要将对应的模式平移、旋转。以上构造的模式可称为**绝对模式**，因为它包含中心剖面的绝对坐标。图 13.2.2（a）所示为一个 $\boldsymbol{P}_\mathrm{l}$ 的例子。绝对模式具有对原点（中心剖面）的旋转不变性，即整个模式旋转后，各个 d 和 θ 不变；但由图 13.2.2（b）可知，模式矢量不具备平移不变性，因为整个模式平移后，x_0 和 y_0 发生了变化。

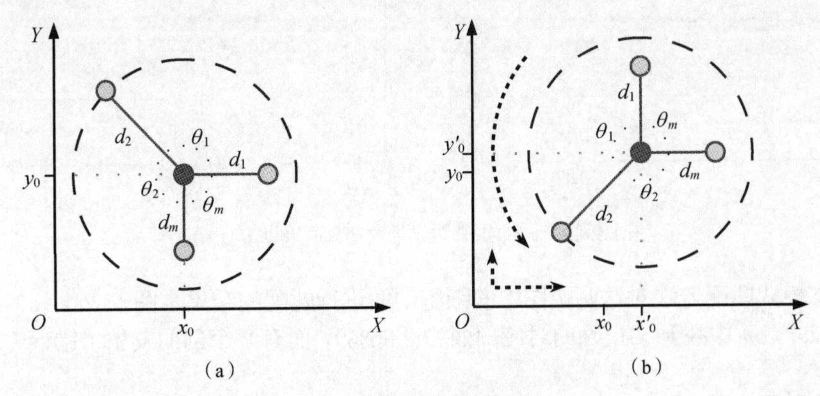

图 13.2.2　绝对模式

为获得平移不变性，可去掉绝对模式中的中心点坐标，构造出如下**相对模式**：

$$\boldsymbol{Q}_{\mathrm{l}} = Q(d_{\mathrm{l}1},\ \theta_{\mathrm{l}1},\ \cdots,\ d_{\mathrm{l}m},\ \theta_{\mathrm{l}m})^{\mathrm{T}} \tag{13.2.3}$$

$$\boldsymbol{Q}_{\mathrm{r}} = Q(d_{\mathrm{r}1},\ \theta_{\mathrm{r}1},\ \cdots,\ d_{\mathrm{r}n},\ \theta_{\mathrm{r}n})^{\mathrm{T}} \tag{13.2.4}$$

与图 13.2.2（a）所示的绝对模式相对应的相对模式如图 13.2.3（a）所示。由图 13.2.3（b）可知，相对模式不仅具有旋转不变性，而且具有平移不变性。这样就可通过旋转、平移将两个相对模式表达进行匹配，计算其相似度，从而达到匹配剖面的目的。

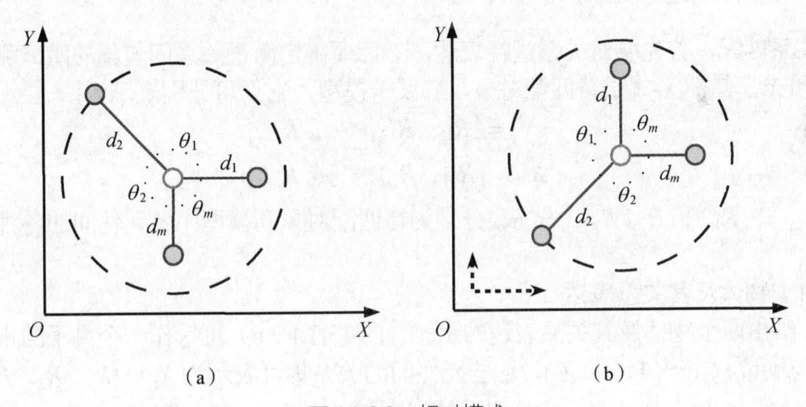

图 13.2.3　相对模式

由以上分析可见，动态模式匹配的主要特点是：模式是动态建立的，匹配完全自动。这种方法比较通用、灵活，其基本思想可适用于多种情况[Zhang 1991b]。

例 13.2.1　动态模式匹配实例

图 13.2.4 所示为实际中两个相邻医学切片上细胞剖面的分布[Zhang 1991b]，其中各个细胞剖面均用点来表示。由于细胞的直径远大于切片的厚度，所以很多细胞都跨越多个切片。或者说，相邻切片上应有很多对应的细胞剖面。但由图 13.2.4 可以看出，各片上点的分布有很大差别，而且点的个数也有很大差别，图 13.2.4（a）有 112 个，而图 13.2.4（b）有 137 个。原因包括图 13.2.4（a）中有些细胞剖面是细胞的最后一个剖面，没有继续伸展到图 13.2.4（b）中；而且图 13.2.4（b）中有些细胞剖面是新开始的，并不是从图 13.2.4（a）延续下来的。

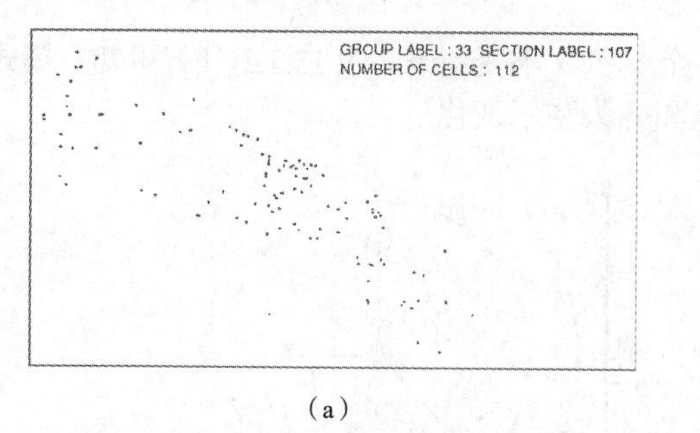

（a）

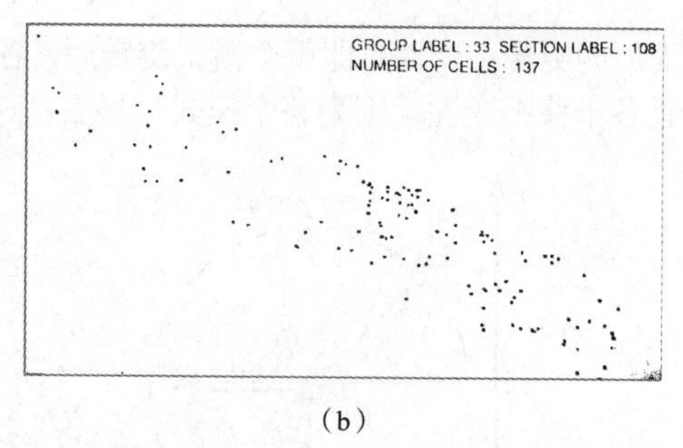

（b）

图 13.2.4 两个相邻医学切片上细胞剖面的分布

利用动态模式匹配方法对这两幅图中的细胞剖面进行匹配的结果是图 13.2.4（a）中有 104 个剖面在图 13.2.4（b）中找到了正确的对应剖面（92.86%），而有 8 个剖面发生了错误（7.14%）。❑

13.3 关系匹配

客观场景可以分解为多个物体，而每个物体又可分解为多个组成元件/部件，它们之间存在着不同的关系。从客观场景采集得到的图像可以借助其中物体间各种相互关系的集合来表达，所以关系匹配是图像理解的重要步骤。类似地，图像中对应场景中物体的目标可以借助物体各元件间的相互关系的集合来表达，所以利用关系匹配也可对目标进行识别。关系匹配中待匹配的两个表达都是关系，一般常将其中之一称为待匹配对象，另一个称为模型。

13.3.1 关系表达和距离

要进行**关系匹配**，首先要对关系进行表达，然后要确定衡量关系间差异的距离测度。设有两个关系集 X_l 和 X_r，其中 X_l 属于待匹配对象，X_r 属于模型，它们可分别表示为：

$$X_1 = \{R_{11},\ R_{12},\ \cdots,\ R_{1m}\} \tag{13.3.1}$$

$$X_r = \{R_{r1},\ R_{r2},\ \cdots,\ R_{rn}\} \tag{13.3.2}$$

式中，$R_{11}, R_{12}, \cdots, R_{1m}$ 和 $R_{r1}, R_{r2}, \cdots, R_{rn}$ 分别为待匹配对象和模型中各元件间的各种不同关系的表达。

例 13.3.1 物体及其关系表达

图 13.3.1 给出两个物体及其关系表达的示意。图 13.3.1（a）可看作一个桌子的正视图，包括 3 个元件，可表示为 $Q_1 = (A、B、C)$。这些元件间的关系集可表示为 $X_l = \{R_1、R_2、R_3\}$，其中 R_1 代表连接关系，$R_1 = [(A、B)\quad(A、C)]$；R_2 代表上下关系，$R_2 = [(A、B)\quad(A、C)]$；R_3 代表左右关系，$R_3 = [(B、C)]$。图 13.3.1（b）可看作一个中间有抽屉的桌子的正视图，包括 4 个元件，可表示为 $Q_r = \{1、2、3、4\}$。各元件间的关系集可表示为 $X_r = (R_1、R_2、R_3)$，其中 R_1 代表连接关系，$R_1 = [(1、2)\quad(1、3)\quad(1、4)\quad(2、4)\quad(3、4)]$；$R_2$ 代表上下关系，$R_2 = [(1、2)\quad(1、3)\quad(1、4)]$；$R_3$ 代表左右关系，$R_3 = [(2、3)\quad(2、4)\quad(4、3)]$。

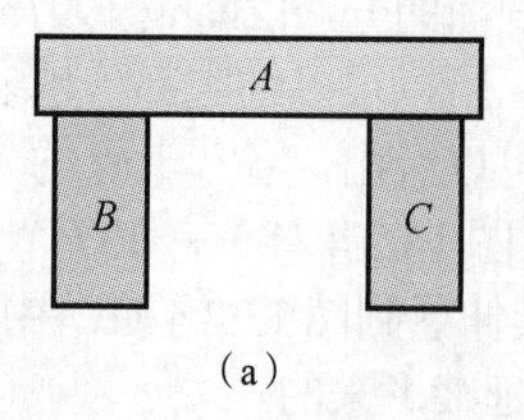

（a）

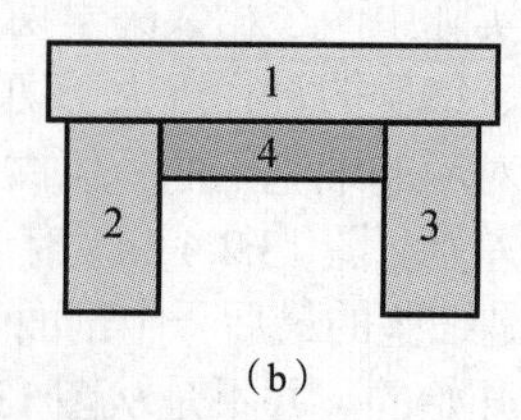

（b）

图 13.3.1 物体及其关系表达的示意 ❑

下面考虑 X_l 和 X_r 之间的距离，记为 $\text{dis}(X_l, X_r)$。$\text{dis}(X_l, X_r)$ 由 X_l 和 X_r 中各对相应关系表达的对应项的差异，即各个 $\text{dis}(R_l, R_r)$ 项组成。X_l 和 X_r 的匹配是两个集合中各对相应关系的匹配。以下先考虑其中的某一关系，并用 R_l 和 R_r 分别代表相应的关系表达：

$$R_l \subseteq S^M = S(1) \times S(2) \times \cdots \times S(M) \tag{13.3.3}$$

$$R_r \subseteq T^N = T(1) \times T(2) \times \cdots \times T(N) \tag{13.3.4}$$

定义 p 为 S 对 T 的对应变换，p^{-1} 为 T 对 S 的对应变换。进一步定义运算符号⊕代表**复合**运算，$R_l \oplus p$ 表示用变换（映射）p 去变换 R_l，即把 S^M 变换成 T^N；$R_r \oplus p^{-1}$ 表示用反变换（反映射）p^{-1} 去变换 R_r，即把 T^N 变换成 S^M：

$$R_l \oplus p = f\left[T(1), T(2), \cdots, T(N)\right] \in T^N \tag{13.3.5}$$

$$R_r \oplus p^{-1} = g\left[S(1), S(2), \cdots, S(M)\right] \in S^M \tag{13.3.6}$$

这里 f 和 g 分别代表某种关系表达的组合。

现在来看 $\text{dis}(R_l, R_r)$。如果这两个关系表达中的对应项不相等，则对任一个对应变换 p，有可能存在下列 4 种误差：

$$\begin{cases} E_1 = \{R_l \oplus p - (R_l \oplus p) \cap R_r\} \\ E_2 = \{R_r - R_r \cap (R_l \oplus p)\} \\ E_3 = \{R_r \oplus p^{-1} - (R_r \oplus p^{-1}) \cap R_l\} \\ E_4 = \{R_l - R_l \cap (R_r \oplus p^{-1})\} \end{cases} \tag{13.3.7}$$

两个关系表达 R_l 和 R_r 之间的距离就是式（13.3.7）中各项误差的加权和（这里是对各项误差的影响进行加权，权值为 W），可表示为：

$$\text{dis}(R_l, R_r) = \sum_i W_i E_i \tag{13.3.8}$$

如果两个关系表达中的对应项相等，则总可找到一个对应的映射 p，根据复合运算有 $R_r = R_l \oplus p$ 和 $R_r \oplus p^{-1} = R_l$ 成立，即由式（13.3.8）算得的距离为 0。此时可以说 R_l 和 R_r 是完全匹配的。

实际上，可用 $C(E)$ 表示 E 中以项计的误差，并将式（13.3.8）改写为：

$$\text{dis}^C(R_l, R_r) = \sum_i W_i C(E_i) \tag{13.3.9}$$

由前面的分析可知，要匹配 R_l 和 R_r，应设法找到一个对应的映射使 R_l 和 R_r 之间的误差（以项计的距离）最小。注意到各个 E 是 p 的函数，所以需要寻求的对应映射 p 应满足下式：

$$\text{dis}^C(R_l,\ R_r) = \inf_p \left\{ \sum_i W_i C\left[E_i(p)\right] \right\} \tag{13.3.10}$$

回到式（13.3.1）和式（13.3.2），要匹配两个关系集 X_l 和 X_r，应找到一系列对应映射 p_j 使得下式得到满足：

$$\text{dis}^C(X_l, X_r) = \inf_p \left\{ \sum_j^m V_j \sum_i W_{ij} C\left[E_{ij}(p_j)\right] \right\} \tag{13.3.11}$$

这里设 $n > m$，而 V_j 为对各种不同关系重视程度的加权。匹配是用存储在计算机中的模型去识别待匹配对象中的未知模式，所以找到一系列对应映射 p_j 后需确定它们所对应的模型。

13.3.2 关系匹配模型

对关系表达建立了模型后，下一步就是对关系进行匹配。设由式（13.3.1）定义的待识别对象 X 对多个模型 Y_1，Y_2，…，Y_L 中的每一个（它们均可用式（13.3.2）表示）都可以找到一个符合式（13.3.11）的对应变换，并设它们分别为 $p_1, p_2, \cdots, p_L$。也就是说，可求得 X 与多个模型以各自相应的对应关系进行匹配后的距离 $\text{dis}^C(X, Y_q)$。如果对模型 Y_q 来说，其与 X 的距离满足下式：

$$\text{dis}^C(X, Y_q) = \min\{\text{dis}^C(X, Y_i)\} \qquad i = 1, 2, \cdots, L \tag{13.3.12}$$

则对 $q \leqslant L$，$X \in Y_q$ 成立，也就是认为待匹配对象 X 与模型 Y_q 匹配。

总结上述讨论，匹配的过程可以归纳为以下 4 步。

（1）确定相同关系（元件间的关系），即对 X_l 中给定的一个关系确定 X_r 中与其相同的一个关系。这里需要进行 $m \times n$ 次比较，如下式所示：

$$X_l = \begin{bmatrix} R_{l1} \\ R_{l2} \\ \vdots \\ R_{lm} \end{bmatrix} \longrightarrow \begin{bmatrix} R_{r1} \\ R_{r2} \\ \vdots \\ R_{rn} \end{bmatrix} = X_r \tag{13.3.13}$$

该步骤所需的计算量为 $O(mn)$。

（2）确定匹配关系的对应映射（关系表达对应），即确定能使式（13.3.10）满足的关系变换 p。设 p 有 K 种可能的形式，要在这 K 种变换中找出使误差加权和最小的 p，如下式所示：

$$R_l \left\{ \begin{array}{c} \xrightarrow{p_1: \quad \text{dis}^C(R_l, R_r)} \\ \xrightarrow{p_2: \quad \text{dis}^C(R_l, R_r)} \\ \cdots\cdots \\ \xrightarrow{p_K: \quad \text{dis}^C(R_l, R_r)} \end{array} \right\} R_r \tag{13.3.14}$$

该步骤所需的计算量为 $O(K^2)$。

（3）确定匹配关系集的对应映射系列，即对 K 个距离值再求加权，如下式所示：

$$\text{dis}^C(X_l, X_r) \Leftarrow \begin{cases} \text{dis}^C(R_{l1}, R_{r1}) \\ \text{dis}^C(R_{l2}, R_{r2}) \\ \cdots\cdots \\ \text{dis}^C(R_{lm}, R_{rn}) \end{cases} \tag{13.3.15}$$

注意，在上式中设 $m \leqslant n$，即只有 m 个关系可以寻找到相对应的关系，而其余 $n - m$ 个关系只存在于关系集 X_r 中。该步骤所需的计算量为 $O(mn)$。

（4）确定所属模型（在 L 个 $\text{dis}^C(X_l, X_r)$ 中求极小值），如下式所示：

$$X \begin{cases} \xrightarrow{p_1} Y_1 \to \text{dis}^C(X, Y_1) \\ \xrightarrow{p_2} Y_2 \to \text{dis}^C(X, Y_2) \\ \cdots \quad \cdots \\ \xrightarrow{p_L} Y_L \to \text{dis}^C(X, Y_L) \end{cases} \tag{13.3.16}$$

该步骤所需的计算量为 $O(L)$。

例 13.3.2　连接关系匹配示例

现仅考虑连接关系，对例 13.3.1 中的两个物体进行匹配。由式（13.3.3）和式（13.3.4）可知：

$$R_l = [(A, B) \ (A, C)] = S(1) \times S(2) \subseteq S^M$$

$$R_r = [(1, 2) \ (1, 3) \ (1, 4) \ (2, 4) \ (3, 4)] = T(1) \times T(2) \times T(3) \times T(4) \times T(5) \subseteq T^N$$

当 Q_r 中没有元件 4 时，$R_r = [(1, 2) \quad (1, 3)]$，这样得到 $p = \{(A, 1) \quad (B, 2) \quad (C, 3)\}$，$p^{-1} = \{(1, A) \quad (2, B) \quad (3, C)\}$，$R_l \oplus p = \{(1, 2) \quad (1, 3)\}$，$R_r \oplus p = \{(A, B) \quad (A, C)\}$。在这种情况下，式（13.3.7）中的

4 种误差分别如下：

$$E_1 = \{ R_l \oplus p - (R_l \oplus p) \cap R_r \} = \{(1,2)\ (1,3)\} - \{(1,2)\ (1,3)\} = 0$$

$$E_2 = \{ R_r - R_r \cap (R_l \oplus p) \} = \{(1,2)\ (1,3)\} - \{(1,2)\ (1,3)\} = 0$$

$$E_3 = \{ R_r \oplus p^{-1} - (R_r \oplus p^{-1}) \cap R_l \} = \{(A,B)\ (A,C)\} - \{(A,B)\ (A,C)\} = 0$$

$$E_4 = \{ R_l - R_l \cap (R_r \oplus p^{-1}) \} = \{(A,B)\ (A,C)\} - \{(A,B)\ (A,C)\} = 0$$

于是有 $\mathrm{dis}(R_l, R_r) = 0$。如果 Q_r 中有元件 4，$R_r = [(1, 2)\quad(1, 3)\quad(1, 4)\quad(2, 4)\quad(3, 4)]$，则 $p = \{(A, 4)\quad(B, 2)\quad(C, 3)\}$，$p^{-1} = \{(4, A)\quad(2, B)\quad(3, C)\}$，$R_l \oplus p = \{(4, 2)\quad(4, 3)\}$，$R_r \oplus p = \{(B, A)\quad(C, A)\}$。在这种情况下，式（13.3.7）中的 4 种误差分别如下：

$$E_1 = \{(4,2)\,(4,3)\} - \{(4,2)\,(4,3)\} = 0$$

$$E_2 = \{(1,2)\,(1,3)\,(1,4)\,(2,4)\,(3,4)\} - \{(2,4)\,(3,4)\} = \{(1,2)\,(1,3)\,(1,4)\}$$

$$E_3 = \{(B,A)\,(C,A)\} - \{(A,B)\,(A,C)\} = 0$$

$$E_4 = \{(A,B)\,(A,C)\} - \{(A,B)\,(A,C)\} = 0$$

如仅考虑连接关系，可交换各元件次序。由以上的结果可知，$\mathrm{dis}(R_1, R_r) = \{(1, 2)\quad(1, 3)\quad(1, 4)\}$。用误差项来表示是 $C(E_1) = 0$，$C(E_2) = 3$，$C(E_3) = 0$，$C(E_4) = 0$，所以 $\mathrm{dis}^C(R_1, R_r) = 3$。 ❑

13.4 图同构匹配

寻求对应关系是关系匹配中的一个关键。因为对应关系可以有很多种不同的组合，所以如果搜索方法不当，会使匹配过程因工作量太大而不能进行。解决这个问题的一种方法是利用图同构。下面先介绍一些图论的基本定义和概念，再讨论如何判断图同构。

13.4.1 图论基础

图论是一种可以将复杂的问题映射成简单表达的数学方法。

1. 基本定义

在图论中，一个**图** G 由有限非空**顶点集合/顶点集合** $V(G)$及**有限边集合/有限边线集合** $E(G)$组成，记为：

$$G = [V(G), E(G)] = [V, E] \tag{13.4.1}$$

其中 $E(G)$的每个元素对应 $V(G)$中顶点的无序对，称为 G 的边。图也是一种关系数据结构。

下面将集合 V 中的元素用大写字母表示，而将集合 E 中的元素用小写字母表示。一般将由顶点 A 和 B 的无序对构成的边 e 记为 $e \leftrightarrow AB$ 或 $e \leftrightarrow BA$，并称 A 和 B 为 e 的端点（end），称边 e 连接（join）A 和 B。这种情况下，顶点 A 和 B 与边 e 相关联（incident），边 e 与顶点 A 和 B 相关联。两个与同一条边相关联的顶点是相邻的，两条有共同顶点的边也是相邻的。如果两条边的两端点相同，就称它们为**重边**或**平行边**。如果一条边的两端点相同，就称它为**环**，否则称为**棱**。

在图的定义中，每个无序对的两个元素（即两个顶点）可以相同也可以不同，而且任意两个无序对（即两条边）可以相同也可以不同。为区分起见，对不同的元素可用不同颜色的顶点表示，这被称为顶点的色性（指顶点用不同的颜色标注）；对元素间不同的关系可用不同颜色的边表示，这被称为边的色性（指边用不同的颜色标注）。所以一个推广的有色图 G 可表示为：

$$G = [(V, C),\ (E, S)] \tag{13.4.2}$$

其中 V 为顶点集，C 为顶点色性集；E 为边线集，S 为边线色性集。它们分别为：

$$V = \{V_1,\quad V_2,\quad \cdots,\quad V_N\} \tag{13.4.3}$$

$$C=\{C_{V_1},\ C_{V_2},\ \cdots,\ C_{V_N}\} \tag{13.4.4}$$

$$E=\{e_{V_iV_j}\,|V_i,V_j\in V\} \tag{13.4.5}$$

$$S=\{s_{V_iV_j}\,|V_i,V_j\in V\} \tag{13.4.6}$$

其中，每个顶点可有一种颜色，每条边也可有一种颜色。

2. 图的几何表达

将图的顶点用圆点表示，将边线用连接顶点的直线或曲线表示，就可得到**图的几何表达**或**图的几何实现**。边数大于等于1的图都可以有无穷多个几何表达。

例 13.4.1 图的几何表达

设有 $V(G)=\{A,B,C\}$，$E(G)=\{a,b,c,d\}$，其中 $a\leftrightarrow AB$，$b\leftrightarrow AB$，$c\leftrightarrow BC$，$d\leftrightarrow CC$。这样图 G 就可以用如图13.4.1所示的图形来表示。

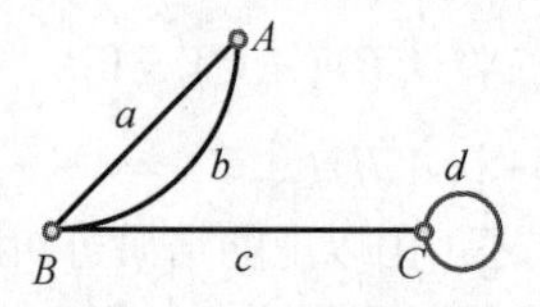

图13.4.1 图的几何表达

在图13.4.1中，边 a、b、c 彼此相邻，边 c 和 d 彼此相邻，但边 a 和 b 与边 d 不相邻。同样，顶点 A 和 B 相邻，顶点 B 和 C 相邻，但顶点 A 和 C 不相邻。边 a、b、c 均为棱，边 d 为环，边 a 和边 b 为重边。 □

例 13.4.2 有色图表达示例

例13.3.1中的两个物体可用如图13.4.2所示的两个图来表达，其中顶点色性用顶点形状区别，连线色性用连线线型区别。

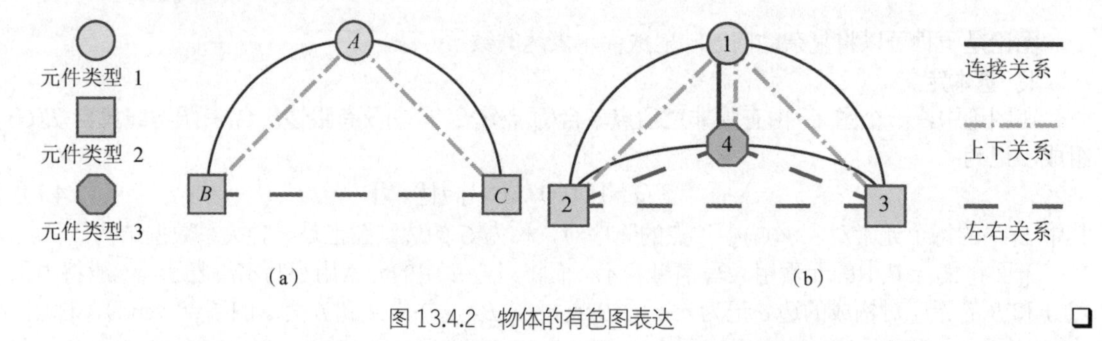

图13.4.2 物体的有色图表达 □

3. 子图和母图

对两个图 G 和 H，如果 $V(H)\subseteq V(G)$，$E(H)\subseteq E(G)$，则称图 H 为图 G 的**子图**，记为 $H\subseteq G$。反过来称图 G 为图 H 的**母图**。如果图 H 为图 G 的子图，但 $H\neq G$，则称图 H 为图 G 的**真子图**，而称图 G 为图 H 的**真母图**[孙2004]。

如果 $H\subseteq G$ 且 $V(H)=V(G)$，称图 H 为图 G 的**生成子图**，而称图 G 为图 H 的生成母图。例如在图13.4.3中，图13.4.3（a）所示为图 G，而图13.4.3（b）、图13.4.3（c）和图13.4.3（d）分别为图 G 的生成子图（它们都是图 G 的生成子图但互相不同）。

如果从一个图 G 中将所有的重边和环都去掉，所得到的简单生成子图称为图 G 的**基础简单图**。图13.4.3（b）、图13.4.3（c）和图13.4.3（d）所示的3个生成子图中只有一个基础简单图，即图13.4.3（d）。下面借助图13.4.4（a）所示的图 G 介绍获得基础简单图的4种运算。

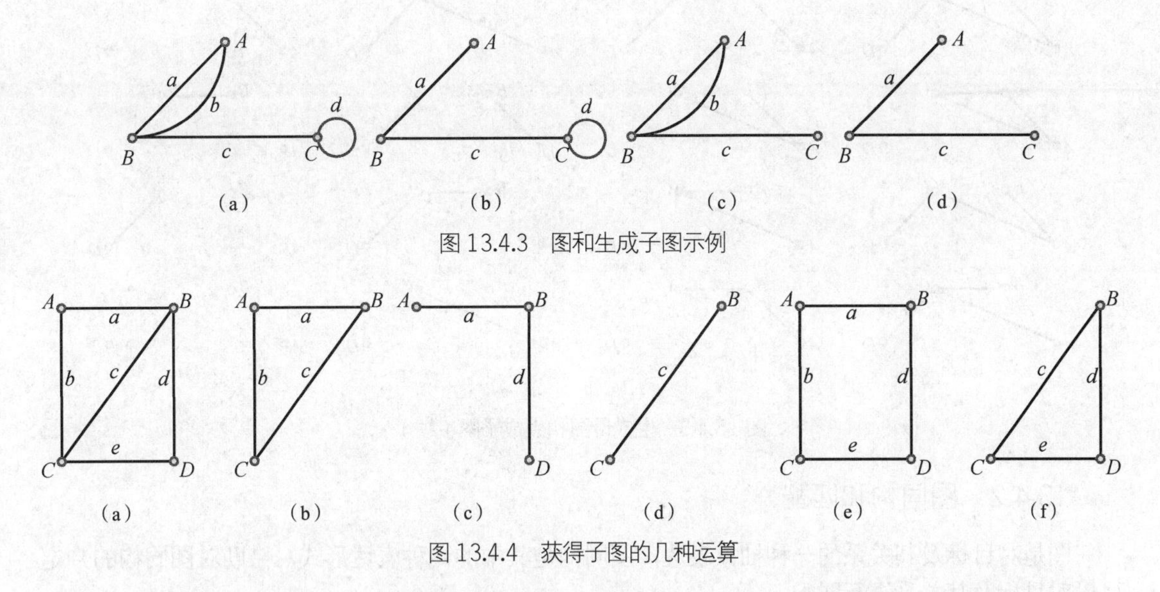

图 13.4.3 图和生成子图示例

图 13.4.4 获得子图的几种运算

（1）对图 G 的非空顶点子集 $V'(G) \subseteq V(G)$，如果有一个图 G 的子图以 $V'(G)$为顶点集，以图 G 里两个端点都在 $V'(G)$中的所有的边为边集，则该子图称为图 G 的**导出子图**，记为 $G[V'(G)]$或 $G[V']$。图 13.4.4（b）所示为 $G[A, B, C] = G[a, b, c]$。

（2）类似地，对图 G 的非空边子集 $E'(G) \subseteq E(G)$，如果有一个图 G 的子图以 $E'(G)$为边集，以图 G 里所有的边的端点为顶点集，则该子图称为图 G 的**边导出子图**，记为 $G[E'(G)]$或 $G[E']$。图 13.4.4（c）所示为 $G[a, d] = G[A, B, D]$。

（3）对图 G 的非空顶点真子集 $V'(G) \subseteq V(G)$，如果有一个图 G 的子图以去掉 $V'(G) \subseteq V(G)$后的顶点为顶点集，以图 G 里去掉与 $V'(G)$相关联的所有的边后的边为边集，则该子图是图 G 的**剩余子图**，记为 $G-V'$。这里有 $G-V' = G[V \setminus V']$。图 13.4.4（d）所示为 $G-\{A, D\} = G[B, C] = G[\{A, B, C, D\} - \{A, D\}]$。

（4）对图 G 的非空边真子集 $E'(G) \subseteq E(G)$，如果有一个图 G 的子图以去掉 $E'(G) \subseteq E(G)$后的边为边集，则该子图是图 G 的**生成子图**，记为 $G-E'$。注意这里 $G-E'$与 $G[E \setminus E']$有相同的边集，但两者并不一定恒等，其中前者总属于生成子图，而后者则不一定。图 13.4.4(e)所示为前者的一个示例，$G-\{c\} = G[a, b, d, e]$。图 13.4.4（f）所示为后者的一个示例，$G[\{a, b, c, d, e\} - \{a, b\}] = G-A \neq G-[\{a, b\}]$。

例 13.4.3　生成母图和生成子图

图 13.4.5（a）所示为一个有 7 个顶点的图，把它看作生成母图，则以$\{A, B, C, D\}$为顶点集的生成子图共有 16 个，如图 13.4.5（b）所示。由于各生成母图中没有重边和环，所以这些生成子图都是基础简单图。

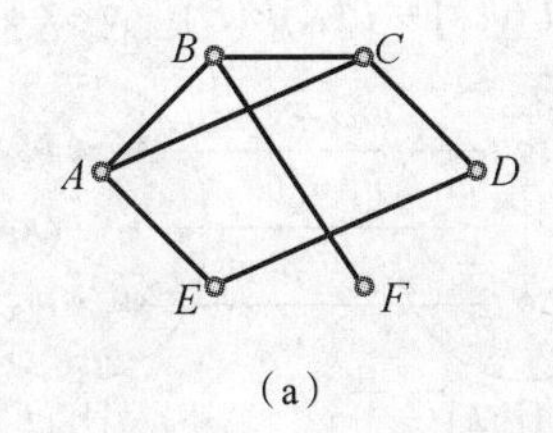

（a）

图 13.4.5　生成母图和生成子图

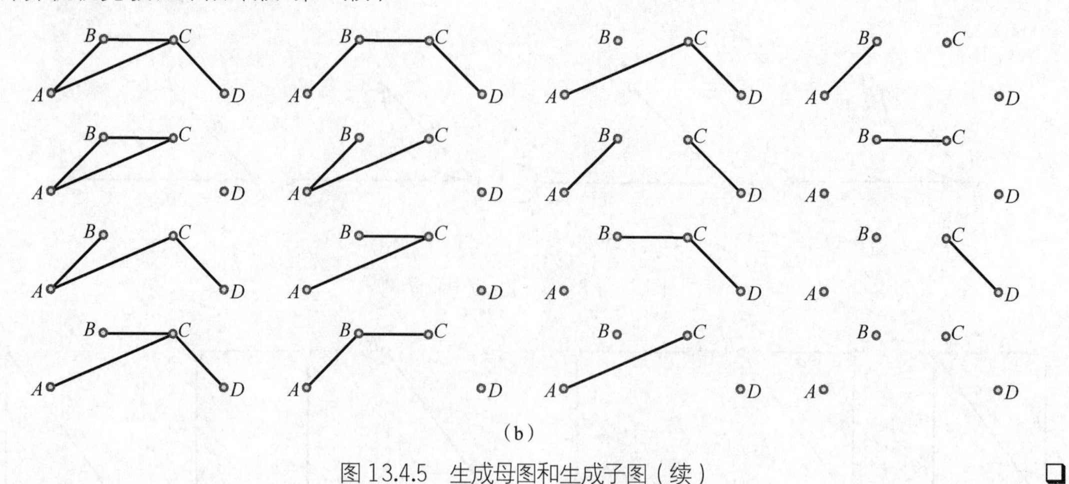

图 13.4.5 生成母图和生成子图（续）

❑

13.4.2 图同构和匹配

图是对目标及其关系的一种抽象表达，图同构是其中的一种表达形式，借助对图同构的判定可以对目标及其关系进行匹配。

1. 图的恒等和同构

根据图的定义，对两个图 G 和 H，当且仅当 $V(G) = V(H)$，$E(G) = E(H)$时，称图 G 和 H **恒等**，此时两个图可用相同的几何表达来表示。例如图 13.4.6 中的图 G 和 H 就是恒等的。不过即使两个图可用相同的几何表达来表示，它们也并不一定是恒等的。例如图 13.4.6 中的图 G 和 I 就不是恒等的（各顶点和边的标号均不同），虽然它们可用相同的两个几何表达来表示。

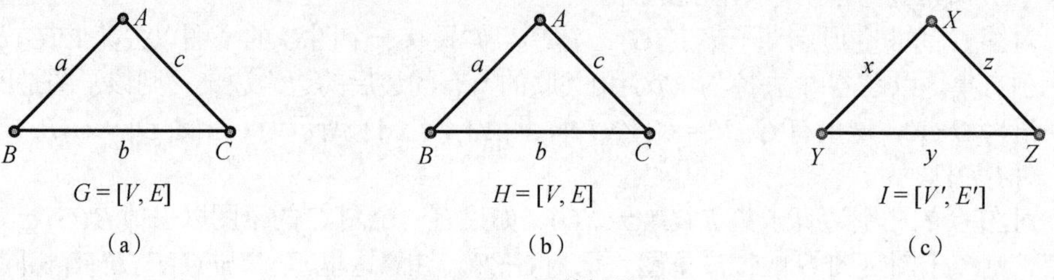

图 13.4.6 图的恒等

对具有相同的几何表达但并不恒等的两个图来说，只要对其中一个图的顶点和边的标号进行适当修改，就可得到与另一个图恒等的图，可以称这样的两个图为**同构**。换句话说，两图同构表明两图的顶点和边线之间有一对一的对应关系。两个图 G 和 H 同构可记为 $G \cong H$，其充要条件为在 $V(G)$和 $V(H)$、$E(G)$和 $E(H)$之间各有如下的映射存在：

$$P: \quad V(G) \to V(H) \tag{13.4.7}$$

$$Q: \quad E(G) \to E(H) \tag{13.4.8}$$

且映射 P 和 Q 保持相关联的关系，即 $Q(e) = P(A)P(B)$，$\forall e \leftrightarrow AB \in E(G)$，如图 13.4.7 所示。

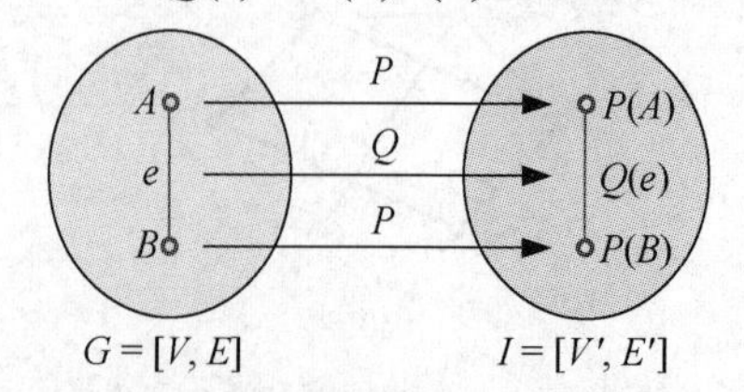

图 13.4.7 图同构中的映射

2. 同构的判定

由前面对图同构的定义可知，同构的图有相同的结构，也具有相同的几何表达，区别只可能是顶点或边线的标号不相同或不完全相同。图同构比较侧重于描述相互关系，所以图同构可以没有几何方面的要求，即比较抽象（当然也可以有几何方面的要求，即比较具体）。

图是对目标的一种表达形式，比较或判定图之间是否同构实际上就是比较或判定两个目标是否对应或匹配。图同构匹配本质上是一个树搜索问题，其中不同的分路（分支）代表对不同对应关系组合的试探。

现在考虑几种图与图之间同构的典型情况。简便起见，在这里对所有图的顶点和边线都不作标号，即认为所有顶点都有相同色性，所有边线也都有相同色性。清楚起见，以如下的单色线图（是 G 的一个特例）：

$$B = [(V), (E)] = [V, E] \tag{13.4.9}$$

来说明。式(13.4.9)中的 V 和 E 仍分别由式（13.4.3）和式（13.4.5）给出，只是这里每个集合中的所有元素都是相同的。换句话说，顶点和边线都各只有一种。参见图 13.4.8，设给定两个图 $B_1 = [V_1, E_1]$和 $B_2 = [V_2, E_2]$，它们之间的同构可分为以下几种情况。

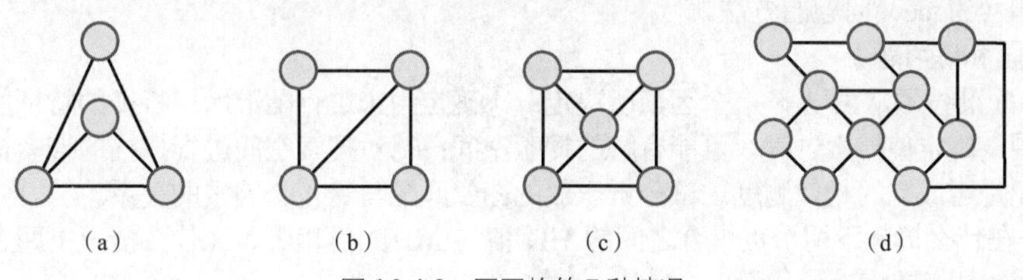

图 13.4.8 图同构的几种情况

（1）全图同构

全图同构是指两个图 B_1 和 B_2 之间一对一的映射，例如图 13.4.8（a）和图 13.4.8（b）就是全图同构。一般来说，如以 f 表示映射，则对 $e_1 \in E_1$ 和 $e_2 \in E_2$，必有 $f(e_1) = e_2$ 存在，并且对 E_1 中每条连接任何一对顶点 e_1 和 e'_1（$e_1, e'_1 \in E_1$）的连线，E_2 中必有一条连接 $f(e_1)$和 $f(e'_1)$的连线。

（2）子图同构

子图同构是指 B_1 的一部分（子图）和 B_2 的全图（也可以是 B_2 的一部分和 B_1 的全图）之间的同构，例如图 13.4.8（c）中的多个子图都与图 13.4.8（a）是同构的。

（3）双子图同构

双子图同构是指 B_1 的各子图和 B_2 的各子图之间的所有同构，例如在图 13.4.8（a）和图 13.4.8（d）中有若干个双子图是同构的。

求图同构的算法有多种。例如可以将待判定的每个图都转换成某一类标准形式，这样就可以比较方便地确定同构。

总结和复习

下面对本章各节进行简单小结，并有针对性地介绍一些可供深入学习的参考文献。读者还可通过思考题和练习题进行进一步的复习，标有星号的思考题或练习题在书末提供了解答。

【小结和参考】

13.1 节先讨论了如何度量匹配的问题，有关的内容可参见文献[章 2012c]、[Gao 2002]、[Lin 2003]、[Liu 2005]。然后介绍了 3 种基本的目标匹配方法。在视频图像中，借助目标匹配可实现目标跟踪，如一种将曲线拟合和匹配相结合的红外目标跟踪算法可参见文献[秦 2003]。

13.2 节介绍了一种动态模式匹配技术，由于需匹配的表达是在匹配过程中动态建立的，所以对不同数据和模式有较好的适应性。该方法在实际生物医学图像分析中的一个应用可参见文献[Zhang 1991b]。与该方法部分类似的一种方法是局部特征焦点算法（local-feature-focus algorithm）（可参见文献[Shapiro 2001]），其中焦点特征可对应剖面，而邻近特征对应邻近剖面的相对位置关系。

13.3 节介绍了对关系的匹配方法。关系从广义上讲可以覆盖不同的抽象层次，所以关系匹配可涵盖多种匹配概念，而且有时要匹配的双方也可能不完全在同一层次，例如文献[戴 2005]和[Dai 2005]中的一个示例。在基于内容的视觉信息检索方面也常用到各种不同的关系匹配，相关内容可参见文献[章 2003b]。

13.4 节介绍了利用图论的图同构概念来进行匹配的方法。有关图论的详细内容可参见文献[孙 2004]、[张 2005b]、[Marchand 2000]、[Buckley 2003]。子图同构在计算上比全图同构要复杂，因为事先不知道全图中的哪个子集与同构有关。从树搜索的角度看，提高效率的关键，一是要选好搜索的起点，二是要选好搜索的路径并逐步砍枝。双子图同构的搜索空间比较大，看上去比子图同构还要难，但双子图同构问题可以简化成子图同构问题。一种简化方案是借助解决另一个图问题即小集团（clique）问题的方法。

【思考题和练习题】

13.1　配准技术常由以下 4 个因素所决定：①确定用来进行配准所用特征的特征空间；②限制搜索范围，确定使搜索过程有可能有解的搜索空间；③对搜索空间进行扫描的搜索策略；④用来确定匹配是否成立的相似测度。试分析一般的图像匹配与这 4 个因素的关系。

13.2　在什么情况下两个点集合之间的 HD 值与 MHD 值相等？在什么情况下两个点集合之间的 MHD 值与 STMHD 值相等？

13.3　试证明 13.1.3 小节中用到的 3 种变换参数可独立计算（提示：可考虑证明 3 种变换两两之间具有互易性）。

*13.4　13.2 节介绍的动态模式在实际应用中可根据需要构造，分别考虑下面两种情况。

（1）构造具有尺度不变性的动态模式，列出模式矢量表达式。

（2）使用除了目标间连线的长度和方向（夹角）之外的目标间关系来构造动态模式，列出模式矢量表达式并画出示意图。

13.5　仅考虑连接关系，计算图 13.3.1（b）所示物体与图题 13.5 所示物体之间的距离。

13.6　如果将连接关系和平行关系都考虑上，如何对图 13.3.1 所示的两个物体进行匹配，给出它们之间的距离。

13.7　同时考虑连接关系和平行关系，试计算图 13.3.1（b）所示物体与图题 13.7 所示物体之间的距离。

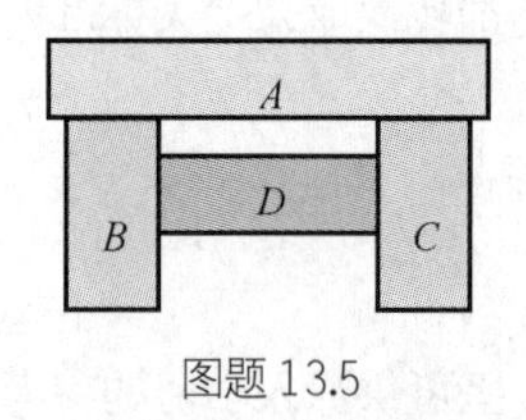

图题 13.5

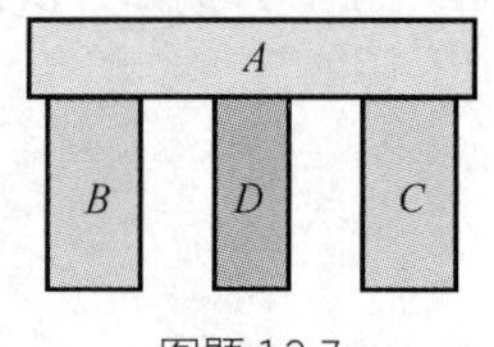

图题 13.7

13.8　在图 13.4.4（a）所示的图 G 里增加一条从顶点 A 到顶点 D 的边，利用 13.4.1 小节介绍的获得基础简单图的 4 种运算计算图 G 的各种子图。

13.9　讨论并证明：如果两图恒等，则两图的顶点数和边数均相等；反过来，如果两图的顶点数和边数均相等，而两图不一定恒等。

*13.10 试证明图题 13.10 所示的两个图不同构。

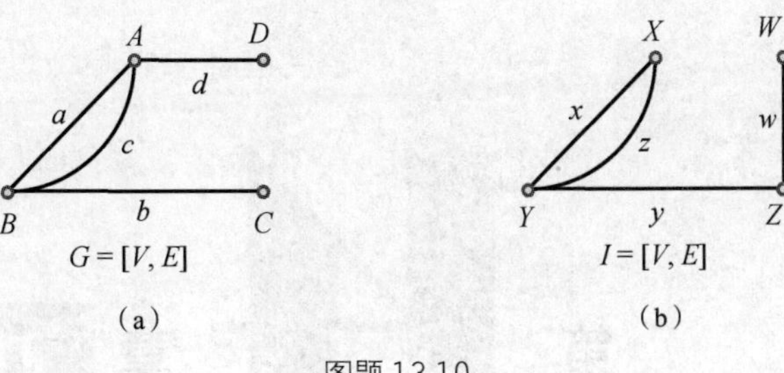

图题 13.10

13.11 试找出图题 13.11 中图 G 的顶点集为$\{B, C, D, E\}$的所有子图。

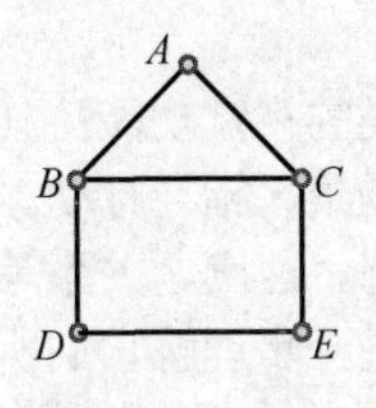

图题 13.11

13.12 指出图题 13.12 中哪些（双）子图是同构的。

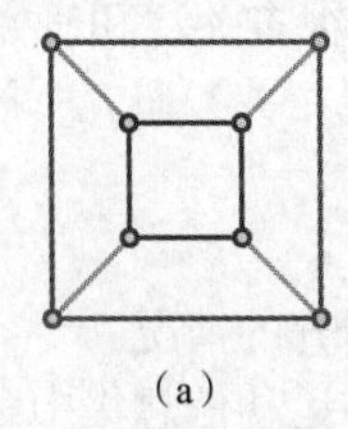

（a）（b）

图题 13.12

第14章 时空行为理解

计算机视觉要使用计算机来实现人类的视觉功能，其中一个重要的工作就是要通过对场景获得的图像进行加工从而观察世界、解释场景、指导行动。为此，需要判断场景中有哪些景物，它们如何随时间改变其在空间的位置、姿态、速度、关系等。简而言之，要在时空中把握景物（特别是人）的动作、确定动作的目的，并进一步理解它们所传递的语义信息。

基于图像/视频的自动目标行为理解是一个很有挑战的研究问题，也具有广泛的应用场合。它包括获取客观的信息（采集图像序列），对相关的视觉信息进行有目的的加工，分析（表达和描述）其中的信息内容，以及在此基础上对图像/视频的信息进行解释以实现学习和识别行为。

上述工作的跨度很大，其中动作检测和识别近期得到很多关注和研究，也取得了明显的进展。相对来说，高抽象层次的行为解释与理解（与语义和智能相关）研究开展得还不多，许多概念的定义还不很明确，许多技术还在不停地发展和更新中。

根据上面所述，本章各节将如下安排。

14.1 节概括介绍时空技术的定义、发展现状和分层研究的情况。

14.2 节介绍对时空兴趣点的检测，它们是反映时空中运动信息集中和变化的关键点。

14.3 节讨论连接兴趣点而形成的动态轨迹和活动路径，对它们的学习和分析可帮助把握场景的状态以进一步刻画场景的特性。

14.4 节概括介绍一些动作分类和识别的技术类别，它们都还在不断研究和发展中。

14.5 节介绍对动作和活动进行建模和识别的技术分类情况，以及各类中一些典型的方法。

14.1 时空技术

时空技术是面向时空行为理解的技术，是一个相对较新的研究领域，目前的工作正在不同的层次展开，下面对一些情况进行简要介绍。

1. 新的领域

第 1 章提到的图像工程综述系列从对 1995 年的文献统计开始至今已进行了 25 年[章 2020]。在图像工程综述系列进入第二个十年时（从对 2005 年的文献统计开始），随着图像工程研究和应用新热点的出现，在图像理解大类中增加了一个新的小类——C5：时空技术（3-D 运动分析，姿态检测，对象跟踪，行为判断和理解）[章 2006]。这里强调的是综合利用图像/视频中所具有的各种信息，以对场景及其中目标的动态情况做出相应的解释。

过去这 15 年里，综述系列收集的 C5 小类文献数量共有 215 篇，它们在各年的分布情况如图 14.1.1 中直方条所示。前 10 年平均每年约 12 篇，近 5 年平均每年约 18 篇。图中还给出了用 4

阶多项式对各年文献数量进行拟合得到的变化趋势。总的来说，这还是一个相对较新的领域，研究成果还不算多，发展趋势也有所起伏，近年其相关文献的发表数量比较稳定，且已出现较快增长势头。

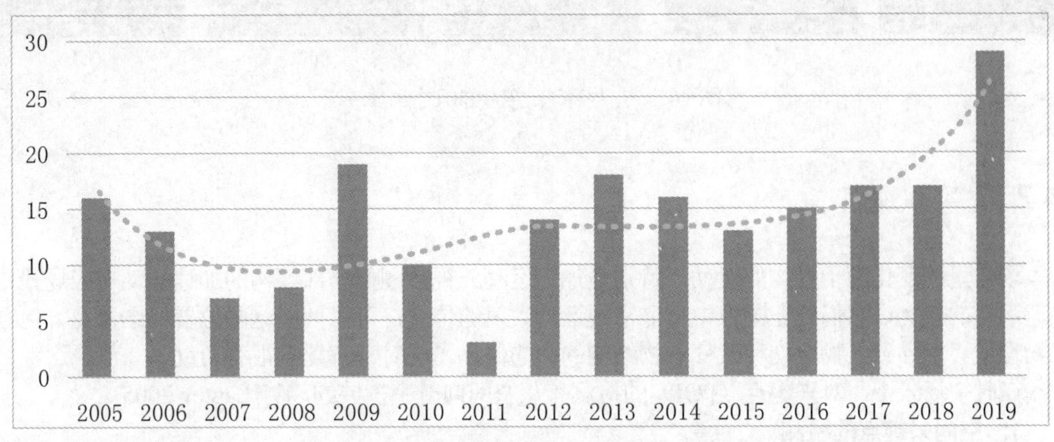

图 14.1.1　时空技术文献数量及变化

2. 多个层次

目前时空技术研究的主要对象是运动着的人或物，以及场景中景物（特别是人员分布）的变化。根据其表达和描述的抽象程度从下到上可分为多个层次。

（1）动作基元：**动作基元**指用来构建动作的原子单元，一般对应场景中短暂的运动信息。

（2）动作：**动作**是由主体/发起者的一系列动作基元构成的有具体意义的集合体（有序组合），一般动作代表简单的常由一个人进行的运动模式，且常持续的时间以秒为单位。人体动作常导致人体姿态的改变。

（3）活动：**活动**是为了完成某个任务或达到某个目标，而由主体/发起者执行的一系列动作的组合（主要强调逻辑组合）。活动是相对大尺度的运动，一般依赖于环境和交互人。活动常代表由多个人进行的序列（可能交互的）复杂动作，且常持续较长的时间。

（4）事件：**事件**指在特定时间段和特定空间位置发生的某种活动。通常其中的动作由多个主体/发起者执行（群体活动）。对特定事件的检测常与异常活动有关。

（5）行为：**行为**强调主体/发起者（主要指人或动物）受思想支配而在特定环境/上下境中改变动作、持续活动和描述事件等。

例 14.1.1　多个层次示例

下面以乒乓球运动为例，给出时空技术研究的各个层次的一些典型示例，如图 14.1.2 所示。运动员的移步、挥拍等都可看作典型的动作基元。运动员发球（包括抛球、挥臂、抖腕、击球等）或回球（包括移步、伸臂、翻腕、抽球等）都是典型的动作，但一个运动员走到挡板边把乒乓球拣回来则常看作一个活动。两个运动员来回击球以赢得分数也是典型的活动场面。球队之间的比赛等一般作为一个事件来看待，比赛后颁奖也是典型的事件。运动员赢球后握拳自我激励虽然可看作一个动作，但更多的时候被看作运动员的一个行为。当运动员打出漂亮的对攻后，观众的鼓掌、呐喊、欢呼等也都归于观众的行为。

需要指出，在许多研究中对后 3 个层次的概念常不严格区分。例如将活动称为事件，此时一般指一些异常的活动（如两人发生争执，老人走路跌倒等）；将活动称为行为，此时更强调活动的含义（举止）、性质（如行窃的动作或翻墙入室的活动称为偷盗行为）。在下面的讨论中，除特别强调，将主要用（广义的）活动来统一代表后 3 个层次。

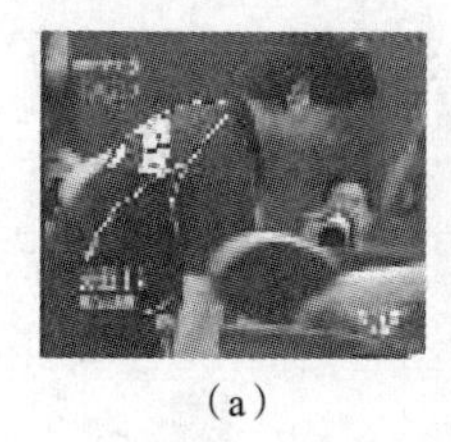
（a）

（b）

（c）
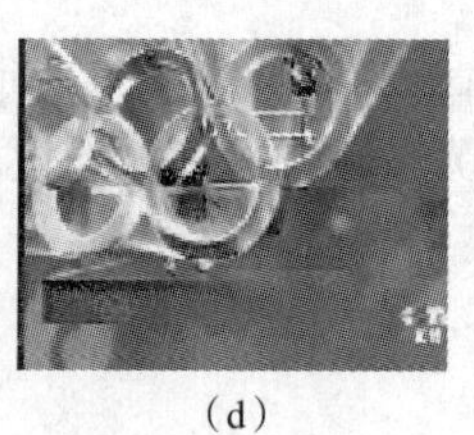
（d）

（e）

图 14.1.2　乒乓球比赛中的几个画面　❑

14.2　时空兴趣点

场景里的变化源于景物的运动，特别是加速运动。视频图像局部结构的加速运动对应场景中加速运动的景物，它们处在图像中有非常规运动数值的位置，可以期望这些位置（图像点）包含在物理世界中导致景物运动和改变景物结构的力的信息，这对理解场景很有帮助。

在时空场景中，对**兴趣点**（POI）的检测有从空间向时空扩展的趋势[Laptev 2005]。

1. 空间兴趣点的检测

在图像空间中，可以使用**线性尺度空间表达**，即利用 $L^{sp}: \mathbb{R}^2 \times \mathbb{R}_+ \rightarrow \mathbb{R}$ 来对图像建模（其中图像 $f^{sp}: \mathbb{R}^2 \rightarrow \mathbb{R}$）：

$$L^{sp}(x, y; \sigma_l^2) = g^{sp}(x, y; \sigma_l^2) \otimes f^{sp}(x, y) \tag{14.2.1}$$

即将 f^{sp} 与具有方差 σ_l^2 的高斯核卷积：

$$g^{sp}(x, y; \sigma_l^2) = \frac{1}{2\pi\sigma_l^2}\exp\left[-(x^2 + y^2)/2\sigma_l^2\right] \tag{14.2.2}$$

对空间兴趣点的检测可使用哈里斯（Harris）兴趣点检测器（也称哈里斯角点检测函数），它的基本思路是确定 f^{sp} 在水平和垂直两个方向均有明显变化的空间位置。对一个给定的观察尺度 σ_l^2，这些点可借助在方差为 σ_i^2 的高斯窗中求和所得到的二阶矩的矩阵来计算：

$$\begin{aligned}\mu^{sp}(\bullet; \sigma_l^2, \sigma_i^2) &= g^{sp}(\bullet; \sigma_i^2) \otimes \{[\nabla L(\bullet; \sigma_l^2)][\nabla L(\bullet; \sigma_l^2)]^{T}\} \\ &= g^{sp}(\bullet; \sigma_i^2) \otimes \begin{bmatrix} (L_x^{sp})^2 & L_x^{sp} L_y^{sp} \\ L_x^{sp} L_y^{sp} & (L_y^{sp})^2 \end{bmatrix}\end{aligned} \tag{14.2.3}$$

其中，L_x^{sp} 和 L_y^{sp} 是在局部尺度 σ_l^2 根据 $L_x^{sp} = \partial_x[g^{sp}(\bullet;\sigma_l^2)\otimes f^{sp}(\bullet)]$ 和 $L_y^{sp} = \partial_y[g^{sp}(\bullet;\sigma_l^2)\otimes f^{sp}(\bullet)]$ 算得的高斯微分。这个二阶矩描述符可看作一幅 2-D 图像在一个点的局部邻域里的朝向分布协方差矩阵。所以 μ^{sp} 的本征值 λ_1 和 λ_2（$\lambda_1 \leqslant \lambda_2$）构成 f^{sp} 沿图像两个方向变化的描述符。如果 λ_1 和 λ_2 的值都很大，则表明有一个感兴趣点。为检测这样的点，可以检测角点函数的正极大值：

$$H^{sp} = \det(\mu^{sp}) - k \bullet \text{trace}^2(\mu^{sp}) = \lambda_1\lambda_2 - k(\lambda_1 + \lambda_2)^2 \tag{14.2.4}$$

在感兴趣点，本征值的比 $a = \lambda_2 / \lambda_1$ 应该很大。根据(14.2.4)，对 H^{sp} 的正局部极值，a 应该满足 $a/(1+a)^2 \geqslant k$。所以，如果设 $k = 0.25$，H 的正极大值将对应理想的各向同性兴趣点（此时 $a = 1$，即 $\lambda_1 = \lambda_2$）。较小的 k 值（对应较大的 a 值）允许对更尖锐兴趣点进行检测。文献中常用的 k 值是 $k = 0.04$，对应检测 $a < 23$ 的兴趣点。

2. 时空兴趣点的检测

将在空间的兴趣点检测扩展到时空中，即去检测在局部时空体中具有沿时间轴和空间轴图像值都有大变化的位置。具有这样性质的点将对应在时间上具有特定位置的空间兴趣点，其处在具有非常数值运动的时空邻域内。检测时空兴趣点是一种提取底层运动特征的方法，不需要背景建模。这里可先将给定的视频与一个 3-D 高斯核在不同的时空尺度进行卷积。然后在尺度空间表达的每一层都计算时空梯度，将它们在各个点的邻域里结合起来以得到对时空二阶矩矩阵的稳定估计。从矩阵中就可提取出局部的特征。

例 14.2.1 时空兴趣点示例

图 14.2.1 给出乒乓球比赛中运动员挥拍击球的一个片段，从这段画面里检测出来了几个时空兴趣点。时空兴趣点沿着时间轴的疏密程度与动作的频率相关，而时空兴趣点在空间的位置则对应球拍的运动轨迹，也反映了动作的大小和幅度。

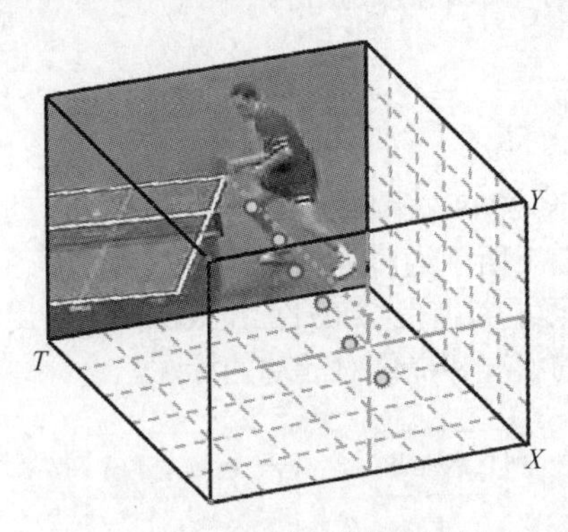

图 14.2.1 时空兴趣点示例 □

为对时空图像序列建模，可使用函数 f: $\mathrm{R}^2 \times \mathrm{R} \to \mathrm{R}$ 并通过将 f 与各向非同性高斯核（不相关的空间方差 σ_l^2 和时间方差 τ_l^2）卷积构建它的线性尺度空间表达 L: $\mathrm{R}^2 \times \mathrm{R} \times \mathrm{R}_+^2 \to \mathrm{R}$:

$$L(\bullet;\sigma_l^2,\tau_l^2) = g(\bullet;\sigma_l^2,\tau_l^2) \otimes f(\bullet) \tag{14.2.5}$$

其中，时空分离的高斯核为:

$$g(x,y,t;\sigma_l^2,\tau_l^2) = \frac{1}{\sqrt{(2\pi)^3 \sigma_l^4 \tau_l^2}} \exp\left[-\frac{x^2+y^2}{2\sigma_l^2} - \frac{t^2}{2\tau_l^2}\right] \tag{14.2.6}$$

对时间域使用一个分离的尺度参数是非常关键的，因为时间和空间范围的事件一般是独立的。另外，使用兴趣点算子检测出来的事件同时依赖于空间和时间的观察尺度，所以对尺度参数 σ_l^2 和 τ_l^2 需要分别对待。

类似于在空间域，考虑一个时空域二阶矩的矩阵，它是一个 3 × 3 的矩阵，包括用高斯权函数 $g(\bullet;\sigma_i^2, \tau_i^2)$ 卷积的一阶空间和时间微分:

$$\mu = g(\bullet;\sigma_i^2,\tau_i^2) \otimes \begin{bmatrix} L_x^2 & L_xL_y & L_xL_t \\ L_xL_y & L_y^2 & L_yL_t \\ L_xL_t & L_yL_t & L_t^2 \end{bmatrix} \tag{14.2.7}$$

其中，将积分尺度 σ_i^2 和 τ_i^2 与局部尺度 σ_l^2 和 τ_l^2 根据 $\sigma_i^2 = s\sigma_l^2$ 和 $\tau_i^2 = s\tau_l^2$ 联系起来。一阶微分定义为:

$$\begin{aligned} L_x(\bullet;\sigma_l^2,\tau_l^2) &= \partial_x(g \otimes f) \\ L_y(\bullet;\sigma_l^2,\tau_l^2) &= \partial_y(g \otimes f) \\ L_t(\bullet;\sigma_l^2,\tau_l^2) &= \partial_t(g \otimes f) \end{aligned} \tag{14.2.8}$$

为检测感兴趣点，在 f 中搜索具有 μ 的显著本征值 λ_1、λ_2、λ_3 的区域。这可将定义在空间的哈里斯角点检测函数，即式(14.2.4)通过结合 μ 的行列式和迹扩展到时空域:

$$H = \det(\mu) - k \bullet \mathrm{trace}^3(\mu) = \lambda_1\lambda_2\lambda_3 - k(\lambda_1+\lambda_2+\lambda_3)^3 \tag{14.2.9}$$

为证明 H 的正局部极值对应具有大 λ_1、λ_2 和 λ_3（$\lambda_1 \leqslant \lambda_2 \leqslant \lambda_3$）值的点，定义比率 $a = \lambda_2 / \lambda_1$

和 $b=\lambda_3/\lambda_1$，并将 H 重写成：

$$H=\lambda_1^3[ab-k(1+a+b)^3] \tag{14.2.10}$$

因为 $H \geqslant 0$，所以有 $k \leqslant ab/(1+a+b)^3$，且 k 会在 $a=b=1$ 时取得它可能的最大值 $k=1/27$。对明显大的 k 值，H 的正局部极值对应沿着时间轴和空间轴图像值都有大变化的点。特别如果设 a 和 b 如在空间那样最大值为 23，则在式（14.2.9）中用的 k 值将约为 0.005。所以 f 中的时空兴趣点可通过检测 H 中的正局部时空极大值来获得。

14.3 动态轨迹学习和分析

动态轨迹学习和分析[Morris 2008]试图通过对场景中各个运动目标行为的理解和刻画来提供对监控场景状态的把握。图 14.3.1 所示为对视频进行动态轨迹学习和分析的流程，首先对目标进行检测（如在车上对行人检测，可参见[贾 2007]）并跟踪，接着用所获得的轨迹自动地构建场景模型，最后用该模型描述监控的状况和提供对活动的标注。

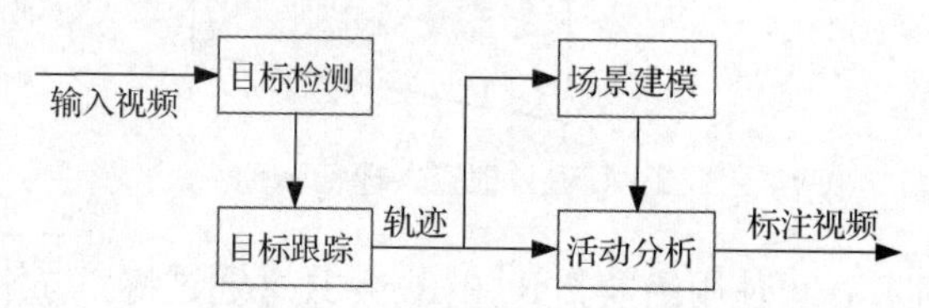

图 14.3.1　动态轨迹学习和分析的流程

在场景建模中，先将有事件发生的图像区域定义为**兴趣点**（POI），然后在接下来的学习步骤中定义**活动路径**（AP），该路径刻画目标是如何在感兴趣点间运动/游历的。这样构建的模型可称为 POI/AP 模型。

在 POI/AP 学习中的主要工作如下。

（1）活动学习：尽管轨迹长度可能不同，对活动的学习仍通过比较**轨迹**来进行，关键是要保持对相似性的直观认识。

（2）适应：指研究管理 POI/AP 模型的过程和技术。这些技术要能在线地适应增加新活动，除去不再继续的活动，并验证模型。

（3）特征选择：目的是确定对特定任务正确的动力学表达层次。例如仅使用空间信息就可确定汽车走哪条路，但要检测事故常还需要速度信息。

14.3.1 自动场景建模

借助动态轨迹对场景的自动建模包括以下 3 个要点[Makris 2005]。

1. 目标跟踪

对目标的跟踪（参见 11.3.2 小节）需要在每一帧中对各个可以观察到的目标进行身份维护。例如在 T 帧视频中被跟踪的目标会生成一系列可推断出来的跟踪状态：

$$S_T=\{s_1,s_2,\cdots,s_T\} \tag{14.3.1}$$

其中 s_t 可描述诸如位置、速度、外观、形状等目标特性。这些轨迹信息构成进一步分析的基石。通过认真分析这些信息就可识别和理解活动。

2. 兴趣点检测

场景建模的第 1 个任务就是找出图像中的感兴趣区域。在指示跟踪目标的地形图中，这些区域对应图中的顶点。经常考虑的两种顶点包括入/出区域和停止区域。以教室为例，前者对应教室门而后者对应讲台。

入/出区域是目标进入或离开**视场**（FOV）或被跟踪目标出现或消失的位置。这些区域常可借助 2-D **高斯混合模型**（GMM）建模，$Z \sim \sum_{i=1}^{W} w_i N(\mu_i, \sigma_i)$，其中有 W 个分量。这可用 EM 算法来解。进入点的数据包括在第 1 个跟踪状态所确定的位置，而离去点的数据包括在最后一个跟踪状态所确定的位置。它们可用一个密度准则来区分，在状态 i 的混合密度定义为：

$$d_i = \frac{w_i}{\pi\sqrt{|\sigma_i|}} > L_d \tag{14.3.2}$$

它测量高斯混合的紧凑程度。其中，阈值：

$$L_d = \frac{w}{\pi\sqrt{|\boldsymbol{C}|}} \tag{14.3.3}$$

指示信号聚类的平均密度。这里，$0 < w < 1$ 是用户定义的权重，$\boldsymbol{C}$ 是在区域数据集合中所有的点的协方差矩阵。紧凑的混合指示正确的区域，而宽松的混合指示由于跟踪中断而导致的跟踪噪声。

停止区域源于场景地标点，即目标在一段时期内趋于固定的位置。这些停止区域可用两种不同的方法来确定：①在该区域中被跟踪点的速度低于某个事先确定的很低的阈值；②所有被跟踪点至少在某个时间段内保持在一个有限的距离环中。通过定义一个半径和一个时间常数，第 2 种方法可保证目标确实保持在特定的范围而第 1 种方法仍有可能包括运动很慢的目标。进行活动分析时，除了要确定位置也需要把握在每个停止区域所花去的时间。

3. 活动路径学习

要理解行为，需要确定**活动路径**。可以使用 POI 从训练集中滤除虚警或跟踪中断的噪声，只保留在进入区域后开始并在终止区域前结束的轨迹。经过停止区域的跟踪轨迹分成分别对应进入区域的和离开区域的两段，一个活动要定义在目标开始运动和结束运动的两个感兴趣点之间。

为了区分随时间变化的动作目标（如沿着人行道走或跑的行人），需要在路径学习中加入时间动态信息。图 14.3.2 给出路径学习算法的 3 种基本结构，它们的主要区别包括输入的种类、运动矢量、轨迹（或视频片段），以及运动抽象的方式。

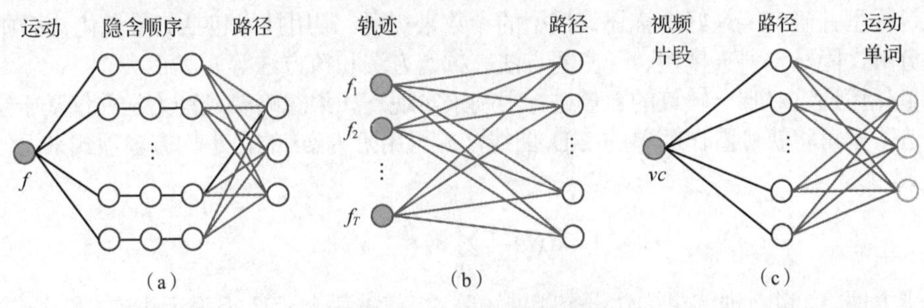

图 14.3.2　轨迹和路径学习方案

在图 14.3.2（a）中，输入的是在时刻 t 的单个轨迹，其中路径上的各点隐含地在时间上排了序。在图 14.3.2（b）中，一个完整的轨迹被用作学习算法的输入以帮助直接建立输出的路径。在图 14.3.2（c）中，画出的是路径按视频时序的分解。视频片段被分解成一组运动单词以描述活动，或者说视频片段根据运动单词的出现而被赋予某种活动的标签。

14.3.2　路径学习

由于路径刻画了目标运动的情况，一个原始的轨迹可表示成动态测量的序列。例如常用的轨迹表达就是一个运动序列：

$$G_T = \{\boldsymbol{g}_1, \boldsymbol{g}_2, \cdots, \boldsymbol{g}_T\} \tag{14.3.4}$$

其中，运动矢量为：

$$\boldsymbol{g}_t = [x^t, y^t, v_x^t, v_y^t, a_x^t, a_y^t]^{\mathrm{T}} \tag{14.3.5}$$

表示从跟踪中获得的目标在时刻 t 的动态参数，包括位置$[x, y]^{\mathrm{T}}$、速度$[v_x, v_y]^{\mathrm{T}}$和加速度$[a_x, a_y]^{\mathrm{T}}$。

仅使用轨迹就可能以无监督的方式学习 AP，其基本流程如图 14.3.3 所示。预处理步骤要建立用于聚类的轨迹，聚类步骤可提供一个全局和紧凑的路径模型表达。尽管图中有 3 个分离的顺序步骤，但它们也常结合在一起。下面对 3 个步骤再分别给予一些详细解释。

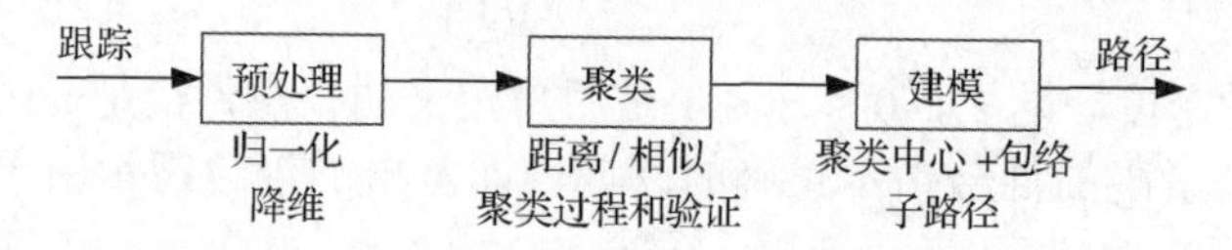

图 14.3.3 轨迹学习基本流程

1. **轨迹预处理**

路径学习研究中的大部分工作都是要获得适合聚类的轨迹。跟踪时的主要困难源于时间变化的特性，这导致轨迹长度的不一致。需要采取步骤以保障在不同尺寸的输入之间可以进行有意义的比较。另外，轨迹表达在聚类中应直观地保持原始轨迹的相似性。

轨迹预处理主要包括两个内容。

（1）归一化：归一化的目的是保证所有轨迹有相同的长度 T_a。两种简单的技术是填零和扩展。填零就是在较短轨迹的后面增加一些等于零的项。扩展是将在原轨迹最后时刻的部分延伸扩展到需要的长度。它们都有可能把轨迹空间扩得非常大。除了检查训练集以确定轨迹的长度 T_a 外，也可利用先验知识进行重采样和平滑处理。重采样结合插值可保证所有轨迹有相同的长度 T_a。平滑可用来消除噪声，平滑后的轨迹也可插值和采样到固定的长度。

（2）降维：降维能够将轨迹映射到新的低维空间，从而可以使用更鲁棒的聚类。这可通过假设一个轨迹模型并确定能最好地描述该模型的参数来实现。常用技术包括矢量量化、多项式拟合、多分辨率分解、隐马尔科夫模型、子空间方法、频谱方法和核方法等。

矢量量化可通过对唯一轨迹的数量进行限制来实现。如果忽略轨迹动力学并仅基于空间坐标来处理轨迹，则可将轨迹看作简单的 2-D 曲线，并可用阶为 m 的最小均方多项式来近似（各 w 为加权系数）：

$$x(t) = \sum_{k=0}^{m} w_k t^k \tag{14.3.6}$$

在频谱方法中，可对训练集构建一个相似矩阵 $\boldsymbol{S}$，其中每个元素 s_{ij} 表示轨迹 i 和轨迹 j 之间的相似性。还可构建一个拉普拉斯矩阵 $\boldsymbol{L}$：

$$\boldsymbol{L} = \boldsymbol{D}^{-1/2}\boldsymbol{S}\boldsymbol{D}^{-1/2} \tag{14.3.7}$$

其中 $\boldsymbol{D}$ 是对角矩阵，其第 i 个对角元素是 $\boldsymbol{S}$ 中第 i 行元素值的和。通过将 $\boldsymbol{L}$ 分解可以确定其最大的 K 个本征值。将对应的本征矢量放进一个新矩阵，其行就对应在频谱空间变换后的轨迹，而频谱轨迹可用 K-均值法获得。

多数研究者将轨迹归一化和降维结合起来处理原始轨迹以保证可使用标准的聚类技术。

2. **轨迹聚类**

聚类是在没有标记的数据中确定结构的常用的机器学习技术。在观察场景时，收集运动轨迹并将其结合进类似的类别中。为了产生有意义的聚类，**轨迹聚类**过程要考虑 3 个问题：①定义一个距离（对应相似性）测度；②聚类更新的策略；③聚类验证。

（1）距离/相似测量：聚类技术依赖于距离（相似）测度的定义。前面说过，轨迹聚类的一个主要问题是由相同活动产生的轨迹可能有不同的长度。为解决这个问题，既可以采用预处理方法，也可以定义一个与尺寸独立的距离测度（这里设两个轨迹 G_i 和 G_j 有相同的长度）：

$$d_{\mathrm{E}}(G_i, G_j) = \sqrt{(G_i - G_j)^{\mathrm{T}}(G_i - G_j)} \tag{14.3.8}$$

如果两个轨迹 G_i 和 G_j 有不同的长度，则对欧氏距离不随尺寸变化的改进是比较两个长度分别为 m 和 n（$m > n$）的轨迹矢量，并使用最后的点 $\boldsymbol{g}_{j,n}$ 来累积失真：

$$d_{ij}^{(\mathrm{c})} = \frac{1}{m}\left\{\sum_{k=1}^{n} d_{\mathrm{E}}(\boldsymbol{g}_{i,k}, \boldsymbol{g}_{j,k}) + \sum_{k=1}^{m-n} d_{\mathrm{E}}(\boldsymbol{g}_{i,n+k}, \boldsymbol{g}_{j,n})\right\} \tag{14.3.9}$$

欧氏距离比较简单，但在有时间偏移的情况下效果不好，因为仅对准的序列可以匹配。这里可以考虑使用豪斯道夫距离。另外，还有一种距离测度并不依赖于完整轨迹（不考虑野点）。假设两个轨迹 $G_i = \{\boldsymbol{g}_{i,k}\}$ 和 $G_j = \{\boldsymbol{g}_{j,l}\}$ 的长度分别为 T_i 和 T_j，则：

$$D_{\mathrm{o}}(G_i, G_j) = \frac{1}{T_i}\sum_{k=1}^{T_i} d_{\mathrm{o}}(\boldsymbol{g}_{i,k}, G_j) \tag{14.3.10}$$

其中：

$$d_{\mathrm{o}}(\boldsymbol{g}_{i,k}, G_j) = \min_{l}\left[\frac{d_{\mathrm{E}}(g_{i,k}, g_{j,l})}{Z_l}\right] \qquad l \in \left\{\lfloor(1-\delta)k\rfloor \cdots \lceil 1+\delta \rceil k\right\} \tag{14.3.11}$$

Z_l 是归一化常数，代表点 l 处的方差。$D_{\mathrm{o}}(G_i, G_j)$用来将轨迹与存在的聚类比较。如果比较两个轨迹，可使用 $Z_l = 1$。这样定义的距离测度是从任意点到与它最好的匹配之间的平均归一化距离，此时最好的匹配处在一个滑动时间窗口中，该窗口的中心位于点 l 处，宽度为 2δ。

（2）聚类过程和验证：预处理后的轨迹可以用非监督的学习技术进行组合。这可以将轨迹空间分解成感知上相似的聚类（如道路）。对聚类的学习有多种方法：①迭代优化；②在线自适应；③分层方法；④神经网络；⑤共生分解。

借助聚类算法学习到的路径需要进一步验证，这是因为真实的类别数并不知道。多数聚类算法需要对期望的类别数 K 有个初始的选择，但这个初始的选择常不正确。为此，可对不同的 K 分别进行聚类，取最好结果所对应的 K 作为真正的聚类数。这里的判断准则可以使用**紧密和分离准则**（TSC），它比较在相同聚类中轨迹之间的距离与不同聚类中轨迹之间的距离。给定训练集 $D_T = \{G_1, \cdots, G_M\}$，有：

$$TSC(K) = \frac{1}{M}\frac{\sum_{j=1}^{K}\sum_{i=1}^{M} f_{ij}^2 d_{\mathrm{E}}^2(G_i, c_j)}{\min_{ij} d_{\mathrm{E}}^2(c_i, c_j)} \tag{14.3.12}$$

其中，f_{ij} 是轨迹 G_i 对聚类 C_j（其中的样本用 c_j 表示）的模糊隶属度。

3. 路径建模

轨迹聚类后，可根据所得到的路径建立（图）模型以进行有效的推理。路径模型是对聚类的紧凑表达。可以用两种方式对**路径建模**。第 1 种方式考虑完整的路径，从端点到端点的路径不仅有平均的中心线，两边还有包络指示路径范围，沿着路径可能有一些中间状态给出测量顺序（参见图 14.3.4（a））；第 2 种方式将路径分解为一些子路径，或者说将路径表示成子路径的树，预测路径的概率从当前顶点指向叶顶点（参见图 14.3.4（b））。

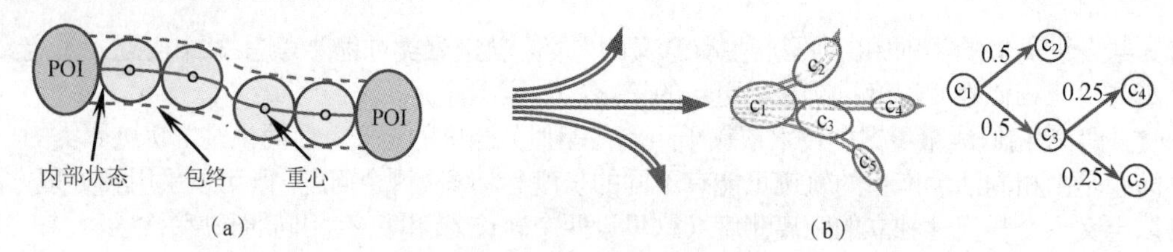

图 14.3.4　两种对路径建模的方式

14.3.3　自动活动分析

一旦建立了场景模型，就可以对目标的行为和活动进行分析了。监控视频的一个基本功能就是对感兴趣事件进行验证。一般来说，只有在特定环境下才可以定义是否感兴趣。例如停车管理系统会关注是否还有空位可以停车，而智能会议室系统所关心的是人员之间的交流。除了识别特定的行为，所有非典型的事件也需要检查。通过对一个场景进行长时的观察，系统可以进行一系列的活动分析，从而学习到哪些是感兴趣的事件。

一些典型的活动分析如下。

（1）虚拟篱笆：任何监控系统都有一个监控范围，在该范围的边界上设立“哨兵”就可对范围内发生的事件进行预警。这相当于在监控范围的边界建立了虚拟篱笆，一旦有入侵就触发分析，如控制高分辨率的**云台摄像机**（PTZ）一旦获取入侵处的细节，就开始对入侵数量的统计等。

（2）速度分析：虚拟篱笆只利用了位置信息，借助跟踪技术还可获得动态信息实现基于速度的预警，如车辆超速或路面堵塞。

（3）路径分类：速度分析只利用了当前跟踪的数据，实际中还可利用由历史运动模式获得的活动路径（AP）。新出现目标的行为可借助最大后验（MAP）路径来描述：

$$L^* = \arg\max_k p(l_k \mid G) = \arg\max_k p(G, l_k) p(l_k) \tag{14.3.13}$$

这可帮助确定哪个活动路径能最好地解释新的数据。因为先验路径分布 $p(l_k)$可用训练集来估计，所以问题就简化为用 HMM 来进行最大似然估计。

（4）异常检测：异常事件的检测常是监控系统的重要任务。因为活动路径能指示典型的活动，所以如果一个新的轨迹与已有的不符就可发现异常。异常模式可借助智能阈值化来检测：

$$p(l^* \mid G) < L_l \tag{14.3.14}$$

其中，与新轨迹 G 最相像的活动路径 l^*的值仍小于阈值 L_l。

（5）在线活动分析：能够在线地分析、识别、评价活动比使用整个轨迹来描述运动更重要。一个实时的系统要能够根据尚不完整的数据快速地对正在发生的行为进行推理（常基于图模型）。这里有两步工作。一是路径预测：可以利用至今为止的跟踪数据来预测将来的行为，并在收集到更多数据时细化预测。利用非完整的轨迹对活动进行预测可表示为：

$$\hat{L} = \arg\max_j p(l_j \mid W_t G_{t+k}) \tag{14.3.15}$$

其中 W_t 代表窗函数，G_{t+k} 是直到当前时间 t 的轨迹以及 k 个预测的未来跟踪状态。二是跟踪异常：除了将整个轨迹划归异常，还需要在非正常事件刚发生时就检测到它们。这可通过用 W_tG_{t+k} 代替式（14.3.14）中的 G 来实现。窗函数 W_t 并不必须与预测中相同，且阈值有可能需要根据数据量进行调整。

（6）目标交互刻画：更高层次的分析期望能进一步描述目标间的交互。与异常事件类似，严格地定义目标交互也很困难。在不同的环境下，不同的目标之间有不同类型的交互。以汽车碰撞为例，每辆汽车有其空间尺寸，可看作其个人空间。汽车在行驶时，其个人空间在汽车周围要增加一个最小安全距离（最小安全区），所以时空个人空间会随运动而改变，速度越快，最小安全距离增加越多（尤其在行驶方向上）。

例 14.3.1 汽车碰撞

用目标交互关系来刻画汽车碰撞的一个示意如图 14.3.5 所示，其中个人空间用圆表示，而安全区域随速度（包括大小和方向）的改变而改变。如果两辆车的安全区域有交会，则有可能发生碰撞，借此可帮助规划行车路线。

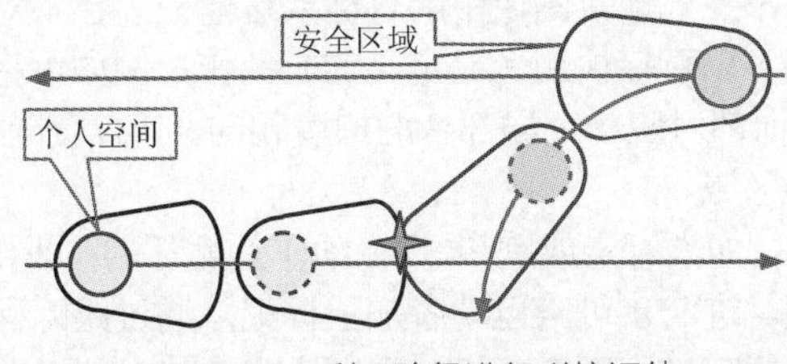

图 14.3.5 利用路径进行碰撞评估 ❑

最后需要指出，对简单的活动，仅根据目标位置和速度就能进行分析，但对相对复杂的活动则可能还需要更多的测量，如加入剖面的弯曲度以判别古怪的行走。为提供对活动和行为的更全面覆盖，常需要使用多摄像机网络。活动轨迹还可源于由互相连接的部件而构成的目标（如人体），这里活动需要相对一组轨迹来定义。

14.4 动作分类和识别

基于视觉的人体动作识别是对图像序列（视频）用动作（类）标号进行标记的过程。在对观察到的图像或视频获得表达的基础上，可将人体动作识别变成一个分类的问题。

14.4.1 动作分类

对动作的分类可采用多种形式的技术[Poppe 2010]。

1. 直接分类

在直接分类的方法中，并不对时间域以特别关注。这些方法将观察序列中所有帧的信息都加到单个表达中，也可对各个帧分别进行动作的识别和分类。

在很多情况下，图像的表达是高维的。这导致匹配计算量非常大。另外，表达中也可能包括噪声等特征。所以，分类需要在低维空间获得紧凑、鲁棒性的特征表达。降维既可采用线性的方法也可采用非线性的方法。例如**主分量分析**（PCA）是一种典型的线性方法，而**局部线性嵌入**（LLE）是一种典型的非线性方法。

直接分类所用的分类器也可不同。鉴别型分类器关注如何区分不同的类别，而不是模型化各个类别，典型的如 SVM（参见 12.3 节）。在自举（boosting）框架下，用一系列弱分类器（每个分类器经常仅使用 1-D 表达）来构建一个强分类器。除自适应自举（AdaBoost）外，线性规划自举（LPBoost）可以获得稀疏的系数且能很快收敛。

2. 时间状态模型

生成模型去学习观察与动作之间的联合分布，对每个动作类进行建模（考虑所有变化）。**鉴别模型**则学习给定观察条件下动作类别出现的概率，它们并不对类别建模但关注类之间的差别。

生成模型中最典型的是**隐马尔科夫模型**（HMM），其中的隐状态对应动作进行的各个步骤。隐状态对状态转移概率和观察概率进行建模。这里有两个独立的假设。一个是状态转移仅仅依赖于上一个状态，一个是观察仅仅依赖于当前状态。HMM 的变型包括**最大熵马尔科夫模型**

（MEMM）、**状态分解的分层隐马尔科夫模型**（FS-HHMM）、**分层可变过渡隐马尔科夫模型**（HVT-HMM）等。

另一方面，鉴别模型对给定观察后的条件分布进行建模，将多个观察结合起来以区别不同的动作类。这种模型对区分相关的动作比较有利。**条件随机场**（CRF）是一种典型的鉴别模型，对其的改进包括**分解条件随机场**（FCRF）、**推广条件随机场**等。

3. 动作检测

基于动作检测的方法并不显式地对图像中的目标表达建模，也不对动作建模。它将观察序列与编号的视频序列联系起来，以直接检测（已定义的）动作。例如可将视频片段描述成在不同时间尺度上编码的词袋，每个词都对应一个**局部片**的梯度朝向。具有缓慢时间变化的片可以忽略掉，这样表达将主要集中于运动区域。

当运动是周期性的时候（如人行走或跑步等），动作是循环的，即循环动作。这时可借助分析自相似矩阵来进行时域分割。进一步可给运动者加上标记，通过跟踪标记并使用仿射距离函数来构建自相似矩阵。对自相似矩阵进行频率变换，则频谱中的峰对应运动的频率（如要区别行走的人或跑步的人，可计算步态的周期）。对矩阵结构进行分析就可确定动作的种类。

对人体动作的表达和描述，主要的方法可分为两类：①基于表观的方法（直接利用对图像的前景、轮廓、光流等的描述）；②基于人体模型的方法（利用人体模型表达行为人的结构特征，如将动作用人体关节点序列来描述）。不管采用哪类方法实现对人体的检测，特别是对人体重要部分（如头部、手、脚等）的检测和跟踪，都会起重要的作用。

例 14.4.1 动作识别数据库示例

图 14.4.1 给出 Weizmann 动作识别数据库中一些动作的示例图片[Blank 2005]，从上到下左边一列依次为头顶击掌（jack）、侧向移动（side）、弯腰（bend）、行走（walk）、跑（run），右边一列依次为挥单手（wave1）、挥双手（wave2）、单脚前跳（skip）、双脚前跳（jump）、双脚原地跳（pjump）。

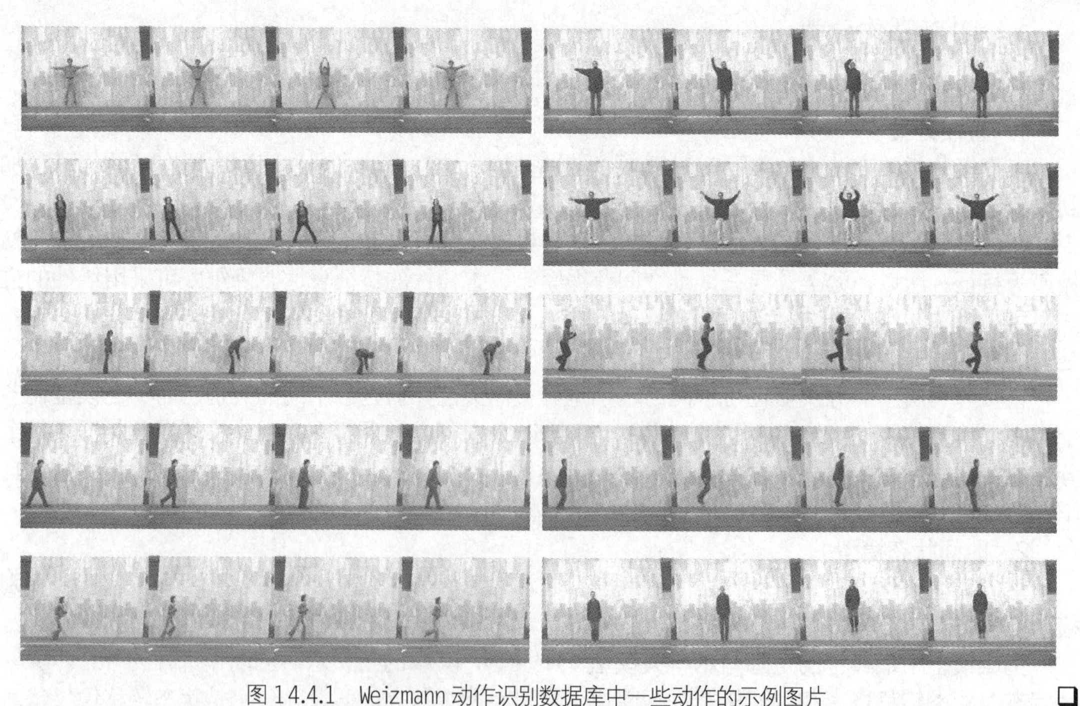

图 14.4.1 Weizmann 动作识别数据库中一些动作的示例图片 ❑

14.4.2 动作识别

动作及活动的表达和识别是一个相对不很新但还不太成熟的领域[Moeslund 2006]。采用的方法依赖于研究者的目的。在场景解释中，表达可独立于导致活动产生的目标（如人或车）；而在监控应用中，表达一般关注的是人的活动和人之间的交互。在整体（holistic）的方法中，全局的信息要优于部件的信息，例如要确定人的性别时。而对简单的动作如走或跑，也可考虑使用局部的方法，其中更关注细节动作或动作基元。

1. 整体识别

整体识别强调对整个人体目标或单个人体的各个部分进行识别。例如可基于整个身体的结构和整个身体的动态信息来识别人的行走、行走的步态等。这里绝大多数方法基于人体的剪影或轮廓而不太区分身体的各个部分。例如有一种基于人体的身份识别技术使用了人的剪影并对其轮廓进行均匀采样，然后对分解的轮廓用**主分量分析**（PCA）处理。为计算时空相关性，可在本征空间比较各个轨迹。另外，利用动态信息除可辨识身份外也可确定人正在做什么工作。基于身体部件的识别则通过身体部件的位置和动态信息来对动作进行识别。

2. 姿态建模

对人体动作的识别与对人体姿态的估计密切相连。人体姿态可分为动作姿态和体位姿态，前者对应人在某一个时刻的动作行为，后者对应人体在3-D空间的朝向。

对人体姿态的表达和计算方法主要可分为3种。

（1）基于表观的方法：不对人的物理结构进行直接建模，而是采用颜色、纹理、轮廓等信息对人体姿态进行分析。由于该方法仅利用了2-D图像中的表观信息，所以难以估计人体位姿。

（2）基于人体模型的方法：先使用线图模型、2-D或3-D模型对人体进行建模，然后通过分析这些参数化的人体模型来估计人体姿态。这类方法通常对图像分辨率和目标检测的精度要求较高。

（3）基于3-D重构的方法：先将多摄像头在不同位置获得的2-D运动目标通过对应点匹配重构成3-D运动目标，然后利用摄像头参数和成像公式估计3-D空间中的人体位姿。

可以基于时空兴趣点（参见14.2节）来对姿态进行建模。一般基于时空哈里斯角点检测所得到的时空兴趣点数量较少，属于稀疏型。它们多处于运动突变的区域，如果检测失败容易丢失视频中重要的运动信息。为此还可借助运动强度（可将图像与空域高斯滤波器和盖伯时域滤波器卷积而计算）提取稠密型的时空兴趣点，以充分捕获运动产生的变化。提取出时空兴趣点后，先对每个点建立描述符，再对每个姿态建模。一种具体方法是首先提取训练样本库中姿态的时空特征点作为底层特征，让一个姿态对应一个时空特征点集合。然后采用非监督分类方法对姿态样本归类，以获得典型姿态的聚类结果。最后，对每个典型姿态类别采用基于EM的高斯混合模型实现建模。

近期在对自然场景中的姿态估计方面有一个趋势，即为了克服在无结构场景中用单视图进行跟踪产生的问题而采用在单帧图中进行姿态检测的方法。例如基于鲁棒的部件检测并对部件进行概率组合已能在复杂的电影画面中获得对2-D姿态的较好估计。

3. 活动重建

动作导致姿态的改变，如果将人体的每个静止姿态定义为一个状态，那么借助状态空间法（也称概率网络法，参见11.3.2小节的卡尔曼滤波器），通过转移概率来切换状态，则一个活动序列的构建可通过在对应姿态的状态之间进行一次遍历而得到。

基于对姿态的估计，从视频自动重建人体活动方面也已有了明显进展。原始的基于模型的分析-合成方案借助多视角视频采集从而有效地对姿态空间进行搜索。当前的许多方法更注重获取整体的身体运动而不是很强调精确地构建细节。

单视图人体活动重建也基于统计采样技术有了很多进展。目前比较关注的是利用学习得到的模型来约束基于活动的重建。研究表明使用强有力的先验模型对单视图中跟踪特定活动很有帮助。

4. 交互活动

交互活动是比较复杂的活动。交互活动可以分为两类：①人与环境的交互，如人开车，拿起一本书等；②人际交互，常指两人（也可多人）的交流活动或联系行为，它是将单人的活动结合起来而得到的。对单人活动可借助概率图模型来描述。概率图模型是对连续动态特征序列建模的有力工具，有比较成熟的理论基础。它的缺点是其模型的拓扑结构依赖于活动本身的结构信息，所以对复杂的交互活动需要大量的训练数据以学习图模型的拓扑结构。为了将单人活动结合起来，可以使用**统计关系学习**（SRL）的方法。SRL 是一种将关系/逻辑表示、概率推理、机器学习和数据挖掘等进行综合以获取关系数据似然模型的机器学习方法。

5. 群体活动

量变引起质变，参与活动目标数量的大幅增加，带来了新的问题和新的研究。例如群体目标运动分析主要以人流、交通流以及自然界的密集生物群体为对象，研究群体目标运动的表达与描述方法，分析群体目标的运动特征以及边界约束对群体目标运动的影响。此时，对特殊个体的独特行为的把握有所减弱，更关注的是通过对个体进行抽象来实现对整个集合活动的描述。例如有的研究借鉴宏观运动学理论，探索粒子流的运动规律，建立粒子流的运动理论。在此基础上，对群体目标活动中的聚合、消散、分化、合并等动态演变现象进行语义分析，以解释整个场景的动向和态势。

例 14.4.2 人流数量统计

在许多公共场合，如广场、体育场出入口等都需要对人流数量有一定的统计。图 14.4.2 给出一个监控场景中对人数进行统计的画面。虽然场景中有许多人，且姿势不同，但这里只关心在特定范围（用框围住的区域中）的人的数量[贾 2009]。

图 14.4.2 人流监控中对人数的统计

❑

例 14.4.3 监控几何

现在讨论一下监控等应用中图像采集的几何模型。将摄像机按如图 14.4.3 所示方式安置在行人的斜上方（高度为 H_c），可以看到行人脚在地面的位置。摄像机光轴沿水平方向，焦距为λ，观测人脚的角度为α。世界坐标系（与摄像机坐标系朝向相同）垂直方向为 Y 轴（这里取向下为正向），X 轴从纸中出来，Z 轴与摄像机光轴平行。这是一个典型的**监控几何**模型。

图 14.4.3 中，水平方向的纵深 Z 是：

$$Z = \frac{\lambda H_c}{y} \tag{14.4.1}$$

行人上部成像的高度：

$$y_t = \frac{\lambda Y_t}{Z} = \frac{y Y_t}{H_c} \tag{14.4.2}$$

行人自身的高度可如下估计：

$$H_t = H_c - Y_t = H_c(1 - y_t / y) \tag{14.4.3}$$

实际中，摄像机光轴一般稍微向下倾斜以增加观测范围（特别是观察接近摄像机下方的目标），如图 14.4.4 所示。

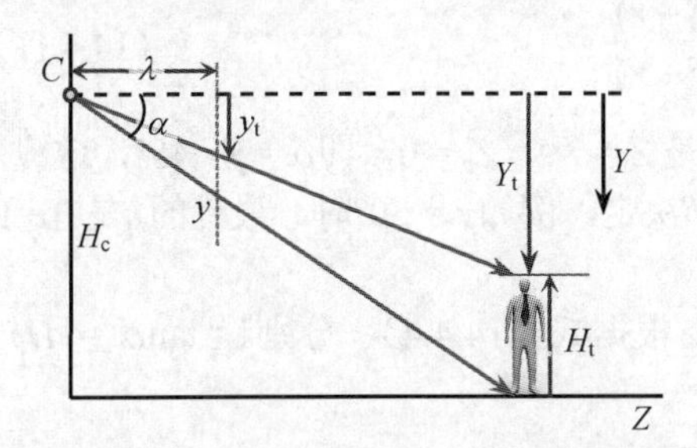

图 14.4.3　摄像机光轴水平时的监控几何

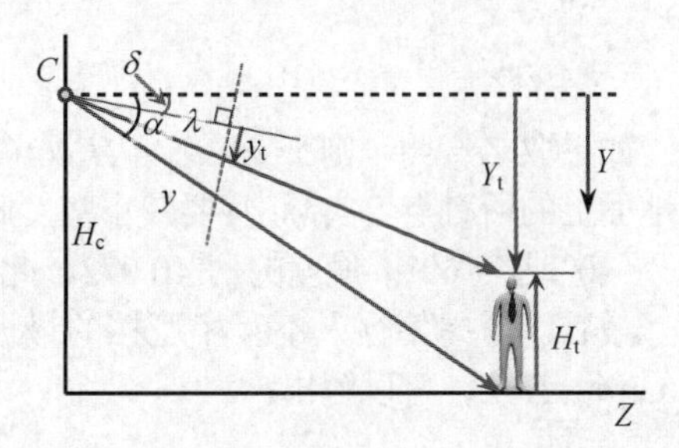

图 14.4.4　摄像机光轴向下倾斜时的监控几何

这里计算公式要复杂些，首先从图中可见：

$$\tan\alpha = \frac{H_c}{Z} \tag{14.4.4}$$

$$\tan(\alpha - \delta) = \frac{y}{\lambda} \tag{14.4.5}$$

其中δ是摄像机的向下倾斜角。从上两式中消去α得到作为y 的函数的Z：

$$Z = H_c \frac{(\lambda - y\tan\delta)}{(y + \lambda\tan\delta)} \tag{14.4.6}$$

为了估计行人的高度，用 Y_t 和 y_t 分别替换上式中的 H_c 和 y，得到：

$$Z = Y_t \frac{(\lambda - y_t \tan\delta)}{(y_t + \lambda\tan\delta)} \tag{14.4.7}$$

从上两式中消去 Z，就得到：

$$Y_t = H_c \frac{(\lambda - y\tan\delta)(y_t + \lambda\tan\delta)}{(y + \lambda\tan\delta)(\lambda - y_t\tan\delta)} \tag{14.4.8}$$

下面，考虑最优的向下倾斜角δ。参见图 14.4.5，摄像机的视角为 2γ，视场要包括最近点 Z_n 和最远点 Z_f，这两点分别对应倾斜角α_n和α_f。

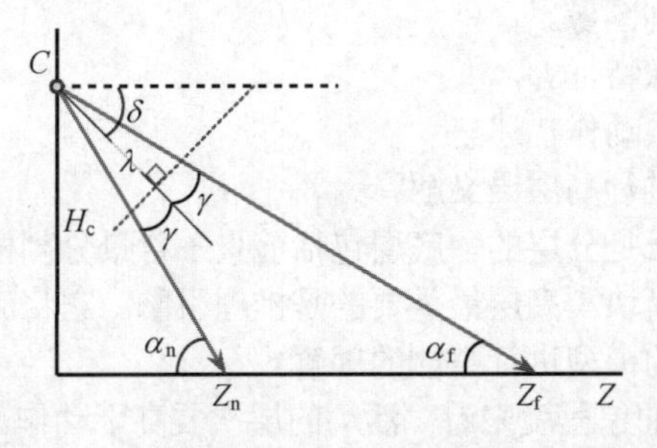

图 14.4.5　计算摄像机光轴向下最优倾斜角的监控几何

分别对最近点和最远点写出：

$$\frac{H_c}{Z_n} = \tan\alpha_n = \tan(\delta+\gamma) \tag{14.4.9}$$

$$\frac{H_c}{Z_f} = \tan\alpha_f = \tan(\delta-\gamma) \tag{14.4.10}$$

取两式的比值，得到：

$$\eta = \frac{Z_n}{Z_f} = \frac{\tan(\delta-\gamma)}{\tan(\delta+\gamma)} \tag{14.4.11}$$

如果取 $Z_f = \infty$，则$\delta = \gamma$，$Z_n = H_c\cot(2\gamma)$。极限情况是 $Z_f = \infty$，$Z_n = 0$，即$\delta = \gamma = 45°$，这覆盖了地面上的所有点。实际中γ要较小些，此时 Z_n 和 Z_f 由δ决定。例如$\gamma = 30°$时，最优的η是 0，此时$\delta = 30°$或$\delta = 60°$；最差的η是 0.072，此时$\delta = 45°$。

最后，考虑使行人不互相遮挡的最近行人间距 Z_s。根据式（14.4.4），分别让 $\tan\alpha = H_t/Z_s$ 和 $\tan\alpha = H_c/Z$，可以解出：

$$Z_s = \frac{H_t Z}{H_c} \tag{14.4.12}$$

可见，摄像机安置得越高越容易将行人区分开。 □

6. 场景解释

与对场景中目标的识别不同，**场景解释**主要考虑整幅图像而不去验证特定的目标或人。实际使用的许多方法仅考虑摄像机拍到的结果，从中通过观察目标运动而不一定确定目标的身份来学习和识别活动。这种策略在目标足够小（可表示成 2-D 空间中一个点）时是比较有效的。

例如一个用来检测出现非正常（异常）情况的系统包括如下模块。首先提取如目标 2-D 位置和速度、尺寸和二值剪影等特征，用矢量量化来生成一个范例的码本。为考虑互相之间的时间关系，可以使用共生的统计。通过迭代定义两个码本中范例间的概率函数并确定一个二值树结构，其中叶顶点对应共生统计矩阵中的概率分布，而更高层的顶点对应简单的场景活动（如行人或车的运动），它们用来进一步给出场景解释。

14.5 活动和行为建模

一个通用的动作/活动识别系统包括从一个图像序列到高层解释的若干工作步骤[Turaga 2008]。

（1）获取输入视频或序列图像。

（2）提取精练的底层图像特征。

（3）从底层特征抽取中层动作描述。

（4）从基本的动作出发进行高层语义解释。

一般实用的活动识别系统是分层的。底层包括前景—背景分割模块、跟踪模块和目标检测模块等。中层主要是动作识别模块。高层最重要的是推理引擎，它将活动的语义根据较低层的动作基元进行编码，并根据学习的模型进行整体的理解。

如 14.1 节中指出的，从抽象程度来看，活动的层次要高于动作。如果从技术的角度来看，对动作和活动的建模和识别常采用不同的技术，而且有从简单到复杂的特点。目前许多常用的动作和活动的建模和识别技术可以图 14.5.1 的方式分类[Turaga 2008]。

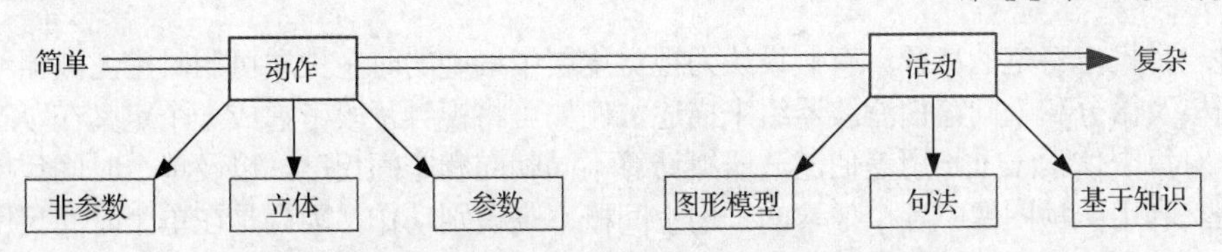

图 14.5.1　动作和活动建模识别技术的分类

14.5.1　动作建模

对动作建模的方法主要可分为3类：**非参数建模**、**立体建模**和**参数时序建模**。非参数的方法是从视频的每帧中提取一组特征，并将这些特征与存储的模板匹配。立体的方法并不是逐个帧图像地去提取特征，而是将视频看作像素强度的3-D立体并将标准的图像特征（如尺度空间极值、空域滤波器响应等）扩展到3-D。参数时序方法对运动的时间动态建模，从训练集中估计对一组动作的特定参数。

1. 非参数建模方法

常见的非参数建模方法有如下几种。

（1）2-D模板

这类方法包括如下步骤：先进行运动检测，然后在场景中跟踪目标。跟踪后，建立一个包含目标的裁剪序列。尺度的改变可借助归一化目标尺寸来补偿。对给定的动作计算一个周期性的指标（index），如果周期性很强，就进行动作识别。为进行识别，利用对周期的估计将周期序列分割成若干个独立的周期。将平均周期分解为若干个时间上的片段，并对各个片段中的每个空间点计算基于流的特征。对每个片段中的流特征进行平均并加到单个帧中，这样一个活动周期中的平均流的帧就构成了每个动作组的模板。

一种典型的方法是构建**时域模板**作为动作的模型。首先提取背景，再将从一个序列中提取的各个背景块都结合进一幅静止图像中。这里有两种结合的方式：一种是对序列中所有帧图像给以相同权重，这样得到的表达可称为**运动能量图**（MEI）；另一种是对序列中不同帧图像给以不同权重，一般对新的帧给以较大权重，对旧的帧给以较小权重，这样得到的表达可称为**运动历史图**（MHI）。对给定的动作，利用结合得到的图像构成一个模板。对模板计算其区域不变矩，并进行识别。

（2）3-D目标模型

3-D目标模型是对时空目标建立的模型，典型的如广义圆柱体模型、2-D轮廓叠加模型等。在2-D轮廓叠加模型中包含了目标的运动和形状信息，据此可提取目标表面的几何特征，如峰、坑、谷、脊等（参见8.4.2小节）。如果把2-D轮廓换成背景中的团块（blob），就得到**二值时空体**。

（3）流形学习方法

很多动作识别都涉及高维空间的数据，特征空间随维数变得按指数形式稀疏，为构建有效的模型需要大量的样本。利用学习数据所在的流形可确定数据的固有维数，该固有维数的自由度较小，可帮助在低维空间设计有效的模型。降低维数的最简单方法是**主分量分析**（PCA），其中假设数据处在一个线性子空间里。实际中除了非常特殊的情况，数据并不处在一个线性子空间里，所以需要能从大量样本中学习流形本征几何的方法。非线性降维技术允许对数据点根据它们在非线性流形中的互相接近程度来表达，典型的方法包括**局部线性嵌入**（LLE）、**拉普拉斯本征图**等。

2. 立体建模方法

常见的立体建模方法有如下几种。

（1）时空滤波

时空滤波是对空间滤波的推广，采用一组时空滤波器对视频体进行数据滤波。根据滤波器组的响应进一步推出特定的特征。有假设认为视觉皮层中细胞的时空性质可用时空滤波器结构，如朝向高斯核及微分和朝向盖伯滤波器组来描述。例如可将视频片段考虑成一个定义在 XYT 中的时空体，对每个体素(x, y, t)用盖伯滤波器组计算不同朝向和空间尺度，以及单个时间尺度的局部表观模型。利用一帧图像中各个像素的平均空间概率来识别动作。因为是在单个时间尺度对动作进行分析，该方法并不能被用于帧率会发生变化的情况。为此，可在若干个时间尺度上提取局部归一化的时空梯度直方图，再用直方图间的χ^2统计值，对输入视频和存储的样例进行匹配。另一种方法是用高斯核在空域进行滤波，用高斯微分在时域进行滤波，在对响应取阈值后结合进直方图，这种方法能对远场（非近景镜头）视频提供简单有效的特征。

滤波方法借助有效的卷积可简单且快速地实现。但在多数应用中，滤波器的带宽事先并不知道，所以需要使用多个时域和空域尺度的大滤波器组来有效地获取动作。不过，每个滤波器输出的响应与输入数据有相同的维数，所以使用多个时域和空域尺度的大滤波器组也受到一定的限制。

（2）基于部件的方法

一个视频体可看作许多局部部件的集合体，各个部件有特殊的运动模式。一种典型的方法是使用 14.2 节的时空兴趣点。除了使用哈里斯兴趣点检测器，也可对从训练集中提取的时空梯度进行聚类。另外，还可使用词袋模型来表示动作，其中词袋模型可通过提取时空兴趣点并对特征聚类得到。

因为**兴趣点**本质上是局部的，所以忽略了长时间的相关性。为解决这个问题，可以借助**相关图**。将视频看作一系列的集合，每个集合包括在一个小时间滑动窗口中的部件。这种方法并没有直接地对局部的部件进行全局几何建模，而是把它们看作一个特征包。不同的动作可以包含相似的时空部件，但可以有不同的几何关系。如果将全局几何结合进基于部件的视频表达，这就构成一个星座的部件。当部件较多时，这个模型会比较复杂。也可将星座模型和词袋模型结合进一个分层结构中，在高层的星座模型只有较少数量的部件，而每个部件又包含在底层的特征包中。这样就将两个模型的优点结合起来了。

在大多数基于部件的方法中，对部件的检测常基于线性操作，如滤波、时空梯度等，所以描述符对表观变化、噪声、遮挡等比较敏感。但另一方面，由于本质上的局部性，这些方法对非稳态背景比较鲁棒。

（3）子体匹配

子体匹配指在视频和模板中的子体之间的匹配。例如可从时空运动相关的角度将动作与模板进行匹配。这种方法与基于部件方法的主要区别是它并不需要从尺度空间的极值点提取动作描述符，而是检查两个局部时空块（patch）之间的相似度（通过比较两个块之间的运动）。不过，对整个视频体都进行相关计算会很耗时。解决此问题的一种方法是将目标检测中很成功的快速哈尔（Haar）特征（盒特征）推广到 3-D 空间。3-D 的哈尔特征是 3-D 滤波器组的输出，滤波器的系数为 1 和–1。将这些滤波器的输出与自举方法相结合可得到鲁棒的性能。另一种方法是将视频体看作任何形状子体的集合，每个子体是一个空间上一致的立体区域，可通过将表观和空间上接近的像素进行聚类得到。再将给定视频过分割为许多子体或超体素。动作模板通过在这些子体中搜索能够最大化子体集合与模板重叠率的最小区域集合来实现匹配。

子体匹配的优点是对噪声和遮挡比较鲁棒，如果结合光流特征，则也对表观变化比较鲁棒。子体匹配的缺点是易受背景改变的影响。

（4）基于张量的方法

张量是对矩阵在多维空间的推广。一个 3-D 时空体可以自然地看作一个具有 3 个独立的维度的张量。例如人的动作、人的身份，以及关节的运动轨迹可看作一个张量的 3 个独立维。通过将总的数据张量分解为主导模式（类似 PCA 的推广），就可以提取对应人的动作和身份（执行动作的人）的标志。当然，也可直接将张量的 3-D 取为时空域的 3-D，即(x, y, t)。

基于张量的方法提供了一种整体匹配视频的直接方法，不需要考虑前几种方法所用的中层表达。另外，其他种类的特征（如光流、时空滤波器响应等）也很容易通过增加张量维数而结合进来。

3. 参数建模方法

前面两种建模方法比较适合简单的动作，下面介绍的建模方法更适合跨越时域的复杂动作，如芭蕾舞视频中的舞者步伐，乐器演奏家用复杂的手势演奏等。

（1）隐马尔科夫模型

隐马尔科夫模型（HMM）是状态空间的一种典型模型，它对时间序列数据的建模很有效，有很好的推广性和鉴别性，适用于需要递推概率估计的工作。在构建离散隐马尔科夫模型的过程中，将状态空间看作一些离散点的有限集合。这些集合随时间而模型化为一系列从一个状态转换到另一个状态的概率步骤。隐马尔科夫模型的3个重点问题是推理、解码和学习。隐马尔科夫模型最早用于识别网球击打（shot）动作，如正手击球、正手截击、反手击球、反手截击、扣杀等。其中，将一系列减除背景的图像模型化为对应特定类的隐马尔科夫模型。隐马尔科夫模型也可用于对随时间而变化的动作（如步态）的建模。

单个隐马尔科夫模型可用于对单人动作的建模。对多人动作或交互动作，可用一对隐马尔科夫模型来表达交替的动作。另外，还可以把领域知识结合进隐马尔科夫模型的构建中，或可将隐马尔科夫模型与目标检测结合起来以利用动作和（动作）对象间的联系。例如可将对状态延续时间的先验知识结合进隐马尔科夫模型框架中，这样得到的模型称为**半隐马尔科夫模型**（semi-HMM）。如果对状态空间加一个用于对高层行为建模的离散标号，则构成混合状态隐马尔科夫模型，可以用于对非平稳行为建模。

（2）线性动态系统

线性动态系统（LDS）相比隐马尔科夫模型更一般化，其中并不限制状态空间是有限符号的集合，它也可以是 R^k 空间中的连续值，其中 k 是状态空间的维数。最简单的线性动态系统是一阶时不变高斯-马尔科夫过程，可表示为：

$$\boldsymbol{x}(t) = A\boldsymbol{x}(t-1) + \boldsymbol{w}(t) \quad \boldsymbol{w} \sim N(0, \boldsymbol{P}) \tag{14.5.1}$$

$$\boldsymbol{y}(t) = C\boldsymbol{x}(t) + \boldsymbol{v}(t) \quad \boldsymbol{v} \sim N(0, \boldsymbol{Q}) \tag{14.5.2}$$

其中，$\boldsymbol{x} \in \mathrm{R}^d$ 是 d-D 状态空间，$\boldsymbol{y} \in \mathrm{R}^n$ 是 n-D 观察矢量，$d \ll n$，$\boldsymbol{w}$ 和 $\boldsymbol{v}$ 分别是过程和观察噪声，它们都是高斯分布的，均值为0，协方差矩阵分别为 $\boldsymbol{P}$ 和 $\boldsymbol{Q}$。线性动态系统可看作对具有高斯观察模型的隐马尔科夫模型在连续状态空间的推广，更适合于处理高维时间序列数据，但仍不太适合用于非稳态的动作建模。

（3）非线性动态系统

考虑下面一系列动作：一个人先弯腰捡起一个物品，然后走向一个桌子并将物品放在桌上，最后坐在一把椅子上。这里面有一系列短的步骤，每个步骤都可用LDS建模。整个过程可看作在不同的LDS之间的转换。最一般的时变LDS形式为：

$$\boldsymbol{x}(t) = A(t)\boldsymbol{x}(t-1) + \boldsymbol{w}(t) \quad \boldsymbol{w} \sim N(0, \boldsymbol{P}) \tag{14.5.3}$$

$$\boldsymbol{y}(t) = C(t)\boldsymbol{x}(t) + \boldsymbol{v}(t) \quad \boldsymbol{v} \sim N(0, \boldsymbol{Q}) \tag{14.5.4}$$

对比式（14.5.1）和式（14.5.2）与式（14.5.3）和式（14.5.4），这里 A 和 C 都可随时间变化。为解决这样的复杂动态问题，常用的方法是使用**切换线性动态系统**（SLDS），也称**线性跳跃系统**（JLS）。切换线性动态系统包括一组线性动态系统和一个切换函数，切换函数通过在模型间切换来改变模型参数。为识别复杂的运动，可采用包含多个不同抽象层次的多层方法，在最低层是一系列输入图像，往上一层包括由相一致运动构成的区域，称为团块（blob），再往上一层从时间上将团的轨迹组合起来，最高一层包括一个表达复杂行为的隐马尔科夫模型。

尽管切换线性动态系统比隐马尔科夫模型和线性动态系统的建模和描述能力强，但进行学习和推理在切换线性动态系统中要复杂得多，所以一般需要使用近似方法。实际中，确定切换状态的合适数量很难，常需要大量的训练数据或进行繁杂的手工调整。

14.5.2 活动建模和识别

活动相比于动作，不仅持续时间长，而且大多数人们所关注的活动应用，如监控和基于内容的索引，都包括多人。他们的活动不仅互相作用，而且与**上下文实体**互相影响。为对复杂的场景建模，需对复杂行为的本征结构和语义进行高层次的表达和推理。

1. 图形模型

常见的图形模型有如下几种。

（1）信念网络

贝叶斯网络就是一种简单的**信念网络**。它先将一组随机变量编码为**局部条件概率密度**（CPD），再对随机变量间的复杂条件依赖性进行编码。**动态信念网络**（DBN，也称动态贝叶斯网络）是对简单贝叶斯网络通过结合随机变量间的时间依赖性而得到的一种推广。对比只能编码一个隐变量的传统 HMM，DBN 可以对若干随机变量间的复杂条件依赖关系进行编码。

对两个人之间的交互，如指点、挤压、推让、拥抱等用一个有两个步骤的过程来进行建模。首先通过贝叶斯网络进行姿态估计，接着用 DBN 对姿态的时间演化建模。基于场景中由其他目标推导出来的场景上下文信息可对动作进行识别，而用贝叶斯网络可以对人与物间的交互进行解释。

如果考虑多个随机变量间的依赖性，DBN 比 HMM 更通用。但在 DBN 中，时间模型如同在 HMM 中也是马尔科夫模型，所以用基本的 DBN 模型只能处理序列的行为。用于学习和推理的图形模型的发展使得它们可以对结构化的行为建模。但要对大的网络学习出 CPD 常需要大量的训练数据或专家繁杂的手工调整，这两点都对在大尺度环境中使用 DBN 带来了一定的限制。

（2）皮特里网

皮特里网是一种描述条件和事件之间联系的数学工具。它特别适合模型化和可视化，如排序、并发、同步和资源共享等行为。皮特里网是一种包含两种顶点——位置和过渡——的双边图，其中位置指实体的状态，而过渡指实体状态的改变。

皮特里网曾被用于开发对图像序列进行高层解释的系统。其中，皮特里网的结构需要事先确定，这对表达复杂活动的大网络是很繁杂的工作。通过自动将一小组逻辑、空间和时间操作映射到图结构中可将上述工作半自动化。借助这样的方法，可开发通过映射用户查询要求到皮特里网的用于查询视频监控的交互工具。不过，该方法是基于确定性皮特里网的，所以不能处理低层模块（跟踪器和目标检测器等）中的不确定性。

进一步，真实的人类活动与严格的模型并不完全一致，模型需要允许与期望的序列有差别，并对显著的差别给予惩罚。为此，提出了**概率皮特里网**（PPN）的概念。在 PPN 中，过渡与权重相关联，而权重记录了过渡启动的概率。通过利用跳跃式过渡并给它们低概率作为惩罚，就可鲁棒地避免在输入流中漏掉观察的问题。另外辨识目标的不确定性或展开（unfolding）活动的不确定性可有效地结合到皮特里网的令牌中。

例 14.5.1 概率皮特里网示例

考虑一个用概率皮特里网表示取车（a car pickup）活动的例子，如图 14.5.2 所示。图中，位置标记为 p_1, p_2, p_3, p_4, p_5，过渡标记为 $t_1, t_2, t_3, t_4, t_5, t_6$。在这个皮特里网中，$p_1$ 和 p_3 是起始顶点，p_5 是终结顶点。一辆车进入场景，将一个令牌（token）放在位置 p_1。此时过渡 t_1 可以启用，但还要等与此相关的条件（即车要停在附近的停车位）满足后才正式启动。此时消除 p_1 处的令牌并放

到 p_2 处。类似地，当一个人进入停车位，将令牌放在 p_3 处，而过渡在该人离开已停的车后启动。该令牌接下来从 p_3 处除去而放在 p_4 处。

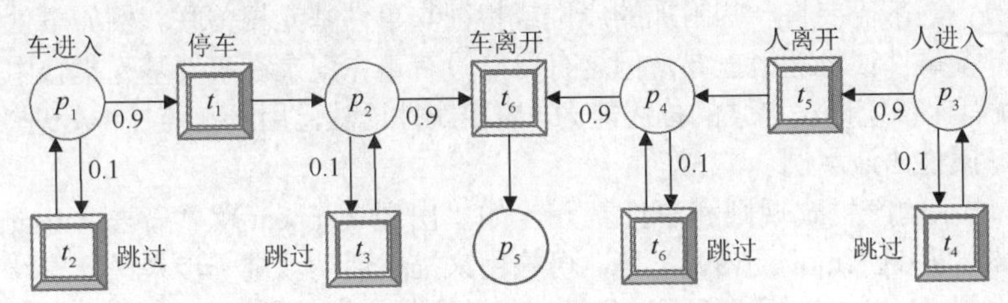

图 14.5.2　表示取车活动的概率皮特里网

现在，在过渡 t_6 的各个允许位置都放了一个令牌，这样当相关的条件（这里是汽车离开停车位）满足时就可以点火（fire）了。一旦车离开，t_6 点火，令牌都移开，将一个令牌放到最终位置 p_5 处。在这个例子中，排序、并发和同步都发生了。 □

尽管皮特里网是描述复杂活动比较直观的工具，但它的缺点是需要手动地描绘模型结构，训练数据学习结构的问题也没有正式地涉及。

（3）其他图模型

针对 DBN 的缺点，特别是对序列活动的限制，也提出了一些其他图模型。在 DBN 的框架下，构建了一些特别用来对复杂时间联系（如序列性、时段、并行性、同步等）建模的图模型。典型的例子如**过去—现在—未来**（PNF）结构可用来对复杂的时间排序情况建模。另外，可以用传播网来表示使用部分排序时间间隔的活动。其中一个活动受到时间、逻辑次序和活动间隔长度的约束。新的方法将一个时间上扩展的活动看作一系列事件标签。借助上下文和与活动相关的特定约束，可发现序列标签具有某种内含的部分排序性质。例如需要先打开邮箱才能查看邮件。利用这些约束，可将活动模型看作一组子序列，它们表示了不同长度的部分排序约束。

2. 合成方法

合成方法主要借助语法概念和规则来实现（可参见 7.2.1 小节）。

（1）语法

语法利用一组产生式规则描述处理的结构。类似于语言模型中的语法，产生式规则指出如何从词（活动基元）构建句子（活动），以及如何识别句子（视频）满足给定语法（活动模型）。早期对视觉活动进行识别的语法用于识别将物体拆解的工作，此时语法中还没有概率模型。其后得到应用的是**上下文自由语法**（CFG），它被用来对人体运动和多人交互进行建模和识别。其中使用了一个分层的流程，在低层结合 HMM 和 BN，在高层的交互是用 CFG 建模的。上下文自由语法具有很强的理论基础以对结构化的过程建模。在合成方法中，只需要枚举需要检测的**基元事件**并定义高层活动的产生式规则。一旦将 CFG 的规则构建出来，就可利用已有的解析算法。

因为确定性的语法期望在低层有非常好的准确度，所以并不适合在低层由于跟踪误差和漏掉观察而导致错误的场合。在复杂的包含多个需要时间连接的情景中（如并行、覆盖、同步等），常很难手工构建语法规则。从训练数据中学习语法的规则是一个有前途的替代方法，但在通用情况下使用这一规则已被证明是非常困难的。

（2）随机语法

通常，用于检测低层基元的算法本质上是概率算法。所以，**随机上下文自由语法**（SCFG）对上下文自由语法进行了概率扩展，更适合将实际的视觉模型结合起来。SCFG 可用于对活动（其结构假设已知）的语义进行建模。在低层基元的检测中使用 HMM。语法的产生式规则得到概率的补充，并引进一个跳跃（skip）过渡。这样可提高对输入流中插入误差的鲁棒性，也可提高在低层模块中的鲁棒性。SCFG 还被用来对多任务的活动（包含多个独立执行线程，断断续续交互的活动）建模。

在很多情况下，常需要将一些附加的属性或特征与事件基元相关联。例如事件基元发生的准确位置对描述一个事件很可能很重要，但这有可能没有事先记录在事件基元集合中。在这些情况下，属性语法就有比传统语法更强的描述能力。概率属性语法已用于在监控中处理多代理的活动。

例 14.5.2　属性语法示例

图 14.5.3 所示的产生式规则和事件基元，如“出现（appear）”“离去（disappear）”“移近（moveclose）”和“移远（moveaway）”等，可被用来描述活动。进一步来说，事件基元还与事件出现和消失的位置（loc）、目标（class）分类、相关实体辨识等属性相关联。

$S \to \text{BOARDING}_\text{N}$
BOARDING → appear_0 CHECK_1 disappear_1
(isPerson (appear, class) ∧ isInside (appear.loc, Gate) ∧ isInside (disappear.loc, Plane))
CHECK → moveclose_0 CHECK_1
CHECK → moveaway_0 CHECK_1
CHECK → moveclose_0 moveaway_1 CHECK_1
(isPerson (moveclose, class) ∧ moveclose.idr = moveaway.idr

图 14.5.3　一个用于乘客登机的属性语法示例 □

虽然 SCFG 比 CFG 对输入流中的误差和漏检更加鲁棒，但它们也与 CFG 一样具有对时间联系建模方面的限制。

3. 基于知识和逻辑的方法

知识和逻辑有密切的联系，但基于逻辑的方法和基于知识的方法又各有特点。

（1）基于逻辑的方法

基于逻辑的方法依靠严格的逻辑规则，根据一般意义上的领域知识来描述活动。逻辑规则对描述用户输入的领域知识或使用直观且用户可读的形式表示高层推理结果很有用。**声明式模型**用场景结构、事件等描述所有期望的活动。活动模型包括场景中目标间的交互。可以用分层的结构来识别一个代理进行的一系列动作。动作的符号描述符可通过一些中间层次从低层特征中提取。下一步，使用一个基于规则的方法通过匹配代理的性质与期望的分布（用均值和方差来表示）来逼近一个特殊活动产生的概率。这种方法考虑一个活动由若干个动作线程构成，每个动作线程又可模型化为一个有限随机状态的自动机。不同线程间的约束在一个时间逻辑网络中传播。有一种基于逻辑规划的系统在表达和识别高层活动时，先用低层模块检测事件基元，再使用基于 Prolog 的高层推理机识别事件基元间用逻辑规则表示的活动。这些方法没有直接讨论在观察输入流中的不确定性问题。为处理这些问题，可将逻辑模型和概率模型结合起来，其中逻辑规则用一阶逻辑谓词表达。每个规则还关联了一个指示规则准确性的权重。进一步的推理借助马尔科夫逻辑网进行。

虽然基于逻辑的方法提供了一个结合领域知识的自然方法，它们常包含耗时的判断约束条件是否满足的审核。另外，还不清楚多少领域知识需要被结合进来。可以期望，结合较多的知识会使模型更为严格而不易被推广到其他情况。最后，逻辑规则需要领域专家对每种配置对进行耗时的遍历。

（2）基于知识的方法

在使用前述方法的大多数实际配置中，符号活动的定义都是以经验方式来构建的。如语法的规则或一组逻辑的规则都是手工指定的。尽管经验构建设计较快且在多数情况下效果很好，但其推广性较差，仅限于所设计的特定情况。本体可以标准化对活动的定义，允许对特定的配准进行移植，使不同的系统增强互操作性，以及方便地复制和比较系统性能。典型的实际例子包括分析护理室中的社会交往活动、对会议视频进行分类、对银行交互行动进行设置等。

国际上从 2003 年开始举办"视频事件竞赛工作会议"以整合各种能力，构建一个基于通用知识的领域本体。会议已定义了 6 个视频监控的领域：①周边和内部的安全；②铁路交叉的监控；③可视银行监控；④可视地铁监控；⑤仓库安全；⑥机场停机坪安全。会议还指导了两种形式语言的制定，一种是**视频事件表达语言**（VERL），它帮助完成基于简单的子事件实现复杂事件的本体表达；另一种是**视频事件标记语言**（VEML），它用来对视频中的 VERL 事件进行标注。

例 14.5.3　本体示例

图 14.5.4 给出利用本体概念描述汽车巡游（cruising）活动的一个示例。这个本体记录了汽车在停车场道路上转圈而没有停车的次数。当这个次数超出一个阈值时，就检测到一个巡游的活动。

```
PROCESS (cruise-parking-lot (vehicle v, parking-lot lot),
Sequence (enter (v, lot),
    Set-to-zero (i),
    Repeat-Until (
        AND (inside (v, lot), move-in-circuit (v), increment (i)),
        Equal (i, n)),
    Exit (v, lot)))
```

图 14.5.4　用于描述汽车在停车场巡游活动的本体示例 ❑

尽管本体提供了简洁的高层活动定义，但它们并不保证能提供正确的"硬件"来"解析"用于识别任务的本体。

总结和复习

下面对本章各节进行简单小结，并有针对性地介绍一些可供深入学习的参考文献。读者还可通过思考题和练习题进行进一步的复习，标有星号的思考题或练习题在书末提供了解答。

【小结和参考】

14.1 节概括性地介绍了图像工程综述系列中时空技术近年的文献情况，其中提到的 215 篇文献的具体信息可参见参考文献部分相应年份的文献。对相关技术研究的分层现在还不太成熟，随着研究的深入分层将会更趋合理[章 2013c]、[Zhang 2018c] 。

14.2 节具体介绍了时空兴趣点的检测方法，利用时空兴趣点可把握场景中运动和目标变化的关键信息位置。相关的新进展还可参见文献[Bregonzio 2009]，将时空兴趣点用于视频中的动作识别的一个介绍可见[Kara 2011]。

14.3 节讨论的动态轨迹和活动路径方法以时空兴趣点的检测为基础。利用车载系统学习检测多路径的一个工作可参见文献[Sivaraman 2011]。借助运动轨迹对动作进行识别的一个工作可参见文献[Chen 2016]。对场景的建模与对图像场景的分类有密切联系，如可参见文献[刘 2012]、[段 2012a]、[段 2012b]、[崔 2013]。

14.4 节讨论的动作分类和识别技术都需要有对图像底层特征提取的支持。常用的特征可分为基于形状、边缘或轮廓的静态特征，基于光流或运动信息的动态特征，以及基于图像序列时空体的数据的时空特征。提取运动目标静态特征的准确性常受到目标跟踪和姿态估计精度的影响，不太适合多目标运动或场景背景复杂的情况。许多动态特征仅从图像中的局部区域提取，缺乏描述动作和活动的全局能力。所以，近年很多研究关注将它们结合起来[Ahmad 2008]，或利用时空特征。一个综述可参见文献[Weinland 2011]。尽管完整地描述动作需要借助视频，但对一些典型动作的分类或识别也可仅利用静止图像，一个结合人体姿态和上下境（上下文）信息，利用静止图像进行动作识别的工作可参见文献[Zheng 2012]。

14.5 节概括性地介绍了对动作和活动进行建模和识别的技术。目前对各种活动还没有建立起一个通用的模型，大部分的研究都是针对特定的应用构建某种特殊的模型。一种基于学习的方法可参见文献[Tran 2008]。一种基于深度学习的方法可参见文献[Zheng 2016]。另外，利用动作单元对表情识别的一个工作可参见文献[Zhu 2011]。随着研究的深入，时空行为理解所需考虑的主体的类别和动作的类别都在增加。为此，需要将主体与动作联合建模[Xu 2015]。对活动和行为的理解涉及对视觉信息的认知计算，可参见文献[罗 2010]。利用深度学习对目标和行为识别进行研究的一个综述可参见文献[郑 2014]。有关活动识别研究的一些网站可参见文献[Forsyth 2012]。

【思考题和练习题】

14.1 有个同学从寝室出发，骑自行车去教室上课。试举出这个过程中可能的动作单元、动作、活动、事件和行为的几个例子。

14.2 有些研究工作中将“活动”“事件”和“行为”放在同一层次，还有些研究工作将它们区分到 3 个层次，讨论它们在哪些应用场合需要区分，在哪些应用场合不需要区分。

*14.3 将 2-D 空间兴趣点的算法推广到 3-D 时空中会遇到各向异性（3 个方向分辨率不同）的问题，试讨论有哪些方法可解决此问题。

14.4 找两个视频片段（在运动目标数量、运动幅度或运动方向改变方面有明显不同），分别对它们进行时空兴趣点检测，分析检测出来的时空兴趣点的分布。

14.5 图 14.3.2 给出的 3 种轨迹和路径学习方案各适合于哪些应用场合？

14.6 试将式(14.3.10)所定义的距离测度与豪斯道夫距离及平均值改进的豪斯道夫距离进行比较，它们有什么联系？

14.7 图 14.3.4 中两种对路径建模的方式各有什么特点？分别适合于哪些应用场合？

14.8 另外列举几个自动活动分析的例子。讨论一下其中各借助了运动目标的什么信息。

14.9 14.4.1 小节介绍了 3 类进行动作分类的技术，并把第 1 类冠以直接分类，那么对另两种分类的技术，它们的“间接性”体现在什么地方？

14.10 试各举两个需要使用线性动态系统和非线性动态系统建模的动作。将这些动作进行分解，分析其有什么特点。

14.11 参照例 14.5.2，使用那里的产生式规则和事件基元描述另外一个活动。

*14.12 先逐行解释图 14.5.4 的本体示例（相当于给程序加注解）。再利用本体概念类似地描述另外一个活动。

第15章 场景解释

对场景的解释是计算机视觉的高层目标。一般认为，计算机视觉有一个从2-D视觉感知向3-D场景理解的发展过程。这个过程包括获取图像、进行预处理、提取感兴趣的基元和目标以及它们的特征、恢复场景信息、分析和识别目标、把握景物的变化行为，并最终理解场景内容和含义等。其中，从图像采集到目标分类为止的初级2-D视觉仍主要是一个信号处理问题，是通过数学途径可以解决的问题；而视觉理解等3-D视觉则是一个信号处理加人工智能的问题（**人工智能**研究和设计具有智能行为的计算机程序，这些程序可以如同具有智能行为的人一样去执行和完成一定的工作任务。人工智能理论研究的是人工智能程序能够做什么和完成什么功能），或者说是涉及人类智能的问题，而人类智能是否可在计算机上复现还在研究中，尚无最终定论。

场景解释对视觉信息的表达和加工在理论和方法上都提出了新的要求，其中包括对知识、智能的表达和利用等。目前这方面的研究成果还比较基础，主要是对一些特定应用采用一些特殊方法获得的。另外，场景解释是一个综合性的复杂工作，不仅要考虑每个步骤的具体技术手段，而且要考虑完成这个工作的计算机视觉系统结构，以及更基本的计算机视觉理论框架。

根据上面所述，本章各节将如下安排。

15.1节对景物线条图的构成及其标记方法进行了介绍。借助线条图实现对场景进行解释的过程包括轮廓标记、结构推理和回溯标记3个步骤。

15.2节介绍了对视频信息进行检索的概念，先讨论了基于内容视觉信息检索的基本思路和功能模块，然后结合对体育比赛视频的检索描述了对视频节目精彩度判定和排序的实现方法。

15.3节对计算机视觉的系统模型进行了讨论，并具体分析了4种模型结构：多层次串行结构、以知识库为中心的辐射结构、以知识库为根的树结构和多模块交叉配合结构。

15.4节考虑了计算机视觉理论框架方面的问题。先详细介绍了马尔视觉计算理论框架，并对马尔理论框架的改进给予了分析，最后展望了新理论框架的研究前景。

15.1 线条图标记解释

客观场景是由许多3-D景物构成的，对3-D景物进行观察所看到的是其可见表面。将3-D景物投影到2-D图像，各个表面会分别形成区域。各个表面的边界在2-D图像中会显示为区域轮廓，用这些轮廓表达目标就构成目标的**线条图**。对比较简单的景物，可以较容易地用对线条图标记，即用带轮廓标记的2-D图像来表示3-D景物各个表面的相互关系[Shapiro 2001]。借助这种标记也可以对3-D景物和相应的模型进行匹配和推理，从而获得对场景的解释。

1. **轮廓标记**

下面介绍在线条图中对轮廓进行标记时一些名词概念的定义。

（1）**刃边**。如果3-D景物中一个连续的表面（称为遮挡表面）遮挡住另一个表面（称为被遮挡表面）的一部分，则沿前一个表面的轮廓前进时，表面法线方向的变化是光滑连续的，此时称该轮廓线为刃边（2-D图像的刃边为光滑曲线）。为表示刃边，可在曲线（中部）上加一个箭头“>”，一般箭头方向表示沿箭头方向前进时，遮挡表面在刃边的右侧。在刃边两侧，遮挡表面的方向和被遮挡表面的方向可以无关。

（2）**翼边**。如果3-D景物中一个连续的表面不仅遮挡住另一个表面的一部分，而且遮挡住自身的其他部分（自遮挡，self-occluding），其表面法线方向的变化是光滑连续的并与视线方向垂直，这时的轮廓线称为翼边（一般常在从侧面观察光滑的3-D表面时形成）。为表示翼边，可在曲线（中部）加两个相反方向的箭头“←”和“→”。沿着翼边前进时3-D表面的方向并不变化，而沿着不平行于翼边的方向前进时3-D表面的方向会连续的变化。

需要注意，刃边是3-D景物的真正边缘，而翼边则不是。刃边和翼边都属于**跳跃边缘**。在跳跃边缘的两边，深度是不连续的。

（3）**折痕**。如果3-D可视表面的朝向突然变化或两个3-D表面以一定角度交接，就形成折痕。在折痕两边，表面上的点是连续的，但表面法线方向不连续。如果折痕处表面是外凸的，一般用“+”表示；如果折痕处表面是内凹的，一般用“−”表示。

（4）**痕迹**。如果3-D表面的局部区域有不同的反射率就会形成痕迹。痕迹不是3-D表面形状造成的，而是表面反射率（不连续）导致的结果。可以用“M”来标记痕迹。

（5）**阴影**。如果3-D景物中一个连续的表面没有从视点角度将另一个表面的一部分遮挡住（即可以观察到），但遮挡了光源对这一部分的光照，就会在第2个表面的该部分造成阴影。可见，表面上的阴影并不是表面自身形状造成的，是其他部分对光照影响的结果。可以用“S”来标记阴影。

例15.1.1　轮廓标记示例

图15.1.1所示为一些轮廓标记的示例。图中有一个空心圆柱体放在一个平台上，圆柱体上有一个痕迹M，圆柱体在平台上造成一个阴影S。圆柱体侧面有两条翼边，上顶面轮廓由两条翼边分成两部分，上轮廓边遮挡了背景（平台），下轮廓边遮挡了柱体内部。平台各处的折痕均为外凸的，而平台与圆柱体间的折痕是内凹的。

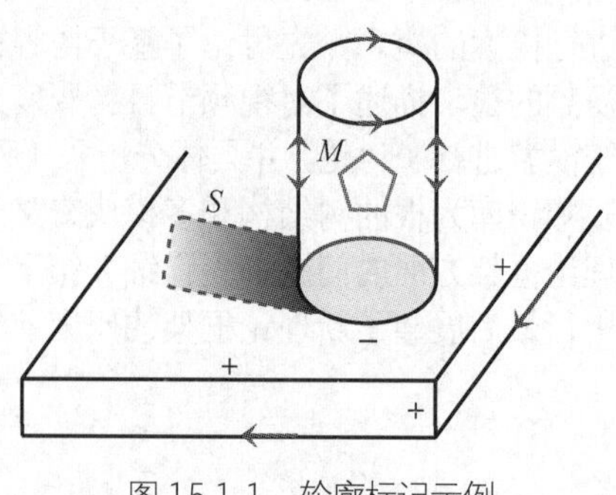

图15.1.1　轮廓标记示例 ❑

2. **结构推理**

下面借助2-D图像中的轮廓结构来对3-D目标的结构进行推理分析。这里假设目标的表面均为平面，所有相交的角点均由3个面相交形成，这样的3-D目标可称为三面角点目标，例如图15.1.2所示的两个线条图所表示的目标。此时视点的小变化不会引起线条图的拓扑结构的变化，即不会导致面和边的连接消失，目标在这种情况下可称为处于**常规位置**。

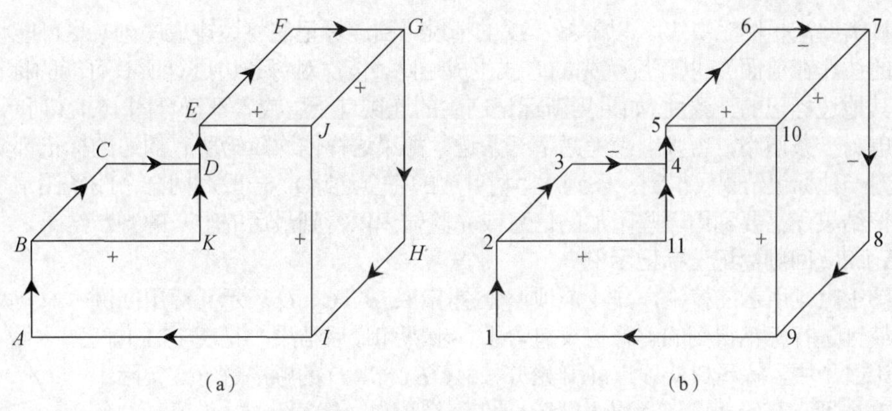

图 15.1.2　同一线条图的不同解释

图 15.1.2 所示的两个线条图在几何结构上是相同的，但对它们可有两种不同的 3-D 解释。它们的差别在于图 15.1.2（b）中多标记了 3 个内凹的折痕，这样使得图 15.1.2（a）所示的目标看起来是漂浮在空中，而图 15.1.2（b）所示的目标看起来是贴在后面的墙上。

在只用{+，-，→}标记的图中，“+”表示不闭合的凸线，“-”表示不闭合的凹线，“→”表示闭合的线。此时边线连接的（拓扑）组合类型一共有 4 类 16 种，包括 6 种 L 连接、4 种 T 连接、3 种箭头连接和 3 种叉连接（Y 连接），如图 15.1.3 所示。

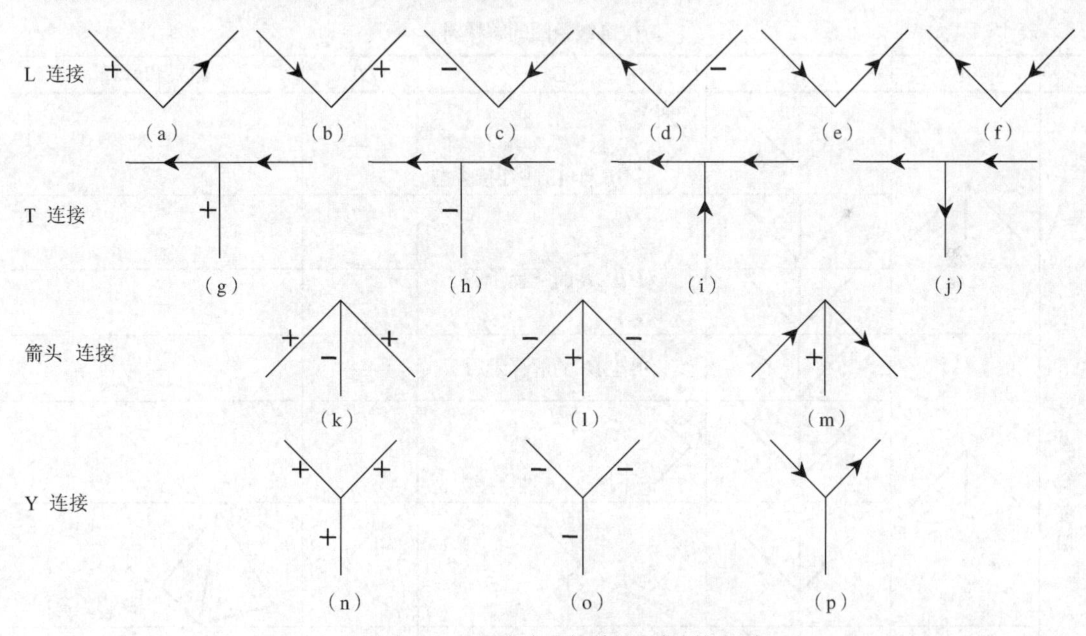

图 15.1.3　三面角点目标的 16 种连接类型

如果考虑 3 个面相交形成的顶点，它们所有可能的排列组合情况应该包括 64 种可能的连接类型法，但是实际中只有上述 16 种连接方法是合理的。换句话说，只有用图 15.1.3 所示的 16 种连接类型标记的线条图才是物理上可以存在的。当一个线条图可以如此标记时，借助标记就可得到对线条图的定性解释。

3. 回溯标记

为自动标记线条图，可使用不同的算法。下面介绍一种**回溯标记法**[Shapiro 2001]。

这里把要解决的问题表述为：已知 2-D 线条图中的一组边，要给每条边赋一个标记（其中使用的连接种类要满足图 15.1.3），以解释 3-D 的情况。回溯标记法将边排成序列（尽可能将对标记约束最多的边排在前面），以深度优先的方式生成通路，依次对每条边进行所有可能的标记，检验新标记与其他边标记的一致性。如果用新标记产生的连接有矛盾或者不符合图 15.1.3 所示的类型，则回退考虑另一条通路，否则继续考虑下一条边。如果这样依次赋给所有的边的标记都满足一致性，则得到一种标记结果（得到一条到达“树叶”的完全通路）。一般对同一个线条图常可得到不止一种标记结果，需要利用一些附加的信息或先验知识以得到最后的唯一的判断结果。

例 15.1.2　回溯标记法标记示例

考虑图 15.1.4 所示的棱锥，其 4 个顶点分别用 A、B、C、D 表示。运用回溯标记法对棱锥进行标记得到的解释树（包含了各步骤和最后结果）见表 15.1.1。

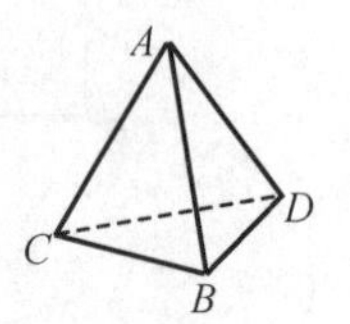

图 15.1.4　棱锥

在表 15.1.1 中，解释树从顶点 A 开始并按 A、B、C、D 的顺序进行（实际中可从任意一个顶点开始并以任意次序进行）。在每个顶点，考虑图 15.1.3 所示的各种连接情况，首先看哪种连接此时是合理的，就在该顶点下保留该连接类型，并考虑下一个顶点。如果在哪个顶点合理的连接不存在（或者出现了不在 16 种连接类型中的情况，或者与前面的顶点合理的连接类型相矛盾），则不再往下进行，而是返回到上一个顶点，检查下一种合理连接的情况。如果能对每一个顶点都找到一个合理的连接类型且这些连接类型互相不矛盾，就认为得到一种合理的标记结果（获得了一棵有效的解释树）。如果有不止一种合理的标记结果，就说明可以有不同的解释（表 15.1.1 中得到了 3 棵有效的解释树，它们对应对同一个棱锥在空间的 3 种不同的解释）。

表 15.1.1　对棱锥线条图的解释树

	A	*B*	*C*	*D*	结果和解释
解释树			不属于 16 种连接类型	—	—
			对边 *AB* 的解释矛盾	—	—
				—	—
			对边 *AB* 的解释矛盾	—	—
			不属于 16 种连接类型	—	—
					粘在墙壁上
			对边 *AB* 的解释矛盾	—	—
					放在桌面上
					漂浮在空中

由表 15.1.1 中的解释树可见，树中从根出发一共有 3 条完整的通路（一直标记到了树叶），它们给出了对同一个线条图的 3 种不同的解释。整个解释树的搜索空间相当小，这表明三面角点目标有相当强的约束机制。❑

15.2 视频信息检索

视频相对图像数据量更大，包含的信息也更多。要获取视频中的信息，对视频进行解释的要求更高。如何有效地从视频获取需要的视觉信息逐步成为计算机视觉领域的重要研究课题。而视频信息检索就是一种有效的方法，它可以根据应用直接从视频中提取所需要的信息，而不是逐帧地进行分析（很可能会多做许多无用功）。

15.2.1 基于内容检索

视觉信息检索（VIR）通过从海量的视觉数据中快速地提取出与特定查询相关的数据，实现只接收或快速地只获取需要的信息。这里的查询和检索需要根据数据的内容进行，而内容正是人们利用图像和视频的目的，因而被称为基于内容的视觉信息检索。

1. 基于内容的检索

传统的视觉信息检索方案常使用文字标识符，例如具体到对图像的查询是借助图像的编号，即标签来进行的。为实现检索，先给图像加上一个对其描述的文字或数字标签，然后在索引时对标签进行检索。这样一来对图像的查询变成了基于标签的查询。这种方法虽然简单，但有几个根本的问题影响对视觉信息的有效使用。

首先，由于图像内容丰富很难用文字标签完全表达，所以这种方法在查询图像中常会出现错误。其次，文字描述是一种特定的抽象，如果描述的标准改变，则标签也得重新制作才能适合新查询的要求。换句话说，特定的标签只适合特定的查询要求。最后，目前这些文字标签是靠人选出来加上去的，因此受主观因素影响很大。不同的人或同一个人在不同条件下对同一幅图像可能给出不同的描述，因而不够客观，没有统一标准，甚至会自相矛盾。

为解决上述问题，需要全面地、一般性地和客观地来提取图像内容。实际上人们利用图像并不仅根据它们的视觉质量，更重要的是根据它们的视觉内容，所以只有根据内容进行检索才可能有效地和准确地获得所需的视觉信息，同时在掌握视觉内容的基础上才可能有效地管理和使用数据库中的信息。所以对视觉信息的检索需要根据图像所表达的内容来进行。**基于内容的视觉信息检索**（CBVIR）方法应是获取和利用视觉信息的有效手段[章 2003b]。相关研究从 20 世纪 90 年代逐步展开，进入本世纪时已有许多成果[章 2002b]，主要包括**基于内容的图像检索**（CBIR）和**基于内容的视频检索**（CBVR）。国际上为此还制定了专门的标准，即**多媒体内容描述界面**（MPEG-7）[章 1999b]。

2. 归档和检索流程

先考虑基于内容的图像检索，早期典型的方法是借助一些视觉特征来进行的。这里的特征可以是图像的画面特征，也可以是图像的主题对象特征，从视觉角度来说可以是场景或物体呈现的颜色、表面的纹理、特定目标的几何形状、几个物体在空间的相互位置关系等。图 15.2.1 所示为基于特征对图像进行基于内容的归档和检索的原理[章 1997d]。对图像内容的提取可在建立图像数据库时进行。在图像归档时，对输入图像先进行一定的分析，提取图像或目标的视觉特征（常用特征包括颜色、纹理、形状、空间关系和运动等）。在将输入图像存入图像库的同时将其相应的特征表达也存入与图像数据库相联系的特征库。在图像检索时，一般采用范例查询的方式，对给定的查询图，也先进行相应的分析并提取其特征。通过将该特征表达与特征库中的特征表达进行匹配（以确定图像内容的一致性和相似性），并根据匹配结果到图像库中进行搜索就可提取出所需要的图像来。进一步地，用户还可浏览输出的检索结果，选择所需的图像，或根据初步结果反馈，提出意见来修改查询（条件）进行新一轮查询。

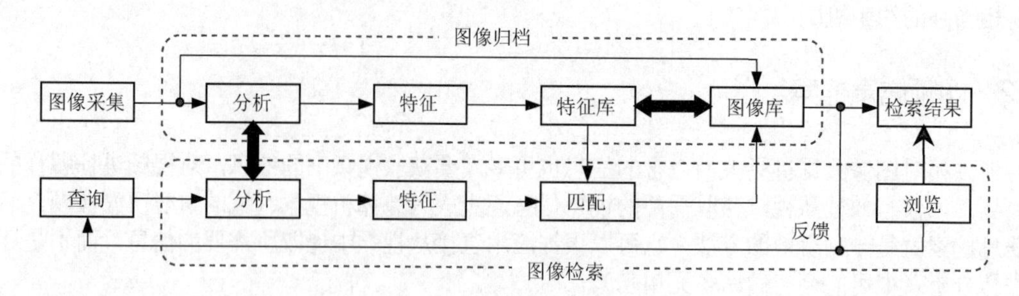

图 15.2.1　图像归档和图像检索的原理

由图 15.2.1 可以知道基于特征的图像检索有 3 个关键：一是要选取恰当的图像特征，二是要采取有效的特征提取方法，三是要有准确的特征匹配算法。

3. 图像检索功能模块

一个基于内容的图像检索系统将信息用户与图像数据库联系起来，主要包括 5 个功能模块，如图 15.2.2 所示。

（1）查询模块。查询模块可对用户提供多样的查询手段，以支持用户根据不同应用进行各种类型的查询工作，这里如何指定一个查询很重要。用户要进行查询，需要先提出查询条件，这些查询条件主要是对图像内容的描述。

（2）描述模块。描述模块将用户的查询要求转化为对图像内容的比较抽象的内部表达和描述。这里的关键是如何抓取图像的内容。为此需要借助对图像的分析，从而以一定的、计算机可以方便表达的数据结构建立对图像内容的描述。事实上，在图像数据库建立时也需要用这个模块对每幅图像进行表达和描述。

（3）匹配模块。匹配模块在对被查询图像和图像数据库中的图像都建立了表达描述后，在图像库中借助搜索引擎来搜索所需的图像内容。这里将对查询图的描述与对图像数据库中被查询图的描述进行内容匹配和比较就可以确定它们在内容上的一致性和相似性。

（4）提取模块。提取模块接收匹配模块通过匹配得到的结果，对图像数据库中感兴趣的图像定位，并在内容匹配的基础上，将图像数据库中所有满足给定查询条件的图像自动地提取出来，让用户选择使用。如果事先对图像数据库建立了索引，在提取时就可提高效率。

（5）验证模块。验证模块是帮助用户判断所提取出来的图像是否满足要求。据目前技术水平和设备条件，在自动查询和提取的基础上用户还需要有最后验证结果的手段。如果验证效果不满意，新一轮的查询可通过修改查询条件重新开始。

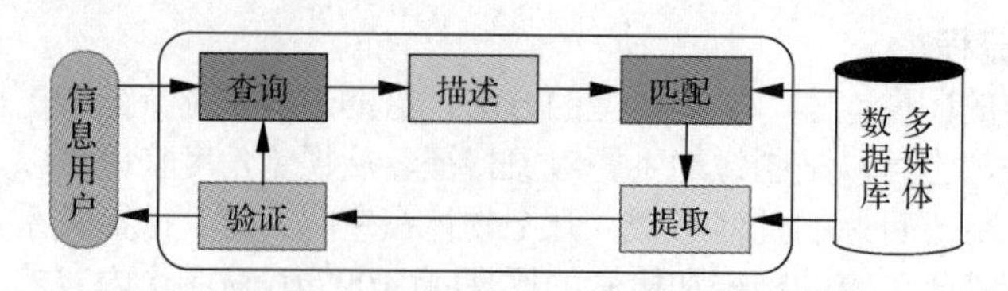

图 15.2.2　图像检索系统的 5 个功能模块

4. 视频检索功能模块

由于视频数据与图像数据在形式、结构、内涵等方面都不同，特别是视频结构更为复杂，数据量更大，所以对视频基于内容的检索要求更高。不过，视频检索系统还可借助图像检索系统的

5 个功能模块来介绍，只是有一些自身的特色。

（1）查询模块在设计用户接口、指定一个查询时要兼顾抽象和具体两个方面，既要考虑结构层（帧图像、镜头、片段、情节、场景、视频节目等），也要考虑内容层（不同的光照条件，如颜色、纹理、形状等感知条件，各种感知性质的聚类区域，目标的位置和识别结果等）。

（2）描述模块要考虑对视频的组织，以进行有效的描述。这包括对镜头、情节、场景和故事等进行不同层次的描述。为此，还要建立有选择地访问视频不同元素和内容的索引结构。

（3）匹配模块需要有更多的匹配形式，特别是增加图像集合与图像集合之间的匹配形式。另外，要对图像匹配技术进行扩展，包括时间跨度上的扩展和运动特征（运动特征是视频特有的视觉特征）的扩展。

（4）提取模块需要适应视频数据结构复杂、数据量大、内容丰富的特点。这需要对视频数据库进行组织管理，既要考虑视频数据本身的内容，也要考虑不同视频数据间的关系。在对提取效果进行判定方面，有效、紧凑地评价视频内容非常重要。

（5）验证模块要根据视频至少是 3-D 数据的特点，考虑如何设计有效的 2-D 显示和交互界面，如何构建高效的浏览和导航方式，如何浓缩视频信息（例如，制作视频摘要）和实现紧凑的可视化表达方式（例如结合视频帧拼接和运动边缘叠加[Yu 2002]）。

15.2.2　视频节目精彩度排序

要从大量的视频节目中选择最精彩的节目，就需要对视频节目的精彩度进行排序。下面介绍的体育比赛视频排序是基于内容的视觉信息检索的一个范例。它可以通过分析视频内容，理解视频含义，从而有效地检索需要的视频数据。

1. 体育比赛视频的特点

体育比赛的相关节目一般均有较强的结构性，如足球比赛分为上、下两个半场，篮球比赛将每个半场又分为两节。这些特点为体育视频分析提供了时间线索和限制。另外，体育比赛总有一些高潮事件，如足球比赛的射门、篮球比赛的扣篮和妙传等。为此，还要动态地围绕事件进行视频镜头的组织。体育比赛的环境是特定的，比赛中有许多不定因素，事件发生的时间位置不能事先确定，所以比赛中无法控制视频生成过程。**体育比赛视频**的拍摄手法也有许多特点，如对篮球比赛的扣篮不仅有从空中拍摄的，也有从篮下向上拍摄的。

体育事件的特殊性提供了使用特定分析技术以从比赛中提取感兴趣片段的基础，或从多个不同角度观看同一个动作的可能性。在体育比赛中，某一特定场景往往有着其固定的颜色、运动和空间对象分布特征，由于比赛场地只有几个固定的摄像机，所以某一事件的发生往往对应着特定的场景变化。这就使得人们可以根据这些特征分割和识别出特定的事件。例如对有运动员出现的序列，可提取运动员的轮廓、运动服的颜色、运动员的运动轨迹等作为索引；对观众序列，可提取观众的动作、姿态等作为索引；对重要片段序列，比如对篮球运动可提取篮球位置、篮球的运动轨迹，对田径比赛中的投掷项目可提取出手的角度、落地的位置等作为索引。

体育比赛的过程中，有关特殊事件的精彩镜头是一大看点（所以也有人称体育节目为事件的视频）。现有的体育比赛**精彩镜头**分析系统大多针对特定体育比赛类型使用先验知识对精彩事件进行定义，并通过检测体育比赛中的特定精彩事件来完成对精彩镜头的检测。对不同的体育比赛，精彩镜头的含义、内容和视频表现方式均不同。如足球比赛中的射门无疑是大家关注的，又如篮球比赛中的扣篮、妙传、快攻总是很吸引人。从查询的角度来说，既可根据这些精彩镜头进行查询，也可根据构成这些精彩镜头的要素，如足球、球门、篮球、篮板等进行查询。另外还可根据这些镜头不同的特点，如点球、任意球、罚球、三分球等进行查询。

2. 比赛节目的结构

与足球比赛等那些有固定时间的比赛不同，乒乓球比赛是基于比分的，具有相对明确的结构，一场比赛由一些相对固定的、具有典型结构的、不断重复的场景所组成。可以将乒乓球比赛节目分为比赛事件、发球事件、场间休息、观众场面和比赛回放几种场景。每个场景都有其相对确定的特征。比如在比赛场景中摄像机拍摄范围将覆盖到包括球台、双方运动员以及一部分场地的全局镜头。而在发球场景中则大多出现运动员或球拍的特写镜头。对一场乒乓球比赛来说，一般由5到7局构成，每一局比赛又由多个回合构成。乒乓球比赛就是由这些不断重复的结构单元组成的，各个事件的发生有着相对确定的时间关系。比如在发球场景之后紧跟着的是比赛场景，而回放场景则紧跟在精彩的比赛场景之后。图15.2.3所示为一个结构示意。

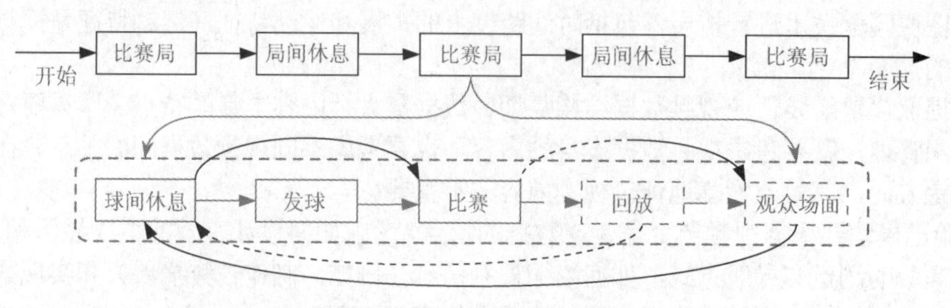

图15.2.3　乒乓球比赛节目的结构示意

根据上述结构，可将节目中的镜头根据场景进行非监督聚类。

例15.2.1　非监督聚类示例

图15.2.4所示为使用非监督聚类得到的几个结果，其中每一列对应聚在同一类的几个镜头。

图15.2.4　对镜头关键帧非监督聚类的结果　□

3. 目标检测和跟踪

在乒乓球比赛中，精彩的镜头往往与特定的击球动作相联系。为了确定乒乓球比赛事件的精彩度，需要对比赛中每回合所包含的技术动作类型进行识别，对每回合比赛所发生的技术动作进行统计和分析，然后确定出与人的主观感觉最相符合的精彩度。要分析乒乓球比赛的精彩程度，一般主要有两类方法：一类方法主要基于一些客观的指标，比如比赛持续时间或回合数；另一类方法是通过其他相关信息和事件加以辅助判断，如检测掌声和画面重放。

要统计乒乓球比赛的客观指标，需要先对场景中的目标进行检测，包括运动员检测、球桌检测和球检测。在此基础上还需对场景中的运动目标进行跟踪，包括运动员跟踪和乒乓球跟踪。通过跟踪后获得的运动员的运动轨迹和球的运动轨迹，就可以进一步对镜头进行精彩度排序。这个过程的流程如图 15.2.5 所示（可参见文献[Chen 2006]）。

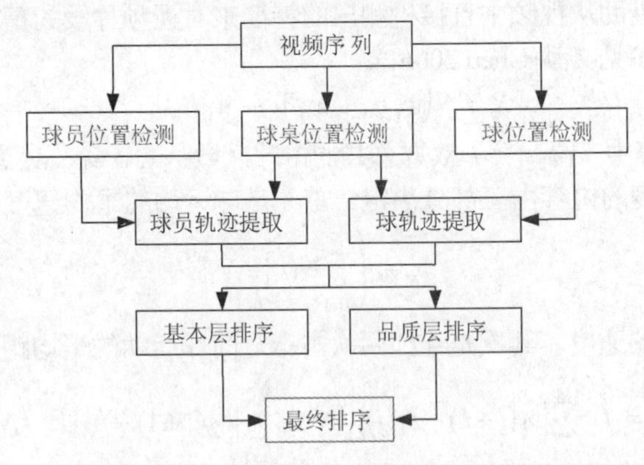

图 15.2.5　目标检测、跟踪和镜头排序的流程

例 15.2.2　运动员检测和跟踪示例

对运动员检测和跟踪的一个结果示例如图 15.2.6 所示，其中两个白线框分别为两个运动员的外接盒（表示运动员的空间占有区域，其长宽比与运动员姿态有关）。

图 15.2.6　运动员跟踪示例　❑

例 15.2.3　乒乓球跟踪示例

对乒乓球跟踪的一个示例如图 15.2.7 所示，其中图 15.2.7（a）到图 15.2.7（d）为一个序列中等间隔的 4 帧图像，图 15.2.7（e）给出了依次跟踪得到的乒乓球轨迹（将 4 帧图像中检测到的乒乓球位置连接起来并叠加在最后一帧图像上而得到）。

图 15.2.7　乒乓球跟踪示例　❑

4. **精彩度判定和排序**

要对视频片段进行**精彩度排序**并尽可能符合人的感觉和观看习惯，可以借助观看比赛的人在评价比赛精彩程度时所用的一些准则和观点。这里可将相关内容分为3个层次：①基本层，如一个球来回打了几拍，球运动的轨迹和速度等；②品质层，如各种击球方式，运动员移动的速度等；③感觉层，如裁判基于对大量比赛进行判断评价而得到的感觉。最后一层的主观性比较强，下面仅讨论一些在前两层排序的情况。

（1）基本层的排序

这里主要考虑如何借助从视频中直接检测出的特征来对视频片段的精彩度进行排序。一种排序的指标定义如下（可参见文献[Chen 2006]）：

$$R = N\left(w_\text{v} h_\text{v} + w_\text{b} h_\text{b} + w_\text{p} h_\text{p}\right) \tag{15.2.1}$$

其中，N为一个球的比赛中（得一分）双方总共的击球次数；w_v、w_b、w_p为权重（下标v代速度，b代球，p代人）。精彩度的内容由三部分决定，首先是球运动的平均速度：

$$h_\text{v} = f\left(\sum_{i=1}^{N}\left|v(i)\right| \Big/ N\right) \tag{15.2.2}$$

其中，$v(i)$为第i次击球的速度。其次是连续两次击球之间球运动的平均距离：

$$h_\text{b} = f\left(\sum_{i=1}^{N_1}\left|b_1(i+1) - b_1(i)\right| \Big/ N_1 + \sum_{i=1}^{N_2}\left|b_2(i+1) - b_2(i)\right| \Big/ N_2\right) \tag{15.2.3}$$

其中，N_1和N_2分别为第1个运动员和第2个运动员各自的总击球次数；b_1和b_2分别为球被第1个运动员和第2个运动员进行第i次击球时的位置。最后是运动员连续两次击球之间运动的平均距离：

$$h_\text{p} = f\left(\sum_{i=1}^{N_1}\left|p_1(i+1) - p_1(i)\right| \Big/ N_1 + \sum_{i=1}^{N_2}\left|p_2(i+1) - p_2(i)\right| \Big/ N_2\right) \tag{15.2.4}$$

其中p_1和p_2分别为第1个运动员和第2个运动员在他们第i次击球时的位置。

以上三式中的$f(\cdot)$为sigmoid函数：

$$f(x) = \frac{1}{1 + \exp[-(x - \bar{x})]} \tag{15.2.5}$$

用于将各变量值转换为精彩度。

（2）品质层的排序

对品质层的排序要借助一些高层的概念，如击球前的移动、击球动作、球的轨迹和速度、两次相邻击球之间的相似性和一致性等。这些概念都以一次击球为时间单位，且比较适合用模糊集来描述。例如运动员移动的激烈程度可用下式表示：

$$m(i) = w_\text{p} f\left(\left|p(i) - p(i-2)\right|\right) + w_\text{s} f\left(\left|s(i) - s(i-2)\right|\right) \tag{15.2.6}$$

其中，$p(i)$和$s(i)$分别为击球运动员在第i次击球时的位置和形状（用图15.2.4中的外接盒表达）；w_p和w_s分别为对应的权重。

球轨迹的品质可用下式表示：

$$t(i) = w_\text{l} f(l(i)) + w_\text{v} f(v(i)) \tag{15.2.7}$$

其中，$l(i)$和$v(i)$分别为球在第i次和第i–1次两次击球之间的轨迹长度和速度；w_l和w_v分别为对应的权重。

击球的变化可用下式表示：

$$u(i) = w_\text{v} f(v(i) - v(1-i)) + w_\text{d} f(d(i) - d(1-i)) + w_\text{l} f(l(i) - l(1-i)) \tag{15.2.8}$$

其中 $v(i)$、$d(i)$和 $l(i)$分别为球在第 i 次和第 i-1 次两次击球之间的运动速度、轨迹长度和运动方向，w_v、w_d 和 w_l 分别为对应的权重。

根据先验知识可对以上的各品质变量设计相应的模糊隶属度函数，最后的品质层排序是对各次击球的各品质排序的总和。依据品质排序就可选出不同精彩度的视频片段。

15.3　计算机视觉系统模型

计算机视觉系统是为完成视觉任务而构造的计算机系统。对一个通用系统来说，其性能主要取决于两方面：一方面是其在总体上是如何组织的，由哪些模块组成，模块间如何联系；另一方面是每个模块内采用了何种技术，如何对信息进行加工。这里系统模型结构起着重要的作用。

计算机视觉系统模型根据系统结构的不同可分成许多种。比较典型的有：①多层次串行结构；②以知识库为中心的辐射结构；③以知识库为根的树结构；④多模块交叉配合结构。下面对它们分别举例介绍。

15.3.1　多层次串行结构

多层次串行结构基本上将图像理解过程看作一个信息加工过程，具有确定的输入和输出，因而将图像理解系统组织成一系列分别处于不同层次的模块并以串行方式结合起来，每个模块（在其他模块的协同配合下）按顺序执行一些特定的工作，从而逐步完成预定的视觉任务。

例 15.3.1　多层次串行结构示例

典型的多层次串行结构系统如图 15.3.1 所示，其中从最下面的 3-D 场景到最上面的用户分别表示各个不断抽象的表达或客体。各操作模块的功能含义如下。

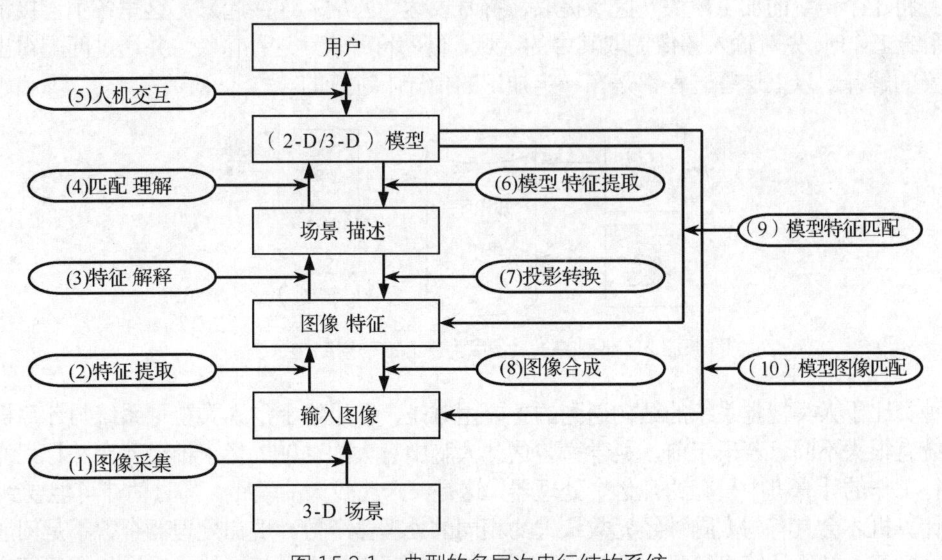

图 15.3.1　典型的多层次串行结构系统

（1）图像采集：从 3-D 场景采集和获取图像（视觉信息）。

（2）特征提取：从图像中提取需要的图像特征。

（3）特征解释：给图像特征以物理意义（与实际目标的特性联系起来），以帮助解释 3-D 场景。

（4）匹配理解：把场景的各部分与（由人事先存储在计算机内的）模型相匹配，以达到识别和解释的目的。

（5）人机交互：用户借助交互手段，从匹配的模型中获取场景知识，得到对场景的理解。

（6）模型特征提取：如果从模型中将典型的特征提取出来就有可能恢复场景描述。

（7）投影转换：将场景描述投影到一个特征空间中，将高层语义和低层特征联系起来。

（8）图像合成：根据图像的特征有可能合成（绘制）图像。

（9）模型特征匹配：如果对目标种类、取向等有足够的约束，则可用目标模型直接与图像特征进行匹配。

（10）模型图像匹配：如果对目标种类、取向等有足够的约束，还可用目标模型直接与图像本身匹配。

图15.3.1中模块（1）～（5）是由底向上的处理，比较通用，但不一定总有效。另外，模块（6）～（8）属于由顶向下的处理，在约束充分时效率会比较高，反之则不实用（因为这时需要大量模型），所以它们常结合使用并常需引入反馈。最后，模块（9）和模块（10）都借助计算机图形学的方法将高层模型转化为低层模型。 □

15.3.2 以知识库为中心的辐射结构

以知识库为中心的辐射结构可以看作一种类比于人类视觉系统的结构。它的特点是以知识库为中心，系统整体不划分层次，信号在各个模块及知识库中多次进行交换处理。这里考虑到3-D视觉信息系统中的许多信息是隐含的，不易由“低层次”处理到“高层次”处理直接求出来，需要通过对各种知识数据的前后加工和往复提取才能逐步获得。

例15.3.2 以知识库为中心的辐射结构示例

典型的以知识库为中心的辐射结构系统如图15.3.2所示，它用知识库（库中也包括解决问题的策略）将3个传统的加工模块（区域提取、符号表达、匹配）连接起来，这里各个连接都是双向的。系统工作时，先对输入图像提取其中的区域，借助符号表达这些区域，并通过匹配得出对用户有意义的解释。以上这些过程都是在一定知识的指导下进行的。

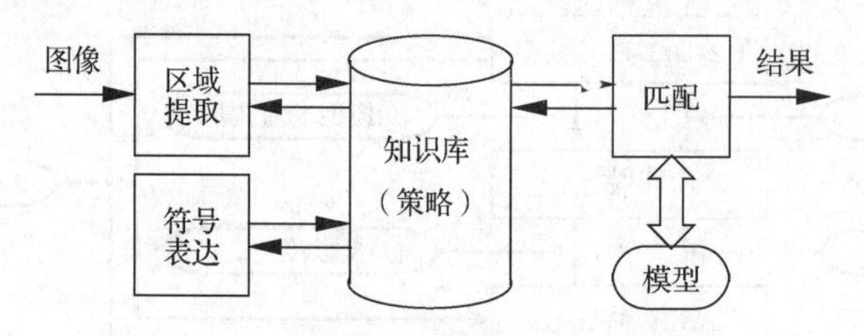

图15.3.2 典型的以知识库为中心的辐射结构系统 □

这种类比于人类视觉系统的结构遇到的主要困难是，在组成上，人类视觉系统与计算机视觉信息系统有很大不同。若干年前，科学家曾估计人脑中有大约1000亿个神经元在并行工作，而当时并行工作的计算机中只有约几亿个处理器，这是一个比较大的差距。那时估计可能要到2010年左右计算机才会具有与人脑神经元数量大约相同的处理器个数。现在处理器个数不是问题了，所以深度学习，神经计算机等模拟人类视觉系统结构的研究都有了相当的成果，但似乎还有相当大的差距。另外，人类视觉系统又相当“神奇”。人脑神经元的反应速度只达到毫秒级，但人识别一个对象所需的时间仅为约1秒。由此可见，人脑只需“运算”1000步左右就可完成“识别”，而仅用这么少的步骤进行识别是目前的计算机所远远做不到的。

现在看来，虽然计算机中处理器的个数已可比拟人脑中神经元的个数，但在解决许多问题的能力上，计算机的效率和功能与人脑相比还差很多。所以要实现通用的类比于人类视觉系统的计算机视觉信息系统目前还达不到，但实现针对某些特定应用的简化系统是有可能的。

15.3.3　以知识库为根的树结构

以知识库为根的树结构主要是一种模块分类方式，它根据对知识的不同表达类型进行组织。

例 15.3.3　以知识库为根的树结构示例

典型的以知识库为根的树结构系统如图 15.3.3 所示。它将对目标的描述分别在 4 个不同的抽象层次（参见图中虚线框内）进行。

（1）广义图像：它是场景中有关图像类实体的一个集合，例如描述图像及类图像（包括本征图像），其中主要的操作模块是图像获取（可采用不同的方法和形式，参见第 2 章）和预处理（产生对进一步加工更有用的形式，参见第 3 章）。

（2）分割图像：它可通过将广义图像中的元素聚合成与场景中有意义物体（即感兴趣目标子图像）相关联的集合而得到，对这些构成场景中有意义单元进行提取是迈向图像理解的重要步骤。这里常用的模块是边缘跟踪（不相连的边缘像素意义不大，组成边界才好描述目标）及类似技术（参见第 4 章）和区域生长（将独立像素根据特征结合成有意义的像素集合）及类似技术（参见第 5 章），另外还可借助图像的纹理分布（纹理是一种区域特性，参见第 7 章）和目标的运动（运动既有助于分割，也有利于理解场景，参见第 11 章）。

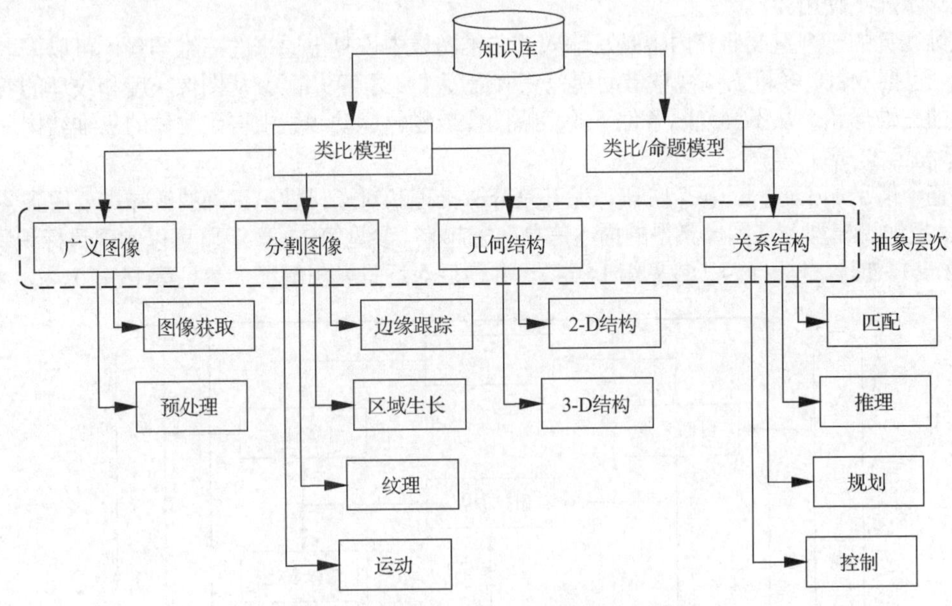

图 15.3.3　典型的以知识库为根的树结构系统

（3）几何结构：它是描述图像和客观世界的模型，事实上对场景的几何表示比分割图像更为抽象。形状具有 3-D 场景中物体的内在特性（参见第 8 章），所以确定物体的形状及场景中各目标的相对关系是图像理解的重要工作。由于人是通过物体外轮廓线或外表面来确定物体形状的，所以几何结构又可分为 2-D 和 3-D 两种情况，其中 2-D 对应图像，3-D 对应场景。

（4）关系结构：它给出图像和结构的符号描述，根据这些描述可以通过匹配（参见第 13 章）、推理（从已知事实推出其他事实）、规划（把视觉理解结果和实际操作相结合解决具体问题）和控制等手段获取知识，完成视觉任务。

以上讨论的层次（1）、（2）、（3）可归于类比模型，而层次（4）则属于类比和命题混合模型。类比表达允许对物体重要的物理性质和几何性质进行模拟，而命题是关于世界或世界模型为真或

为假的断言。 □

15.3.4　多模块交叉配合结构

图像理解系统应使得主观的观察者能从客观的场景中获得不同类别和层次的信息以通过系统认识世界。**多模块交叉配合结构**将整个系统分成多个模块，各有确定的输入和输出，且互相配合交叉，比较灵活。

例 15.3.4　多模块交叉配合结构示例

典型的多模块交叉配合结构的系统如图 15.3.4 所示[章 2000b]。图像是视觉信息系统的输入，首先需要采集图像（参见第 2 章）。对图像内容的兴趣一般集中在图像的某些特殊部分，因此在获得输入图像后要先将这些部分从图像中提取出来。这里既可采取从图像中检测各类典型物体基元或显著性区域的特定方法（参见第 3 章和第 4 章），也可采用比较通用的图像分割方法（参见第 5 章）。在一定意义上讲，基元检测是图像分割的一种特例，也是许多分割算法的组成部分；显著性区域检测是目标区域分割的一种手段，很多情况下已可达到图像分割的要求。

图像分割为简化图像的表述打下了基础，而目标表达和特征测量则是进一步达到符号描述的重要步骤。它们已可向用户提供有用的信息（参见第 6 章到第 8 章）。从系统的角度来说，上述各个表达描述操作步骤所得到的结果除可以直接向观察者提供外，也可按不同形式存储到系统库里，以便进一步加工使用。

三维视觉的一个重要研究内容是从输入的二维图像中恢复出原来的三维场景，可以采取的方法很多，包括双目、多目立体视觉借助视差获取深度（参见第 9 章），从图像灰度和纹理的变化求取物体的三维形状，从不同光照条件下的多幅图像或物体运动线索中得到物体的三维结构（参见第 10 章和第 11 章）等。

在整个信息加工过程的各个阶段，尤其是分析推理和对场景做出正确的解释需要用到各种经验知识，把知识模型与从图像获得的描述信息匹配起来（参见第 13 章），就可以实现目标识别（参见第 12 章），理解目标行为（参见第 14 章），并最后对场景做出解释（参见第 15 章）。

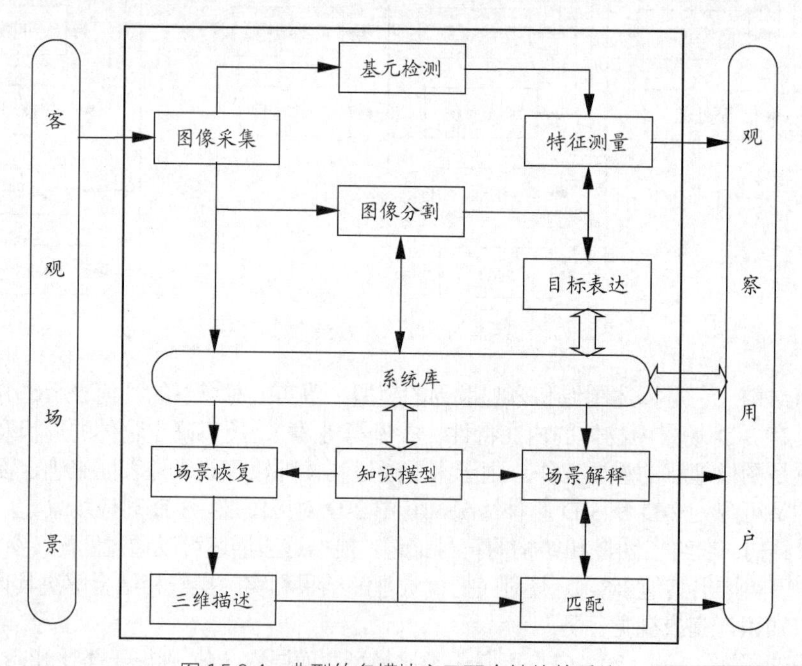

图 15.3.4　典型的多模块交叉配合结构的系统

可把图 15.3.4 看成一个图（结构），其中每个顶点代表一个加工过程或加工任务，而顶点间的连接则反映了信息的流动和过程的联系。从总体上看，尤其是在低层和中层处理阶段，采用了多层次串行结构，从客观场景获取的视觉信息经过一系列加工过程到达观察用户。但在部分地方，特别是高层加工阶段，系统又基本围绕知识模型进行组织。另外，从系统框图中还可看出，知识模型不仅对三维描述起指导作用，还可反馈回到中层处理阶段以提高其工作的质量和效率。 ❑

这个框架具有一定的代表性，其中包含了一般计算机视觉系统中的主要模块以及模块间的联系。它又有一定的通用性，因为对模块内的方法没有限制，所以在使用中可根据给定的视觉任务选取合适的技术。最后需要进一步考虑的是，如果赋予各个模块一定的自我学习调节能力，整个系统的性能可能会大大提高。

事实上，本书的整体框架，即本书所采用的计算机视觉系统框架（参见图 1.4.1）是对上述多模块交叉配合结构的系统框图根据教学需求经过调整、细化和补充而得到的。

15.4 计算机视觉理论框架

在早期，有关计算机视觉的研究并没有一个全面的理论框架，直到马尔于 1982 年出版的《视觉》一书[Marr 1982]总结了他和同事的一系列研究成果，勾画出一个理解视觉信息处理的框架。该框架既全面又精练，是马尔《视觉》一书的中心目的和内容，也为计算机视觉其后近 40 年的发展指明了方向。马尔的视觉计算理论是使视觉信息处理的研究变得严密，并把视觉研究从描述的水平提高到数理科学水平的关键，其影响一直延续到今日。近年，新的研究还在继续，新的成果和应用不断诞生，这些基本上都以该框架为基础（一些调整改进参见 15.4.2 小节）。

15.4.1 马尔视觉计算理论框架

下面介绍马尔视觉计算理论的要点（可参见文献[Marr 1982]等）。

1. 视觉是一个复杂的信息加工过程

马尔认为视觉是一个远比人的想象更为复杂的信息加工任务和过程，但其难度常不为人们所正视。这里一个主要的原因是，虽然要解释场景对计算机很难，但对人而言通常是轻而易举的。

为了理解视觉这个复杂的过程，首先要解决两个问题。一个是视觉信息的表达问题，另一个是视觉信息的加工问题。表达对其后信息加工的难易有很大影响，而视觉信息加工要通过对信息的不断处理、分析、理解，将不同表达形式进行转换，逐步抽象以达到视觉目的。要完成视觉任务，需要在若干个不同层次和方面进行。

2. 视觉信息加工的 3 个要素

要完整地理解和解释视觉信息，完成视觉任务，需要同时把握 3 个要素，即计算理论、算法实现和硬件实现。

首先，一个任务要用计算机完成，它应该是可以被计算的。这就是可计算性问题，需要用**计算理论**来回答。一般对某个特定的问题，如果存在一个程序，对给定的输入，这个程序都能够在有限个步骤内给出输出，这个问题就是可计算的。可计算理论的研究对象有 3 个，即判定问题、可计算函数及计算复杂性。判定问题主要是判定方程是否有解；可计算函数主要讨论一个函数是否可计算；计算复杂性主要讨论是否存在时间和空间复杂度是多项式的有效算法。

视觉信息处理的最高层次是抽象的计算理论。对视觉是否可用现代计算机计算的问题至今尚无明确的解答。视觉是一个感觉加知觉的过程。人们对人类视觉功能的机理无论从微观的解剖知识还是客观的视觉心理知识来说都掌握得还很少，所以目前对视觉可计算性的讨论还比较有限，主要集中在以现有计算机所具备的数字和符号加工能力完成某些具体的视觉任务。

其次，现有计算机所运算的对象为离散的数字或符号，计算机的存储容量也有一定的限制，因此有了计算理论后，还必须要有**算法实现**，为此需要给加工所操作的实体选择一种合适的表达。这里一方面要选择加工的输入和输出表达，另一方面要确定完成表达转换的算法。

最后，有了表达和算法，在物理上如何实现算法也是必不可少的。特别是随着对实时性要求的不断提高，专用的**硬件实现**问题常被提出来。需要注意，算法的确定常依赖于物理上实现算法的硬件的特点，而同一个算法也可由不同的技术途径实现。

将上述讨论归纳后可得到表 15.4.1。

表 15.4.1　视觉信息加工中三要素的含义归纳

要素	名称	含义和要解决的问题
1	计算理论	什么是计算目的，为什么要这样计算，需要什么约束条件
2	算法实现	怎样实现计算理论，什么是输入输出表达，用什么算法实现表达间的转换
3	硬件实现	怎样在物理上实现表达和算法，什么是计算结构的具体细节

上述 3 个要素之间有一定的逻辑因果联系，但并无绝对的依赖关系。事实上，对每一个要素均可有多种不同的选择方案。在许多情况下，描述某些视觉现象可仅从其中一个或两个要素出发，各要素之间有一定的相对独立性。不过要解决许多视觉问题时，还需将它们综合考虑。上述 3 个要素也有人称之为视觉信息加工的 3 个层次，并指出不同的问题需要在不同层次进行解释。三者之间的关系如图 15.4.1 所示，其中箭头正向表示带有指导的含义，反向则有作为基础的含义。注意一旦有了计算理论，算法实现与硬件实现是互相影响的（实际上三者看成两个层次更恰当）。

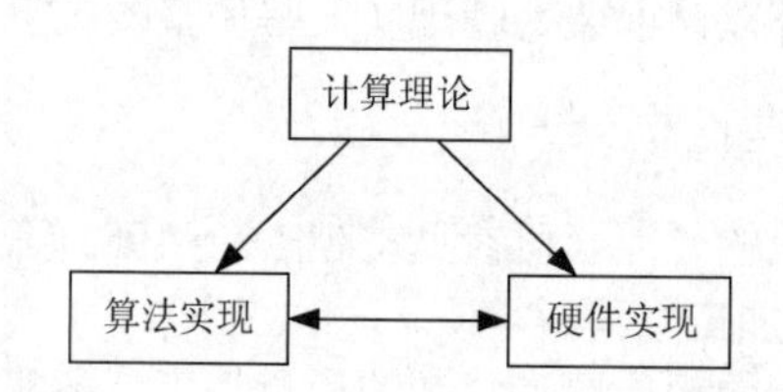

图 15.4.1　视觉信息加工中三要素的联系

3. 视觉信息的三级内部表达

根据可计算性的定义，视觉信息加工过程可分成多个由一种表达到另一种表达的转换步骤。表达是视觉信息加工的关键，一个进行计算机视觉处理研究的基本理论框架主要由视觉加工建立、维持并予以解释的可见世界的三级表达结构组成。

（1）基素表达

基素表达是一种 2-D 表达，它是图像特征的集合，描述了物体表面属性发生变化的轮廓部分。基素表达提供了图像中各物体轮廓的信息，是对 3-D 目标一种素描形式的表达。这种表达方式可以从人类的视觉过程中得到证明，人观察场景时总先注意到变化剧烈的部分，所以，基素表达应是人类视觉过程的一个阶段。但需要注意，只使用基素表达就可以表示场景的特定信息，但并不能保证得到对场景的唯一解释。

（2）2.5-D 表达

2.5-D 表达完全是为了适应计算机的运算功能而提出来的。它根据一定的采样密度把目标按正交投影的原则分解，这样物体的可见表面被分解成许多有一定大小和几何形状的面元，每个面元有自己的取向。各用一个法线向量代表其所在面元的取向，并结合起来形成的针状图（将矢量用箭头表示）就构成 2.5-D 图（也称针图），在这类图中各法线向量的取向以观察者为中心，一个示例如图 15.4.2 所示。

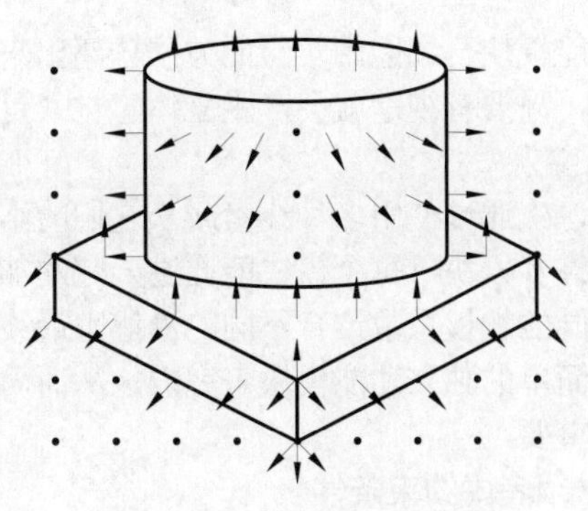

图 15.4.2　2.5-D 表达示例

获取 2.5-D 图的具体步骤为：①将物体可见表面通过正交投影分解成单元表面；②用法线向量代表单元表面的取向；③将各法线向量画出，叠加于物体轮廓内可见表面上。

2.5-D 图表示了物体表面面元的朝向，从而给出了表面形状的信息。它的特点是既表达了一部分物体轮廓的信息（这与基素表达类似），又表达了以观察者为中心、可观察到的物体表面的取向信息。将 2-D 基素表达和 2.5-D 表达相结合，可获得观察者所能看到的（即可见的）物体轮廓以内目标的 3-D 信息（包括边界、深度、反射特性等）。这样的表达与人所理解的 3-D 物体也是一致的。

（3）3-D 表达

3-D 表达是以物体为中心（包括了物体的不可见部分）的表达形式。它在以物体为中心的坐标系中描述 3-D 物体的形状及其空间组织。这是最高级别的表达，反映了场景的客观性质。

现在回过来看视觉的可计算性问题。从计算机或信息加工的角度来说，视觉的可计算性问题可分成几个步骤，步骤之间是某种表达形式，而每个步骤都是把前后两种表达形式联系起来的计算/加工方法，如图 15.4.3 中虚线框内所示。

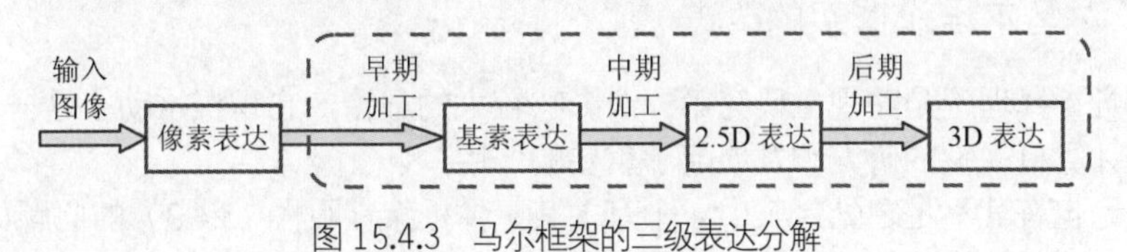

图 15.4.3　马尔框架的三级表达分解

根据上述的三级表达观点，视觉可计算性要解决的问题是：如何由原始图像的像素表达出发，通过基素表达和 2.5-D 表达，最后得到场景的 3-D 表达。现将它们总结在表 15.4.2 中。

表 15.4.2　视觉可计算性问题的表达框架

名称	目的	基元
图像	表达场景的辉度或物体的照度	像素（值）
基素图	表达图像中的亮度变化位置、物体轮廓的几何分布和组织结构	零交叉点、端点、角点、拐点、边缘段、边界等
2.5-D 图	在以观察者为中心的坐标系中表达物体可见表面的取向、深度、边界等性质	局部表面朝向（“针”基元）、表面朝向不连续点、深度、深度上不连续点
3-D 图	在以物体为中心的坐标系中，用体元或面元集合描述形状和形状的空间组织形式	3-D 模型，以轴线为骨架，将体元或面元附在轴线上

4. 视觉信息处理系统是按照功能模块的形式组织起来的

把视觉信息系统看成由一组相对独立的功能模块所组成的思想，不仅有计算方面进化论和认识论的论据支持，而且某些功能模块已经能用实验的方法分离出来。例如利用计算机产生的随机点立体图对所进行的试验表明，只要有视差就会产生立体感觉（可参见文献[Julesz 1960]），而不需要其他信息的帮助。

另外，心理学研究也表明，人通过使用多种线索或从它们的结合来获得各种本征视觉信息。这启示视觉信息系统应该包括许多模块，每个模块能通过一定的加工获取某一特定的视觉线索，从而可以根据不同的环境用不同的加权系数结合不同的模块来最终完成给定的视觉任务。根据这个观点，复杂的处理可用一些简单的独立功能模块来完成，从而简化研究方法，降低具体实现的难度。这从工程角度来讲也很重要。

5. 计算理论形式化表示必须考虑约束条件

在图像采集和获取过程中，原始场景中的信息会发生各种变化，包括以下几个方面。

（1）当3-D的场景被投影为2-D图像时，丢失了物体深度和不可见部分的信息。

（2）图像是从特定视角获取的，对同一物体采用不同的视角，所获得的图像会不同，另外由于物体遮挡也会丢失信息。

（3）成像投影使得照明、物体几何形状与表面反射特性、摄像机特性、光源与物体和摄像机之间的空间关系等都被综合成单一的图像灰度值，丢失了它们各自的鉴别信息。

（4）在成像过程中不可避免地会引入噪声和畸变，这会对需要的信息产生干扰。

对一个问题来说，如果它的解是存在的、唯一的、连续地依赖于初始数据的，则它是适定的。如不满足上述的某一条或几条，这个问题就是不适定（欠定）的。而由于上述各种原始场景中信息发生变化，使得视觉处理问题的求解方法不适定（成为病态问题），求解很困难。为解决这个问题，需要根据外部客观世界的一般特性找出有关问题的约束条件，并把它们变成精密的假设，从而得出确凿的、经得起考验的结论。约束条件一般是借助先验知识获得的，利用约束条件可改变病态问题，这是因为通过给计算问题加上约束条件可使它含义明确，从而能够获得准确的解。

15.4.2 对马尔理论框架的改进

马尔的视觉计算理论是对视觉研究第一个影响较大的理论，它积极推动了这一领域的研究，对图像理解和计算机视觉的研究和发展起了重要的作用。

马尔的理论也有其不足之处，其中4个有关其整体框架（见图15.4.3）的问题如下。

（1）框架中输入是被动的，给什么图像，系统就处理什么图像。

（2）框架中加工目的不变，总是恢复场景中物体的位置和形状等。

（3）框架缺乏，或者说未足够重视高层知识对处理的指导作用。

（4）整个框架中信息加工过程基本自底而上，单向流动，没有反馈。

针对上述问题，人们提出了一系列改进思路。对应图15.4.3所示的框架，可将其改进并融入新的模块，得到如图15.4.4所示的框架。

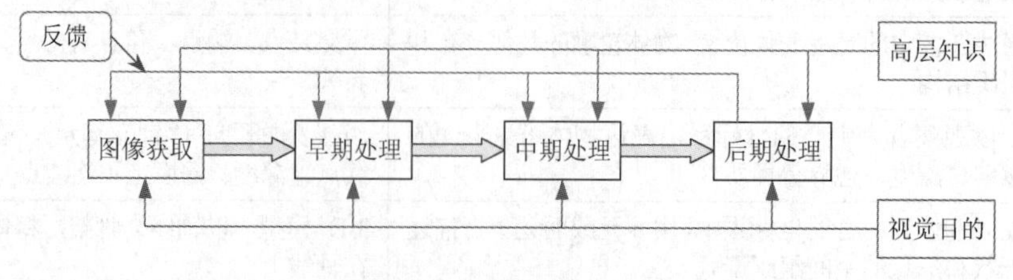

图15.4.4 改进的马尔框架

下面具体讨论4个方面的改进。

（1）人类视觉具有主动性，例如会根据需要改变视角以帮助观察和识别。**主动视觉**指视觉系统可以根据已有的分析结果和视觉的当前要求，自主决定摄像机的运动以从合适的位置和视角获取相应的图像。人类的视觉又具有选择性，可以注目凝视（以较高分辨率观察感兴趣区域），也可以对场景中某些部分视而不见。选择性视觉指视觉系统可以根据已有的分析结果和视觉的当前要求，决定摄像机的注意点以获取相应的图像。考虑到这些因素，在改进框架中增加了图像获取模块，并将其在框架中与其他模块一起考虑。该模块要根据视觉目的选择采集方式。有关主动性和选择性的详细讨论还可参见 15.4.3 小节。

（2）人类的视觉可以根据不同的目的进行调整。**有目的的视觉**（也称**定性视觉**）指视觉系统根据视觉目的进行决策，例如是完整地恢复场景中物体的位置和形状等信息还是仅检测场景中是否有某物体存在。事实上，有相当多的场合只需要定性结果就可以了，并不需要复杂性高的定量结果。因此在改进框架中增加了视觉目的，可根据工作目的确定进行定量分析或定性分析，但目前定性分析还缺乏完备的数学工具。

（3）人类有能力在仅从图像中获取部分信息的情况下完全解决一个视觉问题，原因是人类隐含地使用了各种知识。例如借助 CAD 设计资料获取物体形状信息（使用物体模型库）后，可帮助解决由单幅图恢复物体形状的困难。利用高层知识可解决低层信息不足的问题，所以在改进框架中增加了高层知识。

（4）人类视觉中前后处理之间是有交互作用的，尽管对这种交互作用的机理了解得还不是很充分，但高层知识和后期处理的反馈信息对早期处理的重要作用已得到认可。从这个角度出发，人们在改进框架中增加了反馈控制流向。

15.4.3 新理论框架的研究

限于历史等因素，马尔没有研究如何用数学方法严格地描述视觉信息的问题。他虽然较充分地研究了早期视觉，但基本没有论及对视觉知识的表达、使用和基于视觉知识的识别等。近年来有许多试图建立新理论框架的工作，下面介绍两个比较有代表性的成果，并简单讨论一下计算机视觉研究的最终目的。

1. 基于知识的理论框架

基于知识的理论框架是围绕**感知特征群集**的研究而展开的（可参见文献[Goldberg 1987]，[Lowe 1987]，[Lowe 1988]）。该理论框架的生理学基础源于心理学的研究结果。该理论框架认为，人类视觉过程只是一个识别过程，与重建无关。为对 3-D 目标进行识别，可以用人类的感知去描述目标，在知识引导下通过 2-D 图像直接完成，而不需要通过视觉输入自底向上进行完整的 3-D 重建。

从 2-D 图像理解 3-D 场景的过程可分为如下 3 个步骤（参见图 15.4.5）。

（1）利用对感知组织的处理过程，从图像特征中提取那些相对观察方向在大范围内保持不变的分组和结构。

（2）借助图像特征构建模型，在这个过程中利用概率排队的方法减小搜索空间。

（3）通过求解未知的观察点和模型参数来寻找空间对应关系，使得 3-D 模型的投影直接与图像特征相匹配。

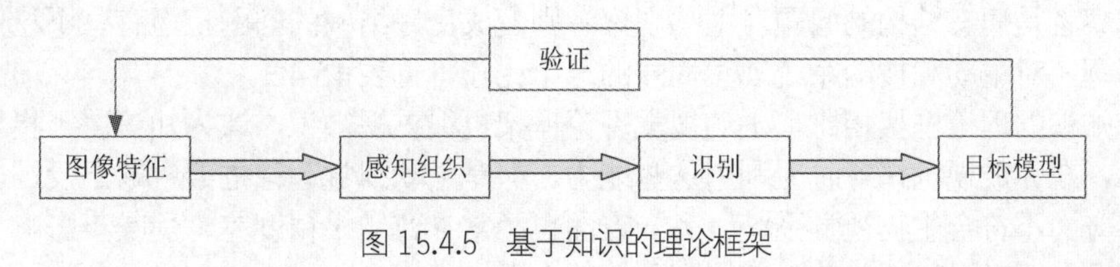

图 15.4.5 基于知识的理论框架

在以上整个过程中都无须对 3-D 目标表面进行测量（不需重建），对有关表面的信息都是利用感知原理推算出来的。该理论框架对遮挡和不完全数据的处理展示出了较高的稳定性。该理论框架借助验证引入了反馈，强调高层知识对视觉处理的指导作用。但实践表明，在一些需要判断物体尺寸大小、估计物体距离等场合时，仅有识别是不够的，必须对目标进行三维重建。事实上，3-D 重建仍有着非常广泛的应用，比如在虚拟人计划中，通过对人体切片的 3-D 重建可得到许多人体的信息；再如对组织切片的 3-D 重建可得到细胞的 3-D 分布，对细胞的定位有很好的辅助效果。

2. 主动视觉理论框架

主动视觉也常称为定性视觉或面向任务的视觉，是指观察者以确定的或不确定的方式运动，或转动眼睛来跟踪环境中的目标物体从而感知世界的技术和方法。主动视觉理论框架主要是根据人类视觉（或更一般的生物视觉）的主动性提出来的。事实上，人类视觉有如下两个特殊的机制。

（1）**选择注意机制**。人眼看到的并非全部都是人所关心的，有用的视觉信息通常只分布于一定的空间范围和时间段内，所以人类视觉也不是对场景中所有部分一视同仁，而是根据需要有选择地对其中的一些部分加以特别的注意，对其他部分只是一般的观察甚至视而不见。这就是选择注意机制。根据这个特点，可以在采集图像时进行多方位和多分辨率的采样，并选择或保留与特定任务相关的信息。

（2）**注视控制**。人能调节眼球，使人可以根据需要在不同时刻“注视”环境中的不同位置，以获取有用的信息。根据这个特点，可以通过调节摄像机参数使其始终能够获取适用于特定任务的视觉信息。注视控制可分为**注视锁定**和**注视转移**。前者指一个定位过程，如目标检测跟踪；后者类似于眼球的转动，根据特定任务的需要控制下一步的注视点。

根据人类视觉机制提出的主动视觉理论框架如图 15.4.6 所示。

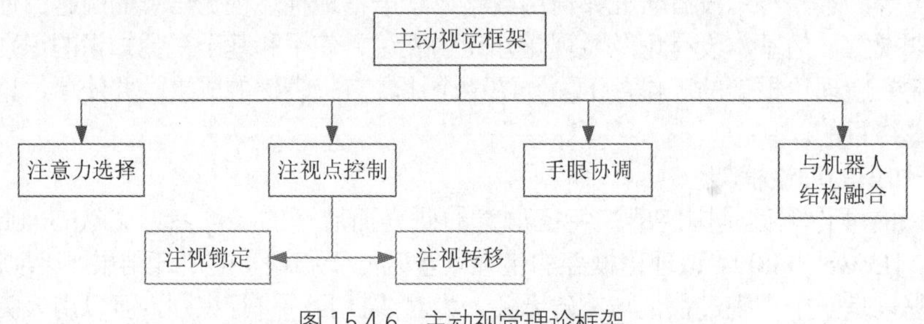

图 15.4.6　主动视觉理论框架

主动视觉理论框架强调：视觉系统应该具有基于任务和目的导向的特点，同时视觉系统应该具有主动感知，即“选择”感知的能力。主动视觉系统可以根据已有的分析结果和视觉任务的当前要求，通过主动控制摄像机参数的机制来控制摄像机的运动，并协调所需要的处理任务和外界信号的关系。这些参数包括摄像机的位置、取向、焦距、光圈等。另外，主动视觉还融入了“注意”能力。通过改变摄像机参数或摄像后数据的处理，控制“注意点”，达到对空间、时间、分辨率等有选择的感知。

对主动视觉系统，结合注视机制，可将某些不适定问题转化为适定问题。研究中已发现，有些对被动观察者是病态结构的问题对主动观察者则变成良好结构的问题，而有些不稳定问题能变为稳定的问题。对主动和被动系统观察性能的一个比较可见表 15.4.3。

与基于知识的理论框架相比，主动视觉理论框架也很重视知识，认为知识属于指导视觉活动的高级能力，在完成视觉任务时应利用这些能力。但是主动视觉理论框架中缺乏反馈。这种无反馈的结构一方面不符合生物视觉系统，另一方面也经常导致结果精度差、受噪声影响大、计算复杂性高等问题，同时也缺乏一些对应用和环境的自适应性。

表 15.4.3　主动和被动观察性能的比较

任务	被动观察性能	主动观察性能
由轮廓恢复形状	病态结构问题，能被校正，严格假设条件下可解	良好结构问题，解唯一
由运动恢复形状	良好结构问题，不稳定，非线性	良好结构问题，稳定，二次方程
由阴影恢复形状	病态结构问题，需校正，非线性，不保证唯一解	良好结构问题，稳定，解唯一，线性
由纹理恢复形状	病态结构问题，需对纹理进行假设	良好结构问题，无须对纹理进行假设

3. 计算机视觉的最终目标

人类视觉系统是相当通用的计算机视觉系统。计算机视觉研究的一个重要目标就是要建立能完成各种视觉任务的通用系统。这里需要考虑视觉信息表现形式的多样性、数量的巨大性、关系的复杂性和处理的及时性等问题。从目前的研究水平和技术水平来看，在短期内建立可以类比于人类视觉系统功能的计算机系统可能性还不大。事实上，无论是从微观（解剖特征）或宏观（心理特征）角度来说，人类至今还无法全面解释人类视觉系统的高效和神奇。

在 2003 年世界机器人足球杯比赛期间，人们曾提出了一个大胆的目标：到 2050 年，将组建一支完全独立的类人机器人（人形机器人）足球运动队（fully autonomous humanoid robot soccer），而且它将能按照国际足球联合会（FIFA）的比赛规则战胜那时的（人类）世界杯冠军队（参见 www.robocup.org）。根据目前的研究和技术水平来说，要实现这个目标还是很困难的。虽然有人认为类人机器人时代已经来临，人们已在实验室中制成了仿人的采用无源被动行走原理工作的机器人（如“康奈尔”和“丹尼斯”），靠人工肺的气流驱动人工声带发言的机器人（如“说话者”），借助橡胶触觉传感器来感触外界环境的机器人（如“多莫”），但要让机器人模仿人类的视感觉，特别是视知觉来工作是非常有挑战性的。不过制定并执行这样一个长期的目标是很重要的。

最后要指出的是，计算机视觉是一个涉及人类智能的问题。对许多看起来非常简单的人类智能是否可能在计算机上复现，至今还没有定论。近年来，人工智能的研究和应用有了比较长足的进步，但从目前的状态和进展来看，要想在计算机上实现具有理解智能和实用意义的通用信息系统（计算机视觉系统是其中一类）还需要大量的工作，其中既包括基础理论方面的研究，也包括对实验与应用的重视。但从另一个意义和角度上说，这也确实是一个值得研究和有所作为的领域，有着光明的前景，让我们一起从不同的角度努力吧!

总结和复习

下面对本章各节进行简单小结，并有针对性地介绍一些可供深入学习的参考文献。读者还可通过思考题和练习题进行进一步的复习，标有星号的思考题或练习题在书末提供了解答。

【小结和参考】

15.1 节介绍了线条图及其标记方法，作为通过匹配和推理获得对场景解释的一个示例。线条图借助了图论的概念，所以可参照图同构方法进行匹配。另一方面，线条图表达了景物各表面间的关系，所以也可将线条图的匹配看作关系匹配的一个实例。有关细节可参见文献[Shapiro 2001]。

15.2 节先介绍了基于内容图像和视频检索的原理和流程[章 2003b]。接下来具体讨论了对体育比赛视频进行精彩度排序的工作，这是一个利用场景模型知识对场景图像进行分析以实现场景解释和理解的示例。对家庭录像视频进行组织工作的讨论可参见文献[Zhang 2014b]。利用匹配追踪方法进行检索的一个工作可参见文献[Bu 2014]。有关基于内容视觉信息检索的全面介绍可参见文献[章 2003b]，其中有关语义检索的一些工作可参见文献[Zhang 2007]，近期的一些总体进展可参见文献[Zhang 2014a]。更多有关场景解释的技术还可参见文献[Zhang 2012d]。

15.3 节讨论了计算机视觉系统的模型结构，并列举了几个典型的示例。相关内容的讨论还可参见文献[罗 2006]、[Shapiro 2001]、[Forsyth 2012]等。

15.4 节概述了计算机视觉理论框架的研究情况。马尔的理论框架是最早提出来的，虽然其后又有了许多新的研究成果，但马尔的理论使得人们对视觉信息的研究有了明确的内容和较完整的基本体系，仍被看作研究的主流。现在新提出的理论框架均包含它的基本成分，多数被看作它的补充和发展。新理论框架的研究还在进行中，如表观动态几何学，网络—符号模型（可参见文献[Kuvich 2004]），基于 Bayesian 网络和图像语义特征的框架（可参见文献[Luo 2005]）等。借助神经网络技术解决注意力机制的一个工作可参见文献[Zheng 2015]。

【思考题和练习题】

15.1 从理论上讲，可以通过对阴影的分析来区别翼边和刃边，具体应如何做呢？

15.2 在图 15.1.2 中两个目标的所有交角处都有一个由两条或三条边线构成的连接，分别指出它们是图 15.1.3 中的哪一种？

15.3 画出一个有一面着地的正立方体的线条图，并加上标记。

15.4 选择一个场景，画出其线条图，要求其中目标各边的连接包括所有连接类型。

15.5 参照图 15.2.3 所示的对乒乓球比赛中目标检测、跟踪和镜头排序的流程，设计一个对足球比赛中射门镜头选取的流程。

15.6 对足球比赛，设计几个基本层的排序指标和几个品质层的排序指标。

15.7 试列表分析比较 15.3 节讨论的几种系统模型的优缺点。

15.8 查阅文献，将其所介绍的各种计算机视觉系统（最好多于 10 个）归到 15.3 节介绍的 4 种模型中去。如果有一些归不进去，分析一下原因。

*15.9 能否举出一些视觉任务，它们可计算，但算法很难实现；或有算法，但硬件很难实现。

15.10 考虑到近年的科学进展（包括人工智能、生理学、仿生学、神经网络、遗传机制、机器学习、软科学等），在哪些地方还可对马尔理论进行补充和修正？试在图 15.4.4 上标出这些补充和修正的作用点。

*15.11 光移图像、运动图像和主动视觉中采集的图像有什么异同？

15.12 关注当前的科技进展，分析哪些进展对解决视觉问题有推动作用？哪些计算机问题得到了解决？现在又提出了什么新的计算机视觉问题？

部分思考题和练习题解答

第1章 绪论

1.1 至少可列出下面4点。

（1）人类视觉系统在很大程度上可看作计算机视觉系统的“前驱”。

（2）计算机视觉系统是为了实现用计算机实现人的视觉功能而发展起来的。

（3）人类视觉系统为计算机视觉系统利用仿生学的方法实现人的视觉功能提供了有益的借鉴。

（4）计算机视觉系统采用工程方法实现人的视觉功能是从人类视觉系统的最终目的出发的。

1.10 D_E距离为5.39，D_4距离为7，D_8距离为5。

第2章 图像采集

2.1 [提示]：可从强度动态范围、光谱响应范围、解析度、灵敏度、线性响应特性、光子转换效率、电荷传输效率、感光面积、影像失真、体积、重量、功耗、稳定性等方面考虑。

2.10 $\alpha = \gamma = 135°$，$D_x = D_y = 0$，$D_z = 1.0$。

第3章 基元检测

3.8 做出图解3.8（a）所示图形的外接矩形，交点分别为A、C、D、E。

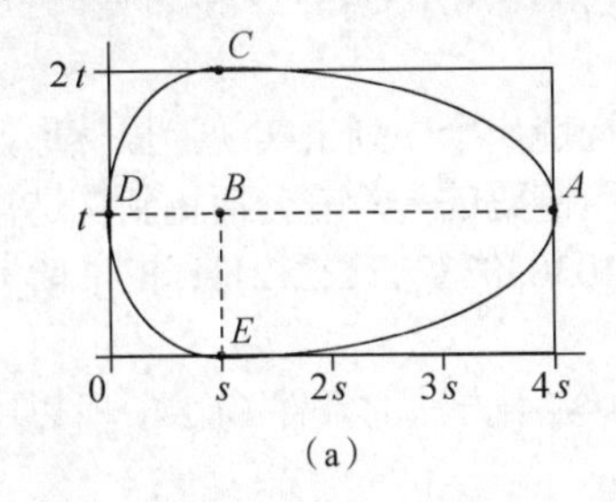

（a）

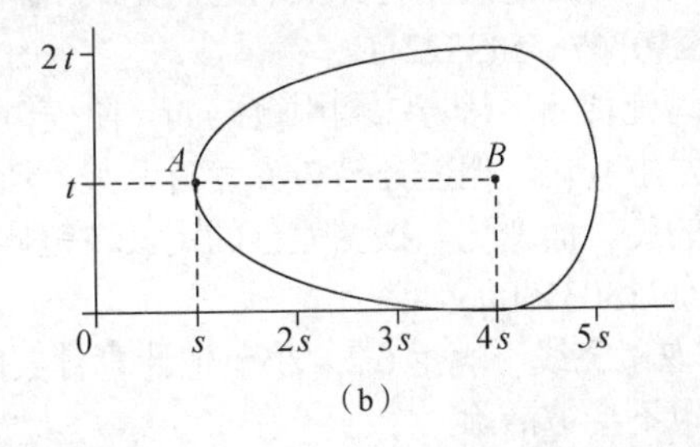

（b）

图解3.8

该外接矩形的R表如表解3.8所示。由表算得B点坐标为(s, t)。如果将图形逆时针旋转180°后，B点坐标为$(4s, t)$，如图解3.8（b）所示。

表解3.8

轮廓点	A	C	D	E
θ	π/2	π	3π/2	0
矢径 $r(\theta)$	$3s$	t	s	t
矢角 $\phi(\theta)$	π	3π/2	0	π/2

3.9　具体计算可参见例3.4.6。改变R表的方法非常直观，但需要大量的R表修改操作。不改变R表的方法看起来比较简单，但要计算与原R表中所对应的相应点的坐标变换比较复杂。

第4章　显著性检测

4.5　式（4.2.3）的计算量约为式（4.2.1）的计算量的0.18倍，即不到1/5。

4.12　先列表计算出中间结果如表解4.12所示。

表解4.12

真值	0	1	2	3	4	6	7	8	9
测量值	0	2	4	6	8	1	3	7	9
显著性判断	T_N	T_N	T_N	F_P	F_P	F_N	F_N	T_P	T_P
差（真值–测量值）	0	–1	–2	–3	–4	5	4	1	0
绝对差	0	1	2	3	4	5	4	1	0

进一步可算得：ME = 0，MAE = 2.716，F_1 = 0.25。

第5章　目标分割

5.5　加权系数c（continuity energy weighting）的作用为影响轮廓的形状。c太大，则轮廓非常平滑，没有细节；c太小，则轮廓不连续。加权系数b（balloon energy weighting）的作用为调整膨胀能量的影响。b为正数，轮廓向外膨胀；b为负数，轮廓向内收缩；太小，无影响；太大，膨胀过头。

5.9　由图题5.9可见$p_2(z) = 1 - z/2, p_1(z) = (z-1)/2$，将$P_1 = P_2$代入式(5.3.9)，解$p_1(T) = p_2(T)$，得到最佳阈值为$T = 3/2$。

第6章　目标表达和描述

6.1　（1）同一个边界的不同起点的各个链码可看作由一串数码循环移位得到。链码起点归一化方法是在所有可能的数码串中选出独特的一串（对应最小自然数的一串），这个数码串是由循环起点所决定的，与原链码在边界上的起点无关。循环链码11076765543322将0（作为起点）放到最高位可得到07676554332211。

（2）链码旋转归一化方法利用链码的一阶差分重新构造一个序列来实现，虽然原始链码在边界旋转后会发生变化，但差分与边界旋转无关，所以利用链码的一阶差分而重新构造出来的序列不会随边界的旋转而变化。根据差分的定义，链码01010303033232322212111的一阶差分序列为13133131303131303130313003。

6.7　单像素竖线不满足6.2.4小节中计算骨架的一种实用方法的条件（1.2），所以中部的像素不会被标记也不会被清除。

第7章　纹理分析

7.3　可分别计算完好工件图和损坏工件图的共生矩阵。因为损坏区域为块状，可定义位置算子为4-邻域关系。工件完好图的共生矩阵应在(100, 100)处有峰值，而工件损坏图的共生矩阵则还会在(100, 50)、(50, 100)、(100, 150)和(150, 100)处有峰值。它们分别如图解7.3（a）和图解7.3（b）所示，其中不同色圆点表示幅度不同的峰值。如果两个共生矩阵在(100, 100)的峰值差大于给定的像素个数，就可以确定工件的质量情况。

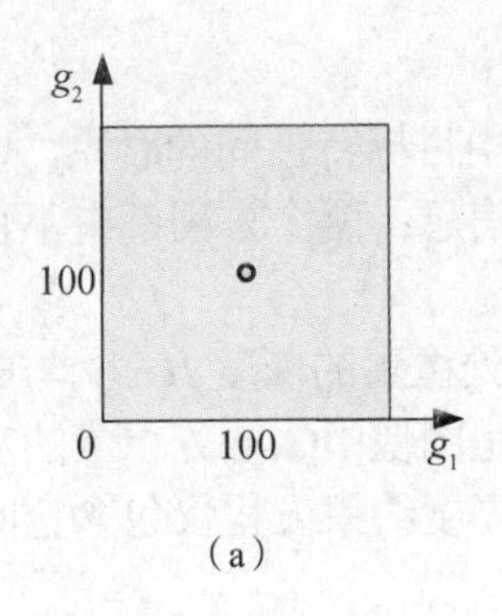

（a）

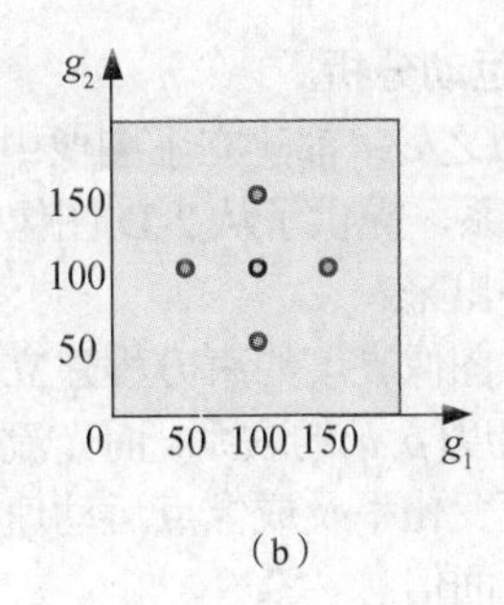

（b）

图解 7.3

7.6　图 6.2.8（a）和图 6.2.8（b）的局部二值模式的二进制标号和十进制标号分别为 00100000 和 32，以及 11111101 和 253（其余图的可类似计算）。

与骨架算法中所考虑模式的关联：骨架算法中的第 1 个条件等价于边界点的二进制标号中 1 的个数不能是 1 和 8；骨架算法中的第 2 个条件等价于边界点的二进制标号（首尾相连）需要有且仅有 1 次从 1 到 0 的变化。

第 8 章　形状分析

8.2　[提示]：均考虑区域为八边形，根据形状参数 F 取最小值的要求逐步消去不满足条件的形状（具体可参见文献[章 2002b]）。

8.6　（1）37/41≈90%。（2）16/16≈100%。（3）13/13≈100%。（4）32/41≈78%。

第 9 章　立体视觉

9.2　$X = 0.04$ m，$Z = 0.45$ m。

9.11　在 9.2.1 小节中，双目是平行的，可看作将两个单目的系统并排放在一起而得到的，故可借助两次使用单目系统的投影原理计算视差，得到的深度公式与摄像机焦距有关。而在 9.4.1 小节中，双目是会聚的，可看作将一个单目的系统旋转到另一个位置而得到的，所以借助坐标变换进行推导，得到的深度公式也与双目间视线的夹角有关。

第 10 章　三维景物恢复

10.2　入射光线在半球正上方，则光源矢量为$[-p_s, -q_s, 1]^T = [0, 0, 1]^T$，所以有：

$$R(p,q) = r\frac{1+p_s p+q_s q}{\sqrt{1+p^2+q^2}\sqrt{1+p_s^2+q_s^2}} = r\frac{1}{\sqrt{1+p^2+q^2}} = \frac{r}{\sqrt{1+d^2}}$$

这是一个在中心处最亮，随着与中心距离的增加逐渐变暗的分布，无论半球面是凸或凹的，反射光强的分布一致，所以仅根据反射强度的分布，并不能确定半球面的凸或凹。

半球面所在球面的方程为 $r^2 = x^2 + y^2 + z^2$，则对凸上半球面或凹下半球面分别有：

$$z = \sqrt{r^2 - x^2 - y^2}$$

$$z = -\sqrt{r^2 - x^2 - y^2}$$

因为对球面上的一个面元，其在 x 和 y 两个方向的梯度分别为 $p = \partial z/\partial x$ 和 $q = \partial z/\partial y$，所以根据任一梯度的方向（对应偏导数的不同符号），可以确定球面是凸或凹的。

10.9　$x_v = \sqrt{2}/2$，$y_v = \sqrt{2}/2$。

第11章　运动分析

11.10　相似之处：都建立了图像中像素特征与场景中目标特性间的联系，也就是2-D图像与3-D场景间的联系，提供了从2-D图像恢复3-D场景的信息；两个方程都有不止一个未知量，仅由一个方程解不出来。

不同之处：图像亮度约束方程建立的是图像中(x, y)处像素的灰度$I(x, y)$与成像处目标点的反射特性和朝向梯度(p, q)的联系，而光流约束方程建立的是图像中(x, y)处像素的灰度的一阶时间变化率与场景亮度变化率及成像点运动速度的联系；图像亮度约束方程仅包含空间信息，而光流约束方程还包含时间信息。

11.12　根据题意，设光源和场景都没有随时间变化，像素亮度的变化仅由于摄像机运动而产生。如果用$x(t)$和$y(t)$表示空间点P在时刻t的图像坐标，则在$t + \mathrm{d}t$时刻，P点所对应的新图像坐标为：

$$\begin{bmatrix} x(t+\mathrm{d}t) \\ y(t+\mathrm{d}t) \end{bmatrix} = k\begin{bmatrix} 1 & \theta \\ -\theta & 1 \end{bmatrix}\begin{bmatrix} x(t) \\ y(t) \end{bmatrix} + \begin{bmatrix} T_x \\ T_y \end{bmatrix}$$

其中k、θ、T_x和T_y对应摄像机运动参数，k表示尺度变化，θ表示摄像机的旋转角，T_x和T_y表示摄像机的平移量。空间点P的运动速度为：

$$\begin{bmatrix} u \\ v \end{bmatrix} = \begin{bmatrix} \mathrm{d}x/\mathrm{d}t \\ \mathrm{d}y/\mathrm{d}t \end{bmatrix} = \begin{bmatrix} k-1 & k\theta \\ -k\theta & k-1 \end{bmatrix}\begin{bmatrix} x(t) \\ y(t) \end{bmatrix} + \begin{bmatrix} T_x \\ T_y \end{bmatrix}$$

代入光流方程，可得：

$$(f_x x + f_y y)(k-1) + (f_y x - f_x y)k\theta + f_x T_x + f_y T_y + f_t = 0$$

由于摄像机的运动导致所有图像像素（设共N个）发生相同的变化，所以可得：

$$\boldsymbol{fA} = \boldsymbol{B}$$

其中$\boldsymbol{f}$为$N \times 4$的矩阵，每一行等于$[f_x x + f_y y \;\; f_y x - f_x y \;\; f_x \;\; f_y]$；$\boldsymbol{B}$为$N \times 1$的向量，每个元素等于$-f_t$；$\boldsymbol{A}$为$1 \times 4$的向量$[k\text{-}1 \;\; k\theta \;\; T_x \;\; T_y]^{\mathrm{T}}$。由于$f_x$、$f_y$、$f_t$均可从图像中获得，所以可进一步得到$\boldsymbol{f}$和$\boldsymbol{B}$。最后，利用最小二乘法可解得：

$$\boldsymbol{A} = (\boldsymbol{f}^{\mathrm{T}}\boldsymbol{f})^{-1}\boldsymbol{f}^{\mathrm{T}}\boldsymbol{B}$$

即得出摄像机运动参数随像素亮度变化（包括空间变化和时间变化）的关系。

第12章　景物识别

12.5　（1）根据式（12.1.20），有：

$$\boldsymbol{m}_1 = \begin{bmatrix} 1 \\ 1 \end{bmatrix} \qquad \boldsymbol{m}_2 = \begin{bmatrix} 5 \\ 5 \end{bmatrix}$$

再根据式（12.1.21），有：

$$\boldsymbol{C}_1 = \boldsymbol{C}_2 = \begin{bmatrix} 1 & 0 \\ 0 & 1 \end{bmatrix}$$

因为$\boldsymbol{C} = \boldsymbol{I}$，且$P(s_1) = P(s_2) = 1/2$，所以根据式(12.1.26)，得到边界函数为：

$$d_1(\boldsymbol{x}) - d_2(\boldsymbol{x}) = (x_1 + x_2 - 1) - (5x_1 + 5x_2 - 25) = -4x_1 - 4x_2 + 24 = 0$$

（2）边界图如图解 12.5 所示。

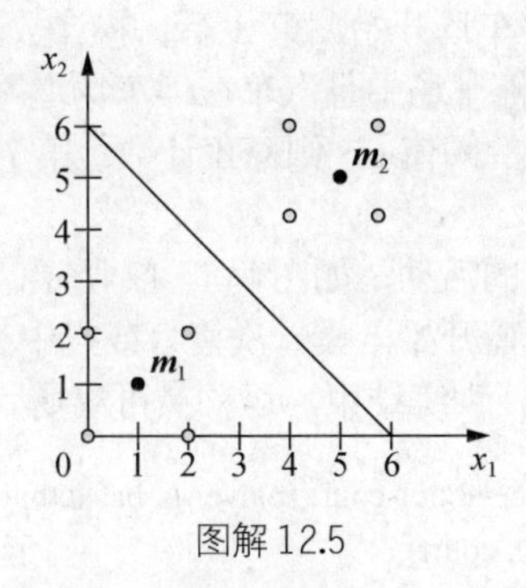

图解 12.5

12.8　如果 $\boldsymbol{w}^{\mathrm{T}}(k)\boldsymbol{y}(k) \leqslant 0$，将类 w_2 的模式乘以−1 后，式（12.2.6）变为 $\boldsymbol{w}(k+1)=\boldsymbol{w}(k)+c\boldsymbol{y}(k)$；如果 $\boldsymbol{w}^{\mathrm{T}}(k)\boldsymbol{y}(k)>0$，式（12.2.7）变为 $\boldsymbol{w}(k+1)=\boldsymbol{w}(k)$。由此可见，式（12.2.5）和式（12.2.6）有了统一的形式。

第 13 章　广义匹配

13.4　（1）为使动态模式具有尺度不变性，可考虑引入在 X 方向和 Y 方向的尺度放缩系数 S_x 和 S_y，这样原来的相对模式成为：

$$\boldsymbol{Q}_{\mathrm{l}}=Q\left[S_{\mathrm{l}x},\ S_{\mathrm{l}y},\ d_{\mathrm{l}1},\ \theta_{\mathrm{l}1},\ \cdots,\ d_{\mathrm{l}m},\ \theta_{\mathrm{l}m}\right]^{\mathrm{T}}$$

$$\boldsymbol{Q}_{\mathrm{r}}=Q\left[S_{\mathrm{r}x},\ S_{\mathrm{r}y},\ d_{\mathrm{r}1},\ \theta_{\mathrm{r}1},\ \cdots,\ d_{\mathrm{r}n},\ \theta_{\mathrm{r}n}\right]^{\mathrm{T}}$$

（2）还可使用除中心点外任意两点间的连线和方向来构造动态模式。图解 13.4 所示为一个有 4 个点的模式，除中心点外，其余 3 个点两两间的连线及各连线间的夹角可以用来构造动态模式的矢量表达式。

$$\boldsymbol{Q}=Q\left[d_{12},\ \theta_{12},\ d_{13},\ \theta_{13},\ d_{23},\ \theta_{23}\right]^{\mathrm{T}}$$

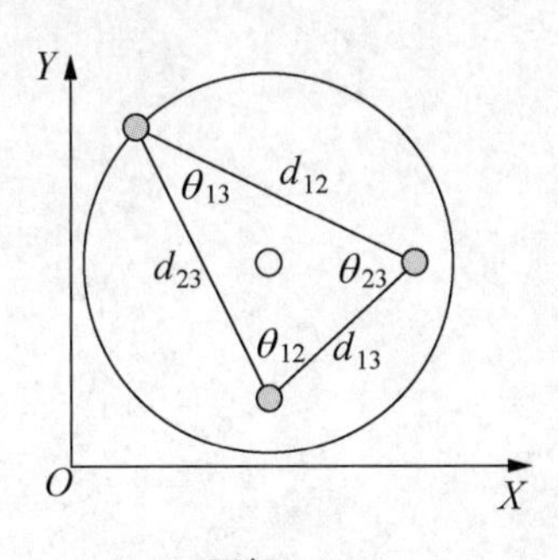

图解 13.4

13.10　利用反证法，设两个图同构，则两个平行边 a 和 c 与两个平行边 x 和 z 应该对应（仅有的平行边），那么顶点 A 和 B 应该与顶点 X 和 Y 对应，但 A 和 B 都是 3 条边的端点，而 X 和 Y 并不都是 3 条边的端点，所以矛盾。

第 14 章　行为理解

14.3　[提示]：一种方法是将原始数据进行重采样（或插值），将各向异性的数据转化为各向同性的数据。

14.12　第1行：定义一个汽车在停车场中巡游的检测程序，其中汽车用v表示，停车场用lot表示。第2行：检测从汽车进入停车场开始。第3行：将计数器i置为0。第4行：开始一个循环统计周期。第5行：如果汽车在停车场中且汽车在停车场道路上转一圈，则将计数器加1。第6行：如果计数器计数达到预先确定的阈值n，则停止计数。第7行：汽车离开停车场，结束检测，退出程序。

考虑一个篮球运动员练习投篮的活动，如图解14.12所示。运动员用p表示，篮球场用court表示。检测从运动员进入篮球场投篮开始，投一次篮（或投中一次篮）计数器的 i 加 1。如果达到预先确定的阈值n，则停止计数，训练结束，运动员可离场。

```
PROCESS (practice-shoot-court (player p, basketball-court court),
Sequence (enter (p, court),
    Set-to-zero (i),
    Repeat-Until (
        AND (move-in-court (p), inside (p, court), increment (i)),
        Equal (i, n) ),
    Exit (p, court) ) )
```

图解14.12

第15章　场景解释

15.9　一般来说，比较高层的任务大多有此特点，其原因之一是目前主要使用的计算机系统，即冯·诺依曼（von Neumann）机的特性。

15.11　参见表2.3.1，光移成像中只有光源移动，采集器和物体都静止，观察者只感受到物体的亮度变化，而没有感受到几何方面的变化。主动视觉中采集的图像是在采集器也运动的情况下得到的（自运动时，目标也运动），观察者不仅能感受到物体的亮度变化，而且能感受到物体的几何变化。运动图像则首先指场景中的物体在运动，但光源和采集器可静止，可运动。

参考文献

[彼 2019] 彼得斯（加）. 计算机视觉基础. 章毓晋（译）. 北京：清华大学出版社，2019.

[陈 2010a] 陈正华，章毓晋. 基于运动矢量可靠性分析的视频全局运动估计算法. 清华大学学报，50（4）：623～627.

[陈 2010b] 陈正华，章毓晋. 一种测量高光物体的双目 Helmholtz 立体视觉方法. 中国图象图形学报，15（3）：429～434.

[程 2010] 程正东，章毓晋，樊祥，等. 常用 Fisher 鉴别函数的鉴别矩阵研究. 自动化学报，36（10）：1361～1370.

[崔 2013] 崔崟，段菲，章毓晋. 利用编码层特征组合进行场景分类. 吉林大学学报（工学版），43（增刊）：450～454.

[戴 2002] 戴声扬，章毓晋. 网上 GIF 格式中的图像和图形图片筛选. 电子技术应用，28（1）：48～49.

[戴 2005] 戴声扬，章毓晋. 图像检索中的两层描述和非对称区域匹配. 电子学报，33（4）：725～729.

[邓 2016] 邓力，俞栋（美）. 深度学习：方法和应用. 谢磊（译）. 北京：机械工业出版社.

[段 2012a] 段菲，章毓晋. 基于多尺度稀疏表示的场景分类. 计算机应用研究，29（10）：3938～3941.

[段 2012b] 段菲，章毓晋. 有监督子空间建模和稀疏表示的场景分类. 中国图象图形学报，17（11）：1409～1417.

[傅 1983] 傅京孙. 模式识别及其应用. 北京：科学出版社.

[韩 2015] 韩成，杨华民，蒋振刚，等. 基于结构光的计算机视觉. 北京：国防工业出版社.

[贺 2013] 贺欣，韩琦，牛夏牧. 显著物体提取算法综述. 智能计算机与应用，3（4）：65～70.

[黄 2015] 黄静. 计算机图形学及其实践教程. 北京：机械工业出版社.

[贾 2000] 贾波，章毓晋，林行刚. 视差图误差检测与校正的通用快速算法. 清华大学学报，40（1）：28～31.

[贾 2007] 贾慧星，章毓晋. 车辆辅助驾驶系统中基于计算机视觉的行人检测研究综述. 自动化学报，33（1）：84～90.

[贾 2009] 贾慧星，章毓晋. 智能视频监控中基于机器学习的自动人数统计. 电视技术，（4）：78～81.

[景 2014] 景慧昀，韩琦，牛夏牧. 显著区域检测算法综述. 智能计算机与应用，4（1）：38～44.

[李 2006] 李小鹏，严严，章毓晋. 若干背景建模方法的分析和比较. 第十三届全国图象图形学学术会议（NCIG'2006）论文集，469～473.

[李 2016] 李岳云，许悦雷，马时平. 深度卷积神经网络的显著性检测. 中国图象图形学报，21（2）：53～59.

[刘 2012] 刘宝弟，王宇雄，章毓晋．图像分类中多流形上的词典学习．清华大学学报（自然科学版），52（4）：575～580.

[罗 2010] 罗四维，等．视觉信息认知计算理论．北京：科学出版社.

[马 2013] 马奎斯（美）．实用 MATLAB 图像和视频处理．章毓晋（译）．北京：清华大学出版社.

[孟 2003] 孟晓桥，胡占义．摄像机自标定方法的研究与进展．自动化学报，29（1）：110～124.

[米 2006] 米本和也（日）．CCD/CMOS 图像传感器基础与应用．陈榕庭，彭美桂（译）．北京：科学出版社.

[秦 2003] 秦暄，章毓晋．一种基于曲线拟合预测的红外目标的跟踪算法．红外技术，25（4）：23～25.

[史 2016] 史忠植．人工智能．北京：机械工业出版社.

[孙 2004] 孙惠泉．图论及其应用.北京：科学出版社.

[孙 2014] 孙晓帅，姚鸿勋．视觉注意与显著性计算综述．智能计算机与应用，4（5）：14～18.

[谭 2013] 谭华春，夏红卫，李琴，等．车载摄像机的立体标定方法．吉林大学学报（工学版），43（增刊）：352～356.

[王 2010] 王宇雄，章毓晋，王晓华．4-D 尺度空间中基于 Mean-Shift 的目标跟踪．电子与信息学报，32（7）：1626～1632.

[王2011a] 王怀颖，章毓晋，杨立瑞，等．基于CBS的人体安检图像组合增强方法．核电子学与探测技术，31（1）：17～21.

[王2011b] 王怀颖，杨立瑞，章毓晋．基于 CNN 的康普顿背散射图像中违禁品分割方法．电子学报，39（3）：549～554.

[吴 1999] 吴高洪，章毓晋，林行刚．利用特征加权进行基于小波变换的纹理分类．模式识别与人工智能，12（3）：262～267.

[吴 2000] 吴高洪，章毓晋，林行刚．基于分形的自然纹理自相关描述和分类．清华大学学报，40（3）：90～93.

[吴 2001a] 吴高洪，章毓晋，林行刚．分割双纹理图像的最佳 Gabor 滤波器设计方法．电子学报，29（1）：49～51.

[吴 2001b] 吴高洪，章毓晋，林行刚．利用小波变换和特征加权进行纹理分割．中国图象图形学报，6A（4）：333～337.

[徐 2011] 徐洁，章毓晋．基于多种采样方式和 Gabor 特征的表情识别．计算机工程，37（18）：195～197.

[薛 1998] 薛景浩，章毓晋，林行刚．基于特征散度的图像 FCM 聚类分割．模式识别与人工智能，11（4）：462～467.

[薛 1999] 薛景浩，章毓晋，林行刚．低质量图像基于散射图 SEM 估计的 MAP 像素聚类方法．电子学报，27（7）：95～98.

[杨 2000] 杨昀，张桂林．利用 SUSAN 算子的特征复合相关跟踪算法．红外与激光工程，29（4）：34～37.

[杨 2005] 杨必武，郭晓松．摄像机镜头非线性畸变校正方法综述．中国图象图形学报，10（3）：269～274.

[俞 2001] 俞天力，章毓晋．基于全局运动信息的视频检索技术．电子学报，29（12A）：1794～1798.

[俞 2002] 俞天力，章毓晋．一种基于局部运动特征的视频检索方法．清华大学学报，42（7）：925～928.

[张 2005a] 张广军．机器视觉．北京：科学出版社.

[张 2005b] 张先迪，李先良．图论及其应用．北京：高等教育出版社.

[张 2010] 张杰，魏维．基于视觉注意力模型的显著性提取．计算机技术与发展，20（11）：14～18.

[章 1996a] 章毓晋．中国图像工程：1995．中国图象图形学报，1（1）：78～83.

[章 1996b] 章毓晋．中国图像工程：1995（续）．中国图象图形学报，1（2）：170～174.

[章 1996c] 章毓晋．过渡区和图象分割．电子学报，24（1）：12～17.

[章 1997a] 章毓晋．中国图像工程：1996．中国图象图形学报，2（5）：336～344.

[章 1997b] 章毓晋，傅卓．利用切线方向信息检测亚像素边缘．模式识别与人工智能，10（1）：83～88.

[章 1997c] 章毓晋．椭圆匹配法及其在序列细胞图像 3-D 配准中的应用．中国图象图形学报，2（8，9）：574～577.

[章 1998] 章毓晋．中国图像工程：1997．中国图象图形学报，3（5）：404～414.

[章 1999] 章毓晋．中国图像工程：1998．中国图象图形学报，4A（5）：427～438.

[章 2000a] 章毓晋．中国图像工程：1999．中国图象图形学报，5A（5）：359～373.

[章 2000b] 章毓晋．图像工程（下册）——图像理解与计算机视觉．北京：清华大学出版社.

[章 2001a] 章毓晋．中国图像工程：2000．中国图象图形学报，6A（5）：409～424.

[章 2001b] 章毓晋．图像分割．北京：科学出版社.

[章 2001c] 章毓晋，黄翔宇，李睿．自动检测精细印刷品缺陷的初步方案．中国体视学与图象分析，6（2）：109～112.

[章 2002a] 章毓晋．中国图像工程：2001．中国图象图形学报，7A（5）：417～433.

[章 2002b] 章毓晋．图像工程（附册）——教学参考及习题解答．北京：清华大学出版社.

[章 2002c] 章毓晋．中国图像工程及当前的几个研究热点．计算机辅助设计与图形学学报，14（6）：489～500.

[章 2003a] 章毓晋．中国图像工程：2002．中国图象图形学报，8A（5）：481～498.

[章 2003b] 章毓晋．基于内容的视觉信息检索．北京：科学出版社.

[章 2004a] 章毓晋．中国图像工程：2003．中国图象图形学报，9（5）：513～531.

[章 2004b] 章毓晋．数字图象直方图处理中的映射规则——评“用于数字图象直方图处理的一种二值映射规则”一文．中国图象图形学报，9（10）：1265～1268.

[章 2005] 章毓晋．中国图像工程：2004．中国图象图形学报，10（5）：537～560.

[章 2006] 章毓晋．中国图像工程：2005．中国图象图形学报，11（5）：601～623.

[章 2007] 章毓晋．中国图像工程：2006．中国图象图形学报，12（5）：753～775.

[章 2008] 章毓晋．中国图像工程：2007．中国图象图形学报，13（5）：825～852.

[章 2009] 章毓晋．中国图像工程：2008．中国图象图形学报，14（5）：809～837.

[章 2010] 章毓晋．中国图像工程：2009．中国图象图形学报，15（5）：689～722.

[章 2011] 章毓晋．中国图像工程：2010．中国图象图形学报，16（5）：693～702.

[章 2012a] 章毓晋．中国图像工程：2011．中国图象图形学报，17（5）：603～612.

[章 2012b] 章毓晋．图像工程（上册）：图像处理，第 3 版．北京：清华大学出版社.

[章 2012c] 章毓晋．图像工程（中册）：图像分析，第 3 版．北京：清华大学出版社.

[章 2012d] 章毓晋．图像工程（下册）：图像理解，第 3 版．北京：清华大学出版社.

[章 2013a] 章毓晋．中国图像工程：2012．中国图象图形学报，18（5）：483～492.

[章 2013b] 章毓晋．图像工程，第 3 版（合订本）．北京：清华大学出版社.

[章 2013c] 章毓晋．时空行为理解．中国图象图形学报，18（2）：141～151.

[章 2014] 章毓晋．中国图像工程：2013．中国图象图形学报，19（5）：649～658.

[章 2015a] 章毓晋．中国图像工程：2014．中国图象图形学报，20（5）：585～598.

[章 2015b] 章毓晋．英汉图像工程辞典，第2版．北京：清华大学出版社.

[章 2015c] 章毓晋．图像分割中基于过渡区技术的统计调查．计算机辅助设计与图形学学报，27（3）：379～387.

[章 2016a] 章毓晋．中国图像工程：2015．中国图象图形学报，21（5）：533～543.

[章 2016b] 章毓晋．图像工程技术选编．北京：清华大学出版社.

[章 2017] 章毓晋．中国图像工程：2016．中国图象图形学报，22（5）：563～574.

[章 2018a] 章毓晋．中国图像工程：2017．中国图象图形学报，23（5）：617～628.

[章 2018b] 章毓晋．图像工程（上册）：图像处理，第4版．北京：清华大学出版社.

[章 2018c] 章毓晋．图像工程（中册）：图像分析，第4版．北京：清华大学出版社.

[章 2018d] 章毓晋．图像工程（下册）：图像理解，第4版．北京：清华大学出版社.

[章 2018e] 章毓晋．图像工程，第4版（合订本）．北京：清华大学出版社.

[章 2018f] 章毓晋．图像工程问题解析．北京：清华大学出版社.

[章 2019] 章毓晋．中国图像工程：2018．中国图象图形学报，24（5）：665～676.

[章 2020a] 章毓晋．中国图像工程：2019．中国图象图形学报，25（5）：864～878.

[章 2020b] 章毓晋，王贵锦，陈健生．图像工程技术选编（二）．北京：清华大学出版社.

[章 2021a] 章毓晋．中国图像工程：2020．中国图象图形学报，26（5）：978～990.

[章 2021b] 章毓晋．英汉图像工程辞典，第3版．北京：清华大学出版社.

[章 2022] 章毓晋．中国图像工程：2021．中国图象图形学报，27（4）：1009～1022.

[郑 2014] 郑胤，陈权崎，章毓晋．深度学习及其在目标和行为识别中的新进展．中国图象图形学报，19（2）：175～184.

[朱 2006] 朱大奇，史慧．人工神经网络原理及应用．北京：科学出版社.

[朱 2010] 朱云峰，章毓晋，何永健．基于图割及动态片结构的三维人脸多视图体重建．中国图象图形学报，15（10）：1537～1543.

[朱 2011] 朱云峰，章毓晋．直推式多视图协同分割．电子与信息学报，33（4）：763～768.

[Achanta 2012] Achanta R, Shaji A, Smith K, et al. SLIC superpixels compared to state-of-the-art superpixel methods. IEEE-PAMI, 34(11):.2274–2282.

[Ahmad 2008] Ahmad M, Lee S W. Human action recognition using shape and CLG-motion flow from multi-view image sequences. PR, 41(7): 2237～2252.

[Aumont 1994] Aumont J. The Image. Translation: Pajackowska C. British Film Institute.

[Betanzos 2000] Betanzos A A, et al. Analysis and evaluation of hard and fuzzy clustering segmentation techniques in burned patient images. IVC, 18(13): 1045～1054.

[Bishop 2006] Bishop C M. Pattern Recognition and Machine Learning. Springer.

[Blank 2005] Blank B, Gorelick L, Shechtman E, et al. Actions as space-time shapes. ICCV, 2: 1395～1402.

[Borji 2013a] Borji A, Sihite D N, Itti L. Quantitative analysis of human-model agreement in visual saliency modeling: A comparative study. IEEE-IP, 22(1): 55～69.

[Borji 2013b] Borji A, Itti L. State-of-the-art in visual attention modeling. IEEE-PAMI, 35(1): 185～207.

[Borji 2015] Borji A, Sihite D N, Itti L. Salient object detection: A benchmark. IEEE-IP, 24(12): 5706～5722.

[Bregonzio 2009] Bregonzio M, Gong S G, Xiang T. Recognizing action as clouds of space-time interest points. CVPR, 1948～1955.

[Brodatz 1966] Brodatz P. Textures: A Photographic Album for Artists and Designer. Dover, New York

[Bu 2014] Bu S, Zhang Y-J. Image retrieval with hierarchical matching pursuit. Proc. 21st International Conference on Image Processing, 3067～3071.

[Buckley 2003] Buckley F, Lewinter M. A Friendly Introduction to Graph Theory. Pearson Education, Inc.

[Campbell 1969] Campbell J D. Edge Structure and the Representation of Pictures. University of Missouri, USA.

[Canny 1986] Canny J. A computational approach to edge detection. IEEE-PAMI, 8: 679～698.

[Chen 2006] Chen W, Zhang Y-J. Tracking ball and players with applications to highlight ranking of broadcasting table tennis video. Proc. 2006 IMACS Multi-conference on Computational Engineering in Systems Applications, 2: 1896～1903.

[Chen 2016] Chen Q, Zhang Y-J. Cluster trees of improved trajectories for action recognition. Neurocomputing, 173: 364～372.

[Cheng 2015] Cheng M, Mitra N J, Huang X L, Torr P H S, Hu S M. Global contrast based salient region detection. IEEE PAMI, 37(3): 569～582.

[Costa 2001] Costa L F, Cesar R M. Shape Analysis and Classification: Theory and Practice. CRC Press.

[Dai 2005] Dai S Y, Zhang Y-J. Unbalanced region matching based on two-level description for image retrieval. PRL, 26(5): 565～580.

[Davies 2012] Davies E R. Computer and Machine Vision: Theory, Algorithms, Practicalities (4th ed.). Elsevier.

[Duan 2010] Duan F, Zhang Y-J. A highly effective impulse noise detection algorithm for switching median filters. IEEE Signal Processing Letters, 17(7): 647～650.

[Duan 2011] Duan F, Zhang Y-J. A parallel impulse-noise detection algorithm based on ensemble learning for switching median filters. Proc. Parallel Processing for Imaging Applications (SPIE-7872), 78720C-1～78720C-12.

[Duda 2001] Duda R O, Hart P E, Stork D G. Pattern Classification, 2nd ed. John Wiley & Sons, Inc.

[Duncan 2012] Duncan K, Sarkar S. Saliency in images and video: A brief survey. IET Computer Vision, 6(6): 514～523.

[Finkel 1994] Finkel L H, Sajda P. Constructing visual perception. American Scientist, 82(3): 224～237.

[Forsyth 2012] Forsyth D, Ponce J. Computer Vision: A Modern Approach, 2nd ed. Prentice Hall.

[Franke 2000] Franke U, Joos A. Real-time stereo vision for urban traffic scene understanding. Proc. Intelligent Vehicles Symposium, 273～278.

[Gao 2002] Gao Y, Leung M K H. Line segment Hausdorff distance on face matching. PR, 35(2): 361～371.

[Giachetti 2000] Giachetti A. Matching techniques to compute image motion. Image and Vision Computing, 18: 247～260.

[Gonzalez 1987] Gonzalez R C, Wintz P. Digital Image Processing. 2nd ed. USA Boston: Addison-Wesley

[Gonzalez 2008] Gonzalez R C, Woods R E. Digital Image Processing, 3rd ed. Prentice Hall.

[Gonzalez 2018] Gonzalez R C, Woods R E. Digital Image Processing, 4th ed. Prentice Hall.

[Goshtasby 2005] Goshtasby A A. 2-D and 3-D Image Registration – for Medical, Remote Sensing, and Industrial Applications. Wiley-Interscience.

[Haralick 1992] Haralick R M, Shapiro L G. Computer and Robot Vision, Vol.1. Addison-Wesley.

[Haralick 1993] Haralick R M, Shapiro L G. Computer and Robot Vision, Vol.2. Addison-Wesley.

[Hartley 2004] Hartley R, Zisserman A. Multiple View Geometry in Computer Vision, 2nd ed. Cambridge University Press.

[Huang 2003] Huang X Y, Zhang Y-J, Hu D. Image retrieval based on weighted texture features using DCT coefficients of JPEG images. Proc. 4th IEEE Pacific Rim Conference on Multimedia, 3: 1571～1575.

[Huang 2016] Huang X M, Zhang Y-J. An O(1) disparity refinement method for stereo matching. Pattern Recognition, 55: 198～206.

[Huang 2017] Huang X M, Zhang Y-J. 300-FPS salient object detection via minimum directional contrast. IEEE-IP, 26(9): 4243～4254.

[Huang 2018a] Huang X M, Zhang Y-J. Water flow driven salient object detection at 180 fps. Pattern Recognition, 76: 95～107.

[Huang 2018b] Huang X M, Zheng Y, Huang J Z, et al. A minimum barrier distance based saliency box for object proposals generation. IEEE SPL, 25(8): 1126～1130.

[Huang 2020] Huang X M, Zheng Y, Huang J Z, et al. 50 FPS Object-level saliency detection via maximally stable region. IEEE-IP, 29: 1384～1396.

[ISO/IEC 2001] ISO/IEC JTC1/SC29/WG11. Overview of the MPEG-7 standard, V.6, Doc. N4509.

[Itti 1998] Itti L, Koch C, Niebur E A. Model of saliency based visual attention for rapid scene analysis. IEEE-PAMI, 20(11): 1254～1259.

[Jeannin 2000] Jeannin S, Jasinschi R, She A, et al. Motion descriptors for content-based video representation. Signal Processing: Image Communication, 16(1-2): 59～85.

[Jia 1998] Jia B, Zhang Y-J, Lin X G. Study of a fast tri-nocular stereo algorithm and the influence of mask size on matching. Proc. International Workshop on Image, Speech, Signal Processing and Robotics, 169～173.

[Jia 2000] Jia B, Zhang Y-J, Lin X G. Stereo matching using both orthogonal and multiple image pairs. Proc. ICASSP, 4: 2139～2142.

[Julesz 1960] Julesz B. Binocular depth perception of computer generated patterns. Bell Syst. Tech. J. 39, 1125～1162.

[Jähne 2000] Jähne B, Hauβecker H. Computer Vision and Applications: A Guide for Students and Practitioners. Academic Press.

[Kanade 1996] Kanade T, Yoshida A, Oda K, et al. A stereo machine for video-rate dense depth mapping and its new applications. Proc. 15CVPR, 196～202.

[Kara 2011] Kara Y E, Akarun L. Human action recognition in videos using keypoint tracking. Proc. 19th Conference on Signal Processing and Communications Applications, 1129～1132.

[Kim 2004] Kim K, Chalidabhongse T H, Harwood D, et al. Background modeling and subtraction by codebook construction. Proc. ICIP, 5: 3061～3064.

[Kropatsch 2001] Kropatsch W G, Bischof H (editors). Digital Image Analysis – Selected Techniques and Applications. Springer.

[Kuvich 2004] Kuvich G. Active vision and image/video understanding systems for intelligent manufacturing. SPIE, 5605: 74～86.

[Laptev 2005] Laptev I. On space-time interest points. IJCV, 64(2/3): 107～123.

[Lenz 1988] Lenz R K, Tsai R Y. Techniques for calibration of the scale factor and image center for high accuracy 3-D machine vision metrology. IEEE-PAMI, 10(5): 713～720.

[Lew 1994] Lew M S, Huang T S, Wong K. Learning and feature selection in stereo matching. IEEE-PAMI, 16(9): 869～881.

[Li 2005] Li R, Zhang Y-J. Automated image registration using multi-resolution based Hough transform. SPIE, 5960: 1363～1370.

[Lin 2003] Lin K H, Lam K M, Sui W C. Spatially eigen-weighted Hausdorff distances for human face recognition. PR, 36: 1827～1834.

[Liu 2005] Liu X M, Zhang Y-J, Tan H C. A new Hausdorff distance based approach for face localization. Sciencepaper Online, 200512～662(1～9).

[Liu 2013a] Liu B D, Wang Y X, Zhang Y-J, et al. Learning dictionary on manifolds for image classification. PR, 46(7): 1879～1890.

[Liu 2013b] Liu B D, Wang Y X, Shen B, et al. Self-explanatory convex sparse representation for image classification. Proc. International Conference on Systems, Man, and Cybernetics, 2120～2125.

[Liu 2014] Liu B D, Wang Y X, Shen B, et al. Self-explanatory sparse representation for image classification. ECCV, Part II, LNCS 8690: 600～616.

[Liu 2016] Liu B D, Wang Y X, Shen B, et al. Blockwise coordinate descent schemes for efficient and effective dictionary learning. Neurocomputing, 178: 25～35.

[Lohmann 1998] Lohmann G. Volumetric Image Analysis. John Wiley & Sons and Teubner Publishers.

[Luo 2005] Luo J B, Savakis A E, Amit S. A Bayesian network-based framework for semantic image understanding. PR, 38(6): 919～934.

[Mackiewich 1995] Mackiewich B. Intracranial Boundary Detection and Radio Frequency Correction in Magnetic Resonance Images. http://www.cs.sfu.ca/～stella/papers/blairthesis/main/main.html

[Makris 2005] Makris D, Ellis T. Learning semantic scene models from observing activity in visual surveillance, IEEE-SMC-B, 35(3): 397～408.

[Marchand 2000] Marchand-Maillet S, Sharaiha Y M. Binary Digital Image Processing — A Discrete Approach. Academic Press.

[Marr 1982] Marr D. Vision — A Computational Investigation into the Human Representation and Processing of Visual Information. W.H. Freeman.

[Mirmehdi 2008] Mirmehdi M, Xie X H, Suri J (eds.). Handbook of Texture Analysis. Imperial College Press.

[Mitra 2001] Mitra S K, Sicuranza G L (eds.). Nonlinear Image Processing. Academic Press.

[Moeslund 2006] Moeslund T B, Hilton A, Krüger V. A survey of advances in vision-based human motion capture and analysis. CVIU, 104: 90～126.

[Mohan 1989] Mohan R, Medioni G. Stereo error detection, correction, and evaluation. IEEE-PAMI, 11(2): 113～120.

[Morris 2008] Morris B T, Trivedi M. 2008. A survey of vision-based trajectory learning and analysis for surveillance. IEEE-CSVT, 18(8): 1114～1127.

[Nikolaidis 2001] Nikolaidis N, Pitas I. 3-D Image Processing Algorithms. John Wiley & Sons, Inc.

[Otterloo 1991] Otterloo P J. A Contour-Oriented Approach to Shape Analysis. Printice Hall.

[Patil 2015] Patil R M, Khavare S A. A Survey on saliency detection methods. International Journal for Scientific Research & Development, 3(1): 1223～1225.

[Perazzi 2012] Perazzi F, Krahenbuhl P, Pritch Y, et al. Saliency filters: Contrast based filtering for salient region detection. Proc. CVPR. 733～740.

[Poppe 2010] Poppe R. A survey on vision-based human action recognition. IVC, 28: 976～990.

[Pratt 2001] Pratt W K. Digital Image Processing. John Wiley & Sons Inc.

[Prince 2012] Prince S J D. Computer Vision – Models, Learning, and Inference. Cambridge University Press.

[Ritter 2001] Ritter G X, Wilson J N. Handbook of Computer Vision Algorithms in Image Algebra. CRC Press.

[Rother 2004] Rother C, Kolmogorov V, Blake A. "GrabCut": Interactive foreground extraction using iterated graph cuts. ACM Trans. Graph., 23(3): 309～314.

[Russ 2016] Russ J C, Meal F B. The Image Processing Handbook, 7th ed. CRC Press.

[Scharstein 2002] Scharstein D, Szeliski R. A taxonomy and evaluation of dense two-frame stereo correspondence algorithms, IJCV, 47(1): 7～42.

[Schölkopf 2002] Schölkopf B, Smola A J. Learning with Kernels: Support Vector Machines, Regularization, Optimization, and Beyond. MIT Press.

[Shapiro 2001] Shapiro L, Stockman G. Computer Vision. Prentice Hall.

[Sivaraman 2011] Sivaraman S, Morris B T, Trivedi M. Learning multi-lane trajectories using vehicle-based vision. ICCV Workshops, 2070～2076.

[Smith 1997] Smith, S.M, Brady, J M. SUSAN – A new approach to low level image processing. International Journal of Computer Vision, 23(1): 45～78.

[Snyder 2004] Snyder W E, Qi H. Machine Vision. Cambridge University Press.

[Sonka 2008] Sonka M, Hlavac V, Boyle R. Image Processing, Analysis, and Machine Vision. 3rd ed. Thomson.

[Stentiford 2003] Stentiford F W M. An attention based similarity measure with application to content based information retrieval. Proc. Storage and Retrieval for Media Databases.

[Szeliski 2010] Szeliski R. Computer Vision: Algorithms and Applications. Springer.

[Tan 2003] Tan H C, Zhang Y J, Li R. Robust eye extraction using deformable template and feature tracking ability. Proc 4th PCM, 3: 1747～1751.

[Tan 2006] Tan H C, Zhang Y J. A novel weighted Hausdorff distance for face localization. Image and Vision Computing, 24(7): 656～662.

[Tan 2007] Tan X Y, Bill T. Enhanced local texture feature sets for face recognition under difficult lighting conditions. Proc. AMFG, 168～182.

[Tang 2011] Tang D, Zhang Y-J. Combining mean-shift and particle filter for object tracking. Proc. 6th International Conference on Image and Graphics, 771～776.

[Theodoridis 2003] Theodoridis S, Koutroumbas K. Pattern Recognition, 2nd ed. Elsevier Science.

[Theodoridis 2009] Theodoridis S, Koutroumbas K. Pattern Recognition, 3rd Ed. Elsevier Science.

[Toet 2011] Toet A. Computational versus psychophysical bottom-up image saliency: A comparative evaluation study. IEEE-PAMI, 33(11): 2131～2146.

[Toyama 1999] Toyama K, Krumm J, Brumitt B, et al. Wallflower: Principles and practice of background maintenance. Proc. ICCV, 1: 255～261.

[Tran 2008] Tran D, Sorokin A. Human activity recognition with metric learning. LNCS 5302, 548～561.

[Tsai 1987] Tsai R Y. A versatile camera calibration technique for high-accuracy 3D machine vision metrology using off-the shelf TV camera and lenses. Journal of Robotics and Automation, 3(4): 323～344.

[Turaga 2008] Turaga P, Chellappa R, Subrahmanian V S, et al. Machine recognition of human activities: A survey. IEEE-CSVT, 18(11): 1473～1488.

[Weinland 2011] Weinland D, Ronfard R, Boyer E. A survey of vision-based methods for action representation, segmentation and recognition. CVIU, 115(2): 224～241.

[West 2001] West D B. Introduction to Graph Theory, 2nd ed. Pearson Education, Inc.

[Wu 1999] Wu G H, Zhang Y-J, Lin X G. Wavelet transform-based texture classification with feature weighting. Proc.ICIP, 4: 435～439.

[Xu 2006] Xu F, Zhang Y-J. Evaluation and comparison of texture descriptors proposed in MPEG-7. International Journal of Visual Communication and Image Representation, 17: 701～716.

[Xu 2015] Xu C L, Hsieh S H, Xiong C M, *et al*. Can humans fly? Action understanding with multiple classes of actors. Proc. CVPR, 2264～2273.

[Xue 2011] Xue F, Zhang Y-J. Image class segmentation via conditional random field over weighted histogram classifier. Proc. International Conference on Image and Graphics, 477～481.

[Xue 2012] Xue J H, Zhang Y-J. Ridler and Calvard's, Kittler and Illingworth's and Otsu's Methods for Image Thresholding. PRL, 33(6): 793～797.

[You 2013] You Q H Z, Zhang Y-J. A new training principle for stacked denoising autoencoders. Proc. 7th ICIG, 384～389.

[Young 1995] Young I T, Gerbrands J, Vliet L J. Fundamental of Image Processing. Delft University of Technology, The Netherlands.

[Yu 2001a] Yu T L, Zhang Y-J. Motion feature extraction for content-based video sequence retrieval. SPIE, 4311: 378～388.

[Yu 2001b] Yu T L, Zhang Y-J. Retrieval of video clips using global motion information. IEE Electronics Letters, 37(14): 893～895.

[Zhang 1990a] Zhang Y-J. Automatic correspondence finding in deformed serial sections. In: Scientific Computing and Automation (Europe) 1990, Chapter 5 (39～54).

[Zhang 1990b] Zhang Y-J, Gerbrands J, Back E. Thresholding three-dimensional image. SPIE, 1360: 1258～1269.

[Zhang 1991a] Zhang Y-J, Gerbrands J. Transition region determination based thresholding. PRL, 12(1): 13～23.

[Zhang 1991b] Zhang Y-J. 3-D image analysis system and megakaryocyte quantitation. Cytometry, 12: 308～315.

[Zhang 1992] Zhang Y-J. Improving the accuracy of direct histogram specification. IEE Electronics Letters, 28(3): 213～214.

[Zhang 1993] Zhang Y-J. Quantitative study of 3-D gradient operators. Image and Vision Computing, 11(10): 611～622.

[Zhang 1995] Zhang Y-J. Influence of segmentation over feature measurement. PRL 16(2): 201～206.

[Zhang 1996] Zhang Y-J. Image engineering and bibliography in China. Technical Digest of International Symposium on Information Science and Technology, 158～160.

[Zhang 2002] Zhang Y-J, Lu H B. A hierarchical organization scheme for video data. PR, 35(11): 2381～2387.

[Zhang 2006] Zhang Y-J (ed.). Advances in Image and Video Segmentation. IRM Press.

[Zhang 2007] Zhang Y-J (ed.). Semantic-Based Visual Information Retrieval. IRM Press.

[Zhang 2009] Zhang Y-J. Image Engineering: Processing, Analysis, and Understanding. Cengage Learning.

[Zhang 2015a] Zhang Y-J. Up-to-date summary of semantic-based visual information retrieval. Encyclopedia of Information Science and Technology, 3rd ed., Chapter 123 (1294～1303).

[Zhang 2015b] Zhang Y-J. A hierarchical organization of home video. Encyclopedia of Information Science and Technology, 3rd ed., Chapter 210 (2168～2177).

[Zhang 2015c] Zhang Y-J. Half century for image segmentation. Encyclopedia of Information Science and Technology, 3rd ed., Chapter 584 (5906～5915).

[Zhang 2018a] Zhang Y-J. A critical overview of image segmentation techniques based on transition region.

Encyclopedia of Information Science and Technology, 4th Ed., Chapter 112 (1308～1318).

[Zhang 2018b] Zhang Y-J. Development of image engineering in the last 20 years. Encyclopedia of Information Science and Technology, 4th Ed., Chapter 113 (1319～1330).

[Zhang 2018c] Zhang Y-J. The understanding of spatial-temporal behaviors. Encyclopedia of Information Science and Technology, 4th Ed., Chapter 115 (1344～1354).

[Zhao 1996] Zhao W Y, Nandhakumar N. Effects of camera alignment errors on stereoscopic depth estimates. PR, 29(12): 2115～2126.

[Zheng 2012] Zheng Y, Zhang Y-J, Li X, Liu B D. Action recognition in still images using a combination of human pose and context information. Proc. ICIP, 785～788, 2012.

[Zheng 2015] Zheng Y, Shen B, Yang, X F, et al. A locality preserving approach for kernel PCA. Proc. ICIG (LNCS 9217), 121～135.

[Zheng 2016] Zheng Y, Zhang Y-J, Hugo L. A deep and autoregressive approach for topic modeling of multimodal data. IEEE Transactions on Pattern Analysis and Machine Intelligence, 38(6): 1056～1069.

[Zhu 2011] Zhu Y F, Zhang Y-J. Multi-view stereo reconstruction via voxels clustering and optimization of parallel volumetric graph-cuts. Proc. Parallel Processing for Imaging Applications (SPIE-7872), 78720S～1～78720S～11.

[Zhu 2014] Zhu W, Liang S, Wei Y, et al. Saliency optimization from robust background detection. Proc. CVPR, 2814～2821.

索引

C

D

E

F

G

H

J

K

L

M

N

O

P

Q

R

S

T

W

Z